Fleißig und nützlich: Der Regenwurm

Man kann sie sogar kaufen, die Heinzelmännchen des Gärtners. Aber nur wenn man sie gut behandelt, bleiben sie im Boden und leisten dort unschätzbare Dienste als Arbeiter in der Düngefabrik.

Die eifrigsten Helfer des Gärtners sind die Regenwürmer. Forschen Sie doch einmal nach, wie es mit diesen nützlichen Tieren in Ihrem Garten bestellt ist. Stechen Sie dafür im Sommer ein Stück Boden aus (30 cm × 20 cm × 20 cm). Wenn Sie darin mindestens zehn Regenwürmer finden, können Sie sich gratulieren. Sind es nur zwei oder drei, stimmt etwas mit dem Boden nicht. Denn was den Würmern nicht bekommt, mögen auch die Pflanzen nicht. Eine andere Erklärung für den Regenwurmmangel: Die Tiere finden nicht genug Futter, also gibt es auch zu wenig organische Nährstoffe für die Pflanzen.
Sorgen Sie dafür, daß die Regenwürmer genügend zu fressen bekommen – aus ihrer Nahrung produzieren sie ja die Nährstoffe für die Pflanzen. Regenwürmer ernähren sich übrigens nicht von frischen Wurzeln oder Pflanzen. Diese weitverbreitete Meinung hat früher dazu geführt, daß man die armen Würmer regelrecht gejagt hat.
Sie mögen leicht angewelkte Pflanzenreste, Grasschnitt, halbverrotteten Kompost oder Mist. Lockern Sie den Boden Ihrer Beete und verteilen Sie Mulchmaterial darauf. Die Regenwürmer werden sich über die Leckerbissen hermachen, sie in Humus verwandeln und sich fleißig vermehren. Ist der Boden einmal in Ordnung, sorgen die Regenwürmer mit dafür, daß es dabei bleibt.
In Europa gibt es ungefähr 100 verschiedene Regenwurm-Arten. Interessant für den Gärtner sind vor allem zwei Spezies, die hellroten Mist- oder Kompostwürmer ***(Eisenia foetida)*** und die bräunlichen Ackerregenwürmer ***(Lumbricus terrestris)***, auch gemeiner Regenwurm genannt.
Die Mistwürmer (6–8 cm lang) halten sich in den oberen Erdschichten auf, die Ackerwürmer (bis zu 30 cm lang) dringen tief in die mineralischen Erdschichten ein, manchmal findet man sie noch in 2 m Tiefe. Abgesehen von ihrer segensreichen Verdauung – der ganze Wurm besteht fast nur aus Darm – ist diese Wühlarbeit von großer Bedeutung für den Boden. Er wird gelockert und luftdurchlässig.
Wer bei dem Test feststellt, daß sich in seinem Boden zu wenig Regenwürmer tummeln, kann, außer den bereits erwähnten Maßnahmen, Würmer bei einem Züchter kaufen. Angeboten werden in erster Linie Kompostwürmer, allen voran der „Tennessee Wiggler" (Adressen siehe Seite 394). Den gemeinen Regenwurm kann man sich seltener beschaffen. In Fachgeschäften wird er manchmal als Angelköder angeboten. Auf einem gut besetzten Acker oder einer Wiese (auf einem Hektar tummeln sich eine Viertelmillion Regenwürmer) kann man – mit Zustimmung des Besitzers natürlich – einen Sack voll Erde ausgraben und im Garten verteilen.

Der „Tennessee-Wiggler" gehört zu den Mist- oder Kompostwürmern. Er wird bis zu 14 cm lang und frißt außer Mist am liebsten frische Abfälle aus Garten und Küche.

Werden Sie Regenwurmzüchter

Es ist aber auch möglich, sich seine eigene Regenwurmzucht zuzulegen. Man bekommt dann nicht nur Würmer en masse, sondern auch noch besten Wurmhumus. Man braucht dazu eine Wurmkiste, 1000 Würmer und einige Monate Geduld.
Die Wurmkiste baut man sich selbst. Sie besteht aus Brettern oder Spanplatten und hat etwa die Maße 60 cm × 40 cm × 30 cm. Unten in den Boden werden einige Löcher gebohrt. Die Kiste stellt man an einen schattigen Platz im Garten. Zuunterst kommt eine etwa fingerdicke Schicht lockere Erde, die man mit etwas Sand vermischt. Auf die Erde gibt man in grobe Streifen zerrissenes, angefeuchtetes Zeitungspapier oder Pappe. Zwischen die nassen Papierfetzen werden nun die Würmer mitsamt dem mitgelieferten Kompost gelegt. Obenauf kommt eine dicke durchnäßte Zeitung. Über die Kiste spannt man schwarze Lochfolie oder einen Jutesack. Die Regenwürmer lieben die Dunkelheit. Im hellen Licht oder gar Sonnenschein zersetzt sich ihre Blutsubstanz und die Würmer sterben ab.
Von Papier allein leben die kleinen Helfer aber nicht. Sie werden mit Gemüseresten, Kartoffelschalen, Zwiebel- und Lauchabfall, Kaffeefilter mit Inhalt und Pflanzenresten gefüttert. Die 1000 Würmer fressen täglich rund 300 g Abfall und produzieren dabei 30 g Wurmerde. Nach sechs Monaten kann man ernten – Humus und Würmer.
Oben auf den Kompost legt man ein Blatt feuchtes Zeitungspapier mit besonderen Leckerbissen wie Zwiebelschalen, Kaffeesatz oder Obstresten. Die Würmer werden sich darauf stür-

zen! Wenn die meisten auf dem Papier sind, füllt man sie in einen Plastikeimer um. Unter Umständen muß man diese Prozedur mehrmals durchführen. Dann nimmt man den kostbaren Humus aus der Kiste. Die Zahl der Würmer hat sich in diesem halben Jahr verdoppelt. Eine Hälfte und die etwa stecknadelkopfgroßen, gelblichen Wurmeier gibt man auf den Kompost, denn diese Art braucht viele organische Abfälle, und mit der anderen Hälfte beginnt man eine neue Zucht.
In der kalten Jahreszeit kann man die Kiste ohne Schwierigkeiten im Keller unterbringen. Die Tierchen krabbeln nicht heraus, weil es auf dem Kellerboden zu ungemütlich ist und es dort nichts zu fressen gibt. Im Sommer muß die Kiste einmal in der Woche, im Winter einmal im Monat leicht gegossen werden.
Eine Alternative zu der selbstgezimmerten Wurmkiste ist ein Wurmkomposter. Das sind Tonnen aus Kunststoff, in denen sich im Grunde alles genauso abspielt wie in der Kiste. Einige Modelle sind so gut isoliert, daß die Tonne auch im Winter im Freien bleiben kann.
Diese emsigen Heinzelmännchen sollte jeder Gärtner hegen und pflegen. Doch alle Mühe ist umsonst, wenn man seinen Boden mit Nährsalzen traktiert. Auch mit Giftspritzungen vertreibt man sie schnell und gründlich.
Schon in früheren Zeiten erkannte man die Bedeutung der unscheinbaren Wesen. Aristoteles schätzte ihre Tätigkeit, auch Charles Darwin erkannte ihre Wirkung und verglich ihre Arbeit mit der eines Pfluges – nur um vieles effektiver.
Woher die Würmer ihren Namen „Regenwurm" haben, ist nicht völlig geklärt. Vielleicht, weil sie bei Regen an die Oberfläche kriechen. Das tun sie allerdings nicht aus Liebe zum feuchten Element, sondern um zu überleben. Nach dem Regen oder reichlichem Gießen laufen ihre Gänge voll Wasser. Um nicht zu ertrinken, kriechen sie an die Oberfläche.
Und mit einem weiteren Irrtum muß aufgeräumt werden: Es stimmt nicht, daß ein in der Mitte durchgeschnittener Regenwurm in zwei Teilen weiterlebt! Also nicht mit dem scharfen Spaten, sondern mit einer Grabegabel oder mit einem Sauzahn den Boden vorsichtig lockern.

Comfrey – ein Kraut macht Karriere

Bekannt ist Comfrey schon seit vielen hundert Jahren. Und früher wurde das Kraut hoch geschätzt. Nach Jahren der Vergessenheit kommt es jetzt wieder zu Ehren.

Es gibt eine Pflanze, der man zu Recht den Titel „Wunderpflanze" verleihen darf: Beinwell, auch Beinwurz genannt, vielfach auch unter der englischen Bezeichnung Comfrey bekannt. Von den verschiedenen Arten, die alle ähnliche Eigenschaften haben, soll hier nur von ***Symphytum peregrinum*** die Rede sein, jenem „russischen Beinwell", das aus der Ukraine über England in alle Erdteile gelangte.
Comfrey hat so viele gute Eigenschaften und ist für den Garten derart nützlich, daß man ihm einen Ehrenplatz einräumen sollte: als Mulchmaterial, als Düngejauche, aber auch als Heilpflanze für Mensch und Tier, als Salat und Gemüse. Die Wurzeln werden bis zu einem Meter lang, die Blätter oft 30 cm breit und 50 cm lang. Die Blüten variieren zwischen weiß, violett und rötlich.
Aus dem sehr eiweißhaltigen Kraut läßt sich eine ausgezeichnete Düngejauche herstellen, die neben Stickstoff viele Mineralstoffe und Spurenelemente enthält. Man nimmt dazu zwei Hände voll Comfreymaterial (Stiele, angetrocknete Blätter, herausgeschnittene Blattrippen) und setzt es in einem Plastik- oder Steingutgefäß mit 10 Liter angewärmtem Wasser an. Dieses Gemisch läßt man drei bis vier Tage stehen und angären. Alle 14 Tage gießt man seine Gartenpflanzen mit der Jauche in einer Konzentration 1:3 bis 1:5, je nach Bedarf. Die Verdünnung mit Wasser ist wichtig, weil die Pflanzen das beißende Gemisch pur nicht vertragen. Auch seine Zimmerpflanzen und die Blumen in den Balkonkästen kann man mit Comfreyjauche verwöhnen, allerdings mindestens 1:5 mit Wasser verdünnt oder in einer noch schwächeren Konzentration.
Abgesehen von dieser angegorenen Jauche kann man auch vergorene Jauche herstellen. Dazu nimmt man 1 kg frische oder 200 g getrocknete Comfreyblätter und -stiele und setzt sie am besten mit 10 Liter Regenwasser an. Nach drei bis vier Tagen wird die Jauche schleimig, nach einer Woche ist sie fertig. Man verdünnt das Konzentrat für trockene Böden im Verhältnis 1:20 und bei feuchten Böden im Verhältnis 1:10.
Pflanzenbrühen und -jauchen sollten immer nur an einem trüben Tag auf feuchten Boden ausgebracht werden. Der Düngeguß aus vergorener Comfreyjauche ist eine Wohltat für alle Pflanzen, besonders jedoch für Sellerie, Kohl und Tomaten. Letzteren kann man täglich einen guten halben Liter an die Wurzel gießen.
Über Comfreygüsse freuen sich auch alle Bodenlebewesen. Deshalb sollte man auch immer ein wenig auf den Kompost geben. Wer sich die

Comfrey wächst schnell und immer wieder nach. Man kann es mehrmals im Jahr schneiden.

Mühe mit den Jauchen sparen will, schneidet die großen Blätter ab – vor der Blütenbildung, dann steckt in ihnen mehr drin – und legt sie als Mulchmaterial auf den Boden. Die Blätter welken schnell und „verschwinden" im Boden.
Comfrey hat die Eigenheit, sich gern auszubreiten, die Wurzeln wandern durch den Garten. Man kann dem Einhalt gebieten, indem man die Pflanzen radikal abschneidet und an den Stellen, wo man sie nicht so schnell wiedersehen möchte, etwas Salz auf die Wurzelkrone streut.

Jede Pflanze bekommt, was sie braucht

Mineralische und organische Spezialdünger machen den Gärtnern und den Pflanzen das Leben leichter, wenn die Produkte wohldosiert und gezielt eingesetzt werden. Auch der richtige Zeitpunkt spielt eine wichtige Rolle.

In den großen Topf „Kunstdünger“ wird alles geworfen, was nicht organischen Ursprungs ist. Oft wird dieser Begriff auch gleichgesetzt mit mineralischen Düngern. Das stimmt alles ein bißchen, aber nicht ganz. Kunstdünger im eigentlichen Sinn sind nur industriell hergestellte wasserlösliche Nährsalze und Stickstoffdünger. Dem Chemiker Justus von Liebig (1803–1873) wird zu Unrecht die Schuld an dem sorglosen Umgang mit diesem Dünger in die Schuhe geschoben. Er hatte lediglich herausgefunden, daß die Pflanzen bestimmte Stoffe zum Leben benötigen, unter anderem auch Stickstoff. Seine zusätzliche Verwendung in der Landwirtschaft hat der Wissenschaftler nur für Sonderfälle empfohlen, weil er auch wußte, daß sich die Pflanzen den Stickstoff zu einem großen Teil aus der Luft holen, die ja zu 78 Prozent aus Stickstoff besteht.

Erst nach Liebigs Tod, Ende des vorigen Jahrhunderts, begann der Stickstoff-Boom, nachdem Verfahren entwickelt worden waren, diesen Stoff aus der Luft, aus Ammoniak, Salpeter und anderen Ausgangsmaterialien zu gewinnen. Stickstoff ist übrigens auch ein Bestandteil aller Eiweißverbindungen.

Die sichtbaren Erfolge, die Landwirte und Gärtner durch Düngung mit Stickstoff erzielten, brachte ihm das Image eines Wundermittels ein. Man verwendete ihn bei jeder Gelegenheit, ohne die Folgen zu bedenken oder zu erkennen. Denn wirklich segensreich ist Stickstoff nur in wohldosierten Mengen. Der jahrzehntelange leichtfertige Gebrauch von Stickstoffdüngern führte zu einer völligen Überdüngung vieler Böden, der Flüsse und Meere.

Auch das berüchtigte Nitrat hängt unmittelbar mit Stickstoff zusammen: Es besteht aus Stickstoff und Sauerstoff. Bestimmte Bakterien verwandeln das in geringen Mengen gesundheitlich unbedenkliche Nitrat in giftiges Nitrit um, das dann mit dem Trinkwasser oder mit Lebensmitteln in den menschlichen Körper gelangt.

Das Wesentliche am Kunstdünger ist der Umstand, daß die Nährstoffe bereits so aufbereitet wurden, daß sie den Pflanzen sofort zur Verfügung stehen. Die Bodenlebewesen sind dadurch arbeitslos und sterben ab – mit ihnen stirbt der Boden.

Die industriell hergestellten Mineraldünger sind in diesem Sinne keine Kunstdünger. Und in Verbindung mit organischen Stoffen wie Kompost können sie dem Boden durchaus nützen. Der Kleingärtner kann zwischen verschiedenen sogenannten Volldüngern wählen, ganz nach Beschaffenheit seines Gartenbodens. Für einen jungen Garten, der neu angelegt wird, wählt man Blau-Dünger. Die Zusammensetzung: 12 Prozent Stickstoff, 12 Prozent Phosphat, 17 Prozent Kali und 2 Prozent Magnesium. Auf der Packung liest sich das so: 12+12+17+2.

In einem älteren, gut gepflegten Garten wird ein Universaldünger verwendet in der Zusammensetzung 15 Prozent Stickstoff, 5 Prozent Phosphat, 20 Prozent Kali und 2 Prozent Magnesium (15+5+20+2).

Für ganz deutlich mit Phosphat überdüngte Böden gibt es völlig phosphatfreie Gartendünger in der Zusammensetzung 12 Prozent Stickstoff, 20 Prozent Kali und 2 Prozent Magnesium (12+0+20+2). Mit Phosphat überversorgte Böden binden die Spurenelemente, die Pflanzen können sie nicht aufnehmen.

Gärtner, die sich wiederholtes Nachdüngen ersparen wollen oder auf sehr leichten Böden gärtnern, setzen einen Volldünger mit Langzeitwirkung ein (15+9+15+2).

Auf den Packungen oder Begleitzetteln ist immer angegeben, wieviel Gramm pro Quadratmeter höchstens in den Boden eingearbeitet werden sollen. Nun hat man nicht immer eine Waage im Garten stehen. Als Dosierhilfe gilt bei Blau- und Universaldünger: 1 gehäufter Teelöffel = 16 g, 1 Eßlöffel = 25 g, 1 Joghurtbecher = 150 g, 1 Litermaß = 1 kg; bei Langzeitvolldünger: 1 Teelöffel = 9 g, 1 Eßlöffel = 18 g, 1 Joghurtbecher = 90 g. Es hilft auch, wenn man einmal abwiegt, wieviel eigentlich eine Handvoll ist.

Werden Volldünger richtig dosiert und zur richtigen Zeit ausgebracht – das ist von Pflanze zu Pflanze verschieden –, müssen keine zusätzlichen Dünger mehr gegeben werden. Kompost ist allerdings wichtig, weil er das Bodenleben aktiviert. Gründüngung und Mulchen darf man ebenfalls nicht vergessen.

Spezialdünger

Pflanzen stellen ganz unterschiedliche Ansprüche an Menge und Art der Nährstoffe. Das hängt einmal damit zusammen, daß die einen Stark-, die anderen Mittel- oder Schwachzehrer sind. Wichtig ist aber auch das Stadium, in dem sich die Pflanze befindet: Jungpflanzen haben einen anderen Nährstoffbedarf als ausgewachsene Pflanzen oder Pflanzen während der Blattbildung, der Blüte oder während der Fruchtreife.

Auch die Kulturdauer spielt eine Rolle. Ein Radieschen, das nur wenige Wochen von der Saat bis zur Ernte braucht, benötigt weniger Nährstoffe als ein Kohlkopf, der viel länger wächst, bevor er im Kochtopf landet. Aber auch die Zusammensetzung der Nährstoffe ist unterschiedlich. Erdbeeren haben einen anderen Geschmack als Rosen oder Rasen.

Man kann also, um reiche Ernten und besonders schöne Zierpflanzen zu bekommen, jeder Pflanze genau das geben, was sie braucht. Der Handel bietet eine große Palette mineralischer und organischer Spezialdünger an. Die organischen Dünger sind oft in erster Linie Bodenverbesserer, die man aber auch gezielt einsetzen kann. Die verschiedenen mineralischen Mittel unterscheiden sich durch unterschiedliche Zusammensetzungen. Stickstoff, Phosphor, Kalium, Magnesium, Kalk und Spurenelemente sind so gemischt, daß sie eine optimale Ernährung der je-
verwendete ihn bei jeder Gelegenheit, ohne die Folgen zu bedenken

Den Dünger aus der Tüte kann man ganz sparsam ausbringen. Am besten verteilt man ihn mit den Händen.

sollte man den Boden aber erstmal untersuchen, um genau zu wissen, was an Nährstoffen vorhanden ist und woran es mangelt.

Organische Soforthilfen

Ein hervorragender und schnell wirkender Bodenverbesserer bei sehr ausgelaugten Böden ist Wurmhumus. Dieses nahrhafte Konzentrat muß immer mit etwas Erde gemischt werden. Man setzt es im Gewächshaus und im Frühbeet ein, bei Balkon- und Kübelpflanzen, die keine Möglichkeit haben, durch Ausbreitung der Wurzeln Nachschub aus dem Boden zu holen.
Auch Bodenbakterien gibt es zu kaufen, wenn die Kleinstlebewesen nicht so recht auf dem Damm sind. Es handelt sich um einen Spezialdünger, der neben Stickstoff, Phosphor und Kalium auch eine abgewogene Mischung dieser Mikroorganismen enthält.
Schnell verfügbar für die Pflanzen sind auch die Nährstoffe, die in den verschiedenen Guano-Präparaten angeboten werden. Daneben gibt es noch Spezialdünger für Erdbeeren, Tomaten, Blumen und Ziersträucher.

Mineralische Spezialisten

Es werden Mischungen für fast alle Bereiche des Gartens angeboten. Rosendünger ist auch für alle anderen blühenden Ziersträucher wirksam. Seine Zusammensetzung ist von Hersteller zu Hersteller etwas unterschiedlich – das gilt auch für alle anderen Spezialdünger. Tannendünger hat einen hohen Magnesiumanteil, der dem Gelbwerden der Nadeln entgegenwirkt.
Rasendünger gibt es für jeden Boden und jeden Spezialfall. Ein junger Rasen braucht andere Nährstoffe als eine sehr beanspruchte Rasenfläche oder ein alter, kaum strapazierter Zierrasen.
Auch für alle Pflanzen, die auf einem eher sauren Boden wachsen – Moorbeetpflanzen, Hortensien, Azaleen, Rhododendren – gibt es Spezialisten.
Im Gemüsegarten können ebenso spezielle Dünger eingesetzt werden wie im Obstgarten. Man sollte sich genau an die auf den Packungen angegebenen Zeiten und sehr genau an die Mengenangaben halten.
Besonders wichtig sind Spezialdünger für Balkon- und Kübelpflanzen. Vor allem alte Kübelpflanzen, die man nur schwer umtopfen kann, leiden schnell unter Nährstoffmangel, wenn man sie nicht „künstlich ernährt". Auch hier gibt es organische und mineralische Produkte.

Eine warme Decke für den Gartenboden

In der freien Natur ernähren sich die Pflanzen selbst. Laub und andere Reste bleiben liegen, speichern Wärme und Feuchtigkeit und verrotten. Diesen Effekt hat auch eine Mulchschicht im Garten.

Überall in der Natur, wo die Erde nicht bedeckt ist, nimmt sie Schaden, wird unfruchtbar. Sie ist Regen, Wind, Hitze und Kälte schutzlos ausgeliefert. So ergeht es dem Gartenboden auch, wenn man ihn nicht bedeckt – und zwar das ganze Jahr. Der Gärtner nennt diese Maßnahme Mulchen.

Unter einer Decke ist der Boden nicht nur geschützt vor den Wettereinflüssen, eine Mulchschicht fördert auch die Fruchtbarkeit. Denn die Bodenlebewesen, die für die Umsetzung der abgestorbenen Pflanzenteile und kleinen Tierkadaver in nahrhaften Humus sorgen, fühlen sich in einem gemulchten Boden besonders wohl. Bedeckte Erde erleichtert dem Gärtner auch die Arbeit und hilft sparen. Wildkräuter haben es sehr schwer, an die Oberfläche zu gelangen – man benötigt bis zu 30 Prozent weniger Zeit für das Unkrautjäten. Das Wasser wird besser gespeichert – man muß weniger gießen. Und auch die Düngemengen reduzieren sich gewaltig.

Natürliches Mulchmaterial

Die Auswahl an geeignetem Material, das dem Gärtner zur Verfügung steht, ist groß und meistens kostenlos: der sogenannte Gartenabfall. Dann gibt es andere natürliche Stoffe wie Stroh oder Rindenprodukte, die man kaufen muß. Von der Erwerbsgärtnerei abgeguckt haben viele Hobbygärtner das Abdecken mit

Viele Pflanzen freuen sich über eine warme Decke. Die Wurzeln sind vor spätem Frost geschützt, den es oft noch im Mai gibt.

Folie. Das ist in vielen Punkten gleich effektvoll.
Natürliches Material verrottet im Laufe der Zeit, wird von den Bodenlebewesen in Nährstoffe für die Pflanzen umgewandelt. Dieser zusätzliche Nutzen entfällt bei einer Folienabdeckung. Düngen und auch die Versorgung mit Wasser sind ein wenig kompliziert. Allerdings verdunstet das Wasser sehr langsam. Mit Folie abgedeckte Beete machen außerdem einen sehr professionellen Eindruck – doch wo bleibt da die Gemütlichkeit?
Mit folgenden Materialien kann man in seinem Garten die Beete bedecken:

Rasenschnitt eignet sich besonders gut, weil er meistens fein und leicht ist. Er muß aber mindestens einen Tag auf dem Rasen liegen bleiben und anwelken, sonst verklebt er auf den Beeten zu einer dicken Masse, die keine Luft an den Boden läßt. Rasenschnitt hat einen Nachteil: Das frische Grün lockt Schnecken an, was keine Rolle spielt, wenn Sie Ihre

Schwarze Folie sieht zwar nicht sehr schön aus, erfüllt aber ihren Zweck. Und Unkraut hat keine Chance. Der Gärtner muß nicht jäten.

Hier ist die Stabilität sehr gefragt

Manchmal muß der Gärtner hoch hinaus oder Material über längere Entfernungen transportieren. Eine leichte, aber standfeste Leiter gehört ebenso zum Gerätepark wie eine solide Karre und Körbe.

Eine Stehleiter mit Reserve. Sie läßt sich noch um ein gutes Stück verlängern. Hinaufklettern sollten allerdings nur schwindelfreie Gärtner.

Bäume haben es nun mal an sich, in die Höhe zu wachsen. Die schönsten Äpfel und süßesten Kirschen hängen immer oben und ganz außen, weil sie dort die meiste Sonne einfangen können. Aber auch für den Baumschnitt muß man manchmal hoch hinaus. Oder es gilt ein Spalier auszubessern oder die Regenrinne zu reinigen. Ohne Leiter geht es nicht.

Bei einer Neuanschaffung sollte man eine möglichst vielseitig verwendbare Leiter kaufen, die leicht ist und einfach gehandhabt werden kann, aber dennoch über genügend Standfestigkeit verfügt. Das ideale Material ist Aluminium.

Stufen-, Bock- und Stehleitern reichen für geringere Höhen. Hängen die süßen Früchte höher, empfiehlt sich eine Stehleiter, die man je nach Bedarf verlängern kann – oder eine Anlegeleiter. Sehr praktisch sind jene Systeme, die man sowohl als Leiter als auch als erhöhten Arbeitsbock verwenden kann. Letzteres hilft nicht nur im Garten, sondern zum Beispiel auch beim Tapezieren im Haus. Sinnvolles Zubehör sind Ablagepodeste zum Einhängen und Erdspitzen, die für eine bessere Standfestigkeit sorgen.

Und wenn das Obst nun immer noch in unerreichbarer Höhe schwebt – Birnbäume werden zum Beispiel sehr hoch –, verhilft ein Obstpflücker mit Teleskopstiel (bis knapp 4 Meter lang) zum ersehnten Genuß.

Karren und Körbe

Im Garten muß immer irgendetwas transportiert werden: Kompost, Mulchmaterial, Erde, Steine, Dünger, Rasenschnitt oder Laub. Ohne Karren und Körbe geht das nicht.

Für ganz schwere Transporte sind die zweirädrigen Muldenwagen gedacht, die einen recht festen Stand haben und gezogen, nicht geschoben werden – was bei großem Gewicht einfacher geht.

Das bewährteste Transportmittel ist eine Schubkarre. Das Rohrgestell soll stabil sein, das Rad gummibereift und das Fassungsvermögen zwischen 60 und 100 Liter liegen. Einige Schubkarren kann man zusätzlich mit einem Aufsatz versehen, der das Fassungsvermögen noch vergrößert. Besonders leicht sind Karren aus Kunststoff. Für kleinere Transporte bieten sich Körbe und Kästen an, die man auf einem kleinen Wagen transportiert oder auch in der Hand trägt. Eine Sackkarre hilft ebenfalls Kräfte sparen. Es gibt sogar Modelle, die man mit wenigen Handgriffen in einen kleinen Wagen verwandeln kann.

Wessen Garten nicht direkt hinter dem Haus liegt, sondern nur mit dem Auto zu erreichen ist, der sollte beim Kauf darauf achten, daß sich Leitern oder Wagen kofferraumklein zusammenklappen lassen. Denn nicht in jedem Wochenendgarten hat man diebstahlsichere Unterbringungsmöglichkeiten. (Allerdings gibt es stabile, verschließbare Geräteboxen, in die sogar ein Rasenmäher paßt.)

Zu den Helfern auf Rollen oder Rädern zählen auch die Streukörbe, mit denen man vor allem Rasenflächen gleichmäßig düngen kann. Hilfreich ist dabei ein sogenannter Streustopp, der beim Rückwärtsfahren oder Wenden das Austreten des Saatguts oder des Düngers verhindert. Ohne diese Vorrichtung ist es mit der meist sehr wichtigen gleichmäßigen Verteilung des Streuguts oft nicht weit her.

Die sichere Kletterpartie

- *Achten Sie beim Aufstellen von Leitern auf einen sicheren Untergrund. Auf weichem Gartenboden sinkt die Leiter oft einseitig ein. Man muß ein Brett oder einen Ziegelstein unterlegen.*
- *Auf Erde sorgen zusätzlich Erdspitzen für Standfestigkeit.*
- *Je breiter die Standbasis der Leiter ist, desto sicherer der Halt.*
- *Achten Sie auf sichere Anlagepunkte, damit die Leiter nicht verrutschen kann.*
- *Rutschfeste Schuhsohlen und geriffelte Stufen sorgen für Sicherheit beim Klettern und Arbeiten.*
- *Je höher man hinaufsteigt, desto weniger dürfen Sie Ihren Schwerpunkt über die Leiter hinaus verlagern – sonst wird's kippelig.*
- *Arbeiten Sie lieber zu zweit, wenn die Situation schwierig ist.*
- *Lassen Sie eine aufgestellte Leiter nicht aus den Augen, wenn Kinder in der Nähe sind.*
- *Bei Mehrzweckleitern muß der Mechanismus gut einrasten und leicht zu sichern sein.*
- *Kaufen Sie auf jeden Fall nur TÜV-geprüfte Leitern.*

Dieses hübsche Häuschen ist „Marke Eigenbau". Ähnliche gibt es aber auch als Bausatz zu kaufen.

Gartenhäuser aus Holz oder Metall

Sie nehmen nicht viel Platz weg, sind jedoch von großem Nutzen – die Geräteschuppen. Denn Rechen und Rasenmäher, Spaten und Schaufel brauchen eine trockene Unterkunft.

Sind Sie ein geübter Heimwerker, können Sie sich ein stabiles Gerätehaus selber zusammenzimmern. Einfacher ist es, sich ein Häuschen aus vorgefertigten Holz- oder Metallteilen aufzustellen. Ob man sich nun für ein Metall-Häuschen oder eine Mini-Blockhütte entscheidet – meistens interessiert sich das Bauamt dafür, wenn der umbaute Raum fünf Kubikmeter überschreitet. Auch für den Abstand zur Grundstücksgrenze gibt es Vorschriften.

Gerätehäuschen aus Stahlblech erscheinen auf den ersten Blick oft günstiger. Mit dem fast immer notwendigen Fundamentrahmen wird's dann wieder teurer, das Fundament selbst nicht mitgerechnet. Die gleich große, hölzerne Konkurrenz kommt meist nicht teurer, es sei denn, man entscheidet sich für ein massives Blockhäuschen.

Wird ein Holzhaus pfleglich behandelt und ist es aus druckimprägniertem Holz, hält es rund 25 Jahre. Ist das Holz nicht vorbehandelt, muß man es mit einem geeigneten umweltfreundlichen Mittel vor Witterungseinflüssen schützen.

Der beste Holzschutz ist allerdings die richtige Konstruktion. Nirgendwo darf sich Nässe stauen, Feuchtigkeit muß verdunsten können. Das heißt in erster Linie, daß die tragenden Pfosten oder die Bodenkonstruktion nicht einfach auf die Wiese oder Erde gestellt werden dürfen, sondern mit sogenannten Pfostenhaltern in Betonsockeln verankert werden müssen. Ist das Häuschen so „aufgestelzt", kann zwischen dem Erdreich und dem Holz die Luft zirkulieren. Verwenden Sie nicht rostende (verzinkte) Schrauben. Die Köpfe müssen versenkt und mit Dichtungsmasse abgedeckt werden.

In den Prospekten sehen die Gerätehäuser oder Geräteschränke aus Blech alle gleich gut und schön aus. Schauen Sie sich die Häuschen nach Möglichkeit in natura an. Lassen Sie sich garantieren, daß alles verzinkt ist, sonst verwandelt sich das hübsche Gerätehaus schnell in eine häßliche Rostlaube. Da die Stahlblechhütten recht leicht sind, kommen sie ohne feste Verankerung im Boden nicht aus. Manche Hersteller empfehlen einen Unterbau aus im Sandbett verlegten Gehwegplatten, andere ein Streifenfundament aus Beton.

Was vor dem Kauf zu beachten ist

- *Stahlblechhäuser sollten mindestens 10 Jahre Garantie haben. Gibt es auch eine Gewährleistungsgarantie für Kantenrost?*
- *Ist das Holz druckimprägniert oder sonstwie vorbehandelt?*
- *Sind Hängeleisten und Regale im Preis inbegriffen?*
- *Wie wird das Haus belüftet? Im Dachbereich sollte eine Dauerbelüftung vorhanden sein.*
- *Ist der Einbau eines Fensters möglich?*
- *Kann man bei einem Holzhaus zwischen Dichtungsbahnen und Dachschindeln wählen?*
- *Wie breit ist die Tür? Paßt eine Schubkarre hinein? Für größere Geräte braucht man eine zweiflügelige Tür.*
- *Hat die Tür ein ordentliches Schloß? An Schiebe- oder Flügeltüren gehört auf jeden Fall eine stabile Schliesstange.*
- *Macht der Hersteller genau Angaben über das Fundament?*
- *Wieviel Dachlast hält das Haus aus? Wenn viel Schnee fällt, ist es sehr wichtig zu wissen, wann man schippen muß.*
- *Wie steht es mit einer Regenrinne und einem Fallrohr? Entstehen dafür Mehrkosten?*

Das Gartencenter an der Wand

Aber es geht auch ohne Gerätehaus. Eine Wand in der Garage oder im Keller, mit Regalen und Haken versehen, bietet viel Stauraum. An eine in die Wand gedübelte Latte schraubt man für jedes Gerät mit Stiel einen beweglichen, rutschfesten Haken. Diese Spezialhaken gibt es im Fachhandel. Um diese Geräte herum baut man ein Regal. Das unterste Brett sollte so hoch sein, daß ein Sack mit Dünger darunterpaßt.

Auf den Regalen finden all die Kleinigkeiten Platz, die der Gärtner braucht. Wer genügend Platz hat, kann sich auch einen Klapptisch an die Wand montieren.

GARTENPRAXIS

Gartenarbeit macht Spaß. Sie führt auch zum Erfolg, wenn man praktische Hinweise beachtet.

In den Monaten Februar bis Mai werden aus Fensterbänken Kinderstuben für kleine Pflänzchen.

Alles über Samen und Sämlinge

Für viele Gartenbesitzer gehört die eigene Anzucht zum grünen Hobby. Ob es sich nun um Blumen oder Gemüse handelt, im Anfang sehen alle fast gleich aus. Gesät wird im späten Winter in Töpfchen, Kästen und Schalen auf der Fensterbank.

Die Gartensaison beginnt im Haus. Wenn draußen oft noch alles unter einer Schneedecke ruht, regt sich schon zartes Pflanzenleben in Töpfchen, Gläsern und Kästen auf der Fensterbank oder in einem Gewächshaus mit Heizung. Eine Alternative sind elektrisch beheizte Anzuchtbeete, die im Haus oder im Gewächshaus aufgestellt werden können.

In erster Linie zieht man ab Februar jene Pflanzen auf der Fensterbank, die erst nach den Eisheiligen ins Freie dürfen. Das gilt besonders für empfindliche Gemüse wie Tomaten, Gurken und einige Küchenkräuter. Doch nicht nur Gemüse wird auf der Fensterbank herangezogen, auch viele einjährige Blumen, die im Frühling und Sommer den Garten schmücken, zum Beispiel Löwenmäulchen und Begonien, Glockenrebe und Sonnenblumen, Tagetes und viele andere.

Wichtige Voraussetzung für das Gelingen der Anzucht ist die Erde. Im Handel gibt es spezielle Anzuchterden (TKS 1 und 2), die allerdings einen recht hohen Torfgehalt haben. Wer diese Erde verwendet, sollte sie unbedingt mit etwas Sand vermischen. Als Anzuchterde kann man auch gut verrotteten (reifen) Kompost, gemischt mit etwas Sand und Torf, in die Töpfchen geben.

Selbst bereitete Anzuchterden sind meistens nicht frei von Bakterien und Pilzen, die den zarten Setzlingen schaden. Deshalb sollte man die eigene Mischung auf einem Backblech im Backofen bei 250 Grad eine halbe Stunde lang sterilisieren. Gut bekommt der Anzuchterde eine Beigabe von Stein- oder Tonmehl – etwa einen Teelöffel pro Kilogramm Substrat. Das Stein- und Tonmehl hält Wasser und Nährstoffe länger im Boden fest.

Die unterste Schicht in den Kästen oder Anzuchtbeeten ist eine Lage aus in kleine Stücke zerpflücktem, angefeuchtetem Moos. Es saugt einmal überschüssiges Wasser auf, damit die kleinen Wurzeln nicht faulen. Dieser Wasserspeicher gibt auf der anderen Seite die Feuchtigkeit wieder langsam an die Erde ab. Dann füllt man bis etwa 3 cm unter dem Kastenrand die Anzuchterde ein. Ganz oben (1 cm Höhe) kommt sehr fein gesiebte Erde darauf.

Wenn keine speziellen Anzuchtgefäße oder -kästen zur Hand sind, tun's auch Marmeladengläser, über die man jeweils kleine durchsichtige oder milchige Plastikschalen stülpt. Man bekommt sie für ein paar Pfennige im Lebensmittelhandel. Gemeint sind die Schälchen, in denen zum Beispiel Fleischsalat verkauft wird.

Dunkel- oder Lichtkeimer

Meistens ist auf den Samentüten angegeben, ob es sich um Dunkel- oder Lichtkeimer handelt. Dunkelkeimer werden nach der Saat mit einer dünnen Erdschicht bedeckt. Dazu gehören fast alle Gemüsearten, aber auch Veilchen, Vergißmeinnicht, Lupinen, Schleierkraut, Rittersporn, Enzian und viele mehr.

Lichtkeimer werden auf das gesiebte Substrat gesät und mit einem Brett angedrückt. Dazu gehören Sellerie und Salate, Glockenblumen, Fingerhut, Lichtnelke, Prachtscharte, Fleißiges Lieschen, Rudbeckie und noch einige andere.

Die Frostkeimer

Viele der beliebtesten Wildblumen sind Frostkeimer. Sie brauchen für ihre Entwicklung erst einmal eine warme Phase, in der Natur sind das die sonnigen Herbsttage. Daran schließt sich die kalte Phase, der Winter, an. Die meisten Frostkeimer stammen aus den Alpen oder anderen Gebirgen. Die warmen Frühlingstage erwecken die Samen dann zum Leben. Zu den Frostkeimern gehören zum Beispiel Christrosen, Lerchensporn, Tränendes Herz, Eisenhut, Steppenkerze, Trollblumen, Iris, Herbstastern, Phlox, Adonisröschen, Akelei, Steinbrech, Anemonen, Primeln, Hungerblümchen, Kugelblumen.

Und so wird's gemacht: Die Samen werden im Herbst in flache Tonschalen gesät. Es ist wichtig, daß die Schalen flach sind, damit der Frost überall hinkommt. Die Gefäße stellt man in den Garten, damit sie Frost und Schnee ausgesetzt sind, hin und wieder auch milderen Temperaturen. Im Frühjahr beginnen sie zu keimen und werden wie jede andere Saat behandelt.

In besonders milden Wintern hilft die Kältekammer in der Küche. Die Samen werden ebenfalls in flachen Schalen, aber nicht in Anzuchterde, sondern in feuchten Sand gesät, einige Tage in das Tiefkühlfach gestellt und dann wieder zum Auftauen auf die Fensterbank. Dieses Hin und Her muß drei bis vier Monate durchgehalten werden – sozusagen den ganzen Winter. Frostkeimer – man spricht auch von Kaltkeimern – brauchen nämlich auch die Wechseltemperaturen. Mal liegen die Temperaturen unter dem Gefrierpunkt, dann wieder darüber.

Nach der Aussaat wird die Oberfläche der Erde nicht gegossen, sondern nur mit Wasser besprüht. Dazu eignet sich auch ein Wäschesprenger, wenn kein Sprühgerät zur Hand ist. Damit die Samen keimen, brauchen sie in erster Linie Wärme. Und zwar muß nicht die Luft warm sein, sondern die Erde, in der die Samen liegen.

Das richtige Keimklima haben die Pflanzen in sogenannter Treibhausluft. Man schafft ihnen diese Bedingungen, indem man die Gefäße mit Folie oder einer Glasscheibe abdeckt. Anzuchtkästen bestehen meist aus zwei Teilen, dem Saatkasten und der Abdeckhaube aus durchsichtigem Plastikmaterial. Die Keimdauer ist bei den einzelnen Samen sehr unterschiedlich. In dieser Phase spielt die Helligkeit keine Rolle.

Doch irgendwann zeigt sich dann ganz klein und zart ein Keimblatt. Jetzt wird Licht lebensnotwendig für die Pflanze. Die Anzuchtgefäße müssen dann ans Fenster, nur nicht unbedingt in die pralle Sonne. Wenn die Fensterplätze besetzt sind, kann man die Keimlinge unter Neonlicht (16 Stunden täglich) großziehen.

Die Pflege der Sämlinge

Sind die Sämlinge ca. 3 cm hoch, muß man sie pikieren, damit sie kräftig weiterwachsen können. Man nimmt die winzigen Pflänzchen mit einer Pinzette (es gibt dafür spezielle Geräte im Fachhandel) aus der Anzuchterde und setzt sie in kleine Töpfe mit einem etwas kräftigeren Substrat. Mit einem kleinen Stöckchen oder mit dem Finger bohrt man ein Loch in die Erde und setzt die Pflanze so vorsichtig wie möglich ein. Die Wurzeln sollten nicht beschädigt werden. Wer nicht genug Töpfchen hat, kann Eierkartons nehmen.

Sind die Sämlinge bereits kräftiger, haben sie also mehr als vier Blätter, muß man vor dem Pikieren etwas gießen. Es bleibt dann ein wenig von der Anzuchterde an den Wurzeln hängen. Das erleichtert den Pflanzen die Umstellung auf das neue Substrat. Die pikierten Pflänzchen werden vorsichtig angegossen.

Nach dem Pikieren stellt man die Pflanzen drei bis vier Tage an einen schattigen Platz. Starke Sonne würde den Winzlingen, die ja noch nicht angewurzelt sind und deswegen auch noch kein Wasser aufnehmen können, sehr schaden. Wenn die Sämlinge wieder aufrecht stehen, können sie aufs Fensterbrett zurück, wo sie so lange bleiben, bis es Zeit ist, sie ins Freie zu pflanzen.

Vor dem Auspflanzen härtet man die Setzlinge etwas ab. Man stellt sie eine Woche lang mit dem Topf in ein zugedecktes Frühbeet oder in eine zugfreie Ecke auf der Terrasse. So gewöhnen sie sich an die frische Luft und den Temperaturunterschied zwischen Tag und Nacht.

Die Keimprobe

Die Dauer der Keimfähigkeit ist meistens auf den Samentüten vermerkt. Solange die Körnchen in ihren ungeöffneten Keimschutzpackungen sind, kann man sich nach diesen Angaben richten. Allerdings muß auch das Herstellungsdatum vermerkt sein. Samen in anderen Tüten oder Reste vom Vorjahr sind Feuchtigkeitsschwankungen ausgesetzt und verlieren oft ihre Keimfähigkeit. Bevor man also Reste verwendet und sich dann möglicherweise über einen Mißerfolg ärgert, sollte man eine Keimprobe machen.

Legen Sie einige Lagen gut angefeuchtetes Küchenpapier auf einen flachen Teller und verteilen Sie eine abgezählte Menge Samenkörner darauf (etwa 30, bei feinem Samen ruhig einige mehr).

Gehen bei der Keimprobe etwa 50 Prozent der Samen auf, kann man sie noch gut verwenden.

Der Teller wird mit Folie bedeckt und luftdicht verpackt. In der Dunkelheit eines Schrankes oder auf einer schattigen Fensterbank beginnt es dann zu sprießen. Sind 50 Prozent der Samen aufgegangen, kann man das Saatgut noch verwenden. Man sät dann eben etwas dichter.

Wenn Sie Bohnen oder Erbsen testen wollen, füllen Sie Sand in einen Suppenteller und feuchten ihn leicht an. Die Samen werden 1 cm tief heineingesteckt. Decken Sie den Teller mit einem zweiten ab und merken Sie sich auch hier die Zahl der Samen. Nach ca. zehn Tagen können Sie das Ergebnis abzählen.

Ein warmes Mäntelchen für kalte Tage

Mit Folie, Vlies und Frühbeet kann der Gärtner dem oft recht wankelmütigen Wetter im Frühling ein Schnippchen schlagen. Die Gartensaison beginnt zudem für ihn um einige Wochen früher.

Für Gärtner beginnt das Frühjahr nie zeitig genug. Sie können es nach dem Winter kaum erwarten, bis der Boden ausreichend warm ist. In einem Frühbeet-Kasten kann man allerdings schon Anfang oder Mitte März „im Freien" säen, dadurch früher ernten und im Herbst sogar die Erntezeit verlängern. Allzu klein sollte ein Frühbeet nicht sein, denn darin hätten die Pflanzen zu wenig Luft. Außerdem schwanken die Temperaturen in einem kleinen Raum zu stark. Eine gute Größe: 2 m lang und 1,50 m breit.

Der beste Platz für ein Frühbeet ist vollsonnig, windgeschützt und liegt in der Nähe des Hauses. Man erspart sich so weite Wege beim morgendlichen Öffnen der Fenster und dem abendlichen Schließen und zum Schattieren, wenn es die Sonne zu gut meint.

Ein Frühbeet sollte außerdem in Ost-West-Richtung aufgestellt werden. So fällt die Mittagssonne voll auf die Fenster. Nach Norden hin ist das Frühbeet höher. Der Neigungswinkel darf nicht zu flach sein, damit das Regenwasser ablaufen kann.

Wer sein Frühbeet selber bauen will, kann zwischen einem Kasten aus Holz und einem gemauerten Frühbeet wählen – eine arbeitsaufwendige Angelegenheit, die sich nur lohnt, wenn man viel Gemüse anbaut. Holzkästen haben den Nachteil der kürzeren Lebensdauer, aber den Vorteil der Mobilität. Diese „Wanderbeete" kann man überall dort einsetzen, wo sie gerade gebraucht werden. Sie sollten aus Transportgründen nur 1,5 m × 1 m groß sein.

Man kann einen solchen Kasten zur Anzucht von Setzlingen verwenden, später als Frostschutz für empfindliche Pflanzen, im Sommer an einer schattigen Stelle zum Vermehren.

So einen Wanderkasten baut man sich entweder aus vier etwa 35 cm breiten Brettern, die in den Ecken auf unten angespitzte Vierkanthölzer genagelt werden. Diese angespitzten Hölzer drückt man am Standort einfach in die Erde.

Etwas aufwendiger ist es, einen Kasten mit Neigung zu bauen. Ein Längsbrett ist 35 cm breit, das zweite ungefähr 50 cm, die Seitenteile sind entsprechend abgeschrägt. Als Fenster benützt man Gartenfolien oder einen alten Fensterrahmen mit Glas. Im Handel werden Frühbeetkästen in allen Größen und Ausführungen angeboten: aus Holz mit Gartenfolie, aus UV-beständigem Polycarbonat (die Pflanzen bekommen darin von allen Seiten Licht). Auch gibt es Frühbeetkästen, die als Bausatz geliefert werden. Luxuriösere Ausführungen sind mit einer automatischen Lüftung ausgestattet, die es dem Gärtner erspart, die Temperatur in dem Frühbeetkasten zu beobachten und die Fenster zu öffnen.

Eine praktische, preiswerte und einfach zu handhabende Neuheit auf dem Markt sind Bodenpflöcke mit Eckverbindungen aus Kunststoff. Man besorgt sich im Baumarkt Dachlatten in der gewünschten Größe und steckt sie in die Halterungen. Gelochte Kunststoffolie (oder später ein Netz zum Schutz vor hungrigen Vögeln), die an den Seiten mit Steinen beschwert wird, macht aus dem Rahmen einen mobilen Frühbeetkasten. Die Einzelteile lassen sich nach Gebrauch platzsparend unterbringen.

Ähnlich einfach in der Handhabung sind Folientunnel, mit denen man auch größere Beetflächen vor den Unbilden der Witterung schützen kann. Das sind entweder Metallbügel, die man über die Beete steckt und mit einer Folie bespannt, oder Bügel und Folie, die bereits miteinander verbunden sind.

Diese Tunnel gibt es sozusagen stückweise in unterschiedlichen Längen. Gut geeignet ist eine Breite von 1,30 m, denn die normale Beetbreite beträgt 1,20 m. Die Mobilität vieler Abdeckungen hat allerdings den Nachteil, nicht jedem Frühjahrssturm gewachsen zu sein.

Schutz durch Folie und Vlies

Eine weitere Möglichkeit, dem Wetter ein Schnippchen zu schlagen, bieten Gartenfolien und Vliese. Sie werden locker und flach auf das Beet gelegt, nachdem gesät oder gepflanzt wurde. Die Ränder werden beschwert. Es gibt Folien aus verschiedenem Material. Die klaren Folien lassen das ultraviolette Licht durch. Das nützt den Pflanzen. Diese Folien sind jedoch nicht sehr haltbar. Polyäthylenfolien überstehen nur eine Saison. Zwei Jahre halten UV-stabilisierte PVC-Folien. Die Benutzungszeit verlängert sich, wenn man die Folien nach Gebrauch reinigt und dunkel aufbewahrt.

Außerdem unterscheiden sich die Funktionen. Lochfolie ist die einfach-

Ein besonders sinnvolles System: Dachlatten werden durch Eckteile zu einem Rahmen zusammengesteckt.

ste und preiswerteste. Sie ist glasklar und dient eigentlich nur als Starthilfe für die ersten zehn bis dreißig Tage. Je milder das Klima ist, desto mehr Löcher muß diese Folie haben. Am einfachsten ist es, wenn man dünne Folie auf der Rolle kauft und sie mit einem Elektrobohrer mit der langsamsten Umdrehungszahl noch auf der Rolle locht. Es sollten mindestens 500 Löcher pro Quadratmeter sein. Durch die Löcher erreichen Regen und Gießwasser den Boden, und der Luftaustausch funktioniert auch.
Lochfolie ist nicht dehnbar, also muß man sie an den Rändern in Falten legen. Sobald die Pflanzen wachsen, faltet man das Material auf.
Diese Arbeit spart man sich mit der sogenannten Schlitzfolie; man nennt sie auch „mitwachsende Folie". Dieses klare Material ist pro Quadratmeter mit 35 000 winzigen Schlitzen versehen, die sich öffnen, je höher die Pflanzen darunter wachsen, ohne sie jedoch mit Gewicht zu belasten. Das vergrößerte Volumen kommt auch dem zunehmenden Luftbedürfnis der Pflanzen entgegen. Dennoch herrscht unter der Folie feuchte Luft, was dem Gedeihen der heranwachsenden Pflänzchen sehr förderlich ist. Man muß die Schlitzfolie weder lüften, noch muß man sehr oft gießen – die Feuchtigkeit verdunstet nur langsam. Das ist eine ideale Sache für alle Wochenendgärtner.
Die Ränder der Schlitzfolie gräbt man etwa 10 cm tief in die Erde ein und alles, was darunter wächst, ist vor Vögeln, Schnecken, Schadinsekten, Sonnenbrand und Sturzregen geschützt – nur nicht vor starkem Frost, vor allem dann, wenn sich die Schlitze schon weit geöffnet haben.
Schlitzfolie kann man von der Aussaat bis zur Ernte einsetzen. Nur bei Fruchtgemüsen muß man sie bei Blühbeginn entfernen, weil sonst keine Befruchtung stattfinden kann. Ist das Frühjahr sehr warm, sollte man keinen Spinat unter Folie anbauen. Durch das reduzierte Licht erhöht sich der Nitratgehalt und die Wärme läßt das Gemüse schneller als gewöhnlich wachsen. Man erntet also schon, bevor die Folie entfernt wurde oder kurz danach. Bei normalem Licht (ohne Folie) reduziert sich der Nitratgehalt.
Wenn man die Folien abnimmt, dann auf keinen Fall an einem sonnigen Tag, sondern bei bedecktem Himmel oder regnerischem Wetter. Die von der Folie geschützten und verwöhnten Pflanzen bekommen sonst einen Sonnenbrand.
Will man im Sommer pflanzen oder säen, ist es oft zu warm. Schattierfolie schützt die Pflanzen dann vor zu viel Sonne. Es handelt sich dabei ebenfalls um Schlitzfolie, die aber weiß oder grün eingefärbt ist, sie hat sonst die gleichen Eigenschaften.
Am haltbarsten sind Vliese aus Acryl. Sie werden gleich nach der Saat auf das Beet gelegt und bleiben dort, bis die Frostgefahr vorüber ist. Die gesamte Fläche ist luft- und wasserdurchlässig, das Material hat stoffartigen Charkakter. Man legt es locker auf die Beete und berücksichtigt auch hier das künftige Pflanzenwachstum. Die Ränder müssen beschwert werden. Sauber und trocken aufbewahrt, kann man Vliese viele Jahre lang verwenden.
Nur der Boden wird durch Mulchfolie geschützt. Man legt die schwarze Folie auf die Beete und schneidet dort, wo gepflanzt werden soll, kreuzweise Schlitze in das Material. Mulchfolie darf man aber erst verwenden, wenn sich der Boden bereits erwärmt hat, weil sie wie eine Isolierschicht wirkt und weder die Kälte herausläßt noch die Wärme hinein. Bevor man die Folie ausbreitet, sollte der Boden gegossen werden. Mulchfolie hat außerdem den Vorteil, das Unkraut zu unterdrücken, das ohne Licht keine Chancen hat. Wen der Anblick der schwarzen Plastikdecke im Garten nicht gefällt, kann auch bräunliche Mulchvliese aus verrottbarem Material verwenden, das mit der Zeit sozusagen im Boden verschwindet.

Das Mistbeet

Die älteste Form des Frühbeets ist das sogenannte Mistbeet, auf das erfahrene Gärtner ungern verzichten. Gebaut wird es im Februar. Man hebt eine etwa 60 cm tiefe, 1 m breite und 2 m lange Grube aus. In Gegenden mit langen Wintern sollte man das bereits im Herbst tun. Der obere Mutterboden wird beiseite gelegt, mit reifem Kompost gemischt und gesiebt.
Zuunterst kommt eine 10 cm dicke Laubschicht in die Grube, darauf gut 30 cm Pferdemist (etwas festtreten) und noch einmal Laub, etwa 3 cm. Jetzt werden die Rahmen gesetzt. Schlagen Sie dazu in jede Ecke einen stabilen Holzstab oder ein Vierkantholz in die Erde. An den beiden hinteren Ecken sollen die Hölzer 25 cm über den Boden ragen, an den vorderen Ecken ca. 15 cm. Entsprechend breit sind die Bretter für die Längsseiten. Die Bretter für die Schmalseiten müssen eine Neigung aufweisen. Man nagelt sie mit nichtrostenden Nägeln an den Pfosten und schippt etwa 20 cm hoch das Erd-Kompost-Gemisch hinein. An der höheren Seite befestigt man mit einfachen Scharnieren ein altes Fenster oder spannt Folie in einen Holzrahmen zum Abdecken.
Damit sich das Mistbeet richtig aufwärmt – Pferdemist ist hitzig und entwickelt beim Verrotten hohe Temperaturen –, deckt man es für drei Tage ab. Danach kann gesät und gepflanzt werden.
Bei sehr niedrigen Nachttemperaturen muß das Fenster zusätzlich mit Strohmatten oder alten Säcken bedeckt werden. An sonnigen Tagen hebt man das Fenster ein wenig an, indem man an der Vorderseite kleine Holzklötze zwischen das Brett und Fenster schiebt.

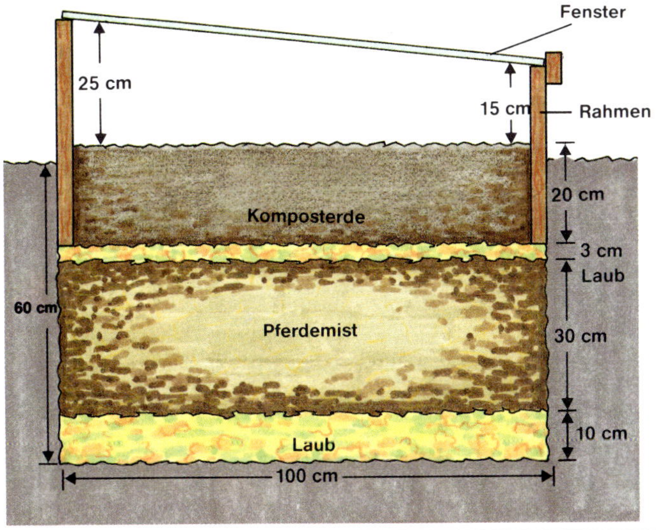

Wer richtig sät, der wird reich ernten

Viele Dinge müssen bei der Aussaat beachtet werden. Und jeder sollte bei diesen Arbeiten sehr gewissenhaft sein. Denn man legt ja buchstäblich den Keim des Erfolges in den Boden. Fehler zeigen sich erst später.

Beete, auf denen im Frühjahr gesät werden soll, müssen bereits im Herbst gut gelockert werden, damit sich das Saatbeet wieder setzt. In der sich absetzenden Erde entsteht dabei in feines Kapillarsystem, durch das Feuchtigkeit, die sich während des Winters in der festen Erdschicht darunter gesammelt hat, nach oben steigen kann. Aber: Ist die Erde zu tief gelockert, bleibt die oberste Schicht, in der später die Samen liegen, trokken, die Samen keimen schlecht.
Mist und halbverrotteter Kompost müssen auch bereits im Herbst eingearbeitet werden, reifen Kompost bringt man im Frühjahr spätestens vier Wochen vor der Aussaat auf die Beete. Kräftige Düngung würde die Samen zerstören. Die Pflanzen brauchen erst Zusatznahrung, wenn sich Wurzeln gebildet haben. Wenige Tage vor der Aussaat lockert man die obere Erdschicht nicht tiefer als zwei bis drei Zentimeter.
Diese lockere Oberschicht enthält den für die Samen wichtigen Sauerstoff. Deshalb ist auch die richtige Saattiefe von großer Bedeutung. Zu tief gelegte Samen keimen nicht – sie ersticken. Faustregel: Die Erdschicht, mit der man die Samen bedeckt, darf maximal dreimal so dick sein wie der Samen groß ist. Bei länglichen Samen zählt die Dicke, nicht die Länge.
Selbst wenn man bisher alles richtig gemacht hat, schlagen oft starke Regenfälle den Boden so stark zusammen, daß kein Sauerstoff mehr in die Erde eindringen kann und die Samen verfaulen. Vor dieser Gefahr kann man sich mit einem Mulchvlies oder einer Schlitzfolie schützen.
Ebenso wichtig wie Erde und Sauerstoff ist für das Keimen der Samen die rechte Menge Feuchtigkeit. Denn erst wenn die Samen naß werden, beginnen sie zu keimen. Direkt nach der Aussaat muß man einmal gründlich gießen, aber mit sehr weichem Sprühnebel, damit die Samen nicht freigespült werden.
Das gründliche Wässern hat zwei Gründe: Das Wasser muß durch die Erde bis zu den Samen vordringen, damit sie zu quellen beginnen. Es muß aber auch das Ende der obersten gelockerten Erdschicht erreichen, damit die Keimlinge dann später an das Kapillarsystem angeschlossen sind. Der feuchte Zustand muß konstant erhalten bleiben. Wenn das Erdreich mit den zarten Keimlingen, die ja an der Oberfläche noch nicht zu sehen sind, auch nur einen Tag lang austrocknet, können alle Samen eingehen. Man muß also mit viel Fingerspitzengefühl gießen. Aber nicht alle Samen brauchen gleich viel Feuchtigkeit. Bohnen, Petersilie, Möhren und Pastinake zum Beispiel nur halb so viel wie andere Gemüsearten.
Auch bei der Freilandaussaat kommt es auf die Bodentemperatur an. Wenn nach den letzten Bodenfrösten im Mai wieder die Sonne scheint, sollte man mindestens noch eine Woche mit der Aussaat warten. So lange dauert es nämlich, bis sich die Erdoberfläche erwärmt hat.
Hat der Boden die richtige Temperatur und sind die Beete hergerichtet, zieht man Saatrillen in der richtigen

Säen mit Tapetenkleister

Vorgekeimte Samen mit Tapetenkleister vermischt und dann erst als dickflüssige Masse in die Saatrillen gefüllt, lassen die Saat erheblich früher aufgehen. Das ist vor allem bei langsam keimenden Gemüsesorten von Vorteil. Der Kleister dient dabei dem Schutz der empfindlichen Keime.
Zuerst streut man die Samen auf angefeuchtetes Papier (Serviette) und stellt die Schale an einen warmen Ort – ca. 20 Grad. Haben die kleinen Wurzeln eine Länge von etwa 2 mm, werden die vorgekeimten Samen ganz vorsichtig von dem Papier in ein Sieb gespült.
Nun rührt man Tapetenkleister (ohne Fungizide = pilztötende Mittel) an und schüttet die Samen aus dem Sieb hinein. Vorsichtig verrühren, bis die Samen gleichmäßig verteilt sind. Die Kleistermasse füllt man nun in eine Plastiktüte und schneidet eine Ecke ab. Das Loch darf nicht zu groß sein. In die vorbereitete Saatrille preßt man nun diese dickflüssige Masse, deckt sie mit Erde zu und behandelt das Beet wie üblich.

Richtig: Hier stimmen Erde und Saattiefe.

Falsch: Samen liegen zu tief in der Erde.

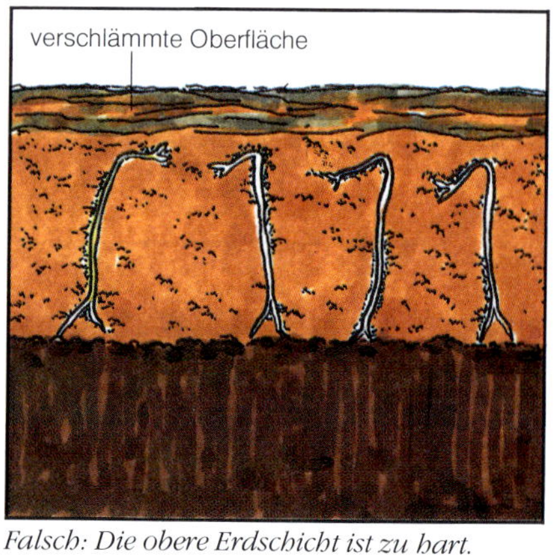

Falsch: Die obere Erdschicht ist zu hart.

Tiefe und im richtigen Abstand, der ebenfalls auf den Samentüten angegeben ist, und legt die Samen hinein. Dann wird Erde über die Samen gestreut und mit dem Rücken einer Harke leicht angedrückt. Säen Sie nicht zu dicht – die Pflanzen können sich dann nicht richtig entwickeln. Zu dicht gesäte Reihen müssen vereinzelt werden, das heißt: alle schwach entwickelten Pflänzchen herauszupfen und nur die kräftigsten stehen lassen.
Wer sich diese Arbeit ersparen will, verwendet Pillensaat oder Saatbänder. Pilliertes Saatgut bedeutet, jedes Korn ist mit einer löslichen Hülle umgeben, die es größer macht. Denn die Samen sind oft unwahrscheinlich fein. Durch diese künstliche Vergrößerung kann man beim Säen besser dosieren. Feinen Samen kann man auch mit Sand mischen und dann erst aussäen.
Noch einfacher ist es, Saatbänder zu verwenden. Die aufgerollten Bänder, in denen bereits im richtigen Abstand die Samenkörner stecken, werden auf die Länge des Beetes zugeschnitten, in die Rille gelegt und angegossen, bevor die Erde darüber kommt. Das Band verrottet mit der Zeit im Boden. Nach dem gleichen Prinzip werden auch Saatteppiche hergestellt.

Saatbäder schützen viele Samen vor Krankheiten und verkürzen die oft recht lange Keimzeit. Zum Trocknen werden die Samen in ein Tuch gewickelt.

Ein Bad für die Saat

Viele Saatguthersteller bieten gebeizte Samen an, die durch eine Spezialbehandlung weniger anfällig für Krankheiten sind und schneller keimen. Saatbäder kann man sich jedoch auch leicht aus biologischen Mitteln selber herstellen. Besonders gut dafür geeignet sind Baldrianblütenextrakt, Eichenrinde, Kamille, Hornmistpräparate und Wasserglas (Natriumsilikat). Man bekommt diese Präparate im biologischen Landhandel, Kamille und Eichenrinde gibt's in jeder Drogerie. Hornmist und Eichenrinde werden genau nach der Gebrauchsanweisung angerührt, Wasserglas vor dem Ansetzen verdünnen. Kamillenblüten und Eichenrinde rührt man in weichem Wasser (Regenwasser) an, und zwar 1 Teelöffel pro Liter.
Beide Pflanzenaufgüsse läßt man zwei Tage zugedeckt stehen, bevor man die Samen darin „badet". Entweder steckt man die Samen in ein kleines (dichtes) Mullsäckchen und hängt es in die Flüssigkeit oder man gibt die Samen auf einen Blumenuntersatz, gießt die Flüssigkeit darüber und breitet die Samen nach dem Bad zum Trocknen auf Küchenpapier aus oder wickelt sie in ein Tuch. Die so vorbehandelten Samen sollten noch am gleichen Tag in die Erde.
Das sind die richtigen Bäder für die einzelnen Gemüsesorten:
Kamille: alle Kohlarten, Rettich, Bohnen, Erbsen und Radieschen.
Eichenrinde: alle Salate und auch Buschbohnen.
Baldrian: Möhren (sie keimen dann viel schneller), Chicorée, Tomaten, Paprika, Kürbis, Gurken, Zwiebeln, Lauch.
Wasserglas: Sellerie
Hornmist: Spinat, Mangold, Rote Bete.
Die Dauer der Bäder: Bohnen 15 Minuten, Kohl 30 Minuten, Erbsen 2 Stunden (und danach 24 Stunden in feuchtem Papier oder Stoff einrollen). Alle anderen Samen 1 Stunde.

Gemüseart	Keimfähigkeit in Jahren	Keimdauer in Tagen
Kopfkohl	4–5	5 – 8
Blumenkohl	4–5	5 – 8
Kohlrabi	4–5	5 – 8
Rosenkohl	4–5	7
Rettich	4–5	4 – 6
Radies	4–5	4 – 6
Erbsen	3	6 –10
Buschbohnen	3	6 –10
Puffbohnen	4	15–30
Möhren	3	14–20
Pastinake	3	14–20
Sellerie	3	14–20
Petersilie	2	10–14
Salat	4	6 –10
Schwarzwurzeln	1	10–14
Chicorée	4	10–15
Spinat	4	8 –12
Rote Bete	4	5 – 8
Zwiebeln	2	12–15
Porree	2	12–15
Schnittlauch	2	14–10
Gurken	5	6 – 7
Tomaten	3	8 –15
Feldsalat	3	10–12
Mais	4	5 –10

Markiersaat

Wo langsam keimende Saaten im Boden liegen, weiß der Gärtner oft nicht, ob das winzige Grün nun das ersehnte Keimblatt einer Möhre ist oder ein Wildkraut, das man herauszupfen soll. Man erleichtert sich die Entscheidung, wenn man dem Saatgut ein paar schnellkeimende Radieschensamen beimischt oder in Abständen von 30 cm eine Zwiebel in die Saatrille steckt. Zum Markieren eignen sich auch Salat und Spinat. All diese Samen gehen schnell auf und zeigen an, wo die Saatrille verläuft. Was rechts und links daneben wächst, darf ohne Bedenken gezupft werden.

Das Pflanzen von Bäumen und Sträuchern

Von der richtigen Vorbereitung der Pflanzgrube hängt es ab, ob die junge Pflanze sich in ihrer neuen Umgebung wohlfühlt. Mit der Arbeit muß man zeitig beginnen, damit der Wintereinbruch keinen Strich durch die Rechnung macht.

Die einen Hobby-Gärtner schwören auf die Herbstpflanzung, die anderen setzen Bäume und Sträucher im Frühjahr in die Erde. Ein generelles Richtig oder Falsch gibt es aber hier nicht.
Von den Baumschulen wird die Herbstpflanzung empfohlen, vielfach den Pflanzen zuliebe, aber auch aus verkaufstechnischen Gründen. Es ist sicherlich einfacher, die Jungpflanzen im Spätsommer und Herbst für den Verkauf herzurichten als im Winter. Die Herbstpflanzung hat jedoch wirklich Vorteile, wenn man den richtigen Zeitpunkt erwischt. Und der nun wiederum läßt sich leider nicht genau bestimmen.
Solange der Gärtner sicher sein kann, daß die Wurzeln noch vor Einbruch des Winters richtig Fuß fassen, ist der Herbst der bessere Zeitpunkt. Man muß mit dem Pflanzen also rechtzeitig beginnen und die Arbeiten möglichst zwischen Anfang und Ende Oktober – je nach Gegend – abgeschlossen haben. Das gilt für alle laubabwerfenden Gehölze.
Immergrüne Laub- und Nadelgehölze muß man früher pflanzen, je nach Klima im August oder September.
Bevor man zu spät im Jahr pflanzt, sollte man das Vorhaben besser auf das Frühjahr verschieben. Haben die Pflanzen nicht genug Zeit, wieder Saugwurzeln zu bilden, bevor die Erde friert, vertrocknen sie. Man merkt das oft erst im nächsten Sommer, weil sich z.B. bei Nadelgehölzen Schäden erst nach Monaten zeigen. Das gilt ganz besonders auch für empfindliche Gehölze wie Sommerflieder, Magnolien, Zaubernuß und andere, aber eben auch für die immergrünen Koniferen (coniferae = Zapfenträger).
Im Frühjahr gepflanzte Gehölze werden erst im darauffolgenden Jahr richtig schön. Denn die Bäumchen müssen ja zwei kraft- und saftraubende Tätigkeiten gleichzeitig ausführen: die Bildung neuer Wurzeln und das Anwachsen sowie die Bildung von Blättern und eventuell auch von Blüten und Früchten.

Vorbereitung der Pflanzstelle

Der Umzug von der Kinderstube (Baumschule) ins neue Gartenheim ist für jede Pflanze ein Schock. Um ihr die Umstellung zu erleichtern, muß zunächst das Pflanzloch sorgfältig vorbereitet werden. Optimal ist es, die Grube zwei bis vier Wochen vor dem Pflanztermin auszuheben, den Aushub mit reifem Kompost zu vermischen, eventuell auch mit etwas Dünger und Betonit, und alles erstmal wieder in die Grube zu schaufeln. Für Pflanzen, die leicht sauren Boden bevorzugen, mischt man noch etwas Lauberde oder Torf unter den Aushub. Die Bodenorganismen haben Zeit, die Erde gründlich durchzuarbeiten. Die Größe des Pflanzlochs richtet sich nach der Größe des Wurzelballens. Zwei Spaten tief sollte es aber auf jeden Fall sein. Den Boden lockert man noch zusätzlich mit einer Grabegabel. Der Durchmesser der Grube muß es den Wurzeln erlauben, ohne Knicke und Beschädigungen das neue Quartier zu beziehen.
Mit den kleinen entwurzelten Bäum-

Die Pflanzgrube muß groß genug sein, um die Wurzeln ohne Knicke aufnehmen zu können. Der Aushub wird mit Kompost oder Dünger vermischt.

chen muß man pfleglich umgehen. Dennoch wird man es nicht vermeiden können, daß Wurzeln beim Ausgraben in der Baumschule und beim Transport abknicken. Alle beschädigten Wurzelteile schneidet man mit einem scharfen Messer glatt ab. Die Schnittstelle muß nach unten zeigen. Zu lange Wurzeln werden ebenfalls eingekürzt, die Hauptwurzeln sollen jedoch unterschiedlich lang sein. Insgesamt werden die Wurzeln um etwa ein Drittel gestutzt. Sollten sie etwas trocken sein, wässert man den Baum wenigstens 12 Stunden.

Auch im oberen Teil der Pflanze wird geschnitten. Alle schwächlichen Triebe und angeknickten Zweige können der Schere zum Opfer fallen. Geschnitten wird bis ins gesunde Holz. Insgesamt darf auch hier um ein Drittel gekürzt werden. Je kräftiger, desto besser treibt der Baum in der kommenden Gartensaison aus. Geschnitten wird immer kurz unterhalb einer Knospe, aber nicht zu knapp am Auge, damit die dort eingelagerten Blatt- und Blütenorgane nicht verletzt werden.

Soll ein Laubbaum gepflanzt werden, schlägt man vor der Pflanzung einen Stützpfahl in die Grube. Bei sogenannten Containerpflanzen, deren Wurzelballen von Erde umgeben ist, oder bei Ballenpflanzen, die mit einem Tuch umwickelt sind, wird der Pfahl nach dem Pflanzen eingeschlagen, und zwar schräg zum Stamm, um die Wurzeln nicht zu verletzen. Das Ballentuch wird übrigens nicht entfernt, nur aufgeknotet und etwas nach außen geschlagen. Vergewissern Sie sich aber beim Kauf, daß es aus verrottbarem Material ist.

Man sollte die Jungpflanze erst kurz vor dem Pflanztermin kaufen. Kann man das Bäumchen aus irgendeinem Grund nicht sofort einpflanzen, muß man den Wurzelballen unbedingt in feuchte Erde einschlagen und an einem schattigen Ort, oder wenn Frost droht, im Keller aufbewahren.

Bevor der junge Baum gepflanzt wird, schlägt man einen kräftigen Stützpfahl in die Grube. Denn die jungen Bäume brauchen einen Halt.

So wird richtig gepflanzt

Man schaufelt die lockere Erde wieder aus dem Pflanzloch, läßt aber einen „Bodensatz" darin. Das Pflanzen ist einfacher, wenn sich zwei Personen die Arbeit teilen. Die eine hält das Bäumchen senkrecht, und die andere füllt nach und nach Erde in das Pflanzloch. Dabei wird das Bäumchen immer wieder etwas angehoben und wieder aufgesetzt und gut eingeschlämmt, damit die angeschüttete Erde alle Zwischenräume ausfüllt.

Durch das Vermischen des Aushubs mit anderem Material hat sich das Volumen vergrößert. Und das ist gut so, denn der junge Baum darf nicht in einer Grube stehen, er steht mit einem kleinen Hügel richtig. Allerdings darf die Erde nur bis zu der Höhe am Stamm reichen, bis zu der der Baum auch früher im Erdreich stand.

Eine Veredelungsstelle muß 10 cm über der Erdoberfläche bleiben. Wird sie mit Erde bedeckt, bilden sich aus dem aufgepfropften Edelreis eigene Wurzeln, was ja nicht geplant ist.

Ist der Baum gepflanzt, wird die Erde leicht festgetreten und angegossen. Auf die Baumscheibe kommt eine dicke Schicht Mulchmaterial, das aber 10 cm Abstand vom Stamm haben muß, damit keine Stammfäule entsteht. Beginnt man rechtzeitig im Herbst mit der Pflanzarbeit, wenn der Boden noch sehr lebendig ist, kann man auch sofort nach Ausheben der Grube pflanzen.

Im Frühjahr nach der Pflanzung muß man immergrüne Gehölze auf jeden Fall vor der oft schon recht starken Frühjahrssonne schützen. Die Wärme führt zu einer erheblichen Verdunstung über die Blätter oder Nadeln. Da die Saugwurzeln womöglich noch nicht im notwendigen Umfang nachgewachsen sind und der Boden oft noch gefroren ist, kann kein Wasser in den oberirdischen Teil der Pflanze transportiert werden.

Im Laufe der ersten Lebensjahre muß ein junger Laubbaum an seinem Stützpfahl festgebunden bleiben. Sehr praktisch sind die sogenannten Baumbänder mit Schnallen, die man leicht verstellen kann. Denn die Befestigung darf den an Umfang zunehmenden Stamm nicht einschnüren! Man kann aber auch Rupfen oder Hanfseile verwenden, die man in Form einer Acht um Stamm und Stütze schlingt.

Ein Stab, quer über das Pflanzloch gelegt, erleichtert die Arbeit. Der Baum darf nicht zu tief in die Erde. Die Veredlungsstelle soll 10 cm über der Oberfläche liegen, damit sich keine Wurzeln bilden.

Pflanzen von Hecken und Sträuchern

Für Hecken und Sträucher gelten die gleichen Pflanzzeiten wie für Bäume. Oft werden Sträucher angeboten, bei denen der Wurzelballen in Muttererde eingebettet und mit einem Tuch umgeben ist. Bei Arten, die schlecht anwachsen, ist das von Vorteil. In Containern gezogene Sträucher (aber auch Bäume) haben ein gut ausgebildetes Wurzelwerk und können das ganze Jahr über gepflanzt werden – solange der Boden nicht gefroren ist.
Die Jungpflanzen sehen klein und winzig aus, aber lassen Sie sich nicht täuschen. Aus dem mickerigen Gestrüpp werden im Laufe der Jahre ansehnliche Büsche. Berücksichtigen Sie die endgültige Größe und wählen Sie gleich den richtigen Abstand.
Die Pflanzstelle wird ähnlich vorbereitet wie bei allen Gehölzen. Containerpflanzen sollte man gründlich wässern, bevor sie (ohne Topf) in die Erde kommen. Das Ballentuch bei Ballenware wird erst geöffnet, wenn die Pflanze richtig in der Grube steht.
Auch bei Sträuchern werden die Wurzeln und Triebe um maximal ein Drittel eingekürzt. Die Pflanzgrube sollte gut doppelt so groß wie der Wurzelballen sein, der Aushub wird auch hier mit Kompost gemischt. Bei sehr schweren Böden gibt man ein bißchen Sand dazu. Pflanzt man Sträucher ohne Wurzelballen oder Container, muß durch leichtes Rütteln dafür gesorgt werden, daß zwischen den Wurzeln keine Hohlräume entstehen.
Bäume, Sträucher und Hecken werden im allgemeinen für lange Zeit gepflanzt. Sie sollen den Rest ihres Pflanzenlebens an dem von Ihnen gewählten Platz verbringen. Wählen Sie also sorgfältig und bereiten Sie den Boden optimal vor.
Das gilt ganz besonders für Hecken. Heben Sie über die ganze Länge der geplanten Hecke einen Graben aus. Den ersten Spatenstich geben Sie auf die eine Seite, den zweiten auf die andere. Bei kleinen Pflanzen reicht als Breite die des Spatens. Den Aushub des zweiten Spatenstichs vermischt man mit Kompost und anderem organischen Material und schippt ihn in den Graben zurück, nachdem man den Boden mit einer Grabegabel gelockert hat. Darauf kommt der erste Aushub. Das beste ist, diesen locker zugeschütteten Pflanzgraben zwei bis drei Wochen ruhen zu lassen. Zum Pflanztermin hebt man die Erde wieder heraus.
Damit die Hecke schnurgerade wird, spannt man eine Pflanzschnur. Auch der Abstand der Pflanzen muß festgelegt und eingehalten werden. Bei einer Weißbuchenhecke sollte der Pflanzabstand 30 bis 45 cm betragen, bei Stechpalmen und Eiben 45 bis 60 cm, bei Liguster und Heckenkirschen um 30 cm, bei Kirschlorbeer und immergrünen Koniferen zwischen 50 und 60 cm.
Die erwähnten, aber auch andere Pflanzen, eignen sich für geformte (geschnittene) Hecken. Will man eine doppelreihige Hecke, pflanzt man die Sträucher auf Lücke. Für freiwachsende Hecken aus verschiedenen Sträuchern gelten die jeweils von den Baumschulen für die Arten angegebenen Pflanzabstände.
Um die kleinen Pflanzen davor zu schützen, von heftigen Winden oder Unwettern gleich wieder entwurzelt zu werden, spannt man in der Mitte, auf Höhe der Gehölze, einen Draht (etwa 20 bis 30 cm hoch) und bindet die Pflänzchen daran fest, bis die Wurzeln Halt gefunden haben.

Während der Pflanzarbeiten gießt man immer wieder Wasser auf das neu aufgeschüttete Erdreich. Man nennt das Ein- oder Anschlämmen.

Auch ein Baum kann umziehen

Es ist mit sehr viel Arbeit verbunden, einen größeren Baum oder auch Strauch umzupflanzen. Bei wertvollen Gehölzen lohnt sich die Mühe. Bester Zeitpunkt ist der Oktober oder November.

Es gibt immer wieder Gründe, warum ein Baum oder Strauch umziehen muß – selbst wenn die Pflanzung noch so sorgfältig geplant war. Manchmal stehen die Gehölze eben doch zu eng, oder sie nehmen dem Nachbarn Sicht und Sonne weg. Für diese Umzugsarbeiten ist der Herbst der richtige Zeitpunkt. Bei Nadelbäumen sollten die Jahrestriebe ausgereift und fest sein, Laubbäume sollten ihre Blätter bereits abgeworfen haben.

Die zu versetzende Pflanze muß zunächst freigestellt werden. Störender Unterbewuchs, also alle Stauden, Gräser oder Sommerblumen sticht man aus, pflanzt sie ebenfalls um oder bewahrt sie an einem geschützten Ort auf, bis sie wieder an ihren Platz kommen. Sollen Obstbäume umgepflanzt werden, schneidet man einige Wochen vorher (bis Mitte September) die Krone stark zurück, um den Wurzelverlust auszugleichen. Man muß bedenken, daß die Wurzeln eines Baumes weit über den Umfang der Krone hinausragen. Bei Nadelbäumen werden die unteren dürren Zweige abgeschnitten. Herabgefallene Nadeln oder Blätter lassen sich leicht mit einem Rechen entfernen. Danach bindet man die verbleibenden Äste im unteren Bereich mit einer Kordel hoch, damit sie die Arbeit nicht behindern.

Der Wurzelballen, den man dann später aus der Grube hebt, muß mindestens einen Durchmesser haben, der dem Fünffachen des Stammdurchmessers entspricht. Zu groß jedoch darf der Ballen auch nicht sein, weil er sich ja noch transportieren lassen muß.

Sozusagen als äußeren Rand sticht man spatenbreit und spatentief einen Graben aus. Dabei wird bereits ein großer Teil der Wurzeln durchtrennt. Ist der Spaten gut geschärft, macht diese Arbeit nicht so viel Mühe. Der Erdballen rund um den Stamm wird angeschrägt. Auf diese Weise arbeitet man den Ballen aus dem Erdreich heraus. Dickere Ankerwurzeln muß man häufig mit einer Axt oder Säge durchtrennen.

Es ist wichtig, daß die Erde beim Arbeiten nicht auseinanderfällt. Neben dem Baum legt man ein Ballentuch bereit (gibt es im Fachhandel), auf das der Baum gesetzt wird. Binden Sie das Tuch gut zu, damit keine Erde während des Transportes verloren geht.

Das Anwachsen fördern

Die selbstgestochenen Bäume werden nun genauso wie die Gehölze aus der Baumschule gepflanzt: Pflanzgrube ausheben (doppelt so groß wie der Ballen), Erde mit organischem Material mischen, den Baum hineinsetzen und die Erde einfüllen. Zum Schluß wird die Erde gut angetreten und ausreichend gewässert.

Ist der Boden sehr lehmig, kann der Aushub mit Sand angereichert werden. Sand reizt die Pflanze zur Bildung von Faserwurzeln. Um das Wachstum dieser Wurzeln anzuregen, darf auch nicht zu viel gegossen werden. Die Pflanze soll ja in tieferen Erdschichten nach Wasser suchen, einmal, um Wurzeln zu entwickeln, und, um möglichst schnell wieder einen festen Halt zu bekommen. Selbstverständlich darf man die Pflanze nicht vertrocknen lassen. Hier ist wieder einmal der „grüne Daumen" gefragt.

Laubabwerfende Bäume müssen an dem neuen Standort stabilisiert werden. Dazu treibt man einen kräftigen Pfahl durch den Wurzelballen in das Erdreich oder schräg zum Stamm. Man kann auch zwei gegenüberliegende Pfähle einschlagen und den Baum daran festbinden. Sobald der Baum wieder Halt hat, kann man die Stützen entfernen. Immergrüne Bäume werden in ihrer neuen Position durch drei am Stamm befestigte Drähte (mit Sackleinen unterlegen, damit der Draht nicht in die Rinde einschneidet) stabilisiert. Die Enden der Drähte werden mit Haken im Erdreich verankert.

Es ist sogar möglich, sehr große Bäume umzupflanzen. Diese Arbeiten lassen sich jedoch nicht ohne Maschinen durchführen und sollten deshalb von einem Fachbetrieb ausgeführt werden.

Mit der Erde wird der Wurzelballen in ein Tuch eingewickelt und darin vorsichtig an den neuen Standort getragen. Die Erde darf nicht abbröckeln.

Stauden brauchen gute Erde

Bei der Vorbereitung eines Staudenbeetes muß der Gärtner besonders sorgfältig sein: reichlich Kompost einarbeiten und, wenn möglich, alle Unkrautwurzeln heraussuchen.

Stauden sind sehr ausdauernde Gewächse, die lange am selben Ort bleiben. Rund zwei Wochen vor dem Pflanztermin (Mitte September bis Ende Oktober) sollten Sie sich an die Bodenverbesserung machen. Ein Staudenbeet muß gründlich gelockert werden. Ist der Boden besonders hart oder durch Baumaßnahmen verdichtet, sollte man in diesem Fall umgraben. Das gilt speziell für hohe Stauden. Niedrige Stauden benötigen nur einen ca. 30 cm tief gelockerten Boden.

Beete gut säubern

Bei dieser Arbeit muß überaus sorgfältig jedes Wildkraut, jedes Wurzelstückchen entfernt werden. Die ungebetenen Mitbewohner des Staudenbeetes verwachsen innerhalb von nur zwei Jahren mit den Wurzeln der Stauden und lassen sich dann nicht mehr entfernen.

Chemische Unkrautvernichter würden auch bei den Kulturpflanzen großen Schaden anrichten und sind im Staudenbeet nicht zu verwenden. Man kann sich dann nur noch mit allem abfinden oder mit der Hand immer wieder die oberirdischen Teile der Wildkräuter entfernen, weil man die unterirdischen nicht erreicht.

Mit Blick auf die langen Jahre, die so ein Staudenbeet Freude machen soll, sollte man den Boden auch mit Nährstoffen anreichern. Empfehlenswert ist natürlich Kompost – ein Eimer pro Quadratmeter. Man verteilt ihn auf dem umgegrabenen oder gelockerten Boden. Bei schweren Böden mischt man auch etwas Sand darunter. Besonders leichten Böden tut Muttererde sehr gut. Man kann Muttererde bei Gärtnereien kaufen und sich bringen lassen.

Dies alles sollte einige Zeit vor dem Pflanztermin erledigt sein. Unmittelbar vor dem Pflanzen verteilt man etwas organischen Volldünger auf dem Beet und arbeitet ihn oberflächlich beim Glätten des Bodens ein.

Stauden – wie alle anderen Gewächse auch – pflanzt man an einem trüben Tag. Bevor Sie beginnen, müssen Sie sich einen Plan machen. Hochwüchsige Stauden stehen im Hintergrund, die kleinen vorne. Auch sollte man strikt die Standortwünsche beachten. Es gibt Pflanzen für sonnige und schattige Beete und solche mit gemischten Wünschen.

Ein weiteres Kriterium bei der Auswahl muß die Wüchsigkeit sein. Es gibt Pflanzen mit breitem Wuchs, mit großen und kleinen Blättern. Die Farben spielen ebenfalls eine große Rolle und die Zeit der Blüte. Wer sein Staudenbeet richtig anlegt, kann vom Frühling bis in den Herbst blühende Pflanzen in seinem Garten haben.

Das Beet bepflanzt man von innen nach außen. Da die Pflanzen am schönsten in Gruppen wirken, sollte man von jeder Art und Farbe wenigstens fünf Stück auf einen Fleck setzen. Die notwendigen Abstände müssen aber beachtet werden.

Die Wurzelform von Stauden ist sehr unterschiedlich. Für Pflanzen mit einem großen Wurzelballen muß man ähnlich wie bei Sträuchern ein entsprechend großes Loch ausheben. Auch Stauden werden als Ballenware oder in Containern gezogen oder mit freien Wurzeln angeboten. Ballen- oder Containerware hat auch hier den Vorteil, daß die Wurzeln nicht so leicht beschädigt werden können und die Pflanzen besser und schneller anwachsen.

Für kleine Pflanzen reicht es, mit der Handschaufel ein kleines Loch zu graben. Die Erde muß rundum gut angedrückt werden, damit die Pflanzen Halt bekommen. Und das Angießen nicht vergessen. Je nach Witterung muß auch noch in den ersten Wochen gegossen werden. Zwischen den Pflanzen wird der Boden regelmäßig gelockert.

An einem solchen Staudenbeet kann man viele Jahre seine Freude haben. Den Wildkräutern muß man regelmäßig an die Wurzeln, sonst nehmen sie überhand.

Sonnige Plätze für die Rosen

Die Königin der Blumen ist eine sehr alte Dame. Man kannte Rosen schon im Altertum. Kaum eine Pflanze kommt ihr an Beliebtheit gleich. Es gibt viele hundert Sorten. Die edlen Gewächse brauchen Sonne, lockeren Boden, aber nicht zu naß, und organische Düngemittel.

Ein Kapitel für sich sind Rosen. Man pflanzt entweder im Spätherbst (Oktober/November) oder erst im Frühjahr (März/April). Der Herbst ist jedoch der geeignetere Zeitpunkt. Der Boden ist noch warm und die Pflanze kann wenigstens einen Teil der notwendigen Saugwurzeln bilden, um gut über den Winter zu kommen.

Die Königin der Blumen bevorzugt sonnige Standorte, leicht lehmigen, neutralen oder etwas sauren Boden. Ob man sich ein Rosenbeet anlegt oder die schöne Blütenpracht im Garten verteilt, ist Geschmackssache. Wer mag, kann seinen kleinen privaten Garten ja auch in ein Rosarium verwandeln und ausschließlich Rosen pflanzen. Langweilig wird das bestimmt nicht, weil es Hunderte von Sorten gibt, und jedes Jahr kommen neue Züchtungen hinzu.

Die Pflanzstelle oder das Beet müssen tiefgrundig gelockert werden, am besten vier Wochen vor dem Pflanztermin. Denn Rosen wurzeln tief. Wie die Lockerungsarbeiten aussehen, hängt wie immer von dem Zustand des Bodens ab. Guten Gartenboden gräbt man einen Spaten tief um und lockert die Erde darunter mit einer Grabegabel. Die Pflanzen wachsen dann besser an. Ist der Boden sehr fest, sollte man zwei Spaten tief umgraben und auch in diesem Fall den Boden darunter noch zusätzlich lockern. Will man auf extrem nassen Böden Rosen pflanzen, muß eine Entwässerung aus Drainagerohren verlegt werden, weil Rosen bei Staunässe im Boden nicht gut gedeihen. Direkt in das Pflanzloch darf man später keinen Dünger geben. Aber der Aushub muß verbessert werden. Rosen lieben organisches Material wie Hornspäne, Knochenmehl, getrockneten Rindermist oder Kompost. Extrem schwere Böden werden mit Sand durchlässiger gemacht, sehr leichte Böden mit Muttererde vermischt. Besonders kalkhaltigen Böden muß man mehr organisches Material beimischen.

Die so vorbereitete Erde wird entweder wieder in die Pflanzlöcher geschaufelt oder bei einem Beet nur wenig geglättet und nicht festgetreten. Der grobe, lockere Boden wird so am besten durchlüftet.

Rosen bestellt man sich oft bei einer Versandgärtnerei. Das bedeutet, man kennt den Zeitpunkt des Eintreffens selten genau, und die Pflanzen bleiben unter Umständen noch einige Tage liegen, bevor man Zeit zum Pflanzen hat. Um die Rosenstöcke nicht zu gefährden, muß man sie unbedingt in feuchte Erde einschlagen und bis zum Pflanztermin auch feucht halten. Bei Containerware hat man diese Sorgen nicht. Man kann sie problemlos aufbewahren und das ganze Jahr über – sogar während der Blüte – pflanzen, nur nicht bei gefrorenem Boden.

Einen Tag vor dem Pflanzen – aber nicht länger als 24 Stunden – stellt man die Rosen in einen Eimer mit Wasser. Lange oder beschädigte Wurzeln schneidet man anschließend ab, das können durchaus 20 cm sein. Achten Sie darauf, daß die Schnittstelle möglichst gerade ist, und, wenn schräg, dann nach unten gerichtet. Seien Sie nicht ängstlich beim Schneiden – an den Schnittflächen bilden sich besonders schnell neue Saugwurzeln. Vorhandene feine Saugwurzeln müssen nach Möglichkeit erhalten bleiben. Sind die Wurzeln doch trocken geworden, taucht man sie vor dem Pflanzen in einen Lehmbrei (Tonerdenmehle gibt es im Fachhandel).

Die Wurzeln werden flach ausgebreitet. Mit einer Hand hält man die Pflanze fest, mit der anderen verteilt man die ausgehobene Erde.

Für Container-Ware muß das Pflanzloch im Durchmesser ungefähr 20 cm größer sein als der Ballen. Gepflanzt wird das ganze Jahr.

Auch die Triebe müssen gestutzt werden, und zwar nicht nur, wenn sie verletzt sind. Dabei ist es wichtig, daß immer über einem nach außen weisenden Auge geschnitten wird. Je kräftiger man die Rosenstöcke bei der Pflanzung zurückschneidet, desto besser treiben sie im Frühjahr aus.

Das Pflanzloch muß so groß sein, daß die Wurzeln darin bequem Platz finden, aber nicht zu tief. Die Veredelungsstelle darf nur 3 bis 5 cm unter der Erdoberfläche sein. Achten Sie darauf, daß die Wurzelenden nicht nach oben weisen. Dort würden im kommenden Jahr Wildtriebe aus der Erde wachsen.

Zuerst wird eine etwa 3 cm dicke Erdschicht locker eingefüllt. Dann setzt man die Pflanze darauf und breitet die Wurzeln sorgfältig aus. Während des Pflanzens wird die ausgehobene

Rosenmüdigkeit des Bodens

Nach ungefähr zehn Jahren wird jeder Boden rosenmüde, das heißt, die Pflanzen gedeihen nicht mehr gut. Dagegen hilft auch kein Dünger. Man sollte neue Rosen an einen neuen Platz pflanzen. Will man dennoch wieder an der gleichen Stelle Rosen pflanzen, muß man die obere Erdschicht auswechseln oder zumindest reichlich neue Erde aufschütten.

Eine Verbesserung des Bodens erreicht man auch, indem man im Sommer vor der Pflanzung Lupinen oder Raps einsät, die Pflanzen vor der Blüte abschneidet und in den Boden einarbeitet.

Erde nach und nach eingefüllt und immer wieder angegossen. Zwischen den Wurzeln dürfen keine Hohlräume entstehen. Ist das Pflanzloch gefüllt, drückt man die Erde kräftig fest, wässert noch einmal gründlich und häufelt die Rose gleich für den Winter an.

Beim Einsetzen von Hochstammrosen darf man den Stützpfahl nicht vergessen. Er sollte rund 3 cm dick sein, etwa 60 cm tief in der Erde stehen und bis in die Krone reichen. Meistens wird beim Kauf eine Stütze mitgeliefert. Miteinander verbunden werden Pfahl und Stamm durch eine Plastiklasche. Es darf keine Abschnürung entstehen.

Bei Hochstammrosen wird als erstes der Pfahl in die Erde geschlagen. Die Pflanze kommt ca. 8 cm neben der Stütze in den lockeren Boden.

Will man eine Hauswand mit Kletterrosen begrünen, muß man als erstes Kletterhilfen an der Mauer anbringen. Das kann ein Holzspalier sein. Man kann aber auch im Abstand von etwa 40 cm kunststoffüberzogene Drähte horizontal an der Wand entlang spannen, die durch eingedübelte, nichtrostende Ösen gehalten werden. An diesen Hilfen werden die Rosen festgebunden.

Da der Boden direkt am Haus meistens nicht der beste ist, muß die Pflanzstelle besonders sorgfältig vorbereitet werden. Die Entfernung zur Wand sollte nicht weniger als 20 cm betragen. Die Wurzeln werden fächerförmig von der Wand weg ausgebreitet, damit sie in feuchtere Böden hineinwachsen können. Denn meistens ist der Boden rund um das Haus eher trocken. Aus diesem Grund müssen Kletterrosen, besonders an einer Südwand, auch mehr gegossen werden, gerade in der Zeit nach der Pflanzung. Sollten die Triebe schon lang genug sein, kann man sie schon unmittelbar nach der Pflanzung an der untersten

Kletterrosen kommen schräg in die Erde. Die Wurzeln zeigen vom Haus weg. Die Veredelungsstelle liegt knapp unter der Oberfläche.

Kletterhilfe befestigen. Von Wegen oder Rasenkanten sollten Rosen immer mindestens 40 cm entfernt stehen. Die Pflanzabstände der verschiedenen Arten: Hochstammrosen 90 cm, Zwergrosen 30 cm, Buschrosen 45 bis 60 cm, Strauchrosen 150 cm, Kletterrosen 200 cm.

Kauf-Tips

Rosen werden in drei verschiedenen Formen angeboten. Die traditionelle Angebotsform sind Rosen mit nackten Wurzeln. Wichtig ist, daß die Wurzeln immer vor dem Austrocknen geschützt werden. Entweder schlägt man die Wurzeln ein oder man hüllt sie wenigstens in nasses Sackleinen. Diese Angebotsform findet man in Baumschulen und auch in Gartencentern.

Über den Versandhandel bekommt man meistens vorverpackte Rosen, das sind Pflanzen, die in Kunststofftüten oder -boxen stecken. Die Wurzeln sind von einem feuchten Material umgeben. Wenn die Pflanzen bei Ihnen eintreffen, muß dieses Material noch feucht sein. Prüfen Sie gleich, ob das der Fall ist. Bei zu langer Lagerung oder zu langem Transport oder zu hohen Temperaturen können trockene Wurzeln oder ein vorzeitiger Austrieb die Folge sein. Vorverpackte Ware wird auch in Gartencentern angeboten. Prüfen Sie auch dort, ob alles in Ordnung ist.

Als Container-Pflanzen werden hauptsächlich Beetrosen angeboten. Man kann sie, abgesehen von der Frostperiode, das ganze Jahr hindurch pflanzen. Sie müssen allerdings wirklich im Topf herangezogen und nicht erst vor dem Verkauf in die Töpfe gepflanzt worden sein.

Ist der Ballen gut durchwurzelt, spricht das für Container-Qualität.

Die Gütebestimmungen des Bundes Deutscher Baumschulen haben festgelegt, daß Pflanzen der Güteklasse A mindestens drei Triebe haben müssen, von denen zwei direkt aus der Veredelungsstelle kommen und der dritte 5 cm darüber entspringen darf.

Pflanzen der Güteklasse B haben zwei Triebe aus der Veredelungsstelle. Die Triebe sollen grün sein und die Rinde glatt. Der Wurzelstock sollte möglichst viele Saugwurzeln aufweisen.

Blüten aus Zwiebeln und Knollen

Wer die richtige Wahl trifft, hat vom Frühjahr bis in den Herbst blühende Zwiebel- und Knollenpflanzen im Garten. Beim Kauf sollte man darauf achten, möglichst große Exemplare zu erwischen. Außerdem sollen Zwiebeln und Knollen ganz trocken und unbeschädigt sein.

Die meisten Zwiebel- und Knollenpflanzen kommen im Herbst in die Erde. Denn wer sich im Frühjahr und Sommer über Krokusse, Tulpen, Iris oder Lilien freuen will, muß im September und Oktober den Rücken krumm machen.

Zwiebel- und Knollengewächse brauchen einen lockeren, durchlässigen Boden. Staunässe führt leicht zu Fäulnis. Schwere Erde sollte mit Sand vermischt werden. Außerdem muß Kompost oberflächlich eingearbeitet werden. Bei guten Gartenböden reicht es, den Boden mit einer Grabegabel zu lockern. Bei Neuanlage eines Gartens muß man sicherlich umgraben und den Boden gründlich verbessern. Diese Maßnahmen müssen einige Zeit vor dem Pflanztermin durchgeführt werden.

Bei den Zwiebelblumen macht's die Masse. Seien Sie nicht sparsam und stecken Sie immer mehrere Zwiebeln einer Art in einer Gruppe zusammen. Kleine Zwiebeln und Knollen brauchen einen Abstand von 5 bis 8 cm, größere sollten einen Zwischenraum von 15 bis 20 cm bekommen. Die meisten Arten bleiben viele Jahre an ihrem Platz. Das muß man berücksichtigen.

Zwiebeln und Knollen sind wahre Leckerbissen für viele unterirdische Mitesser. Man kann den Tieren aber den Weg versperren. Es gibt kleine Gittercontainer, in die man besonders wertvolle Zwiebeln und Knollen steckt und mit ihnen in die Erde setzt. Eine andere Möglichkeit bieten Pflanzschalen. Das sind runde, korbähnliche Gefäße aus Kunststoff, an den Seiten und im Boden mit Schlitzen oder Gittern versehen. Die Zwiebeln und Knollen werden in diese Schalen zusammen mit guter Gartenerde gelegt und dann in der entsprechenden Tiefe eingegraben. Die meisten Zwiebeln liegen nicht sehr tief in der Erde und kommen vor allem zu einem Zeitpunkt in den Boden, zu dem die üblichen Herbstarbeiten im Garten noch nicht abgeschlossen sind. Deshalb sollte man die Stellen genau markieren, damit bei späteren Lockerungsarbeiten der verborgene Blütenschatz nicht aus Versehen wieder ausgegraben wird. Und vergessen Sie nicht, die neu gelegten Zwiebeln mit einem Winterschutz aus Reisig zu versehen. Sind sie erst einmal ein Jahr im Boden, erübrigt sich die Abdeckung.

Die meisten Zwiebel- und Knollengewächse sind winterhart und können im Boden bleiben. Wer allerdings ganze Beete mit Tulpen oder Narzissen bepflanzt, wird die Zwiebeln wieder aus der Erde nehmen, um andere Blumen zu pflanzen. Denn die Pracht ist zu Beginn des Sommers vorbei. Wichtig für die Pflanzen ist es, sie erst wieder auszugraben, wenn das Laub vertrocknet ist.

Die Blüten schneidet man sofort ab, wenn sie verwelkt sind. Die schonendste Methode, die Zwiebeln aus dem Boden zu holen: Man sticht mit einer Grabegabel vorsichtig schräg unter die Pflanzen und hebt sie heraus. Die Erde wird entfernt, ohne dabei die Oberhaut zu beschädigen. Man breitet sie an einem halbschattigen Platz aus und läßt sie trocknen. Nachdem alle abgestorbenen Teile entfernt sind, legt man die Zwiebeln in einen flachen Kasten und bewahrt sie kühl und trocken bis zum Herbst auf. Diese Mühe kann man sich sparen, wenn man die Zwiebelpflanzen zum Beispiel zwischen andere mehrjährige Pflanzen setzt.

Viele Zwiebelblumen eignen sich zur Anzucht im Haus, z.B. Hyazinthen, Narzissen oder Schneeglöckchen. Im Handel gibt es dafür spezielle Sorten. Wer im Oktober damit beginnt, hat zu Weihnachten den Frühling auf der Fensterbank.

Die richtige Pflanzzeit

März/April/Mai

Alpenveilchen (Cyclamen hederifolium und C. purpurascens)
Prachtscharte (Liatris spicata)
Inkalilie (Alstroemeria aurantiaca)
(Diese Pflanzen blühen zwischen Juli und Oktober).

Juli/August

Madonnenlilie (Lilium candidum)
Herbstzeitlose (Colchicum autumnale)
Asiatischer Prachtkrokus (Crocus speciosus)
Herbstkrokus (Crocus zonatus)
Sternbergie (Sternbergia lutea)
Wildkrokus (Crocus laevigatus)
(Diese Blumen blühen im September/Oktober des gleichen Jahres, abgesehen von der Madonnenlilie, die erst im folgenden Jahr blüht).

August/September

Zwiebeliris (Iris reticulata)
Schwertlilie (Iris danfordiae und J. histrioides)
Märzenbecher (Leucojum vernum)
Hundszahn (Erythronium, mehrere Arten)
Sommerknotenblume (Leucojum aestivum)
Montbretien (Crocosmia masoniorum)
(Diese Blumen blühen zwischen März und Juli).

September/Oktober

Schneeglöckchen (Galanthus nivalis und andere Arten)
Die meisten Krokus-Arten
Winterling (Eranthis hyemalis und andere Arten)
Kaiserkrone (Fritillaria imperialis)
Blauzungenlauch (Allium karataviense) und andere Lauch-Arten
Strahlenanemone (Anemone blanda)
Schneeglanz (Chionodaxa gigantea und C. luciliae)
Schachbrettblume (Fritillaria meleagris)
Blausternchen (Scilla siberica und S. mischtschenkoana)
Frühlingsstern (Brodiaea uniflora)
Präriekerze (Camassia cusickii)
Steppenkerze (Eremurus elwesii und E. himalaicus)
Hasenglöckchen (Hyacinthoides hispanica)
Feuerlilie (Lilium bulbiferum)
Türkenbundlilie (Lilium martagon) und andere Lilien-Arten
Tulpen, Narzissen und Hyazinthen
(Diese Blumen blühen zwischen Februar und August).

1 *Knotenblume (8–10 cm)*
2 *Knollenanemone (6–8 cm)*
3 *Schneestolz (6–8 cm)*
4 *Krokus (8–10 cm)*
5 *Winterling* (5–13 cm)*
6 *Fritilarien (8–10 cm)*
7 *Schneeglöckchen (7–8 cm)*
8 *Hyazinthen* (8–15 cm)*
9 *Knolleniris* (6–15 cm)*
10 *Märzbecher* (8–12 cm)*
11 *Milchstern (10 cm)*
12 *Scheinszilla (8–10 cm)*
13 *Blaustern* (8–15 cm)*
14 *Blumenlauch* (8–15 cm)*
15 *Hundszahn (10–15 cm)*
16 *Narzisse* (10–15 cm)*
17 *Tulpe* (12–25 cm)*
18 *Traubenhyazinthe (10–12 cm)*
19 *Präriekerze (10–15 cm)*
20 *Echte Lilie* (10–25 cm)*

Die richtigen Pflanztiefen für Blumenzwiebeln und Knollen

Wer nicht mit dem Zollstock jedes Pflanzloch ausmessen will, soll wenigstens folgende Faustregel beachten: Kleinere Zwiebeln und Knollen rund 10 cm, größere 15 cm und die ganz dicken 25 cm tief in die Erde stecken. Für die mit einem Sternchen gekennzeichneten Pflanzen gelten unterschiedliche Tiefen, je nach Sorte und Größe.

Was sind Zwiebeln, Knollen und Rhizome?

In einer Zwiebel ist bereits die neue Pflanze mit allen ihren Teilen – Stengel, Blätter, Blüten – enthalten, nur die Wurzeln fehlen. Umgeben ist dieser „Pflanzen-Embryo" von den fleischigen Schalen der Zwiebel, die ihn ernähren und schützen. Im Laufe des Wachstums und der Blüte werden die Reserven aufgebraucht. Am Boden bilden sich aber neue Zwiebeln, wieder mit der vollständigen Anlage für eine neue Pflanze.
Dieser Nachwuchs entwickelt sich, nachdem die Blüte vorüber ist, wieder zu einer großen Zwiebel. Die Nährstoffe bezieht sie aus den Blättern der Pflanze. Deshalb ist es so überaus wichtig, die Blätter von Zwiebelblumen verwelken zu lassen, auch wenn das nicht sehr schön aussieht. Man nennt diesen Vorgang auch „Einziehen".

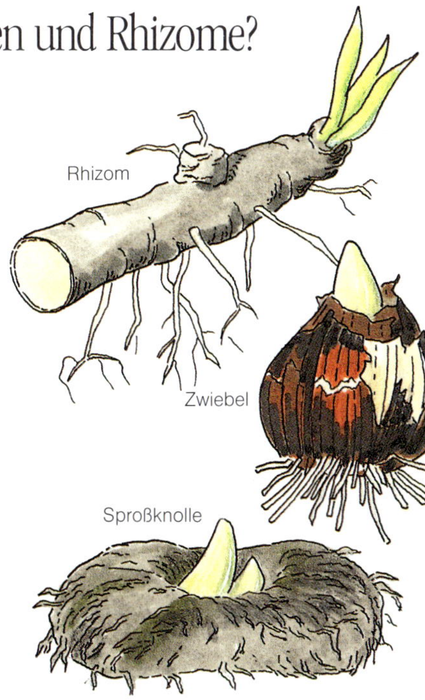

In den Knollen – der Botaniker unterscheidet Sproßknollen (Krokus, Gladiole, Kohlrabi) und Wurzelknollen (Dahlien, Kartoffeln, Rote Bete) – sind lediglich Nährstoffe gespeichert. An den Knollen befinden sich Triebaugen, aus denen die neuen Pflanzen sprießen. Diese verdickten Pflanzenorgane sind oft nicht winterhart und müssen vor dem ersten Frost aus der Erde geholt werden. Man lagert sie in feuchtem Torf, damit sie nicht einschrumpfen.
Unter Rhizomen versteht man mehr oder weniger verdickte Erdsprossen. Sie wachsen waagerecht im Boden und sind meist verzweigt. An den Spitzen entwickeln sich in der folgenden Vegetationszeit dann neue Pflanzen. Rhizome findet man unter anderem bei Iris, Maiglöckchen und Ingwer.

Manche müssen Äste lassen

Viele Gartengehölze werden ab und an mehr oder weniger gestutzt. Vor allem blühende Sträucher werden durch eine gezielte Schnittmaßnahme in der richtigen Jahreszeit zu reichhaltigerer Blüte und schönerem Wuchs angeregt.

Der Schnitt von Gehölzen erfordert viel Sachkenntnis, egal, ob es sich um Ziergehölze oder Obstgehölze handelt. Schwierige Probleme sollte man deshalb von einem Fachbetrieb lösen lassen. Dazu zählt zum Beispiel der Verjüngungssschnitt eines großen Baumes. Da solche Maßnahmen nur selten durchgeführt werden müssen, fallen auch die Kosten nicht so sehr ins Gewicht.

Bei Zierbäumen ist meistens gar kein Schnitt notwendig. Nur kranke oder angeknickte Äste müssen entfernt werden. Und auch bei den Ziersträuchern muß nicht bei jeder Art zur Schere gegriffen werden.

Es gibt Sträucher, die einen Schnitt gar nicht vertragen, zum Beispiel Magnolien und Zaubernuß. Man sollte sich in diesen Fällen wirklich nur auf das Entfernen beschädigter Zweige beschränken.

Eine andere Gruppe braucht sogar einen Schnitt, um die Blühfreudigkeit zu erhalten. Dazu zählen u.a. Forsythien und der Pfeifenstrauch (Falscher Jasmin). Es handelt sich um Sträucher, die entweder am einjährigen oder am vorjährigen Holz blühen oder mit zunehmenden Alter immer weniger blühen.

Geschnitten wird bei Frühlingsblühern gleich nach der Blüte, bei Sommer- und Herbstblühern im Frühjahr. Die alten Äste werden bis zum Boden weggenommen, aber nicht alle auf einmal. Dieser Erhaltungsschnitt sollte auch nur alle zwei oder drei Jahre durchgeführt werden. Eine weitere Gruppe wird jedes Jahr im Frühjahr ziemlich radikal zurückgeschnitten. Dazu zählen z.B. der Indigostrauch und die Säckelblume. Immergrüne Gehölze werden nicht geschnitten, ebenso wie Zwerggehölze. Hier muß nur eingegriffen werden, wenn Frost oder Krankheit die Pflanze beschädigt haben. Bei Schling- und Klettergehölzen ist in den meisten Fällen nur dann ein Schnitt notwendig, wenn die Ranken „über das Ziel hinausschießen".

Diese Sträucher werden ausgelichtet

Abelien (Abelia) im Frühjahr
Schneeforsythie (Abeliophyllum) im Frühjahr
Grünerle (Alnus viridis) im Herbst
Bastardindigo (Amorpha fruticosa) im Frühjahr
Apfelbeere (Aronia) im Frühjahr
Sommergrüne Beberitzen (Berberis), auch Sauerdorn genannt, im Herbst
Schönfrucht (Callicarpa) im Frühjahr
Gewürzstrauch (Calycanthus) im Frühjahr
Zierquitte (Choenomeles) nach der Blüte
Perückenstrauch (Cotinus) im zeitigen Frühjahr
Haselnuß (Corylus) im Herbst
Doppelschild (Dipelta) im Herbst
Sommergrüne Ölweiden-Arten (Elaeagnus) im Herbst
Forsythien (Forsythia) nach der Blüte oder im Frühjahr
Eibisch (Hibiscus syriacus) im Frühjahr
Scheinspiere (Holodiscus) im Frühjahr
Ranunkelstrauch (Kerria japonica) im Herbst
Kolkwitzie (Kolkwitzia) im Herbst
Liguster (Ligustrum) im Herbst
Sommergrüne Heckenkirsche oder Geißblatt (Lonicera) im Herbst
Traubenspiere (Neillia) im Herbst
Pfeifenstrauch oder Falscher Jasmin (Philadelphus) nach der Blüte
Strauchförmige Weiden (Salix) nach der Blüte
Fiederspiere (Sorbaria) im Frühjahr
Die meisten Spierstrauch-Arten (Spiraea), Frühblüher im Herbst, Sommerblüher im Frühjahr
Flieder (Syringa) nach der Blüte
Sommergrüner Schneeball (Viburnum) im Herbst

Diese Sträucher werden nicht geschnitten

Strauchförmige Ahorn-Arten (Acer)
Felsenbirne (Amelanchier)
Aralien(Aralia)
Judasbaum (Cercis)
Schneeflockenstrauch (Chionanthus)
Scheineller (Clethra)
Scheinhasel (Corylopsis)
Sumpflederholz (Dirca)
Doppelblüte (Disanthus cercidifolius)
Prachtglocke (Enkianthus)
Perlstrauch (Exochorda)
Federbuschstrauch (Fothergilla)
Ginster (Genista)
Schneeglöckchenbaum (Halesia)
Zaubernuß (Hamamelis)
Sanddorn (Hippophaë)
Die meisten Hortensien (Hydrangea)
Baum-Kraftwurz (Kalopanax)
Blasenbaum (Koelreuteria)
Goldregen (Laburnum)
Magnolien (Magnolia)
Scheinbuche (Nothofagus)
Kreuzdorn (Rhamnus)
Essigbaum (Rhus)
Strauchförmige Scheinakazien (Robinia)
Blauspiere (Sibiraea laevigata)
Eberesche (Sorbus)
Pimpernuß (Staphylea)

Diese Sträucher werden im Frühjahr zurückgeschnitten

Bastardindigo (Amorpha canescens) bis kurz über dem Boden
Buddleien (Buddleja davidii-Sorten) bis 30 cm über dem Boden
Bartblume (Caryopteris) bis kurz über dem Boden
Säckelblume (Ceanothus) bis 10 cm über dem Boden
Fuchsie (Fuchsia magellanica) im Gegensatz zu den anderen hier genannten Sträuchern im Herbst bis 10 cm über dem Boden
Hortenisie (nur Hydrangea paniculata) bis auf wenige Augen
Indigostrauch (Indigofera gerardiana) bis auf den Boden
Buschklee (Lespedeza) bis zum Boden
Perovskia (es gibt keinen deutschen Namen) bis zum Boden
Heiligenblume (Santolina) bis zum Boden

Die schrägen Seiten der Gartenhecken

Sie werden nicht für die Ewigkeit angelegt, aber auf jeden Fall für viele Jahre, die Hecken ums Grundstück. Deshalb ist ihre Pflege sehr wichtig. An erster Stelle steht der richtige Schnitt im Frühjahr oder Herbst.

Dichte, gut gewachsene Hecken erfüllen oft mehrere Aufgaben: Sie bieten Sichtschutz, Windschutz, Lärmschutz und vielen Vögeln Nist- und Brutmöglichkeiten. Kauft man sich junge, kleine Pflanzen, muß man auf die hohe Hecke sehr lange warten. Denn auch die niedrigen Sträucher müssen ausreichend, jedes Jahr wieder, zurückgeschnitten werden, sonst verzweigen sich die Pflanzen nur ungenügend. Verzichtet der Gartenfreund auf diese Maßnahme, sind spirrige, durchsichtige Hecken, weder schön noch von großem Nutzen, das Ergebnis. Wer es ermöglichen kann, sollte gleich etwas größere Pflanzen erwerben.

Sommergrüne Hecken werden nach der Vegetationszeit zwischen Spätherbst und Frostbeginn geschnitten. Während der Vegetationszeit schneidet man ein zweites Mal, aber nicht vor Ende Juli, um die brütenden Vögel nicht zu stören.

Immergrüne Hecken werden nur einmal pro Jahr geschnitten, am besten im späten Frühjahr nach dem Austrieb. Geißblatt und Liguster können, wenn es notwendig ist, im September noch einmal in Form gebracht werden. Das gilt sowohl für Laubgehölze als auch für Koniferenhecken.

Bei allen Gehölzen werden die oberen Partien besser mit Nährstoffen, Licht und Luft versorgt als die unteren. Bei Bäumen und freiwachsenden Hecken ist das auch kein Problem. Hecken jedoch sollen trotz ihres recht kleinen Volumens so dicht wie möglich sein. Das gelingt nur, wenn auch an die unteren Partien genügend Licht dringt. Man erreicht das durch den Trapezschnitt, bei dem die Seitenflächen nach oben hin aufeinander zulaufen. Senkrecht abfallene Seitenwände fördern das Verkahlen im unteren und inneren Bereich. Ob die Hecke oben rund oder flach geschnitten wird, ist Geschmackssache.

Da Hobbygärtner meist nicht zu den geübtesten Heckenschneidern gehören, sollten sie sich von einem Ende zum anderen jeweils für die Seitenflächen und auch für die Höhe eine Schnur spannen. Sonst ist die Gefahr von Wellenlinien recht groß.

Auch bei noch so sorgfältigem Schnitt und intensiver Pflege kommt es immer wieder vor, daß Hecken dennoch verkahlen. In diesen Fällen hilft nur ein radikaler Rückschnitt. Im ersten Jahr wird die Hecke um zwei Drittel eingekürzt. Im drauffolgenden Jahr muß man den Neuaustrieb noch einmal um etwa 30 cm stutzen. Sind einige Pflanzen abgestorben, ersetzt man sie bei dieser Gelegenheit möglichst durch gleichgroße neue. Bei Koniferen hat man mit einer solchen Radikalkur allerdings keinen Erfolg.

Abgesehen vom Schnitt ist die Versorgung mit Wasser notwendig, wenn es nicht genug regnet. In längeren Trockenperioden soll man eine dicke Mulchschicht auf den Wurzelbereich legen. Und Nährstoffe brauchen Hecken natürlich auch. Gedüngt wird im Frühjahr.

Für Formhecken geeignete Gehölze

Sommergrüne Laubgehölze

Fingerkraut (Potentilla fruticosa)
Hainbuche (Carpinus betulus)
Feldahorn (Acer campestre)
Hartriegel (Cornus mas)
Berberitze (Berberis thunbergii)
Liguster (Ligustrum vulgare)
Strauchmispel (Cotoneaster acutifolius)
Geißblatt (Lonicera tatarica)
Purpurweide (Salix purpurea)
Spierstrauch (Spirea-Bumalda-Hybriden)
Weißdorn (Crataegus intricata)
Maiblumenstrauch (Deutzia gracilis)
Alpenjohannisbeere (Ribes alpinum)

Wintergrüne Laubgehölze

Berberitze (Beberis gagnepainii)
Buchsbaum (Buxus sempervirens)
Feuerdorn (Pyracantha-Sorten)
Stechpalme (Ilex aquifolium)
Liguster (Ligustrum ovalifolium)
Geißblatt (Lonicera nitida)
Lorbeerkirsche (Prunus laurocerasus)
Mahonie (Mahonia aquifolium)

Nadelgehölze

Verschiedene Eiben-Sorten (von Taxus baccata)
Verschiedene Lebensbaum-Sorten (von Thuja occidentalis)
Verschiedene Zypressen-Arten und -Sorten (Chamaecyparis)
Verschiedene Fichten-Arten und Sorten (Picea)

Richtig: Beim Trapezschnitt ist die Hecke oben 10 bis 20 cm schmaler als unten.

Richtig: Auch beim Tunnelschnitt fallen die Seiten schräg ab. Die Kuppe ist halbrund.

Falsch: Gerade Seitenflächen führen dazu, daß die Hecken unten verkahlen.

Richtiger Rosenschnitt - reiche Blüte

Alle Rosen werden geschnitten, Kletterrosen am wenigsten. Ein jährlicher Schnitt ist nicht immer notwendig. Rosengärtner entscheiden oft ganz individuell, welche Triebe denn fallen sollen.

Der Schnitt ist mit die wichtigste Pflegemaßnahme für Rosen. Auch bei dieser Pflanzengruppe gibt es keine einheitlichen Regelungen. Nur eine Schnittmaßnahme gilt für alle Rosen: der Sommerschnitt. Gemeint ist das ständige Entfernen aller verblühten Teile. Mit abgeschnitten werden immer die beiden Blätter unterhalb der Blüte. Durch das Entfernen der verwelkten Blüten erhalten Sie die Blühfreudigkeit der Pflanzen.

Der eigentliche Rosenschnitt wird im zeitigen Frühjahr, im März oder April durchgeführt. Aber: Die meisten Arten blühen am jungen Holz, also an den Trieben, die im Frühjahr sprießen. Die Knospen für diese Triebe sitzen allerdings am vorhandenen Holz. Man muß also mit Verstand schneiden. Entfernt wird auf jeden Fall alles abgefrorene und vertrocknete Holz. Auch zu dicht stehende Äste und Zweige fallen der Schere zum Opfer, damit genügend Licht und Luft an alle verbleibenden Pflanzenteile kommen kann.

Buschartig wachsende Rosen oder Edelrosen (Teehybriden, Floribunda- und Zwergrosen, Polyantharosen, Hochstammrosen) sollen eine lichte Krone haben. Schwachwachsende Rosen schneidet man stärker zurück als starkwachsende. Teehybriden kürzt man etwa um ein Drittel, Floribunda- und Polyantha schneidet man weniger stark. Hochstammrosen sind meistens Floribunda-, Polyantharosen oder Teehybriden und werden wie diese behandelt.

Strauchrosen blühen nicht nur am diesjährigen Holz. Man schneidet sie deshalb nicht so stark. Das Auslichten und Entfernen sehr alter Triebe ist aber wichtig. Man kann die Pflanze zu neuen Trieben anregen, indem man die Triebspitzen etwas einkürzt. Strauchrosen kann man in der ganzen Ruhezeit schneiden.

Kletterrosen blühen nicht am diesjährigen Holz. Man entfernt in erster Linie sehr alte Triebe. Der Reiz von Kletterrosen ist ihr monatelanger Blütenflor. Deshalb kommt dem Entfernen verwelkter Blüten besonders große Bedeutung zu. Totes Holz und schwächliche Triebe entfernt man bereits vor Winterbeginn.

Alle Schnitte bei Rosen werden über einem nach außen weisenden Auge ausgeführt.

Strauchrosen und Wildrosen werden vor allem ausgelichtet. Der Wuchs soll ein wenig urwüchsig bleiben, das macht den Reiz der Pflanzen aus.

Zur Gruppe der Buschrosen gehören die meisten Arten und Sorten. Sie vertragen einen kräftigen Schnitt bis auf etwa 15 bis 25 cm über dem Boden.

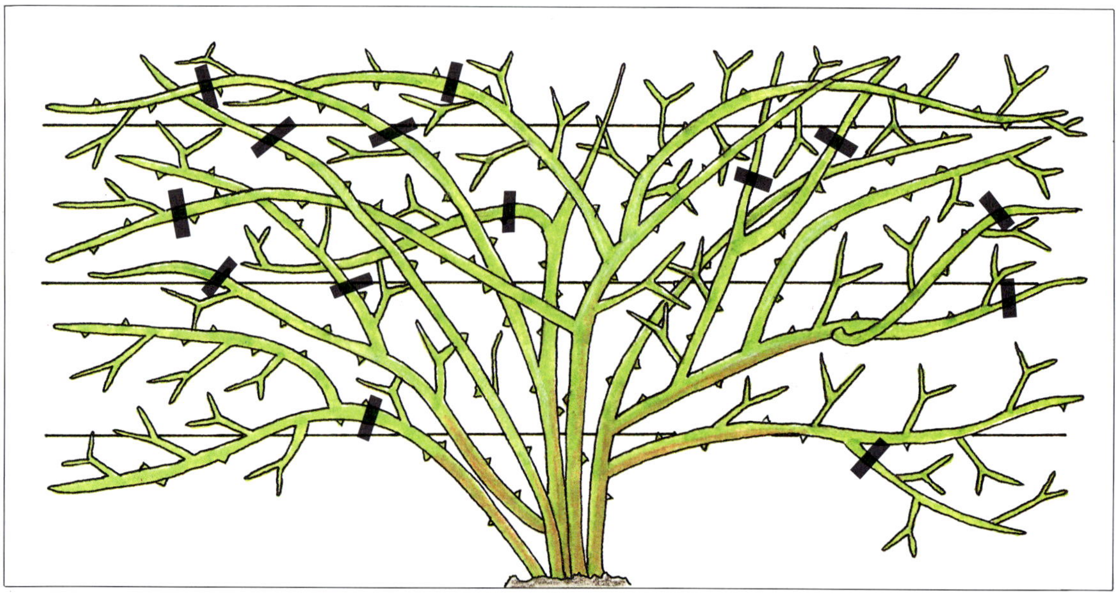

Die Kletterrosen sollen sich ausbreiten. Man entfernt kranke und erfrorene Triebe, störende Ausreißer, die aus der Form wachsen. Junge Teile werden gar nicht geschnitten.

Ausnahmen von den Schnittregeln

In der Pflanzenwelt kann man nicht alles über einen Kamm scheren oder schneiden. Züchtungen brauchen manchmal andere Pflege als die ursprünglichen Arten. Das gilt auch für den Schnitt.

Viele Sträucher haben Sonderwünsche oder können durch einen kräftigen Schnitt im Alter verjüngt werden. Rhododendren schneidet man nicht in jedem Jahr. Schwachwüchsigen Pflanzen tut ein Rückschnitt im Frühjahr gut – sie werden danach buschiger. Herausbrechen muß man die vertrockneten Blüten, um die Knospenbildung für das kommende Jahr zu fördern. Ältere Pflanzen mit nicht mehr sehr attraktivem Wuchs kann man bis auf ca. 1 m zurückschneiden. Der Busch treibt neu aus, bekommt aber manchmal erst Jahre später wieder Blüten.

Bei Glyzinen schneidet man im Sommer in Abständen, also nicht auf einmal, die äußeren Enden der Triebe ab, die für die gewünschte Form nicht unbedingt notwendig sind. Die Leittriebe kürzt man im Dezember oder Januar ein.

Die Buddleja-Art ***Buddleja alternifolia*** blüht am vorjährigen Holz. Nach der Blüte werden die vertrockneten Rispen abgeschnitten. Die Pflanze wird dadurch zu neuem Wachstum angeregt.

Damit die Weigelie nicht zu üppig wird, schneidet man nach der Blüte, das ist meistens im Juni oder Juli, die abgeblühten Teile ab. Bei älteren Pflanzen können die ältesten Triebe bis kurz über dem Boden ausgelichtet werden.

Erst im März oder April schneidet man die Säckelblume. Alle Triebe aus dem vorigen Jahr werden bis auf zwei oder drei Knospen über dem alten Holz gestutzt.

Im Februar schneidet man die letztjährigen Triebe der Tamariske zurück, bis auf etwa 6 cm an das alte Holz heran. Dieser Schnittermin gilt für Arten, die im Sommer blühen. Frühlingsblüher schneidet man gleich nach der Blüte.

Die leuchtend roten Äste des Hartriegel sind im Herbst und Winter besonders attraktiv. Bis auf kurze Enden schneidet man im Februar oder März die Triebe des vorigen Jahres. Durch radikaleren Schnitt kann man ältere Pflanzen verjüngen.

Ein Sommerschnitt fördert bei der Kranzspiere das Wachstum neuer Triebe und der Blätter. Denn die schön gefärbten Blätter schätzt der Gartenbesitzer im Herbst ganz besonders. Die abgeblühten Triebe schneidet man bis kurz über der Ansatzstelle eines jungen Triebes ab.

Geißklee hat manchmal die Tendenz, in die Höhe zu schießen. Ein Sommerschnitt bremst den Höhenflug. Alle Triebe, an denen Blüten saßen, kürzt man bis zum Ansatz eines neuen Triebes ein. Ins alte Holz sollte man nicht schneiden.

Von den Spiersträuchern erfährt die ***Spiraea japonica*** eine Sonderbehandlung. Ende Februar schneidet man alle Triebe bis auf 5 cm zurück. Sie blüht dann im Spätsommer besonders schön. Diese Art blüht am diesjährigen Holz. Frühblühende Arten, wie zum Beispiel ***Spiraea x arguta***, entwickeln ihre Blüten am vorjährigen Holz und werden nach der Blüte geschnitten. Zu dichte Sträucher lichtet man zu dieser Zeit kräftig aus. Geschnitten wird bis zum Ansatz eines neuen Triebes.

Bei Deutzien schneidet man nach der Blüte die abgeblühten Teile ab. So behält der Busch seine Form.

Alte, vernachlässigte Forsythien verjüngt man, indem man in einem Jahr die ältesten Triebe entfernt und im darauffolgenden noch einmal kräftig auslichtet.

Silberweiden muß man nur jedes zweite Jahr schneiden. Der beste Zeitpunkt ist der Februar. Man schneidet bis direkt über der Austriebsstelle.

Zur Schere greift man auch beim Johanniskraut. Wird ***Hypericum calycinum*** im zeitigen Frühjahr (März/April) bis etwa 6 cm über dem Boden abgeschnitten, entwickelt sie sich im Laufe des Sommers zu besonders dichten Bodendeckern.

Die aufrechtwachsenden Arten des Johanniskrauts werden mit zunehmendem Alter oft zu groß und zu dicht. Man kann die Pflanzen im Frühjahr bis auf die Ansatzstellen neuer Triebe radikal einkürzen. Blüten entwickeln sich aber dann erst wieder im nächsten Jahr.

Einen Verjüngungsschnitt brauchen auch hin und wieder Pfeifensträucher. Ein guter Termin dafür ist der Juli. Sehr alte Zweige entfernt man bis kurz über dem Boden, nicht ganz so alte werden bis zum Ansatz eines neuen Triebes eingekürzt.

Lavendel neigt dazu, in die Höhe zu wachsen und kahle Triebe zu bekommen. Im zeitigen Frühjahr schneidet man die abgestorbenen Triebe zurück. Bereits nach der Blüte werden die verwelkten Teile entfernt, wenn man die Blüten sowieso schon zum Trocknen abgeschnitten hat.

Die Buddleja alternifolia braucht einen sonnigen Standort. Die lila Blüten duften leicht.

Die Ernte hängt vom Schnitt ab

Ein Obstbaum wird während seines ganzen Lebens immer wieder zurechtgestutzt und ausgeschnitten. Ziel ist in diesem Fall weniger die Schönheit. Durch den Schnitt steigert man den Ertrag.

Besonders Apfelbäume eignen sich für die Baumform einer Spindel. Da die Krone nur ca. 2 m breit wird, paßt diese Form auch gut für kleinere Gärten.

Bei Obstbäumen ist ein korrekter Schnitt unbedingt notwendig. Man unterscheidet vier Phasen: Pflanzschnitt, Erziehungsschnitt, Erhaltungsschnitt und Verjüngungsschnitt. Die einzelnen Phasen sind abhängig vom Alter des Baumes und in sich zum Teil unterschiedlich je nach Obstart. Ziel ist es, die Baumkrone so zu gestalten und zu erhalten, daß Sonne und Luft möglichst auch die inneren Äste erreichen.

Der Pflanzschnitt

In den Baumschulen werden dem Hobbygärtner meistens zwei- oder dreijährige Bäume angeboten. Der Pflanzschnitt wurde bereits durchgeführt. Denn vom ersten Lebensjahr an wird so ein Bäumchen zurechtgestutzt. In dieser Jugendphase legt man die Höhe des Stammes und auch schon die Form der Krone fest. Im ersten Jahr (immer gerechnet nach der Veredelung) bleiben nur ein Haupttrieb und drei, bei einigen Sorten vier Seitentriebe stehen, ebenso im zweiten Jahr. Die Seitentriebe sollen in unterschiedlichen Höhen aus dem Stamm wachsen und gleichmäßig um ihn herum angeordnet sein. Diese Schnittmaßnahmen wird der Laie selten durchführen müssen, und er sollte sie auch den Fachleuten in der Baumschule überlassen. Beim Kauf muß man sich allerdings danach erkundigen, ob die Grundlagen für eine Pyramidenkrone, einen Spindelbusch oder eine Spindel (Pillarbaum) gelegt wurden (längerer Mitteltrieb) oder für eine Hohlkrone (stark eingekürzter Mitteltrieb).
Und lassen Sie sich genau zeigen, welche Äste Sie bei der Pflanzung in Ihrem Garten im ersten Jahr entfernen müssen. Auch ein dreijähriger Baum besteht oft nur aus vier oder fünf dünnen Ästchen und sieht wenig vielversprechend aus. Lassen Sie sich aber nicht täuschen. Auch hierbei gilt der Satz: Wenig bringt mehr.

Zum Spindelbusch lassen sich Birn- und Apfelbäume erziehen. Die Kronen bekommen eine Ausdehnung von 2,5 bis 3 m.

Der Erziehungsschnitt:

Bei den weiteren Schnittmaßnahmen muß man immer berücksichtigen, daß senkrecht nach oben gerichtete Zweige zwar schnell wachsen, aber wenig ertragreich sind und daher ausgeschnitten werden. Waagerecht oder in leichtem Bogen nach unten gerichtete Äste (Fruchtbogen) wachsen langsam, entwickeln aber mehr Blütenknospen.
Nach der Jugendphase eines Baumes, in der er noch kaum Früchte trägt, beginnt die Zeit der steigenden Erträge. Der Baum wächst weniger schnell in die Höhe, dafür mehr in die Breite. Diese Phase kann je nach Unterlage (bestimmend für die endgültige Größe des Baumes) zwischen fünf und zehn Jahre betragen. Durch den Erziehungsschnitt werden der Mitteltrieb (entfällt bei Hohlkronen) und die seitlichen Leittriebe zu fruchttragenden Ästen erzogen. Diese Äste sollten im Idealfall in einem Winkel von 45 bis 90 Grad zur Senkrechten stehen. Oft bilden sich an einem Leitast beinahe gleichstarke Konkurrenztriebe, die allerdings meist innen fast gerade in die Höhe wachsen und entfernt werden. Manchmal wächst der neue Trieb auch an der Außenseite. In diesen Fällen sollte man den eigentlichen (senkrechter stehenden) Leitast schneiden, da der neue Trieb ein besseres Winkelverhältnis zum Stamm hat.
Es ist zu empfehlen, den Erziehungsschnitt zunächst einmal von einem Fachmann ausführen zu lassen. Schauen Sie dem Profi dabei ganz genau auf die Finger.

Abweichungen von der Regel

Schattenmorellen tragen fast nur am vorjährigen Holz. Deshalb ist bei diesem Obst ein Schnitt nach der Ernte im Sommer besonders wichtig.
Bei Pfirsichen hat sich die Hohlkrone in unseren Breiten gut bewährt, weil sie das meiste Licht und reichlich Sonne an das Innere des Astwerks läßt. Auch Pfirsiche tragen am vorjährigen Holz und sollten im Sommer geschnitten werden. Ein weiterer Schnitt sollte vor, während und kurz nach der Blüte erfolgen. Dabei werden vor allem die „falschen Fruchttriebe" bis auf 1–2 Knospen entfernt. Das sind kurze, schwächliche Triebe, an denen fast ausschließlich Blütenknospen sitzen. Es kommt dort auch zu einem Fruchtansatz, die Mini-Pfirsiche fallen jedoch schnell ab. Die „wahren Fruchttriebe" sind dicker und länger, an ihnen sitzen in einer Blattachsel immer drei Knospen – außen zwei runde Blütenknospen und in der Mitte eine spitze Blattknospe. Diese Triebe kürzt man um die Hälfte.
Auch bei schwächster Unterlage werden Birnbäume sehr groß. Deswegen sollte der Leittrieb von Beginn an kurz gehalten werden.
Pflaumen, Zwetschgen, Mirabellen und Renekloden tragen am zwei- und mehrjährigen Holz. Die Schnittmaßnahmen beschränken sich darauf, die Krone licht zu halten und einen übermäßigen Fruchtbehang zu vermeiden.
Besonders starkwüchsig sind auch Süßkirschen. Sie werden nach der Ernte ausgelichtet.

Der Erhaltungsschnitt

Hat der Baum seine endgültige Höhe erreicht, muß die einmal aufgebaute Krone erhalten werden. Im Leben eines Baumes nennt man die jetzt folgenden Jahre die Ertragsphase. Er wächst mehr und mehr in die Breite, die Äste biegen sich unter der Last der Früchte immer weiter in eine waagerechte Position. Durch gezielten Schnitt wird dafür gesorgt, daß der Baum nicht zu groß wird. Grenzen setzen oft benachbarte Bäume oder die Wand eines Hauses. In dieser Phase müssen sich Holz- und Fruchttriebbildung die Waage halten. Holztriebe nennt man den Teil des Geästs, der keine Blüten hervorbringt, Fruchttriebe sind die kleineren Äste, an denen die Blüten und später die Früchte sitzen. Besonders an weit ausladenden Ästen darf nicht zuviel Fruchtholz stehen, weil sie unter der Last der Früchte abbrechen würden. Ein weiteres Ziel des Instandhaltungsschnitts ist es, die Krone licht- und luftdurchlässig zu erhalten. Dazu müssen jedes Jahr die sogenannten „Wasserschosse" (senkrecht nach oben wachsende Geiltriebe) entfernt werden, ebenso sich kreuzende und aneinander reibende Zweige.

Der Verjüngungsschnitt

Diese Maßnahme wird nur bei Bäumen mit Pyramiden- oder Hohlkrone durchgeführt, die älter als 15 Jahre sind. Die Krone wird rigoros zurückgeschnitten. Da es sich meistens um recht große Bäume handelt, sollte man die Arbeiten durch einen Fachbetrieb ausführen lassen. Auch ist es ratsam, erst die Frage zu klären, ob sich diese Maßnahme überhaupt noch lohnt. Denn auch das Leben eines Obstbaumes ist begrenzt. Durch diese Radikalkur kann zwar der Ertrag noch einmal gesteigert werden, aber nicht bis in alle Ewigkeit.

Die Schnittermine

Die geeigneten Schnittzeiten hängen von der Phase des Baums ab und von der Obstart, aber auch von dem Ziel, das man erreichen will. Der wichtigste Schnitt ist der Winterschnitt. In dem blattlosen Zustand erkennt man am besten, wo geschnitten werden muß. Der geeignete Monat dafür ist der Januar (bis –4 Grad). Frühaustreibende Obstarten (abgesehen von Pfirsichen und Kirschen) können bereits ab November geschnitten werden. Der Winterschnitt regt das Wachstum an.
Will man einen Baum im Wachstum bremsen, verschiebt man den Schnittermin auf den Februar. Zu diesem Zeitpunkt hat der Saftstrom bereits wieder die äußeren Teile des Baumes erreicht. Schneidet man ihn zu diesem Zeitpunkt, geht viel von der Kraft verloren.
Der Sommerschnitt ist im allgemeinen nur ein Ergänzungsschnitt. Er begünstigt die Größe der verbleibenden heranreifenden Früchte und fördert bereits zu diesem Zeitpunkt die Ausbildung der Fruchtorgane für das nächste Jahr. Generell wird dadurch aber das Wachstum des Baumes gebremst. Der geeignete Zeitpunkt für diese Maßnahme ist der August.
Bei Pfirsichen und Kirschen kann man den Winterschnitt durch einen Sommerschnitt ersetzen, der unmittelbar nach der Ernte durchgeführt wird. Ein Vorteil des Schnitts zu diesem Zeitpunkt liegt auch darin, daß die Schnittwunden besser verheilen.

Bei Pyramidenkronen wachsen drei bis vier kräftige Äste aus einem Punkt. Sinnvoll sind Pyramiden-Hohlkronen, bei denen der Mittelast fehlt.

Beeren von Busch oder Hecke

Für Beerensträucher gelten recht unterschiedliche Schnittregeln, weil die Pflanzen entweder am einjährigen oder am zweijährigen Holz blühen und später die süßen Früchte tragen.

Auch Beerenobst kommt unter das Messer. Die süßen Früchte sind bei allen Hobbygärtnern sehr beliebt und finden auch in kleinen Gärten ein Plätzchen.
Bei Johannisbeeren läßt man gleich beim Pflanzen nur etwa fünf Triebe stehen, die auf ein Drittel eingekürzt werden. Rote und weiße Johannisbeeren sollten später 8 bis 12 gut verzweigte Triebe haben. Man schneidet ab dem vierten Standjahr nach der Ernte ältere Triebe heraus, die man am dunkleren Holz erkennt. Etwa die gleiche Anzahl Neutriebe läßt man stehen, alle übrigen werden dicht über dem Boden geschnitten. Bei schwachwüchsigen Sorten werden die Triebe im Winter um etwa ein Drittel eingekürzt. Diese Johannisbeer-Arten tragen am besten am zwei- bis dreijährigen Holz.
Schwarze Johannisbeeren dagegen bekommen die meisten Früchte am einjährigen Holz. Man schneidet deshalb gleich nach der Ernte alle abgeernteten Triebe kurz über dem Boden ab.
Für Stachelbeeren gelten die gleichen Schnittregeln wie für rote Johannisbeeren. Auch Jostabeeren, eine Kreuzung zwischen beiden, zählen zu dieser Gruppe.
Mehr eine optische Bereicherung des Gartens sind die Johannisbeer- und Stachelbeer-Hochstämmchen. Der Ertrag ist oft geringer als bei den Büschen. Auch sie werden nach der Ernte geschnitten und sollten ebenfalls rund ein Dutzend kräftige, unterschiedlich alte (bis fünf Jahre) Äste besitzen.
Der Schnitt von Himbeeren – sie brauchen übrigens ein Spalier aus Drähten – beginnt gleich bei der Pflanzung. Die Ruten werden auf ungefähr 40 cm eingekürzt. Ansonsten ist der Schnitt einfach. Nach der Ernte entfernt man die abgetragenen Ruten dicht über dem Boden. Diese Triebe sterben zwar sowieso ab, läßt man sie jedoch stehen, wird aus den Pflanzen bald ein Dickicht aus abgestorbenen und neuen Trieben. Pro Pflanzmeter sollen ungefähr 8 bis 12 Triebe wachsen. Wenn nötig, müssen auch die schwächsten Jungtriebe entfernt werden.
Bei zweimal tragenden Himbeeren werden im Winter oder im zeitigen Frühjahr alle Ruten abgeschnitten.

Für schwarze Johannisbeeren gelten besondere Regeln. Man schneidet gleich nach der Ernte die diesjährigen Triebe (oben rot gezeichnet) ab.

Von den Jungtrieben entfernt man dann im Juni alle bis auf die 8 bis 12 kräftigsten pro Meter.
Etwas mehr Arbeit und Aufmerksamkeit erfordern Brombeeren. Nach der Pflanzung – im Herbst oder im Frühjahr – wird nicht geschnitten. Auch Brombeeren brauchen ein Spalier aus Spanndrähten, an denen die Ruten hochgebunden werden. Im ersten Sommer, in den Monaten Juli und August, werden alle Geiztriebe auf ein bis drei Augen eingekürzt. Diese Mühe muß man sich in diesen Wochen dreimal machen, weil sonst in kurzer Zeit ein undurchdringliches Gewirr entsteht. Die Ernte, besonders bei stacheligen Sorten, würde fast unmöglich.
Brombeeren tragen am zweijährigen Holz. Nach der Ernte werden die Tragruten bis kurz über dem Boden abgeschnitten. Zum Schutz des Nachwuchses läßt man die abgeschnittenen Ruten am Spalier und entfernt sie erst mit dem Frühjahrsputz. Man läßt dann die sechs kräftigsten Triebe stehen und bindet sie an den Drähten fest. Zu lange Ranken werden zurückgeschnitten. Bei einigen Sorten können sie bis zu 10 m lang werden.
Es gibt zwei Möglichkeiten, Ordnung in das Rankensystem zu bekommen. Im Frühjahr bindet man alle Tragruten nach rechts und die nachwachsenden Jungtriebe nach links. Oder man bindet die Tragruten an den ersten und dritten Draht und die Jungruten an Draht zwei und vier. Beim Schnitt nach der Ernte weiß man so immer, welche Rute dran ist.

Ein Spalier an der Hauswand oder auch freistehend (etwa als Hecke) ist die beste Rankhilfe für Brombeeren. Die Triebe werden nach Alter sortiert, das schafft ein wenig Ordnung in das Gewirr.

Der Schnitt und die Pflege der Wunden

Jeder Schnitt verursacht an Baum oder Strauch eine Wunde. Wie beim Menschen können Bakterien durch diese Wunden eindringen und den gesamten Organismus schädigen. Deshalb sind einwandfreie Werkzeuge und die Nachbehandlung der Schnitte so wichtig.

Für alle Schnittmaßnahmen muß man vor allem scharfes Werkzeug zur Hand haben. Schneidet man mit einer Schere, muß man darauf achten, daß das Holz nicht gequetscht wird. Äste werden direkt am Astring geschnitten. Das ist die Austriebsstelle des Astes, eine sichtbare Wulst am Stamm. Ist der Astring nicht mehr vorhanden, wird direkt am Stamm geschnitten.

Die Baumschere wird immer leicht schräg einen knappen Zentimeter über einem nach außen weisenden Auge zum Schnitt angesetzt.

Vermeiden sollte man auch bei dem Entfernen von dickeren Ästen, daß sie durch ihr Gewicht abreißen. Das geschieht häufig, wenn gleich am Stamm gesägt wird. In derartigen Fällen muß man einmal in etwa 40 cm Entfernung von der eigentlichen Schnittstelle den Ast absägen. Danach schneidet man dann dicht am Stamm. Oder man kerbt den Ast zunächst von unten ein und sägt dann von oben zu Ende.

Alle Wunden, die man einem Baum zufügt, müssen behandelt werden. Die Wunden sollten von innen heilen. Jede Pflanze entwickelt Korkzellen und Wundgewebe zum Abdichten von Schadstellen. Dieser natürliche Heilprozeß läßt sich von außen unterstützen. Die Pflanze dankt es Ihnen mit schneller Genesung und gesundem Gedeihen. Wichtig: Das Astwerk sollte gezielt ausgeschnitten werden und dürre, aber auch kranke Pflanzenteile müssen rechtzeitig weggenommen werden.

Der richtige Schnitt

Umfangreiche Eingriffe, die große Wunden hinterlassen, sind im Winter durchzuführen, solange der Saftstrom nur mäßig zirkuliert. Dann ist die Gefahr des „Ausblutens" geringer. Spezielle Wundverschlußmittel (meist Wachs-Präparate, die sich leicht anwenden lassen) enthalten keimhemmende Stoffe, die Pilze und andere Krankheitserreger abtöten. Alle mehr als fingerstarken Schnittstellen sind mit Wundverschlußmitteln abzudecken. Dafür gibt es im Handel verschiedene Präparate.

Alle Schadstellen (z.B. Krebswucherungen) sollten bis aufs gesunde Holz ausgeschnitten werden. Faulige Stellen breiten sich sonst nach innen aus. Pilze greifen die gesunde Substanz an. Dürre Zapfen und abgebrochene Zweige schneidet man unmittelbar am Stamm weg.

Zur Baum- und Gehölzpflege gehört u.a. auch, in die Rinde einschnürende oder gar einwachsende Kordeln zu vermeiden und die Befestigung regelmäßig zu lockern. Scheuernde Baumpfähle müssen entfernt, eventuell neue gesetzt werden.

Die Ränder der Schnittstelle werden mit einem scharfen Spezialmesser rundum sehr sorgfältig von der Rinde befreit und dann gut geglättet.

Damit sich die Wunde schneller schließt und keine Bakterien eindringen, bestreicht man die Schnittstelle mit einem Wundverschlußmittel.

Kleinere Äste und wilde Triebe entfernt man mit einer geeigneten Schere. Man setzt sie unten an und läßt den Astring am Stamm stehen.

Aus eins mach zwei - oder mehr

Die meisten Stauden lassen sich ohne Schwierigkeiten teilen. Aber auch eine Vermehrung durch Stecklinge ist bei vielen Arten gut möglich, macht aber mehr Arbeit. Zwiebelpflanzen vermehrt man durch Abtrennen der Brutzwiebeln.

Man unterscheidet die generative Vermehrung von Pflanzen (durch Samen) und die vegetative (durch Wurzel- und Pflanzenteile). Die meisten Pflanzen kann man sowohl auf die eine als auch auf die andere Art vermehren.
Bei der generativen Vermehrung besonders schöner Pflanzen hat schon so mancher Hobbygärtner eine herbe Enttäuschung erlebt. Handelt es sich bei den Mutterpflanzen um sogenannte F_1-Hybriden (Kreuzungen speziell ausgesuchter Elternpflanzen), dann keimt aus dem Samen entweder der eine oder der andere Elternteil, aber nicht die Pflanze, von der der Samen stammt! Der Fachmann nennt das „aufspalten". Durch Samen sollte man also nur Nicht-Hybriden vermehren.

Vermehren durch Teilen

Die vegetative Vermehrung dagegen bringt meist die gewünschten Ergebnisse. Zu groß gewordene Stauden kann man einfach ausgraben, in zwei oder mehrere Teile trennen und die einzelnen Stücke wieder eingraben. Jüngere Pflanzen oder solche mit kleinem Wurzelsystem zieht man vorsichtig auseinander, größere Wurzelballen kann man durchaus zerschneiden oder mit einem scharfen Spaten teilen.
Holen Sie die Pflanzen mit einer Grabegabel aus der Erde. Mit der Hand oder einem Messer lassen sich z.B. Stauden wie Sonnenbraut oder Gelbe Frühlingsmargerite leicht teilen. Dagegen sind Stauden, die verholzte Wurzelstöcke haben – z.B. Prachtspiere, Rittersporn, Sonnenauge, Brennende Liebe oder Sommerphlox – mit einem scharfen Spaten in Stücke zu zerlegen. Nehmen Sie zum Auspflanzen die äußeren jungen Teile der Mutterpflanze. Pflanzen Sie nur etwa faustgroße Stücke – immer müssen auch Triebknospen vorhanden sein. Entfernen Sie Unkraut sorgfältig, das in die Wurzeln hineingewachsen ist. Zwängen Sie die Wurzeln niemals in ein zu kleines Pflanzloch. Sie dürfen sich nicht nach oben biegen. Kürzen Sie die Wurzeln der Teilstücke vor dem Pflanzen auf Handlänge.
Stauden mit pfahlartigen Wurzeln – z.B. Edeldistel, Lupine, Skabiose, Adonisröschen, Schleierkraut oder Nachtkerze – teilen Sie immer mit einem Messer. Jedes Teilstück muß kleine Wurzeln und Triebe haben, Bruchstellen und Quetschungen an den Wurzeln müssen sie vor dem

Es wirkt fast brutal, schadet der Pflanze aber nicht: Trennen des dichten Wurzelballens durch einen kräftigen Schnitt mit einem Spaten.

Oft haben die Pflanzen ein leichtes, lockeres Wurzelwerk, das sich ohne große Schwierigkeiten auseinanderziehen läßt. Die Einzelteile pflanzt man sozusagen portionsweise wieder in lockere Erde ein.

Neueinpflanzen glattschneiden. Damit die Wurzeln nicht faulen, können Sie die Schnittstellen mit Holzkohlepulver einpudern.

Der richtige Zeitpunkt

Stauden, die im Frühjahr und Vorsommer blühen – z.B. Frühlingsmargeriten –, teilen Sie am besten gleich nach der Blüte. Das Laub zuvor bis dicht über dem Boden abschneiden. Stauden, die erst später blühen – z.B. Sommer-Phlox, Sonnenbraut, Herbstastern, Gräser – teilen Sie besser im Frühjahr.

Stauden, die an den Trieben Wurzeln bilden, z.B. Sternmose, Katzenpfötchen, Fetthenne, Thymian – sie breiten sich wie ein Teppich aus – oder rosettenbildende Arten, wie z.B. Hauswurz, Steinbrech, können Sie vom Frühjahr bis zum Herbst teilen und neu einsetzen.
Nehmen Sie diese Stauden aus dem Boden und reißen Sie sie einfach mit den Händen auseinander. Alle Triebe, die Wurzeln haben, oder auch kleine Büschel davon, pflanzen Sie gleich wieder ein. Pfingstrosen teilen Sie am besten im September. Dann sind die Blattknospen gut ausgereift. Iris dagegen teilen Sie im August – gleich nach der Blüte. Dann setzt die neue Wurzelbildung ein. Die Triebknospen an einer Abschnürung abschneiden und einpflanzen.

Teilen von Rhizomen

Einige Pflanzen bilden Rhizome, das sind verdickte Speicherorgane an den Wurzeln. Nach dem Ausgraben entfernt man die Erde von den Rhizomen. An dem Haupttrieb sitzen die Seitentriebe. Haben diese eine Länge von 6 bis 8 cm und zwei bis drei

Wachstumsknospen, eignen sie sich zur Vermehrung. Man trennt Seitentriebe mit einem scharfen Messer ab, entfernt alle abgestorbenen Teile und pudert auch hier die Schnittfläche mit Holzkohlenpuder. Das verhindert Infektionen. Die Rhizomteile werden genauso tief wie die Mutterpflanze in den Boden gelegt. Das alte Rhizom wirft man auf den Kompost.

Vermehren durch Wurzelschnittlinge

Man gräbt eine besonders blühfreudige Pflanze im Oktober aus und schneidet einige lange, dickere und dünnere Wurzeln ab. Verwenden Sie keine Schere, sondern ein scharfes Messer. Die Mutterpflanze wird gleich wieder an ihren angestammten Platz gesetzt und gut angegossen. Die dickeren Wurzeln werden in Stücke von ca. 5 cm Länge geschnitten, wobei man das obere Ende waagerecht und das untere Ende schräg anschneidet. Diese Schnittlinge werden mit dem angespitzten Ende in Töpfe oder Kästen mit Anzuchterde gesteckt. Dünnere Wurzeln werden in etwa 5 cm lange, gerade Stücke

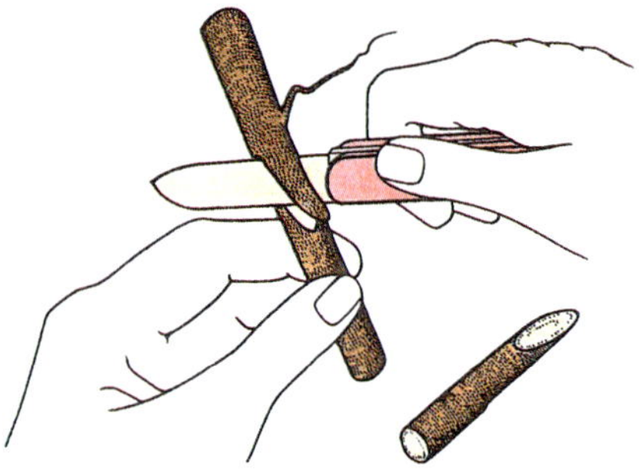

Die 4 bis 6 cm langen Wurzelstücke werden einmal gerade und einmal schräg geschnitten. Am besten geht's mit einem Messer.

Dünnere Wurzelstücke schneidet man gerade und legt sie waagerecht in einen Kasten mit Anzuchterde. Das Substrat feucht halten.

geschnitten und waagerecht 2 cm tief in die Anzuchterde gelegt.
Den Winter verbringen die Wurzelschnittlinge vorzugsweise in einem Frühbeet oder in einem kühlen, hellen und gut belüftbaren Keller. Das Substrat muß gleichmäßig feucht gehalten werden.
Sobald sich im Frühjahr zwei bis drei Blattpaare gebildet haben, setzt man die einzelnen Pflanzen in Töpfe und stellt sie ins Freie. Im Herbst, wenn sich dann ein fester Wurzelballen gebildet hat, kommen die jungen Stauden an ihren endgültigen Platz.

Vermehrung durch Stecklinge

Viele Stauden lassen sich gut durch Stecklinge vermehren. Der geeignete Zeitpunkt ist der Spätsommer. Man schneidet von nichtblühenden Teilen die Spitzen ab. Sie müssen mindestens drei Blattpaare haben, geschnitten wird kurz unter dem dritten Blattansatz. Nach dem Entfernen des untersten Blattpaares werden die Stecklinge etwa 3 cm tief in Anzuchterde gesteckt und gut angegossen.
Anzuchtkästen deckt man mit der meist dazugehörigen Plastikhaube ab, über Blumentöpfe stülpt man durchsichtige Plastiktüten und befestigt sie mit einem Gummiband. Die Tüte darf die Pflanzen allerdings nicht berühren. Ein geeigneter Platz für die Stecklinge ist ein schattiger Frühbeetkasten.
Nach rund sechs Wochen haben sich Wurzeln gebildet. Die kleinen Pflanzen setzt man nun einzeln in Blumentöpfe, kappt nach einer Woche die Triebspitze und läßt sie den Winter über in dem Frühbeetkasten stehen. Das Substrat darf nicht austrocknen. Im Frühjahr werden die kleinen Stauden an ihren endgültigen Platz gepflanzt.

Vermehrung von Zwiebeln und Knollen

An Zwiebelpflanzen bilden sich mit der Zeit kleine Brutzwiebeln. Gräbt man die Pflanzen im Juni aus, nachdem das Laub abgewelkt ist, kann man die Brutzwiebeln abtrennen und sowohl die Mutterzwiebel als auch die kleinen Brutzwiebeln gleich wieder in die Erde stecken. Bei einem im Laufe der Jahre sehr dicht gewordenem Bestand ist diese Maßnahme unbedingt erforderlich, weil sich die Pflanzen gegenseitig behindern und nicht mehr gut blühen. Die neuen Pflanzen aus den Brutzwiebeln bekommen allerdings erst nach 2 bis 3 Jahren Blüten.
Dahlien entwickeln mit der Zeit ein dickes Knollenbüschel. Man kann die einzelnen Teile im April oder Mai pflanzen. Bei der Teilung muß man darauf achten, daß an jedem Knollenstück ein Stück der alten Stengel mit einem Triebauge sitzt. Gepflanzt werden die Dahlienknollen in gut mit Kompost gemischter Erde. Die Knolle soll etwa 5 cm tief liegen.

Stecklingsvermehrung

Bei folgenden Stauden ist eine Vermehrung durch Stecklinge sehr gut möglich:
Goldgarbe (Achillea filipendulina) im Frühsommer;
Grasnelke (Armeria alliacea) im Spätsommer;
Gottvergeß (Ballota pseudodictamnus) im Frühling;
Ochsenauge (Buphthalmum salicifolium) im Frühjahr;
Glockenblume (Campanula lactiflora) im Frühling;
Garten-Rittersporn (Delphinium-Hybriden) im Frühling;
Bartfaden (Penstemon glaber) im Spätsommer;
Blauraute (Perovskia atriplicifolia) im Hochsommer;
Schönranke (Eccremocarpus scaber) im Herbst;
Sonnenhut (Echinacea purpurea) im Herbst;
Kugeldistel (Echinops ritro) im Frühjahr oder Herbst;
Himalaja-Wolfsmilch (Euphorbia griffithii) im Frühling oder Herbst;
Purpur-Mädesüß (Filipendula purpurea) im Herbst;
Kokardenblumen (Gaillardia aristata) im Herbst;
Schleierkraut (Gypsophila paniculata) im Frühsommer;
Sonnenbraut (Helenium-Hybriden) im Frühsommer;
Strohblume (Helichrysum bracteatum) im Sommer;
Sonnenauge (Heliopsis helianthoides var. scabra) im Frühling;
Immergrüne Schleifenblume (Iberis sempervirens) im Frühsommer;
Strauchpappel (Lavatera olbia) im Frühling;
Missouri-Nachtkerze (Oenothera missouriensis) im Spätwinter, im Kasten überwintern.
Die meisten Stauden lassen sich durch Teilung vermehren, auch einige der hier aufgeführten.

Dahlien aus Stecklingen vermehren

Abgesehen von der Teilung der Knollen, lassen sich Dahlien auch durch Stecklinge vermehren. Eine aufwendige, aber lohnende Mühe.

Sie sind wahre Wunder an Farben und Formen. Wer einmal sein Herz an Dahlien verloren hat, kann gar nicht genug davon im Garten haben.

Dahlien haben einen festen Platz im Herzen der Gärtner. Für die Vermehrung dieser Stauden durch Stecklinge gelten einige Sonderregeln. Sie brauchen ein Gewächshaus oder einen Wintergarten, um die Knollen zum Treiben zu bringen. Wichtig: Ohne gleichmäßige Wärme – 10 bis 15 Grad, auch von unten – geht's nicht! Eventuell müssen Sie sich also ein Wärmekissen (im Garten-Fachhandel) besorgen. Die Luftfeuchtigkeit sollte 60 bis 70 Prozent betragen (auf dem Hygrometer zwischen „normal" und „feucht").

Mitte März suchen Sie sich die gesündesten der überwinterten Knollen heraus – das heißt: nur solche ohne Schimmelbildung und ohne äußere Verletzungen.

Saatkästen oder Tomatenkisten mit einer gut durchfeuchteten Mischung aus Torf und Erde (ca. 50:50) füllen. Die ausgewählten Knollen werden locker in die Erde gedrückt – und zwar so, daß sie gerade eben unter der Oberfläche sitzen. Das ist wichtig, damit man später die jungen Triebe gleich erkennt. Jetzt benötigen die Pflanzen gleichmäßige Wärme zwischen 10 und 15 Grad von unten.

Sobald nach etwa 2 Wochen das neue Grün sprießt, regelmäßig Feuchtigkeit zusetzen: einmal täglich gründlich besprühen, so daß die Erde gut durchfeuchtet ist.

Die Stecklinge werden geschnitten

Wenn die Triebe eine Länge von ca. 8 cm erreicht haben, trennt man sie ab – und zwar unter dem zweiten Blattpaar. Zum Abschneiden entweder ein sehr scharfes Messer oder eine Rasierklinge benutzen und das untere Blattpaar entfernen.

Wichtig: Wählen Sie nur Triebe, die fest, robust und etwa so dick wie ein Bleistift sind. Hohle Stecklinge wachsen nicht an. Jeden Steckling in Bewurzelungspuder stippen.

Saatboxen mit einem lockeren Gemisch aus Torf und Sand (ca. 50:50) füllen oder die Torf-Sand-Mischung in Töpfe geben. Die Stecklinge dann vorsichtig in die Erde drücken. Dafür keine Löcher vorbereiten, sondern die Stecklinge nur ganz locker ca. 3 cm tief einsetzen. Halt müssen sie natürlich haben.

Bei einer Temperatur von ca. 10 Grad (eventuell für Wärme von unten sorgen) schlagen die Stecklinge am schnellsten Wurzeln. Die kleinen Pflanzen muß man jetzt besonders vor Sonne schützen und einmal täglich mit lauwarmem Wasser besprühen. Nach etwa zwei Wochen ist es soweit: Die Stecklinge stehen hochaufgerichtet; ihr Blattwerk zeigt ein sattes Grün.

Damit sich die Pflänzchen nicht gegenseitig Platz und Licht streitig machen, müssen sie jetzt einen anderen Platz bekommen. Heben Sie sie vorsichtig aus der Erde, so daß die Wurzeln unbeschädigt bleiben. Dann einen Kasten oder einzelne Blumentöpfe mit guter Blumenerde füllen und ein kleines Loch für jedes Pflänzchen bereiten.

Beim Einsetzen in Blumenkästen auf einen Abstand von 10 cm von Pflanze zu Pflanze achten. In Blumentöpfe am besten nur eine Pflanze setzen. Danach die Erde sanft andrücken und vorsichtig gießen. Die Pflänzchen jetzt für einige Tage an einen kühleren Ort stellen. Schützen Sie sie zunächst vor direkter Sonneneinstrahlung. Sobald sich weiteres Wachstum gezeigt hat, schadet ihnen die Sonne nicht mehr.

Wenn jede Nachtfrostgefahr vorüber ist, können die Dahlien ins Frühbeet oder unter einen Folientunnel gepflanzt werden. Ab Ende Mai nehmen sie dann ihren endgültigen Platz im Blumenbeet ein.

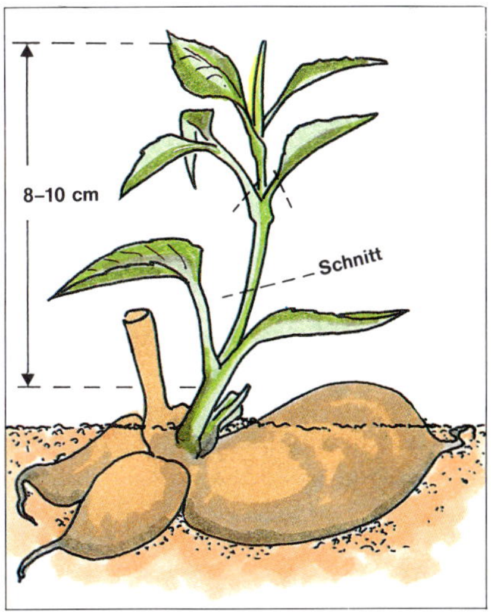

Die Stecklinge werden zuerst von den vorgetriebenen Knollen abgetrennt (Schnitt 1) und dann von dem unteren Blattpaar befreit (Schnitt 2).

Nachwuchs für die Sträucher

Gehölze vermehrt man am besten durch Stecklinge oder durch Absenker. Das geht sehr einfach, dauert aber seine Zeit. Preiswert ist diese Methode auf jeden Fall.

Zier- und Beerensträucher können Sie natürlich kaufen. Aber manchmal möchte man auch selbst vermehren. Sei es, daß man eine ganz außergewöhnliche Beerensorte hat, eine alte, besonders wohlschmeckende vielleicht, sei es, daß man eine Hecke anlegen möchte und dafür der Kauf vieler Jungpflanzen zu teuer wäre. Nur dauert es natürlich ein paar Jahre, bis Steckhölzer oder Absenker herangewachsen sind. Die Jungpflanzen aus der Baumschule haben einen Vorsprung von zwei Jahren.

Vermehrung durch Hartholzstecklinge

Viele Ziergehölze, aber auch Johannis- und Stachelbeeren, kann man durch sogenannte Hartholzstecklinge oder Stecklingshölzer vom harten Holz vermehren. Es handelt sich dabei um Triebe, die bereits hart und holzig geworden sind und ihre erste Wachstumsperiode abgeschlossen haben. Das lohnt sich bei Ziergehölzen vor allem, wenn man recht viele Jungpflanzen braucht. Ein Musterbeispiel ist dabei der Liguster. Bei ihm wurzeln fast alle Steckhölzer an, im Nu hat man eine stattliche Anzahl Jungpflanzen für eine Hecke zusammen. Auch beim Buchsbaum wurzeln 70 Prozent der Steckhölzer. Eine selbstgezogene Buchsbaumeinfassung um die Beete kostet Sie also außer ein bißchen Mühe fast nichts. Noch ein Vorteil bei der Steckholzvermehrung: Die Sträucher sind wurzelecht, sie gleichen also genau der Mutterpflanze. Übrigens: Man kann auf diese Weise nicht nur Gehölze, sondern auch Bäume vermehren. Weiden, Pappeln und Platanen werden so gezogen.

Im Spätherbst oder frühen Winter schneidet man bei frostfreiem Wetter von den Gehölzen einjährige Ruten ab. Mit einer scharfen Gartenschere teilt man diese Ruten in etwa 25 cm lange Stücke, das sind Steckhölzer. Dabei ist darauf zu achten, daß jedes Steckholz am oberen Ende über einem Auge gerade und am unteren Ende unter einem Auge schräg abgeschnitten wird. Das Schrägschneiden hat zwei Gründe: Man weiß im nächsten Frühjahr noch, was oben und was unten ist; und die größere Schnittwunde fördert die Bildung von Wuchsstoffen.

Alle so gewonnenen Steckhölzer werden zusammengebunden und in eine Kiste mit Sand gelegt oder ins Frühbeet eingegraben. (Vermerken Sie auf einem Etikett die Art.) Braucht man von jedem Strauch nur ein oder zwei Steckhölzer, kann man sie auch einzeln schräg in lockeren Boden stecken, sie müssen aber ganz mit Erde bedeckt sein. Im Laufe des Winters bildet sich nun an der Schnittstelle Kallusgewebe, aus dem sich im Frühjahr dann die Wurzeln entwikkeln. (Kallusgewebe bildet sich nur bei Temperaturen unter 10 °C, deshalb funktioniert diese Art der Gehölze-Vermehrung nur im Winter.)

Wenn im März oder April der Boden offen ist, werden die Steckhölzer aus ihrem Winterschlaf geholt und erst in ein Beet gepflanzt oder sofort an Ort und Stelle gesetzt. Bei Hecken pflanzt man gleich an den vorgesehenen Platz, Ziersträucher und Beeren kommen besser erst in ein besonderes Beet, auf dem sie noch ein Jahr bleiben. Man steckt die Holzstecklinge – mit dem schrägen Ende nach unten – so tief in gut lockeren Boden, daß nur noch die oberen zwei Augen herausschauen. Nun wird gegossen und darauf geachtet, daß das Unkraut die kleinen Pflanzen nicht erstickt. Bald bilden sich Wurzeln und die ersten Triebe. Zu lange und starke Triebe schneidet man ab, damit sich das Gehölz gleichmäßig verzweigt. Im Herbst dann sind die Jungpflanzen so kräftig, daß man sie an die vorgesehenen Plätze setzen kann. Die Beeren bringen schon im darauffolgenden Frühjahr Früchte.

Vermehrung durch Sommerstecklinge

Einige Sträucher lassen sich auch durch sogenannte Stecklinge aus halbreifem Holz oder Sommersteck-

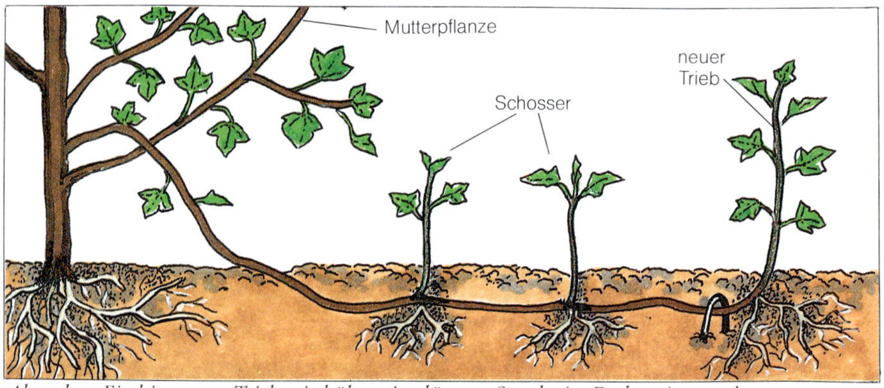

Absenker: Ein biegsamer Trieb wird über eine längere Strecke im Boden eingegraben . . .

. . . oder nur die Spitze. Die Schosser werden nach einem Jahr abgetrennt und verpflanzt.

Hartholzstecklinge schneidet man im Herbst.

Im Frühjahr pflanzt man sie in ein Beet.

linge vermehren, am besten zwischen Juli und September. Die Methode erfordert jedoch mehr Arbeit. Geschnitten werden etwa 20 cm lange Seitentriebe vom diesjährigen Holz in der Nähe des Haupttriebes. Das untere Blattpaar wird entfernt, ebenso der obere weiche Teil bis zu einem Blattansatz. Der Steckling ist dann etwa 10 cm lang.

Die Stecklinge setzt man zu einem Drittel in Blumentöpfe in ein Gemisch aus Anzuchterde und Sand (1:1), gießt vorsichtig an und stülpt eine durchsichtige Plastiktüte darüber. Um den Topf herum bindet man die Tüte fest. Sie darf die Stecklinge jedoch nicht berühren. In einen Topf mit 12 cm Durchmesser kann man ca. 10 Stecklinge setzen. Gut eignen sich auch beheizbare Vermehrungskästen, denn vor allem das Substrat muß in den kommenden Wochen warm sein. Ideal sind Temperaturen von 16 bis 18 Grad. Direkter Sonnenschein tut den Stecklingen allerdings nicht gut. Nach etwa drei Wochen haben sich Wurzeln gebildet.

Die jungen Pflanzen müssen nun allmählich abgehärtet und dann vorsichtig in einzelne Töpfe verpflanzt werden. In diesem Quartier werden sie bis zum nächsten Frühjahr gepflegt, entweder im Haus oder in einem Frühbeet. Erst wenn es warm genug ist, kann man sie auf ein Beet pflanzen und dort so lange wachsen lassen, bis sie groß genug sind, um an ihren endgültigen Platz zu kommen. Die Kinderstube im Beet erleichtert die Arbeit. Man muß regelmäßig wässern und düngen und das Beet sauberhalten.

Vermehrung durch Absenker

Eine einfachere Methode, zum Beispiel bestimmte Beerensträucher zu vermehren, ist das Heranziehen von Absenkern. Die geeignete Jahreszeit ist der Herbst. Immergrüne Sträucher können auch im Frühjahr durch Absenker vermehrt werden.

Der Boden neben der Mutterpflanze wird gründlich gelockert und mit reifem Kompost versorgt. Man muß dabei sehr vorsichtig vorgehen, weil viele Sträucher flache Wurzeln haben. Auf diesen vorbereiteten Boden legt man nun einen kräftigen (nicht blühenden) Trieb von diesem Jahr. Entweder gräbt man den ganzen Trieb etwa 7 bis 10 cm tief in den Boden ein oder nur die Triebspitze. Bei dickeren Hölzern schneidet man in letzterem Fall das Holz an der unteren Seite an. Mit nicht rostenden Haken wird der Trieb in der Erde festgehalten. Er bleibt mit der Mutterpflanze verbunden. Die Erde darf in den kommenden Monaten nicht austrocknen.

Nach einem Jahr haben sich kräftige Wurzeln gebildet, und man trennt die neue Pflanze von der alten. Echten Jasmin trennt man erst nach zwei Jahren. Man kann die einzelnen Pflanzen jetzt ausgraben und an einen anderen Ort verpflanzen.

Geeignete Sträucher

Durch Hartholzstecklinge können vermehrt werden:

Schmetterlingsstrauch (Buddleja)
Buchsbaum (Buxus)
Bartblume (Caryopteris)
Baumwürger (Celastruus)
Hartriegel (Cornus)
Deutzie (Deutzia)
Forsythie (Forsythia)
Efeu (Hedera)
Liguster (Ligustrum)
Heckenkirsche oder Geißblatt (Lonicera)
Falscher Jasmin oder Pfeifenstrauch (Philadelphus)
Schlingknöterich (Fallopia)
Fingerstrauch (Potentilla)
Zierjohannisbeere (Ribes)
Holunder (Sambucus)
Spierstrauch (Spiraea)
Kranzspiere (Stephanandra)
Tamariske (Tamarix)
Weigelie (Weigela)
Johannisbeere (Ribes)

Durch Sommerstecklinge können vermehrt werden:

Berberitze (Berberis)
Buchsbaum (Buxus)
Bartblume (Caryopteris)
Säckelblume (Ceanothus)
Waldrebe (Clematis)
Deutzien (Deutzia)
Prachtglocke (Enkianthus)
Pfaffenhütchen (Euonymus)
Ginster (Genista)
Efeu (Hedera)
Hortensien (Hydrangea)
Johanniskraut (Hypericum)
Stechpalme (Ilex)
Kolkwitzie (Kolkwitzia)
Lavendel (Lavandula)
Falscher Jasmin oder Pfeifenstrauch (Philadelphus)
Zierkirsche (Prunus)
Skimme (Skimmia)
Flieder (Syringa)

Durch Absenker können vermehrt werden:

Brombeere (Rubus)
Felsenbirne (Amelanchier)
Trompetenblume (Campsis)
Baumwürger (Celastrus)
Zierquitte (Choenomeles)
Winterblüte (Chimonanthus)
Waldrebe (Clematis)
Scheinhasel (Corylopsis)
Haselnuß (Corylus)
Perückenstrauch (Cotinus)
Felsenmispel (Cotoneaster)
Prachtglocke (Enkianthus)
Federbuschstrauch (Fothergilla)
Stechpalme (Ilex)
Echter Jasmin (Jasminum)
Heckenkirsche oder Geißblatt (Lonicera)
Wilder Wein (Parthenocissus)
Lavendelheide (Pieris)
Essigbaum (Rhus)
Heidelbeere (Vaccinium)
Schneeball (Viburnum)
Glyzine (Wisteria)
Rhododendron (Rhododendrum)
Stachelbeere (Ribes)
Himbeere (Rubus)

Vorbeugen ist wirksamer als bekämpfen

Wenn Schädlinge oder Krankheiten verstärkt auftreten, ist das meist ein Zeichen für ein gestörtes Gleichgewicht in diesem Ökosystem. Sie können dafür sorgen, daß sich Nützlinge und Schädlinge die Waage halten.

Ein Garten ist eine Welt im Kleinen. Pflanzen und Tiere stehen in sinnvoller Beziehung zueinander, und wenn diese Beziehung funktioniert, dann hat der Gartenbesitzer seine helle Freude daran. Ein Garten ist keine natürliche Wildnis, sondern eine Kulturlandschaft, die ganz und gar vom Tun und Lassen des Gärtners abhängt. Es liegt auch in der Hand dieses Gärtners, ob das Ökosystem im Garten funktioniert oder nicht. Das trifft in hohem Maße für kleine und kleinste Gärten zu. Hier kommt es nicht auf höchstmögliche Erträge und optisch einwandfreie Gartenfrüchte und Blumen an, sondern darauf, daß man Freude an der Arbeit im Garten hat und gesunde und wohlschmeckende Früchte erntet.

Zum Ökosystem, also zum natürlichen Zusammenleben von Pflanzen und Tieren im Garten, gehören auch die sogenannten Schädlinge. Diese Insekten, Würmer, Schnecken, Bakterien usw. haben durchaus ihren Sinn in der Natur. Sie ernähren wiederum sogenannte Nützlinge und beteiligen sich an der Umwandlung der Pflanzenreste in Humus.

Bis vor wenigen Jahren ging man einfach mit der Giftspritze durch den Garten, und das Problem war gelöst. Allerdings nur scheinbar. Die chemische Vernichtung von Insekten im Garten ist ein schwerwiegender Eingriff in das Gleichgewicht der Natur. Denn wenn ein Schädling vernichtet wird, werden auch – so haben Wissenschaftler ermittelt – fünf Nützlinge mitvernichtet. Und da die Schädlinge meist am Anfang der Nahrungskette stehen, kommen sie sehr viel schneller und in größerer Zahl wieder als die nützlichen Tiere.

Um das mit einem Beispiel zu erklären: Wenn mit einer Spritzung pflanzenfressende Schädlinge (Raupen, Blattläuse, Spinnmilben) vernichtet werden, erwischt es natürlich auch die Insekten und Raubmilben, die sich von diesen Schädlingen ernähren. Auf die leergespritzten Pflanzen wandern als erstes wieder die Pflanzenfresser ein. Die Nützlinge kommen erst sehr viel später wieder – nämlich dann, wenn sich die Schädlinge so stark vermehrt haben, daß ihre Feinde, die Nützlinge, wieder genügend Nahrung finden. Bis dahin aber haben die Schädlinge den Salat, den Kohl, den Obstbaum schon wieder schwer geschädigt – und zwar ungestört.

Das macht deutlich, wie wichtig es ist, im Garten möglichst vielen verschiedenen Tieren – Insekten, Vögeln, Igeln und sogar dem Maulwurf – eine Heimat zu bieten. Es ist ein oft bewiesenes Prinzip der Natur, daß artenreiche Ökosysteme gesünder und stabiler sind als artenarme.

In jedem Garten, in den man nicht stark eingreift, existieren etwa zu einem Viertel Schädlinge, zu einem Viertel Nützlinge und zur Hälfte Tiere, die weder schaden noch nützen. Läßt man es dabei bewenden, wird man nicht sehr viele Verluste durch Pflanzenschädlinge haben. Zumal man ja in seinem Garten keine Super-Ernten haben will und auch nicht unbedingt Ernteerzeugnisse, die für ihre Schönheit den ersten Preis auf einer Ausstellung erringen sollen.

Viele Gartenbesitzer, ob sie nun einen Nutz- oder einen Ziergarten haben, tragen ihren Teil zum Umweltschutz bei, indem sie in ihrem kleinen privaten Bereich einer möglichst großen Vielfalt von Arten eine Heimat schaffen.

Das Gleichgewicht fördern

Jeder Gärtner kann die natürliche Ordnung in seinem Garten unterstützen. Die meisten Schädlinge fallen nur über schwache Pflanzen her. Es ist ihr natürlicher Auftrag, Schwaches auszumerzen. Deshalb wird man in erster Linie dafür sorgen, daß man kräftige und gesunde Pflanzen im Garten hat. Die Voraussetzung dafür ist ein aktiver Boden, bei dem Nährstoff, Wassergehalt und pH-Werte ausgewogen sind.

Eine weitere wichtige vorbeugende Maßnahme gegen Schädlinge und Krankheiten im Garten sind eine vernünftige Fruchtfolge und Mischkulturen. Fruchtwechsel unterbindet die Entwicklung von Schadorganismen, die ja an bestimmte Pflanzenarten gebunden sind. Bei Mischkultur schützt eine Pflanzenart die andere durch ihre Ausdünstung oder durch Stoffe, die von den Wurzeln abgegeben werden.

Schädlinge unterliegen, wie alle Lebewesen, bestimmten jahreszeitlich

Viele Insekten und andere kleine Tiere finden in solchen dichten Hecken aus heimischen Stauden und Sträuchern einen Unterschlupf und Nistplatz.

Mit dem Igel sollte sich jeder Gärtner anfreunden. Die bedrohten Tiere sind Insektenfresser. Sie überwintern in Haufen aus Laub, Ästen und Gestrüpp.

bedingten Entwicklungen. Das bedeutet, daß bestimmte Schädlinge nur zu bestimmten Zeitpunkten aktiv werden! Wenn dann zum selben Zeitpunkt die „Wirtspflanzen" auch im richtigen Entwicklungsstadium sind, dann muß es zur Häufung von Schädlingen kommen. Hobbygärtner können deshalb durch den richtig gewählten Anbautermin Schädlingsbefall vorbeugen.

Kohl und Radieschen werden Anfang April oder Ende Mai gepflanzt und gesät, dann ist die Flugzeit der Kohlfliege ausgespart. Rübenfliegen haben keine Chance, wenn Winterspinat Ende Mai geerntet und erst Ende August wieder gesät wird.

Wenn man Möhren erst im Juli sät, ist die Zeit der Möhrenfliege vorbei. Dikke Bohnen sät man möglichst früh. Sie sind dann, wenn die Schwarze Bohnenlaus auftritt, stark genug, um nicht mehr geschädigt zu werden. Bohnen und Gurken bringt man erst in die Erde, wenn der Boden gut warm ist, dann sind sie gegen die Wurzelfliege geschützt.

Gegen witterungsbedingte Krankheiten und Schädlinge kann man nicht vorbeugen. Da aber bei Feuchtigkeit generell mehr Schaden auftritt als bei sehr trockener Witterung, sollte man tunlichst vermeiden, die Pflanzen zu dicht zu setzen. Andernfalls entsteht ein feuchtes Kleinklima auf dem Beet, das Krankheiten und Schädlinge – vor allem Pilzbefall – fördert. Das gilt auch für Beerensträucher, die weniger von Pilz, Mehltau und Schädlingen befallen werden, wenn sie gut ausgeschnitten sind.

Ein Reisighaufen im Garten ist ein Versteck für Igel, Blindschleichen und Eidechsen, die mit den Schnekken aufräumen. Nistkästen für Meisen sorgen dafür, daß diese Insektenvertilger hier brüten, denn nur wenn sie Junge haben, sammeln sie täglich das Mehrfache ihres Eigengewichtes an Insekten.

Marienkäfer, Schlupfwespen, Florfliegen, Gallmücken und Raubmilben vernichten beispielsweise schädliche Insekten und Raupen. Sie brauchen Unterschlüpfe zu ihrer Vermehrung, Blumen und Stauden im Gemüsegarten bieten ihnen diese Plätze. Kleine einfache Nistkästen für allerlei Insekten baut man aus Holzlatten und stopft sie dicht mit Stroh oder den abgeschnittenen Stengeln von Holunder, Hasel oder Rosen aus. In solchen Kästen verstecken und vermehren sich viele nützliche Insekten. Ein dickes Stück von einem Baumstamm, das man mit vielen Bohrlöchern versieht, dient ebenfalls als Winterquartier und Brutstätte für Insekten.

Ebenso wichtig wie künstliche Wohn- und Brutstätten für die nützlichen Gartentiere sind natürliche Unterschlupfe. Das kann eine Hecke aus Sträuchern sein, wie sie auch in der Natur vorkommt. Denn viele nützliche Kleinstlebewesen sind auf bestimmte Pflanzen programmiert. Ein dichter Brennesselbusch in einer Gartenecke bietet nicht nur einigen seltenen Schmetterlingsarten eine Heimat, sondern auch Insekten, die sich über Gartenschädlinge hermachen. Trockenmäuerchen sind nicht nur Insekten, sondern auch nützlichen Reptilien wie Eidechsen, Blindschleichen und höhlennistenden Vögeln ein Unterschlupf. Der Dank an den Gartenbesitzer ist die Vertilgung vieler schädlicher Insekten.

Auch wer Spinnen nicht mag, sollte sie nicht rigoros verfolgen. Sie tun dem Menschen nichts, nicht einmal die verrufene Kreuzspinne ist wirklich giftig (und sie steht unter Naturschutz). Aber Spinnen nehmen sehr eifrig an der Verfolgung und Vernichtung von Gartenschädlingen teil.

Sie haben Blattläuse zum Fressen gern

Über Blattläuse ärgert sich jeder Gärtner. Sie lassen sich auch mit noch so viel Gift nicht vollständig ausmerzen. Schützt und fördert man aber ihre natürlichen Feinde, nimmt die jährliche Plage niemals große Ausmaße an.

Bei der Bekämpfung von Blattläusen und anderen Schädlingen an Gemüse- und Zierpflanzen gibt es viele fleißige Helfer: bekannte und auch unbekannte Insekten. Oft läßt sich der Einsatz von Insektiziden vermeiden, wenn man das Treiben auf den Pflanzen nur genauer beobachtet und etwas Geduld hat. Man sollte vor allem die Blattunterseiten genau untersuchen. Denn gerade dort siedeln sich die Gegenspieler der Schädlinge an und beginnen mit der Jagd. Marienkäfer, Florfliege und Schwebfliege gehören zu den eifrigsten Blattlausjägern und sind weit verbreitet.

Sicher haben Sie diese nützlichen Insekten schon in Ihrem Garten oder auf dem Balkon beobachten können. Aber kennen sie auch deren Larven? Sie sehen völlig anders aus als die ausgewachsenen Insekten und werden leider sehr oft mit schädlichen Raupen oder kleinen Nacktschnecken verwechselt.

Die Florfliege

Die Florfliegen sind eigentlich keine richtigen Fliegen, sondern gehören zu den Netzflüglern. Wegen ihrer großen metallisch glänzenden Augen werden sie auch Goldaugen genannt. Ihre Larven, die sogenannten Blattlauslöwen, ähneln den Marienkäferlarven. Sie haben besonders ausgeprägte sichelförmige Kiefer, mit denen sie Blattläuse sowie andere kleine Schadinsekten gut packen und vernichten können.

Während seiner 8- bis 18tägigen Entwicklungsdauer vertilgt ein einziger Blattlauslöwe zwischen 200 und 500 Blattläuse, aber auch Spinnmilben, Blutläuse, Raupen und Schildläuse. Auch die erwachsenen Florfliegen ernähren sich außer von Blütenstaub und Nektar von Schadinsekten. Sie sind hauptsächlich in der Dämmerung und nachts aktiv. Wie die Marienkäfer überwintern die Florfliegen als ausgewachsene Insekten in Schlupfwinkeln und Gebäuden. Im Frühjahr kann man die zartflügeligen grünschimmernden Insekten oft innen an den Fensterscheiben sitzen sehen.

Aus der Nähe betrachtet ist die Florfliege eine richtige Schönheit. Sie fliegt meist abends auf der Suche nach Nahrung im Garten umher.

Die Florfliege hat sehr charakteristische Eigelege, die man im Frühjahr an vielen Pflanzen – meist auch gleich in der Nähe von Blattlauskolonien – finden kann. Die Eier werden mit einem langen Stiel auf der Unterlage angeheftet. Dies hat einen besonderen Grund, denn die ersten Larven, die aus den Eiern schlüpfen, machen in ihrer Freßgier auch vor den eigenen Geschwistern nicht Halt und würden somit ohne diese Vorsichtsmaßnahme der Natur das übrige Gelege vernichten.

Schwebfliegen sind sehr nützlich und absolut harmlos. Sie erinnern jedoch ein wenig an Wespen und werden oft für diese stechenden Insekten gehalten.

Die Schwebfliege

Die wespenähnliche Färbung dieser Fliegenfamilie schützt sie vor Fraßfeinden. Vom Menschen werden sie oft gerade wegen dieser Ähnlichkeit mit den stechenden Plagegeistern und in Unkenntnis ihrer Nützlichkeit bekämpft. Zu unterscheiden sind sie von den echten Wespen durch einen deutlich abgeplatteten Hinterleib, das Fehlen der charakteristischen Wespentaille sowie durch einen völlig geräuschlosen Flug.

Die ausgewachsenen Schwebfliegen sind reine Blütenbesucher und haben damit eine wichtige Funktion bei der Bestäubung von Pflanzen. Bereits zeitig im Frühjahr kann

Sie haben einen anderen Geschmack

Spinnen hausen je nach Art in Bäumen, zwischen Pflanzen, am Boden, in Ritzen und Mauerspalten. Die meisten Spinnenarten spinnen ein für ihre Art charakteristisches Netz. Es gibt aber auch Spinnen, die kein Netz, sondern nur lange Fäden spinnen. Spinnen haben einen ungeheuren Appetit und verzehren hauptsächlich Fliegen, Mücken, fliegende Blattläuse und Springschwänze.

Raubmilben leben auf den Blättern von Obst- und Laubbäumen und Sträuchern. Sie sind so winzig, daß man sie kaum sieht. Aber sie räumen gewaltig unter den gefürchteten Spinnmilben auf, die vor allem nach der Behandlung mit Pflanzenschutzmitteln und bei reichlicher Stickstoffdüngung überhand nehmen. Gemeinsam mit Raubmilben treten fast immer Blumenwanzen und Marienkäfer auf, die sich die Beute teilen.

Im Boden leben Raubmilben, die sich von den gefürchteten Nematoden ernähren. Sie halten zudem auch noch das Bodenleben im Gleichgewicht. Spritzen mit Gift würde diese nützlichen Tiere für immer vernichten.

Flechtlinge, die auch Staub- oder Rindenläuse genannt werden, sind die natürlichen Feinde des Apfelschorfes und des Mehltaus, weil sich die im Freien lebenden Arten von pflanzenschädlichen Pilzen ernähren. Bei der Anwendung von Insektiziden und Fungiziden verschwinden sie vollständig und meist für immer. Es gibt auch Arten, die man in Lebensmittelschränken, hinter Tapeten und sogar in Büchern findet. Diese Arten ernähren sich von den Schimmelpilzen, die sich im Haus bilden.

man ihre Flugkünste bewundern. Schwebfliegen können im Flug blitzschnell die Richtung wechseln oder auch ihrem Namen entsprechend über einer Blüte in der Luft schweben. Jeder dieser harmlosen Blütenbesucher hat in seiner Kindesphase als unscheinbare, fast durchsichtige Larve eine Unzahl von Blattläusen vertilgt. Leider bleibt ihr Nutzen oft unerkannt, da die Larven der Schwebfliege hauptsächlich in der Dämmerung und nachts aktiv sind. Tagsüber sitzen sie versteckt auf den Blattunterseiten. Sie können dann, wenn man ihr Aussehen nicht kennt, für schädliche Raupen oder kleine Schnecken gehalten werden.

Die Schwebfliegen legen ihre Eier ebenfalls auf die Blattunterseite in die Nähe von Blattlauskolonien. Die daraus schlüpfenden Larven beginnen gleich mit der Beutesuche – Blattläuse jeglicher Art. Während der 8- bis 15tägigen Entwicklung verzehren die Schwebfliegenlarven bis zu 100 Blattläuse täglich! Das heißt, genaugenommen saugen sie diese nur aus. Ihre dezimierende Wirkung auf Blattlauskolonien ist beträchtlich. Gegen Insektizide sind die nützlichen Larven äußerst empflindlich.

Die Anzahl der von den Schwebfliegen abgelegten Eier liegt zwischen 500 und 1 000 Stück und ist abhängig vom Nahrungsangebot während des Reifefraßes der Weibchen. Bevorzugt werden gelbe Korb- und weiße Doldenblütler. Durch ihre kurze Entwicklungszeit können die Schwebfliegen bis zu fünf Generationen in einem Jahr hervorbringen und sind so den ganzen Sommer über Helfer im Kampf gegen Blattläuse.

Die Schlupfwespe

Diese Tierchen haben einen besonderen Trick, um mit Blattläusen und anderen Schädlingen fertig zu werden. Sie sind Schmarotzer, die ihre Eier in die Läuse und in die Larven anderer Insekten legen, etwa in die des Kohlweißlings, des grünen Knospenwicklers, des Apfelwicklers und sogar des Holzschädlings Klopfkäfer. Die meisten Weibchen haben einen langen Legestachel, den sie bei der Eiablage unter dem Kopf durchbiegen. Bereits nach wenigen Stunden schlüpfen die Larven der Schlupfwespen aus und fressen ihr Wirtstier von innen auf. Von Schlupfwespen befallene Blattläuse werden dicklich und färben sich dunkel.

Die Larven der Schwebfliegen werden oft mit schädlichen Raupen verwechselt. Sie sind jedoch eifrige Helfer im Kampf gegen Blattläuse.

Jede Florfliegenlarve vertilgt im Laufe ihres kurzen Lebens zwischen 200 und 500 Blattläuse, aber auch zahlreiche andere Schädlinge.

Die Nützlinge überwintern als Larve in der leergefressenen Blattlaushülle. Im Frühling schlüpfen sie zur gleichen Zeit wie die Blattläuse, weil ihr Nahrungsangebot dann gleich vor der Haustür liegt. Zu der großen Familie der Schlupfwespen gehört auch eine winzige Art, die die Larven der Blutlaus vernichtet.

Die Blumenwanzen

Bei dem Gedanken an Wanzen bekommt man leicht eine Gänsehaut. In der großen Wanzenfamilie gibt es jedoch ausgesprochen nützliche Mitglieder. Die 3 bis 4 mm großen Blumenwanzen haben einen dunklen Körper, gelbe Beine und gelbschwarze Fühler. Sie ernähren sich von Blattläusen und anderen kleinen Blattsaugern, von Spinnmilben und Gallmückenlarven. Und zwar nicht nur die Vollkerfe, wie man das ausgewachsene Tier nennt, sondern auch die Larven. Weich- oder Blindwanzen, von denen einige Arten den Ameisen sehr ähnlich sehen, ernähren sich ebenfalls von Blattläusen und Spinnmilben sowie anderen schädlichen Milben.

Wer sie im Garten findet, hat Glück

Die Marienkäfer sind wirklich Glücksbringer – ihr Appetit auf Blattläuse ist ganz enorm. Nicht alle haben die bekannte Färbung, manche sind gelb oder schwarz.

Gestern noch waren die Rosen voll besetzt mit Blattläusen, heute hat sich ein Heer von Marienkäfern darüber hergemacht. Binnen weniger Tage sind die Blattläuse verschwunden, und das bleiben sie auch. Von den 70 heimischen Arten – darunter gelbe mit schwarzen Punkten, rote mit einem oder sieben Punkten und ganz schwarze – ernähren sich 50 ausschließlich von Blattläusen, 14 von Schildläusen und die restlichen von Spinnmilben und Mehltaupilzen. Ein Siebenpunkt-Marienkäfer frißt pro Tag 150 Blattläuse, der kleine Zweipunkt-Marienkäfer immerhin noch 60 Stück.

Aber auch die Larven dieser nützlichen Käfer vertilgen während ihrer Entwicklung immerhin rund 800 der lästigen Läuse.

Wenn die Pflanzen sehr stark mit Stickstoff gedüngt sind, kommt es manchmal zu einer Blattlausvermehrung, mit der auch die Marienkäfer nicht fertig werden. Spritzt man dann ein Blattlausmittel, sterben auch Marienkäfer. Die überlebenden Blattläuse können sich dann derart schnell vermehren, daß sie zu einem echten Problem werden. Man verzichte deshalb lieber auf zu starke Düngung mit Stickstoff.

Nach der Überwinterung in geschützten Winkeln, z.B. unter Laub oder in Rindenritzen, aber auch in geschlossenen Gebäuden, beginnt der Marienkäfer schon frühzeitig im Jahr mit der Jagd auf die ersten Blattläuse. Bald legt das Weibchen dann seine Eier ab, die auffallend gelb gefärbt sind. Die Eiablage erfolgt immer auf den Blattunterseiten von Pflanzen in der Nähe von Blattlauskolonien. Nach rund einer Woche schlüpfen daraus die kleinen, fast schwarzen Larven und beginnen sofort mit der Schädlingsjagd.

Später, nach den ersten Häutungen, färben sich die Larven bunter und erreichen bis zur Verpuppung eine Länge von etwa 10 mm. Durch drei Beinpaare im vorderen Körperbereich sind die Larven deutlich erkennbar.

Ist ihre Entwicklung abgeschlossen, heftet sich die Larve am Untergrund fest und verpuppt sich.

Ein Siebenpunkt-Marienkäfer frißt pro Tag bis zu 150 Blattläuse. Den Winter verbringen die Käfer gern im Haus – gewähren Sie ihnen Quartier.

Auch die Larven der Marienkäfer sind auf diese Blattsauger scharf. Die kleinen Raupen sind erst schwarz und später bunt.

Die harmlosen Ohrwürmer werden bis zu zwei Zentimeter lang. Erst im Alter sind sie so dunkel.

Ohrwürmer sind nützliche Nachträuber

Wenn andere schlafen, gehen sie auf die Pirsch. Ihre Beute sind Blutläuse, Blattläuse und Schmetterlingslarven. Die Feinschmecker vergreifen sich auch hin und wieder an zarten Blütenblättern und leckerem Grünzeug.

Eines sollte einmal klargestellt werden: Ohrwürmer kriechen nicht in Ohren, sie kneifen nicht und es sind auch keine Würmer. Ohrwürmer sind Insekten, die einer eigenen Ordnung ***(Dermaptera)*** angehören. Sie sind bis zu 2 cm lang, dunkelbraun bis hellbraun, je nach Alter, und sie besitzen eine Zange am Kopf, die beim Männchen stark gekrümmt, beim Weibchen fast gerade ist. Diese Zange dient zur Verteidigung und zum Beutefang. Ohrwürmer haben auch Flügel, aber sie fliegen so gut wie nie. Sie legen ihre Eier in Erdröhren, und die ausschlüpfenden kleinen Larven sehen schon genauso aus wie die fertigen Insekten, nur heller.

Ohrwürmer sind nicht bei jedem Gartenbesitzer beliebt. Es sind zwar Nützlinge, die nachts Unmengen von Blattläusen, Blutläusen, Schmetterlingslarven und anderen kleinen Insekten vertilgen und damit dem Gärtner helfen, den Schaden an seinen Nutzpflanzen zu begrenzen. Aber Ohrwürmer sind auch Feinschmecker, wenn es um Grünes geht: Sie fressen ebenso gern die weichen Knospen von Blütenpflanzen und gehen, wenn sie nichts anderes finden, sogar an weiches Obst (z.B. Erdbeeren). Kein Wunder also, wenn die Meinungen über sie geteilt sind.

Wichtig sind Ohrwürmer in erster Linie in Obstbäumen. Hier nützen sie um ein Vielfaches mehr als sie schaden. Wer Ohrwürmer in seinen Bäumen ansiedelt, kann auf Schädlingsspritzungen weitgehend verzichten. Die Insekten fressen neben Läusen auch die Eigelege der Obstbaumgespinstmotte und anderer Schmetterlinge und sogar Mehltaupilze.

Ohrwürmer sind ausgesprochene Nachträuber. Tagsüber schlafen sie an geschützten dunklen Plätzen: in Mauerritzen, unter Brettern, aber auch in Kohl- und Salatköpfen. Wohlgemerkt, hier schlafen sie nur und richten keinen Schaden an.

Die Gewohnheit der Ohrwürmer, sich tagsüber an einem dunklen Platz zu verstecken, machen sich vor allem Obstbaumbesitzer zunutze. Sie richten „ihren" Ohrwürmern bequeme Schlafplätze in den Bäumen ein, sogenannte Ohrwurmtöpfe. Man nimmt einen nicht zu kleinen Blumentopf aus Ton und schiebt durch das Ablaufloch einen Draht, den man innen so umbiegt, daß er nicht mehr durch das Loch herausrutschen kann. Dann füllt man den Topf mit Holzwolle oder Heu und hängt ihn an dem Draht in den Obstbaum. Fertig. Je größer der Baum desto mehr Ohrwurmtöpfe sollte man an den Ästen aufhängen.

Tagsüber kriechen die Ohrwürmer in die mit Holzwolle gefüllten Töpfe. Obstbaumbesitzer sollten diese Räuber hegen und pflegen.

Pflanzen helfen den Pflanzen

Brühen, Jauchen, Tees und Auszüge aus Garten- und Wildpflanzen sind ein sanfter Pflanzenschutz. Sie schaden weder Tieren noch Menschen, vertreiben Schädlinge und beugen Krankheiten vor.

In jedem Mittel stecken bestimmte Wirkstoffe. Beim Ackerschachtelhalm ist es z.B. die Kieselsäure, die das Zellgewebe der Pflanzen festigt. Die Schädlinge beißen sich sozusagen die Zähne aus an den festen Blättern und ziehen weiter zu weicheren, sprich schwächeren Pflanzen. Holunderblätter wirken abschreckend durch ihren strengen Geruch und Brennesseljauche ist im wahrsten Sinne des Wortes ätzend. Knoblauch und Zwiebeln töten Bakterien. Für Winter- und Frühjahrsspritzungen sollte man sich im Sommer den notwendigen Vorrat an getrockneten Drogen herstellen. Einfacher ist es, sich die Mittel zu kaufen.
Man unterscheidet verschiedene Zubereitungen. Vergorene Pflanzenjauchen werden in der Regel so lange stehen gelassen, bis die Flüssigkeit

Zwiebeln, Rainfarn, Ackerschachtelhalm und andere Pflanzen enthalten natürliche Insektizide.

Mit dem vorbeugenden Pflanzenschutz kann man gar nicht früh genug beginnen. Und je früher man damit anfängt, desto schonender kann er sein. Biologisch unbedenklich und kostenlos dazu sind Brühen und Jauchen aus Pflanzen, die man im Garten oder in der freien Natur findet und die natürliche Insektizide enthalten. Wenn diese Bekämpfungsmittel angewendet werden, kann man sicher sein, daß Früchte und Gemüse ohne Schaden für die Gesundheit gegessen werden können.

nicht mehr schäumt (2–3 Wochen). Sie werden immer verdünnt ausgebracht, morgens und abends bei bedecktem Himmel. In zu starker Konzentration führen sie zu Verbrennungen bei den Pflanzen. Gärende oder beißende Pflanzenjauche steht nur ca. drei Tage. Sie wird aus Brennesseln hergestellt und muß im Verhältnis 1:50 verdünnt werden.
Die bei Jauchen entstehenden Gerüche mildert man mit einigen Tropfen Baldrianblütenextrakt (gibt's im Fachhandel) und etwas Gesteinsmehl. Will man die Jauchen als Spritzmittel verwenden, muß man nach dem Abseihen zur besseren Haftung etwas Tonerdenmehl oder Alguria-Verdunstungsschutz beimischen.
Kräuterbrühen werden gekocht. Man setzt die Pflanzenteile mit kaltem Wasser an, läßt sie 24 Stunden stehen und kocht die Mischung dann etwa eine halbe Stunde. Die Brühe wird abgeseiht und abgekühlt verwendet, unverdünnt oder in einer Konzentration von 1:3–5.
Auch Kräutertees werden im Garten verwendet. Die Teeblätter bzw. Teepflanzen werden mit kochendem Wasser überbrüht. Man läßt den Tee einige Minuten zugedeckt ziehen, gießt ihn durch ein Sieb und bringt ihn meistens im Verhältnis 1:2–3 verdünnt aus.
Kräuterauszüge lassen sich am leichtesten herstellen. Man läßt die Kräuter über Nacht in kaltem Wasser ziehen, seiht ab und spritzt sie leicht verdünnt. Die festen Teile der Brühen, Jauchen, Auszüge und Tees, die in dem Sieb übrigbleiben, gibt man immer auf den Kompost.
Zum Ansetzen der Brühen und Jauchen benötigt man Gefäße aus Holz, Plastik (nur aus Polyäthylen, ältere Plastikgefäße sind oft aus Polyvinylchlorid und geben ständig Chlor ab) oder Steingut. Metall eignet sich weniger, weil die gärenden Pflanzensäfte zu schädlichen chemischen Verbindungen mit dem Metall führen können. Füllen Sie die Gefäße nie bis zum Rand, weil die gärenden Flüssigkeiten schäumen. Zugedeckt werden die Töpfe am besten mit einem Holz- oder Drahtrost, damit kleinere Tiere nicht darin ertrinken. Die Gefäße sollten an einem warmen Ort stehen.
Im Anschluß die wichtigsten Brühen und Jauchen und deren Anwendung. Bei den Rezepten werden die Mengen alternativ für getrocknetes Pflanzenmaterial (Droge) oder für die entsprechende Menge Frischkraut angegeben.

Ackerschachtelhalm

Das Kraut wird auch Schachtelhalm oder Zinnkraut genannt ***(Equisetum arvense)***. Der Fundort sind Äcker, Wiesen und Gräben mit feuchtem Boden. Zum Trocknen wird der ganze oberirdische Teil der Pflanze gesammelt.

Inhaltsstoffe: Kiesel, Kalk, Schwefel, Natrium, Kalium, Magnesium, Mangan.
Brühe: 200 g Droge/1,5 kg Frischkraut auf 10 l Wasser, 1:5 verdünnt;
Jauche: 150 g Droge/1 kg Frischkraut auf 10 l Wasser, 1:5 verdünnt.
Anwendung: Anfang März 5fach verdünnt auf Boden und Pflanzen spritzen gegen Pilzerkrankungen bei Obst, Gemüse und Zierpflanzen, z.B. Schorf, Rost, Echter und Falscher Mehltau, Monilia, Kräuselkrankheit bei Pfirsichen, Kraut- und Knollenfäule, Schwarzflecken, Blattfallkrankheit bei Beerenobst, Sternrußtau bei Rosen, Schwarzbeinigkeit und Blattläusen. Die Spritzung soll an drei Tagen hintereinander erfolgen und mehrere Male wiederholt werden.
Im April Spritzung an sonnigen Tagen auf die Obstbäume gegen die Rote Spinne (5fach verdünnt). Man kann auch eine Mischung aus ⅔ Schachtelhalm- und ⅓ Rainfarnbrühe verwenden oder der Schachtelhalmbrühe 0,5 bis 1% Wasserglas zusetzen, dieses aber mit der 5fachen Wassermenge verdünnen.

Brennessel

Im Garten hat man diese Pflanze meistens nicht so gern. Wenn Sie doch in einer Ecke Brennesseln ***(Urtica dioica)*** finden, geben Sie ihnen und Ihrem Garten eine Chance.
Inhaltsstoffe: Eisen, Kalk, Kieselsäure, Spurenelemente.
Gärende und vergorene Jauche: 150 g Droge/1 kg Frischkraut auf 10 l Wasser, 1:50/1:20 verdünnt;
Brühe und Auszug: 150 g Droge/1 kg Frischkraut auf 2 l Wasser, 1:5 verdünnt.
Anwendung: Im März vor der Blatt- und Blütenbildung die Obstbäume gegen Blattläuse und Rote Spinne mit gärender Jauche spritzen. Jauche im Abstand von zwei Wochen mehrmals an drei aufeinanderfolgenden Tagen im Frühjahr spritzen (zum Beispiel gegen Fäulekrankheiten, Kräuselkrankheit, Falschen Mehltau, Schorf an Obst, Gespinstmotte, Spinnmilben, Kartoffelkäfer). Brennesselbrühe wird ab Frühjahr gegen die Rutenkrankheit gespritzt.

Farnkraut (Wurmfarn/Adlerfarn)

Es wächst in lichten Wäldern, aber auch im Garten unter Bäumen und an schattigen Stellen ***(Dryopteris filix-mas/Pteridium aquilinum)***. Getrocknet werden nur seine Wedel.
Inhaltsstoffe: Wichtige Spurenelemente und insektenabweisendes ätherisches Öl.
Jauche: 100 g Droge/1 kg Frischkraut auf 10 l Wasser;
Auszug: 50 g Droge/500 g Frischkraut auf 5 l Wasser.
Anwendung: Man spritzt Jauche im Winter gegen Schild- und Blutläuse, unverdünnte Jauche gegen hartnäkkigen Rost. Auch gegen Schnecken hilft (1:10) verdünnte Farnkrautjauche.

Schwarzer Holunder

Diesen schönen Strauch sollte man im Garten haben ***(Sambucus nigra)***. Getrocknet werden die Blätter.
Inhaltsstoffe: Salpeter, Sambucin, starke Duftstoffe.
Jauche und Auszug: 100 g Droge/1 kg Frischkraut auf 10 l Wasser, 1:5 verdünnt.
Anwendung: Ganzjährig in die Gänge der Wühlmäuse schütten, um die Tiere zu vergraulen. Als vorbeugende Maßnahme gegen Kohlweißling und andere Schädlinge.

Knoblauch/Zwiebeln

Vom Knoblauch ***(Allium sativum)*** und von Zwiebeln ***(Allium cepa)*** verwendet man die kleingeschnittenen Zehen für Tee, zusätzlich Schalen und Blätter für Jauche.
Inhaltsstoffe: Schwefel, stark riechende Duftstoffe.
Jauche: 500 g Frischkraut auf 10 l Wasser, 1:10 verdünnt;
Tee: 75 g geschnittene Zwiebeln/Zehen auf 10 l Wasser, unverdünnt.
Anwendung: Anfang Mai gegen Erdbeermilben und andere Milben, Blattläuse und Pilzerkrankungen auf den Boden spritzen, dreimal im Abstand von drei Tagen. Nach der Ernte die Spritzung wiederholen.

Meerrettich

Bitten Sie einen Bauern vom Wochenmarkt darum, Ihnen im Herbst etwas Meerrettichkraut mitzubringen ***(Armoracia rusticana)***. Die Wurzeln müssen Sie kaufen.
Inhaltsstoffe: schwefeliges, fettiges Öl in den Wurzeln.
Brühe: 300 g kleingeschnittene Wurzel und Blätter auf 10 l Wasser, unverdünnt;
Tee: 30 g auf 1 l Wasser, 1:5 verdünnt.
Anwendung: Während der Blüte direkt in die Obstbaumblüten spritzen gegen Monilia.

Rainfarn

Man findet die Pflanze mit den gelben Dolden ***(Chrysanthemum vulgare)*** an Abhängen, Böschungen und Wegrändern. Zum Trocknen wird der oberirdische Teil der Pflanze ab Juli gesammelt.
Inhaltsstoffe: scharfriechende ätherische Öle und Bitterstoffe.
Brühe und Jauche: 30 g Droge/300 g Frischkraut auf 10 l Wasser, im Frühjahr und Winter unverdünnt, im Sommer verdünnt anwenden.
Anwendung: Gegen Brombeer- und Erdbeermilben im Frühjahr auf die Pflanzen spritzen. Zur Flugzeit gegen Kohlweißlinge und Apfelwickler, ganzjährig gegen Ameisen, Erdraupen, Blatt- und Wurzelläuse, Erdbeerblütenstecher, Frostspanner, Himbeerkäfer, Blattwespen, Rost und Mehltau spritzen.

Tomaten

Da man kaum eine Pflanze opfern wird, sollte man die ausgebrochenen Geizriebe der Tomaten ***(Lycopersicon lycopersicum)*** sammeln.
Inhaltsstoffe: Mineralien, starker Duft, der Insekten abschreckt.
Jauche: 1 kg Frischkraut auf 10 l Wasser, 1:10 verdünnt;
Auszug: 30 g Frischkraut auf 2 l Wasser, unverdünnt.
Anwendung: Kurz vor und während der Flugzeit gegen Kohlweißling, Erbsenwickler, Erdraupen, bei möglichem Befall gegen Kartoffelkäfer.

Wermut

Die Pflanzen werden groß. Meistens reicht es, wenn man einen Wermut ***(Artemisia absinthium)*** neben die Johannisbeeren pflanzt. Getrocknet werden die Blüten und Blätter.
Inhaltsstoffe: Salpeter, Kieselsäure, starke Geruchsstoffe.
Brühe, Jauche und Tee: 30 g Droge/300 g Frischkraut auf 10 l Wasser, unverdünnt.
Anwendung: Im Frühjahr gegen Ameisen, Raupen, Läuse und Säulchenrost an Johannisbeeren spritzen. Im Juni/Juli 1:3 verdünnt gegen Apfelwickler und Kohlweißlinge auf die Pflanzen spritzen.
Von den pflanzlichen Spritzmitteln darf man keine Wunder erwarten, die in einem gesunden Garten auch nicht erforderlich sind. Der große Nutzen ist die vorbeugende Wirkung, damit es gar nicht zu größeren Schäden kommt.

So schützt man Obst vor Maden und Monilia

Vernachlässigte und falsch ernährte Obstbäume und Beerensträucher sind viel anfälliger für Krankheiten und Schädlinge als gesunde Pflanzen. Aber auch bei einer optimalen Pflege ist Befall nicht auszuschließen. Mit vorbeugenden Maßnahmen können Sie jedoch größere Schäden meist vermeiden.

Die Monilia-Sporen verursachen gut sichtbare Spuren. Kranke Früchte muß man sofort vernichten, weil die Erreger darin sonst überwintern.

Schadinsekten – vom Apfelwickler bis zur Gespinstmotte – legen ihre Eier größtenteils auf die gerade angesetzten Früchte. Die ausgeschlüpften Maden bohren sich in die Früchte und finden dort reichlich Nahrung. Aber auch Schadpilze und Bakterien machen dem Gärtner das Leben schwer. Im Erwerbsobstbau wird gegen die Schädlinge und Krankheiten mit chemischen Mitteln gespritzt. Im Kleingarten kann man mit sanfteren Methoden arbeiten.

Apfel- und Birnenschorf

Er sucht Äpfel und Birnen vor allem in einem regnerischen Herbst heim. Auf den Blättern entdeckt man zuerst olivgrüne, später dunkle Flecken. Auch auf den Früchten zeigen sich runde, dunkle Stellen, die später aufreißen und schorfig werden. Die Ursache ist oft eine zu starke Stickstoffdüngung.

Vorbeugend kann im Herbst mit einer Schachtelhalmbrühe gespritzt werden. Auch sind gut ausgelichtete Bäume, die nicht zu eng stehen, weniger anfällig. Eine winterharte Gründüngung unter dem Baum bringt den Boden wieder ins Gleichgewicht. Im Herbst alle Blätter und Früchte unter dem Baum entfernen, denn die Pilze überwintern in diesen Pflanzenteilen. Ein geringer Schorfbefall ist nicht schlimm, man sollte auf Fungizide verzichten.

Narrentaschenkrankheit

Sie tritt bei Zwetschgen und Pflaumen auf und befällt vorwiegend späte Sorten. Die Früchte entwickeln sich nicht richtig, sind flach und größer als normal. Sie werden nicht blau, sondern erst gelblich und dann braun mit weißlichem Belag.

Vorbeugend sollte man darauf achten, erregerfreies Pflanzgut zu kaufen. Verlangen Sie in der Baumschule ausdrücklich gegen diese Krankheit resistente Sorten. Ist der Baum befallen, pflückt man alle kranken Früchte ab und vernichtet sie (nicht auf den Kompost werfen!) Notfalls muß ein Ast abgesägt oder sogar der ganze Baum gefällt werden.

Johannisbeersäulenrost

Diese Pilzkrankheit befällt fast nur Schwarze Johannisbeeren, manchmal auch Stachelbeeren oder Zwetschgen und Pflaumen. An der Unterseite der Blätter zeigen sich gelbrote Pusteln, die sich später rostrot färben. Zuletzt fallen die Blätter ab. Zwischenwirt für diese Pilzsporen ist die Weymouthkiefer. Wenn im Umkreis von mehreren hundert Metern diese in Ziergärten sehr beliebten Kiefern wachsen, wird man den Säulenrost nicht ausmerzen können.

Vorbeugend pflanzt man Wermut in nächster Nachbarschaft zu dem Beerenstrauch. Auch gutes Auslichten hilft der Pflanze. Befallene Triebe schneidet man am besten ab und vernichtet sie. Ist der Befall gering, kann man es auch mit einer Wermutbrühe-Spritzung versuchen. Fungizide helfen nicht, weil die Sporen von den Wirtsbäumen immer wieder herüberwehen.

Monilia-Fruchtfäule

Die Früchte sind teilweise oder ganz verfault und mit ringförmigem Schimmel besetzt. Meist bleiben sie am Baum hängen. Befallen werden vor allem Sauerkirschen und Aprikosen, aber auch Äpfel. Die kranken Früchte müssen heruntergeholt und vernichtet werden, auch das Fallobst, weil darin die Sporen überwintern. Ursache ist oft eine allgemeine Schwäche der Bäume.

Vorbeugend sollte zu starker Fruchtbehang ausgelichtet werden. Auf die Baumscheibe pflanzt man Meerrettich. Auch hilft eine Spritzung mit Meerrettich-Tee aus Blättern und Wurzeln in die Blüte. Eine gute Vorbeugung ist eine Spritzung mit Ackerschachtelhalmjauche.

Spitzendürre

Diese Krankheit ist eine Form der Monilia. Die Triebe verdorren gleich nach der Blüte. Man sieht die Krankheit vor allem bei Sauerkirschen.
Vorbeugend werden im Herbst die Triebe 20 cm unterhalb der verdorrten Stelle abgeschnitten. Der Baum muß auf überalterte Triebe durchgesehen werden, weil hier die Krankheit besonders oft auftritt.

Schrotschuß

Die durch einen Pilz verursachte Erkrankung tritt besonders bei Kirsch-, Pflaumen- und Zwetschgenbäumen auf. Sie ruft auf den Blattunterseiten rötliche, runde Flecken hervor, die eintrocknen und Löcher bilden. Der Befall wird von Feuchtigkeit und zu dichten Kronen begünstigt.
Vorbeugend können die Baumscheiben mit Knoblauch und Zwiebeln bepflanzt werden. Beim Austrieb empfiehlt sich eine Spritzung mit Ackerschachtelhalmbrühe oder mit einem Hornmist- oder Hornkieselpräparat. Abgestorbenes Laub sofort entfernen. Der Pilz überwintert in diesen Pflanzenteilen.

Gummifluß

Diese Erkrankung – aus Wunden tritt eine harzige Masse aus – bei Steinobst, vor allem bei Kirschen, kann mehrere Ursachen haben. Stickstoffüberschuß, Luft- und Kalkmangel im Boden, Staunässe, Frostschäden oder Verwundungen. Wunden und Frostrisse schneidet man gründlich aus, behandelt sie mit einem Preicobakt-Brei und verschließt sie nach drei Wochen mit Baumwachs.

Obstbaumkrebs

Nicht behandelte Wunden am Holz sind der Anfang dieser Erkrankungen. Schadpilze dringen in die offene Stelle ein und verursachen die Wucherungen. Bei starkem Befall ist der Ast oder Baum nicht zu retten. Ansonsten wird der Baum wie beim Gummifluß behandelt.

Kräuselkrankheit

Kurz nach dem Austrieb verfärben sich die Blätter von Pfirsichbäumen rot oder gelb und beginnen sich zu kräuseln. Nasses und kaltes Wetter begünstigt diese Pilzkrankheit.
Vorbeugend versorgt man den Boden im Herbst mit Basaltmehl und Ackerschachtelhalmjauche. Dazu stößt man unter dem Kronenbereich ein Dutzend Löcher in den Boden, füllt sie mit Basaltmehl und gießt reichlich von der Jauche hinein. Beim Austrieb zweimal in drei Wochen mit Algenkalk (2%) und Brennesseljauche (5%) spritzen. Befallene Zweige entfernen.

Grauschimmel

Blätter, Stengel und Früchte der Erdbeeren faulen. Der Schadpilz befällt aber auch Himbeeren, Trauben, Salat und Gurken sowie Tulpen, Geranien und auch Gladiolen. Manchmal tritt er sogar bei Weinreben und Johannisbeeren auf. Kühle und feuchte Witterung begünstigen die Ausbreitung.
Vorbeugend sollte man die Erdbeerpflanzen nicht zu dicht setzen (damit sie gut abtrocknen können) und mit Stroh unterlegen. Auch eine zu starke Stickstoffdüngung fördert den Grauschimmel. Befallene Pflanzen müssen vernichtet werden.

Rutenkrankheit

Die Anfang Mai schlüpfenden Himbeerrutenmücken sind der Urheber dieser Krankheit. Die Larven überwintern im Boden und die Mücken legen ihre Eier in bodennahe Risse an den jungen Ruten. Diese Verletzungen vergrößern sich dadurch, Pilze dringen ein und verursachen rotbraune bis violette Flecken. Mit der Zeit stirbt der Trieb ab.
Vorbeugend sollten Himbeeren immer gut ausgelichtet sein. Kranke Ruten entfernen und vernichten. Hilfreich sind auch Spritzungen mit Ackerschachtelhalm- und Brennesselbrühe, im Verhältnis 1:1 gemischt und unverdünnt. Sorgen Sie für leicht sauren Boden, denn Himbeeren sind Waldpflanzen.

Obstbaumkrebs ist oft die Folge von schlecht versorgten Wunden. Schadpilze dringen in die Schnittstellen oder Frostrisse ein und führen dann zu den Wucherungen.

Die Gespinstmotten können viel Schaden anrichten. Beste Gegenmaßnahme sind hungrige Vögel.

Gespinstmotte

Dieser Schädling tritt an fast allen Obstarten auf. Im April fressen die Raupen an Knospen und Blättern. Sie können einen ganzen Baum kahlfressen. Im Mai spinnen sich die nur knapp 2 cm langen gelben Raupen ein. Bei sehr starkem Befall sehen die Kronen der Bäume wie ein riesiger Kokon aus. Die weißgrauen Schmetterlinge fliegen von Juni bis August und legen ihre Eier an Zweigen ab. Sie überwintern dort.
Vorbeugend wirkt sich ein guter Vogelbestand aus. Vermeiden Sie es, Weißdorn in die Nähe der Obstbäume zu pflanzen. Auch Schlupfwespen sind ein Verbündeter im Kampf gegen die Gespinstmotte. Sobald man die weißlichen Gespinste entdeckt, sollte man den ganzen Zweig abschneiden. Spritzen Sie den Baum mit einem scharfen Wasserstrahl ab. Hilfreich ist auch eine Spritzung mit einer Schmierseifenlösung (200 g auf 10 l heißes Wasser, bei starkem Befall mit 0,5 l denaturiertem Spiritus, 1 Eßlöffel Kalk und 1 Eßlöffel Salz vermischt).

Obstbaumspinnmilben

Diese roten, winzigen Spinnentiere gibt es in verschiedenen Arten, die sich immer auf bestimmte Pflanzen spezialisieren. Die Tiere leben auf den Blattunterseiten und zerstören durch ihre Saugtätigkeit das Blattgewebe. Die Blätter bekommen einen ungewohnten Glanz und fallen vorzeitig ab.
Vorbeugend sollte man auf chemische Pflanzenschutzmittel verzichten, damit die natürlichen Feinde (Raubmilben, Raubwanzen) geschont werden. Auch zuviel Stickstoff ist schädlich. Vor der Blüte im zeitigen Frühjahr wird mit gärender Brennesseljauche gespritzt. Die Spritzung innerhalb von 10 Tagen 2–3mal wiederholen. Im Winter vernichtet ein Baumanstrich die Eier, die in Rindenritzen sitzen.

Frostspanner

Die gefräßigen Raupen machen sich im Frühjahr über Blüten und Blätter her. An einem langen Faden lassen sich die Raupen dann vom Baum herab und verpuppen sich auf dem Boden. Im Herbst schlüpfen die Falter. Die flugunfähigen weiblichen Tiere kriechen am Stamm hoch, um in der Nähe von Winterknospen ihre Eier abzulegen, die dort die kalte Jahreszeit überstehen – bis im Frühjahr wieder die Raupen herausschlüpfen.
Vorbeugend hilft am besten ein Leimring, der den weiblichen Tieren im Herbst den Weg nach oben versperrt. Wer Hühner hat, sollte sie im Mai und Juni unter die Obstbäume schicken, um dort die herabfallenden Raupen zu vertilgen. Auch Vögel tun

Die gelbe Falle

Oft hilft es schon, wenn man gleich im Frühjahr Gelbfallen aufstellt. Das sind gelbe, mit Leim oder Öl bestrichene Tafeln oder gelb gestrichene, mit Wasser gefüllte Schalen. Die gelbe Farbe hat eine so starke Lockwirkung auf einige Blattlausarten, die Weiße Fliege, Trauermücken und andere Schädlinge, daß sie lieber die Pappe anfliegen als die Pflanzen. Auf dem Öl oder dem Leim bleiben sie hängen. Im Wasser ertrinken sie.

Der Frostspanner wird im Herbst durch die Leimringe daran gehindert, an den Stämmen hochzukriechen, um dort seine Eier abzulegen.

Baumanstrich und Leimringe

Im Herbst werden die Stämme der Bäume vorsichtig mit einer Drahtbürste von lockeren Rindenresten gesäubert, unter denen gern Schädlinge und Pilzsporen nisten. Die Abfälle sorgfältig zusammenkehren und vernichten.
Anschließend wird der Stamm mit einem Rindenanstrich versehen, der die Bäume u.a. vor Frostrissen schützt, die Moos- und Flechtenbildung hemmt und gegen Schildläuse hilft. Man bekommt Baumanstrich-Präparate im Handel, kann sich den flüssigen Brei aber auch selber zusammenmixen.
Hier das Rezept: Man nehme 5 kg Lehmmehl oder Tonerde, 500 g Gesteinsmehl oder Algenkalk, 500 g Holzasche oder 50prozentiges Kali, 0,5 Liter Schachtelhalmbrühe oder Rainfarntee und verrühre alles mit ca. 10 Liter Wasser. Als zusätzliche Würze empfiehlt sich die Zugabe von noch frischen Kuhfladen (ohne Stroh).
Die dickliche Flüssigkeit wird mit einem Malerquast über die Stämme der Obstbäume gestrichen. Um höherliegende Äste zu erreichen, muß man den Brei weiter verdünnen und mit einer Spritze auftragen (grobe Düse verwenden).
In der ersten Oktoberhälfte bringt man in ca. 1 m Höhe einen Leimring an (gibt's im Fachhandel). Viele Raupen und andere Kleintiere bleiben daran kleben. Im zeitigen Frühjahr wird der Leimring abgenommen und verbrannt.

ein gutes Werk und füttern mit den grünen Raupen ihre Jungen. Vor der Blüte kann man mit dem Bakterienpräparat Bacillus-thuringiensis spritzen. Bei Befall kann man auch unverdünnte Rainfarnjauche (sparsam) verwenden.

Apfelwickler

Wenn ein Wurm im Apfel steckt, dann ist es meistens der Apfelwickler. Von Juni bis August fliegen die grauen, 2 cm langen Falter in der Dämmerung, tagsüber sitzen sie ruhig an den Ästen. Die Eier werden einzeln an die Früchte (auch an Blätter) gelegt, die Maden schlüpfen bald und bohren sich in den Apfel. Sobald sich dieses Entwicklungsstadium dem Ende zuneigt, verläßt die Made ihr nahrhaftes Quartier und spinnt sich irgendwo in einer Rindenritze ein und wartet als Puppe auf die nächste Saison.
Vorbeugend und abwehrend kann der Gärtner zu einem Trick greifen. Während der Flugzeit spritzt man die Apfelbäume mit Wermutbrühe (dreifach verdünnt). Der strenge Geruch überdeckt den Duft der Äpfel und läßt den Apfelwickler weiterfliegen. Auch Fledermäuse und Vögel machen Jagd auf den Schädling. Fallobst sollte sofort aufgelesen werden, bevor die Made herauskriechen und sich ein Versteck suchen kann. Ende Mai bringt man ca. 20 cm über dem Boden einen Wellkarton-Fanggürtel an, in den sich die Maden verkriechen. Nach sechs Wochen wird er abgenommen und verbrannt.

Kirschfruchtfliegen bevorzugen besonders süße Früchte. In ihnen legen sie ihre Eier ab, aus denen dann die lästigen Maden schlüpfen.

Pflaumenwickler

Der grauschwarze Pflaumenwickler fliegt von Mai bis Juni und von Juli bis August in der Dämmerung. Die Eier werden an den Früchten abgelegt, die Raupen fressen sich ins Innere durch. Die Raupen überwintern an der Rinde und verpuppen sich im Frühjahr.
Vorbeugend sind auch hier Vögel und Hühner nützlich. Die Maden sind außerdem ein Leckerbissen für Ohrwürmer. Von Juli bis September bringt man Fanggürtel an (siehe Apfelwickler).

Blütenstecher

Es gibt zwei Arten dieses Käfers, die im Garten Äpfel und Erdbeeren schädigen. Sie legen ihre Eier in die Blütenknospen. Die Larven zerstören das innere Gewebe.
Vorbeugend sollte man schon die Bäume mit einem Fangring versehen und vor der Blüte zweimal innerhalb von 14 Tagen mit einer Schmierseifenlösung (100 g auf 10 l Wasser plus 200 ml Brennspiritus) spritzen. Den Erdbeerblütenstechern verdirbt man im Frühjahr mit einer Mulchschicht aus Farnkraut den Spaß an den Erdbeerblüten. Bei starkem Befall spritzt man mit einem Pyrethrum- oder Rotenonmittel.

Kirschfruchtfliege

Sie fliegt von Mai bis Juli. Die nur 4 mm große Fliege hat braun/hell gemusterte Flügel und ein kleines gelbes Schild oben hinter der Brustplatte. Die Eier werden an den Kirschen abgelegt, die Maden bohren sich hinein und fallen später auf den Boden. In der Erde verpuppen sie sich und warten auf wärmere Zeiten.
Vorbeugend sollte man drei Wochen nach der Blüte mehrmals mit Wermuttee spritzen, um die Fliege durch den Geruch zu irritieren. Die Früchte nicht reif an den Bäumen hängen lassen, weil die Falter nur ganz reife Früchte für die Eiablage aussuchen. Fruchtfliegen fliegen übrigens auf die gelben Fliegenfallen. Man hängt die Pappscheiben in die Bäume.
Alle Schädlinge treten zu bestimmten Zeiten auf, in einem Jahr stärker, im anderen schwächer. Die zuständigen Pflanzenschutzämter informieren über bevorstehende Invasionen und geben Ratschläge.

Auch der schönste Schmetterling war einmal eine Raupe. Und beim Großen Kohlweißling eine sehr gefräßige. Verderben Sie ihr doch den Appetit!

Von Tieren, Pilzen und Bakterien

*Will man **Schädlinge und** Krankheiten vermeiden oder bekämpfen, muß man deren Entwicklung kennen. Vorbeugende Maßnahmen begrenzen den Schaden. Der gezielte Einsatz von Präparaten hilft im Notfall.*

In einem gesunden Boden wächst auch gesundes Gemüse. Und dennoch kann man Krankheiten und Schädlingsbefall nicht ganz vermeiden. Doch gerade bei Gemüse sollte man auf keinen Fall zur Giftspritze greifen. Und wenn der eine oder andere Salatkopf den Schnecken zum Opfer fällt, baut man eben neuen an.

Der beste Pflanzenschutz für Gemüse sind Pflanzen. Einige Kräuter wirken geradezu als Insektenschreck und verhindern Pilz- oder Bakterienbefall. Das gilt in vielen Fällen auch für Obst und Zierpflanzen.

Ameisen

Die Weg- und Wiesenameisen sind durchaus nützliche Tiere. Man sollte keinesfalls versuchen, sie mit Stumpf und Stiel auszurotten. Die kleinen Tierchen fressen Insekten und andere Larven, abgestorbene Pflanzenreste und tragen zur Humusbildung bei. Ameisen sind sehr empfänglich für Süßes. Mit Zuckerwasser kann man sie von der Terrasse fernhalten, indem man ein Schälchen im Garten aufstellt. Ameisen treten verstärkt in Gesellschaft von Blattläusen auf und schützen die Sauger vor natürlichen Feinden. Denn: Ameisen ernähren sich u.a. von den Ausscheidungen der Blattläuse, dem süßen Honigtau, nagen aber auch Pflanzen und Früchte an.

Vorbeugend setzt man Lavendel, Kapuzinerkresse, Majoran und Thymian zwischen Erdbeeren, Rosen und Stauden. Auch Geranien schrecken Ameisen ab. Zwischen Gemüse sät man Feldsalat, auch den Geruch von Rainfarn und Wermut mögen Ameisen nicht. Bei besonders starkem Befall kann Spruzit oder ein anderes biologisches Ameisenstreumittel verwendet werden.

Großer Kohlweißling

Der hübsche Schmetterling fliegt von April bis Juni und von Juli bis August und legt seine Eier an den Blattunterseiten ab. An den Kohl, aber auch an Meerrettich und Levkojen wagt er sich während der zweiten Flugzeit. Die gut 4 cm langen, bläulichen, mit gelben Längsstreifen gemusterten Raupen fressen die Kohlblätter bis auf die Rippen ab. Der Kleine Kohlweißling hat ähnliche Freßgewohnheiten.

Vorbeugend sollte man Tomaten zwischen den Kohl pflanzen. Abwehrend wirken auch Sellerie, Lauch, Rosmarin, Thymian, Salbei, Dill, Beifuß, Pfefferminze und Spritzungen mit Holunder- und Tomatenjauche oder Wermuttee. Brennesseljauche dagegen zieht den Kohlweißling an. Bei Befall hilft es, mit Wermuttee zu spritzen. Zu Pyrethrum- oder Rotenonmitteln nur im Notfall greifen.

Blattläuse und Blutläuse

Diese saugenden Schädlinge machen vor keiner Pflanze halt. Es gibt viele Arten, die sich auf bestimmte Pflanzen spezialisiert haben.
Vorbeugend sollte man alle natürlichen Feinde schonen (z.B. Marienkäfer, Ohrwürmer, Schlupfwespen und Schwebfliegen). Bei geringem Befall hilft oft ein kräftiger Wasserstrahl. Im Ziergarten pflanzt man Lavendel und Kapuzinerkresse zwischen die Pflanzen. Im Gemüsegarten sind Bohnen besonders anfällig – Bohnenkraut in der Nähe vertreibt die Schädlinge. Unter Obstbäumen pflanzt man als Fangpflanze gegen Blattläuse Brennesseln und gegen Blutläuse Kapuzinerkresse. Vorbeugung im Winter: Spritzung mit Farnkrautjauche, im Frühjahr mit Wermutjauche.
Bei starkem Befall helfen Spritzungen mit Brennesseljauche und Ackerschachtelhalmtee, vermischt mit Rainfarn (20 g Schachtelhalm, 10 g Rainfarn mit 1 l kochendem Wasser überbrühen). Auch eine 0,5–2 prozentige Quassiaholz-Seifenlösung hilft.

Schwarze Bohnenblattlaus

Diese besondere Art befällt nicht nur Bohnen, wie der Name vermuten ließe, sondern auch Gurken, Tomaten, Rhabarber, Mohn, Dahlien und andere Pflanzen. Die Schwarze Bohnenblattlaus überwintert auf Sträuchern, dem Pfaffenhütchen und dem Gemeinen Schneeball.
Vorbeugend helfen Mischkulturen mit Bohnenkraut und Ringelblumen und regelmäßige Spritzungen mit einem Hornkieselpräparat. Kapuzinerkresse dient auch hier als Fangpflanze. Ansonsten können die selben Mittel wie bei Blattläusen angewendet werden.

Drahtwürmer

Es sind die Larven des Schnellkäfers, die sich in Kartoffeln und Rüben bohren, aber auch die Wurzeln von Salat nicht verschmähen. Drahtwürmer lieben vor allem nasse Böden.
Vorbeugend wird der Boden gelokkert, mit Korallenkalk oder Steinmehl verbessert und mit einem Hornmistpräparat gespritzt. Man kann Drahtwürmer mit Kartoffel- oder Rübenstücken, die man in den Boden drückt, auf die falsche Fährte locken. Die Köder regelmäßig kontrollieren und vernichten. Auch Wühlmäuse, Kröten, Vögel, Hühner und Spitzmäuse vertilgen Drahtwürmer.

Dickmaulrüßler

Der schwarze Käfer ist ungefähr 1 cm groß. Er frißt nachts Blätter. Tagsüber hockt er unter den Pflanzen. Der Dickmaulrüßler kann nicht fliegen. Er schlüpft Ende Mai und frißt etwa vier Wochen ununterbrochen, bis er im Boden mehrere hundert Eier ablegt. Dort entwickeln sich die Larven, fressen an den Wurzeln und richten ebenfalls ziemlichen Schaden an. Die Larven überwintern im Boden. Zu seinen Lieblingspflanzen zählen Erdbeeren, Reben, Rhododendren, Rosen und Erika.
Vorbeugend sollte man auf Torf verzichten, weil der Dickmaulrüßler dieses Material besonders schätzt. Er hat natürliche Feinde, zum Beispiel den Igel und die Spitzmaus. Bei Befall muß man die Käfer absammeln und während der Fraßzeit mit Rainfarntee, einem Pyrethrum- oder Rotenonmittel spritzen. Bei starkem Auftreten des Käfers die Pflanzen eventuell umsetzen, die Larven aus dem Boden heraussuchen und das Loch mit Rainfarntee ausgießen.

Erdraupen

Sie sind das Vorstadium des Eulenfalters und fressen besonders gern Salat, Kohl, Erdbeeren, Kartoffeln, Möhren, Radieschen, Sellerie und Spinat. Die Nachtfalter fliegen im Juni und die 2. Generation von Mitte August bis Ende September.
Vorbeugend spritzt man regelmäßig mit Hornmist- und Hornkieselpräparaten. Natürliche Feinde sind Hühner, Kröten und Amseln. Eine Mulchschicht aus Farnkraut vertreibt die Raupen ebenso wie Rainfarnbrühe oder Tomatenjauche. Ein Tomatenkaltwasserauszug während der Flugzeit vertreibt die Schmetterlinge. Bei Befall kann am späten Abend mit einem Bacillus-thuringiensis-Präparat gespritzt werden. Auch die Raupen sind Nachttiere.

Die Freßgier des Dickmaulrüßlers als Käfer und als Larve ist kaum zu bremsen. Hier nützt nur Absammeln. Dabei helfen dem Gärtner zum Beispiel Igel und Spitzmaus.

Erbsenwickler

Im Mai und Juni legt der olivfarbene Schmetterling seine Eier auf den Blattunterseiten und in den Hülsen ab. Die grüngelbe Raupe frißt die Erbsen und Bohnen, überwintert in der Erde und verpuppt sich schließlich im Frühjahr.
Vorbeugend hilft eine Mischkultur mit Tomaten, Möhren, Senf, Erbsen und Ringelblumen. Auch eine Aussaat vor oder nach der Flugzeit verhindert den Befall. Gespritzt wird mit einem Brennessel - Rainfarn - Wermut - Tee (je 10 g auf 3 l Wasser) oder Tomatenjauche. Wenn die Raupen überhand nehmen, kann zum Ende der Blütezeit mit einem Pyrethrummittel gespritzt werden.

Erdflöhe

Die nur knapp 3 mm großen Blattkäfer können an Salat, Radieschen, Rettich, Kohlrabi großen Schaden anrichten. Sie fressen die Blätter.
Vorbeugend helfen Wermut, Pfefferminze, und Kopfsalat zwischen den Kohlpflanzen, eine Mischkultur mit Schnittsalat, Gurken und Tomaten oder Buschbohnen und Stangenbohnen mit Radieschen und Rettich. Bei Befall spritzt man zweimal wöchentlich mit unverdünnter Rainfarn- oder Wermutbrühe.

Lauchmotte

Auch dieser Falter hat zwei Flugzeiten: April/Mai und Juli/August. Die Schäden entstehen während der zweiten Flugzeit, wenn die Eier an den Blättern von Zwiebeln und Lauch abgelegt werden. Die Maden fressen dünne Gänge in die Blätter.
Vorbeugend pflanzt man Möhren, Sellerie, Kamille, Petersilie und Dill zwischen den Lauch. Auch Schachtelhalmjauche vertreibt die Motten, ebenso Steinmehl, auf den Boden gestreut. Bei Befall mit Rainfarntee spritzen oder mit einem Bacillus-thuringiensis-Präparat.

Möhrenfliege

Die Maden der Möhrenfliege befallen auch Sellerie und Pastinaken, die Wurzeln von Petersilie, Dill, Kerbel und Kümmel. Die Blätter werden rotgelb und sterben ab.
Vorbeugend vermeidet man frischen Mist. Bewährt hat sich auch Mischkultur mit Zwiebeln, Knoblauch und Lauch. Zwischen die Reihen legt man Lavendel und Farnkraut. Alle zwei Wochen kann man das Wildkräuterpräparat Etermut über die Pflanzen stäuben.

Kartoffelkäfer

Der etwa 1 cm große Käfer mit der charakteristischen gelb-schwarzen Streifenzeichnung und seine rotbraune Larve können Kartoffelpflanzen völlig kahl fressen. Man muß sie absammeln. Diese Tiere vermehren sich in sehr kurzer Zeit. Die Entwicklung eines Kartoffelkäfers dauert nur maximal zwei Monate.
Vorbeugend wählt man gutes Saatgut, spritzt mit Tomatenjauche oder einem Hornkieselpräparat, wenn sich die Blütenansätze zeigen und bestäubt die Blätter mit Gesteinsmehl. An den Rändern des Kartoffelbeetes pflanzt man Meerrettich oder Taubnesseln. Bei Befall hilft ein recht drastisches Mittel: Die abgesammelten Kartoffelkäfer verbrennen und die Asche mit Wasser vermischt über die Pflanzen spritzen.

Kleine Kohlfliege

Das nur 5 mm große Fluginsekt legt seine Eier an den Stengelhals des Kohls. Die Maden fressen am Stengel und an den Wurzeln, die Pflanzen sterben ab. Die Kohlfliege schädigt auch Rüben und Rettich. Sie fliegt Ende April/Anfang Mai, um ihre Eier abzulegen.
Vorbeugend vermeidet man es, während der Flugzeit Kohl zu pflanzen. Anzuchtkästen schützt man mit einer Abdeckung. Kohlfliegen werden von frischem Mist magisch angezogen, also nicht in der Flugzeit damit im Garten hantieren. Mischkultur mit Tomaten vertreibt die Fliegen. Bei Befall gießt man mehrmals Wertmuttee direkt in das Herz der Pflanze. Stark befallene Pflanzen vernichten.

Nematoden (Älchen)

Diese Fadenwürmer darf man nicht alle gleich beurteilen. Es gibt unter ihnen sehr nützliche Arten, die aktiv bei der Humusbildung mitarbeiten. Die schädlichen Nematoden haben natürliche Feinde, sogenannte Fangpilze, die aber bei Salzdüngung zerstört werden. Die Schadnematoden zerstören im allgemeinen die Wurzeln, es gibt aber auch Stengelnematoden und Blattnematoden. Letztere befallen vor allem Zierpflanzen. Sie verursachen schwarze Flecken auf den Blättern.
Vorbeugend auf chemische Düngemittel verzichten, im Herbst Tonerdenmehl in den Boden einarbeiten und für eine gute Bodendeckung sorgen. Erfolgreich in der Abwehr ist auch eine Mischkultur mit Tagetes, Ringelblumen und Echter Kamille.

Echter Mehltau

Diese Pilzkrankheit hat schon so manchem Gärtner Sorgen gemacht. Der Echte Mehltau tritt bei Gurken, Äpfeln, Quitten, Erdbeeren, Reben, Stachelbeeren, Rosen, Astern, Rittersporn und auch Phlox auf. Auf den Blättern bildet sich erst ein mehliger Belag, dann vertrocknen die Blätter.
Vorbeugend wählt man mehltauresistente Sorten. Im Herbst gießt man den Boden mit Schachtelhalmjauche oder Equisan, und sobald der Boden im Frühjahr frostfrei ist, immer an drei Tagen hintereinander alle drei Wochen. Unter Obstbäumen pflanzt man Schnittlauch oder Knoblauch, auch zwischen Rosen. Befallene Teile der Pflanzen entfernen und verbrennen.

Echter Mehltau befällt viele Pflanzen. Der beste Schutz dagegen: Verwenden Sie resistente Sorten.

Falscher Mehltau

Der Pilz verursacht auf den Blattoberseite einen weißlichen Belag und auf der Unterseite einen weiß-grauvioletten. Er befällt u.a. Kartoffeln, Tomaten, Zwiebeln, Spinat, Salat und Weinreben.

Vorbeugend sorgt man für einen luftigen Standort der Pflanzen und wählt resistendes Saatgut. Schachtelhalmbrühe wird auch hier als Bad für die Setzlinge und als wiederholte Spritzung empfohlen. Befallene Teile entfernen und vernichten.

Blattfleckenkrankheiten

Sie alle werden von Bakterien oder Pilzen hervorgerufen und breiten sich auf Erdbeeren, Tomaten, Sellerie, Gurkengewächsen, aber auch auf Chrysanthemen aus.

Vorbeugend sorgt man für gesundes Saatgut. Gurkengewächse baut man nur alle drei Jahre auf dem gleichen Beet an. Als Mischkultur eignet sich Knoblauch bei Erdbeeren, sonst Lauch, Tomaten, Sellerie, Blumenkohl. Kranke Blätter vernichten.

Kohlhernie

Dieser hartnäckige Schleimpilz befällt Kohlgewächse, aber auch Radieschen, Rettich, Rüben, Senf, Levkojen, Goldlack und andere Kreuzblütler. Kohlhernie wird durch stickstoffhaltige, kalkarme, nasse Böden und durch Monokultur begünstigt. Die Pilze dringen in die Wurzeln ein und verursachen dort Wucherungen.

Vorbeugend sollte der Boden mit reifem Kompost versorgt werden, auch eine Vorkultur von Zwiebeln oder Lauch hat sich bewährt. Soll Gründüngung eingesät werden, darf man dort, wo die Krankheit schon aufgetreten ist, keine Kreuzblütler (Senf, Ölrettich) verwenden. Vor dem Pflanzen taucht man die Setzlinge in Schachtelhalmbrühe oder in einen Lehmbrei, vermischt mit Bio-S. Im Laufe der Kulturzeit regelmäßig Equisan-Lösung, Bio-S oder Schachtelhalmbrühe über die Pflanzen und den Boden spritzen.

Bei Befall hilft nur die Vernichtung aller kranken Pflanzen. Auf den Beeten mehrere Jahre lang keine Kreuzblütler anpflanzen. Den Boden tiefgrundig mit 25 kg Algenkalk und 40 kg Steinmehl pro 100 m^2 im Herbst versorgen (eventuell umgraben) und im Frühjahr noch einmal 40 kg Steinmehl und 15 kg Algenkalk auf dieselbe Fläche ausbringen.

Die Kraut- oder Knollenfäule macht sich auf Früchten, aber auch auf Blättern und Wurzeln breit.

Kraut- und Knollenfäule

Die sogenannten Fäulekrankheiten werden von verschiedenen Pilzsporen verursacht. Dem Gemüsegärtner macht vor allem die Kraut- und Knollenfäule zu schaffen, die sich auf Nachtschattengewächsen wie Kartoffeln, Tomaten und Paprika ausbreitet. Bei Tomaten und Paprika entstehen auf den Früchten dunkle Flecken. Die Früchte werden runzelig und hart. Bei der Kartoffel werden erst die oberirdischen Teile befallen und dann die Knollen: unter eingesunkenen Stellen verfärbt sich das Fleisch der Kartoffel rot und ist ungenießbar. Bei einer für die Krankheit günstigen feuchtwarmen Witterung kann an einem Tag eine ganze Ernte vernichtet werden.

Vorbeugend für gesundes Saatgut und gesunden Boden sorgen (mit Ackerschachtelhalm-Brühe bespritzen). Kartoffeln und Tomaten sollte man weit auseinander pflanzen. Das Wachstum mit Brennesselbrühe oder Algenextrakt fördern. Wenn die Pflanzen etwas größer sind, im Abstand von einer Woche viermal Algen- oder Gesteinsmehl stäuben. Auch Knoblauch- oder Zwiebelschalentee kann vorbeugend gespritzt werden. Befallene Pflanzen sofort entfernen und etwa dreimal im Abstand von 8 Tagen Ledax-san oder Brennesselbrühe mit Kupferoxychlorid (0,05%) spritzen.

Ihr Hunger macht den Gärtner arm

Die Nacktschnecken sind auf leckeres Gemüse und feines Grünzeug spezialisiert. Am besten, man versperrt ihnen den Weg, lockt sie in Fallen oder verdirbt ihnen ganz einfach den Appetit.

Schnecken können einen Gartenbesitzer zur Verzweiflung bringen. Nachts fallen sie über frisch gepflanzte Setzlinge und eben aufgegangene Saat her – übrig bleiben leere Beete. Es sind ausschließlich Nacktschnecken, die sich am Gemüse und an Blütenpflanzen gütlich tun. Gehäuseschnecken sind harmlos. Außerdem fressen sie sogar die Gelege von Nacktschnecken auf.
Die Schneckenplage tritt vor allem in feuchten Sommern und nach verregneten Frühlingswochen auf. Es gibt viele und unterschiedliche Methoden der Schneckenbekämpfung. Ehrlicherweise muß man zugeben, daß man mit keiner der Schneckenplage vollständig Herr wird!
Schnecken sind Nachttiere, bei Tag verstecken sie sich an feuchten dunklen Stellen im Garten, mit Vorliebe unter Brettern, in Polsterstauden und in der Mulchschicht. An diesen Stellen legen sie auch ihre weißen Eier ab. Ein besonders beliebter Eiablageplatz ist der Kompost. Man verbreitet sie unter Umständen mit dem Kompost im ganzen Garten.
Wo man beim Umgraben, Unkrautjäten oder bei anderen Arbeiten auf die oft stattlichen Gelege trifft, sollte man sie ausheben und vernichten. Kommt man nicht direkt an die Eigelege heran, zum Beispiel unter Beerensträuchern und im Kompost, sollte man immer wieder, vor allem aber während der Legezeit im Frühsommer, eine Handvoll Senfkörner ausstreuen. Beim Keimen tritt aus der Saat das scharfe Senföl aus, das die Gelege zerstört.

Die Rote Wegschnecke und ihre grauen und schwarzen Artgenossen können, wenn sie nur genug sind, über Nacht ein ganzes Beet leerfressen.

In die Falle gelockt

Die ausgewachsenen Schnecken kann man in ihren Schlupfwinkeln erwischen. Sie verstecken sich, wie gesagt, mit Vorliebe an dunklen Stellen. Das kann man ausnutzen. Man legt Bretter, Säcke, Rhabarberblätter und ähnliches auf die Erde und kann darunter tagsüber die versteckten Schnecken dutzendweise absammeln. Scheiben von rohen Kartoffeln locken die Schnecken an, dort sammelt man sie nachts im Schein einer Taschenlampe auf.
Wohin mit ihnen? Man kann sie an Hühner oder Enten verfüttern, auf einer wilden Wiese aussetzen oder mit kochendem Wasser schnell töten.
Bier ist ein Gegenmittel, auf das die Schnecken geradezu wild sind. Man gräbt die Bierfallen – das können einfache Joghurtbecher sein oder Fallen mit einem kleinen Plastikdach – in den Boden ein und füllt sie mit dem Gerstensaft. Die Schnecken fallen berauscht hinein und ertrinken. Aber in einem normal großen Garten ist dabei schnell ein ganzer Kasten Bier verbraucht. Und wenn es regnet, verwässert das Bier in Fallen ohne Deckel und wird unwirksam.
Schneckensirup hilft auch recht gut. Das dickflüssige Mittel (Limagard) wird überall im Garten in kleine Gruben gegossen. Die Schnecken werden von dem für sie wohlschmekkenden Sirup angelockt und ertrinken darin. Man gräbt die toten Schnecken einfach unter.

Hindernisse aufbauen

Verhältnismäßig teuer, aber wirksam sind Schneckenzäune, die man um die Beete herumbaut. Dabei investiert man zwar einmal viel Geld, hat dann aber für Jahre auf den Gemüsebeeten Ruhe. Schneckenzäune bestehen aus Kunststoff und haben oben einen nach außen scharf abgeknickten Rand, den die Schnecken nicht überkriechen können. Man kann sich solche Schneckenzäune auch selbst aus verzinktem Blech bauen. Eine andere Art von Zäunen besteht aus plastikbeschichteten Metallbändern, die von einer Batterie mit Schwachstrom geladen werden.
Außer diesen Zäunen gibt es noch altbewährte Hausmittel, die die Schnecken von den Pflanzen abhalten – mehr oder weniger. Bei trockenem Wetter streut man Sägemehl oder Holzasche um die jungen Pflanzen. Die Schnecken kriechen nicht über diese Oberflächen. Denselben Dienst tun Algenkalk, Steinmehl oder Sand. Mulchen mit Farn, speziell mit Adlerfarn, mit Holunderblättern, Rainfarn, Schafgarbe und Thujazweigen hält die Schnecken durch den Geruch fern.
Keimende Saat, die von Schnecken gefährdet ist, bestreut man mit Weizenkleie. Sie hält die Schnecken wirksam ab. Kieselgur, den man über Salatköpfe stäubt, vergrault den Schnecken die Mahlzeit, leider aber auch ein bißchen den Menschen, denn er läßt sich nur mühsam wieder abwaschen – und knirscht zwischen den Zähnen.
Die oft empfohlene Methode, Lockpflanzen zwischen Salat und Gemüse zu pflanzen, bewährt sich nicht besonders. Tagetes – von Schnecken heiß geliebt – wird sehr schnell verzehrt, ohne daß den Schnecken der Appetit auf Salat, Erdbeeren und Kohlrabi vergeht.
Blindschleichen, Kröten, Igel und Eidechsen fressen sehr gern Schnecken. Sie helfen kräftig mit, die Schädlinge zu dezimieren. Man sollte für diese nützlichen Tiere in einer Ecke des Gartens einen Reisighaufen, einen alten Baumstamm und einige große Feldsteine aufhäufen.

Ihr Appetit kennt keine Grenzen

Ob dicke Baumwurzeln oder zarte Möhren – Wühlmäuse haben vor nichts Respekt. Ihre Nagezähne richten erheblichen Schaden an. Doch auf bestimmte Düfte reagieren sie allergisch.

Wie niedlich – aber nur auf den ersten Blick. Wühlmäuse können im Garten zur Plage werden.

Zu Gesicht bekommt man sie selten. Ihr Vorhandensein erkennt man aber sofort an den ziemlich dicht unter der Oberfläche verlaufenden Gängen, in die der Fuß beim Drauftreten einsinkt, den aufgeworfenen Erdhaufen und den Fraßschäden an unterirdischen Pflanzenteilen.

Von den Schäden sind besonders die am Wurzelwerk von Bäumen fatal, weil der Wurzelstock bis auf einen Stumpf abgenagt sein kann. Er läßt sich dann ohne Schwierigkeit aus dem Boden ziehen. Aber auch Möhren und andere Rübenarten, Knollen und Blumenzwiebeln werden unterirdisch angenagt oder weggefressen.

Wühlmäuse leben aber nicht nur in ihrem unterirdischen Reich. Sie sind sogar in der Lage, mehrere Meter hohe Maschendrahtzäune zu überwinden. Eine Einzäunung mit entsprechend engmaschigem Draht schützt also nicht vor der Zuwanderung von Wühlmäusen, selbst wenn er einen Meter tief in den Boden reicht, um die unterirdische Zuwanderung zu blockieren. Es wird empfohlen, solche Zäune am oberen Ende mit einem ca. 30 cm breiten Blech zu versehen, das die Wühlmäuse nicht überwinden können.

Zur Verhütung von unterirdischen Fraßschäden wird vor allem ein sogenannter Kaninchendraht verwendet. So kleidet man beim Setzen junger Obstbäume das Pflanzloch mit dem Drahtgeflecht aus. Damit ist die unterirdische Zuwanderung der Wühlmäuse abgeblockt, aber nicht die von oben über die Baumscheibe. Der Drahtkorb muß deshalb noch mit einem Drahtdeckel versehen werden, der bis an den Stamm heranreicht. Auch Hügelbeete sollten von unten mit Maschendraht geschützt werden.

Unter den Zierpflanzen sind besonders die Tulpen gefährdet, denn für diese haben die Wühlmäuse eine besondere Vorliebe. Es ist keine Seltenheit, daß von ihnen die im Herbst gesetzten Zwiebeln bis zu 90 und mehr Prozent vernichtet werden. Drahtgeflechte helfen nur bedingt, weil die Wühlmäuse wieder von der Oberfläche bis zur Knolle vordringen können. Narzissen-Zwiebeln fressen Wühlmäuse übrigens nicht.

Fallen und Giftköder

Das Fangen der Tiere in Fallen ist zwar wirksam, aber nicht ganz einfach. Man muß sich erstmal vergewissern, daß der gefundene Gang auch noch bewohnt ist. Wenn man ein Stückchen freilegt und der Gang nach kurzer Zeit wieder zugeschüttet ist, dann wohnt eine Maus darin. Die Falle stellt man am Ende des Ganges auf. Die Verwendung von pflanzlichen Giftködern ist nicht ganz ungefährlich, weil Kinder oder Haustiere Schaden nehmen können. Es gibt auch Mittel, mit deren Geruch man die Nager vertreiben kann.

Besser als diese rabiaten Methoden sind vorbeugende Maßnahmen. Dazu gehört regelmäßiges Rasenmähen. Auf kurzem Gras werden Wühlmäuse von ihren Feinden besser gesehen – freie Bahn für Hauskatzen. Auch Greifvögel sind scharf auf die Mäuse. Und sogar einige Pflanzen vertreiben die Tierchen: Steinklee, Knoblauch, Kaiserkrone, Hundszunge oder Wolfsmilchgewächse.

Mit Maulwürfen sollten Sie sich abfinden. Zwar sind ihre aufgeworfenen Erdhügel störend, aber gerade diese Erde wird von vielen Pflanzenfreunden sehr geschätzt. Sie ist besonders locker und wird gerne auf die Beete gestreut. Die grauschwarzen Tiere leben von Würmern, Larven und anderen Bodenlebewesen und zählen zu den Nützlingen.

GARTENGESTALTUNG

Jeder Garten kann ein kleines Paradies werden, wenn man ihn richtig gestaltet.

Kleine Gärten – gut in Form

Bei Reihenhausgärten sind lange, schmale Grundstücke meist die Norm – nicht gerage ideal für einen Garten. Dennoch lassen sich viele Gestaltungswünsche erfüllen, wenn man dabei auf allzu trennende Elemente verzichtet.

Klein, aber mein – das ist die Devise der Reihenhausbesitzer. Läßt sich das Haus noch geschickt in die Höhe bauen, um die Wohnfläche zu vergrößern, so muß man sich mit den Gegebenheiten des meist viel zu schmalen Gartens abfinden. Aber, auch so ein „Handtuch" läßt sich in ein grünes Paradies verwandeln.
Vier grundverschiedene Gartenwünsche sind hier nebeneinander verwirklicht worden. Neben dem konventionellen Hausgarten mit großer Rasenfläche liegt der Wildgarten mit kleinen Hügeln und Tälern. Daran grenzt ein Wassergarten, gefolgt von einem Nutzgarten mit Obst und Gemüse. Die Gärten sind jeweils ca. 6,50 m breit und 19 m lang.
Voraussetzung für die erfolgreiche Gestaltung ist der Verzicht auf eine allzu starre Abgrenzung. Die trennenden Elemente bestehen aus Bäumen, Sträuchern und Hecken – sie verbinden mehr als sie teilen. Dadurch wirkt die Anlage großzügig.
Bei der Auswahl der Pflanzen muß man immer ihre zu erwartende Größe vor Augen haben und nicht den kleinen Setzling als das Maß der Dinge ansehen. Gerade in kleinen Gärten darf kein Wildwuchs herrschen, auch nicht in einem Wildgarten. Und da die Pflanzen dicht nebeneinander stehen, sollten sie sich vertragen und ergänzen. Unsere Pflanzvorschläge sind als Denkanstoß gedacht.

Reihenhausgärten sind oft nur knapp sieben Meter breit und etwa zwanzig Meter lang. Mit seinen Pflanzen muß man sich nach diesen Maßen richten.

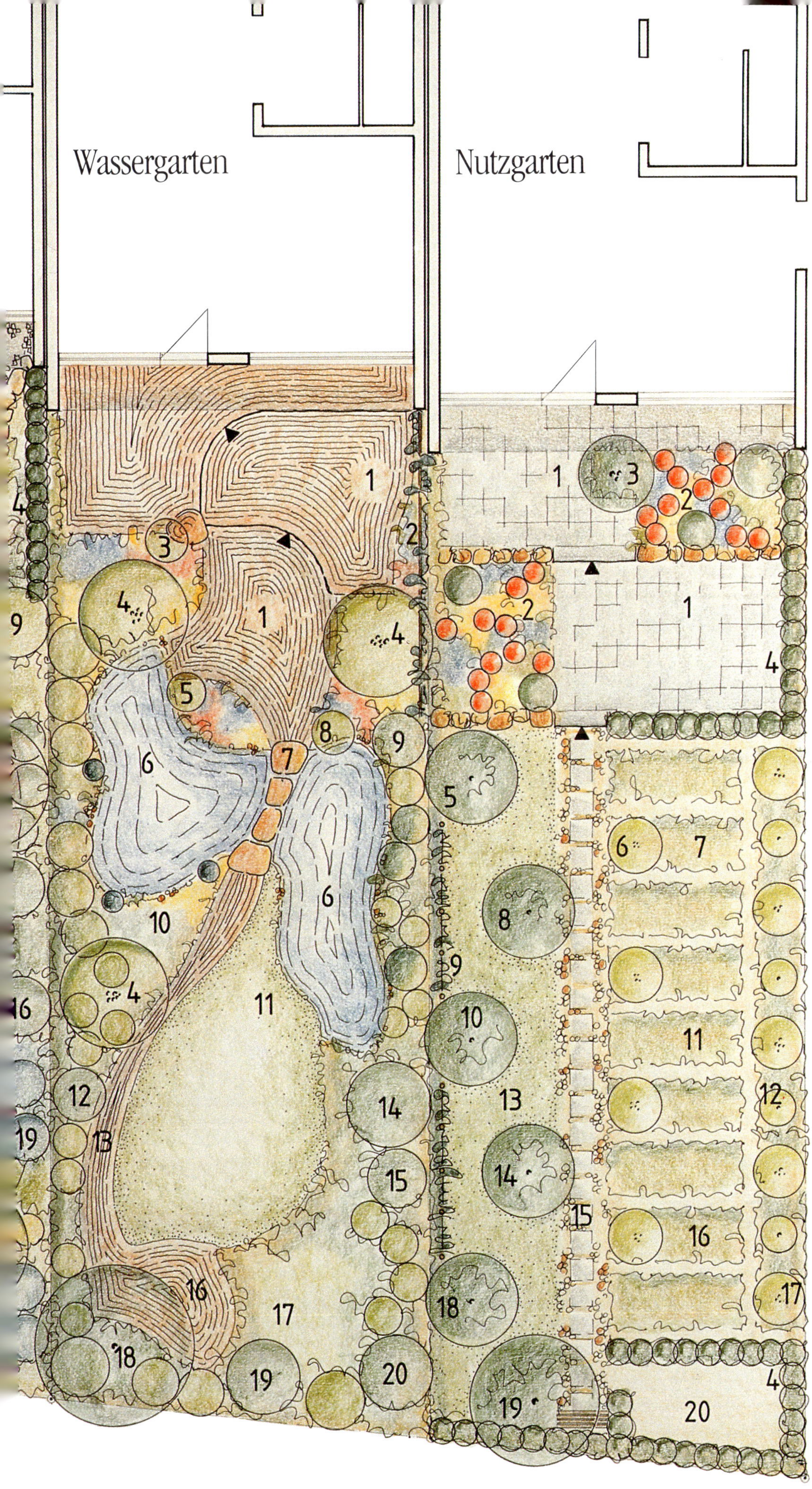

Hausgarten

1 Terrasse, 2 Sommerblumen in Kübeln, 3 Zaun mit rankenden Pflanzen, 4 Azaleen, 5 Strauchrosen, 6 Stauden (Margeriten, Rittersporn, Sonnenhut u.a.), 7 Zaubernuß, 8 Rasen, 9 Hecke, 10 Mähkante, 11 weiße Rhododendren, 12 Strauchrosen, 13 Hochstammrosen, 14 Sitzplatz, 15 Bank, 16 Vogelbeerbaum, 17 unter dem Baum z.B. Immergrün, Johanniskraut, Elfenblume oder Gedenkemein, 18 Gemüse und Küchenkräuter, 19 Eibe, 20 Kompost.

Wildgarten

1 Terrasse, 2 Kugelkiefer, 3 Steingartenstauden, 4 Hecke, 5 Krummholzkiefer, 6 Steingarten, 7 Rhododendren, 8 Stauden (z.B. Nachtkerzen, Fingerhut, Salbei), 9 Hartriegel, 10 Drehkiefer, 11 Staudental und Staudenhügel (Ehrenpreis, Fingerkraut, Heideginster, Storchschnabel), 12 Zierkirsche, 13 Rhododendren, 14 Stauden, 15 Waldmeister, Prachtspiere, Johanniskraut, 16 Haselnußstrauch, 17 Gartenweg, 18 Sträucher (z.B. Stechpalme, Wildrosen, Zierapfel), 19 Pfaffenhütchen, 20 Kompost.

Wassergarten

1 Terrasse, 2 Rank- und Sichtschutzzaun und Clematis o. ä., 3 Mädchenkiefer, 4 Blütenhartriegel, 5 grüner Schlitzahorn, 6 Teich mit Wasserpflanzen, 7 Trittsteine, 8 Krummholzkiefer, 9 Drehkiefer, 10 Wasserstauden (z.B. Sumpfprimel, Sibirische Iris, Reitgras), 11 Rasen, 12 Schmetterlingsstrauch, 13 Gartenwege aus Kleinpflaster, 14 Zierapfel, 15 Falscher Jasmin, 16 Sitzplatz, 17 Sträucher (Rosen, Lavendelheide o.ä.), 18 Japanische Zierkirschen, 19 Feuerdorn, 20 Stechpalme.

Nutzgarten

1 Terrasse, 2 Rosen, Gräser, Stauden, 3 Scheinbuche, 4 Sichtschutzhecke, 5 Schattenmorelle, 6 Hochstamm-Stachelbeeren, 7 Schnittblumen, 8 Quitte, 9 Himbeeren, 10 Pflaume, 11 Küchenkräuter, 12 Malven und Bauernrosen, 13 Rasen, 14 Birne, 15 Gartenweg, 16 Gemüse, 17 schwarze und rote Johannisbeeren, 18 Apfel, 19 Süßkirsche, 20 Platz für den Kompost.

Möbel machen es gemütlich

Für welche Modelle man sich entscheidet, ist Geschmackssache. Gartenmöbel sollten jedoch wetterfest und leicht zu stapeln sein, denn nach dem Sommer müssen Stühle und Tische ins Winterquartier.

Die richtige Bank zu finden als passenden Ruhesitz vor der Hauswand, als lauschiges Plätzchen zwischen blühenden Büschen, am eigenen Teich – das ist kaum ein Problem, denn zu den vielen Gartenmöbelprogrammen gehören meist Zwei- und Dreisitzer. Aber auch schöne Einzelstücke werden angeboten.

Holz ist das beliebteste Material für Gartenmöbel. Von ausgesprochen preiswerten, meist unbehandelten, modernen Sitzgruppen bis zu klassisch-wuchtigen Möbeln, die auch im Winter draußen bleiben können, reicht die Palette. Achten Sie bei hölzernen Gartenmöbeln auf nichtrostende Beschläge und Nägel! Das gepflegteste Holz leidet, wenn die Verbindungsteile nicht in Ordnung sind. Kunststoff ist bequem und pflegeleicht, nimmt Wetterunbill nicht übel, und nach einem Regenguß lassen sich die Bänke leicht abwischen. Kunststoffüberzogen sind z.B. auch Stahlgittermöbel. Ist der Überzug dick und lückenlos, sind sie äußerst langlebig. Bänke mit einem schweren gußeisernen Gestell sind vor allem bei romantischen Naturen Favoriten, wie auch Korb oder Rattan – Materialien, die vortrefflich ins Grüne passen, die aber immer regelmäßiger Pflege bedürfen.

Die richtige Pflege

Wer sich ein gutes Stück aus Teak anschafft, hat verhältnismäßig wenig Sorgen. Dieses tropische Holz wird heute in Plantagen angebaut, also nicht mehr in den Naturwäldern geschlagen. Es braucht keine Holzschutzmittel und keine Lacke, ihm ist jedes Wetter recht. Trotzdem altert Teak, wird durch Sonnenlicht mit der Zeit silbergrau. Wen das nicht stört, der braucht so eine Bank nur mit Seifenwasser und Bürste zu reinigen.

Soll das Holz aber diese Patina nicht bekommen, wird es mit speziellen Ölen behandelt, lasiert (farblos) oder auch lackiert. Soll es farblos behandelt werden, damit die Maserung zu sehen bleibt, darf damit nicht zu lange gewartet werden. Denn die Farbveränderung beginnt schon nach wenigen Wochen.

Unsere einheimischen Hölzer brauchen speziellen Holzschutz (selbst die so harte Eiche), sonst würden sie bald vor sich hinrotten. Deswegen wird für Möbel, die im Freien stehen, in der Regel druckimprägniertes Holz verwendet, dem zerstörende Schädlinge nichts anhaben können.

Stumpfe Stellen, feine Risse oder gar abgeblätterte Flächen sind ein Hinweis, daß eine Farbauffrischung nottut. Warten Sie auch bei den Eisenteilen nicht zu lange – ist der Lack erst undicht, rostet es darunter schnell. Lackiert werden sollte nur bei wärmeren Temperaturen und äußerst gründlich! Ölen und Lasieren ist bedeutend weniger zeitaufwendig. Üblicherweise sollte man davon ausgehen, daß Hölzer und Eisenteile alle drei Sommer überholt werden müssen. Korb und Weidenmöbel, ob naturfarben oder knallig bunt, brauchen – je nach Beanspruchung – womöglich jede Saison eine Schönheitskur. Länger schön und ansehnlich bleiben Gartenbänke natürlich, wenn sie nicht den ganzen Sommer über ungeschützt im Freien stehen. Zum Abdecken gibt es praktische Hüllen aus Plastik, in jeder Form und Größe (in Gartenfachgeschäften).

Man kennt sie aus Gartenlokalen, die klassischen Klappstühle. Sie haben den Vorteil, daß sie sich klein machen können.

Aber der Holzschutz allein verhindert nicht, daß sich das Aussehen des Holzes verändert. Dem kann wiederum mit Ölen, Lasuren oder Lakken begegnet werden. Verwenden Sie aber stets umweltverträgliche Produkte (Pflanzenfarben, Farben auf Leinölbasis, Lacke ohne Lösungsmittel). Bei den Verbraucherzentralen gibt es Listen, in denen die schadstoffarmen Produkte aufgeführt sind. Sie sind an dem blauen Umweltengel erkennbar.

Schmuckstück für Romantiker

Gartenpavillons sind die zierliche und luftige Konkurrenz für Terrassen und lauschige Winkel. Die sechs- oder achteckigen Schmuckstücke (sie kommen meist als Bausatz ins Haus) können aus Holz, Aluminium oder verzinktem Eisen konstruiert, mit „Luftlöchern" versehen oder sogar verglast sein.
Damit Sie das Beste für Ihr Geld bekommen, sollten Sie verschiedene Angebote vergleichen, und zwar den Preis und die Leistung. Klären Sie auch vor dem Kauf folgende Fragen:

- *Was für ein Fundament ist notwendig (Punktfundament, Streifenfundament, Betonplatten o.ä.)?*
- *Hilft die Firma bei diesem Unterbau (genaue Bauanleitungen, Maße, Pläne)?*
- *Was verspricht die Garantie?*
- *Gibt es einen Kundendienst?*
- *Handelt es sich um ein Baukastensystem, für das es auch noch nach Jahren Ersatzteile gibt?*
- *Gehören Fenster und Türen, wenn im Modell vorgesehen, zum Angebot oder sind sie am Ende teure Extras?*

Als Bausatz gibt es die schon altmodischen Lauben – allerdings aus zeitgemäßem Material.

Ein Platz zum Feiern und Träumen

Es muß ja nicht immer die Terrasse sein, auf der sich das Leben der Familie in den Sommermonaten abspielt. Lieblingsplätze lassen sich auch in anderen Winkeln der grünen Oase einrichten.

An schönen Sommertagen spielt sich der größte Teil des täglichen Lebens im Garten ab. Er wird zum Wohnzimmer und Arbeitsraum, zur Spielstube, und der Eßtisch steht im Freien. Sogar die Küche wird durch einen Gartengrill auf der grünen Wiese ersetzt. Und abends bleibt der Partykeller leer – das Fest findet unter freiem Himmel statt.

Auch in kleinen Gärten kann man durch die Wahl der Pflanzen bestimmte Ecken in „Grüne Räume" verwandeln. Haben Sie schon einmal Ihren Mittagsschlaf in einer Hängematte unter schattigen Bäumen gehalten? Schularbeiten werden erträglicher, wenn man zwischendurch ein paar Beeren naschen kann. Und die Schachpartie im „Waldwinkel" verläuft ungestört.

Die hier gezeigten Beispiele können die berühmten idealen Lösungen sein. Man kann sich aber auch mit weniger und anderen Bäumen, Sträuchern, Stauden und Blumen seinen Lieblingsplatz gestalten. Gehen Sie von dem vorhandenen Bestand aus. Oft steht im äußersten Garteneck ein großer Baum. Um ihn herum läßt sich – nicht in einem Jahr, aber mit der Zeit – ein gemütlicher und lauschiger Aufenthaltsort gestalten. Und wenn sie gerade einen Garten neu anlegen, planen Sie eine beruhigte Zone gleich mit ein. Schließlich muß man ja nicht immer den Garten nur von der Terrasse aus genießen!

Naschecke

Nahe beim Haus unter einer Pergola geht es hier geradezu lukullisch zu. Um einen alten Apfelbaum (12) herum laden köstliche Beeren zum Naschen ein: rote und weiße Johannisbeeren (1 und 2), rote, grüne und gelbe Stachelbeeren (3, 4 und 5), Kulturheidelbeeren (6), Brombeeren (7), Himbeeren (8) und Monatserdbeeren (11). Clematis (9) und Geißblatt (10) sorgen für Blütenpracht, wenn die süßen Früchte schon erntereif sind. Einen Teil der Pergola kann man auch in ein Spalier für Wein verwandeln.

Festwiese

Der Mittelpunkt jeder ordentlichen Festwiese ist ein großer Laubbaum mit weitausladenden Ästen. Die kreisförmige Bepflanzung wird von einfachen Sitzbänken abgeschlossen. Dem halbschattigen Standort entsprechend stehen hier höhere und niedrig wachsende Rhododendren (1 und 2), Lavendelheide (3), Skimmie (4) und als Unterbepflanzung Elfenblumen, Glockenblumen, Schattengräser und Farne (5). Am Stamm des Baumes ranken sich Kletterhortensien (6) empor.

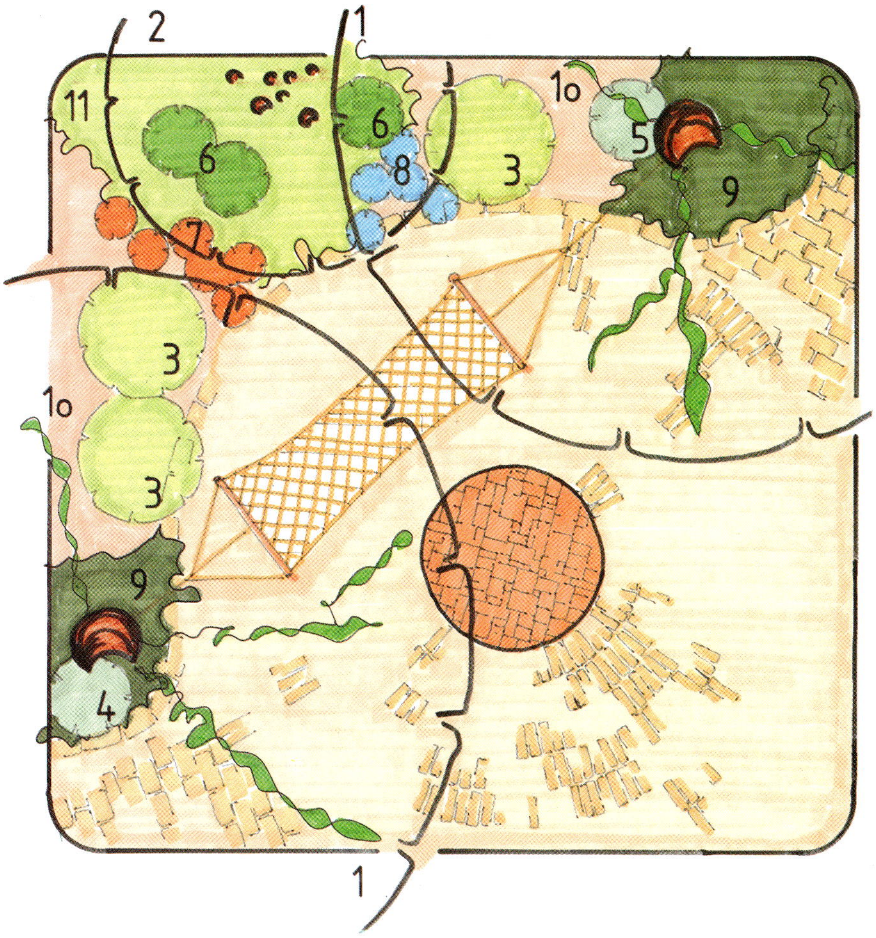

Ruheplatz

An der Gartenmauer entstand hier ein lauschiges Plätzchen. In einer Hängematte unter schattigen Bäumen läßt es sich vorzüglich träumen, dösen oder lesen. Zwei stabile Bäume (1, z.B. Waldkiefern) sollten vorhanden sein. Außerdem wachsen hier Aralie (2), Geißblatt (3), Clematis (4), gelbe Geißschlinge (5), Silberkerze (6), Akelei (7), Glockenblumen (8), Efeu (9), Prachtspieren (10) und Funkien (11). Und die Mauer könnte man noch hinter Rankgewächsen verstecken.

Waldwinkel

In manchen älteren Gärten stehen geradezu ehrwürdige Bäume, Hainbuchen (1) oder Rotbuchen (2). Sie vermitteln die romantische Atmosphäre eines lichten Laubwaldes. Mit den richtigen Pflanzen drumherum entsteht ein lauschiger Waldwinkel: Felsenbirne (3), Ranunkelstrauch (4), Vogelbeere (5), Waldrebe (6), Schmiele (7), Becherfarn (8), Fingerhut (9), Goldwaldrebe (10), Kaukasusvergißmeinnicht (11), Taubnessel (12), Lungenkraut und Himmelsschlüsselchen (13) Tisch und Bank aus Stein gehören dazu.

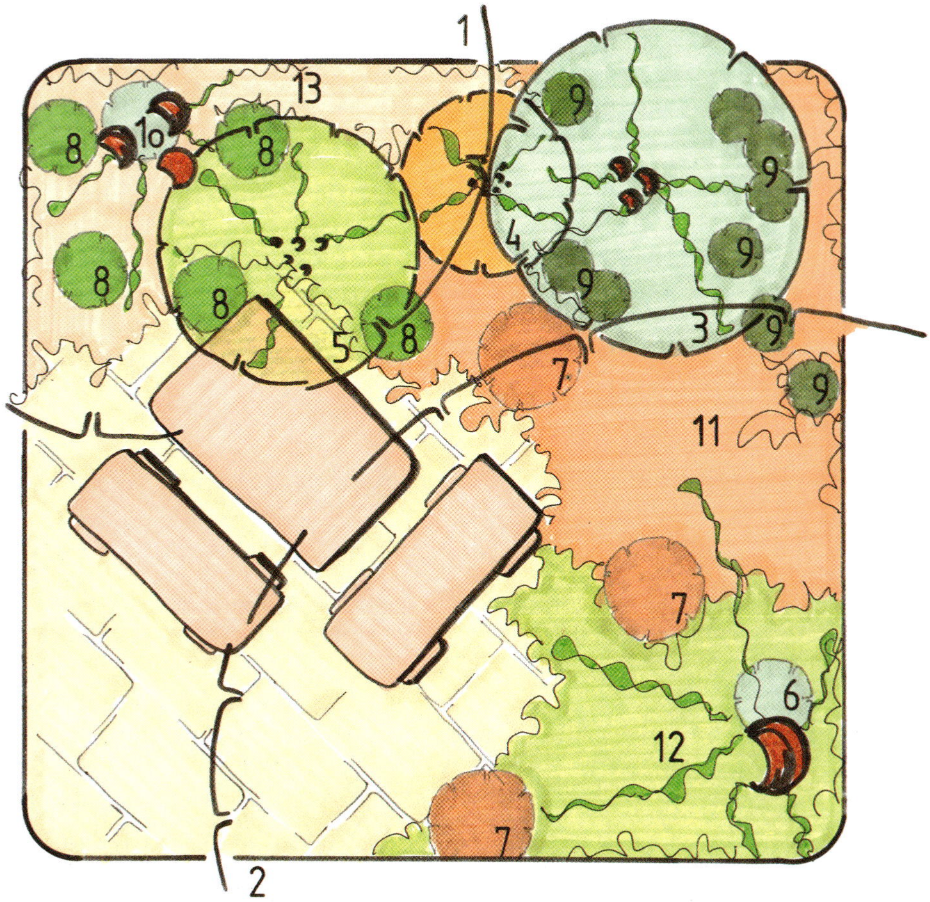

Schön und praktisch: die Pergola

Zunächst sieht das Holzgerüst etwas kahl aus. Aber nach wenigen Wochen schon kann sich eine Pergola in eine grüne und blühende Laube verwandeln, berankt durch einjährige Kletterpflanzen oder eine Dauerbegrünung.

Eine Pergola kann viele gestalterische Funktionen haben: Als Schattenspender ist sie geschätzt, da sie die Luftzirkulation nicht behindert. Sie schafft einen abgeschlossenen intimen Bereich hinten im Garten, kann aber auch eine Einfahrt betonen oder als Eingangsvorbau einen architektonischen Akzent setzen und gleichzeitig für eine harmonische Verbindung zwischen Haus und Garten sorgen. Die Pergola verbindet Gebäude zu einer lockeren Einheit. Große Gärten lassen sich mit ihr gliedern, kleine Gärten kann sie optisch erweitern.

Die Ranken der Glyzinie mit ihren herrlichen Blütentrauben können 10 m lang werden.

Ein lauschiges Plätzchen unter einem grünen Dach, umrahmt von üppigen Pflanzen: romantische Terrasse mit einer Pergola.

Kletterpflanzen für die Pergola

An das fertige Klettergerüst passen u.a. folgende Pflanzen: Strahlengriffel (Actinidia), Akebie (Akebia), Pfeifenwinde (Aristolochia), Baumwürger (Celastrus), Knöterich (Fallopia), Geißblatt (Lonicera), Glyzine (Wisteria) und viele einjährige Schlinger.
Bedenken Sie aber, daß wuchernde Schlinger schon nach wenigen Jahren ein Gerüst so zudecken können, daß ein dichter Dschungel entsteht. Es ist dann schwierig, durch das Dickicht an das Holzgestell heranzukommen, um ein morsches Holzteil auszuwechseln, ohne dadurch die Pflanzen zu beschädigen.

Holz ist das natürlichste Material für Pergolen, und es läßt sich außerdem am leichtesten bearbeiten:

- Sägerauhes Holz nimmt Farbe besser auf als glattes, Pflanzen finden hier sicheren Halt.
- Weißgeschältes oder zylindrisch gefrästes Rundholz bietet interessante Konstruktionsmöglichkeiten.
- Eine Sichtschutzpergola, die nur einen Schlinger tragen soll, wirkt nicht überproportioniert, wenn sie aus schmalen Massivholzleisten zusammengesetzt ist.
- Nur wenige Hölzer halten dem Wetter auf Dauer stand (z.B. Lärche, Eiche).
- Kesseldruckimprägnierte Hölzer sind besonders wetterfest.

Die Balken sollten nur kurze Strecken überspannen, damit sie in Form bleiben, sich im Laufe der Jahre also nicht verziehen. Bei Bedarf werden zur Stütze Eckstreben gesetzt, die das Gewicht aufnehmen. Die tragenden Eckpfosten (das können auch Stahlrohre sein) dürfen nicht direkt im Erdboden sitzen, dann faulen bzw. rosten sie. Man montiert sie am besten auf einzementierten Metallschuhen. Solche Punktfundamente geben genügend Halt. Die Hölzer können an den Verbindungsstellen ausgespart werden. Dies erhöht die Festigkeit zusätzlich. Die vorbereiteten Holzteile sollte man mit verzinkten Schrauben verbinden.
In manchen Bundesländern muß die Aufstellung von Pergolen vom Bauamt genehmigt werden.

Treppen machen Gärten munter

Ein paar Stufen lösen nicht nur Probleme, sie lockern das Bild eines Gartens in reizvoller Weise auf. Die Wahl des Materials richtet sich nach Geschmack, Geldbeutel und der mehr oder weniger häufigen Benutzung.

Wenn Ihr Garten mehrere Ebenen hat, vielleicht am Hang liegt, oder wenn sich die Terrasse etwas über das Niveau der restlichen Fläche erhebt, dann brauchen Sie Treppen. Sie können Ihre grüne Oase so abwechslungsreicher gestalten. Zum Beispiel mit Treppen aus Holz, Naturstein oder auch aus industriell vorgefertigten Teilen.

Der Bau einer Treppe ist nicht sehr kompliziert, allerdings körperlich schon etwas anstrengend. Schließlich müssen Erdmassen bewegt, Steine gehoben oder Balken geschleppt werden.

Damit die Treppe bequem zu begehen ist und nicht zur Stolperfalle gerät, müssen die Abmessungen stimmen. Dafür gibt es die sogenannte Treppenformel, die auf der mittleren Schrittlänge eines Erwachsenen basiert:

Doppelte Steighöhe + Auftrittsbreite = 65 cm. Ein Beispiel: Steighöhe 12,5 cm, dann sollte die Auftrittsbreite 40 cm betragen, denn 2 x 12,5 = 25, 25 + 40 = 65. Die Steighöhe soll zwischen 10 cm und 15 cm liegen.

Die Anzahl der Stufen und Länge der Treppe wird ebenfalls mit einer einfachen Formel errechnet: Der zu überwindende Höhenunterschied, geteilt durch die Stufenhöhe, ergibt die Anzahl der Stufen. Ein Beispiel:

Höhenunterschied: 140 cm, Stufenhöhe: 14 cm, Anzahl der Stufen: 10; Auftrittsfläche 37 cm; Gesamtlänge der Treppe: 370 cm. Hier die Berechnung: 140 cm: 14 cm = 10
2 x 14 = 28, 28 + 37 = 65 cm.

Oft ist es nicht möglich, die gesamte Länge der Treppe in direkter Falllinie unterzubringen. Geben Sie der Treppe dann einen eleganten Schwung oder legen Sie sie schräg zum Hang an.

Alle Stufen sollten eine geringe Neigung (1–2%) zur Vorderkante hin haben, damit das Wasser ablaufen kann. Das Material ist eine Frage des Geschmacks, des Geldbeutels und der Arbeit, die man sich machen will. Eine preiswerte, allerdings nicht sehr strapazierfähige Möglichkeit sind Erdstufen. Man arbeitet die Stufen aus dem Erdreich grob heraus und schlägt auf beiden Seiten vor den Stufen je einen angespitzten Pfahl in die Erde. Dahinter legt man quer zwei oder drei Rundhölzer – je nach Stufenhöhe – und nagelt sie an den Pflöcken fest. Die Stufen werden mit Schotter oder Kies ausgefüllt und festgestampft.

Ebenfallls aus Holz, aber haltbarer, sind Blockstufen. Die Schwellen gibt es vorgefertigt im Fachhandel – übrigens auch aus Beton oder Naturstein. Stein- und Betonmaterialien sind wetterunempfindlich und deshalb zu empfehlen. Manchmal wer-

Vorgefertigte Steine erleichtern die Arbeit und helfen Kosten sparen. Dank einer üppigen Randbepflanzung verschwindet der Industrie-Look.

Stufenanlage als bunte Blumentreppe

Stufen werden vor allem durch die Bepflanzung atraktiv und reizvoll. Sie macht auch eine nüchterne Steintreppe zu einem ungewöhnlichen Blickfang. Wählen Sie eine schöne Mischung aus Gehölzen, Stauden, Rosen und Blumen.

Gehölze

Kriechwacholder (Juniperus horizontalis 'Glauca', Latschenkiefer (Pinus mugo var. mughus, Pinus mugo var. pumilio)
Felsenmispel (Cotoneaster dammeri), Eibe (Taxus baccata 'Repandens'), Nestfichte (Picea abies 'Nidiformis').

Stauden

Blaukissen (Aubrieta 'Schloß Eckberg), Steinkraut (Alyssum saxatile 'Compactum'), Hornkraut (Cerastium biebersteinii), Glockenblume (Campanula carpatica 'Karpatenkrone'; Campanula poscharskyana)
Nelke (Dianthus caesius 'Blaureif'), Schleierkraut (Gypsophila paniculata 'Bristol Fairy').

Rosen

Bodendeckende Sorten, wie 'Candy Rose' (karminrot), 'Fiona' (blutrot), 'Nozomi' (rosa), 'Swany' (weiß), 'Fairy' (rosa).

Sommerblumen

Tagetes, Margeriten, Jungfer im Grünen, Fleißiges Lieschen, Lobelien. Goldmohn, Gänseblümchen.

Eine Treppe aus Granit sieht sehr natürlich aus. Die recht aufwendige Arbeit dafür sollte man besser einem Fachbetrieb übergeben.

den gebrauchte Straßenbordsteine angeboten. Sie sehen in einem etwas rustikaleren Garten gut aus. Interessant können auch Klinker und Pflastersteine sein, wenn sie dicht an dicht zu Stufen aneinandergelegt werden. Oder es kann in die Gartengestaltung passen, wenn kleine Findlingssteine zu Trittstufen angeordnet werden.

Holz ist dort nicht zu empfehlen, wo der Weg täglich begangen wird (Eingangsweg). Dieses Material, vor allem Kiefern-, Fichten- oder Eichenholz, nimmt sehr schnell Feuchtigkeit auf und wird rutschig. (Dies gilt auch für Bahnschwellen, die meist nach einem Jahr Moos ansetzen.) Ein Hartholz wie zum Beispiel Bongossi ist weit unempfindlicher und deshalb sehr viel besser geeignet.

Mit am schönsten sind Treppen aus roh bearbeiteten Natursteinplatten. Das Material ist allerdings recht teuer und die Arbeit schwer. Man kann diese Platten entweder direkt auf die Erde legen oder auf ein Unterbett aus Sand. Die Platten sollen etwas über den Riegel (die senkrechte Stufenbegrenzung) hinausreichen. Die Arbeit erfordert einige Übung. Wer es sich nicht zutraut, sollte einen Fachbetrieb hinzuziehen.

Eine weitere Möglichkeit, Treppen zu bauen, sind sogenannte Stellstufen. Die Riegel bestehen aus einer Platte, die Auftrittsflächen aus Naturstein oder Rundhölzern. Hier ist es angebracht, den Riegel mit etwas Beton zu festigen.

Die Industrie bietet eine Vielzahl vorgefertigter Elemente an, die man zum Bau einer Treppe verwenden kann. Im Baufachhandel finden Sie Beratung.

Für Plätze und Wege - schöne Beläge

An einigen Stellen möchte man doch gern einen festen Boden unter den Füßen haben, auf Wegen und Plätzen im Garten. Das Material sollte möglichst natürlich wirken und mit den Pflanzen in der Umgebung harmonieren.

Wofür man sich entscheidet, Holz oder Stein, ist nicht nur eine Frage des Geschmacks oder des Geldbeutels. Wichtig sind auch die Eigenschaften der unterschiedlichen Materialien und wo sie verwendet werden sollen.
Für viele Gartenbesitzer ist Holz der Favorit. Es gibt Rundholzpflaster aus entrindeten Baumstämmen und Ästen oder Kantholzpflaster aus Balken- und Schwellenabschnitten. Auf der Gehfläche zeigt sich immer die Hirnholzseite, die extrem abriebfest ist. Das Holz sollte auf jeden Fall kesseldruckimprägniert sein. Dann hält der Belag jahrzehntelang. Voraussetzung ist natürlich auch eine fachgerechte Verlegung in tragfähigem Boden auf einer 5–10 cm hohen Sand-Kies-Schicht. Holzfliesen aus Kanthölzern und Latten (Roste) lassen sich auf ebenem Gelände auch lose verlegen. Kantenlänge der Fliesen: 50 oder 120 cm. Für ein Lattendeck ist eine Unterkonstruktion aus Kanthölzern nötig.

Ziegel und Beton

Ein Ziegelweg aus Pflasterklinkern, vielleicht im Fischgrätmuster gelegt, macht einem handwerklich versierten Hobbygärtner keine großen Probleme. Die vorgesehene Fläche wird 10 cm tief ausgehoben und dann 5 cm hoch mit Sand gefüllt. Der Sand wird geebnet und festgestampft und darauf werden die Ziegel oder Steine

Ein geschwungener Weg aus unregelmäßigen Schrittplatten führt durch einen Steingarten mit vielen blühenden Sommerstauden.

Mit Klinkersteinen lassen sich recht stabile Gartenwege pflastern. Das rote Material eignet sich sehr gut für den Eingangsbereich.

im gewünschten Muster eingebettet. In die Fugen streut man Sand und schwemmt ihn ein. Diese Prozedur mehrfach wiederholen.

Steine aus Beton oder sogenannte Strukturplatten sind eine preiswerte Alternative zu gebrannten Ziegeln. Bei den Strukturplatten kann man unter vielen Größen und Mustern wählen (Leinekiesel zum Beispiel). Betonsteine führt jeder Baustoffhändler in großer Auswahl in vielen Formen und auch in verschiedenen Farben. Es gibt unter anderem Steine mit rechteckiger, quadratischer oder trapezförmiger Grundfläche, so daß sich auch Muster oder Einfassungen, zum Beispiel rund um einen Baum, legen lassen. Das Pflaster wirkt sehr natürlich, wenn mit der Zeit in den Fugen Gras wächst.

Aus Beton sind auch die Hohlsteine, durch deren Löcher kleine Pflanzen wachsen. Mit der Zeit entsteht dadurch eine Art „betonierter Rasenteppich" – gut geeignet für Auffahrten oder Parkplätze am Haus – bedeutend hübscher anzusehen (und viel umweltfreundlicher!) als eine einheitlich graue Steinfläche.

Marmorplatten, Travertin oder Tafeln aus Ölsandstein verleihen dem Sitzplatz im Freien eine noble Grundlage. Diese Naturmaterialien kommen aus dem Steinbruch und sollten vom Fachmann verlegt werden – in ein gegossenes Fundament.

Der natürliche Weg

Durch den Garten sollte wenigstens ein befestigter Weg führen. Eine „Rasenstraße" als Arbeitsweg wird zu stark strapaziert (Schuhabdrücke, Schubkarrenräder). Ein Erdweg endet bald als Morast. Als Pflastersteine bieten sich verschiedene Steinarten, Platten oder Holz an. Eine zweite preiswerte Lösung: der Holzweg aus Rindenmulch. Die kleinen Baumrindenstücke passen besonders gut in eine naturgemäße Gartenlandschaft. Rindenmulch eignet sich vor allem auch für die Wege zwischen Beeten, die dadurch unkrautfrei bleiben und auch bei Regen begangen werden können. Die Rindenmulchdecke muß auf Vlies gelegt werden, damit sie nicht allmählich versinkt. Und zwar auf poröses Gewebevlies, damit Regenwasser abläuft. Die Schicht sollte ca. 4 cm stark sein.

Wege im Garten sind nicht nur notwendig zum Begehen des Grundstücks, sondern auch ein wichtiges Gestaltungsmittel: eckige Formen der Wegeführung oder ein geschwungener Pfad.

Während sich in Hausnähe geradlinige Wege anbieten, weil sie dann optisch die Architektur des Gebäudes aufnehmen, kommen im hinteren Gartenbereich mehr natürliche Wegeformen in Frage. Diese Entscheidung wird aber von der Gartengröße bestimmt.

Wenn alte Dorfstraßen saniert werden, kann man manchmal für wenig Geld die Pflastersteine bekommen. Dann sofort zugreifen!

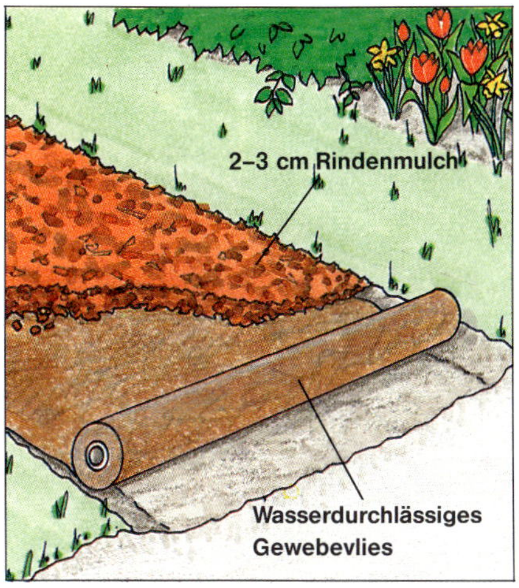

Zwischen den Beeten sehen Wege, die mit Rindenmulch bedeckt sind, besonders schön aus. Unter der Rinde wird ein poröser Gewebevlies verlegt, damit das Wasser gut abfließen kann.

Die Wegbreite hängt von dem Gebrauch ab. Für den Eingangsweg gelten als Mindestmaß 120 cm. Die nicht ständig benutzten Pfade brauchen nur etwa 60 bis 80 cm breit zu sein. Wer nicht sicher ist, ob er die richtige Breite gewählt hat, macht am besten vorher einen Probelauf.

Blumen am Wegrand

Es gibt eine große Anzahl von Pflanzen, die sich hierfür eignen. Während es in Bauerngärten stets eine schöne Tradition war, niedrige Buchsbaumhecken rechts und links des Weges zu setzen, kann man in eine moderne Gartenanlage hübsch blühende Stauden setzen, die immergrüne und höhere Sträucher beleben. Durch niedrige Stauden, die über den Wegrand wachsen, werden Wege in den Garten ganz natürlich einbezogen.

- Achten Sie bei der Auswahl der Pflanzen darauf, ob es sich um einen sonnigen oder schattigen Standort handelt.
- Wählen Sie Blumenfarben in einem bestimmten Ton. Zu viele verschieden blühende Pflanzen würden unruhig wirken.
- Setzen Sie direkt an den Weg niedrig bleibende Pflanzen. Im Abstand von 50 bis 100 cm können höhere dazugestellt werden.
- Am besten pflanzen Sie Stauden und Gräser nur in größeren Gruppen (ab 5 Stück).
- Für breite Fugen zwischen Natursteinplatten oder Pflastersteinen gibt es Polsterstauden, die mit wenig Mutterboden auskommen. Fugenpflanzen sind ein besonders gutes Mittel, um den Wegen ihre Künstlichkeit zu nehmen.
- Schneiden Sie allerdings die Pflanzen nach der Blüte zurück, damit sich auf den Steinen nicht zu große Polster bilden und die Wege nicht zu eng werden.

Pflanzen für Wegränder und Fugen

Wegbegleiter für schattigen Standort

Günsel (*Ajuga reptans*), Frauenmantel (*Alchemilla mollis*), Schaumblüte (*Tiarella cordifolia*), Schattensteinbrech (*Saxifraga umbrosa*), Waldsteinie (*Waldsteinia geoides*), Lerchensporn (*Corydalis lutea*), Funkie (*Hosta*-Arten), Ysander (*Pachysandra terminalis*), Johanniskraut (*Hypericum calycinum*), Primel (*Primula*-Arten).

Wegbegleiter für sonnigen Standort

Lavendel (*Lavandula angustifolia*), Sonnenröschen (*Helianthemum-Hybriden*), Storchschnabel (*Geranium endressii*), Perlkörbchen (*Anaphalis triplinervis*), Steinkraut (*Alyssum saxatile 'Compactum'*), Karpatenglockenblume (*Campanula carpatica*), Blaukissen (*Aubrieta* in vielen Sorten), Polsternelke (*Dianthus deltoides*), Fetthenne (*Sedum* in vielen Arten), Schneeheide (*Erica carnea* in vielen Sorten).

Ideal für breite Fugen

Sternmoos (*Sagina subulata*), Dachwurz (*Sempervivum* in vielen Arten), Fiederpolster (*Cotula squalida*), Polsterthymian (*Thymus serpyllum*).

Paletten und Holzroste

Für die Verlegung von Holzrosten beim Bau einer Terrasse oder eines Sitzplatzes im Garten hat sich folgende Bauweise bewährt:
Auf den Boden (Erde oder unregelmäßige Graspolster) kommen Kieselsteine mittlerer Größe. Mit einem Rechen zu einer etwa fünf Zentimeter dicken Schicht planharken. Darauf Paletten legen und mit der Wasserwaage ausrichten. Auf die Paletten (sie haben meist Norm-Maße 110 cm × 130 cm × 17 cm und werden zum Stapeln von Waren jeder Art verwendet) werden die vorgefertigten Holzroste genagelt; verzinkte Nägel verwenden.
Kieselsteine und Holzroste gibt es beim Baustoffhandel oder in Baumärkten; gebrauchte oder ausgediente Paletten kann man mit etwas Organisationstalent ebenfalls dort oder bei Großhandelsfirmen auf der grünen Wiese erwerben.

Auch Wege aus druckimprägniertem Holz fügen sich gut in einen Garten ein. Die Bretter werden auf ein Balkengerüst geschraubt.

Ein Zaun schützt und schmückt

Mal zierlich oder robust, aus Metall oder Holz, weiß oder in einer anderen Farbe – Zäune gibt es für jeden Geschmack. Auch wetterfest aus Kunststoff. Wählen Sie eine zum Haus und zum Garten passende Form.

Zu einem Garten gehört in der Regel ein Zaun. Einfriedung nennt es die Bauordnung. Der Markt bietet heute eine enorme Vielfalt an Formen und Material. Ob druckimprägniertes Holz, naturbelassen oder lackiert, Kunststoff, verzinkter Draht oder Aluminium, Schmiedeeisen oder Sichtmatten aus Flechtwerk – alle diese Zäune werden als Meterware angeboten. Da Zäune immer Wind und Wetter ausgesetzt sind, müssen sie wetterfest, korrosionssicher und weitgehend wartungsfrei sein.
Natürlich kommt es in erster Linie darauf an, welche Aufgabe ein Zaun erfüllen soll.
Möchten Sie sich möglichst ungeniert im Garten aufhalten? Dann ist ein hoher und dichter Zaun nötig. Oder soll er lediglich Ihr Grundstück abgrenzen? Dann dürfte ein niedriger, offener Zaun reichen. Wollen Sie Wild abwehren? Dann brauchen Sie einen hohen Zaun (gegen Rehe) bzw. einen dichten (gegen Kaninchen). Zu einer verkehrsreichen Straße hin schirmt ein kompakter Lärmschutzzaun ab.
Vielfältig in Form und Ausführung sind Latten-, Lamellen- und Flechtzäune aus Holz – für niedrige Begrenzungen oder solche über Augenhöhe. Hier ist immer eine gute Vorbehandlung gegen Pilz- und Insektenbefall wichtig (Kesseldruck-Imprägnierung!).
Aber auch Kunststoff ist ein ideales

Wenn sich der Maschendrahtzaun hinter einer blühenden Wand versteckt, wird er zur schmückenden Begrenzung.

Diesen schönen Zaun aus Holz kann man sich leicht selber bauen. Die Pfosten und Bretter gibt es im Baumarkt. Durch die Spalten wachsen bald grüne und blühende Zweige.

Material für Zäune. Da gibt es Bretter, Paneele, Rohre, Profile – schlicht, gekehlt, geschwungen oder gedrechselt. Und alles wirkt wie Holz. Solche Kunststoffzäune sind besonders pflegeleicht, stabil und witterungsbeständig, aber nicht ganz billig. (Beim Kauf auf eine Garantie auf Lichtbeständigkeit achten! Ein weißer Zaun muß auch noch nach Jahren weiß aussehen und darf nicht vergilben).
Am preiswertesten – oft allerdings auch ein wenig langweilig – sind Maschendrahtzäune. Mit dekorativen Büschen oder Rankgewächsen – z.B. Wicken, Kletterrosen, Knöterich, Clematis usw. – lassen aber auch sie sich ganz lebendig gestalten.
Wieder sehr gefragt sind Grundstückseinfriedungen aus schmiedeeisernem Gitterwerk, eine reizvolle Wiederentdeckung aus der Zeit unserer Groß- und Urgroßeltern.
Am beliebtesten sind die sogenannten Friesenzäune – Lattenprofile aus Holz oder Kunststoff, in Weiß oder Natur, mit geschwungener Oberkante und dekorativen Toren, die etwas herzeigen.
Was Sie auch wählen – immer sollte ein Zaun der Grundstücksgröße angemessen sein und zum Stil des Hauses passen.
Erfragen Sie bei Ihrem Bauamt oder der Baubehörde, ob und welche Vorschriften es für die Einfriedung von Grundstücken gibt. Im Vorgarten sind meist nur Höhen von 60 oder 80 cm erlaubt; manchmal wird auch vorgeschrieben, eine Hecke zu pflanzen. Im hinteren Gartenbereich ist oft ein transparenter, also durchsichtiger Zaun von 150 cm Höhe das Richtige.
Fragen Sie auch Ihren Nachbarn nach seinen Plänen. Vielleicht kann man sich auf einen gemeinsamen Zauntyp einigen, der kostensparend zusammen in Auftrag gegeben werden kann und für einen harmonischen, großzügigen Gesamteindruck der Gärten sorgt. Auch wenn man sich vielleicht an der Terrasse einen höheren Zaun wünscht oder in manchen Teilen auf die Eingrenzung verzichten möchte, ist es unbedingt wichtig, mit dem Nachbarn vorher darüber zu sprechen.
Überlegen Sie sich nicht nur die Höhe, sondern auch die Durchsichtigkeit des Zauns. An der Terrasse ist ein dichter Flecht- oder Lamellen-

zaun von Vorteil, während im hinteren Grundstücksteil ein niedriger Maschendrahtzaun ausreicht. Ähnliche Überlegungen sollten Sie auch für den Zaun im Vorgarten anstellen, wenn ein Sitzplatz vorgesehen ist.

Holzzäune selber bauen

Am schönsten finden viele nach wie vor den guten alten Holzzaun. Er paßt zu fast allen Häusern, ist nicht so teuer und vor allem auch leicht selbst zu bauen. Im Handel gibt es alle Zutaten wie Pfosten, Riegel und Latten in allen Formen und imprägniert.
Am besten kaufen Sie nur druckimprägnierte Pfosten. Die Ausgabe für die Druckimprägnierung lohnt sich, denn die Hersteller gewähren meist eine Lebensdauer von mehr als 20 Jahren. Latten und Riegel kann man direkt beim Sägewerk unbehandelt am preiswertesten bekommen. Bei einem Schreiner hobelt man – gegen Erstattung von Maschinenkosten – das Holz selbst. Bevor man den Zaun errichtet, muß man alle Teile vorrichten. Das heißt, die Latten werden auf die richtige Länge geschnitten und am oberen Ende abgerundet, angespitzt oder mit einer hübschen Zierform versehen. Sehr schön ist ein Zaun, der in einem Bogen verläuft, dafür muß allerdings die Lattenlänge vorher genau ausgerechnet werden. Auch der Imprägnieranstrich muß lange vor dem Zaunbau vorgenommen werden. Selbst als giftfrei ausgezeichnete Imprägnierungsmittel haben eine Ausdünstung, die direkt am Zaun stehenden Pflanzen schadet. Nach dem Imprägnieren läßt man Latten und Leisten deshalb mindestens zwei Wochen an der frischen Luft ausdünsten.
Inzwischen können die Zaunpfosten eingegraben werden. Holz- und Betonpfosten sollen mindestens zu einem Drittel in der Erde stecken. Betonpfosten kann man einbetonieren. Bei Holzpfosten gräbt man ein Loch, stellt den Pfahl hinein und füllt dicht mit Erde und Kies auf. Der Abstand zwischen den Pfosten sollte nicht größer als drei Meter sein.
Die Vierkantriegel, an die später die Latten geschraubt werden, bringt man mit verzinkten Winkeln an den Pfosten an oder – wenn man besonders gut mit Holz arbeiten kann – schraubt sie in Aussparungen, die man in die Pfosten geschnitten hat. Die Latten werden mit verzinkten versenkbaren Holzschrauben an den Riegeln befestigt. Nicht verzinkte Schrauben rosten zu schnell.
Mit einem Abstandholz, das man zwischen die einzelnen Latten stellt, sorgt man für einen gleichmäßigen Lattenabstand.

Immer noch ein Lieblingsmodell ist der Jägerzaun, an dem sich gern Pflanzen hochranken.

Vorgefertigte Zäune

Wem dies doch zuviel Aufwand ist, der kann sich einen der zahlreichen Holzzäune kaufen. Viele verschiedene Modelle werden angeboten, die sich sehr ähneln, aber preislich unterscheiden. Da sollte man schon genau vergleichen, ob der Preisunterschied gerechtfertigt ist. Im sichtbaren Bereich ist es wichtig, einen besonders langlebigen Zaun zu kaufen, während im hinteren Gartenteil die Qualität nicht eine so große Rolle spielt. Hier genügt es vielleicht sogar, daß der Zaun nur ein paar Jahre lang hält, weil er dann ohnehin von Sträuchern verdeckt wird.
Auch die spätere Pflege des Holzzaunes sollte man beim Kauf und beim Bau des Zaunes berücksichtigen. Die druckimprägnierten Zäune brauchen eigentlich keine weitere Behandlung, doch gibt man ihnen alle zwei bis drei Jahre eine Lasur, die die Farbe auffrischt.
Weißlackierte Zäune müssen dagegen jedes Jahr übergestrichen werden, um das Holz vor Fäulnis und Vermoosen zu schützen.

Drahtzäune

Die beliebtesten Drahtzäune sind Maschendrahtzäune. Sie sind praktisch und preiswert. Man bekommt sie in vielen Höhen mit verschiedenen Maschenweiten. Empfehlenswert sind 4 oder 5 cm. Vor einigen Jahren waren verzinkte Drahtzäune üblich. Heute bekommt man fast nur noch kunststoffummantelte Zäune.

Sie sind nahezu unbegrenzt haltbar. Die Pfosten (am besten aus wetterfestem Aluminium) stellt man im Abstand von 2,50 bis 3 Meter auf. Fertige Fundamente für Zaunpfosten gibt es im Gartenfachhandel zu kaufen. Der Maschendrahtzaun erhält mindestens drei Spanndrähte, durch die er mit Hilfe von speziellen Drahtspannern festgezogen wird. An den Ecken baut man zusätzliche Verstrebungen ein. Kaninchendraht, der besonders feinmaschig ist, kann man dort anbringen, wo die possierlichen Vierbeiner lästig werden und sich allzu begierig an heranwachsende Tulpen, Rosen und Radieschen machen. Diesen Draht gräbt man etwa 40 cm tief in den Boden ein und befestigt ihn in gleicher Höhe an dem Maschendrahtzaun oder an anderen Zäunen.

Zu Natur- und Bauerngärten paßt der aus Weiden- oder Haselnußruten geflochtene Zaun. Leider ist er nicht sehr haltbar. Auch die Anfertigung macht Mühe. Dennoch, er ist ein Schmuckstück.

Flechtzäune

Eine ganz besondere Art von Zaun war lange vergessen, jetzt aber wurde er wiederentdeckt: der Flechtzaun aus Weiden- oder Haselnuß-Ruten. Ein solcher Zaun sieht urig aus, kostet fast nichts, hält aber auch nicht allzu lange. Es sei denn, die Weidenruten wurzeln ein und schlagen aus. Und das passiert oft. In diesem Fall hat man nach wenigen Jahren einen lebenden grünen Zaun, der – weil man auch am lebenden Holz das Flechtwerk noch sieht – besonders apart aussieht.

So machen Sie einen Flechtzaun: Starke Weiden- oder Haselnußruten werden im Abstand von 1 Meter direkt in den Boden gesteckt. Mit dünneren Zweigen flicht man durch diese Staken, genau wie man einen Korb flicht. Die Enden dieser geflochtenen Zweige halten sich durch ihre eigene Spannung selber fest. Das Flechtwerk muß dicht aufeinander liegen, sonst lockert sich der Zaun bald und fällt auseinander.

Mit einem solchen Flechtzaun kann man zum Beispiel eine Sitzecke im Garten abtrennen oder den Kompost verstecken. Man kann sogar einen kleinen Abhang damit abstützen. Weiden- und Haselnußzweige werden ungeschält verwendet und am besten im frühen Sommer für diesen Zweck geschnitten. Wer im Herbst einen Flechtzaun bauen will, kann nur Weidenzweige verwenden, die nach dem Schneiden eine Woche lang im Wasser gelegen haben.

Die einzelnen Teile dieses Zaunes bekommt man fertig im Baumarkt oder Garten-Center. Weiß sieht immer sehr freundlich aus, muß aber auch ab und an mit Pinsel und Farbe aufgefrischt werden.

Der Friesenzaun aus Naturholzlatten erfreut sich zur Zeit recht großer Beliebtheit. Das Holz sollte vom Hersteller bereits druckimprägniert sein.

Palisaden setzen Akzente im Garten

Mit runden oder kantigen Hölzern lassen sich viele Probleme auf ansehnliche Art lösen: Terrassen stützen, Wege begrenzen, Sitzplätze einrahmen oder einfach nur Ecken abtrennen, weil's eben sehr hübsch aussieht.

Auch in einem noch so natürlichen Garten geht es nicht immer ohne ordnende, gestaltende Elemente. Eines, das sich bestens in Garten und Landschaft einfügt, ist die Holzpalisade.

Mit so einem Mäuerchen aus runden oder kantigen Holzpfosten bekommen Terrassenbeete einen schönen Abschluß, wird der Grillplatz umfriedet, die Müllbox verborgen. Entsprechend hohe Palisaden schützen nicht nur gegen unerwünschte Einblicke, sondern sogar gegen Lärm.

Soll das Holz-Werk lange halten, dürfen Sie nur hochdruckimprägniertes Holz (meist von Kiefer, Fichte oder Lärche) verwenden.

Sie bekommen entsprechend zugeschnittene und gegen Schädlinge und Nässe geschützte Hölzer im Baustoff- bzw. Holzfachhandel oder in Garten-Centern. Die runden, kantigen, zylindrischen oder konischen (also an einem Ende etwas dünneren) Balken gibt es in verschiedenen Abmessungen: meist zwischen 50 cm und 3 m Länge und mit einem Durchmesser ab ca. 8 cm.

Die Hölzer sollten unbedingt gut und gründlich imprägniert sein, und zwar kesseldruckimprägniert.

Steht die Palisade erst, ist es unsinnig, Holzschutzmittel aufzupinseln oder aufzusprühen. Erstens dringen so aufgebrachte Mittel gar nicht tief genug ein, sind nur ein oberflächlicher Schutz, zweitens würde ein Teil der chemischen Substanzen im Gartenboden landen. Auf der Strecke bliebe wieder mal der Umweltschutz.

Tragen Palisaden einen Gütestempel (RAL), ist vom Hersteller der intakte Holzschutz garantiert. Zur Zeit ist erst jeder zehnte entsprechend imprägnierte Holzbalken so „besiegelt", künftig soll jeder einzelne gekennzeichnet sein.

Noch ein wichtiger Punkt: Die Palisadenhölzer müssen ausfixiert sein, das heißt, das Holzschutzmittel muß sich fest mit den Holzfasern verbunden haben. Das ist erst etwa nach sechs Wochen Lagerzeit der Fall. Weiß der Händler über Lager- bzw. Lieferzeit nicht genau Bescheid, lassen Sie das Holz sicherheitshalber noch liegen. Denn wenn es nicht fixiert ist, ist auch der Schutz noch nicht voll entwickelt, das Holz kann modern. Die Lebensdauer – 15 bis 20 Jahre – hängt auch vom Erdreich ab, in dem die Palisade steht. In einem durchlässigen Sandboden ist sie weniger Angriffen ausgesetzt als in schwerem Lehmboden. Hier geht es nicht ohne ein Kiesbett, damit Regen- oder Gießwasser schnell wegsickern kann.

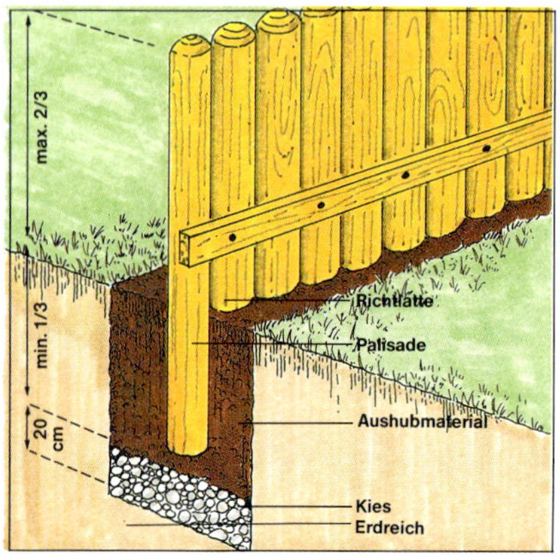

Eine Mauer aus Palisaden wirkt natürlich.

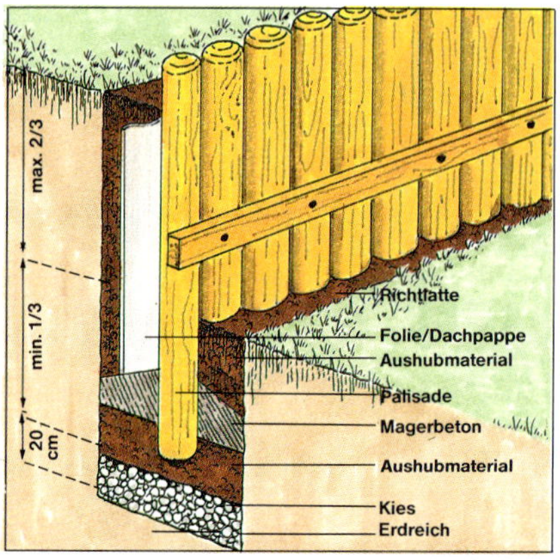

Ein Stütz-Korsett für Hochbeete und Hänge.

Ob runde oder kantige Palisadenhölzer, das ist Geschmackssache. Rundstämme sehen immer noch wie Bäume aus, Kanthölzer dagegen „technischer". Bei den runden Palisaden unterscheidet man die sogenannten weißgeschälten und die zylindrisch gefrästen.

Die zylindrische Palisade hat einen gleichbleibenden Durchmesser, die weißgeschälte ist wie ein Baumstamm, an einem Ende etwas dicker. Das muß beim Einbau beachtet werden: Die Hölzer werden wechselseitig einmal mit dem dünnen, einmal mit dem dickeren Ende nach oben aneinandergereiht.

Am besten kaufen Sie gleich Hölzer in der richtigen Länge. Wenn Sie aber ein Stück kürzen müssen, sollten Sie die Schnittfläche sicherheitshalber satt mit einem umweltfreundlichen Holzschutzmittel tränken und den Stamm mit dem neuen Ende nach unten einbauen. Graben Sie abgeschnittene Hölzer wenigstens 40 cm tief ein, weil die Fäulnisbakterien in dieser Tiefe nicht mehr aktiv sind.

So bauen Sie eine Palisade

Die eigentliche Arbeit beginnt damit, daß Sie einen Graben ausheben; so tief, daß mindestens ein Drittel, besser die Hälfte des Holzpfostens in der Erde steht. Für das Kiesbett, notwendig in nicht ganz leichten Böden, müssen Sie allerdings gleich noch etwa 20 cm tiefer graben.

Nun stellen Sie die Palisaden dicht an dicht. Stehen ein paar senkrecht im Boden (Sie brauchen eine Hilfskraft zum Halten), fixieren Sie sie mit einer waagerechten Latte.

Dann wird der Graben mit der ausgehobenen Erde wieder angefüllt und am Ende alles gründlich festgestampft.

Soll die Palisade wie eine Mauer Erdreich abstützen, werden die Hölzer an der dem Erdreich zugewandten Seite mit einer Folie geschützt und leicht dem Hang zugeneigt (pro ein Meter Pfostenlänge etwa zwei Zentimeter). Hier empfiehlt sich auch eine Schicht Beton zum Verfestigen des Erdreiches. Das gleiche gilt für sehr hohe Palisadenwände.

Bei aufwendigen Stützwänden für steile Hänge sollten Sie sicherheitshalber einen Statiker hinzuziehen. In solchen Fällen geht es meist nicht ohne Handwerker und größere Geräte und Maschinen.

Mit ein paar kurzen Palisaden lassen sich reizvolle Inseln im Garten schaffen. Hier am Rand eines leicht abfallenden Weges.

ZIERGARTEN

Ob groß, ob klein: Zu einem Garten gehören bunte Blumen, schöne Gehölze und ein gepflegter Rasen.

Rosen aus der guten alten Zeit

Auf der Suche nach seltenen Schönheiten sind Freunde alter Rosen heute wieder erfolgreich. Einigen Züchtern ist es nämlich gelungen, nach jahrelangen Bemühungen Vergangenes zurückzuholen.

Dem unvergleichlichen Duft und dem romantischen Charme der Rosen waren die Menschen bereits im Altertum erlegen. Keine Blume findet in der Literatur so viel Beachtung, und keine Pflanze hat so viele Poeten zur Feder greifen lassen wie die „Königin der Blumen".

Zu den ersten und berühmtesten Rosensammlern gehört Kaiserin Josephine (1763–1814), die Gemahlin Napoleons I. Vor fast 200 Jahren, nämlich 1798, kaufte der französische Monarch das Schloß Malmaison, in dessen Park die Blumenfreundin Josephine den schönsten Rosengarten der damaligen Zeit anlegen ließ. Sie gab ein beachtliches Vermögen für Expeditionen aus, die das Ziel hatten, in der ganzen Welt unbekannte Pflanzen zu entdecken und nach Frankreich zu bringen.

Doch daß sich die meisten alten Rosen heute noch bestimmen lassen, verdanken wir dem botanischen Interesse und dem künstlerischen Talent von Mönchen und Malern. Eine der schönsten Dokumentationen selten gewordener Rosen hat der Illustrator Pierre-Joseph Redouté angefertigt (1824).

Der Umgang mit der Königin von Dänemark, mit Josephine de Beauharnais, der Comtesse de Lacépède oder dem Präsidenten de Sèze ist für Rosenfreunde etwas ganz Alltägliches. Denn viele der alten Rosen sind nach berühmten Persönlichkeiten benannt worden. Früher wuchsen diese Moos-, Noisette- oder Bourbonrosen mit ihrem herrlichen Blütenduft in fast allen Gärten und Parks der Aristokratie. Doch ihr im Vergleich zu Neuzüchtungen unscheinbares Aussehen und ihre mit unzähligen Stacheln besetzten Ruten ließen die schönen Alten ein wenig in Vergessenheit geraten. Engagierten Rosenzüchtern ist es zu verdanken, daß wir viele von ihnen heute wieder in unseren Gärten pflanzen können.

Worin liegt nun der wesentliche Unterschied zwischen den alten und den modernen, wie Edel- und Polyantharosen? Die neueren Sorten entwickeln laufend, mindestens zwei- bis dreimal pro Jahr, neue Blütenknospen. Dagegen kann man sich bei alten Rosen nur auf eine kurze zwei- bis vierwöchige Blütezeit im Juli oder August freuen. Den engagierten Liebhabern der wiederentdeckten Sorten macht diese Einschränkung wenig aus. Vielleicht erhöht sie sogar ihre Exklusivität.

Wichtiger noch sind die Blütenfarben als Erkennungsmerkmal. Alte Rosen blühen in weichen Pastelltönen, die, so verschieden sie auch sein mögen, gut miteinander harmonieren. Moderne Rosen dagegen fallen meist durch ihre leuchtenden Farben auf.

Auch die Blütenform und -füllung ist unterschiedlich. So sind die alten Moos- und Damaszenerrosen an ihren schmalen Blütenblättern und einer sehr dicht gefüllten Blüte zu erkennen.

Pflegetips für alte Sorten

Wer Freude an den Rosen der vergangenen Jahrhunderte hat, sollte ihnen genügend Platz bieten können. Die meisten von ihnen sind Strauchrosen mit Größen zwischen 150 cm und drei Metern. Die Kletterrosen werden ebenfalls mindestens drei Meter hoch.

Damit alte Rosen sich gut entfalten können, brauchen sie einen freien luftigen Standort an einer Pergola oder einem Rosenbogen. Ein windgeschützter Platz hinter Sträuchern oder an einer Hauswand mit weit überstehendem Dach ist ungeeignet. Hier würde die Entstehung des lästigen Mehltaupilzes (mehliger Belag auf den Blättern) sehr gefördert werden, weil es an solchen Stellen zu Wärmestaus kommt.

Auch beim Schnitt gelten für die alten Rosen besondere Gesetze: Alle einmalblühenden Sorten dürfen im Frühjahr nicht beschnitten werden, weil sich ihre Blüten an den Zweigen des Vorjahres entwickeln. Wer zu ordentlich seine Rosen verkürzt, wartet dann vergeblich auf eine Blüte.

Doch beim Düngen kann man alle Rosen gleich behandeln. Am besten bekommen ihnen zusätzliche Nährstoffe, wenn sie während des Blattaustriebs im April gegeben werden.

Wer sich einen Überblick verschaffen will, sollte im Sommer einen der vielen Rosengärten in Deutschland besuchen. Rosarien gibt es in Baden-Baden, Dortmund (Deutsches Rosarium), Frankfurt, Hamburg, Karlsruhe, Mainz, Saarbrücken, Seppenrade, Trier, Uetersen, Weihenstephan, Zweibrücken und außerdem auf der Insel Mainau. Eine kleine, feine Auswahl ist im Garten des Heimatmuseums im schleswig-holsteinischen Meldorf zu bewundern.

Die alte Rosensorte 'Raubritter' ist 50 Jahre alt. Ihre halbgefüllten rosa Blüten erscheinen allerdings nur einmal im Jahr – im Mai.

Bis zu vier Meter hoch wird die knapp 90 Jahre alte Rosensorte 'American Pillar'. Die einfachen roten Blüten erscheinen im Juni.

Ein wenig erinnert die Blüte der 'Constance Spry' an Pfingstrosen. Sie wird bis zu zwei Meter hoch und eignet sich als Kletterrose.

Ganze Büschel kleiner, duftender Blüten erscheinen an der Sorte 'Leander'. Sie blüht wochenlang.

Herrlicher Duft und eine reiche Blüte

Aus England stammen außergewöhnliche Neuzüchtungen von Rosen, in denen sich die guten Eigenschaften alter und neuer Sorten vereinen. Diese Pflanzen passen auch in kleinere Gärten, in denen nur eine Rose Platz hat.

Wer dem Zauber der alten, der historischen Rosen verfallen ist, der schätzt vor allem ihre meist prallgefüllten Blüten, ihre sanften Farben und den süßen Duft. Er ist wahrscheinlich jedes Mal traurig, wenn nach vier Wochen die letzten welken Blütenblätter zu Boden fallen.

Vor einiger Zeit nun gelang es dem Engländer David Austin, eine neue Rosensorte zu züchten, die „Englischen Rosen". Sie können es an Schönheit und Duft durchaus mit ihren berühmten alten Schwestern aufnehmen. Dazu blühen sie aber so sorglos, so verschwenderisch bis zum Herbst wie die besten modernen Rosen-Hybriden.

Am schönsten sind die Engländerinnen, wenn sie buschig und dicht verzweigt wachsen – je nach Sorte niedriger, wie die nur 60 cm hohe 'Dame Prudence' oder die kleine 'Prospero' oder als weit ausladender Busch wie die meisten anderen. Manche, wie 'The Miller', kann man als Hecke pflanzen; andere, wie 'Constance Spry', sind herrliche Kletterrosen. Eigentlich sind sie ideal für kleine Gärten, die nur Platz für einen, dafür aber auffallenden Rosenbusch haben.

Gepflegt werden die neuen Rosen genauso wie die bekannten Sorten: im Herbst oder im Frühjahr pflanzen, im März/April und im Juli düngen, zum Winter hin abdecken.

Rosen blühen einfach überall

Als großer Strauch, blühende Hecke, oben auf einem Beet, als einzelne Schönheit oder an der Hauswand: Kaum eine andere Pflanzenart ist im Garrten so vielseitig verwendbar wie die Rose mit ihren unzähligen Sorten.

Die Rosen unterteilt man in mehrere Gruppen. Kriterien sind die Wuchsform, die Art der Blüte und die Länge der Triebe, die 20 cm lang sein können oder mehrere Meter. Und jede Gruppe hat ihre eigene Aufgabe im Garten zu erfüllen – als Bodendekker, als Kletterpflanze, als blühender Strauch.

Einmalblühende Strauchrosen werden in den Katalogen als Wildrosen, Park- und Moosrosen geführt. Gemeinsam ist allen, daß sie nur einmal pro Jahr blühen, manchmal kommt es im Herbst noch zu einer geringen Nachblüte. Wildrosen sind Arten, die auch in der freien Natur vorkommen. Dazu zählen u.a.: die Chinesische Goldrose ***(Rosa hugonis)***, die bereits im Mai in überreicher Fülle ihre gelben, einfachen Blüten zeigt und besonders als Solitär-Strauch wirkt; die Glanzrose ***(Rosa nitida)***, die ab Juni blüht und kräftige rosa Blüten mit leuchtend gelben Staubgefäßen hat, ist gut geeignet als Einfassung; die Vielblütige Rose ***(Rosa multiflora)***, die Blütenstände mit bis zu 50 kleinen, weißen Blüten bildet und auch ab Juni blüht; die Schottische Zaunrose ***(Rosa rubiginosa)***, die als einzelstehende Heckenrose ab Juni blüht und ihre kleinen rosa Blüten mit hakenförmigen Stacheln schützt; die Dünenrose ***(Rosa spinosissima)***, die auch mit mageren, sandigen Böden zufrieden ist und bereits ab Mai gelblich-weiße Blüten bekommt; die Kartoffelrose ***(Rosa rugosa)***, die mit ihren weiß- oder rosablühenden einfachen Blüten wohl die klassische Heckenrose ist, widerstandsfähig und genügsam und wegen ihrer Salzverträglichkeit gern in Küstenregionen angepflanzt wird.

Hervorzuheben bei den einmalblühenden Strauchrosen sind Wildrosen-Sorten und Park- und Moosrosen, die sich durch ihren intensiven Duft auszeichnen: ***Rosa x alba*** 'Suaveolens', ***Rosa centifolia*** 'Muscosa',

Die öfterblühende Strauchrose 'Blossomtime' duftet sehr intensiv. Die Blüten werden 10 cm groß.

Nur einmal blüht die Strauchrose 'Hansa'. Dafür schmückt sich der Busch im Herbst mit den eßbaren, großen, roten Hagebutten.

Rosa rugosa 'Ferdinand Meyer', ***Rosa rugosa*** 'Hansa', ***Rosa spinosissima*** 'Maigold'. Gemeinsam ist dieser Rosengruppe im Herbst der dichte Behang mit Hagebutten.
Öfterblühende Strauchrosen werden manchmal auch als dauerblühende Strauchrosen oder Zierstrauchrosen bezeichnet. Sie ähneln in ihrer Wuchsform der vorherigen Gruppe, unterscheiden sich aber durch zwei reiche Blüten pro Jahr. Charakteristisch sind die überaus dekorativen Blütenbüschel an den Enden der Triebe. Bis auf wenige Ausnahmen haben alle öfterblühenden Strauchrosen gefüllte oder halbgefüllte Blüten und werden bis zu 2 m hoch und breit, bei idealen Bedingungen auch noch größer.
Es gibt in dieser Gruppe sehr viele Sorten. Besonders schön sind 'Schneewittchen' (geeignet als Zaunbegrünung oder als Farbtupfer im Staudenbeet), 'Bischofsstadt Paderborn' (kommt als Einzelpflanze durch ihre signalroten Blüten sehr gut zur Geltung), 'Bonanza' (hat goldgelbe Blüten mit roten Rändern und verdient einen Sonderplatz), 'Centenaire de Lourdes' (recht robust und auch für höhere Lagen geeignet), 'Feuerwerk' (besticht durch die üppige Wuchsform und die lachsroten Blüten) und 'Grandhotel' (mit großen, roten, gefüllten Blüten).
Auch in dieser Gruppe gibt es stark duftende Sorten: 'Blossomtime' (rosa), 'Gloriette' (hell-lachsrot), 'Ilse Haberland' (hellrosa), 'Rosika' (zartrosa), 'Westerland' (orange).
Kletterrosen unterscheiden sich von den Strauchrosen vor allem durch ihre sehr langen, mehr oder weniger biegsamen Triebe, die sich leicht an Kletterhilfen anbinden lassen. Von allein klettern sie nicht.
Die einjährigen Triebe sollten in einem Bogen (ca. 45°) befestigt werden, damit sich an ihnen gleichmäßig verteilt Seitentriebe bilden. Man vermeidet dadurch die sogenannte Spitzenförderung, also die Ansammlung von Wuchshormonen nur im oberen Bereich des Triebes. Bei den Kletterrosen gibt es einmal- und öfterblühende Sorten.
Viel Platz benötigt die Kletterrose 'Blaze Superior' mit ihren scharlachroten Blüten. Gut geeignet für Spaliergerüste und Pergolen sind die rosa 'Coral Stein' und die rote 'Flammentanz'. Unter den kletternden Ro-

Wer sich an Blüten berauschen und über die Sorten informieren möchte, findet beides im Rosarium, zum Beispiel in Dortmund.

Eine Sonderstellung unter den Edelrosen nimmt mit ihren geflammten Blüten die 'Caribia' ein.

sen gibt es ganz besonders schöne gelbe Sorten: 'Goldener Olymp', 'Golden Showers', und 'Goldstern'. Die Sorte 'Maria Lisa' hat zwar nur kleine, dunkelrosa Blüten, dafür blüht sie jedoch sehr reich.
Wer sich von Rosenduft umhüllen lassen will, sollte die Sorten 'Compassion' (rosa), 'Goldfassade' (gelb), 'Ilse Krohn Superior' (weiß), 'New Dawn' (zartrosa), 'Morning Jewel' (karminrot), 'Rosenresli' (lachsrot) oder 'White Cockade' (weiß) wählen.
Beetrosen bilden die größte Gruppe. Sie werden im Vergleich zu den anderen Rosen verhältnismäßig dicht in größerer Stückzahl auf ein Beet gepflanzt. Sie sind niedriger als die Strauchrosen und haben stark verzweigte Triebe. An den Enden sitzen die Blütendolden. Die heute angebotenen Beetrosen sind durch viele Kreuzungen entstanden. In diese Gruppe gehören auch die Polyantharosen und die Floribundarosen, ebenso die Garnette-Rosen. Sie werden nach ihrer Wuchshöhe unterteilt. Zu den niedrigen Sorten (30 bis 40 cm hoch) zählen 'Marlena' (dunkelrot), 'Gold Bunny' (gelb), 'Heinzelmännchen' (blutrot), 'Muttertag' (blutrot), 'Polygold' (gelb), 'Regensburg' (rosa mit weißem Randstreifen), 'Vatertag' (lachsrot). Eine Höhe zwischen ca. 40 und 60–70 cm erreichen u.a.: 'Allotria' (scharlachrot), 'Bonica 82' (rosa), 'Dalli-Dalli' (blutrot), 'Goldbeet' (gelb), 'Rustica' (weiß), 'Späth's Jubiläum' (lachsorange), 'Pigalle 85' (in der Mitte goldgelb, am Rand orange), 'Rumba' (goldgelb und kupferrot an einer Pflanze) und 'Tumpeter' (orangerot). Bis zu 100 cm hoch werden zum Beispiel 'Uwe Seeler' (lachsorange), 'Andalusien' (blutrot), 'Käthe Duvigneau' (blutrot), 'Märchenland' (rosa), 'Mountbatten' (gelb), 'Queen Elizabeth' (silbrig-rosa) und 'The Fairy' (rosa).
Den berühmten Duft verströmen u.a. 'Arthur Bell' (gelb), 'Goldtopas' (gelb), 'Margaret Merril' (gelb), 'Ludwigshafen am Rhein' (lachsorange), 'Shokking Blue' (violett).
Von den niedrigen Sorten pflanzt man 9–11 Stück pro Quadratmeter, von den mittleren 6–8 und von den hohen 3–4. Die meisten Beetrosen sind gefüllt, wenige halbgefüllt.
Bodendecker oder bodenbedeckende Rosen teilt der Fachmann nach der Wuchshöhe und -art in fünf Untergruppen ein. Nur etwa 20 cm hoch werden u.a. die Sorten 'Nozomi' (rosa) und 'Snow Carpet' (weiß). Mit ei-

nem dichten Geäst bedecken andere Sorten gut 50 cm hoch den Boden, u.a. 'Immensee' (rosa), 'Weiße Max Graf' (weiß) und 'Rapandia' (hellrosa mit weißer Mitte).
Eine weitere Gruppe wächst aufrecht, wird etwa 80 cm hoch und erinnert an die Beetrosen. Zwei Gruppen sind eher für Parkanlagen geeignet. Nur wenige Sorten dieser Gruppe duften, z.B. 'Moje Hammarberg' (rosa).
Zwergrosen sind ideal für kleine Gärten. Sie verbinden niedrigen Wuchs mit einer großen Blütenfülle, haben zierliche Blätter und wachsen auch in Pflanzgefäßen. Mit besonders aparten Farbkombinationen warten 'Little Artist' und 'Baby Maskarade' auf. Die erste Sorte hat einfache Blüten, die an den Rändern rot, in der Mitte weiß sind und goldgelbe Staubgefäße haben. Die andere Sorte hat locker gefüllte Blüten, bei denen die äußeren Blätter rosa und die inneren gelb sind. Empfehlenswert sind außerdem 'Sarina' (scharlachrot), 'White Gem' (weiß), 'Zwergenfee' (dunkelrot), 'Zwergenkönig 78' (dunkelrot mit leuchtend gelben Staubgefäßen), 'Bit O'Sunshine' (gelb) und 'Fresh Pink' (rosa).
Edelrosen zeichnen sich durch stark gefüllte, wunderschön geformte Blüten aus. Zu ihnen zählen Teehybriden und die großblumigen Floribundarosen. Die haben allerdings lange nicht so viel Blüten wie die anderen Gruppen. In der Regel sitzt an jedem Trieb nur eine edle Blüte. Edelrosen sind das Ergebnis langjähriger Züchtungen und Kreuzungen und der Stolz jeder Rosenschule. Fast alle verströmen einen intensiven Duft, die meisten haben eine mittlere Wuchshöhe zwischen 60 und 80 cm. Hervorzuheben sind u.a. die Sorten 'Mainzer Fastnacht' mit ihren violetten Blüten, 'Sutter's Gold', die als Knospe orangerot und aufgeblüht gelb ist, sowie 'Caribia' mit gelb-rot geflammten Blütenblättern. Edelrosen gibt es in allen Gelbtönen, in jeder denkbaren Rotschattierung und natürlich in Weiß.
Hochstammrosen und Trauerrosen sind das Ergebnis einer bestimmten Veredelungsmethode. Normalerweise werden die Edelreiser an den Wurzelhälsen der Unterlage (das sind Wildrosen) eingesetzt. Bei den Stammrosen wird an einem langen Unterlagentrieb in bestimmter Höhe veredelt. Man verwendet dafür meistens Teehybriden oder Floribundarosen und spricht von Halbstämmen (die Veredlungsstelle liegt dabei 60 cm hoch) und von Hochstämmen (90 cm hoch). In jüngster Zeit gibt es auch sogenannte Fußstämmchen (30 cm), die meist auf Zwergrosen veredelt werden, z.B. die Sorte 'Romanze'. Bei Trauerrosen wurde mit einer Kletterrose veredelt, und zwar in einer Höhe von 140 cm.
Wenn Rosen-Sorten in Katalogen mit einer Rosenblüte und den Buchstaben „ADR" (Anerkannte Deutsche Rose) gekennzeichnet sind, dann spricht das für höchste Qualität – und höhere Preise. Die Pflanzen wurden vier Jahre lang in der Deutschen Rosen-Neuheiten-Prüfung auf Gesundheit (ohne Verwendung von Mitteln gegen Krankheiten), Duft, Wuchseigenschaften, Farbe und Haltbarkeit getestet. Die Maßstäbe sind äußerst streng. In den vergangenen 30 Jahren haben nur 15 Prozent der eingereichten Neuheiten diese strenge Prüfung bestanden. Die Jahreszahl unter dem Marken-Zeichen nennt das Anerkennungsjahr.

Fußstämmchen wie die Sorte 'Romanze' werden in 30 cm Höhe oft auf einer Zwergrose veredelt.

Gesunde Rosen durch gute Pflege

Die „Königin der Blumen" ist gar nicht so anspruchsvoll. Einige Pflege-Regeln müssen jedoch eingehalten werden. Dazu gehört bei vielen Rosen ein Winterschutz.

Man hört immer wieder, daß Rosen Krankheiten und Schädlinge geradezu anziehen. Aber nicht immer trägt die Rose die Schuld. Oft ist es der Gartenbesitzer, der durch falsches Pflanzen, einen falschen Platz und/oder falsche Pflege selbst die Voraussetzungen für allerlei Krankheiten schafft.

Die wichtigsten Punkte, die Sie beim Pflanzen berücksichtigen müssen: Rosen brauchen Sonne, sie mögen keinen nassen Boden und sie dürfen nicht zu eng stehen.

Wer Problemen von Anfang an aus dem Weg gehen will, der sollte bei der Beschreibung von Rosensorten auf Worte wie gesund, robust, mehltaufrei und regenfest achten. Denn eines haben die Züchter geschafft: Viele neue Rosen sind relativ pflegeleicht.

Trotzdem einige Pflegeregeln: Stellen Sie nie Rasensprenger so auf, daß Rosen mit beregnet werden. Dadurch verderben nicht nur die Blüten – auf den nassen Blättern könnten sich Pilze ansiedeln. Aus diesem Grund sollten Sie Rosen nie von oben, sondern im Wurzelbereich direkt auf der Erde gießen. Und nicht am Abend, sondern frühmorgens, damit überflüssige Feuchtigkeit im Laufe des Tages wieder abtrocknen kann. Und schneiden Sie verwelkte Blüten immer ab.

Rosen haben einen hohen Nährstoffbedarf: Sie müssen einmal nach dem Frühjahrsschnitt im März, und ein zweites Mal im Juni/Juli gedüngt werden. Es gibt speziellen Rosendünger zu kaufen, mit dem Sie nichts verkehrt machen können. Verteilen Sie ihn nach den Angaben auf der Packung um die Rose und arbeiten Sie ihn leicht in die Erde ein. Anschließend sollten Sie gießen. Im Herbst gibt man Kompost und verrotteten Stallmist unter die Pflanzen. Den Boden immer gut mulchen.

Doch auch bei bester Pflege können Rosen krank werden. In verregneten Sommern haben sie manchmal unter Echtem Mehltau zu leiden. Da hilft ein kräftiger Rückschnitt (kranke Pflanzenteile verbrennen!) und mehrmaliges Spritzen mit Schachtelhalmbrühe, eventuell mit 0,5–1% Wasserglas vermischt, mit Ledax-san (Bio-S) oder Netzschwefel.

Noch schlimmer als Mehltau ist Sternrußtau. Im Sommer macht er sich durch schwarze Blattflecken bemerkbar, zunächst in Bodennähe, dann weiter oben. Später fallen die Blätter ab. Sternrußtau wird begünstigt durch schlechte Böden und regnerisch-kühle Witterung. Kranke Blätter müssen Sie absammeln und verbrennen. Dann wird ebenfalls gespritzt: in Abständen von drei Wochen mit Schachtelhalmbrühe oder Ledax-san mit 0,5% Kupfer. Allerdings kommt die Hilfe meist zu spät, wenn schon Blattflecken sichtbar sind.

Ein echter Rosenspezialist ist auch der Rosenrost. Er tritt zwar schon im Frühjahr auf, wird aber meist erst im Sommer entdeckt, wenn auf den Blättern gelbliche und rötliche Flekken und darunter gelblichbraune Pusteln sitzen. Für eine direkte Bekämpfung ist es dann auch zu spät. Durch Spritzen mit einem Kupfermittel können Sie lediglich die weitere Ausbreitung verhindern. Ganz wichtig: Im zeitigen Frühjahr müssen Sie alle erkrankten Triebe (zu erkennen an den orangebraunen Sporenlagern) bis ins gesunde Holz zurückschneiden.

Eine ganze Reihe von natürlichen Gegenmitteln helfen bei Blattläusen: Schmierseifenbrühe, Brennesseljauche, Rhabarbertee oder auch Lavendel und Knoblauch, die zwischen die Rosen gepflanzt werden. Den gleichen Effekt erzielen Sie auch mit Thymian und Roten Margeriten (*Pyrethrum*).

Winterschutz

Mit dem Einstellen von Wasser- und Düngergaben allein sind die Rosen noch nicht ausreichend auf den Winter vorbereitet. Mit Ausnahme der Wild- und Buschrosen ist das Einwintern der anderen modernen Gartenformen ratsam. Alle im Wurzelhals veredelten Rosen werden angehäufelt, aber nicht mit Erde, die über den Wurzeln weggezogen wurde. Sonst sind die Wurzeln frostgefährdet. Zum Schutz vor Wind und Wintersonne legt man darüber eine dünne Lage Fichtenreisig. Ist reichlich Herbstlaub gefallen, kann das ebenfalls unter der Reisigdecke ausgebreitet werden. Reisig und Laub sollen so lokker liegen, daß die Triebe nicht unter fauliger Wärme leiden. Daher erst voll abdecken, wenn die Frostperiode einsetzt. Laub und Schnittholz am besten verbrennen.

Zur ständigen Pflege gehört im Sommer das regelmäßige Abschneiden verwelkter Blüten.

Das beugt der Ausbreitung von Krankheiten vor. Bei langtriebigen und hochstämmigen Rosen ist es mit der Abdeckung im Wurzelbereich nicht getan. Kletterrosen werden gegen Wind und Wintersonne durch einen Vorhang aus Reisig oder Rohrmatten geschützt. Hochstämme, die nicht mehr biegsam sind, werden ebenso eingehüllt. Wenn Abdeckfolie verwendet wird, muß sie so durchlässig sein, daß nicht Treibhausluft, Schwitzwasser und Fäulnis darunter entstehen. Die Kronen umgebogener Stammrosen in eine Erdmulde legen, mit Torf überstreuen und mit Reisig abdecken, auch längs des Stammes.

Die wilden Wurzeln der Edelrosen

Rosenfreunde haben ein fast familiäres Verhältnis zu ihren Schönheiten. Und oft ist eine besondere Favoritin darunter. Will man mehrere Exemplare davon besitzen, kann man zum Züchter werden und sie selbst veredeln.

Die meisten Rosen, die gepflanzt werden, wachsen nicht auf eigenen Wurzeln, sondern wurden vorher auf bestimmte Unterlagen veredelt.

Der Grund für diesen Einschnitt – im wahrsten Sinne des Wortes: Die Rosen sind überwiegend Nachkommen aus verschiedenen Kreuzungen der ***Rosa odorata***, die nicht frosthart ist. Die Pflanzen würden beim ersten Frost leiden oder sogar eingehen. Hinzu kommt, daß viele Sorten nur sehr schwach wachsen, wenn sie auf ihre eigenen Wurzeln angewiesen sind. Durch Veredeln ergibt sich schließlich noch ein weiterer Vorteil: Rosen lassen sich in großen Mengen und gleichbleibender Qualität heranziehen. Erst durch diesen Kunstgriff erhielt die Rose ihre guten Eigenschaften und eroberte sich als Gartenpflanze den ersten Platz.

Zum Veredeln einer Rose wird zunächst ein sogenannter Wildling benötigt. Es eignet sich keineswegs jede beliebige Wildform. Bewährt haben sich diese drei Arten: ***Rosa canina inermis, Rosa laxa*** und, vor allem für Rosen in Töpfen und Containern, ***Rosa multiflora***. Diese Wildlinge werden im März oder April in Spezialgärtnereien zur Veredelung in Reihen gepflanzt und bis zum Sommer durch Hacken und Jäten unkrautfrei gehalten. Der interessierte Hobby-Gärtner kann dort diese Wildlinge kaufen und sie selbst im Frühjahr in tiefgrundig gelockerten Boden pflanzen. Triebe und Wurzeln werden auf ca. 15 cm zurückgeschnitten.

Der beste Zeitpunkt zum Veredeln ist der Sommer. Dabei werden bei denjenigen Rosenpflanzen, die veredelt werden sollen, von ausgereiften, diesjährigen Trieben sogenannte Reiser geschnitten. Ausgereift sind diese Triebe, wenn alle Blüten einige Tage offen waren oder wenn die Blütenblätter abgefallen sind. Die Stacheln werden von Hand abgelöst, ohne die Rinde zu beschädigen. Da die Reiser nicht eintrocknen dürfen, werden sie gleich in feuchte Tücher oder Folie gewickelt.

Vorbereitung der Unterlage

Anschließend wird die Unterlage für die Veredlung vorbereitet. Dafür wird der Wildling so freigelegt, daß der Wurzelhals bequem zugänglich ist. Die Erde muß mit einem Tuch sauber abgewischt werden.

Eine bekannte und reichblühende Edelrose ist die Sorte 'Sutter's Gold'. Sie duftet sehr intensiv und blüht bis zum Frost.

Von der edlen Rose schneidet man mit einem Okuliermesser vorsichtig ein Auge heraus – mit so wenig Rinde wie nur möglich.

Um das Holz auf der Rückseite zu entfernen, wird das herausgelöste Auge leicht gebogen. Man muß mit viel Fingerspitzengefühl arbeiten.

An dem Wildling bringt man oberhalb des Wurzelhalses einen T-Schnitt an, löst die Rinde etwas und führt das 2–3 cm lange Auge ein.

Die Rinde wird wieder angedrückt. Mit einem Spezialpflaster verschließt man die Wunde und bedeckt dann die Stelle mit Erde.

Nach diesen Vorbereitungen legt man sich alles bereit, was zum Veredeln benötigt wird: Die Edelreiser, das spezielle Okuliermesser und eine besondere Art von elastischem Pflaster (gibt's im Fachhandel).

Nun wird aus dem Edelreis eine ruhende, vegetative Knospe, ein sogenanntes Auge, geschnitten, und zwar mit möglichst wenig Rinde. Eine leichte Biegung des herausgelösten Auges erleichtert das Entfernen des Holzes auf der Rückseite. Die Innenseite der Rinde darf nicht mit den Fingern berührt werden. Gleich danach wird in den Wurzelhals des Wildlings erst ein Querschnitt angebracht und mit dem Okuliermesser die eingeschnittene Rinde vorsichtig angehoben. In den aufgeklappten T-Schnitt der Rinde wird das herausgeschnittene Auge geführt, das etwa eine Länge von zwei bis drei Zentimetern haben sollte.

Wenn das „edle" Rosenauge in den Wildling eingesetzt ist, wird die Rinde seitlich angedrückt und der Einschnitt mit dem Pflaster verbunden. Danach wird die Pflanze wieder mit Erde angehäufelt.

Die Erde hält das Auge dunkel und verhindert das unerwünschte Austreiben noch in diesem Jahr. Nach etwa zehn bis 14 Tagen ist die Unterlage, also der Wildling, mit dem schlafenden Auge des Edelreises verwachsen.

Im nächsten März wird dann die Erde so weit entfernt, daß die Einschnittstelle, die Veredlung mit dem Auge, zu erkennen ist. Im April wird der Wildling etwa einen Zentimeter über der Veredlungsstelle glatt durchgeschnitten. Aus dem eingesetzten Auge entwickeln sich Triebe, die nach dem 3. oder 4. Blatt abgeschnitten – pinziert – werden. Auch Wildlingstriebe werden entfernt. Erst die Blütenknospen dürfen sich frei entwickeln, damit die veredelte Rose etwa ab Mitte Juli blühen kann.

Nicht jeder darf Rosen veredeln, auch wenn es nicht schwer ist. Neue, geschützte Sorten dürfen nur dann veredelt werden, wenn man vom Züchter das Recht zum Vermehren erworben hat. In der Regel erteilen Rosenzüchter großzügig ihre Erlaubnis, wenn ein Hobbygärtner danach fragt und die Rosen ausschließlich für private Zwecke veredeln möchte. Verkaufen darf er sie nicht.

Oben ohne geht es nicht: Kletterhilfen

Die meisten Kletterpflanzen würden ohne ein Gerüst oder Spalier nicht weit kommen. Ein attraktiver Blickfang im Garten sind auch Rosenbögen. Mit ein wenig Geschick kann man sie selber errichten.

Was früher in alten Bauerngärten oder in Omas Vorgarten, an Vorstadtvillen und in Parkanlagen so einladend wirkte, könnte auch in unseren Tagen wieder für mehr Charme und Lebendigkeit sorgen: der Rosenbogen. Wie reizvoll ist es doch, einen Garten unter einem gewölbten Dach aus rankenden Trieben und duftenden Blüten zu betreten! Besonders wirkungsvoll läßt sich ein Rosenbogen auch über einen Gartenweg setzen, wo er eine lange Wegstrecke gliedert und einen bunten Akzent setzt. Oder mehrere Bögen werden mit entsprechender Bepflanzung zu einer lauschigen Laube.

Der Bau eines Rosenbogens ist nicht schwierig. Die einfachste Konstruktion ist ein Holzgerüst aus imprägnierten Sprossenleitern. Zwei Seitenteile und ein Querteil sind Stütze genug, um Kletterrosen entsprechend Halt und Form zu geben. Wichtig ist immer eine wind- und laststabile Verankerung im Erdreich. In Betonsockel eingelassene Holzständer sind vor Fäulnis geschützt, wenn die Sockel einige Zentimeter aus der Erde ragen und die Oberkante angeschrägt ist, so daß Regenwasser ablaufen kann.

Wer ganz sicher gehen will, betoniert in die Sockel jeweils einen verzinkten Trägerschuh ein, in dem dann der Holzpfosten mit rostfreien Nägeln oder Schrauben befestigt werden kann. Glatte Flächen können Rosen nicht bezwingen. Ohne ein griffiges Gerüst fallen die Triebe wieder ab. Kletterhilfen sollten Sie deshalb mit Querstreben versehen, das heißt etwa alle 30 cm eine Sprosse.

Die weichen Jungtriebe umklammern das Holz, verholzen selbst und haben dann das Gerüst fest im Griff. Wenn Sie die noch grünen und biegsamen Triebe mit Bast anbinden, erleichtern Sie den Pflanzen das Hochklettern. Außerdem erreichen Sie so eine optimale Verteilung der Triebe und damit eine bestmögliche Ausnutzung der Bogenkonstruktion. Mögen Sie die eckige Form nicht so sehr, so ist für Selberbauer auch eine Kletterhilfe mit Dachvariante denkbar. Dabei bilden zwei ansteigende Sprossenelemente den Giebel. Diese Konstruktion sieht auch im Winter hübsch aus. Ein Schmuckstück ist der Rosenbogen erst, nachdem er gleichmäßig und dicht bewachsen ist. (Eine neugepflanzte Kletterrose schließt meistens erst im dritten Jahr den Bogen.)

Nicht nur Holzlatten sind das Ausgangsmaterial für einen Rosenbogen. Gerüste lassen sich auch aus Kunststoffrohren, Bandeisen, Leichtmetallschienen und anderen Elementen zu einem Bogen zusammenfügen. Im Handel gibt's auch fertige Bögen zu kaufen, feuerverzinkt, moosgrün oder weiß.

Die Pflanzzeit beginnt im zeitigen Frühjahr. Containerrosen können sogar während des Sommers gesetzt werden. Die Veredelungsstelle muß immer mindestens zwei Fingerbreit unter der Erde liegen. Kletterrosen gibt es in vielen Sorten – zwei Stöcke sollten mindestens gepflanzt werden. Ein buntes Bild ergibt sich durch eine Kombination verschiedener Farben.

Wandspaliere

Kletterrosen, aber auch andere Kletterpflanzen wie Jelängerjelieber oder Clematis schaffen es nicht allein, an Wänden hochzukommen.

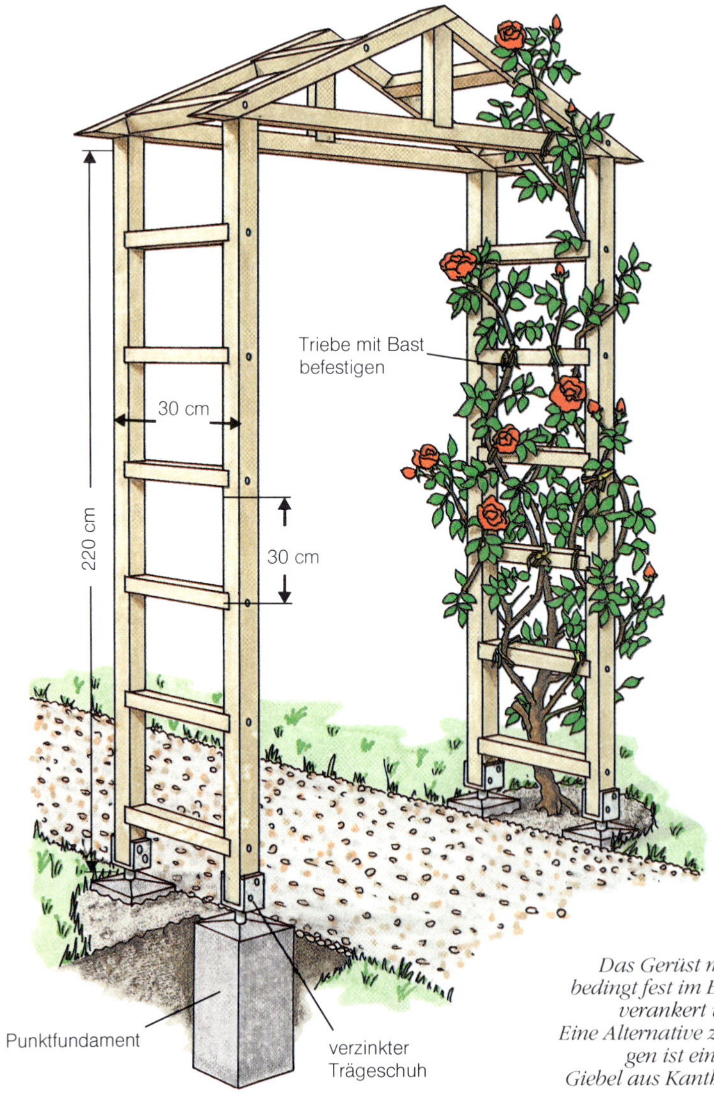

Das Gerüst muß unbedingt fest im Erdreich verankert werden. Eine Alternative zum Bogen ist ein kleiner Giebel aus Kanthölzern.

Die Kletterrose 'Coral Satin' eignet sich besonders gut für Rosenbögen. Sie blüht reich und bekommt bis 3 m lange Triebe.

Sie müssen etwas zum Festklammern haben. Dafür gibt es Rankgerüste und -geflechte: schmal, breit, hoch, fächerartig gespreizt, aus Kunststoff, Stahldraht oder Holz. Am häufigsten sieht man wohl die zierlichen, mit Kunststoff ummantelten Drahtspaliere. Handlich sind die zum Klemmen, bei denen die Stäbe mit einer Doppelklemme zusammengefügt werden. Aufwendiger und robuster sind Stecksysteme: Das dünnere (waagerechte) Rohr wird durch das stärkere, entsprechend vorgebohrte, gesteckt. Diese Steckkonstruktionen eignen sich für üppig wuchernde, schwere „Klettermaxen".
Bei Rankhilfen aus kunststoffüberzogenem Stahldraht oder Stahlrohren darf die Hülle nirgendwo schadhaft sein, damit sie nicht rosten. Preiswert ist Baustahlgewebe als Unterbau für Rank- und Schlingpflanzen, zumindest an Schuppen- oder Garagenwänden. Mit Rostschutz- und Farbanstrichen läßt sich so ein Gitter natürlich „veredeln".
Unauffällig und ideal für Leichtgewichte wie Clematis, Wicke oder Kapuzinerkresse ist ein Gespinst aus zwischen Haken gezogenen Drähten und Schnüren. Auch verzinkter Welldraht tut gute Dienste. Nicht nur für die kletternde Zier, sondern auch im Nutzgarten für Erbsen oder Bohnen (nach Tafeln in passenden Abmessungen Ausschau halten). Wem Stahl und Kunststoff zu technisch wirken, wer möchte, daß ein Klettergerüst auch ohne Pflanzen ein Schmuck für die Fassade ist, wird sich für Holz entscheiden. Dafür gibt es z.B. fertige Scherengitter in verschiedenen Höhen und Breiten.
Mit ein wenig Geschick läßt sich auch aus zugeschnittenen Latten und Leisten ein paßgenaues Gitter selber anfertigen. Haltbar ist druckimprägniertes Holz, dem mit entsprechender umweltfreundlicher Holzlasur (neutral oder farbig) die gewünschte Tönung gegeben wird. Nur rostfreie Schrauben und Nägel verwenden!
Ob Metall oder Holz, jedes Rankspalier muß mit Abstandshaltern an der Wand befestigt werden. Mindestens zwei, besser fünf Zentimeter Luft zwischen Wand und Gitter sind nötig. Kleinere Stützhilfen können z.B. mit Haken so angebracht werden, daß sie mitsamt den Pflanzen von der Wand abgeklappt werden können (etwa, wenn die Mauer gestrichen werden muß). Mit größeren Spalieren funktioniert das natürlich nicht.

Welches Spalier für welche Kletterer?

Kletterhilfen für Rankpflanzen, wie Clematis oder Wilder Wein und einjährige Wicken oder Kapuzinerkresse, dürfen nicht zu wuchtig sein, damit sich die Ranken noch gut herumwickeln können. Ein Querschnitt bis maximal 20 mm wäre richtig.
Bei Schlingern wie Prunk- und Trichterwinde, Schwarzäugige Susanne, Knöterich oder Blauregen kommt es auf die Längsstäbe an. Das Gerüst muß vertikal betont sein. Bei sehr glatten Stäben sollten schmale Querverstrebungen den Pflanzen Halt vorm Abrutschen bieten. Die sogenannten Spreizklimmer – Kletterrosen, Brombeeren oder Feuerdorn – brauchen viele waagerechte Sprossen und müssen außerdem auch regelmäßig angebunden werden.

Sie blühen nur einen Sommer lang

Die schönsten Einjährigen legen Wert auf eine warme, gemütliche Kinderstube. Will man sie nicht als Jungpflanze beim Gärtner kaufen, muß man sie selber vorziehen, auf der Fensterbank in Kästen oder im Gewächshaus.

Ein Garten ohne die Farbtupfer der Sommerblumen ist nicht vorstellbar. Sie leben und blühen nur wenige Monate und stecken all ihre Lebensenergie in die Leuchtkraft der Farben, um Insekten anzulocken und befruchtet zu werden. Sie sind aber viel zu schade, um nur als Lückenbüßer zu dienen im Staudenbeet oder im neuangelegten Garten.

Beziehen Sie die Ausdruckskraft und Farbpalette der Sommerblumen als eigenständige Größe in die Gartengestaltung ein, lassen Sie die Pracht im richtigen Rahmen wirken. Sommerblumen blühen länger als die meisten Stauden und viele andere Pflanzen und oft sehr schnell. Mit einigen von ihnen kann schon in wenigen Wochen auch das langweiligste Fleckchen Erde in ein wogendes Blütenmeer verwandelt werden.

Die meisten Sommerblumen stammen aus milden Klimazonen und wünschen sich ein sonnenreiches, geschütztes Plätzchen. Sonst sind sie anspruchslos und leicht zu pflegen, für alle Böden geeignet und in allen Höhen, Blütengrößen und Farben zu haben. Wegen ihrer Vielseitigkeit sind sie seit Jahrhunderten in den Gärten vertreten, wobei die einzelnen Gattungen in ihrer Beliebtheit modischen Trends unterworfen sind. Wir unterscheiden nach ihrem Lebenszyklus ein- und zweijährige Sommerblumen. Einjährige wachsen vom Frühjahr bis zum Herbst heran, blühen, bilden Samen und

Löwenmäulchen dürfen in keinem Blumengarten fehlen. Sie blühen willig und eignen sich auch gut als Schnittblumen.

Die kleinen blauen Lobelien wachsen gern in Töpfen und Kästen auf der Terrasse oder auf dem Balkon.

sterben ab. Die Winterhärte der Samen ist unterschiedlich. Um sich möglichst früh und lange am Blütenflor zu erfreuen, ist für viele frostempfindliche Einjährige eine Vorkultur zu empfehlen: Aussaat zwischen Januar und April im Zimmer oder Gewächshaus. Um Ihnen die Planung ein wenig zu erleichtern, sind im Folgenden die Einjahresblumen nach ihrer Wuchshöhe geordnet.

Leberbalsam ***(Ageratum houstonianum).*** Höhe: 15–60 cm, Breite: 15 cm, Aussaat: März–April, Keimtemperatur: 16°, Blütezeit: Juni – Frost.

Mit ihren vielen kleinen, meist blauen Blüten ist sie eine beliebte Pflanze für Einfassungen, bunte Beete und im Steingarten. Der Hohe Leberbalsam mit seinem sehr kräftigen Blau ist hervorragend für den Schnitt geeignet (60 cm). Neuzüchtungen gibt es auch in Weiß und Rosa. Sehr gleichmäßige Wuchshöhe haben F_1-Hybriden. Den Boden mäßig feucht halten. Stecklingsvermehrung ist möglich.

Gauchheil ***(Anagallis monelli).*** Höhe: 20–40 cm, Breite: 30 cm, Aussaat: März–April, Keimtemperatur: 16°, Blütezeit: Juni–Sept.

Diese kleine Pflanze mit ihren hübschen enzianblauen oder roten Blüten wird als Einfassung und in den Steingärten immer beliebter. Sie wünscht sich gut durchlässigen Boden. An sehr geschützten warmen Stellen sät sie sich auch selbst aus.

Mutterkraut ***(Chrysanthemum parthenium).*** Höhe: 30–60 cm, Breite: 20 cm, Aussaat: März–April, Keimtemperatur: 13°, Blütezeit: Juli–Sept.

Diese kleinen Beetpflanzen mit ihren gelben oder weißen Blüten sehen als Einfassungen besonders hübsch aus. Auch im Halbschatten öffnen sie die chrysanthemenähnlichen Blüten. Sie wünschen sich durchlässigen, kalkreichen Boden. Beliebte Sorten sind der goldgelbe 'Goldball', der einfache weiße 'Schneeball' und die weißen Zungenblüten mit geröhrter Mitte des 'Weißen Sterns'.

Gartennelken ***(Dianthus,*** verschiedene Arten***).*** Höhe: 10–60 cm. Breite: 15–30 cm, Aussaat: Febr.–März, Keimtemperatur: 15°, Blütezeit: Juli–Sept.

Landnelken werden häufig auch zweijährig gezogen, aber frühzeitig ausgesäte Pflanzen blühen noch im gleichen Sommer.

Nelken erfreuen sich in den letzten Jahren immer größerer Beliebtheit.

Kokardenblumen öffnen ihre schönen rot-gelben Blüten sogar im lichten Halbschatten. Hohe Sorten müssen gestützt werden.

Ihre niedrigen, doch variablen Wuchshöhen sind ideal für Steingärten und die Einfassungen der Beete. Sie brauchen nährstoffreichen, durchlässigen Boden.
Beliebte Sorten: Chabaudnelken 'Nizzaer Kind', 'Riesen der Provence' in verschiedenen Farben, niedrigere Chinanelken, Hedwigsnelke 'Bravo' scharlachrot, Sommernelke 'Queen of Hearts' orangerot, 'Snowflake' weiß, 'Merry-go-round' weiß mit roter Mitte.
Mittagsblume ***(Dorotheanthus bellidiformis)***. Höhe: 5–10 cm, Breite: 30 cm, Aussaat: März–April, Keimtemperatur: 15°, Blütezeit: Hochsommer.
Die in allen Pastellfarben leuchtenden asterähnlichen Blüten der Mittagsblumen öffnen sich nur in voller Sonne. Auf leichtem, sandigem Boden bildet die Pflanze schnell Polster, attraktiv auch durch die glänzenden, blaßgrünen Blätter. Besonders hübsch an Böschungen und in Steingärten.
Sonnenwende ***(Heliotropium aborescens)***. Höhe: 25–45 cm, Breite: 30–40 cm, Aussaat: Febr.–März, Keimtemperatur: 16°, Blütezeit: Juni–Sept.
Diese Staude aus den Subtropen entwickelt auch bei uns als Einjahrespflanze in ihren doldenförmigen, dunkelvioletten Blüten einen vanilleähnlichen, sehr anziehenden Duft. Sie ist anspruchslos und wächst auf jedem Gartenboden, aber sie braucht ein geschütztes warmes Plätzchen. Sehr kälteempfindlich.
Gartenbalsamine oder Springkraut ***(Impatiens balsamina)***. Höhe: 30–60 cm, Breite: 15–30 cm, Aussaat: März–April, Keimtemperatur: 16°, Blütezeit: Juni–Sept.
Diese dekorative Pflanze blüht ebenso reichlich wie ihre nahe Verwandte, das Fleißige Lieschen. Die ganz oder halb gefüllten Blüten erfreuen in allen Farbschattierungen außer Gelb. Sie sitzen fast direkt in den Blattwinkeln steifer, beinahe durchsichtig wirkender Stiele. Sie vertragen auch Halbschatten, brauchen aber nährstoffreichen Boden und wollen immer gut gegossen sein.
Lobelie, Spaltglöckchen, Männertreu, Teppichspleißle ***(Lobelia erinus)***. Höhe: 10–30 cm, Breite: 15–20 cm, Aussaat: Febr.–März, Keimtemperatur: 16°, Blütezeit: Mai–Frost.
Seit altersher ist diese Pflanze mit ihrer Vielzahl kleiner, vorwiegend blauer Blüten für Beeteinfassungen, aber auch Balkonkästen, sehr beliebt. Die Sämlinge sind zur Trennung zu klein und empfindlich und müssen daher in Gruppen pikiert werden. Lobelien vertragen auch Halbschatten, brauchen aber viel Nahrung und Wasser.
Beliebte Sorten: 'Kaiser Wilhelm' kornblumenblau, 'Kristallpalast' tiefblau, 'Rosamunde' rot mit weißem Auge, 'Schneeball' großblütig weiß, 'Schwabenmädchen' tiefblau mit weißem Auge sowie verschiedene hängende Sorten.
Gauklerblume ***(Mimulus***-Hybriden). Höhe: 20–50 cm, Breite: 25 cm, Aussaat: März–April, Keimtemperatur: 13°, Blütezeit: Juni–Sept.
Die Farbenpracht der gefleckten Blüten, die einem offenen Löwenmaul gleichen, wechselt im Licht wie durch Gaukelei gelb gefleckt oder purpurfarben. In sehr milden Gegenden kann besonders die ***Mimulus luteus*** auch als Staude gehalten werden. Sie verträgt nicht nur Halbschatten, sondern darf auch im Schatten stehen, braucht aber einen sehr feuchten Standort, z.B. am Teichrand. Besonders hübsch ist die 'Grandiflorus' mit ihren großen Blüten in kräftigen Farben.
Nemesia ***(Nemesia***-Hybriden). Höhe: 20–50 cm, Breite: 10–15 cm, Aussaat: Febr.–April, Keimtemperatur: 15°, Blütezeit: Juli–Sept.
In sehr milden Gegenden kann ab April auch ins Freie gesät werden, um dann bei dieser schnell blühenden kleinen Pflanze die leuchtenden Farben der trichterförmigen, im Schlund häufig gefleckten Blüten zu genießen. Um buschiges Wachstum zu fördern, Haupttrieb der Pflanze entspitzen. Sie liebt leicht sauren Boden. Beliebte Sorten: Großblumige Prachtmischung 'Suttoni', halbhohe Mischung 'Carneval'.
Portulakröschen ***(Portulaca grandiflora)***. Höhe: 15 cm, Breite: 15 cm, Aussaat: Febr.–März, Keimtemperatur: 18°, Blütezeit: Juni–Sept.
Die kleine fleischige Blattpflanze mit den roten Stielen eignet sich hervorragend als Bodendecker für heiße, trockene Standorte. Die dichtgefüllten oder einfachen Blüten leuchten in allen Regenbogenfarben. Der gut durchlässige Boden sollte nur gewässert werden, wenn die Pflanze zu welken beginnt.
Roter Salbei Feuerschwanz ***(Salvia splendens)***. Höhe: 20–45 cm, Breite: 20–30 cm, Aussaat: Jan.–März, Keimtemperatur: 18°, Blütezeit: Juni–Sept.
Die leuchtenden Rottöne der in Ähren angeordneten Blüten des Salbeis wollen vorsichtig im Garten eingesetzt sein, um den anderen Pflanzen nicht die Schau zu stehlen. Sie sollten die Jungpflanzen entspitzen, wenn sie ca. 5 cm hoch sind, um buschiges Wachstum zu erreichen. Sie wachsen auf jedem Boden, sind anspruchslos in der Pflege und werden daher viel in öffentlichen Gärten gepflanzt.
Studentenblume ***(Tagetes***, verschiedene Arten***)***. Höhe: 15–50 cm, Breite: 15–45 cm, Aussaat: März, Keimtemperatur: 18°, Blütezeit: Juli–Sept.
Kaum eine Gartenpflanze ist so vielseitig zu verwenden wie die Tagetes. Sie ist nicht nur eine Zierde, sondern auch nützlich, denn viele Schädlinge vertragen den Geruch ihrer Blätter nicht. Sie vertreibt auch Nematoden, die an den Wurzeln vieler Nutz- und Zierpflanzen Schaden anrichten.
In den letzten Jahren sind auch geruchlose Sorten dieser vielseitigen Pflanze mit bis zu 10 cm Durchmesser großen Blüten im Handel. Ihre kräftigen Farben leuchten von Gelb über Orange bis Braun. ***Tagetes-Erecta***-Hybriden können bis 130 cm groß werden und eignen sich besonders gut als Schnittblumen. ***Tagetes tenufolia*** bildet reichblühende Polster mit ungefüllten, mehrfarbigen, hübsch gezeichneten Blüten. Sie alle mögen nährstoffreichen, gut durchlässigen Boden.
Gartenverbene, Eisenkraut ***(Verbena***-Hybriden). Höhe: 20–40 cm, Breite: 30 cm, Aussaat: Febr./März, Keimtemperatur: 18°, Blütezeit: Juni–Sept.
Der angenehme Duft, der sich besonders in den Abendstunden entfaltet, und ihr Farbenreichtum machen die Verbene unentbehrlich für jeden Garten. Sie ist als Bodendecker geeignet und hält sich als Schnittblume lange in der Vase. Jungpflanzen entspitzen, um buschiges Wachstum zu fördern.
Boden vor dem Pflanzen mit Kompost anreichern. Neben den 'Mammutverbenen' sind 'Sternenlicht' mit

Die beliebte Sommeraster ist in vielen verschiedenen Sorten zu haben.

Die aparten Gauklerblumen brauchen feuchten, nährstoffreichen Boden.

Die duftenden, außergewöhnlich reizvollen Spinnenblumen sind ein wenig in Vergessenheit geraten. Sie werden bis zu 1 m hoch.

blauen und weißen Blüten, 'Blaze' scharlachrot, 'Delight' hellrosa und 'Sparkle' knallrot mit weißem Auge, besonders beliebt.

Hahnenkamm *(Celosia var. cristata)*. Höhe: 25–35 cm, Breite: 20 cm, Aussaat: Febr., Keimtemperatur: 18°, Blütezeit: Juli–Aug.

Die knallig roten oder gelben Blütenstände mit ihrer eigenartigen Kräuselung lassen keine Einzelblüten erkennen. Die Pflanze ist als greller Farbtupfer im Steingarten sehr beliebt. Sie braucht guten, närstoffreichen Boden und sollte während der Blüte einige Kopfdüngungen erhalten. Die hochwüchsigen Einjährigen (über 50 cm) eignen sich hervorragend, um den Hintergrund des Gemüsebeetes zu beleben, vor Hekken oder als Schmuck vor Mauern und Zäunen im Hintergrund des Staudenbeetes.

Löwenmaul *(Antirrhinum majus)*. Höhe: 20–100 cm, Breite: 25–40 cm, Aussaat: Febr.–März, Keimtemperatur: 16°, Blütezeit: Juni–Frost.

Diese uralte, beliebte Gartenpflanze ist durch ihre verschiedenen Wuchshöhen und die bunte Vielfalt ihrer Blüten auch heute noch in fast jedem Garten zu finden. Die Blüten lassen sich durch Zusammendrücken wie ein Maul öffnen und gaben so der Pflanze ihren Namen. Die hohen Sorten sollten angebunden werden, sie eignen sich auch hervorragend als Schnittblumen. Soll buschiges Wachstum gefördert werden, den Haupttrieb ausbrechen.

Die unermüdlichen Blüher samen sich oft stark aus. In milden Gegenden finden sich häufig überwinterte Sämlinge zum Versetzen. Die Pflanze wünscht sich einen nährstoffreichen Boden. Viele Prachtmischungen mit normalen Blütenständen sind im Handel, besonders hübsch ist jedoch 'Hyazinthiflorum' mit gedrängt sitzenden, hyanzinthenähnlichen Blütendolden.

Bärenohr *(Arctotis acaulis)*. Höhe: 40–60 cm, Breite: 30 cm, Aussaat: März, Keimtemperatur: 18°, Blütezeit: Juli–Sept.

Die großen, margeritenähnlichen Blüten leuchten in allen Farben, wenn die Sonne hoch am Himmel steht. Sind die Jungpflanzen ca. 15 cm hoch, die Mitteltriebe entspitzen, um buschigeres Wachstum zu fördern. Über 50 cm lange Stiele abstützen. Lassen Sie die Blumen im Beet, in der Vase halten sie nur zwei Tage. Samenmischungen mit verschiedenen Farbtönen sind im Handel. Die Pflanzen gedeihen am besten auf mittelschweren Böden.

Vollsonnig und sogar trocken darf der Standort für die fröhlichen Portulakröschen sein.

Sommeraster *(Callistephus chinensis)*. Höhe: 20–90 cm, Breite: 30–45 cm, Aussaat: März–April, Keimtemperatur: 16°, Blütezeit: Juli–Frost.

Die beliebte Spätsommerblume kann in verschiedenen Sorten bis zu den ersten Nachtfrösten mit ihren chrysanthemenähnlichen, meist gefüllten Blüten in gedämpften Rot-, Blau- und Rosatönen oder in Weiß in Beeten oder Rabatten erfreuen. Gute Schnittblumen, insbesondere die als welkeresistent gekennzeichneten Samen. Asternwelke ist eine gefürchtete, häufig auftretende Asternkrankheit. Astern sind bescheiden und wachsen auf jedem durchlässigen Boden.

Federbusch *(Celosia plumosa)*. Höhe: 20–60 cm, Breite: 20–30 cm, Aussaat: März–April, Keimtemperatur: 18°, Blütezeit: Juli–Aug.

Faszinierend wirken die feder- oder kammartigen Blüten besonders der hohen Sorten, die sich auch gut zum Schnitt eignen. Die Sämlinge dieser frostempfindlichen Pflanze müssen gut abgehärtet ausgesetzt werden, erst wenn jede Frostgefahr vorüber ist. Sie brauchen ein geschütztes Plätzchen und nährstoffreichen Boden. Beliebte hohe Pflanzen sind 'Feuerfeder' feurigrot, 'Goldfeder' goldgelb, 'Orangefeder' orangerot, 'Scarlet Gem' dunkelrot. Eine beliebte Mischung der Federbuschcelosie ist die 'Olympiamischung'.

Spinnenblume, Pillenblume *(Cleome spinosa)*. Höhe: 60–100 cm, Breite: 45 cm, Aussaat: Febr.–März, Keimtemperatur: 18°, Blütezeit: Juli–Sept.

Zu Beginn des Jahrhunderts war diese Blume mit ihren interessanten, duftenden Blüten schon einmal ganz groß in Mode. Zu den weißen und rosa Tönen der eigenartig geformten

Das Bärenohr gibt es in vielen verschiedenen Farben. Die Blüten öffnen sich allerdings nur bei warmem und auch sonnigem Wetter.

Der Sonnenhut ist auch unter dem Namen Rudbeckie bekannt.

Blüten mit den überlangen Staubgefäßen, in Rispen angeordnet auf reichverzweigten Stengeln, gibt es heute Mischungen mit sechs Farben. Die Cleome sollte in Gruppen an einem geschützten Standort in sehr nährstoffreichen, lockeren Boden gesetzt werden.

Schmuckkörbchen, Kosmee ***(Cosmos bipinnatus, C. sulphureus)***. Höhe: 45–120 cm, Breite: 45–60 cm, Aussaat: Febr.–März, Keimtemperatur: 16°, Blütezeit: Juni–Okt.

Kosmeen machen mit ihrem feingefiederten Laub und den zahllosen Körbchenblüten in zarten Farben in jedem Beet einen eleganten Eindruck. Sie gedeihen am besten bei Wärme und Trockenheit und sollten nicht gedüngt werden, weil das zu übermäßiger Blattbildung führt. Für leichten durchlässigen Boden ist die gute Schnittblume dankbar.

Beliebte Sorten sind die rosa Riesenblumen mit rotem Ring 'Gloria', der rote 'Blender', die reinweiße 'Unschuld' und der 'Sunset'.

Kokardenblume ***(Gaillardia aristata, G. pulchella***, Hybriden). Höhe: 30–60 cm, Breite: 25–45 cm, Aussaat: Febr.–März, Keimtemperatur: 15°, Blütezeit: Juni–Sept.

Die Kokardenblume mit ihren margeritenähnlichen Blüten in Rot und Gelb auf den langen kräftigen Stielen ist ein häufiger Gast in unseren Gärten. Sie ist mit jedem Gartenboden zufrieden und darf auch im Halbschatten stehen. Am ungeschützten Standort sollten die höheren Arten abgestützt werden. Es sind verschiedene Mischungen im Handel, besonders ansprechend ist die großblumige Sorte 'Fackelschein', dunkelrot mit gelben Spitzen, und die liebenswerte gelb-rote 'Kobold'.

Strandflieder ***(Limonium sinuatum)***. Höhe: 50–90 cm, Breite: 30 cm, Aussaat: Febr.–März, Keimtemperatur: 13°, Blütezeit: Juli–Sept.

Nicht nur im Winter bringen die getrockneten Strandfliederblüten Freude ins Haus, auch im Garten sind die in Büscheln angeordneten Trichterblüten mit ihren duftigen Farben ein angenehmer Anblick. Die anspruchslose Pflanze wächst auf jedem Boden. Samen sind in Gelb-, Rosa- und Blautönen sowie in Weiß im Handel.

Levkoje ***(Matthiola incana)***. Höhe: 30–100 cm, Breite: 25–50 cm, Aussaat: Febr.–März, Keimtemperatur: 16°, Blütezeit: Mai–Frost.

Sommerlevkojen gehören seit altersher zu den beliebtesten Gartenpflanzen, nicht nur wegen der üppigen, stark duftenden Blütenpracht, die sie den ganzen Sommer über entfalten, sondern auch, weil sie sogar mit kargem Boden und wenig Pflege zufrieden sind.

Levkojen gedeihen auch im Halbschatten und in windigen Lagen, dort sollten die hohen Sorten allerdings abgestützt werden. Die Samen sind für fast alle Farben erhältlich: blaue, rote, gelbe und weiße Töne herrschen vor, harmonierend mit dem graugrünen Laub. Auch die gefüllten Sorten blühen häufig nur zur Hälfte gefüllt.

Die beliebten Studentenblumen gibt es in unzähligen Sorten mit großen und kleinen Blüten.

Muschelblume *(Moluccella laevis)*. Höhe: 20–100 cm, Breite: 25 cm, Aussaat: März–April, Keimtemperatur: 15°, Blütezeit: Aug.–Sept.

Die Muschelblume mit ihren langen weißen Blütenähren und den blaßgrünen Tragblättern an jeder Blüte besticht durch ausgefallene Eleganz. Die langen, dicht besetzten Stengel mit den kleinen Blüten halten sich lange in der Vase und sind auch als Trockenblumen gut geeignet. Gewünscht werden ein offener Standort und nährstoffreicher Boden.

Ziertabak *(Nicotiana alata, N. x sanderae)*. Höhe: 40–100 cm, Breite: 30–40 cm, Aussaat: Febr.–April, Keimtemperatur: 18°, Blütezeit: Juni–Sept.

Besonders die Hybriden des Ziertabaks umfassen schöne dekorative Pflanzen mit petunienähnlichen Blüten in allen Rottönen. Nicotiana gehört zu den giftigen Pflanzen und darf in der Schweiz nicht gepflanzt werden. Er wünscht sich fruchtbaren, durchlässigen Boden und sieht zum Füllen größerer Rabatten in Horsten besonders attraktiv aus.

Wunderbaum, Palma Christi *(Ricinus communis)*. Höhe: 1–3 m, Breite: 1 m, Aussaat: März, Keimtemperatur: 21°, Blütezeit: Sommer.

Die weißen Blüten des Wunderbaumes sind klein und unscheinbar. Blickfang sind seine majestätische Größe und die grünlich-rote bis blutrote Belaubung der handförmig gelappten Blätter. Die dekorativen Samen sind sehr giftig und sollten in einem Garten mit Kindern rechtzeitig ausgebrochen werden.

Ricinus stammt aus dem tropischen Afrika und braucht viel Wärme, Nahrung und Wasser. Eine der schönsten Sorten ist die 'Sanguineus' mit blutrotem Laub, sehr dekorativ auch sind die riesigen Blätter der 'Zanziabriensis'.

Sonnenhut *(Rudbeckia hirta)*. Höhe: 25–90 cm, Breite: 30–60 cm, Aussaat: Febr.–März, Keimtemperatur: 15°, Blütezeit: Aug.–Sept.

Diese beliebte Spätsommerblume entwickelt sich zu starken Büschen mit margeritenähnlichen Blüten, vorwiegend in Gelb, Rot und Braun mit schwarzer Scheibe. Schnecken lieben sie sehr, daher durch Schneckenzäune, Bierfallen oder andere Maßnahmen schützen.

Eine großartige Bereicherung des Blumengartens sind die buschigen Schmuckkörbchen. Sie blühen bis in den Herbst hinein.

Voll erblüht ist der Sonnenhut eine gute Schnittblume, direkt vor dem Einstellen in die Vase noch einmal anschneiden. Er ist anspruchslos, wächst auf jedem Gartenboden und samt sich häufig selbst aus. Viele verschiedene, teilweise gefüllte Sorten sind im Handel.

Trompetenzunge, Brokatblume ***(Salpiglossis sinuata)***. Höhe: 45–100 cm, Breite: 30 cm, Aussaat: Febr.–März, Keimtemperatur: 18°, Blütezeit: Juli–Sept.

Diese tropische Blume entfaltet mit ihren weißen, gelblichen, rosa bis dunkelroten mit bunten Adern durchzogenen Trichterblüten eine orchideenartige Pracht. Neben den leuchtenden, samtigen Blüten ziehen auch die buchtig gezähnten oder fiederspaltigen Blätter die Aufmerksamkeit auf sich. Das Entspitzen der Jungpflanzen fördert buschiges Wachstum. Die Pflanzen brauchen nicht viel Wasser, aber sie erwarten einen nahrhaften Boden und regelmäßig Kopfdüngegaben. Es sind verschiedenfarbige Prachtmischungen im Handel.

Spaltblume ***(Schizanthus-Wisetonensis***-Hybriden). Höhe: 30–90 cm, Breite: 30 cm, Aussaat: März–April, Keimtemperatur: 16°, Blütezeit: Juni–Sept.

Die buschig wachsende Pflanze mit ihren blaßgrünen farnähnlichen Blättern wirkt mit ihren in vielen Farben leuchtenden Blüten sehr hübsch in Gruppen. Für buschigeres Wachstum Jungpflanzen entspitzen. Höhere Sorten sollten abgestützt werden, auch am geschützten Standort, den die Spaltblume sich wünscht, und das in leichtem, nahrhaftem Boden.

Zinnie ***(Zinnia elegans)***. Höhe: 20–100 cm, Breite: 15–30 cm, Aussaat: März–April, Keimtemperatur: 18°, Blütezeit: Juli–Sept.

Durch ihre anhaltende Blühfreudigkeit und ihre Anspruchslosigkeit gehören Zinnien zu den dankbarsten Sommerblumen. Die gelben, orangefarbenen, roten, violetten und weißen Blüten auf starken, aufrechten Stengeln halten sich auch in der Vase sehr lange. Die Pflanze gedeiht ohne großen Wasserbedarf auch im Halbschatten, braucht aber nahrhaften Boden. Regen kann der Blüte schaden, geschützten Standort wählen. Die verschiedensten Mischungen sind im Handel. Zinnien sollten nicht mehrere Jahre hintereinander an derselben Stelle stehen.

Bartfaden ***(Penstemon hartwegii)***. Höhe: 50–70 cm, Breite: 30 cm, Aussaat: Febr.–März, Keimtemperatur: 20°, Blütezeit: Juli–Sept.

Aus einer ansprechenden Blattrosette erheben sich die Blütenstiele des Penstemon zu einer fingerhutähnlichen Blütenanordnung in Weiß, Rosa und Blau, glockenartig herabhängend. Als ursprünglich tropische Staude wünscht die Pflanze einen geschützten Standort mit sehr nahrhaftem Boden und reichlich Wasser. Besonders hübsch im Beet wirken die leuchtend rote 'Scharlachkönigin' oder die gut zusammengestellte Mischung 'Neue Riesen'.

Levkojen sollte man in die Nähe seines Lieblingsplatzes setzen. Sie duften herrlich! Es gibt von ihnen niedrige und sehr hohe Sorten.

Die Bechermalven wachsen schnell und blühen viele Monate lang. Mit ihren Ranken verdecken sie in kurzer Zeit Zäune und Mauern.

Farbe für sommerliche Blumenbeete

Unter den vielen einjährigen Sommerblumen gibt es auch Arten, die man nicht vorziehen muß. Überall dort, wo ein Farbklecks fehlt, sät man sie gleich direkt in die Beete.

Fast allen einjährigen Sommerblumen gemeinsam ist ihre Herkunft aus wärmeren Klimazonen unserer Erde, in denen sie häufig als Stauden mehrjährig sind. Die weniger frostempfindlichen unter ihnen eignen sich für die Direktsaat ins Freiland. Wird eine frühere Blüte gewünscht, können natürlich auch diese Samen im Zimmer, Frühbeet oder Kleingewächshaus vorgezogen werden. Einige harte Arten kann man auch noch im Sept./Oktober säen, sie blühen aber erst im folgenden Frühsommer. Grundsätzlich wünschen sie sich einen sonnigen Standort wie in ihrer Heimat. Verblühtes sollte regelmäßig entfernt werden, um die Blütenbildung anzuregen und die Blütezeit zu verlängern. Auch im Freiland müssen die Sämlinge pikiert werden, damit die Blumen ihren Blütenflor entfalten können. Niedrig wachsende Einjährige werden direkt gesät für Steingärten, Trockenmauern und als Einfassungen.

Niedrige Sommerblumen

Schleifenblume ***(Iberis umbellata, Iberis amara)***. Höhe: 20–40 cm, Breite: 15–45 cm, Aussaat: März–Mai/ Sept.–Okt., Blütezeit: Mai–Aug. Die wohlriechenden Blüten der Iberis leuchten in breiten Dolden in reinem Weiß, neuere Züchtungen auch in Rosa. Die breit und schnell wachsende Pflanze ist besonders für Gärten in der Stadt geeignet, da sie die Luftverschmutzung gut verträgt. Sie ist anspruchslos. Die schneeweißen Blüten der 'Hyazinthenblütigen Riesen' sind besonders attraktiv.

Schleierkraut ***(Gypsophila elegans)***. Höhe: 20–50 cm, Breite: 30 cm, Aussaat: März–April, Blütezeit: Juli–Sept. Das Schleierkraut ist eine beliebte, vielseitig verwendbare Pflanze, nicht nur zum Trocknen oder für frische Sträuße, sondern der Schleier aus vielen kleinen, sternförmigen Blüten bringt auch Leichtigkeit und Eleganz ins Beet. Es wächst auf fast jedem Gartenboden, nur sehr saurer Boden sollte mit Kalk (100 g/qm) untermischt werden. Als duftige Füllblume zwischen mittelhohen Stauden sind die 'Repens'-Züchtungen in Weiß und Rosa besonders hübsch.

Kornblumen und Flockenblumen gehören zu einer Familie. Sie sehen in Staudenbeeten zwischen anderen Blumen sehr hübsch aus.

In jeden Sommergarten gehören die großartigen Sonnenblumen. Es gibt viele verschiedene Sorten.

Goldmohn ***(Eschscholzia californica)***. Höhe: 20–50 cm, Breite: 15 cm, Aussaat: März–Mai/Sept.–Okt., Blütezeit: Juni–Frost.
Diese anspruchslose Sommerblume besticht durch ihre mohnähnlichen Blüten in leuchtenden Farben. Ein hübscher Kontrast zu den sanftgrünen, gefiederten Blättern. Sie wird auch „Schlafmützchen" genannt, weil sich bei trübem Wetter die Kelche schließen und erst bei Sonnenschein wieder aus dem Schlaf erwachen. Sie wächst auf jeder Erde und ist auch für sandigen Boden geeignet. Bei Folgeaussaat erscheinen von Frühling bis Herbst die einfachen oder gefüllten Blüten, meist in Gelb und Orange. Aber auch bunte Züchtungen sind im Handel.

Leinkraut ***(Linaria maroccana)***. Höhe: 20–30 cm, Breite: 15–45 cm, Aussaat: März–April, Blütezeit: Juni–Sept./Okt.
Das Leinkraut mit seinen zarten kleinen, löwenmaulähnlichen Blüten in verschiedenen Pastelltönen ist durch seine Breitwüchsigkeit ein ansprechender Bodendecker. Um eine Herbstblüte zu erreichen, sollte die Pflanze nach der ersten Blüte zurückgeschnitten werden. Sie gedeiht auf jedem Gartenboden.

Lein ***(Linum grandiflorum)***. Höhe: 20–30 cm, Breite: 15–30 cm, Aussaat: März–Mai, Blütezeit: Juli–Sept.
In großen Gruppen kommen die flachen, büschelförmig angeordneten Trichterblüten in leuchtendem Blau oder Blutrot am besten zur Geltung. Die dankbaren Blüher sind mit jedem Gartenboden zufrieden.

Leimkraut ***(Silene alpestris, Silene pendula)***. Höhe: 5–10 cm, Breite: 15–40 cm, Aussaat: März–April, Blütezeit: Juni–Okt.
Das Leimkraut gehörte als anspruchslose, reichblühende Pflanze schon in die Steingärten unserer Großmütter. ***Silene pendula*** kann bis zu 50 cm lange, kriechende Triebe bilden, mit kleinen Blüten in vielen Farbschattierungen. Das Leimkraut wächst auf jedem durchlässigen Gartenboden.

Duftsteinrich ***(Lobularia maritima)***. Höhe: 7–20 cm, Breite: 30 cm, Aussaat: März–Mai, Blütezeit: Juli–Sept.
Diese beliebte, breitwüchsige Pflanze mit ihren weißen, rosaroten, violetten und lila Blüten bietet den ganzen Sommer im Steingarten oder an der Trockenmauer einen lieblichen Anblick. Sie wächst auf jedem gut entwässerten Gartenboden.

Hainblume ***(Nemophila menziesii)***. Höhe: 15–20 cm, Breite: 15–20 cm, Aussaat: März–Mai/Sept.–Okt., Blütezeit: Juni–Sept.
Die Hainblume belebt mit ihren kleinen weißen, rosa oder blauen hahnenfußähnlichen Blüten den lichten Schatten von Gehölzen und Ziersträuchern oder dient als blühende Vorpflanzung des schattenreichen Staudenbeetes. Dort sät sie sich auch selber aus, wenn man sie in Ruhe läßt. Sie braucht feuchten, schweren Boden.

Schwarzkümmel, Jungfer im Grünen, Gretl im Busch ***(Nigella damascena)***. Höhe: 30–50 cm, Breite: 25–30 cm, Aussaat: März–April/Sept.–Okt., Blütezeit: Juni–Sept.
Diese altbekannte Bauernblume mit ihren zartgefiederten feinen Blättern und den pastellfarbenen Blüten eignet sich hervorragend für bunte Sommersträuße. Mit den Samenkapseln bildet das Gewächs auch sehr schöne Trockensträuße. Es gedeiht auf jedem guten Gartenboden. Am farbenkräftigsten blüht 'Indigoblau', doch hübsch sind auch 'Miss Jekyll' himmelblau, und 'Miss Jekylll White' weiß, sowie eine rosafarbene Mischung 'Persische Juwelen'.

Bienenfreund, Büschelschön ***(Phacelia campanularia)***. Höhe: 15–30 cm, Breite: 15 cm, Aussaat: März–April/Sept.–Okt., Blütezeit: Juni–Sept.
Die dunkelblauen Blüten dieser klei-

nen Pflanze sind eine aparte Ergänzung für jeden Steingarten oder die Trockenmauer. Ihr Nektar zieht überdurchschnittlich viele Bienen an. Setzen Sie die Pflanzen so, daß Sie sie gut beobachten können. Im Herbst gesäte Pflanzen blühen schon, wenn die ersten Bienen kommen. Sie brauchen allerdings einen leichten Winterschutz in kälteren Regionen. Sie wachsen auf jedem Gartenboden.

Kapkörbchen, Kap-Ringelblume ***(Dimorphotheca sinuata, Dimorphotheca pluvialis)***. Höhe: 20–30 cm, Breite: 20 cm, Aussaat: Mai, Blütezeit: Juli–Aug.

Die Kapkörbchen dürfen erst nach den Eisheiligen ins Freiland gesät werden. In ihrer Heimat, am südafrikanischen Kap, gibt es keinen Frost. Mit ihren leuchtend orangefarbenen Randblüten, dem braunroten Grund mit der knallgelben Scheibe sind sie ein hübscher Farbtupfer in jedem Beet. ***Dimophotheca pluvialis*** hat die Eigenschaft, Regen zu „erspüren", sie schließt ihren Blütenkelch, wenn sich die Luftfeuchtigkeit erhöht. Alle brauchen nährstoffreichen Boden.

Die Hainblume öffnet ihre hahnenfußähnlichen Blüten auch an leicht schattigen Standorten.

Hohe Sommerblumen

Fuchsschwanz ***(Amaranthus caudatus)***. Höhe: 60–100 cm, Breite: bis zu 45 cm, Aussaat: März–Mai, Blütezeit: Juli–Sept.

Im Gegensatz zum ***Amaranthus tricolor***, der in jedem Fall vorgezogen werden sollte und hauptsächlich durch seine schönen Blätter besticht, wird der ***Amaranthus caudatus*** seit Jahrhunderten wegen seiner auffälligen amarantroten hängenden Blütenstände geschätzt; zu früheren Zeiten besonders deshalb, weil sie so künstlich wirken. Im Herbst werden auch Stiele und Blätter rot. Der Fuchsschwanz kommt am besten als Einzelpflanze zur Geltung, er braucht nährstoffreichen Boden und viel Wasser, übersteht aber auch kurze Trockenperioden.

Ringelblume ***(Calendula officinalis)***. Höhe: 30–60 cm, Breite: 15–30 cm, Aussaat: März–April, Blütezeit: Juli–Oktober.

Schon aus den alten Bauerngärten war die Ringelblume nicht wegzudenken. Heute leuchten auch gefüllte Sorten vom zarten Hellgelb bis zum dunklen, kräftigen Orange. Sie ist ausgesprochen anspruchslos, gedeiht auch auf schlechten Böden und im Halbschatten und sät sich

Die Blüten der beliebten Ringelblume leuchten vom zarten Hellgelb bis zum dunklen Orange. Sie wächst praktisch überall, weil sie sehr anspruchslos ist.

selbst stark aus. Allerdings degenerieren die modernen Züchtungen durch Selbstaussaat. Die Riesen-Calendula erreicht einen Blütendurchmesser von 10 cm.

Flockenblume, Kornblume ***(Centaurea cyanus)***. Höhe: 30–100 cm, Breite: 25–60 cm, Aussaat: April–Mai, Blütezeit: Juni–Sept.

Die Flockenblume weist eine ähnliche Blütenform auf wie die Ackerkornblume, erfreut aber durch mehrere zarte Farben: Rosa, Weiß, Lila und natürlich auch Blau. Das graugrüne Laub bildet einen hübschen Kontrast zu dem satten Grün anderer Stauden. Die Flockenblume ist mit jedem guten Gartenboden zufrieden.

Chrysantheme ***(Chrysanthemum carinatum, Chrysantemum coronarium, Chrysanthemum segetum)***. Höhe: 20–80 cm, Breite: 25–30 cm, Aussaat: März–April, Blütezeit: Aug.–Oktober.

Anders als das Mutterkraut kann diese Pflanze schon ab März ins Freiland gesät werden, um ab Spätsommer mit ihren gelben und weißen Blüten im Garten zu leuchten. Wird eine frühere Blüte gewünscht, können die Samen auch schon ab Februar vorgezogen werden. Um möglichst gute Schnittblumen aus den Seitentrieben zu erhalten, den Haupttrieb entspitzen. Die buschigen Pflanzen gedeihen auf jedem Gartenboden. Neben der verschiedenfarbigen 'Frohen Mischung' sind 'Prado', gelb mit tiefschwarzer Mitte, und 'Tetra Polarstern', weiß mit gelbschwarzer Mitte, besonders attraktiv.

Clarkie, Kreuzblume, Sommerfuchsie ***(Clarkia unguiculata, Clarkia pulchella)***. Höhe: 30–60 cm, Breite: 30 cm, Aussaat: April, Blütezeit: Juli–September.

Die duftenden Trichterblüten in Rosa-, Rot- und Blautönen sowie in Weiß mit den geschlitzten Kronblättern beleben Einfassungen und Beete. Die Clarkie wünscht etwas sauren, mittelschweren bis leichten Boden, damit sich die gefüllten oder halbgefüllten Blüten zahlreich öffnen können. Nur wenig düngen, da sich sonst zuviel Blattwerk bildet. Höhere Sorten abstützen.

Mädchenauge, Schöngesicht ***(Coreopsis tinctoria, Coreopsis atkinsoniana)***. Höhe: 30–110 cm, Breite: 30 cm, Aussaat: März–Juni, Blütezeit: Juli–Okt.

Die reichblühenden und buschigen Pflanzen mit ihren goldgelben, häufig zweifarbigen Blütensternen sind zu Recht so beliebt. Früh gesäte Pflanzen nach der ersten Blüte für den zweiten Blütenflor zurückschneiden. Das reine Gelb der ***C. atkisoniana*** leuchtet noch in der Sonne des Spätherbstes. Größere Sorten abstützen. Sie brauchen einen nährstoffreichen, durchlässigen Boden.

Hundszunge ***(Cynoglossum amabile)***. Höhe: 25–60 cm, Breite: 30 cm, Aussaat: März–April, Blütezeit: Juli–August.

Die gebogenen Trichterblüten der Hundszunge schillern im Hochsommer in den verschiedensten Blautönen. Die buschige Pflanze gedeiht auf jedem guten Gartenboden und ist auch für halbschattige Plätzchen geeignet.

Einjahrs-Rittersporn ***(Delphinium ajacis, Delphinium consolida)***. Höhe: 30–100 cm, Breite: 30–40 cm, Aussaat: März–April/Sept.–Okt., Blütezeit: Juni–Sept.

Wie auch die Staude ist der Einjahrs-Rittersporn von majestätischer Eleganz. Er gehört zu den Frostkeimern, daher bringen im Herbst ausgebrachte Samen schon im Juni eine schöne Blüte in allen Blauschattierungen, Rosa, Rot und Weiß. Im Handel sind Züchtungen mit gefüllten und ungefüllten Spornblüten in allen Größen und Farbmischungen. Hohe Arten müssen abgestützt werden. Rittersporn wächst auf jedem guten Boden.

Atlasblume, Godetie, Sommerazalee ***(Godetia amoena, Godetia grandiflora)***. Höhe: 25–80 cm, Breite: 30–40 cm, Aussaat: März–April/Sept.–Okt., Blütezeit: Juni–Sept.

Die seidenartig glänzenden Trichterblüten, einfach oder gefüllt, schimmern in allen Farben des Regenbogens. Die aus Kalifornien stammende Pflanze ist in den letzten Jahren immer beliebter geworden. Sie braucht leichten, sehr feuchten Boden und verträgt auch lichten Halbschatten. Von den vielen Sorten aller Wuchshöhen sind die gefüllten bunten 'Azaleenschau' und die rosa 'Rosenkönigin' am attraktivsten.

Sonnenblume ***(Helianthus annuus, Helianthus debilis)***. Höhe: 60–300 cm, Breite: 30–75 cm, Aussaat: April, Blütezeit: Juli–Sept.

Der Name 'Jungfer im Grünen' paßt viel besser zu diesen duftigen Blüten als die eher nüchterne Bezeichnung 'Schwarzkümmel'.

Noch immer ist die Sonnenblume die Königin unter den Sommerblumen, sowohl wegen ihrer Höhe als auch wegen ihrer oft tellergroßen Blüten. Wurde früher noch Wert auf die Riesenblüten mit ihren ölhaltigen Samen gelegt, sind heute die sich verzweigenden Formen mit vielen kleineren Sonnen beliebter.

Zwei oder drei Samen an einer Stelle säen, den kräftigsten Sämling stehen lassen. Sehr große Pflanzen müssen abgestützt werden, können

aber auch gleichzeitig als Rankhilfe für einjährige Kletterer dienen. Sonnenblumen gedeihen am besten in praller Sonne auf sehr nahrhaftem Boden und wollen im Jungpflanzenstadium gut feucht gehalten werden, können allerdings später auch trockene Perioden überstehen. Von den neuen Züchtungen bestechen vor allem die mehrtriebigen, auch durch ihre Farbpalette von Gelb über Bronze bis Purpurrot.

<u>Bechermalve</u> ***(Lavatera trimestris)***. Höhe: 50–120 cm, Breite: bis zu 60 cm, Aussaat: März–April, Blütezeit: Juli–Okt.

Die rasch wachsende und reichblühende Pflanze wächst zu ausladenden Büschen mit glänzendem Laub und nach Malvenart kurz gestielten großen Trompetenblüten in Weiß oder Rosa heran. Sie eignet sich hervorragend als Sichtschutz oder zum Verdecken häßlicher Zäune und Mauern. Sie braucht leichten Boden und verträgt keine Staunässe. Besonders hübsch sind die großen, leuchtend rosa Blüten von 'Tanagra' und das Weiß von 'Alba Splendens'.

<u>Klatschmohn</u> ***(Papaver rhoeas)***. Höhe: 40–90 cm, Breite: 30 cm, Aussaat: März–April/Sept.–Okt., Blütezeit: Juni–Sept.

Der Mohn ist eine uralte Kulturpflanze und kommt in allen zarten Farben vor. Die Kapseln des Schlafmohns ***(P. somniferum)*** sind giftig und sollten kurz vor der Reife ausgebrochen werden. Für eine frühe Blüte wird im Herbst gesät. Mohn samt selbst sehr leicht aus und kann schnell ganze Beete überwuchern. Alle Mohnsorten sind bei Bienen hochbegehrt. Sehr interessant ist eine Züchtung Federmohn mit geschlitzten Blütenblättern 'Gefüllte Prachtmischung'. Mohn wächst auf jedem normalen Gartenboden.

<u>Gartenreseda</u> ***(Reseda odorata)***. Höhe: 20–60 cm, Breite: 15–25 cm, Aussaat: März–April, Blütezeit: Juni–Oktober.

Trotz ihrer unscheinbaren Blüten mit den gelben oder roten Staubbeuteln gehört die Reseda zu den seit altersher beliebtesten Gartenpflanzen. Das Besondere ist der betörend starke Duft der kleinen Blüten, der auch Bienen in Scharen anzieht. Die liebe, altbekannte Gartenpflanze ist anspruchslos, begnügt sich auch mit Halbschatten und sollte wegen ihres Wohlgeruchs in Sommerrabatten gesät und für die Vase in bunte Sträuße eingebunden werden.

<u>Skabiose</u> ***(Scabiosa atropurpurea)***. Höhe: 45–90 cm, Breite: 25 cm, Aussaat: April–Mai/Sept.–Okt., Blütezeit: Juli–Sept.

Dieses Gewächs ist mit seinen leuchtenden lebhaften Farben, vorwiegend in Blau- und Rottönen, eine altbekannte, beliebte Gartenpflanze. Damit die Pflanzen lange blühen, werden die Samenstände regelmäßig abgeschnitten. Die Skabiose läßt sich auch noch während der Blüte versetzen. Sie wächst auf jedem guten Gartenboden. Neben einfachen weißen Sorten sind verschiedene rote, z.B. 'Cherry Red', 'Fire King' sowie die hellblauen 'Blue Moon' und die großen bunten Blüten der 'Olympia-Hybriden' im Handel.

Zu den einjährigen Sommerblumen gehören viele Trockenblumen wie die Strohblume oder der Sonnenflügel. Sie sind in einem gesonderten Kapitel abgehandelt.

Die Kapuzinerkresse gibt sich auch mit einem halbschattigen Standort zufrieden. Im Spätsommer sollte man einige Samen ausreifen lassen und sie für die nächste Saison aufheben.

Sie blühen und blühen und blühen . . .

Einjährige Kletterpflanzen sind eine wahre Augenweide. Sie wachsen und ranken sehr schnell, blühen üppig und verdecken in kurzer Zeit Zäune oder Stellplätze für Mülltonnen, Wände und Geländer von Balkonen.

Jede Kletterpflanze bereichert den Garten mit einer neuen Dimension, der Vertikalen. Begrünte oder blühende Zäune, Mauern und Wände erfreuen das Auge besonders im kleinen Garten, auf dem Balkon in der Stadt oder im Hinterhof. Die schnell wachsenden und reichblühenden einjährigen Kletterer sind für diese Zwecke ideal.

Sie sind in der Regel in den lichten Wäldern warmer Klimazonen beheimatet, in denen sie an Büschen und Bäumen emporranken, indem sie sich entweder mit dem ganzen Stengel um den Stamm winden (Edelwicken) oder ihre Blattranken um die Zweige schlingen (Prunkwinde). Sie brauchen auch im Garten eine Rankhilfe, die ihrem natürlichen Kletterverhalten angemessen ist.

Die Blüten in kräftigen Farben halten oft nur einen Tag, werden aber unermüdlich durch neue ersetzt. Damit die Blüte schon bald nach dem letzten Frost einsetzen kann, sollten die einjährigen Kletterer vorgezogen werden.

Asarine ***(Asarina scandens)***. Höhe: 2–4 m, Aussaat: Febr., Keimtemperatur: 18–21°, Blütezeit: Juli–Sept.

Die Asarine mit ihren großen Trompetenblüten in Rot oder Rosa ist bei uns eine noch wenig bekannte Kletterpflanze. In ihrer Heimat eine Staude, blüht und wächst die rechtzeitig vorgezogene Pflanze in einer südlichen oder westlichen Position schnell heran. Sie braucht dünnstäbige Rankhilfen und fruchtbaren, durchlässigen Boden. Besonders hübsch sind ***Asarina barclaiana*** mit 6 cm großen rosa oder lila Blüten und ***Asarina erubescens*** mit 8 cm großen tiefroten Trichtern.

Edelwicken, Duftwicken, Riecherbsen ***(Lathyrus odoratus)***. Höhe: 1,50–2 m, Aussaat: März–April, Keimtemperatur: 16°, Blütezeit: Juni–Okt.

Dieser beliebte Kletterer mit seinen in allen Pastelltönen schimmernden Schmetterlingsblüten berankte schon in früheren Zeiten Zäune und Mauern. Viele Edelwicken strömen einen dezenten Duft aus, doch nicht alle Sorten. Die Samen sollten 24 Stunden vorgequollen und eventuell leicht eingeritzt werden. Wicken wachsen auf jedem guten, durchlässigen Gartenboden.

Glockenrebe ***(Cobaea scandens)***. Höhe: 4–6 m, Aussaat: Febr.–März, Keimtemperatur: 22°, Blütezeit: Juli–Sept.

Die großen tiefblauen oder weinroten Glockenblüten dieser schnell- und sehr hochwüchsigen Pflanze bieten den ganzen Sommer über einen herrlichen Anblick. Die Samen werden flach in die Erde gedrückt. Die Glockenrebe braucht viel Nahrung, Wasser und Sonne, toleriert aber Halbschatten.

Japanischer Hopfen ***(Humulus scandens)***. Höhe: 6 m, Aussaat: März–April, Keimtemperatur: 16°, Blütezeit: Juli–Sept.

Trotz ihrer unscheinbaren weißen Blüten ist diese schnell und dicht kletternde Pflanze durch ihr grün-weißes Laub ein attraktiver Blickfang für jeden Garten. Hopfen wächst auf jedem Boden und kann viel Schatten vertragen, will aber immer gut feucht gehalten werden.

Kalebassen ***(Lagenaria vulgaris)***. Höhe: 4–6 m, Aussaat: März, Keimtemperatur: 20°, Früchte: ab Sept.

Dieser schnellwüchsige Kletterer besticht im Herbst durch seine großen kalebassenartigen Früchte in Gelb- und Grüntönen. Sie kommen an einer Pergola oder einem Bogen, wenn sie in voller Größe herunterhängen können, am besten zur Geltung. Die größten Früchte bringt die 'Herculeskeule' hervor. Die Pflanze gedeiht auf jedem Boden, braucht aber viel Wasser.

Kapuzinerkresse ***(Tropaeolum)***. Höhe: 1–4 m, Aussaat: März–April, Keimtemperatur: 16°, Blütezeit: Juni–Okt.

Wer kennt sie nicht, die gute, alte Kapuzinerkresse mit ihrem hübschen hellgrünen Laub und die trichterförmigen Blüten in leuchtenden Farben, vorwiegend in Gelb, Orange und Rot. Die jungen Blüten sind sehr lecker im Salat, die Samenkapseln im Herbst können als Kapernersatz in Essig eingelegt werden. Die Pflanze wünscht sich nicht zu nahrhaften Boden an einem geschützten Plätzchen, auch im Halbschatten.

Kapuzinerkresse gibt es auch als hängende (z.B. für Ampelgefäße) und kriechende Sorten.

Prunkwinde, Kaiserwinde, Purpurwinde ***(Ipomoea tricolor, Ipomoea nil, Ipomoea purpurea)***. Höhe: 2–5 m, Aussaat: März, Keimtemperatur: 20°, Blütezeit: Juli–Sept.

Die Eintagsblüten dieser Winden bestechen durch ihre leuchtenden Farben in Rot- und Blautönen. Sie erneuern sich täglich und bieten den ganzen Sommer über reiche Farbenpracht. ***Ipomoea nil*** erreicht einen Blütendurchmesser von 10 cm. An geschützten Orten in stickstoffarmem Boden gedeiht sie am besten.

Feuerbohnen, Prunkbohnen ***(Phaseolus coccineus)***. Höhe: 3–5 m, Aussaat: April, Keimtemperatur: 15°, Blütezeit: Juli–Aug., Früchte: Sept./Okt.

Das leuchtende Rot dieser nützlichen Zierpflanze ist ein brillanter Farbfleck in jedem Garten. Die schmackhaften Bohnen zum Beispiel der Sorten 'Weiße Riesen' mit großen weißen Kernen oder 'Preisgewinner' mit den ziegelroten Blüten sind ein zusätzliches Plus dieses schönen Kletterers. Er braucht nährstoffreichen tiefgrundigen Boden und regelmäßige Wassergaben.

Glöckchenwein ***(Rhodochiton)***. Höhe: 2–4 m, Aussaat: März, Keimtemperatur: 18°, Blütezeit: Juli–Sept.

Diese bei uns relativ unbekannte Pflanze aus den Tropen erfreut durch ihre ungewöhnlichen, exotischen Blüten mit einem schirmähnlichen, tiefrosa Hütchen, das einen 6 cm großen Blütenkelch in Schwarz/Lila oder tief Dunkelrot schützt. ***Rhodochiton*** wächst sehr rasch auf nährstoffreichem Boden.

Sternwinde, Papageienwinde, Scharlachwinde, Indische Winde ***(Quamoclit)***. Höhe: 1–5 m, Aussaat: März, Keimtemperatur: 22°, Blütezeit: Juli–Sept.

Wie alle Windengewächse erneuern sich die schwach bis stark duftenden Rispen dieser Kletterer in kurzem Wechsel. Stern- und Scharlachwinde ziehen auch durch ihre gefiederte, feine, tiefgrüne Belaubung die Blicke auf sich. Den Samen der frostempfindlichen Pflanzen vorquellen lassen. Sie wachsen auf jedem guten Gartenboden und haben es lieber eher trocken. Auf keinen Fall zu feucht halten.

Schwarzäugige Susanne, Thunbergie ***(Thunbergia alata)***. Höhe: 1–3 m, Aussaat: März, Keimtemperatur: 20°, Blütezeit: Juni-Okt.

Die schwarzen Augen der ***Thunbergia*** sind margeritenähnlich eingerahmt von kleinen Blütenblättern in allen Schattierungen von Gelb, Orange und Weiß. Dieses Kind der Tropen hellt sogar den Halbschatten mit seinen zahlreichen Blüten auf. Es muß auf nährstoffreicher Erde gut gewässert werden.

Zierkürbis ***(Curcurbita pepo)***. Höhe: 6–8 m, Aussaat: März, Keimtemperatur: 24–26° (Samen 48 Std. vorquellen lassen), Früchte: ab September.

Trotz der unbedeutenden Blüten und der einfachen Belaubung lohnt sich das Auspflanzen des Zierkürbis wegen der interessanten Dauerfrüchte, die im Herbst in Weiß, Gelb, Orange, Hell- oder Dunkelgrün, oft sogar in dieser Kombination an einer einzigen Frucht erscheinen. Getrocknet und lackiert halten die bunten Kürbisse viele Jahre. Zierkürbis braucht wegen des Gewichtes der Früchte ein starkes Gerüst. Er wünscht sich eine geschützte Lage und viel Wasser.

Schönranke, Hängefruchtranke ***(Eccremocarpus scaber)***. Höhe: 3–5 m, Aussaat: Febr.–März, Keimtemperatur: 17°, Blütezeit: Juni–Okt.

Dieser schnellwachsende Kletterer mit seinem zarten Laub und den rosa, roten, gelben oder orangefarbenen länglichen Blütentrauben ist nur für geschützte Standorte geeignet. Er braucht gut durchlässigen, möglichst sandigen Boden.

Die Glockenrebe mit ihren schönen Blüten braucht ein sonniges Plätzchen, ein Gitter zum Festhalten und nahrhafte Erde.

Warten auf den nächsten Blüten-Sommer

Zweijährige Sommerblumen werden häufig im Frühjahr als Jungpflanzen beim Gärtner gekauft. Wer ein Jahr Geduld hat, kann Stiefmütterchen, Nelken oder Vergißmeinnicht auch selbst aus Samen ziehen.

Zwischen den Einjahresblumen und den Stauden sind die Zweijahresblumen einzuordnen, von denen einige sich oft sogar so stark aussamen, daß sie unter günstigen Kulturbedingungen jedes Jahr wiederkommen. Ihr Lebensrhythmus umfaßt zwei Jahre: Im Frühsommer werden sie im Freiland oder Frühbeet ausgesät, im Spätherbst dann an ihren Bestimmungsort im Beet gesetzt und mit leichtem Winterschutz abgedeckt. Im nächsten Frühjahr und Sommer entfalten sie ihre volle Blütenpracht.

Stiefmütterchen ***(Viola wittrockiana-*** Hybriden). Höhe: 15–20 cm, Breite 20–25 cm, Aussaat: Mai–Juli, Blütezeit: März–Sept.

Das Gartenstiefmütterchen ist wohl die beliebteste und bekannteste unter allen Gartenpflanzen. Die anspruchslose kleine Pflanze weist in allen Farben und Blütengrößen, aber auch bezüglich Winterhärte und Blütezeit neue Züchtungen auf. Aussaaten leicht schattieren. Stiefmütterchen genügt auch Halbschatten.

Stockrose, Stockmalve ***(Alcea rosea)***. Höhe: 1–3 m, Breite: 30–45 cm, Aussaat: Mai–Juni, Blütezeit: Juli–Sept.

Einige Hybriden der Malven werden auch einjährig gezogen, die kräftige zweijährige Pflanze jedoch ist mit ihrem hohen schlanken Wuchs und den leuchtenden Blüten in Weiß, Gelb, Rosa, Rot und Lila eine beliebte Pflanze zum Verschönern von Mauern und als Hintergrund im Staudenbeet. Es empfiehlt sich das Auspflanzen im Oktober, da die Pfahlwurzeln ein Umsetzen im Frühjahr nicht gut vertragen. Sie sollte auch in geschützten Lagen, die sie bevorzugt, abgestützt werden. Schwerer nährstoffreicher Boden und regelmäßiges Wässern tun ihr gut.

Maßliebchen, Tausendschön ***(Bellis perennis)***. Höhe: 10–15 cm, Breite: 10–15 cm, Aussaat: Mai–Aug., Blütezeit: März–Sept.

Die Abstammung von unserem gewöhnlichen Gänseblümchen läßt sich bei manchen der wunderhübsch gefüllten und in Weiß, Rosa und Rot gefärbten Bellis-Hybriden gerade noch erahnen. Die anspruchslose Pflanze gedeiht auf jedem Boden und verträgt auch Halbschatten.

Marienglockenblume ***(Campanula medium)***. Höhe: 35–90 cm, Breite: 30 cm, Aussaat: Mai–Juni, Blütezeit: Juni–Aug.

Die helle, behaarte Belaubung an den kräftigen Stengeln und die großen Blütentrauben in Weiß, Rosa und Blau mit gefüllten und einfachen Blüten machen die gute Schnittblume zu einem attraktiven Blickfang im Staudenbeet. Sie gedeiht auf jedem guten Gartenboden und verträgt auch Halbschatten.

Goldlack ***(Cheiranthus cheiri)***. Höhe: 25–80 cm, Breite: 20–30 cm, Aussaat: Mai–Juni, Blütezeit: April–Juli.

Diese beliebte alte Gartenpflanze ist in den letzten Jahrzehnten durch neue Züchtungen wieder in Mode gekommen und auch vielfach in öffentlichen Anlagen vertreten. Die einfachen oder gefüllten Blüten der aufrechten Blütenähren in kräftigen Farbtönen verströmen einen herrlichen Duft. Goldlack liebt schweren, nährstoffreichen Boden. Saurem Boden sollte Kalk zugesetzt werden. Die Jungpflanzen entspitzen, wenn sie 15 cm hoch sind, um buschiges Wachstum zu fördern.

Bartnelke ***(Dianthus barbatus)***. Höhe: 30–60 cm, Breite: 20–25 cm, Aussaat: Mai–Juni, Blütezeit: Juni–Aug.

Diese Verwandte der Gartennelke

Mit seinem schönen Duft lockt der Goldlack Bienen und andere Insekten an. Es gibt Sorten mit einfachen und auch gefüllten Blüten. Alle brauchen einen sonnigen Standort.

überzeugt durch die kräftigen Farben der einfachen oder gefüllten Dolden in Weiß, Rosa und Rot, häufig mit konstrastierendem Auge. Sie sind haltbare Schnittblumen und wachsen auf normalem Gartenboden.

Gartennelken ***(Dianthus caryophyllus)***. Höhe: 35–60 cm, Breite: 25–35 cm, Aussaat: Mai–Juni, Blütezeit: Juni–Aug.

Die Gartennelken sind mit ihrer großen Farbpalette anspruchslose und gern gesehene Gäste in jedem Beet. Die zweijährige Anbauweise ermöglicht nach milden Wintern oft schon die Blüte im Spätfrühling. Sie wachsen auf normalem Gartenboden.

Roter Fingerhut ***(Digitalis purpurea)***. Höhe: 70–150 cm, Breite 45 cm, Aussaat: Mai–Juni. Blütezeit: Juni–Juli.

Auch heute noch in seiner wilden Form am Rande lichter Nadelwälder beheimatet, ist der Fingerhut, besonders mit seinen gloxienblütigen Hybriden in vielen, auch gefleckten oder getigerten Schattierungen ein gerngesehener Gast im Garten. Alle Arten sind giftig. Sie gedeihen am besten im Halbschatten auf humosem, leicht trockenem Boden. In größeren Gruppen oder im Naturgarten kommt der Fingerhut besonders gut zur Geltung.

Nachtviole ***(Hesperis matronalis)***. Höhe: 70–100 cm, Breite: 35 cm, Aussaat: Mai–Juni, Blütezeit: Mai–Juni.

Diese in Osteuropa weitverbreitete Pflanze mit ihren langen, feinen Blättern und den einfachen oder gefüllten Blüten in Weiß oder Violettönen sollte wegen ihres Duftes im Garten nicht fehlen. In nährstoffreichen Boden an einen geschützten Platz setzen und gut wässern.

Nachtkerze ***(Oenothera biennis)***. Höhe: 80–100 cm, Breite: 30 cm, Aussaat: Juni–Juli, Blütezeit: Juni–Okt.

Die Nachtkerze ist eine Liebhaberpflanze, die möglichst in der Nähe eines Sitzplatzes im Garten gepflanzt werden sollte. Die meisten Sorten öffnen ihre weißen oder gelben Blüten erst in den Abendstunden und verströmen dann einen herrlichen Duft. An einem geschützten Ort ist sie mit jeder guten Gartenerde zufrieden.

Königskerze ***(Verbascum*** Hybriden). Höhe: 150–200 cm, Breite: 40 cm, Aussaat: Juni–Juli, Blütezeit: Juni–Aug.

Diese anspruchslose Pflanze mit ihren leuchtenden Blüten kommt als Einzelpflanze am besten zur Geltung. Sie samt selbst stark aus und wünscht sich trockenen, kalkreichen Boden. Von den verschiedenfarbigen Hybriden ist die rosafarbene 'Pink Domino' besonders hübsch.

Gartenvergißmeinnicht ***(Myosotis alpestris)***. Höhe: 15–30 cm, Breite: 10–20 cm, Aussaat: Mai–Juli, Blütezeit: Juni–Aug.

Die Hybriden des Alpen- und des Waldvergißmeinnicht in verschiedenen Blautönen, Rosa und Weiß setzen duftige Akzente im Beet oder als Einfassung. Ohne besondere Bodenansprüche blühen sie auch im Halbschatten, wollen aber immer gut feucht gehalten werden.

Primel ***(Primula vulgaris, Primula elatior)***. Höhe: 15–30 cm, Breite: 20–25 cm, Aussaat: April–Mai, Blütezeit: März–Mai.

Diese kleine Pflanze stammt aus einer großen Familie und gehört zu den beliebtesten Frühlingsblumen, deren Blüten sich je nach Art auf einem einzigen hohen Stengel oder vielverzweigt auf niedrigen Stengeln in allen Farben der Palette entfalten. Samen gut feucht halten. Primeln brauchen viel Feuchtigkeit auf fruchtbarem Gartenboden und leuchten mit ihren Farben auch an halbschattigen und schattigen Orten.

Stiefmütterchen gibt es in allen nur denkbaren Farben mit kleinen und mit großen Blüten. Sie fehlen in kaum einem Garten und sind in den meisten Parks anzutreffen.

Rot bringt Feuer in den Garten

Man kann sich seinen Garten auch nur mit einer einzigen Farbe gestalten, mit Rot zum Beispiel. Die meisten Blumen, Stauden und viele Bäume haben rotblühende Verwandte. Aber auch als Farbtupfer ist Rot schön.

Rot ist eine Farbe, die Feuer in den Garten bringt, die zum richtigen „Aufmotzer" für triste Ecken und unzugängliche Plätze wird.

Zu den flammendsten Blickpunkten zählt der Mohn ***(Papaver)***, der mit rotsprühenden Farbkaskaden im Juni und Juli die Rabatten füllt. Schöne Blütenkelche bieten vor allem die ***Papaver orientale***-Hybriden, z.B. die Sorten 'Funkturm' (dunkelrot) und 'Feuerriese' (ziegelrot).

Einen Garten ohne Lupinen ***(Lupinus)*** kann man sich kaum vorstellen. Von Juni bis August erfreuen die kerzenförmigen Blütenstände den Gartenfreund. Es gibt diese Pflanze als Staude, man kann sie aber auch selbst als ein- oder zweijährige Pflanze heranziehen.

'September-Rubin' heißt eine über 1 m hoch werdende Aster ***(Aster novae-angliae)***, die von Mai bis Oktober in unseren Hausgärten anzutreffen ist; Rubinrot ist die Farbe, die fasziniert. Karminrot ist die Sorte 'Andenken an Paul Gerber', die sogar noch höher wachsen kann und sich auch gut als Schnittblume eignet.

Das Purpurglöckchen ***(Heuchera***-Hybriden) liebt leicht schattige Lagen. 'Rakete' (zinnoberrot) und 'Red Spangles' (leuchtend scharlachrot) sollte man deshalb unters Gehölz pflanzen. Die im Herbst herabfallenden Blätter verbessern gleichzeitig die Bodenverhältnisse und bieten zusätzlich Winterschutz.

Die Gartenkönigin ist sicher immer noch die Rose, deren klassische Blütenfarbe das Rot ist. Sie läßt sich gut kombinieren mit den lockeren Blütenrispen der Prachtspiere ***(Astilbe)***. Diese Staude bevorzugt den lichten Schatten.

Feuerrot leuchtet die Indianernessel ***(Monarda)*** aus dem Staudenbeet. Sie liebt nährstoffreiche, humusreiche Böden und blüht auch noch an halbschattigen Standorten.

Rankgerüste und Spaliere, Gartenzäune und Mauern sind ideal für die Bepflanzung mit Wicken ***(Lathyrus)*** oder Kapuzinerkresse ***(Tropaelum)***. Als blühender Sichtschutz sind sie ideal einzusetzen.

Am Boden hingegen bleibt das Eisenkraut ***(Verbena)***. ***Verbena peruviana*** wird nur etwa 15 Zentimeter hoch und die scharlachroten Blüten bilden von Mai bis Oktober einen meisterlichen Bodenbelag.

Kaum wegdenken läßt sich aus unseren Gärten, aus Kübeln und Balkonkästen die Pelargonie ***(Pelargonium)***. Sie zählt zur beliebtesten und blühfreudigsten Bepflanzung. Von Mai bis zu den ersten Nachtfrösten überschüttet uns ein unaufhörlicher Blütenflor in leuchtendem Rot. Ebenso beliebt und bekannt ist die dankbare Fuchsie ***(Fuchsia)***, deren Sortenvielfalt unüberschaubar ist und alle denkbaren Rotkombinationen aufweist.

Was die Pelargonie im Balkonkasten, das ist die Dahlie ***(Dahlia)*** im Garten. Zwar macht es Mühe, die Knollen nach den Eisheiligen ins Beet zu pflanzen (und im Herbst wieder herauszunehmen), aber belohnt wird man durch die herrlichsten Blüten. Sie verbreiten das richtige Feuer im Garten – wer kann sich ihrer Faszination entziehen?

Die roten Frühjahrsblüher

Ein Renner fürs Frühjahr sind die Tulpen, die ebenfalls durch Farben- und Artenvielfalt als ideale Gartenbepflanzung in Frage kommen. Ganz gleich, ob man nun Darwin-, Rembrandt-, Cottage- oder Lilienblütige wählt, sie beleben jedes Gartenbeet. Exotisch wirken Papageientulpen und paeonienblütige Sorten. Freunde des Steingartens werden sicherlich den schönen, kleineren Wildtulpen den Vorzug geben. 'Rotkäppchen' ist eine besonders beliebte Sorte, die durch ein buntgestreiftes Blatt einen reizvollen Anblick bietet.

Während die Stauden, Knollen- und Zwiebelgewächse durch ihren Blütenflor Aufmerksamkeit finden, bieten viele Gehölze ein rotblättriges Laubkleid oder zinnober-, korallen- und blutroten Früchtestand an.

Rote Blätter und Früchte

Durch ein dunkelrotes Blätterkleid im Frühling bestechen die Wildkirsche ***(Prunus sargentii)***, im Sommer die

Vor einem dunkleren Hintergrund leuchten die roten Spieren besonders. Sie blühen auch im Halbschatten auf feuchtem Boden.

Blutpflaume ***(P. cerasifera 'Nigra')*** und im Herbst der Zierapfel ***(Malus)***. Der schönste Zierapfel ist der ***Malus x purpurea*** 'Lemoinei', der dunkelrotes Laub und fast vier Zentimeter große Blüten hat. Über und über besät mit duftenden Blütenständen ist der Rotdorn ***(Crataegus laevigata*** 'Paulii'), der vor allem in ländlichen Gegenden wieder geschätzt wird und sich für naturnahe Gärten eignet. Besonders edel sind die in vielen Rottönen blühenden Kamelien ***(Camellia)***. Einige Sorten sind auch bei uns winterhart.

Vor allem umschwärmt wird der Sommerflieder ***(Buddleja davidii)*** von Schmetterlingen. Deshalb wird er im Volksmund oft auch als Schmetterlingsstrauch bezeichnet. Er ist sogar gegen Industrieabgase resistent. 'Royal Red' und 'Cardinal' sind tiefrot. Ein schöner Kontrast dagegen ist 'Peace': schneeweiß.

Pfaffenhütchen ***(Euonymus europaea)*** sollte in Wildhecken gepflanzt werden, da dieses Gehölz mit seinen rosaroten Früchten eine wichtige Futterpflanze für Vögel und Kleinsäuger ist. Eine ganze Reihe von Tieren, die hier Unterschlupf und ideale Nistmöglichkeiten finden, haben damit ihr Futter direkt vor der Tür.

Weiß – die extravagante Blütenfarbe

Von vielen Pflanzen gibt es weißblühende Sorten. Diese neutrale Farbe harmoniert mit allen anderen und läßt sie stärker hervortreten. Aber auch ein Beet nur mit weißen Blüten hat seinen ganz besonderen Reiz.

Ein Ziergarten hat keinen anderen Zweck, als den Menschen zu erfreuen, ihn die Schönheit der Natur im Wechsel der Jahreszeiten erleben zu lassen. Noch auf kleinstem Raum kann durch sorgfältige Auswahl der Pflanzen unter Berücksichtigung auch von Blattformen und Blütenfarben eine wohltuende Gartenatmosphäre gezaubert werden.

Es gibt wohl keinen Garten ohne weißblühende Blumen und Gehölze. Der Trend zum Weiß hat sich in den letzten Jahren in den Gärten verstärkt bemerkbar gemacht, nicht zuletzt deshalb, weil Weiß mit allen anderen Blütenfarben zu kombinieren und wunderbar geeignet ist, das Spiel von Licht und Schatten im Tagesablauf und im Wechsel der Jahreszeiten zu reflektieren.

Weiß ist die Farbe der Reinheit und Unschuld, aber auch des Todes. Ein Garten mit ausschließlich weißen Blüten muß sehr vorsichtig angelegt werden, um nicht zu künstlich oder gar leblos zu wirken. Doch in gewissem Sinne hat die Natur hier schon vorgebeugt. Weißblühende Pflanzen gehören hauptsächlich zu Frühling und Sommer, wenn die erwachende Natur und die Sonnenstrahlen das Weiß in allen Abstufungen leuchten lassen.

Eingeläutet wird der Frühling durch die zartweißen Schneeglöckchen, deren hellgrünes Laub auch im Kontrast zum Schnee die Blüten zur Geltung kommen läßt. Unter dunklen

Die Schaumkresse bildet schnell dichte Polster. Sie eignet sich gut für den Steingarten. Überragt wird sie hier von weißen Tulpen.

immergrünen Gehölzen bieten diese Boten des Frühlings einen besonders erfreulichen Anblick. Märzenbecher und Krokusse setzen die Sinfonie in Weiß fort, nun schon vermischt mit anderen kräftigeren Farben des Frühlings.
Fast alle Knollen- und Zwiebelgewächse haben weißblühende Sorten, die durch die wunderhübschen Abstufungen der verschiedenen Grüntöne der Belaubung auch als einzige Farbe das Beet bereichern können, oft aber noch intensiver wirken im Kontrast mit ein oder zwei anderen Farben. Weiße Hyazinthen, Narzissen und Tulpen sollten in keinem Frühlingsbeet fehlen.
Auch die weißblütigen Sträucher und Gehölze haben ihren eigenen Reiz. Die Blüten der Magnolien zeigen sich an den blattlosen Zweigen in einem Weiß von besonderer Eleganz, während die Zartheit der weißen Rhododendrondolden durch das dunkelgrüne Blattwerk hervorgehoben wird. Die weißen Blüten der Azaleen bilden mit ihrem feinen Laub eine harmonische Einheit.
Kräftigweiße Pfingstrosen und die weißblütigen Lupinen oder frühblühenden Margeriten leiten im weißen Garten zum Sommer über. Ungezählte Stauden, Einjahres- und Zweijahresblumen schimmern in Weiß-, Eierschalen- oder Elfenbeintönen in den Strahlen der Sommersonne. Weißblühende Clematissorten wie 'Madame le Coultre' an roten Backsteinmauern bereichern auch die Vertikale. Hochstielige, zarte Lilien, kräftige Bauernblumen wie Lupinen und Akelei oder Fingerhut, Glockenblumen und Astilben leuchten weiß in den Beeten und werden später abgelöst durch Phlox und Dahlien, die zartlaubigen Kapkörbchen, durch Zinnien, Levkojen, Nelken, Clarkien, Löwenmäulchen und verschiedene weißblütige Winden. Auch die duftende Nachtviole, Plumbago und Hibiscus dürfen in dem weißen Reigen nicht fehlen. Steingärten und Trockenmauern werden belebt durch weißblühende Polsterstauden. Doch die Königin der Blumen ist auch hier die Rose. Die Eleganz einer reinweißen, duftenden Rose ist unvergleichlich.
Hortensien, Astern und Chrysanthemen setzen weiße Akzente bis in den späten Herbst hinein, bis die Christrose den Kreislauf der weißblütigen Pflanzen schließt und neu eröffnet.
Da Weiß Licht reflektiert wie keine andere Farbe, sollte es in dieser Eigenschaft nicht nur bei der Auswahl der Pflanzen in die Gartengestaltung einbezogen werden. Ein weißer Kiesweg läßt die Blumenfarben der Rabatten viel intensiver zur Geltung kommen, eine weiße Gartenbank erhellt ein lauschiges, schattiges Plätzchen. Eine weiße Statue kann auch in tiefem Schatten noch dort einen lichten Punkt bilden, wo sonst keine Pflanze mehr wächst. Auch der Einsatz künstlichen Lichts im Garten erzielt durch das Zusammenwirken mit weißen Blüten und Gegenständen besonders wirkungsvolle Effekte.

Zu den ersten Boten des Frühlings gehört der Märzenbecher. Die Zwiebeln treiben jedes Jahr wieder aus. Geben Sie ihnen einen halbschattigen Platz im Garten.

Blaue Blüten für jede Jahreszeit

Kaum eine Farbe steigert so sehr die Intensität der anderen Farbtöne. Und Blau wirkt heiter. Bei vielen Blumenarten gibt es Sorten mit blauen Blüten in zahlreichen Schattierungen.

Es ist erstaunlich, daß man bei der Wahl der Pflanzen nicht auf blaublühende Arten verzichten kann. Der Grund: Es gibt so viele Nuancen und Variationen, wie es auch Blüten gibt. Manche Blumenarten wecken romantische Erinnerungen an eine Bergwanderung, andere Blautöne sind so tiefgründig wie ein Meer. Es gibt ein helles Blau und ein Nachtblau, ein sanftes Blau und ein kühles. Blaue Blüten können andere Farben ganz unauffällig trennen, damit zum Beispiel rotblühende Rosen und gelbe Rudbeckien – jede für sich – gut zur Wirkung gelangen. Andererseits verbinden auch die tiefblauen Blüten von ***Clematis x jackmanii***-Ranken auf liebenswürdige Art Sträucher und Stauden miteinander.

Die Abstufungen der Blautöne sind aber nicht nur sortenbedingt. Sie hängen oftmals auch von dem Sonnenstand ab, von der Luftfeuchtigkeit und auch von der Bodenfeuchte. Die blau- oder lilafarbenen Blumenvarianten können sich bei wechselnder Lichtstimmung am Abend zu einem tiefen Lila verändern und am Tage bei dem Widerschein des klar blauen Himmels in leuchtendes Blau überwechseln.

Beim Zusammenstellen von Pflanzen sollte man immer wieder neue Versuche machen, bestimmte Pflanzen miteinander zu kombinieren. Dabei ist es ratsam, stets drei Farben zueinanderzufügen und nicht zwei, weil dadurch meist eine harmonischere Farbenkomposition entsteht. Eine immer wieder attraktive Ergänzung bieten Gräser, die mit ihren schwingenden Blättern und Blüten für Abwechslung sorgen.

Mit blaublühenden Stauden und Gehölzen läßt sich ein Garten vom Frühjahr bis zum Herbst ausstatten. Hier eine Auswahl der schönsten Arten.

<u>Blaue Blüten von März bis April:</u> Hyazinthen, Blaustern ***(Scilla)*** und Traubenhyazinthen ***(Muscari)*** gehören zu den wichtigsten. Aber man darf auch nicht den Reiz der Schwertlilie ***(Iris reticulata)*** übersehen, den des Leberblümchens, des hellblauen Buschwindröschens ***(Hepatica)*** oder der dunkelblauen Duftveilchen, die im Herbst oftmals zum zweiten Mal blühen.

<u>Blaue Blüten von April bis Mai:</u> Die blaue Kissenprimel, die auch als Topfblume sehr dekorativ ist, das Enzian-Lungenkraut ***(Pulmonaria)*** oder der blaue Schneestolz ***(Chionodoxa)***. Außer dem bekannten Vergißmeinnicht sind auch das Kaukasus-Vergißmeinnicht ***(Brunnera)***, das Wald-Vergißmeinnicht ***(Omphalodes)*** und das Sumpfvergißmeinnicht ***(Myosotis palustris)***, deren Blüten sich sehr ähnlich sind, bewährte Dauerblüher. Auch unter den Stiefmütterchen findet man ein schönes Blau, während sich der stengellose Enzian ***(Gentiana acaulis)*** durch seine intensive Färbung auszeichnet. Interessant sind auch Akelei ***(Aquilegia)***, Ehrenpreis ***(Veronica)***, Hornveilchen ***(Viola cornuta)***, Blaukissen ***(Aubrieta)*** und blau blühende Azaleen.

<u>Blaue Blüten ab Mai:</u> Die blaue Ochsenzunge ***(Anchusa azurea)*** ist ziemlich unbekannt, obwohl sie unermüdlich Blüten hervorbringt. Wichtig sind auch die niedrigen Glockenblumen ***(Campanula carpatica)***, die hohen Ehrenpreisarten (wie ***Veronica longifolia***), die sibirische Iris und andere Irisarten, allen voran die sehr dekorative Bartiris.

<u>Blaue Blüten im Juni und Juli:</u> Die intensivsten und vielseitigsten Blautöne besitzt Rittersporn. Sortennamen wie 'Berghimmel', 'Blauwahl', 'Perlmutterbaum' oder 'Dein blaues Wunder' deuten darauf hin. Hübsch sind aber auch die Einjährigen wie Jungfer im Grünen ***(Nigella damascena)***, Kornblume, Felicie, Männertreu ***(Lobelia)*** und Stauden wie Tradescantien, Lupinen, Lavendel und Edeldisteln ***(Eryngium)*** oder Kübelpflanzen wie Gartenhortensien, Bleiwurz ***(Plumbago)*** oder Blaulilien ***(Agapanthus)***. Unter den Kletterpflanzen sind die einjährige Prunkwinde ***(Ipomoea)*** und ***Clematis x jackmanii*** zu nennen. Ungewöhnlich ist der Scheinmohn ***(Meconopsis)*** mit hellem Blau.

<u>Blaue Blüten im Spätsommer und Herbst:</u> Viele Stauden, vor allem die einjährigen Sommerblumen, setzen ihren Flor bis in den Oktober fort. Doch kommen noch der Herbstenzian ***(Gentiana sinoornata)*** hinzu, viele Kissenastern ***(Aster-Dumosus-***Hybriden) und die einjährige Glockenrebe ***(Cobaea)***.

Der zierliche Blaustern blüht bereits im März und kündigt das Frühjahr an. Sein Standort soll schattig und etwas feucht sein.

Die Kissenastern leuchten bis tief in den Herbst hinein. Sie bevorzugen sonnige Plätze. Die meisten Sorten werden etwa 40 cm hoch.

Gelb wie der helle Sonnenschein

Keine andere Farbe ist so charakteristisch für das Frühjahr wie Gelb – sieht man einmal von den vielen Grüntönen ab. In der freien Natur und im Garten zeigt die „Farbe der Sonne" das Ende des langen Winters an.

Gelb im Garten richtig einzusetzen ist kein leichtes Unterfangen, da es vielfach durch seine Leuchtkraft dominiert und andere Farben leicht übertrumpfen kann. Andererseits ist Gelb die häufigste Blütenfarbe, und es fällt nicht schwer, reizvolle Ensembles zu gestalten.

Der Anblick gelber Blüten erinnert an die Sonne, wie auch die Namen vieler gelber Sommerblumen (Sonnenblume, Sonnenauge, Sonnenhut) zeigen. Bei genauerem Hinsehen ergeben die verschiedenen gelbblühenden Pflanzen ein reiches Spektrum aller Schattierungen vom zarten Hellgelb bis zum kräftig satten Dunkelgelb, von kalten schwefelgelben Tönen bis zum warmen Orange. Leuchtende Gelbtöne drängen sich in den Vordergrund, während stumpfes Gelb häufig von anderen Farben übertrumpft wird.

Sehr schön wirkt Gelb im Garten, wenn es großflächig eingesetzt wird und die verschiedenen Abstufungen miteinander eine Sinfonie bilden können oder im Kontrast zu anderen kräftigen Farben in einem bunten Flickenteppich stehen. Der Eindruck zurückhaltender Eleganz läßt sich in der Kombination mit weißblühenden Blumenstauden und Sträuchern erreichen.

Wenn im Frühling der Raps ein wogendes gelbes Blütenmeer bildet, die Sumpfdotterblumen entlang der Teiche und Flüsse leuchten und der Löwenzahn Straßen und Wege säumt, beginnt auch im Garten die Zeit der gelben Blüten. Krokusse heben sich ab vom jungen Grün des Rasens, in den Beeten blühen Tulpen und Narzissen, Primeln in verschiedenen Gelbtönen, Schlüsselblumen und die braungefleckte Pantoffelblume. Ginster und Forsythien strahlen in Gelb-Variationen, ebenso gelbblühende Berberitzen oder Freilandazaleen. Leider giftig, aber wunderschön ist der Goldregen. Trollblumen und die zarten Kugeln des Allium setzen weitere Akzente, bis im beginnenden Sommer die Wahl der zahlreichen Gelbblütigen immer schwerer fällt.

Die sonnenhungrige Tagetes leuchtet in allen Farben der gelben Skala, zarte Lilien oder derbe Scharfgarbe können das Beet beleben. Rechtzeitig für den Sommerflor sollten Zinnie, Hahnenkamm, Sonnenblume (in verschiedenen Formen und Schattierungen), Ringelblume, Rudbeckie und Sonnenauge ausgesät werden, ebenso wie die eigenwilligen Montbretien und Fresien.

Die gefüllten und ungefüllten Blüten gelber Dahlien fügen sich harmonisch ein in die breite Farbpalette ihrer Art. Das zarte Gelb des anspruchslosen Gelbweiderichs wirkt sehr hübsch als Einzelstaude, aber auch im Verbund mit weißen Margeriten, weißem oder blauem Rittersporn. Gelbe Gladiolen setzen nicht nur Akzente im Beet, sondern bringen ebenso wie Sonnenblumen als haltbare Schnittblumen sonniges Gelb auch in die Wohnung.

Gelbe Rosen umgeben sich mit ihrem eigenen Flair und sind als Kletterer an einer weißen Wand besonders attraktiv. Mit eher spielerischer Leichtigkeit beranken Jelängerjelieber (Geißblatt) oder einjährige gelbe Kletterer Wände, Mauern und Zäune. Für das Staudenbeet kann der Liebhaber zwischen fast 100 Coreopsisarten (Mädchenauge) in allen Gelbschattierungen und Mischungen wählen. Neben den ausdauernden sommerblühenden Pflanzen leuchten im Herbst noch lange Astern und Chrysanthemen.

Der Natur scheint die bezaubernde Kombination von Weiß und Gelb zu gefallen. Im Winter bilden die zarten Blüten des nackten Jasmin und später auch der Zaubernuß warme, sonnige Farbklekse im kalten, schillernden Schnee.

In einem „gelben Garten" scheint immer die Sonne. Rote und blaue Blütentupfer betonen den Eindruck von sommerlicher Wärme.

Sie bleiben jahrelang dekorativ

Es gibt die speziellen Strohblumen mit den kräftigen Farben, aber auch viele andere Pflanzen, die sich zu Trockensträußen binden lassen. Man erhält sich die Schönheit des Sommers bis in den Winter hinein. Und hübsche Geschenke sind die Dauerblumen auch.

Die echten Trockenblumen, die sogenannten Immortellen, haben papierartige Blütenblätter und lassen sich ohne besondere Behandlung einfach an der Luft trocknen. Dabei bleibt die Blütenform und -farbe voll erhalten. Die meisten Arten werden einjährig kultiviert, da die Blumen bei uns nicht winterhart sind.

Die bekannteste Immortelle ist die Strohblume ***(Helichrysum bracteatum)***. Daneben gibt es aber noch viele andere, z.B. die Papierblume ***(Xeranthemum annuum)***, das Ruhrkraut ***(Lonas annua)***, das Perlpfötchen ***(Anaphalis margaritacea)***, den Kugelamaranth ***(Gomphrena globosa)***, die Statize ***(Limonium sinuatum)*** und zwei Sonnenflügel-Arten: ***Helipterum roseum*** und ***H. manglesii***, teilweise auch als ***Acroclinium roseum*** und ***Rhodanthe manglesii*** im Handel.

Neben den echten Trockenblumen lassen sich auch noch die Blüten- oder Samenstände einiger anderer Pflanzen für diesen Zweck trocknen. Zum Beispiel die aufgeblasenen Samenkapseln der Jungfer im Grünen ***(Nigella damascena)***, die Fruchtstände der Sternskabiose ***(Scabiosa stellata)***, die seidig glänzenden Scheidewände der Früchte vom Silbertaler ***(Lunaria annua)*** oder die Blütenstände der Muschelblume ***(Moluccella laevis)***.

Auf keinen Fall fehlen sollten auf einem Trockenblumenbeet einige Ziergräser wie das Zittergras ***(Briza maxima)***, das Federborstengras ***(Pennisetum)***, die Mähnengerste ***(Hordeum jubatum)*** oder das Hasenschwanzgras ***(Lagurus ovatus)***.

Am besten sät man die genannten Arten ab Mai an einen möglichst sonnigen Standort mit nährstoffreichem und durchlässigem sandiglehmigem Boden – in Reihen von 25–30 cm Abstand.

Die Pflanzen wachsen in warmen, sonnigen Sommern schnell heran und bedürfen fast keiner Pflege. Gewässert werden sollte nur nach längeren Trockenperioden und immer von unten. Die Blütezeit reicht von Juni bis September, bei einigen Arten auch bis in den Oktober hinein. (In nassen, kalten Sommern hat man mit den meisten der genannten Arten leider kein Glück.)

Alle Sorten in Einzeltüten kaufen und aussäen, da bei vielen im Handel angebotenen Trockenblumen-Mischungen häufig einige wenige Arten stark dominieren und die anderen im Wachstum unterdrücken.

Für Gestecke sehr gut geeignet ist die Muschelblume. Sie braucht einen sonnigen Standort und eher trockenen Boden. Die Pflanze kann bis zu 1 m hoch werden.

Tips fürs Trocknen

- *Ernten Sie die Trockenblumen bei trockener Witterung.*
- *Kleine Sträuße daraus binden und an einem trockenen und schattigen Platz aufhängen.*
- *Wann ist Erntezeit? Das ist von Art zu Art unterschiedlich: Strohblume: Noch als Knospe schneiden. Papierblume, Sonnenflügel und Perlpfötchen: Kurz vor dem Aufblühen, halbknospig schneiden. Kugelamaranth, Statize, Sternskabiose und Ruhrkraut: Voll erblüht schneiden. Muschelblume: Kurz nach dem Abblühen schneiden. Ziergräser: Kurz vor der vollen Blüte. Jungfer im Grünen: Samenkapseln ausreifen lassen. Silbertaler: Nach der Samenreife schneiden, die Schotenwände müssen abzustreifen sein.*

Eine typische Immortelle: die Strohblume. Ihre harten Blütenblätter behalten viele Jahre lang ihre Farben von Weiß bis Rot.

Es müssen nicht immer Tulpen sein

Es gibt viele wenig bekannte Arten unter den Zwiebel- und Knollenblumen. Einige eignen sich gut zum Verwildern und vermehren sich von Jahr zu Jahr. Mit der Zeit bilden sie unter Sträuchern oder im Rasen dichte Blumeninseln.

Nach einem langen Winter ist die Sehnsucht nach bunten Blüten besonders groß. Schneeglöckchen, Krokusse, Tulpen, Narzissen oder Hyazinthen künden das Frühjahr an. Wer sich diese Freude machen will, muß nur im Herbst die Zwiebeln und Knollen in den Boden stecken.
Man kann einzelne oder kleine Gruppen stecken oder einen Blütenteppich ins Auge fassen. Dazu braucht man allerdings einige Jahre und viel Geduld. Die Pflanzen müssen die Gelegenheit bekommen zu verwildern. Nicht alle Plätze im Garten sind dazu geeignet und auch nicht alle Blumenzwiebeln.
Will man seinen Rasen zumindest einige Wochen im Frühling in eine bunte Krokuswiese verwandeln, dann darf man bis in den Juni hinein nicht mähen, auch wenn bereits alle Blüten verschwunden sind. Denn die Blätter der Pflanzen müssen einziehen und dürfen vorher nicht abgeschnitten werden. Das gilt übrigens für alle Zwiebelblumen.
Ideale Plätze zum Verwildern von Blumenzwiebeln sind die Stellen vor und unter Gehölzen, wo nicht ständig geharkt wird und das Laub liegenbleibt. Hier fühlen sich Krokusse ***(Crocus)*** und Schneestolz ***(Chionodoxa luciliae, C. sardensis)***, Winterling ***(Eranthis hyemalis)*** und Blausternchen ***(Scilla siberica)***, Schneeglöckchen ***(Galanthus nivalis)*** und Hundszahn ***(Erythronium dens-canis)***, Märzenbecher ***(Leuco-***

Mit ein paar Dutzend Miniatur-Narzissen und Schachbrettblumen fängt es meist an. Später wird eine dichte Blütenwiese daraus.

jum aestivum) und viele Anemonen-Arten wohl. Eine besondere Attraktion ist das Hasenglöckchen, auch Waldhyazinthe genannt ***(Hyacinthoides hispanica)***.

Wer seinen Rasen wenigstens zeitweilig in eine Blumenwiese verwandeln will, sollte neben den so beliebten Krokus-Wildarten auch Wildtulpen ***(Tulipa batalinii***-Sorten, ***T. var chrysantha, T. Greigii***-Hybriden, ***T. Kaufmanniana***-Hybriden, ***T. kolpakowskiana, T. linifolia*** und andere) pflanzen. Die Wildnarzissen – es gibt mehrere Arten – haben meist viele Blüten an einem Stiel, im Gegensatz zu den Gartenformen. Besonders reizvoll ist auch die Schachbrett-Blume ***(Fritillaria meleagris)***.

Unter den Zwiebelblumen gibt es aber auch stolze Einzelgänger, die einen gut sichtbaren Ehrenplatz im Garten verdienen. Dazu gehören u.a. die Präriekerze ***(Camassia leichtlinii, C. cusickii)***, die Montbretie ***(Crocosmia masoniorum, C. pottsii)***, die Steppenkerze ***(Eremurus elwesii, E. robustus, E. himalaicus)***, die Kaiserkrone ***(Fritillaria imperialis)***, viele schöne Tulpen-Sorten und natürlich die Lilien und Iris.

Zu den selteneren Zwiebel- oder Knollengewächsen zählen die Inkalilien ***(Alstroemeria aurantiaca)***. Sie haben ziemlich lange, dünne Wurzelknollen, die beim Pflanzen nicht geknickt werden dürfen. Die Blüten erscheinen von Juni bis August. Auch den Aronstab ***(Arum italicum)*** findet man nicht in jedem Garten, ebenso wie die wunderschöne Bergblaulilie ***(Ixiolirion tataricum)***.

Alle Zwiebel- und Knollenpflanzen müssen ein wenig gedüngt werden, und zwar in der Zeit, in der sie die meisten Blätter bilden. Auch brauchen sie im Sommer genügend Feuchtigkeit. Die winterharten Arten kommen gut über die kalte Jahreszeit. In sehr rauhen Lagen sollte man dennoch für einen leichten Winterschutz aus Reisig sorgen.

Stolz erhebt die Kaiserkrone ihren Blütenkranz – bis zu einem Meter hoch. Neben gelben gibt es rote und orangefarbene Sorten.

Zierde im Blumenbeet: Zierlauch

Knoblauch und Speisezwiebeln haben eine recht attraktive Verwandtschaft. Die schönen Blumen sind genügsam und winterhart. Die Blütendolden haben sehr unterschiedliche Formen und Farben. Nur mit dem Duft hapert es etwas. Bei näherem Kontakt riecht man die Familienzugehörigkeit.

Der Riesenlauch (Blüte: Juni/Juli) mit seinen lila Blütenbällen sieht neben den gelben Steppenkerzen sehr eindrucksvoll aus.

Nichts gegen den gesundheitlichen Rang der beliebten Küchenkräuter und -gewürze, bei denen man meist auf den Anblick der Blüten verzichtet. Das ist oft schade, denn die Blüten des Schnittlauchs oder die Blütenköpfe der Zwiebel haben ihren eigenen Reiz. Aber es gibt auch viele andere Arten der Gattung Allium, die besonders wegen ihrer Blütenzierde im Garten gepflanzt werden.

Alle diese genügsamen Zwiebelgewächse eignen sich gut für den Stein-, Heide- und Naturgarten. Die Höhe der Blütenstiele liegt zwischen 15 und 150 cm. Niedrige Arten empfehlen sich für Kübel und Tröge, die hohen für das Staudenbeet. In jedem Fall sollte der Standort schön sonnig sein (abgesehen von Bärlauch und Goldlauch). Da gedeihen sie besonders üppig. Auch wenn die Allium-Arten in bezug auf die Erde nicht wählerisch sind, ziehen sie sandigen Lehmboden vor. Pflanzzeit ist, wie für die meisten Zwiebelblumen, der Herbst, die Blütezeit – von Mai bis September – hängt von der Art ab.

Der Sternkugellauch ***(Allium christophii)*** bildet auf dem etwa 40 cm hohen Schaft eine große, kugelrunde Dolde aus ungefähr 80 Blüten, deren lila Farbton einen metallenen Glanz besitzt. Blütezeit: Juni bis Juli. Ideal auch als Trockenblume.

Der Riesenlauch ***(Allium giganteum)*** fällt nicht nur wegen seiner stattlichen Größe von 1,50 m auf. Die rosafarbenen Blütenbälle, die im Juni und Juli erscheinen, machen ihn auch zu einer dekorativen Schnittblume.

Der Blauzungenlauch ***(Allium karataviense)*** ist vielleicht die auffälligste Art, obwohl er nur etwa 20 cm hoch wird. Aus dem blaugrünen Blatttrichter entfalten sich im Mai und Juni die großen, grauweißen Blütenbälle. Geeignet für Stein- und Troggärten.

Der Goldlauch ***(Allium moly)*** wird etwa 30 cm hoch. Er braucht einen halbschattigen, leicht feuchten Standort. Der goldene Lauch, eine der schönsten Arten, blüht meist schon ab Mai und ist eine gute Schnittblume.

Der Rosenzwerglauch ***(Allium oreophilum)*** besitzt mit seinen karminrosa Blüten die Farbe, die am intensiv-

Goldlauch wächst an halbschattigen, feuchten Standorten unter Büschen und Stauden.

Klein, aber fein ist der Rosenlauch. Er wird nur 15 cm hoch und eignet sich sehr gut für Steingärten. Die Pflanzen brauchen einen sonnigen Platz, sie blühen im Juni und Juli.

sten leuchtet. Er wird nur etwa 15 cm hoch und blüht ab Juni. Er eignet sich gut für den Steingarten.

Der Purpurlauch ***(Allium sphaerocephalon)*** wird bis zu 80 cm hoch. Er fällt durch seine üppigen, glockenförmigen Blüten in kräftigem Purpurkarminrot auf, die sich im Juli und August zeigen.

Der Bärenlauch ***(Allium ursinum)*** wird 30 cm hoch. Die Blüten (Mai) sind sternartig in lockerer Dolde. Er sieht hübsch aus in Naturgärten. Bärlauch vermehrt sich rasch und riecht nach Knoblauch. Der Standort muß feucht und schattig sein.

Weitere Laucharten für den Ziergarten: ***Allium flavum*** wird bis zu 40 cm hoch. Dieser gelbe Lauch blüht von Juni bis August. ***Allium atropurpureum*** wird 50 cm hoch. Er trägt von Mai bis Juli weinrote, flache Blütenbälle. ***Allium cearuleum*** wird 50 cm hoch. Die dunkelblauen Blütenbälle bilden sich im Juni und Juli. ***Allium ramosum*** wird bis zu 60 cm hoch. Die hübschen weißen Dolden zeigen sich meist ab Juni. ***Allium cernuum*** wird ungefähr 30 bis 50 cm hoch. Gut 30 Blüten enthält eine einzelne Dolde, meist in Hellrot. In den Monaten Juni und Juli ein schöner Blickfang im Steingarten.

Blühen in allen Farben: Gladiolen

Den langen Blättern verdanken die Gladiolen ihren Namen: Gladius heißt Schwert. Ihre Beliebtheit bei fast allen Blumenfreunden verdankt sie jedoch ihren wunderschönen Blüten in herrlichen Farben.

Der Reiz der Gladiolen ist vor allem ihre Farbenvielfalt. Fast alle nur denkbaren Nuancen und Töne, mit Ausnahme von Schwarz, sind bei den Gladiolen vertreten. Während die großblütigen Gartenblumen in der Regel Höhen von einem Meter bis 1,50 Meter erreichen, bleiben die neuen Sorten weit darunter. Mit 50 bis 80 cm ordnen sie sich anderen Blumen im Garten unter. Sie knicken im Wind nicht so leicht um wie die großblumigen. Sehr apart sind die sogenannten Butterfly-Sorten, deren Blüten oft erstaunlich groß sind. Die Ränder ihrer Blütenbänder sind breit gefältet. Die Blütezeit dauert je nach Sorte und Witterung etwa zehn bis 14 Tage. Die Knospen öffnen sich nach und nach, von unten beginnend. Die Bütenähren können 60 cm hoch werden und bis zu 26 Einzelblüten haben. Es gibt einfarbige Sorten, manche sind zwei- oder dreifarbig. Gladiolen eignen sich gut als Schnittblumen für große Bodenvasen.

Da die Knollen nicht winterhart sind, werden sie erst ab Ende April in die Erde gebracht, etwa fünf bis acht Zentimeter tief. Der Pflanzabstand beträgt etwa 20 Zentimeter. Außer viel Sonne und humosem Boden brauchen die Gladiolen reichlich Wasser und Dünger. Zeitpunkt fürs Düngen ist vor allem dann, wenn die Blütenstände sich zwischen den Blättern herausschieben. Gladiolen blühen etwa acht Wochen, nachdem die Knollen gepflanzt wurden. Sie verlängern die Blütezeit, wenn Sie im Drei-Wochen-Abstand (bis Ende Juni) Gladiolen nachpflanzen.

Die Knollen sind nicht winterhart

Etwa vier bis sechs Wochen nach dem Welken der Blüten oder auch nach dem ersten Frost gräbt man die Knollen aus. Die Blätter schneidet man ab und läßt die Knollen an einem luftigen Platz abtrocknen. Dann trennt man die Brutknöllchen ab. Alle Knollen werden trokken bei etwa acht Grad bis zum nächsten Frühjahr aufbewahrt, am besten im Keller. Ab und an soll man die Knollen auf Schäden hin kontrollieren.

Die Brutknöllchen brauchen meist zwei bis drei Jahre, bis sie blühen. Ob sich die Arbeit lohnt? Oftmals werden die Knollen, wie Hyazinthen, von Jahr zu Jahr kleiner, so daß es besser ist, frische zu kaufen.

Die Schmetterlings-Gladiole 'Argus' wird 30–40 cm hoch und sieht in Gruppen sehr hübsch aus.

Die Imperial-Hybride 'Golden Splendour' ist eine auffallend, schöne Neuzüchtung. Sie wird 120 cm hoch und blüht im Juli.

Schon über 3000 Jahre alt: Lilien

Bereits im alten Ägypten schätzte man diese schöne Blume. Man findet sie in vielen Darstellungen und Wappen. Die Neuzüchtungen teilt man in zwei Gruppen: in Türkenbundlilien mit hängenden und Trompetenlilien mit aufrechten Blüten.

Lilien gehören einer der interessantesten und vielseitigsten Pflanzenfamilien an. Sie sind Verwandte so unterschiedlicher Gewächse wie Schnittlauch, Tulpen und Spargel! Die Lilie besitzt eine große Faszination. Etwa 80 verschiedene Arten in Wuchshöhen bis zu drei Meter unterscheiden die Fachleute.

Es gibt jedoch nur noch wenige naturbelassene Arten, die den Gartenliebhaber interessieren. Vielmehr sind es die Züchtungen mit neuen Blütenformen und -farben oder größerer Blütenfülle, die von Jahr zu Jahr mehr gefragt sind. Sie haben sich zwar den Ruf erworben, ein wenig heikel zu sein. Dies trifft aber nur dann zu, wenn man die Zwiebeln nicht an den richtigen Platz gesetzt oder nicht für eine ausreichende Vorbereitung des Bodens gesorgt hat. Die meisten Lilienarten stammen aus Gebieten mit luftfeuchtem und regenreichem Klima. Das sollte man berücksichtigen, wenn man Lilien in seinen Garten pflanzt. Allerdings darf sich keine stauende Nässe bilden, sonst faulen die Zwiebeln. Pflanzzeit ist im Frühjahr. Am besten hat es sich bewährt, die Pflanzstelle etwa 30 cm tief auszuheben und mit Humuserde und Sand zu mischen. Dann füllt man diese Mischung wieder ein. So ergibt sich ein lockerer, humoser Standort, auf dem sich die Wurzeln rasch entwickeln können. Pflanzabstand: 40 cm

Die aparten Zwiebelgewächse setzt man gern zusammen mit Stauden und Einjahresblumen, die nur eine Höhe bis zu 50 cm erreichen. Lilien lieben zwar einen sonnigen Platz, benötigen jedoch einen kühlen, schattigen Boden, der nicht so schnell austrocknen darf.

Dahlien verzaubern den Herbst

Die Blütenblätter sind oft derartig akkurat angeordnet, daß man an ihrer Echtheit zweifeln möchte; das trifft auch für die leuchtenden Farben zu. Doch Dahlien bringen eine fröhlich-bunte Note in jeden Blumengarten.

„Dahlien können mit Recht die Modeblumen des herbstlichen Gartens genannt werden", meinte vor gut 50 Jahren der große Staudenzüchter Karl Foerster aus Potsdam-Bornim. Offensichtlich hält die Mode unverändert an. Das hat gute Gründe, denn keine andere Pflanzenart bietet im spätsommerlichen Garten einen größeren Blütenreichtum, verbunden mit reizvoll geformten Blüten.
Dahlien wurden zunächst von Mexiko nach Spanien gebracht, wo sie im botanischen Garten von Madrid im

Zur Gruppe der dekorativen Dahlien gehört die aparte Sorte 'Eveline'. Sie wird ca. 120 cm hoch.

Die stattliche Höhe von 130 cm erreicht die Sorte 'Tartan'. Mit ihren schönen mehrfarbigen Blüten verdient sie eine Sonderstellung im Ziergarten.

Überwintern der Knollen

Dahlien sind leider nicht winterhart. Ihre Knollen müssen deshalb nach dem ersten Frost (etwa Mitte Oktober) vorsichtig ausgegraben werden. Die Erde wird abgeschüttelt, die Triebe werden auf etwa zehn Zentimeter Länge abgeschnitten. Nachdem die Knollen an frischer Luft abgetrocknet sind, werden Dahlien mit ihrem Sortennamen etikettiert und in einem frostfreien, dunklen Raum gelagert. Man legt sie in Kisten oder Stellagen dicht aneinander und überdeckt sie mit trockenem Sand. Alle drei Wochen wird kontrolliert, ob sich Fäulnis gebildet hat. Im Mai werden sie bei Bedarf geteilt und etwa 10 bis 20 cm tief ausgepflanzt.

Jahre 1791 zum erstenmal blühten. Benannt wurde sie nach dem schwedischen Botaniker Andreas Dahl. Eine Zeitlang nannte man die damaligen Balldahlien auch Georginen. Auslese und Züchtung machten aus sechs Wildformen die Königin der Herbstblume. Der botanische Name – ***Dahlia variabilis***, die Veränderliche, deutet die zahlreichen Möglichkeiten dieser Blume an.

Es gibt drei Hauptgruppen:

- Die einfach blühenden Dahlien (Mignondahlien und hohe Sorten).
- Die halbgefüllt blühenden Dahlien (Halskrausendahlien).
- Die gefüllt blühenden Dahlien (Cactus-, Semicactus-, Decorative, Ball- und Pompondahlien).

Ob Sie langstielige Schnittblumen wünschen oder dichtgedrungene Kübelpflanzen – mit Dahlien sind Sie stets gut bedient. In jeder beliebigen Größe und Höhe bekommt man die Knollengewächse, die zudem sehr unterschiedliche Blütenformen aufweisen. Sie wirken mal elegant, mal rustikal, mal schlicht und ein anderes Mal üppig. Die Sortenvielfalt kennt keine Grenzen. Jedes Garten-Center bietet im Frühjahr gut ein Dutzend Sorten an. Und außerdem werden laufend neue Sorten entwickelt. Im Laufe der letzten Jahrzehnte konnte die Blütezeit beachtlich verlängert werden. So ist es keine Seltenheit mehr, wenn eine Dahlie bereits im Juli oder früher blüht.

Wer sich einen Überblick über den heutigen Stand der Züchtung verschaffen möchte, dem sei ein Besuch in einem der zwölf bundesdeutschen Dahliengärten empfohlen: in Baden-Baden, Bad Krozingen, Bad Neuenahr, Bad Salzuflen, Essen, Frankfurt, Hamburg, Insel Mainau, Landau, Reutlingen, Stuttgart oder Wiehl.

Die Pompondahlie 'Kochelsee' fällt durch ihre rote Farbe auf. Wegen ihrer Blütenbällchen ist sie eine beliebte Schnittblume.

Einfach Spitze, diese Stauden

Mit ihrer Blütenfülle und üppigem Wachstum stellen die Stauden alles in den Schatten. Es gibt Arten für jeden Standort und Boden, in vielen Größen und Farben.

Stauden, diese ausdauernden, krautigen Gewächse, gehören zu den schönsten Gartenpflanzen. Und dennoch haben es Stauden bei den Hobbygärtnern nicht leicht. Sie werden oft nicht sehr geschätzt, vielleicht weil im Herbst ihre oberirdischen Teile absterben und sich erst im nächsten Frühjahr wieder Leben zeigt. Zudem bedarf es einigen Geschicks, sie untereinander oder mit anderen Pflanzen zu kombinieren.
Man kann Stauden sehr gut mit jeder anderen einjährigen oder mehrjährigen Pflanzenart auf ein Beet setzen. Wechselt man die einjährigen Sommerblumen, so kann man von Jahr zu Jahr ein neues Farbenspiel betrachten. Bei der Auswahl kommt es darauf an, den Blickwinkel des Betrachters zu berücksichtigen. Das Beet soll aus der Ferne attraktiv wirken und auch Höhepunkte bieten, wenn man es aus der Nähe betrachtet. Dazu ist es wichtig, neben der Blütezeit auch vor allem die Wuchshöhe der einzelnen Arten und Sorten zu beachten. Ein Staudenbeet eignet sich auch gut als farbenfrohe Begrenzung des Gartens vor einer immergrünen Hecke oder vor einer Gruppe von Nadelbäumen.
Stauden werden in Beet- und Wildstauden unterteilt, wobei die Grenzen fließend sind. Wildstauden verwendet man viel in naturnah angelegten Gärten. Alle Beetstauden sind aus Wildstauden hervorgegangen, und so gibt es oft in einer Familie Arten, die zu der einen oder zu der anderen Gruppe gezählt werden.

Sogar eine eintönige Mauer wirkt weniger langweilig, wenn herrliche Stauden den Blick auf sich ziehen.

Prächtig, langlebig und robust

An Pfingstrosen verliert der Gärtner nur einmal sein Herz, und dann für immer. Mit gefüllten Blüten und zartem Duft sind die Kulturformen besonders beliebt. Läßt man die Pflanzen zufrieden, dann entwickeln sie sich zu recht stattlichen Horsten. Für die Vase schneidet man sie nur in knospigem Zustand.

Jeder kennt sie, die Pfingst- oder Bauernrose. Nachdem die letzten Tulpen verblüht sind und die Rosen noch auf sich warten lassen, platzen in das beginnende Klagen, nichts prächtig Blühendes im Garten zu haben, die auffälligen Blütenbälle der Pfingstrose. Im Bauerngarten war sie immer altvertraut. Dickköpfig und zuverlässig hielt sie am gegebenen Gartenplatz aus, zwischen Kohl oder Zwiebeln, von Jahr zu Jahr, über Generationen hinweg.

Der griechischen Legende nach kam Paeon durch sein Wissen um die Heilkraft einer Pflanze auf dem Olymp zu Reichtum und Ruhm. Ein großes Ärgernis für seinen Meister Äskulap, dem Gott der Medizin, der ihm nach dem Leben trachtete. Alle Gunst, die Gottvater dem armen Paeon erwies, war, ihn in jene heilkräftige Pflanze zu verwandeln, die heute noch seinen Namen trägt.

Der botanische Name ***Paeonia officinalis*** drückt aus, daß die Pflanze vor allem für medizinische Zwecke genutzt wurde. In alten Schriften, teilweise aus vorchristlicher Zeit, ist nachzulesen, daß sie eine von Aberglauben umwitterte Heilpflanze war. Es gab Ketten, Amulette, alkoholische Auszüge für geplagte Gichtleidende, Gebärende und zahnende Kinder. In seinem berühmten Kräuterbuch von 1597 empfiehlt John Gerard in Wein gelegte Samenkörner der Pfingstrose gegen Alpdruck und Melancholie. Mehr noch als die Strauch- oder Baumpaeonie ***(P. suffruticosa)***, deren Triebe nicht alljährlich absterben, sondern verholzen, erwies sich die staudige Chinesische Pfingstrose ***(P. lactiflora)*** für das Abendland bedeutsam. Die ersten Gartenformen beider Arten kamen erst Ende des 18. Jahrhunderts nach Europa. Wie andere Schätze auch, fremd und voll von Zauber, waren die neuen Blumen bald begehrt. Besonders in Frankreich entstanden in der 2. Hälfte des letzten Jahrhunderts jene so gerühmten Paeoniensorten mit dem

Frühsommerlicher Glanzpunkt im Garten ist die Sorte 'Doreen'. Im Herbst werden Pfingstrosen gepflanzt, große Stauden geteilt.

Rosenduft. Der Maler Manet huldigte diesen Gartenblumen in einer Serie seiner Bilder.
Die Japaner schätzten die Blume gleichfalls. Sie bevorzugten aber Formen, die – ungefüllt – zwischen ihren Blütenblättern einen Kranz feiner Staubbeutel zeigten. Manchmal sind die Staubbeutel blumenblattartig verbreitert und bilden zu den äußeren Blütenblättern eine farblich kontrastreiche Füllung.

Farben aus der Neuen Welt

Neben einigen gartenwürdigen Wildarten (Species) gibt es eine Vielzahl an Kreuzungen (Hybriden) mit Sortennamen. In den USA entstanden in den letzten 50 Jahren wahrhaft phantastische Sorten, die allmählich auch in europäischen Gärten zu finden sind. Ihre Farben sind neu und ungewohnt: strahlendes Rot, Rosa ohne Blaustich, pastellige Gelb- und Korallentöne. Ob nun strauchig oder staudig, Paeonien sind winterharte, robuste Gartenpflanzen. Lediglich der

Zart gefüllt ist die Sorte 'Solfatare'. Die gelblich weißen Blüten erscheinen meist Anfang Juni.

Neuaustrieb der Baumpaeonien, die in ihrer Heimat keine Frühjahrsfröste kennen, ist zuweilen gefährdet.

Haben Pfingstrosen den rechten Platz, dann können sie alt wie Methusalem werden. Einen nahrhaften, gut drainierten, eher lehmigen als sandigen Boden und Sonne brauchen sie zum Wohlergehen. Die beste Pflanzzeit ist der Herbst, wenn die Wurzeln neu zu wachsen beginnen. Lockern Sie die Erde am Pflanzplatz tief und mischen Sie etwas phosphathaltiges Knochenmehl (kein Hornmehl) der Erde bei.

Pflanzen Sie flach, das heißt, bedecken Sie die Triebknospen nur 3–5 cm hoch mit Erde. Wenn Sie zu tief pflanzen und der Standort schattig ist, werden Klagen über blühfaule Paeonien gewissermaßen vorprogrammiert!

Eingewachsene Exemplare brauchen reichlich Nahrung: Am besten eine Mulchdecke aus abgelagertem Dung und Kompost im Herbst.

Feuchtkaltes Frühlingswetter begünstigt bei den Pfingstrosen die Triebwelke (Botrytis). Man kann vorbeugend etwas tun: Sofort nach den Herbstfrösten alle Blatt-und Stengelreste säuberlich entfernen. Halten Sie von einer Pflanze bis zur nächsten 80 bis 100 cm Abstand.

Empfehlenswerte Pfingstrosen

Duftende Sorten: 'Modeste Guerin', 'Mme. de Verneville', 'Claire Dubois', 'Mons. Jules Elie', 'Karl Rosenfield', 'Mme. Calot'.
Standfest sind: 'Pierre Dessert', 'Guidon', 'A. Delatour', 'Mandaleen', 'Better Times'.
Schnittsorten: 'Sarah Bernhardt', 'Festiva Maxim', 'Red Charm', 'Primevere'.
Spitzensorten: 'Lovely Rose', 'Cytherea', 'Red Red Rose', 'Claire de Lune', 'Prairie Moon'.
Wildarten: P. mlokosewitschii, P. peregrina, P. mascula ssp. arietina.

Zu üppigen rosa Blütenbällen öffnen sich die Knospen der Sorte 'La France', eine der schönsten.

Die Russel-Hybriden entstanden aus einer Kreuzung von Lupinus perennis und Lupinus polyphyllus. Sie haben Blütenstände in vielen Farben.

Lupinen lieben Sonne und Sand

Sie nützen dem Boden, indem sie ihn mit dem notwendigen Stickstoff versorgen, und sie erfreuen das Auge mit ihren hohen Blütenkerzen. Am schönsten sehen sie in größeren Gruppen aus, als bunte Mischung oder nur in einer einzigen Farbe.

Gärtner und Bauern kennen Lupinen vor allem als schnellwüchsige einjährige Gründüngungspflanzen, als Stickstoffabriken der Natur. Die Pflanzen sind nämlich durch Symbiose mit Knöllchenbakterien in der Lage, Luftstickstoff aufzufangen und in Verdickungen der Wurzeln einzulagern. Von dort gelangt der Dünger später in die Erde.

Alle Lupinen sind anspruchslos, auf Dünger können sie weitgehend verzichten – sogar die hübschen Zierformen mit ihren bis zu 1 m hohen Blütenkerzen. Unter ihnen gibt es ein- und mehrjährige Formen.

Blaue und weiße Stauden-Wildlupinen erfreuen uns im Mai, z.B. an Autobahnen. Pflanzenzüchter haben jedoch auch mit gelben, weißen, roten, rosa und hellblauen Arten gekreuzt, allen voran Mr. Russell, ein amerikanischer Gärtner. Seine Hybriden sind heute Allgemeingut und als Samen überall erhältlich. Bekannte Sorten: 'Kastellan' (blau-weiß), 'Schloßfrau' (rosa), 'Kronleuchter' (gelb), 'Mein Schloß' (rot), 'Abendglut' (rot-gelb), 'Edelknabe' (karminrot), 'Fräulein' (braun-weiß).

Die Aussaat in den Frühjahrs- und Sommermonaten ist die einfachste Vermehrungsmethode. Sie gibt im folgenden Jahr blühende Pflanzen, wenn sie nicht durch Umsetzen gestört werden. Wählen Sie vor allem sandige, durchlässige Gartenplätze in Sonne oder Halbschatten. Staunässe vermeiden. Auch auf Lehmböden halten sich Lupinen nicht lange. Allzu viele gut gemeinte Kompostgaben und Mist bekommen ihnen nicht. Und geben Sie den Lupinen Gelegenheit, sich selbst wieder auszusäen. Lassen Sie also die Samenstände stehen.

Träume in Weiß und Lila: Astern

Wenn andere Gartenblumen ihre Pflicht getan haben, beginnt die Zeit der Astern. Vor allem die Herbstsorten blühen bis in den September und Oktober hinein. Alle Sorten brauchen einen sehr sonnigen Standort. Astern gibt es bis zu einem Meter hoch.

Bis zum Frühsommer geben sich Astern, von wenigen Ausnahmen abgesehen, recht bescheiden. Sie fallen mit ihrem meist dunkelgrünen Laub und kompakten Wuchs zwischen Gräsern, Rosen und vor Gehölzen kaum auf. Aber dann öffnen sich die ersten Knospen und das Blütenfeuer der Astern kennt bis zu den ersten Frösten keine Pause mehr! Vorausgesetzt, die Sorten werden nicht nur nach Farben, sondern auch nach ihrem Blütezeitpunkt ausgewählt.

Die ersten sind die Bergastern ***(Aster amellus),*** deren Blüte oft schon im Juli beginnt und je nach Sorte bis September andauert. Die steifen Blütenstengel werden zwischen 30 und 80 cm hoch. Bergastern brauchen Sonne, Wärme, kalkhaltigen und leichten Boden. Auf schwerem Lehm sind sie nicht ausdauernd. Pflanzung am besten im Frühjahr. Als Nachbarpflanzen sehen Mohn, Blaustrahlhafer, Mädchenauge und Hohe Bart-Iris sehr schön aus.

Die Kissenastern (***Aster Dumosus-***Hybriden), nur 30 bis 50 cm hoch, blühen von August bis Oktober. Sie werden großflächig an den Rand des Staudenbeetes gesetzt, in nicht zu sonniger Lage zusammen mit Gräsern. Kräftiges Gießen bei Trockenheit verhindert die Bildung von Mehltau.

Die Rauhblattaster ***(Aster novae-angliae***) besitzt kräftige Stengel, die dicht beblättert sind. Die gut 1,5 Meter

Die Kissenaster im Vordergrund heißt 'Schneekissen', im Hintergrund blüht das 'Weiße Wunder'

hohen Stauden lieben einen etwas feuchten Standort. Nachteilig bei vielen, vorwiegend älteren Sorten ist, daß sich die Blüten an trüben Tagen und am Abend schließen.

Die schönste und vielseitigste Herbstaster ist die Glattblattaster ***(Aster novi-belgii)***, die im September und Oktober blüht. Die etwa 1,5 Meter hohen, kahlen Stengel entwickeln besonders viele Blüten, wenn die Aster regelmäßig gedüngt und nach Bedarf gegossen wird. So läßt sich auch der Befall von Mehltau am besten verhindern.

Die Alpenaster ***(Aster alpinus)*** wird nur ca. 20 cm hoch und eignet sich gut für sonnige Lagen. Sie blüht im Gegensatz zu den anderen Arten schon im Mai/Juni. Regelmäßig gießen.

Eine gute Ergänzung finden die hohen Astern in ebenfalls hohen Schmuckstauden, wie Staudensonnenblumen, Sonnenaugen und Chrysanthemen.

Die Kissenastern 'Herbstgruß vom Bresserhof' (rosa) und 'Kassel' werden 40 cm hoch. Sie sind robust und brauchen humosen Boden.

Beliebte Astern

Bergaster (Aster amellus): 'Blütendecke' (silbergrau), 'Breslau' (blauviolett), 'Hermann Löns' (klarblau), 'Lady Hindlip' (rosa), 'Dr. Otto Petschke' (hellviolett), 'Kobold' (violett), 'Mignon' (lavendel), 'Wunder von Stäfa' (hellblau).

Kissenaster (Aster dumosus): 'Prof. Anton Kippenberg' (blau), 'Jenny' (violettpurpur), 'Kassel' (karminrot), 'Herbstgruß vom Bressenhof' (rosa), 'Lady in Blue' (blau), 'Silberblaukissen' (hellblau), 'Nesthäkchen' (hellrot), 'Wachsenburg' (violettrosa), 'Pacific Amaranth' (blauviolett), 'Pink Lace' (rosa).

Rauhblattaster (Aster novae-angliae): 'Andenken an P. Gerber' (karminrot), 'Rudelsburg' (lachsrosa), 'Rubinschatz' (tiefpurpur), 'Barr's Blue' (tief blauviolett).

Glattblattaster (Aster novi-belgii): 'Dauerblau' (blauviolett), 'Crimson Brocade' (purpurrot), 'Fellowship' (rosa), 'Rosenbügel' (rosa), 'Royal Blue' (tiefblau), 'Schöne von Dietlikon' (blauviolett), 'Blaue Nachthut' (hellblau), 'Weißes Wunder' (weiß), 'Erica' (rotviolett).

Alpenaster (Aster alpinus): 'Albus' (weiß), 'Güte' (reinrosa), 'Ruhm' (violett), 'Wunder' (hellviolett), 'Dunkle Schöne' (dunkelviolett).

Das blaue Blütenwunder im Sommer

Der Rittersporn ist eine ganz besondere Staude. Mit einer Höhe bis zu zwei Meter ragt er mit seinen Blütenständen über viele andere Blumen hinaus. Je nach Sorte blüht Rittersporn von Juni bis Oktober in allen erdenklichen Blautönen. Lassen Sie die Blumen im Garten, denn in der Vase halten sie sich leider nur zwei bis drei Tage.

„Ganz neue, heute noch unbekannte Rittersporn-Blaus warten auf die noch ungeborenen braunen und blauen Augen künftiger Generationen", schrieb der bekannte deutsche Staudenzüchter Karl Foerster in seinem Buch „Blauer Schatz der Gärten". Wie recht er hatte. Blau hat inzwischen viele Varianten bekommen. Und viele blau blühende Rittersporn-Sorten hat Karl Foerster selbst gezüchtet. Die meisten von ihnen gelten heute noch als die besten überhaupt. Seine Ziele bei der Züchtung haben nach wie vor Geltung: Foerster ging es um reine Farben, Standfestigkeit, Langlebigkeit und Resistenz gegen Mehltau.
Wer in seinem Garten bereits Ritterspornpflanzen hat, weiß sicher, wie empfindlich diese Stauden in Bezug auf den Mehltaupilz (mehliger Belag auf den Blättern) sein können. Besonders lästig ist dabei, daß sich die einzelnen Pflanzen untereinander anstecken. Mehltau wird häufig auch von anderen Pflanzen, wie zum Beispiel Rosen, übertragen. Deshalb ist es sehr wichtig, gleich mehltauresistente Pflanzen zu setzen. Hinzu kommt, daß Rittersporne einen geeigneten sonnigen und auch windgeschützten Platz brauchen. Stehen

Das leuchtende Blau der Sorte 'Jubelruf' sucht im Garten ihresgleichen. Der große Staudengärtner Karl Foerster hat sie gezüchtet.

sie ungünstig, vielleicht etwas schattig oder auf zu sandigem Boden, auf dem Pflanzen im Sommer leicht austrocknen, wird ihre Widerstandskraft gegen Krankheiten und Schädlinge erheblich verringert.

Rittersporne brauchen einen Halt, damit sie nicht umgeweht werden. Vor allem neugepflanzte Stauden sollten gleich Staudenringe oder einen ähnlichen Halt erhalten.

Achten Sie auf gute Nachbarn, denn Rittersporn ***(Delphinium)*** steht nicht gern allein. Er braucht Gesellschaft, die allerdings etwas niedrig bleiben

Die schönsten Rittersporn-Sorten

Belladonna-Hybriden sind Dauerblüher von Juni bis Juli und von August bis Oktober: 'Moerheimii' (weiß, 100 cm), 'Völkerfrieden' (blau, 100 cm), 'Kleine Nachtmusik' (dunkellila, 80 cm).

Elatum-Hybriden blühen von Juni bis August und von September bis Oktober: 'Azurriese' (blau, 170 cm), 'Berghimmel' (hellblau, 180 cm), 'Blauwal' (blau, 200 cm), 'Abgesang' (azurblau, 160 cm), 'Jubelruf' (kräftigblau, 180 cm), 'Lanzenträger' (enzianblau, 200 cm), 'Sommernachtstraum' (dunkelblau, 120 cm), 'Adria' (enzianblau, 140 cm), 'Fernzünder' (mittelblau, 140 cm), 'Finsterahorn' (dunkelblau, 170 cm), 'Frühschein' (hellblau mit rosa, 150 cm), 'Junior' (hellblau, 150 cm), 'Merlin' (hellblau, 170 cm), 'Ouvertüre' (mittelblau mit rosa, 160 cm), 'Traumulus' (mittelblau, 170 cm), 'Zauberflöte' (hellblau mit rosa, 160 cm), 'Perlmutterbaum' (hellblau mit rosa, 170 cm), 'Schildknappe' (dunkelblau-violett, 170 cm), 'Tempelgong' (dunkelbau-violett, 170 cm).

Pacific-Hybriden blühen von Juni bis Juli und von September bis Oktober. Sie werden alle zwischen 120 und 180 cm hoch. Trotz des dicken Blütenschaftes knicken sie leicht um. Oft werden Pacific-Hybriden als Samenmischung angeboten. Es gibt die Sorten aber auch einzeln: 'Astolat' (kräftig rosa), 'Black Knight' (dunkelviolett), 'Blue Bird' (mittelblau), 'Elaine' (zartrosa), 'Weißer Herkules' (weiß), 'Galahad' (reinweiß), 'Summer Skies' (himmelblau), 'Guinevere' (rosa-lavendel), 'King Arthur' (dunkelviolett).

Neue Sorten mit neuen Farben entstanden in den vergangenen Jahren. Dicht gedrängt sitzen die rosa Blüten an den Stielen der 'Astolat'.

Zu den Belladonna-Hybriden gehört die Sorte 'Moerheimii'. Sie zeichnet sich durch einen leichten Wuchs und locker verteilte Blüten aus. Die Pflanzen werden bis 140 cm hoch.

kann, z.B. Gartenrosen oder die höher werdenden Strauch- und Kletterrosen. Passende Farben sind Rosa und Weiß. Sträucher wie Falscher Jasmin ***(Philadelphus-Lemoinei***-Hybriden) oder Deutzien sind ebenfalls eine gute Ergänzung. Als Stauden empfehlenswert: Berufkraut ***(Erigeron***-Hybriden) in Weiß oder Rosa, Storchschnabel ***(Geranium)***, Margariten ***(Chrysanthemum maximum)***, Sonnenauge ***(Heliopsis)*** und auch die Trompetenlilien.

Schneiden Sie Rittersporn gleich nach der Blüte zurück. Je zeitiger der kräftige Rückschnitt erfolgt, um so besser stehen die Chancen, daß sich neue Blütenstände bilden. In warmen, regenarmen Sommern ist es durchaus möglich, daß Rittersporn mit einem dreimaligen Flor aufwartet.

Iris, die Orchidee für jedermann

Schwertlilien können es mit jeder anderen Gartenschönheit aufnehmen. Die Sortenvielfalt ist kaum noch zu übersehen. Die meisten neuen Züchtungen sind resistent gegen Regen, Wind und viele Krankheiten.

Die Gattung der Schwertlilien, wie die Iris auch genannt werden, ist besonders umfangreich. Abgesehen von rund 200 bekannten Arten gibt es Tausende von Sorten. Man unterscheidet zwischen zwiebelbildenden und rhizombildenden Arten.

Eine spezielle, für den Hobbygärtner besonders interessante Gruppe ist die Garten-Iris (rhizombildend), die vielfach auch als Bart-Iris bezeichnet wird. Im Zusammenhang mit diesen wunderschönen Stauden spricht man auch oft von der „Orchidee für jedermann". Eingeteilt wird diese Gruppe nach Wuchshöhen: bis 20 cm, bis 70 cm und als Krönung die Hohe Bart-Iris, die bis 150 cm hoch wachsen kann. Alle Bart-Iris-Arten eignen sich gut für die Gruppenpflanzung und sehen auch in der Vase schön aus. Entstanden sind sie vermutlich durch Kreuzungen von ***Iris germanica, Iris chamaeiris, Iris pumila*** und anderen Arten.

Das Sortiment umfaßt alle Farben außer Schwarz, wobei es mehrfarbige oder einfarbige Blüten gibt. Das Ziel der Züchter sind immer neue Farben, reichere, perfektere Blüten und eine erhöhte Widerstandskraft gegen Krankheiten.

Rhizom-Iris

Alle Iris-Arten brauchen nährstoffreichen, neutralen Boden, abgesehen von den Kamm-Iris ***(Iris japonica, Iris milesii, Iris tectorum*** u.a.), die einen etwas sauren Boden bevorzugen. Einen sonnigen Standort muß man allen Arten geben. Da die Pflanzen Staunässe nicht vertragen, lockert man schwere Lehmböden mit etwas Sand. Über organischen Dünger freuen sich die schönen Blumen.

Die beste Pflanzzeit ist Juni/Juli. Die hohen Sorten setzt man mit 40 cm Abstand, die halbhohen mit 20–30 cm und die niedrigeren Formen mit 15–20 cm. Die Rhizome werden schräg in die Erde gepflanzt, mit der Spitze in die sonnigste Richtung. Die Spitze wird nicht mit Erde bedeckt. Wenigstens drei Wochen lang darf die Erde rund um die Rhizome nicht austrocknen. Gedüngt wird erst wieder im März. Die abgestorbenen Blätter entfernt man im Winter oder im zeitigen Frühjahr.

Manchmal heben sich die Rhizome im Winter durch den Frost etwas aus dem Boden heraus. Man darf sie nicht wieder in den Boden hineindrücken, weil dadurch die feinen Wurzeln beschädigt würden. Die sichtbaren Teile bedeckt man locker mit Sand oder Erde.

Im Laufe der Jahre verzweigen sich die Iris-Rhizome und man kann sie leicht teilen. Dazu lockert man die Erde, hebt die Wurzen vorsichtig heraus und schneidet von den Rhizomen Teile mit einem Blattbüschel daran ab. Welke Blätter werden entfernt, die grünen Blätter kürzt man auf etwa 20 cm ein und streicht die Schnittfläche vor dem Pflanzen mit einem pilzhemmenden Mittel ein.

Zwiebel-Iris

Die bekanntesten Zwiebel-Iris-Sorten sind die englischen, holländischen und spanischen. Sie werden zwischen 60 und 80 cm hoch und haben die gleichen Boden- und Standortwünsche wie die Rhizom-Iris. Man steckt die Zwiebel im September und Oktober im Abstand von ca. 15 cm. Das Laub läßt man – wie bei anderen Zwiebelgewächsen auch – einziehen. Im allgemeinen bleiben die Pflanzen im Boden. Nur die spanischen Iris gräbt man aus, sobald die Blätter vertrocknet sind und bewahrt sie trocken auf, bis sie im Herbst wieder in die Erde kommen.

Sobald ein Bestand zu dicht geworden ist, holt man die Zwiebeln vorsichtig aus dem Boden (immer nachdem die Blätter eingezogen sind), läßt sie einige Wochen trocknen und teilt die Tochterzwiebeln ab, bevor man sie im Herbst wieder steckt.

Gut mit den Schwertlilien vertragen sich alle Stauden und einjährige Sommerblumen, die einen eher trockenen Standort bevorzugen.

Die Hohe Bart-Iris ist die größte in der Barbata-Gruppe. Diese hört auf den Namen 'Shipshape'.

Elegante Schönheit im Staudenbeet

Taglilien kennt man seit gut 400 Jahren. Die modernen Neuzüchtungen sind knapp 60 Jahre alt und überzeugen durch herrliche Farben. Die Stauden sehen hübsch aus neben Rittersporn oder Gräsern.

Irreführend genug: Die Pflanze mit Namen Taglilie ist keine Lilie, gehört aber wie Tulpe oder Maiglöckchen zur großen Familie der Liliengewächse. Der botanische Name ***Hemerocallis,*** aus den griechischen Wörtern hemero = Tag, und kallos = Schönheit, zusammengesetzt, weist auf einen wichtigen Wesenszug der Pflanze hin: Jede Blüte hält sich nur einen Tag.

Die Arten der Taglilie stammen aus Ostasien: vom Amurgebiet über China bis nach Japan. Zwei Arten davon sind seit dem 16. Jahrhundert in Europa bekannt. Möglicherweise wuchsen die Pflanzen längs der alten Handelswege, wanderten westwärts, begünstigt durch den Umstand, daß die Chinesen getrocknete Knospen und Blüten einer Taglilie als Delikatesse schätzten.

So lange liegt das noch gar nicht zurück, daß in den Gärten allenfalls die duftende, gelbe Taglilie ***(H. lilioasphodelus)***, im Frühjahr und Sommer dann nur die ziegelrote Variante ***(H. fulva)*** anzutreffen war. Obwohl die Blumen hübsch sind, wurde ihretwegen nie viel Aufhebens gemacht. Eher beobachtete man sie mit Mißtrauen, denn sie wuchern beträchtlich. Diese Taglilien sind unverwüstlich. Vielleicht war das ein Grund mehr für die angelsächsischen Züchter, sich mit ihnen zu befassen.

Die neuen Züchtungen

Schon in der ersten Hälfte dieses Jahrhunderts begann man erfolgreich in den USA und in Großbritannien, Taglilien zu kreuzen. Doch erst die Hybriden, die vor gut zwanzig Jahren erarbeitet wurden und weiter-

hin entstehen, sind so außergewöhnlich, daß man sich angesichts der Blumen verwundert die Augen reiben könnte. Diese Hybriden sind moderne Gartenblumen. Als modern kann man sie bezeichnen, weil sie nicht nur schöne, sondern auch robuste Gartenstauden sind.

Die neuen Sorten zeigen, über das vertraute Gelb und Braunrot der Blüten hinaus, überraschende Färbungen. Es gibt Blüten in strahlendem Grüngelb, in sanftem Rosenrosa, in schimmerndem Perlmutt, das nahezu weiß ist. Da sind feurige wie kühle Rottöne, die sich bis zum dunkelsten Mahagoni vertiefen können oder gar zum Violett hin spielen. Bemerkenswert sind die warmen Mischtöne, von den amerikanischen Züchtern als „melons" bezeichnet, da sie an das Fruchtfleisch der Guadeloupe-Melone erinnern. Es gibt auch zweifarbige Blütenschalen. An heißen Tagen glitzern die Zellen der Blütenblätter zuweilen aufregend kristallin, in Amerika spricht man dann vom „Diamantstaub".

Es sind kleinblütige Sorten, ja sogar Miniatursorten zu haben. Durch veränderte Erbfaktoren gibt es mittlerweile auch Sorten mit Riesenblüten, doch wenn die Blütenstiele nicht hoch genug sind, ist die Gesamterscheinung plump.

Die ersten Sorten blühen schon Ende Mai, die letzten im September. Hauptblütezeit ist der Juli. Gute Sorten zeigen fünf Wochen lang, Tag um Tag, hoch über den grasartigen Blattbüschen ihre Blüten.

Taglilien sind gesund und anpassungsfähig. Man kann die Pflanzen lange an ihrem Platz stehenlassen. Sobald sie aber mit dem Blühen nachlassen, sollten sie geteilt und verpflanzt werden. Am besten im zeitigen Frühjahr oder im Herbst.

Der Abstand zu anderen, größeren Pflanzen sollte wenigstens 60 cm betragen, weil die Büsche allmählich immer breiter werden. Wie alle Blütenstauden danken auch Taglilien Dunggaben mit reicherer Blüte und kräftigem Wachstum.

Sie wachsen bereitwillig in leichten wie kräftigen, in sauren wie alkalischen Böden, auf sonnigem wie halbschattigem Standplatz. Von Natur aus schätzen sie frische, wasserhaltende Böden. Auf leichten Sandböden sollte man die Pflanzen mulchen und bei Hitze wässern.

Warmes Sommerwetter beeinflußt günstig die Blütenfarbe. Bei kühlem Sommerwetter sind die rotblühenden Sorten zuweilen mangelhaft; deutsche Züchter arbeiten daran, perfekte rote Taglilien für den kühlen Norden herauszuzüchten.

Taglilien passen gut an den Teichrand oder an ein Wasserbecken. Sie lassen sich in vielfältiger Weise mit anderen Stauden vergesellschaften.

Jedes Jahr kommen neue Sorten auf den Markt. 'Elaine Struit' ist nur eine aus dem großen Angebot.

Taglilien bilden mit der Zeit dichte Horste. Die einzelne Blüte hält nur einen Tag, aber jeden Tag wieder öffnen sich neue Knospen. Je nach Sorte werden die Pflanzen zwischen 50 und 120 cm hoch.

Schöne Sorten

'Atlas' (hellgelb), 'Shooting Star' (zitronengelb), 'Jake Russel' (goldgelb). 'War Eagle' (rotbraun), 'Haymaker' (purpurrot), 'Jenny Wren' (rot-gelb), 'Elaine Struit' (altrosa), 'Prairie Sunset' (hellgelb), 'Edna Spalding' (weiß), 'Borgia' (gelb-rot), 'Azor' (dunkelgelb).

Sie trotzen Kälte, Eis und Schnee

Auch Christrosen zählen zu den genügsamen Pflanzen, die dennoch mit schönen Blüten überraschen – und das in einer Jahreszeit, die alles andere als freundlich ist. Sie wachsen gern auf leicht kalkhaltigen, etwas feuchten Böden im Halbschatten. Die Blüten eignen sich gut als Schnittblumen.

In der Vorweihnachtszeit werden Christrosen zunehmend als Topfpflanzen angeboten. Es handelt sich dabei um frühblühende und großblütige Sorten der Christrosenart ***Helleborus niger***. Wer möglichst lange Freude an den Blüten haben möchte, sollte die Pflanze hell und kühl stellen, dabei mäßig feucht halten.

Die Christrose läßt sich nicht das ganze Jahr über im Topf halten. Nach der Blüte sollte sie erst an einem kühlen, aber frostfreien Platz stehen. Im April muß die Christrose dann in den Garten ausgepflanzt werden (Vorsicht, die Wurzeln enthalten einen Giftstoff). Sie bevorzugt einen schattigen Platz, wenn möglich auch unter einem lichten Laubbaum mit lehmig-humosem Boden und ausreichend Feuchtigkeit.

Wichtig für Christrosen allgemein ist, daß man sie dort stehenläßt, wo sie einmal eingepflanzt wurden. Wenn Sie also ein prächtig blühendes Exemplar im Garten haben, lassen

Helleborus niger wird zwischen 30 und 60 cm hoch. An einem Stengel sitzen bis zu drei Blüten.

Sie es in Ruhe. Es kann uralt und von Jahr zu Jahr üppiger werden.

Will man eine besonders schöne Christrose vermehren, kann man im April von der Pflanze Teilstücke mit Wurzelansatz schneiden. Dabei aber die Mutterpflanze stehen lassen! An der Basis der Pflanze wird etwas Erde entfernt und dann mit einem scharfen Messer ein Stück Wurzelgeflecht abgetrennt.

Christrosen sind an sich winterharte Stauden. Da sie aber, je nach Witterungsverlauf, ab dem Jahreswechsel oder sogar noch früher bis in den

Als Helleborus-Hybriden werden neuere Züchtungen zusammengefaßt. Sie haben oft rosa oder purpurfarbene, große Blüten.

April hinein blühen, sollte man sie unbedingt windgeschützt und leicht schattig pflanzen. Denn Sonne und Wind bei Frostwetter schaden besonders den neuen Blütentrieben, und die Blüten verkümmern. Geben Sie Ihren Christrosen, besonders den immergrünen, bei Frost Deckreisigschutz. Düngen Sie im April mit Kompost oder etwas Rinderdung.

Christrosen lassen sich auch durch Aussaat vermehren. Wichtig: Die Saat keimt oft erst im zweiten Jahr. Frisches Saatgut, sofort nach der Ernte gesät, keimt besser.

Die gartenwürdigsten Christrosen mit großen, gutgeformten Blüten stammen von ***Helleborus orientalis.*** Unter dem Namen „Orientalische Christrose" gibt es unterschiedliche Sämlinge. Sie variieren in der Blütenfarbe vom Purpurviolett über Rosa, Gelbgrün bis zum Weiß. Manche Blüten sind auffällig rot gepunktet.

Helleborus dumetorum ssp. atrorubens ist eine sehr dunkelgefärbte Variante der obengenannten Christrose. Die Blüten sind tief pflaumenviolett und zeigen sich früh im Jahr. Die Korsische Christrose ***(Helleborus lividus ssp. corsicus)*** hat kräftige, niederliegende Triebe. Die handförmigen, gezähnten Blätter sind wintergrün, die Blüten groß und hellgrün. Diese Sorte braucht einen geschützten Standort.

Helleborus foetidus ist in den Alpen beheimatet, liebt kalkhaltigen Boden und ist immergrün. Die Blüten, kleine grüne Glöckchen, die rotbraun gesäumt sind, stehen in luftigen Blütenbüscheln zusammen.

Heleborus niger stammt aus den Kalkalpen. Sie blüht weiß, manchmal schon im November.

Parade der schönsten Beetstauden

Braucht man bunte Akzente, eine grüne Decke für den Boden, Sichtschutz zum Nachbarn oder eine attraktive Mauer-Tarnung: Mit Stauden kann man fast alle Probleme lösen, vor allem mit robusten Neuzüchtungen.

Stauden gehören zur artenreichsten Gruppe unter den Blütenpflanzen. Ein Garten ohne die einstmals wilden, heute für die verschiedensten Ansprüche gezüchteten, winterharten Pflanzen ist kaum vorstellbar. Auf dem richtigen Boden am richtigen Standort sind sie dankbar und anspruchslos und schenken viele Jahre Blütenfülle in reizvollen Farben.
Weil das Staudenbeet lange einen erfreulichen Anblick bieten soll, muß die Wahl der Pflanzen wohlüberlegt sein. Man hüte sich vor einem wilden Durcheinander, denn was im ersten Jahr noch wenig eindrucksvoll und leer erscheint, kann sehr schnell zu einem unübersichtlichen Dschungel werden. Zwischen den einzelnen Stauden also lieber mehr Platz lassen und im ersten Jahr mit einjährigen Sommerblumen füllen. Gepflanzt wird am besten während der Ruhezeiten (Ausnahme: Containerpflanzen) der Pflanzen von Oktober bis März im frostfreien Boden. Vor dem Pflanzen sollten gründlich alle Wildkräuter entfernt werden, denn in einem einmal etablierten Staudenbeet Unkraut zu jäten ist eine wahre Sträflingsarbeit. So ist es z.B. sehr hübsch und arbeitssparend, ein Beet mit Bodendeckern zu bepflanzen und extravagante Einzelstauden als Blickfang dazwischen zu setzen. Stauden kommen sich schon nach relativ kurzer Zeit sehr nahe, selbst wenn sie keine allzu große Wucherneigung zeigen, und entziehen in dieser Enge dem Boden viel Nährstoffe und Wasser. Für Kompost im Herbst und regelmäßige Düngungen und Wassergaben während der Wachstumsperiode bedanken sich die Stauden mit üppiger Blüte.
Um das Chaos im Staudenbeet zu vermeiden, müssen bei der Planung besonders Wuchshöhe, Blütezeit und Blütenfarbe beachtet werden. Die hohen Stauden gehören in den Hintergrund, eventuell vor Hecke oder Mauer, während Stauden um 1 Meter Höhe den mittleren Bereich zieren und die Vorstauden unter 50 cm sich hervorragend als Einfassung oder Bodendecker eignen. Obwohl in der Natur alle Farbkombinationen ihren eigenen Reiz haben, macht es Spaß, aus der riesigen Palette der Farben die Töne in Kombination mit der Blütezeit aufeinander abzustimmen.

Hochwachsende Stauden

Die folgenden hohen Stauden halten sich bescheiden im Hintergrund oder prunken als attraktive Solitärgewächse.

Stockrose, Malve ***(Alcea rosea):*** Höhe: 160–200 cm, Breite: 30 bis 50 cm; Blütezeit: Juli–Oktober; Farben: Weiß, Rosa, Rot, Lila, Gelb.
Diese seit altersher beliebten Sommerblüher kennen wir als Ein- oder Zweijährige wie auch als Staude; sie alle lieben einen sonnigen, windgeschützten Standort, wollen abgestützt werden und brauchen in sehr kalten Regionen leichten Winterschutz. Besonders beliebt ist die ausdauernde, vielfarbige Feigenblattmalve ***(Alcea ficifolia)***.

Riesenskabiose ***(Cephalaria tatarica):*** Höhe: 150–200 cm, Breite: 90 cm; Blütezeit: Juli–September; Farbe: Gelb.
Die kugeligen Blüten dieser langlebigen Pflanze auf ihren dünnen Stengeln sehen auch in der Vase sehr schön aus. Sie ist sehr breit und gut für große Gärten geeignet, wo sie in voller Sonne stehen möchte.

Geißblattspiere, Waldgeißbart ***(Aruncus dioicus):*** Höhe: 100–200 cm, Breite: 60–80 cm; Blütezeit: Juni–Juli; Farbe: Elfenbein.
Diese Edelspiere mit den federbuschartigen Blütenrispen bietet einen anmutigen Anblick und ist trotz der relativ kurzen Blütezeit auch durch das helle Grün der großen Blätter eine hübsche Solitärstaude. Sie wünscht sich Halbschatten, kann aber mit noch weniger Sonne auskommen. Die männlichen Blüten dieser zweihäusigen Pflanzen werden größer und voller als die weiblichen.

Boltonie, Scheinaster ***(Boltonia asteroides):*** Höhe: 150–250 cm, Breite: 50–80 cm; Blütezeit: Juli–September; Farben: Weiß, Rosa.
Diese hochaufgeschossene Schnittstaude besticht auch durch ihre blaugrün belaubten, kantigen Stengel, die buschiger wachsen, wenn man sie im Mai eine Handbreit über dem Boden einkürzt. Volle Sonne läßt die Pastelltöne der asternartigen Blüten schimmern.

Die Stockrose ist eine beliebte alte Gartenpflanze. Viele Wochen lang zeigt sie ihre herrlichen Blüten an hohen, kräftigen Stielen.

Silberkerze ***(Cimicifuga,*** verschiedene Arten): Höhe: 80–200 cm, Breite: 30–50 cm; Blütezeit: August–Oktober; Farbe: Weiß.
Die Rispen und die prächtige Belaubung dieses Spätblühers entwickeln erst nach einigen ungestörten Jahren an demselben, halbschattigen bis schattigen Standort ihre volle Schönheit. Die Pflanze möchte gut feucht gehalten werden.
Steppenkerze, Lilienschweif, Kleopatranadel ***(Eremurus***-Hybriden): Höhe: 150–250 cm, Breite: 50–80 cm; Blütezeit: Juni–Juli; Farben: Goldgelb, Weiß, Rosa, Orangerot.
Um die Pracht ihrer langen Blütenschäfte voll entfalten zu können, braucht die Steppenkerze einen sehr nahrhaften Boden und sehr viel Sonnenschein. Beliebt sind auch die duftenden rosa Riesenpflanzen der ***Eremurus robustus***, die bis zu drei Meter hoch werden können.
Sonnenblume ***(Helianthus***, verschiedene Arten): Höhe: 120–180 cm, Breite: 40–70 cm; Blütezeit: Juli–September; Farbe: Gelb.
Die gute alte Sonnenblume ist als Staude ebenso attraktiv und anspruchslos wie die aus Samen gezogene Einjährige, vorausgesetzt, ihr wird die Sonne nicht vorenthalten. Gefüllte Sorten möglichst alle drei bis vier Jahre teilen, damit sie nicht wieder einfach werden.
Herbstsonnenhut, Sonnenbraut ***(Helenium***-Hybriden): Höhe: 150–200 cm, Breite: 60–90 cm; Blütezeit: August–Oktober; Farben: Gelb, Rot, z.T. mit brauner Scheibe.
Das leuchtende Gelb des Sonnenhutes erfreut allein oder im Horst bis in den Herbst hinein das Auge, wenn die Pflanze an ihrem sonnigen Plätzchen gut feucht gehalten wird.
Buschmalve ***(Lavatera thuringiaca):*** Höhe: 90–180 cm; Breite: 60–120 cm; Blütezeit: Juni–Oktober; Farben: Rosa, Rot, Violett.
Diese beliebte Malvenart besticht nicht nur durch die großen Trichterblüten, sondern auch durch die apart-grauen, behaarten Blätter. Obwohl sonnenliebend, gedeiht die anspruchslose Pflanze auch im Halbschatten auf gut durchlässigem Boden. Besonders elegant, dafür nicht ganz winterhart ist die große ***Lavatera olbia*** mit ihren rosa Blüten mit violettem Auge.
Federmohn, Bokkonie ***(Macleaya cordata):*** Höhe: 100–200 cm, Breite: 60–90 cm; Blütezeit: Juli–August; Farbe: Elfenbein.
Hat der Federmohn nach zwei bis drei Jahren seine exotische Schönheit voll entfaltet, haben sich seine Ausläufer häufig auch sonst schon im Staudenbeet eingeschlichen. Er wirkt prächtig als Solitärstaude auf einer Rasenfläche.
Riesenknöterich ***(Polygonum cuspidatum):*** Höhe: 200–300 cm, Breite: 80–130 cm; Blütezeit: September–Oktober; Farbe: Weiß.
Wie sein kletternder Verwandter, der Schlingenknöterich, ist auch der Riesenknöterich geeignet, mit seiner Wuchskraft in Windeseile große kahle Flächen mit hellgrünem Laub und rispenförmigen Blüten zu verschönern. Allerdings hört er nicht auf zu wachsen, wenn er die gewünschte Höhe erreicht hat und kann so zu einer kleinen Plage werden.
Zierrhabarber ***(Rheum emodi):*** Höhe: 200–250 cm, Breite: 80–120 cm; Blütezeit: Juni–Juli; Farbe: Elfenbein.
Wie sein Verwandter aus dem Nutzgarten braucht auch diese Zierstaude nahrhaften, gut feuchten Boden. Ihr attraktives gewelltes oder gezahntes Laubwerk kommt am besten zur Geltung, wenn man sie einzeln pflanzt.
Sonnenhut ***(Rudbeckia***, verschiedene Arten): Höhe: 180–200 cm, Breite: 60–90 cm; Blütezeit: Juli–Oktober; Farbe: Goldgelb, Purpur.

Diese altbekannte, dankbare Schnittstaude mit ihren rauhhaarigen Blättern gedeiht auch im Halbschatten auf jedem ordentlichen Gartenboden. Eine prächtige Hintergrundpflanze, deren lange Stiele abgestützt werden sollten.

Goldrute (*Solidago*-Hybriden): Höhe: 150–180 cm, Breite: 50–80 cm; Blütezeit: Juli–Oktober; Farbe: Gelb.

Die eleganten goldenen Blütenrispen dieser anspruchslosen Staude, die auf jedem Boden auch noch im Halbschatten gedeiht, halten sich lange in der Vase und eignen sich mit ihrem warmen Braunton auch gut als Trockenblume. Um zu starkes Wuchern durch Aussamen zu verhindern, sollte Verblühtes sofort abgeschnitten werden.

Vernonie (*Vernonia crinita*): Höhe: 150–250 cm, Breite: 45–75 cm; Blütezeit: August–Oktober; Farbe: Violett.

Diese anspruchslose Pflanze wirkt einzeln oder als Gruppe durch das schmale dunkelgrüne Laub und die zart gefiederten Blüten. Sie gedeiht in Sonne oder Halbschatten, wünscht sich aber ausreichende Wassergaben. Es gibt auch niedrige Sorten.

Palmlilie (*Yucca filamentosa*): Höhe: 130–250 cm, Breite: 70–90 cm; Blütezeit: Juli–Aug.; Farbe: Elfenbein.

Die Yucca beweist, daß gut Ding Weile haben will, denn erst nach einigen Jahren erscheint der Blütenstand mit seinen zarten Glockenrispen, um dann allerdings bei guter Pflege jedes Jahr wiederzukehren. Eine sehr attraktive Solitärstaude, die sich ein vollsonniges Plätzchen und durchlässigen, nährstoffreichen Gartenboden wünscht.

Mittelhohe Stauden

Während die Einzel- und Deckstauden den Hintergrund bilden und häufig auch in der Breite viel Platz beanspruchen, können in der Regel vier bis sieben Mittelstauden pro Quadratmeter den größten Teil des Staudenbeetes füllen.

Bärenklau (*Acanthus longifolius*): Höhe: 50–90 cm, Breite: 60–90 cm; Blütezeit: Juni–August; Farben: Weiß, Weißrosa, Lila.

Diese beliebte Pflanze bringt neben pastellfarbenen Blüten auch sehr dekorative, tief geschlitzte Blätter ans Tageslicht und ist als Solitärstaude geeignet. Sie braucht gut durchlässigen Boden, der ruhig etwas trocken sein darf, und verträgt auch Halbschatten.

Eisenhut (*Aconitum x arendsii*): Höhe: 120–150 cm, Breite: 45–60 cm; Blütezeit: Juli–September; Farben: verschiedene Blautöne.

Obwohl alle Pflanzenteile giftig sind, leuchten in vielen Gärten besonders die tiefblauen Blütenrispen dieser Pflanze, die auf feuchtem Boden gut im Schatten gedeiht. Sonne wird nur an einem sehr feuchten Standort vertragen.

Inkalilie (*Alstroemeria aurantiaca*): Höhe: 60–90 cm, Breite: 45–55 cm; Blütezeit: Juni–September; Farben: Orange, Gelb.

Eine gute Laubabdeckung im Winter und ein sonniger Standort auf durchlässigem, fruchtbarem Boden sorgen schon ab spätem Frühling für kräftige, beblätterte Stiele und zahlreiche große Trichterblüten. Trotz der guten Haltbarkeit sollten im ersten Jahr nicht zu viele Schnittblumen abgenommen werden. Dekorativ sind auch die Ligtu-Hybriden mit ihren rosalila Blüten, die nur etwa 60 cm hoch werden. Verblühtes regelmäßig entfernen. Im Herbst wird die Staude bis zum Boden zurückgeschnitten.

Ochsenzunge (*Anchusa azurea*): Höhe: 90–120 cm, Breite: 30–40 cm; Blütezeit: Juni–August; Farbe: Blau.

Diese dekorative Staude bildet, in Gruppen gepflanzt, einen interessanten, leuchtend blauen Blickfang. Sie mag nahrhaften, durchlässigen, auf keinen Fall nässestauenden Boden in Sonne oder Halbschatten und übersteht problemlos den Winter, wenn die Stengel im Herbst zurückgeschnitten werden.

Anemone (*Anemone*): Höhe: 60–120 cm, Breite: 30–45 cm; Blütezeit: August–Oktober; Farben: Weiß, Rosa, Hellrot.

Die Gruppe der Anemonen umfaßt eine Vielzahl verschiedener Arten und darf in keinem Staudenbeet fehlen. Die reichblühenden, langlebigen Pflanzen mit den großen pastellfarbigen Trichterblüten wünschen sich durchlässigen, feuchten und nahrhaften Boden. Sie bevorzugen den Halbschatten, gedeihen aber auch in der Sonne. Besonders attraktiv ist ***Anemone japonica***, deren zarte Blüten einen Durchmesser von 7 cm erreichen.

Junkerlilie (*Asphodeline lutea*): Höhe: 80–100 cm, Breite: 30 cm; Blütezeit: Mai–Juni; Farbe: Gelb.

Diese Pflanze aus dem Mittelmeerraum besticht durch ihre schmalen grauen Blätter und die in Trauben angeordneten Sternblüten, die auch sehr attraktive Samenstände bilden. In Dreiergruppen an geschützten sonnigen Standorten pflanzen. Man sollte die Stauden im Herbst nicht zurückschneiden, weil die Samenstände sehr hübsch aussehen.

Affodill (*Asphodelus albus*): Höhe: 80–100 cm, Breite: 30 cm; Blütezeit: Mai–Juni; Farbe: Weiß.

Diese zarte, hochaufgeschossene Pflanze mit den büschelig wachsenden schmalen Blättern sollte vorsichtig ins Staudenbeet eingepflanzt werden, damit nicht kräftige Farben anderen Stauden ihre Zartheit erdrücken. Sie verträgt alkalischen, trockenen Boden in voller Sonne und braucht Winterschutz. Die Pflanzen wirken auch gut in kleinen Gruppen. Im Spätherbst wird die Affodill zurückgeschnitten und eventuell geteilt.

Prachtspiere (*Astilbe chinensis*): Höhe: 25–90 cm, Breite: 30–60 cm; Blütezeit: Juni–September; Farben: Weiß, Rosa, Rot, Lila.

Die federartigen Blütenrispen in zarten Pastelltönen und die gezahnten, tiefgrünen Blätter bringen einen Hauch von Anmut und Leichtigkeit in jedes Beet, nur feucht muß es sein. Sehr gut zur Geltung kommt die Pflanze auch an sumpfigen Teichrändern, vorzugsweise im Halbschatten. Sie verträgt aber auch Schatten oder volle Sonne und will ausreichend gewässert und gedüngt werden. Im Herbst bis zum Boden zurückschneiden.

Färberhülse (*Baptisia australis*): Höhe: 60–90 cm, Breite: 45–60 cm; Blütezeit: Juni–August; Farbe: Violett.

Diese buschige Pflanze mit den langen, lupinenähnlichen Blütenständen gedeiht in jedem Boden, wenn sie kräftig gewässert wird. Sie braucht einen sonnigen Standort.

Ochsenauge (*Buphthalmum salicifolium*): Höhe: 45–60 cm, Breite: 45–60 cm; Blütezeit: Juni–August; Farbe: Gelb.

Das leuchtende Gelb dieser breitwüchsigen Staude mit den großen margeritenähnlichen Blüten verleiht dem Vordergrund eines jeden Beetes Farbe und Leben. Sie wächst auf jedem Gartenboden, braucht aber viel Sonne und Wasser.

Genügsam und auch mit einem halbschattigen Standort zufrieden: die Goldrute.

Hat die Prachtspiere genug Wasser, so ist ihr fast jeder Platz recht.

Chrysantheme, Winteraster ***(Chrysanthemum-Indicum*-Hybriden):** Höhe: 60–100 cm, Breite: 30–45 cm; Blütezeit: August–November; Farben: Weiß, Gelb, Rosa, Rot.
Diese dankbaren Stauden werden in vielen Sorten gezüchtet, für Gewächshäuser, aber auch winterhart für den Garten. Einige frühe Sorten wie der 'Julischnee' blühen schon im Juni und erfreuen den ganzen Sommer hindurch. Sie vertragen Sonne und Halbschatten auf gutem Gartenboden.

Mädchenauge ***(Coreopsis*, verschiedene Arten):** Höhe: 30–80 cm, Breite: 45 cm; Blütezeit: Juni–September; Farbe: Gelb.
Diese beliebte, dankbare Staude mit ihren weit verzweigten Stengeln blüht den ganzen Sommer und ist anspruchslos, wenn sie genug Sonne und keine Staunässe bekommt.

Hundszunge ***(Cynoglossum nervosum):*** Höhe: 45–60 cm, Breite: 30–45 cm; Blütezeit: Juni–August; Farbe: Blau.
Die dunkelgrünen Blätter bilden einen hübschen Kontrast zu dem Enzianblau der Blüten. Die langlebige Pflanze wünscht sich durchlässigen Boden in Sonne oder Halbschatten.

Tränendes Herz ***(Dicentra spectabilis):*** Höhe: 30–80 cm, Breite 40–60 cm; Blütezeit: April–Juli; Farben: Weiß, Rosa, Rosarot.

Der Eisenhut mit seinen leuchtenden blauen Blüten paßt sehr gut in ein buntes Staudenbeet.

Die herabhängenden, herzförmigen Blüten über graugrünem, gezahntem Laub haben durch ihre Eigenart zur Namensgebung angeregt. Auf gutem feuchtem Boden wird die Pflanze in Sonne und Halbschatten gedeihen. Sie sollte ungestört am Standort verbleiben.

Berufkraut, Beschreikraut, Feinstrahl ***(Erigeron*-Hybriden):** Höhe: 40–80 cm, Breite: 30–45 cm; Blütezeit: Juni–August; Farben: Weiß, Rosa, Blau, Violett.

Der Feinstrahl erhielt seinen Namen von den feinen Strahlen der asternähnlichen Blüten, die schon im frühen Sommer in vielen Pastelltönen leuchten. Die anspruchslose Pflanze wächst auf jedem Boden in voller Sonne. Schneidet man die Pflanzen nach der Blüte zurück, folgt eine zweite Blüte im Herbst. Besonders schöne Sorten sind 'Adria' (hellviolett bis blau), 'Foersters Liebling' (rosarot mit gelber Mitte) und die halbgefüllte 'Lilofee' (dunkellila).

Spierstaude ***(Filipendula***, verschiedene Arten): Höhe: 30–150 cm, Breite: 45–55 cm; Blütezeit: Juni–August; Farben: Rosa, Rosarot, Karmin, Elfenbein.

Diese hübsche Schnittstaude mit den winzigen, doldenförmig angeordneten Blütenrispen fühlt sich an Wasserrändern besonders wohl. Sie verträgt Sonne und Halbschatten, muß aber immer ausreichend gewässert werden.

Kokardenblume, Gaillardie ***(Gaillardia*-Hybriden):** Höhe: 45–75 cm, Breite: 45 cm; Blütezeit: Juni–September; Farben: Gelb, Rot, Kupfer.

Die aus Nordamerika stammende Staude hat auch bei uns durch viele Neuzüchtungen eine Menge Anhänger gefunden. Die Schmuckstaude mit ihren margeritenähnlichen Blüten wünscht sich leichten Boden und volle Sonne. Empfehlenswert sind die Sorten 'Burgundy' (dunkelrot), 'Kobold' (gelb) und 'Mandarin' (orangerot).

Prachtkerze ***(Gaura coccinea):*** Höhe: 80–100 cm, Breite: 45–55 cm; Blütezeit: Juli–Oktober; Farbe: Weiß mit Rosa.

Die langen Zweige mit den trichterförmigen Blüten sollten nach der Blüte zurückgeschnitten werden, damit sich die Pflanze verzweigt und als kleine Gruppe auf leichtem Boden in voller Sonne das Staudenbeet ziert.

Das gelbe Sonnenauge kam erst zu Beginn des vorigen Jahrhunderts aus den USA nach Europa.

Von Juni bis in den Herbst zeigt die Kokardenblume ihre schönen Blüten. Die Pflanzen brauchen allerdings viel Sonne und einen leichten Boden.

Nelkenwurz, Gemswurz ***(Geum*-Hybriden):** Höhe: 40–60 cm, Breite: 30–40 cm; Blütezeit: Juli–September; Farben: Gelb, Orangerot.

Obwohl eine kurzlebige Staude (3–4 Jahre), sollte der Gemswurz mit seinen leuchtenden Blüten in keinem Staudenbeet fehlen. Er gedeiht in Sonne und Halbschatten auf nahrhaftem, durchlässigem Boden.

Schleierkraut, Gipskraut ***(Gypsophila elegans, G. paniculata):*** Höhe: 80–120 cm, Breite: 60–90 cm; Blütezeit: Juni–August; Farben: Weiß, Hellrosa.

Die duftige Fülle der kleinen Blüten des Schleierkrauts vermittelt im vollsonnigen Staudenbeet den Eindruck von Anmut und Leichtigkeit. Der Name Gipskraut weist auf die gute Kalkverträglichkeit der Pflanze hin, die, ob getrocknet oder frisch, viele Sträuße verschönern kann. Sie läßt sich ungern versetzen und sollte daher an ihrem Standort in fruchtbarem kalkhaltigen Boden bleiben.

Sonnenbraut ***(Helenium*-Hybriden):** Höhe: 60–100 cm, Breite: 45–60 cm; Blütezeit: Juli–September; Farben: Gelb, Rot, Orange, Kupfer.

Die alte Gartenpflanze eignet sich gut als Schnittblume und ist wegen ihrer leuchtenden Blüten und ihrer Anspruchslosigkeit sehr beliebt. Sie wächst auf jedem Boden in Sonne oder Halbschatten.

Sonnenauge ***(Heliopsis helianthoides):*** Höhe: 90–140 cm, Breite: 45–

60 cm; Blütezeit: Juli–Oktober; Farben: Gelb, Ocker.
Manchmal bis spät in den Herbst hinein leuchtet das Gold der margeritenähnlichen Blüten, die einen Durchmesser von 12 cm erreichen können. Sie brauchen einen Standort in voller Sonne auf normalem, durchlässigem Gartenboden. Auch als Schnittstaude ist die Pflanze gut geeignet.
Prachtscharte ***(Liatris spicata):*** Höhe: 40–60 cm, Breite: 40–50 cm; Blütezeit: Juni–Oktober; Farben: Rosa, Rotviolett.
Die kolbenförmigen Blütenstände dieser Schnittstaude öffnen sich von oben nach unten und halten in der Vase sehr lange. Der elegante 'Kobold' wird nur 40 cm hoch und ist als Vorstaude geeignet. Alle gedeihen auf nahrhaftem feuchtem Boden in Sonne oder Halbschatten.
Geiskraut, Kreuzkraut ***(Ligularia***-Hybriden und verschiedene Arten): Höhe: 80–180 cm, Breite: 60–90 cm; Blütezeit: Juli–September; Farben: Gelb, Orange.
Das Kreuzkraut mit seinen mächtigen, huflattichartigen Blättern und attraktiven Blütenständen braucht sehr viel Platz und ist daher auch im mittleren Staudenbeet am besten als Solitärgewächs geeignet. Es braucht feuchten fruchtbaren Boden, am besten in Teichrandnähe, und Halbschatten oder Schatten.
Staudenlobelie ***(Lobelia***, verschiedene Arten): Höhe: 60–100 cm, Breite: 30–40 cm; Blütezeit: August–Oktober; Farben: Blau, Blauviolett, Rot.
Die leuchtenden, großlippigen Blüten der Staudenlobelie sind es wert, daß man ihr guten Winterschutz gewährt und sie im Sommer auf nahrhaftem Boden immer recht feucht hält. Auch am Teichrand ist sie sehr hübsch in Sonne oder Halbschatten. Besonders ansprechend sind die scharlachroten Blütenstände der 'Queen Victoria'.
Lichtnelke, Pechnelke ***(Lychnis chalcedonica):*** Höhe: 80–100 cm, Breite: 45 cm; Blütezeit: Juni–September; Farbe: Scharlachrot.
Auf den leuchtendroten Farbfleck der Pechnelken kann wohl kein Staudenbeet verzichten. Auch sie wird 'Brennende Liebe' genannt und wünscht sich ein sonniges Plätzchen auf gutem Gartenboden.
Felberich ***(Lysimachia***, verschiedene Arten): Höhe: 60–80 cm, Breite: 60–70 cm; Blütezeit: Juni–September; Farben: Weiß und Gelb.
Die weißen oder gelben Ähren der quirlig angeordneten Blüten nehmen sich in jedem Staudenbeet gut aus. Die anspruchslose Pflanze bildet Ausläufer und gedeiht auf jedem Boden in Sonne und Halbschatten, wenn er nur feucht ist. Auch für Teichränder gut geeignet.
Weiderich ***(Lythrum***, verschiedene Arten): Höhe: 120–150 cm, Breite: 45 cm; Blütezeit: Juni–September; Farben: Rosa, Rot, Violett.
Der Weiderich bringt seine leuchtende Blütenpracht am besten in der Nähe des Wassers auf ausreichend feuchtem Boden zur Geltung. Er blüht ausdauernd und ist für sehr nahrhaften Boden in Sonne oder Halbschatten dankbar.
Moschusmalve ***(Malva moschata):*** Höhe: 60–80 cm, Breite: 45–60 cm; Blütezeit: Juni–September; Farben: Weiß, Rosa.
Dieser anspruchslose Dauerblüher zeichnet sich durch den intensiven, moschusartigen Duft der trichterförmigen Blüten aus. Er liebt guten Boden, kann aber auch auf schlechten trockenen Böden überleben, solange ihm die Sonne nicht fehlt.
Scheinmohn ***(Meconopsis***, verschiedene Arten): Höhe: 80–100 cm, Breite: 30–40 cm; Blütezeit: Juni–September; Farben: Blau, Orange, Gelb.
Eine besonders hübsche Variante dieser ungewöhnlichen Pflanzen ist der himmelblaue Himalajamohn. Sie säen sich selbst aus, brauchen sehr nährstoffreichen Boden in Sonne oder Halbschatten und wünschen sich ein geschütztes Plätzchen.
Indianernessel, Monarde ***(Monarda***-Hybriden): Höhe: 60–120 cm, Breite: 30–50 cm; Blütezeit: Juli–September; Farben: Weiß, Rosa, Rot, Violett.
Die großen, dichten Büschel mit den aromatischen pfefferminzähnlichen Blättern und quirlig angeordneten Blütenständen gehören in jedes Staudenbeet, denn sie sind ein Tummelplatz für Bienen und Schmetterlinge. Die Pflanze braucht feuchten, nahrhaften Boden, verträgt aber gelegentlich auch Trockenheit. Sonne oder Halbschatten ist erwünscht.
Orientalischer Mohn, Türkischer Mohn ***(Papaver orientale):*** Höhe: 50–100 cm, Breite 60–80 cm; Blütezeit: Mai–Juli; Farben: Weiß, Rosa, Lachs, Rot.
Die ausladende Staude mit den riesigen schalenförmigen Blüten und den attraktiven Samenkapseln braucht viel Platz, was sich trotz der wenig haltbaren Blüten lohnt, da auch die graugrünen, behaarten Blätter einen optisch attraktiven Beitrag zum Staudenbeet im Sommer leisten. Die Pflanze wächst auf jedem Boden in der Sonne.
Bartfaden ***(Penstemon hartwegii):*** Höhe: 60–90 cm, Breite: 30–45 cm; Blütezeit: Juni–September; Farben: Rot, Orange, Lila.
Die zierlichen Glöckchen des Bartfadens erfreuen den ganzen Sommer mit ihrer Farbenpracht, wenn sie regelmäßig zurückgeschnitten werden. Die gute Schnittblume zeigt im Herbst eine attraktive Laubfärbung. Allerdings braucht sie auch in mildem Klima Winterschutz, gedeiht am besten an einem sonnigen, geschützten Standort auf fruchtbarem, durchlässigem Boden.

Phlox ist ein Paradies für Schmetterlinge.

Flammenblume, Phlox ***(Phlox-Paniculata***-Hybriden): Höhe: 90–120 cm, Breite: 50–80 cm; Blütezeit: Mai–Oktober; Farben: Weiß, Rosa, Orange, Rot, Blau, Violett, Lila, verschiedene Augen.
Phlox ist seit altersher unentbehrlich im Staudengarten. Mit seinen zart duftenden Blüten und den zahlreichen dezenten Farben in verschiedenen Kombinationen ist er auch ein Paradies für Schmetterlinge. An sonnigen oder halbschattigen Plätzen auf nährstoffreichem, feuchtem Boden kann die Staude gut zehn Jahre ihre Schönheit entfalten.

Gelenkblume *(Physostegia virginiana):* Höhe: 60–90 cm, Breite: 45–60 m; Blütezeit: Juli–Oktober; Farben: Weiß, Rosa, Rot, Violett.
Die Röhrenblüten der Gelenkblume können in jede beliebige Stellung gedrückt werden und bleiben auch so stehen. Dieser Eigenschaft verdankt die Pflanze ihren Namen. Sie steht gut an Teichrändern in Sonne oder Halbschatten, wächst aber auch auf jedem fruchtbaren, feuchten Boden. Wucherneigung läßt sich beschränken, indem man die Staude alle drei Jahre teilt.
Schaublatt *(Rodgersia pinnata):* Höhe: 70–120 cm, Breite: 60–100 cm; Blütezeit: Juni–August; Farben: Weiß, Elfenbein, Rosa.
Diese attraktive Solitärstaude erfreut vor allem durch ihre großen, schön geformten Blätter mit den gesägten Blatträndern, die die feinen fedrigen Blütenrispen etwas in den Schatten stellen. Die langlebige Staude wächst nur langsam an und wünscht sich einen sehr feuchten Standort im Halbschatten.
Skabiose *(Scabiosa caucasica):* Höhe: 60–90 cm, Breite: 45 cm; Blütezeit: Juni–September; Farben: Weiß, Blau, Lila.
Diese dankbare, langblühende Schnittstaude wirkt am schönsten in größeren Gruppen. Sie wünscht sich Sonne und durchlässigen, kalkhaltigen Boden.
Blauer Salbei, Sommersalbei *(Salvia x superba):* Höhe: 70–90 cm, Breite: 30–40 cm; Blütezeit: Juli–September; Farben: Blau, Lila.
Der anspruchslose kleine Busch ist ein naher Verwandter des Gewürzsalbeis und besticht durch die leuchtenden Farben der kleinen, in langen Blütenständen angeordneten Blüten. Er ist langlebig und wünscht sich einen halbschattigen, trockenen Standort auf kalkhaltigem Boden.
Prärie-Malve *(Sidalcea*-Hybriden): Höhe: 70–80 cm, Breite: 45 cm; Blütezeit: Juni–September; Farben: Weiß, Rosa, Rot.
Diese herrliche Staude aus Neumexiko gedeiht auf jedem Boden in Sonne oder Halbschatten. Neben den Blütentrauben sind auch die glänzenden Blätter sehr attraktiv. Die Pflanze immer gut wässern und im Winter leicht abdecken.
Diptam *(Dictamnus albus)*: Höhe 60–80 cm, Breite: 45–60 cm; Blütezeit: Juni–Juli; Farben: Weiß, Rosa.
Ihre volle Schönheit entfaltet diese Staude erst nach einigen Jahren. Sie eignet sich gleichermaßen für sonnige und halbschattige Standorte und braucht nahrhaften, eher etwas lehmigen Boden.
Germer *(Veratrum nigrum):* Höhe: 100–120 cm, Breite: 60–80 cm; Blütezeit: Juni–August; Farbe: Schwarzviolett.
Diese prächtige Schmuckstaude mit den vielen kleinen, in Rispen angeordneten Blüten hat es in sich. Wurzel, Stengel und Blätter sind sehr giftig! Die Pflanze wirkt am besten solitär und braucht gut durchlässigen, feuchten Boden, Sonne oder Halbschatten.
Ehrenpreis *(Veronica):* Höhe: 30–180 cm, Breite: 20–45 cm; Blütezeit: Mai–September; Farben: Weiß, Rosa, Blautöne.
In der großen Gruppe der Ehrenpreisarten und -sorten finden sich Pflanzen für jede Funktion im Staudenbeet, ob im Hinter- oder Vordergrund oder als leuchtend blauer Blickfang in der Mitte. Alle Arten brauchen durchlässigen, nahrhaften Boden und Sonne oder Halbschatten.

Kleinwüchsige Stauden

Wie ein Maler, Musiker oder Schriftsteller muß auch der Gartenkünstler sein Werk gut strukturieren. So sind die kleinwüchsigen Vorstauden sozusagen eine Hinführung zum Thema, dem Staudenbeet. Für den schönsten Effekt sollten 10–15 Pflanzen pro Quadratmeter gesetzt werden, für reine Einfassungen je nach Breite 5–7 Pflänzchen pro Meter. Viele der nachstehend aufgeführten Gewächse sind auch sehr hübsch im Steingarten, zum großen Teil jedoch keine reinen Steingartenpflanzen.
Kornrade, Agrostemma *(Agrostemma githago):* Höhe: 40–60 cm, Breite: 20–30 cm; Blütezeit: Juni–August; Farbe: Rot.
Die Agrostemma ist eine nahe Verwandte der als Wildkraut bekannten Kornrade und samt sich auch leicht selbst aus. Werden die Blüten jedoch möglichst täglich zurückgeschnitten, verhindert dies das Aussamen und fördert außerdem den Blütenflor der leuchtend roten Blüten, die einen aparten Gegensatz zu den weißlichen Blättern bilden. Die Pflanze wächst auf jedem Boden in Sonne oder Halbschatten.
Frauenmantel *(Alchemilla mollis):* Höhe: 30–45 cm, Breite: 40–50 cm; Blütezeit: Juni–August; Farbe: Gelb.
Die kleinen kugeligen Blütenknäuel setzen lustige Akzente über den mehrteiligen, behaarten Blättern der buschigen Pflanze. Sie wünscht sich durchlässigen, feuchten Boden in Sonne oder Halbschatten.
Perlpfötchen *(Anaphalis nubigena):* Höhe: 15–35 cm, Breite: 20–30 cm; Blütezeit: Juli–September; Farbe: Weiß.
Die silbrig-grauen Blätter geben zusammen mit den flachen Blütendolden der Pflanze ihren besonderen Reiz. Sie ist eine gute Schnitt- und Trockenblume und mit jedem durchlässigen Boden zufrieden. Nur Sonne möchte sie haben.
Purpurglöckchen *(Heuchera*-Hybriden): Höhe: 20–60 cm, Breite: 20–30 cm; Blütezeit: Mai–September; Farben: Rosa, Rot.
Die Purpurglöckchen lassen ihre kleinen Glöckchen in intensiven Farben am liebsten nur in der Morgen- oder Abendsonne leuchten. Mit ihren dünnen Stielen und den immergrünen Blättern sind sie gute Schnittblumen. Sie brauchen leichten, gut durchlässigen Boden.
Freilandgloxinie *(Incarvillea delavayi):* Höhe: 40–60 cm, Breite: 40–50 cm; Blütezeit: Mai–Juli; Farbe: Rosarot.
Die Incarvillea wächst im späten Frühjahr. Zuerst erscheinen ihre großen Trichterblüten und nach der Blüte die tief eingeschnittenen Blätter. Eine dankbare Pflanze, die gut auf kalkhaltigem, durchlässigem Boden in Sonne und Halbschatten gedeiht.
Alant *(Inula orientalis):* Höhe: 20–60 cm, Breite: 20–30 cm; Blütezeit: Juni–September; Farbe: Gelb.
Diese ausdauernde, robuste Pflanze erfreut den ganzen Sommer mit einem reichen Blütenflor. Den großen Scheibenblüten entströmt ein angenehmer, zarter Duft. Obwohl sie feuchten Boden liebt, verträgt sie auch mal eine längere Trockenperiode oder den Nässestau im Lehmboden. Sie gedeiht in Sonne und Halbschatten.
Lein, Flachs *(Linum perenne):* Höhe: 30–50 cm, Breite: 25–35 cm; Blütezeit: Juni–September; Farbe: Himmelblau.
Die leuchtenden Schalenblüten die-

ser reichblühenden Pflanze schließen sich am Nachmittag, dann kommt das feingefiederte Laub richtig zur Geltung. Leinen ist kurzlebig, samt sich aber selbst reich aus. Er wächst auf leichtem, nahrhaftem Boden in voller Sonne.

Blauglöckchen ***(Mertensia virginica):*** Höhe: 35–45 cm, Breite: 30–45 cm; Blütezeit: April–Juni; Farbe: Blauviolett.

Diese breitwüchsige Frühlingsblume setzt durch den Kontrast der blaugrauen Blätter zu den schönen röhrenförmigen Glockenblüten einen ungewöhnlichen Akzent im Vordergrund des Beetes. Ihr Standort im Halbschatten oder Schatten sollte markiert werden, da sie nach der Blüte völlig einzieht. Sie braucht fruchtbaren Boden und viel Feuchtigkeit.

Der Frauenmantel entwickelt sich rasch zu einer üppigen Pflanze, wird aber nur etwa 45 cm hoch.

Ballonglockenblume ***(Platycodon grandiflorus):*** Höhe: 45–60 cm, Breite: 25–35 cm; Blütezeit: Juni–September; Farben: Weiß, Rosa, Hellblau.

Die reich blühende Pflanze mit ihren dekorativen, glockenblumenähnlichen Blüten von bis zu 8 cm Durchmesser läßt sich mit ihrem Erscheinen im Frühjahr Zeit. Daher sollte der Standort markiert werden. Sie liebt Sonne oder Halbschatten auf normalem Gartenboden.

Die verschiedenen Blautöne der zarten Skabiose sehen zum Beispiel neben den weißen Blüten von Margeriten ganz besonders schön aus.

Jakobsleiter ***(Polemonium x richardsonii):*** Höhe: 40–50 cm, Breite: 25–35 cm; Blütezeit: April–Mai, 2. Blüte Juli; Farben: Weiß, Blau, Violett.

Diese langblühende Pflanze stellt keine großen Ansprüche und ist daher in vielen Gärten zu finden. Der Flor trichterförmiger oder flacher Blüten erscheint zweimal, wenn sofort nach der ersten Blüte kräftig zurückgeschnitten wird. Sie braucht feuchten, durchlässigen Boden in Sonne oder Halbschatten.

Das Purpurglöckchen öffnet seine Blüten nur im milden Licht der Morgen- und der Abendsonne.

Primel ***(Primula*-Arten, *Eliator*-Hybriden):** Höhe: 10–50 cm, Breite: 30–45 cm; Blütezeit: März–Juni; Farben: Weiß, Gelb, Rot, Orange, Violett, Blau.

Primeln sind die leuchtenden Boten des Frühlings und gehören in jeden Garten. Staudenprimeln gibt es in vielen Kulturformen, von der im März blühenden Rosenprimel über Kissenprimel und Schlüsselblume bis hin zu den sommerblühenden Etagenprimeln. Sie alle wünschen sich nahrhaften, feuchten Boden in Sonne oder Halbschatten.

Der Natur ein bißchen näher rücken

Alle Anbaumethoden und Pflegemaßnahmen, die sich in Nutzgärten bewährten, gelten auch für Ziergärten. Mehltau bleibt Mehltau, ob an Rosen oder Gurken. Er wird biologisch behandelt.

Biologisches, das heißt naturgemäßes Gärtnern im Gemüse- und Obstgarten, findet immer mehr Anhänger. Warum eigentlich werden nicht auch Ziergärten nach dieser Methode bewirtschaftet? Zunächst der Boden: Ob im Nutz- oder Ziergarten – der Boden sollte immer bewachsen oder bedeckt sein. Man kann die Erde mit Rindenmulch bedecken oder das Laub liegenlasen. Im Ziergarten bietet sich außerdem die Bepflanzung mit Bodendeckern an.

Ob Gemüse oder Blumen – alle Pflanzen brauchen Nährstoffe. Und die gesündeste Ernährung ist auch im Ziergarten der Kompost. Zur weiteren Verbesserung des Bodens können Gesteinsmehle und Tonprodukte eingesetzt werden. Auch Gründüngungspflanzen tun dem Ziergarten gut. Und die mechanische Bodenbearbeitung besteht im Ziergarten ebenfalls hauptsächlich aus Lockern.

Krankheiten und Schadinsekten treiben ebenso auf Tulpen und Margeriten ihr Unwesen wie auf Gemüse und Obst. Am meisten gefährdet sind Rosen: Gegen Sternrußtau hilft Gelbsenf (unter die Pflanzen gesät); gegen Mehltau Schnittlauch, Knoblauch und Zwiebeln; gegen Nematoden (die Wurzelälchen) Ringelblumen und Tagetes; gegen Ameisen, Blut- und Blattläuse Lavendel und Kapuzinerkresse.

Wühlmäuse, die besonders gern an Zwiebelpflanzen nagen, sollen durch Kaiserkronen und Knoblauch abgeschreckt werden. (Ein sicherer Schutz für wertvolle Zwiebeln sind natürlich auch die Blumenzwiebel-Pflanzkörbe.) Und die aus dem biologischen Nutzgarten bekannten Pflanzenjauchen und -brühen helfen Rosen ebenso wie Rüben.

Das Wichtigste am naturnahen Ziergarten ist die Auswahl der Pflanzen. Man soll einheimischen Bäumen, Sträuchern und Blumen den Vorzug geben. Schnitthecken sehen zwar ordentlich aus, machen aber auch viel Arbeit. Freiwachsende Blütenhecken geben dem Garten dagegen ein wenig das Aussehen eines Knicks. Findige Gärtner wählen die blühenden Gehölze und Blumen so, daß vom zeitigen Frühjahr bis in den Sommer hinein immer etwas blüht. Und zum Herbst hin leuchten statt der Blüten vielfach bunte Früchte und farbenfrohes Laub.

Für Farbe im grünen Allerlei sorgen auch Blumen und Stauden, wobei mehrjährige Pflanzen eher in einen naturnahen Garten passen. Sie wachsen sich allmählich zurecht und zusammen, bilden fast ein kleines Dickicht.

Rosen dürfen auch in Naturgärten nicht fehlen. Die edlen, pflegeintensiven und empfindlichen Schönheiten sind in einem naturnahen Garten nur

Sehr bunt und ohne gerade Linien präsentiert sich der Wildgarten. Das „Chaos" ist geplant und will die ganze Saison gepflegt werden.

schwer zu kultivieren. Es gibt jedoch eine große Anzahl sogenannter alter Rosen, denen weder schlechte Witterung noch Krankheiten und Schädlinge so schnell etwas anhaben können.
Zum Naturgarten gehören außerdem Schling- und Kletterpflanzen, die sich an Hauswänden, Zäunen und Pergolen emporranken. Die verwendeten Materialien für Wege, Abgrenzungen oder für ein Gerätehäuschen sollten auch so natürlich wie möglich sein. Blech und Maschendraht wären Fremdkörper. Nicht vergessen darf der Naturgärtner einen Teich. In seiner Umgebung, am Ufer und auch auf seinem Grund lassen sich ganz spezifische Pflanzen und Tiere ansiedeln.
Im Ziergarten läßt sich auch auf andere Weise praktischer Naturschutz verwirklichen. Viele Pflanzen sind vom Aussterben bedroht, weil sie in der Natur immer weniger Lebensraum finden. In einem über mehrere Jahre naturgemäß bewirtschafteten Ziergarten siedeln sich Raritäten ganz von selbst an. Es gibt aber auch Gärtnereien, die sich auf Wildpflanzen spezialisiert haben. Weitere Elemente im naturnahen Ziergarten sind Gräser und, wenn es die Lage von Haus und Garten erlaubt, auch ein Steingarten. Und daß aus dem geschorenen, grünen Rasenteppich eine Blumenwiese werden kann, muß kaum extra hervorgehoben werden.
Mit den heimischen Pflanzen werden auch die Tiere in einem naturgemäß angelegten Garten wieder Einzug halten. Sind genug dornige Büsche vorhanden, finden Singvögel einen sicheren Nistplatz. Wird weniger gespritzt, haben sie auch genug Nahrung, und die Insekten sorgen dafür, daß die Blüten befruchtet werden, womit die Winterfütterung der Vögel – Beeren und Samen – dann auch wieder gesichert ist.

Die Heide blüht gleich hinterm Haus

Viele tausend Besucher reisen alljährlich in die Lüneburger Heide. Romantische Gärtner setzen sich die attraktiven, robusten und dankbaren Heidepflanzen in den Garten.

Eine Heidelandschaft à la miniature ist der Traum vieler Gartenbesitzer. Aber leider kann man sich diesen Wunsch nicht überall erfüllen. Denn die typischen Heidepflanzen brauchen einen typischen Boden, den es von Natur aus in Gärten recht selten gibt: Torfig, etwas sandig und sauer muß die Erde sein.

Es wäre unsinnig, einen fruchtbaren Lehmboden mit großem technischen und finanziellen Aufwand in einen mageren Heideboden umwandeln zu wollen. Tendiert die Erde jedoch sowieso zu den oben genannten Eigenschaften, kann man nachhelfen und nahezu optimale Bedingungen schaffen.

Vorbereitung des Bodens

Einige Zeit, bevor man mit dem Pflanzen beginnt, werden Torf, Lauberde und eventuell Sand in den Boden eingearbeitet. Ideal wäre es, den Boden im September vorzubereiten, danach Lupinen auszusäen und die zerkleinerten Reste im nächsten Frühjahr locker in den Boden einzugraben. Prüfen Sie vor Pflanzbeginn auf jeden Fall den pH-Wert des Bodens. Er muß zwischen 3,8 und 4,8, maximal 5 liegen.

Ebenso wichtig wie der Boden ist die Lage des Gartens. Die Heidelandschaft ist sonnig und offen, der Wind kann ziemlich ungehindert darüber hinwegfegen. Besonders rauh ist das Klima allerdings nicht.

Auch der topographische Charakter der Landschaft läßt sich in einem

Die gute alte Erika hat ungefähr 1500 Verwandte. Hier leuchten Sorten der Grauheide (Erica cinerea) und der Besenheide (Calluna vulgaris) vom dunklen Violett bis zum hellen Lila.

Hausgarten durch gezielte Wahl der Pflanzen und durch einige gestalterische Elemente nachempfinden. Die Heide weist weitläufige Bodenwellen auf. Pflanzen Sie höheres Heidekraut auf die Erhebungen, dann wirkt die Hügellandschaft noch ausgeprägter. Bei der Auswahl der Pflanzen spielt die Größe des Gartens eine entscheidende Rolle. Auf die so charakteristische Birke sollte man lieber verzichten – der Baum wird zu schnell zu hoch. Eine Alternative: kleinwüchsige Hängebirken.

Die Hauptsache im Heidegarten ist das Heidekraut. Gemeint ist damit meistens die Besenheide ***(Calluna vulgaris)***. Von dieser Wildart gibt es viele, speziell für den Garten gezüchtete Sorten und Hybriden. Erika-Gewächse ***(Ericaceae)*** sind eine sehr viel größere Familie (mehr als 50 Arten) mit einer unüberschaubaren Anzahl von Sorten und Hybriden in allen Farben von Weiß über Rosa bis Dunkelviolett, von kriechendem (bis 10 cm), halbhohem (bis 30 cm) oder hohem (bis 60 cm)

Blütezeiten

Dezember–April
Schneeheide (Erica herbacea).
Sorten: z.B. 'Cecilia M. Beale', 'Myretown Ruby', 'Foxhollow', 'Winter Beauty'.
März–April
Englische Heide (Erica x darleyensis).
Sorten: z.B. 'Jenny Porter', 'White Perfection', braucht Winterschutz.
Juni–September
Moor- oder Glockenheide (Erica tetralix).
Sorten: z.B. 'Alba mollis', 'Hookstone Pink', 'Helma', 'Con Underwood'.
Irische Heide (Daboecia cantabrica), braucht Winterschutz.
Juli–Oktober
Grauheide (Erica cinerea).
Sorten: z.B. 'Honeymoon', 'Violetta', 'Providence', 'G. Osmond'.
Cornwallheide (Erica vagans).
Sorten: z.B. 'Valeria Proudly', 'Mrs. D.F. Maxwell', braucht Winterschutz.
August-November
Besenheide (Calluna vulgaris).
Sorten: z.B. 'Elegantissima', 'Marleen', 'Sonja', 'Heidezwerg', 'Ralph Purnell', 'Long White'.

Im Vordergrund Grauheide 'G. Osmond', dahinter Besenheide 'Aurea'.

Eine reizvolle Sorte der großen Familie Besenheide ist 'Long White'. Die Rispen werden bis 60 cm hoch und blühen im September/Oktober.

Die Glockenheide (Erica tetralix) 'Con Underwood' blüht ab Juli.

Wuchs. Eine weitere, sehr reizvolle Gattung ist die Irische Heide ***(Daboecia cantabrica)***, bei der im Gegensatz zu den anderen die Blumenkrone nach der Blüte abfällt.
In den Heidegarten gehören aber noch eine ganze Reihe zusätzlicher Pflanzen. Wacholder, Ginster, kleine Kiefern und immergrüne Koniferen setzen Akzente. Von den Bodenbedingungen und auch von der Gartengestaltung her gesehen passen Rhododendren gut in einen Heidegarten, wenn diese Pflanzen auch nicht gerade typisch für die Lüneburger Heide sind. Außerdem kann man Heidelbeeren ***(Vaccinium myrtillus)*** und Preiselbeeren ***(Vaccinium vitis-idaea)*** zwischen die Heide pflanzen, auch Thymian ***(Thymus vulgaris)***, Glockenblumen ***(Campanula rotundifolia)*** und Veilchen-Arten, Sanddorn ***(Hippophaë rhamnoides)***, Moosbeeren ***(Vaccinium oxycoccos)*** oder Ehrenpreis ***(Veronica prostrata)***. Geeignet sind auch Gräser, u.a. Lampenputzergras ***(Pennisetum orientale)***, Pfeifengras ***(Molinia arundinacea)*** oder Schneemarbel ***(Luzula nivea)***.

Pflanzung und Pflege

In den ersten Jahren macht ein Heidegarten etwas Arbeit, wird aber im Laufe der Zeit immer pflegeleichter. Pflanzzeit ist entweder im April/Mai oder im September/Oktober. Wird ein bodendeckender Bewuchs angestrebt, rechnet man mit 8–12 Pflanzen pro Quadratmeter. Das Unkraut muß sorgfältig entfernt werden. Bis die Heide ein dichtes Polster bildet, muß man regelmäßig jäten.
In der Natur sorgen Heidschnucken und andere Tiere dafür, daß die Erika nicht zu hoch wird, im Garten müssen die Pflanzen nach der Blüte ca. um die Hälfte zurückgeschnitten werden, Schneeheide nur jedes zweite Jahr. Gedüngt wird sehr sparsam. Es reicht, im Frühjahr eine Handvoll kalkfreien Moorbeetdünger pro Quadratmeter auszustreuen oder ein Gemisch aus Guano und Knochenmehl rund um die Wurzelballen oberflächlich in den Boden einzuarbeiten – vorsichtig, damit die flachen Wurzeln nicht verletzt werden. Verfärben sich die Blätter gelb (Chlorose), so ist der Boden zu kalkreich. Eisenpräparate schaffen Abhilfe. In den ersten Monaten nach der Pflanzung darf der Boden nicht austrocknen.

Bescheiden und schön: Orchideen

Nicht nur tropische, auch hiesige Laubwälder sind die Heimat seltener Orchideen. Viele stehen unter Naturschutz, werden aber in Spezialgärtnereien für den Hobby-Gärtner nachgezüchtet. Am besten wachsen sie auf eher mageren, feuchten Böden.

Die Orchideen, von denen hier die Rede ist, wachsen zum Teil bei uns noch wild. Dort, an ihren natürlichen Standorten, sind sie nach dem Bundesnaturschutzgesetz geschützt. Man darf sie nicht aus- oder abreißen, ausgraben oder Teile von ihnen (z.B. Samenkapseln) abpflücken. In Europa gibt es rund 200 Arten von wildwachsenden Orchideen. Dabei handelt es sich ausschließlich um Erdorchideen.

Neuen Erkenntnissen über die Lebensweise der Orchideen und der Bemühungen einiger Züchter ist es zu verdanken, daß eine ganze Reihe dieser heimischen Orchideen-Arten jetzt auch gezüchtet werden. Die Anzuchtbetriebe verkaufen sie getopft als blühfähige Pflanzen. Verlangen Sie beim Kauf Einblick in die amtliche Bestätigung, daß die Pflanzen gärtnerisch kultiviert worden sind.

Die Erde in einem neuangelegten Hausgarten – womöglich noch frisch gedüngt – ist für die Freilandkultur von Orchideen nicht brauchbar. Am besten eignen sich solche Flächen, die lange vernachlässigt und auch nicht gedüngt worden sind. Wildorchideen passen am besten in naturnah gestaltete Gärten.

Kann man ihnen also einen angemessenen Platz geben – bevorzugt wird meist Halbschatten und kalkhaltiger, humusreicher Boden –, blühen sie nicht nur das erste Jahr nach dem Einpflanzen, sondern kommen jedes Jahr wieder. Sie breiten sich mit der Zeit durch Ausläufer ihrer Wurzelstöcke aus. Manche Arten vermehren sich auch durch Aussaat. Die Sämlinge brauchen jedoch oft viele Jahre, ehe sie zu blühfähigen Pflanzen herangewachsen sind.

Das gefleckte Knabenkraut (Dactylorhiza maculata) blüht im Juni und Juli. Die Farbtöne reichen von Rosa über Reinweiß bis Weinrot und Violett.

Einmal angewachsene Orchideen sollte man nicht mehr umsetzen, das vertragen die wenigsten Arten. Bei der Wahl des Standortes muß man von vornherein bedenken, daß die Pflanze genügend Platz braucht, um sich ausbreiten zu können.

Garten-Orchideen

Am unkompliziertesten in den Ansprüchen ist das in seiner Blütenpracht eher bescheidene Große Zweiblatt ***(Listera ovata)***.

Der Frauenschuh (Cypripedium calceolus) kann im Garten sehr alt werden. Diese herrliche Pflanze hat über 100 gelb-rote Blüten.

Auch unsere wohl prächtigste (und leider auch sehr selten gewordene) heimische Orchidee, der Frauenschuh ***(Cypripedium calceolus)*** läßt sich im Garten kultivieren. Der Frauenschuh verlangt einen schattigen Standort und vor allem im Frühjahr eine hohe Bodenfeuchtigkeit. Kalkhaltige Lauberde eignet sich als Substrat.

Auch für die Gartenkultur geeignet ist die Waldhyazinthe ***(Platanthera chlorantha)***, die einen kalkhaltigen, feuchten Standort braucht.

In Mitteleuropa sehr verbreitet sind die Knabenkräuter, die man in zwei Gattungen einteilt: ***Orchis*** besitzt eine runde Knolle und ***Dactylorhiza*** eine handförmig-geteilte.

Von den Knabenkräutern sind viele Arten in Kultur genommen worden, die recht unterschiedlich in den Standortansprüchen sind.

Ebenfalls in Kultur sind Arten der besonders interessanten und schönen Orchideengattung der Ragwurz ***(Ophrys)***. Sie bedienen sich eines Tricks, um bestimmte Insekten zum Bestäuben anzulocken. Die Lippe ihrer Blüten ist dem Hinterleib von Hummeln, Bienen, Fliegen oder anderer Insekten nachempfunden. In der Annahme, einen vermeintlichen Geschlechtspartner vor sich zu haben, bestäuben die angelockten Insekten die Orchideen.

Farne – uralt und attraktiv

Kaum eine andere Pflanzenart ist so unterschiedlich in ihrem Aussehen. Die grünen Wedel entfalten ihre Schönheit so richtig nur im Schatten und auf feuchtem Boden. Einem naturnah gestalteten Garten verleihen sie das geheimnisvolle Flair einer nahezu unberührten Landschaft.

Farne sind niedere Pflanzen – botanisch gesehen. Sie bilden weder Blüten noch Samen, nur Sporen. Aber sie sind eine vielseitige und alte Pflanzengruppe. Ihre Urahnen bildeten schon vor vielen Millionen Jahren riesige Wälder.

Farne sind für uns besonders interessante Gartenpflanzen. Einmal weil sie pflegeleicht sind, zum anderen wegen der sehr unterschiedlichen Grünfärbungen ihrer meist recht dekorativen Blattwedel. Unter günstigen Bedingungen behalten manche Arten auch im Winter ihre grünen Wedel. Das äußere Erscheinungsbild variiert vom graziösen Zwergwuchs bis zum ausladenden, wuchtigen Busch.

Die großen Sorten sollten wie Solitärs an markanter Stelle einzeln stehen, kleinere machen sich gut in Zweier- oder Dreiergruppen.

Schildfarn ***(Polystichum setiferum)***. Von dem großen deutschen Staudenzüchter Karl Foerster erhielt dieser schönste filigrane Farn der Art Polystichum seinen Namen. Sein besonderer Vorteil ist, daß die Wedel wintergrün sind.

Trichterfarn, Straußfarn ***(Matteuccia struthiopteris)***. Bei uns in vielen Gegenden heimisch. An Bächen, die gelegentlich über die Ufer treten, fühlt er sich besonders wohl. Er bildet starke Ausläufer und kann deshalb in kleinen Gärten lästig werden. Je nach Typ wird er bis 100 cm hoch.

Teufelsfarn, Kronenfarn ***(Osmunda claytoniana)***. Seine Wedel sind weich und breit gelappt. Die äußeren Wedel bilden eine trichterähnliche Krone.

Hirschzungenfarn ***(Phyllitis scolopendrium)***. Er ist einer der schönsten Farne für den Garten mit immergrünen, besonders schmalen Wedeln, die gezähnte oder gekräuselte Ränder haben. Die Pflanze ist sehr winterhart.

Wurmfarn ***(Dryopteris filix-mas)***. Im Garten sollte er nur in größeren Schattenpartien gesetzt werden. Er wird gut einen Meter hoch und vermehrt sich rasch. Wenn der Boden humusreich und gut durchlüftet ist, gedeiht er zwischen höheren Stauden auch in der Sonne.

Schildfarn ***(Polystichum aculeatum)***. Die elegant gebogenen Wedel machen diesen Farn zu etwas Besonderem. Sein Erscheinungsbild mit dem großen, wuchtigen Trichter paßt gut zu Rhododendren und anderen Immergrünen.

Streifenfarn ***(Asplenium viride)***. Grüne Steinfeder wird dieser hübsche Kleinfarn genannt, der sich gut auf der sonnenabgewandten Seite eines Steingartens einfügt. Die gefiederten Blätter werden bis zu 20 cm lang und sind oft auch während des ganzen Winters grün.

Königsfarn ***(Osmunda regalis)***. An feuchten Gräben oder im Bruchwald steht dieser mächtige Farn in freier Natur. Bis zu zwei Meter Höhe und drei Meter Breite laden die Wedel aus. Für Einzelstellung besonders geeignet, weil dann die leuchtenden Sporenkerzen und die intensive Herbstfärbung am besten zur Geltung kommen.

Pfauenradfarn ***(Adiantum pedatum)***. Auch als Hufeisenfarn bekannt. Der Farn mit den zarten Wedeln auf dem etwa 50 cm hohen drahtigen Stiel ist verwandt mit dem Frauenhaarfarn

Der Hirschzungenfarn wird ungefähr 35 cm hoch und 45 cm breit. Er braucht kalkhaltigen Boden.

Der Trichterfarn zieht im Herbst seine buschigen Wedel ein. Jeder Platz ist ihm recht, nur feucht muß er sein und im Halbschatten.

fürs Zimmer. Er treibt im Frühjahr sehr zeitig, deshalb muß man ihn durch Laub vor Spätfrösten schützen. Er steht gut in kleinen Gruppen vor Azaleen und Gräsern.

Standort und Pflanzung

Farne brauchen vor allem einen schattigen Platz, an dem die Luftfeuchtigkeit verhältnismäßig hoch ist und die Temperatur einige Grade niedriger als in der Umgebung. Diese Waldpflanzen gedeihen am besten in einer dicken Schicht Laubhumus (der ist verfügbarer als Torf), in der sich die flachwurzelnden Pflanzen schnell entwickeln. Dünger ist bei solchem Boden nicht erforderlich. Die beste Pflanzzeit ist im Frühjahr.

Den Streifenfarn gibt es in vielen Formen. Diese Art wächst gut in einem schattigen Steingarten.

Blüten wie exotische, bunte Falter

Die farbenprächtigen Stauden der Akelei sollten in keinem Garten fehlen. Aus der Wildform, die fast immer blau blüht, haben Züchter viele neue Sorten entwickelt, oft mit zweifarbigen Blüten. Akelei hält sich sehr gut als Schnittblume und nimmt es an Extravaganz mit jeder tropischen Super-Blüte auf.

Die vom Aussterben bedrohte Wildform der Akelei wurde zur Samengewinnung nachgezüchtet.

Die schönen, zweifarbigen Gartenformen der Akelei gedeihen am besten auf einem sonnigen Beet in nährstoffreicher, sehr humoser Erde.

Die einheimische Wildart, ***Aquilegia vulgaris***, ist vermutlich die viel zitierte „Blaue Blume" der Romantik, die tief im Wald auf einer lichten Wiese blühte. Leider ist diese schöne Pflanze so stark bedroht, daß sie auf der „Roten Liste" der gefährdeten Arten steht und 1985 sogar zur „Wildblume des Jahres" gekürt wurde.

Glücklicherweise gibt es in Samenfachhandlungen Saatgut aus kultivierten Beständen. Die Wildart paßt besonders gut in Bauerngärten und in naturgemäß gestaltete Gärten, z.B. vor Gehölze und in Blumenwiesen.

Die Gartenformen sind durch Einkreuzung mit nordamerikanischen Arten entstanden, unter denen es auch rote und gelbe Farben gibt.

Ende Mai bis Anfang Juni erscheinen die elegant gespornten Blüten der Wildformen und der vielen gezüchteten Gartenformen in Dunkelblau oder in zahlreichen Pastelltönen. Sie sitzen auf 40–50 cm hohen kräftigen Stielen. Die Akelei eignet sich auch ausgezeichnet für Sommersträuße.

Alle diese Arten sind bei uns ausreichend winterhart. Wie viele Stauden müssen sie jedoch nach zwei bis drei Jahren geteilt und an anderer Stelle neu ausgepflanzt werden.

Die Akelei bildet reichlich Samen und sät sich selber aus. Entsprechend einfach ist deshalb auch die eigene Anzucht (allerdings nicht bei Hybriden):

Bereiten Sie im April bis Juni ein Kistchen mit humoser Aussaaterde oder ein Saatbeet im Freien vor. Hierauf wird der schwarze Samen dünn verteilt und leicht mit Erde bedeckt. Er darf nun nicht austrocknen. Bei 18–25° C erfolgt innerhalb von drei bis fünf Wochen die Keimung, und nach weiteren sechs bis sieben Wochen kann man die Setzlinge an den vorgesehenen Standort verpflanzen, Abstand ca. 25 cm.

Halbschatten, Sonne und lichten Schatten verträgt die Akelei gleichermaßen gut. Auch beim Boden ist sie nicht anspruchsvoll. In der Natur findet man sie oft auf feucht-lockerem Lehm. Sie liebt kalkhaltige Böden. Im Garten wächst sie auch auf magerem Sand. Nur Staunässe im Winter übersteht sie nicht.

Grün in herrlichen Variationen

Die buntlaubigen Funkien beleben schattige Winkel im Garten. Die überaus robusten Pflanzen entwickeln sich mit der Zeit zu stattlichen und sehr dekorativen Gewächsen. Sie werden viele Jahre alt.

Diese schönen Gartenstauden mit den aufregend farbigen Blättern sind noch rechte „Jungpflanzen", sozusagen „Twens". Sie wurden nämlich erst in den letzten zwei Jahrzehnten herangezüchtet. Diese Funkien-Hybriden ***(Hosta)*** kommen aus Großbritannien und den USA; aber die meisten Arten der Urform haben ihre Heimat im Fernen Osten, in der Mehrzahl in Japan.

Diese Pflanzen mit den schön gezeichneten Blättern sind inzwischen schon wahre Sammlerstücke – und nicht gerade billig. Doch Funkien sind ihr Geld wert, weil widerstandsfähig, langlebig und pflegeleicht.

Sie wachsen eigentlich überall, nur allzu starke Sonneneinstrahlung mögen sie nicht. Der ideale Pflanzplatz ist halbschattig, möglichst unter größeren Gehölzen oder im Schatten von Gebäuden. Sie lieben humosen und locker-feuchten Boden. Je sonniger der Standplatz, desto feuchter muß das Erdreich gehalten werden. Erst im Halbschatten entwickeln die Blätter ihre volle Schönheit.

Funkien sind zuverlässige Bodendecker. Wo sie ihre Blätter ausbreiten, hat unerwünschtes Kraut keine Chance.

Alte, zu groß gewordene Exemplare lassen sich im Herbst oder Frühjahr ohne weiteres teilen. Den Wurzelballen der Stauden mit dem Spaten auf das gewünschte Maß zurechtstechen und die abgetrennten Stücke neu einpflanzen. Beim Pflanzabstand daran denken: Die Blattbüsche können leicht eine Größe von 1 m^2 erreichen. Vom Sommer bis in den Herbst stehen über ihren Blattbüscheln weiße oder hellviolette Glockenblüten.

Funkien setzen mit ihren dominierenden Blättern starke Akzente im Garten. Entsprechend sollte man sie auch plazieren: Die blaugrünen Sorten machen sich gut unter Strauchrosen und zwischen Rhododendren und rosablühenden Stauden. Weißgerandete Funkienblätter bringen Helligkeit in dunkle Ecken. Sie passen besonders hübsch zu Farnen, Schattengräsern, stark farbigen Astilben und Japanprimeln, zu Lilien und Storchschnabelarten.

Die gelblich getönten und gelbgerandeten Hosta-Sorten wirken gut neben blaublühenden Blütenstauden wie Glockenblumen, Wieseniris und Akeleien. Zu den goldgrünen Funkien passen gelbblühende Pflanzen besonders gut.

Die herzförmigen Blätter der Hosta fortunei haben einen grünen Rand und eine weißgestreifte Innenfläche. Ihre Pracht entfalten sie aber nur im Halbschatten.

Gräser wiegen sich sanft im Wind

Als Zierpflanzen sind Gräser noch immer ungewohnt – vom Pampasgras abgesehen. Die zarten Pflanzen mit den vielfältigen Erscheinungsbildern vermitteln uns einen Hauch von Wildnis.

Zusammen mit den Farnen zählen die Gräser zu den ältesten Pflanzen der Welt. Ihrer Robustheit und dem geringen Interesse veränderungsfreudiger Züchter an dieser Gattung verdanken wir die Tatsache, daß viele Gräser ihren ursprünglichen Charakter bewahrt haben.

Bietet man Gräsern ihre seit undenklicher Zeit gewohnte Umgebung, gedeihen sie prächtig. Mit ihrem graziösen Wuchs lockern sie das Bild jedes Gartens auf, ob als hochwachsende Solitärpflanze (einzeln stehende Pflanze) oder als niedrige Polster unter Bäumen.

Gräser lassen sich nach ihren ursprünglichen Standorten in zwei Gruppen einteilen: Steppengräser und Waldgräser. Gepflanzt werden alle im Frühjahr. Wie andere Naturpflanzen auch, stellen sie keine hohen Ansprüche an Boden und Pflege. Dünger brauchen Gräser fast gar nicht – auf keinen Fall Stickstoffdünger verwenden –, und nur wenige benötigen Winterschutz.

Ziergräser sind jedoch nicht nur eine Bereicherung des Gartens. Zusammen mit Trockenblumen lassen sie sich zu dekorativen Sträußen verarbeiten. Aber auch kombiniert mit frischen Schnittblumen ergeben sie attraktive Gestecke.

Die Steppengräser

Der Star unter den Ziergräsern ist zweifellos das Pampasgras ***(Cortaderia selloana)***. Und wie bei Stars oft üblich, ist diese Pflanze etwas anspruchsvoller. Die bis zu drei Meter hoch wachsende Staude braucht Platz. So richtig zur Geltung kommt Pampasgras erst, wenn es einzeln steht. Im Gegensatz zu anderen Gräsern bevorzugt die Superpflanze nährstoffreichen, durchlässigen Boden und reichlich Wasser bei anhaltender Trockenheit. Aber nur dann! Im Sommer sollte ab und an (stickstoffarm) gedüngt werden.

Die langen Halme mit den weißen oder rosa Blütenfahnen werden im Spätherbst bei trockenem Wetter zusammengebunden, und die Wurzeln müssen mit reichlich Torf und Reisig vor Frost geschützt werden. Erst im Frühjahr werden die dürren Halme abgeschnitten. Der Standort soll sonnig sein, am besten mitten auf dem Rasen oder vor der Terrasse, damit der Star gebührend bewundert werden kann.

Ausgesprochen dekorativ, aber wenig bekannt ist das Moskitogras ***(Bouteloua oligostachya)***. Ihren Namen verdankt die in dichten Horsten wachsende Pflanze den waagerecht abstehenden Blütenähren, die an sitzende Moskitos erinnern. Die Pflanze bevorzugt sandig-lockeren Boden, der nicht zu naß ist. Das 30 cm hoch wachsende Moskitogras liebt die Sonne und paßt gut in Heide- oder Steingärten.

Klein und wahrlich fein breiten Blauschwingel ***(Festuca cinerea)*** und Gletscherschwingel ***(Festuca glacialis)*** ihre stielrunden, dünnen Blätter aus. Die immergrünen Pflanzen werden nur 10 bis 20 cm hoch, bevorzugen pralle Sonne und durchlässigen, leichten Boden. Die Polsterpflanzen harmonieren gut mit Zwerggehölzen, Ginsterarten, Azaleen und Wacholder.

Sie erinnern wirklich an die eleganten Federn des Reihers, die bis zu 50 cm langen, sanft gebogenen, seidig-weißen Grannen des Reiherfedergrases ***(Stipa barbata)***. Die Horste werden bis zu 80 cm hoch. Ein sonniger Platz, sandiger, kalkhaltiger und durchlässiger Boden – mehr braucht dieses Ziergras nicht. Die Blütenrispen eignen sich besonders gut für Trockenblumensträuße. Sie sollten die Halme aber frühzeitig schneiden, sonst fallen die Blüten ab. Das attraktive Reiherfedergras ist eine Bereicherung jedes Natur- und Steingartens.

Obwohl die Heimat des Pampasgrases Argentinien ist, wächst der Riese gut und gern in unseren Gärten an einem sonnigen Platz.

Zur gleichen Familie gehört das Federgras *(Stipa pennata)*. Die Blütenrispen sind nicht ganz so üppig, haben aber auch fedrig behaarte Grannen. Die dichten Horste werden 40–60 cm hoch.
Die wollig behaarten Blütenstände haben dem Lampenputzergras *(Pennisetum alopecuroides)* zu seinem Namen verholfen. Den bis zu 80 cm hohen Pflanzen können Sie einen halbschattigen Standort auf durchlässigem Boden anbieten. Die Blüten sehen besonders schön in einer Vase aus. Man soll die Halme kurz nach dem Aufblühen schneiden. Das Lampenputzergras verdient einen freien Stand.

Zu den Steppengräsern gehört außerdem der Blaustrahlhafer *(Helictotrichon sempervirens)*. Die 60 bis 80 cm hohen Horste haben zusammengerollte, blaugrüne Blätter. Der Boden soll humos und durchlässig sein.
Dekorativ wegen seiner großen Rispen ist auch das Reitgras *(Calamagrostis arundinacea)*. Es wird gut einen Meter hoch und braucht trockenen, kalkhaltigen, durchlässigen Boden.
Sehr gut als Einzelstaude eignet sich das Silberährengras *(Achnatherum calamagrostis)*. Die Halme werden bis zu 100 cm hoch. Man sollte sie besser nicht abschneiden, weil sie auch im Winter, mit Rauhreif überzogen, außerordentlich dekorativ aussehen. Das Silberährengras ist mit mageren Böden zufrieden und braucht einen sonnigen Standort.
Seinen herzförmigen, kleinen Ähren, die an extrem dünnen Stielen sitzen, verdankt das Herzzittergras *(Briza media)* seinen Namen. Es wächst in trockenen, aber durchaus humosen Böden an einer sonnigen Stelle und wird etwa 50 cm hoch.
Wie die meisten Gräser blüht auch das Goldbartgras *(Sorghastrum avenaceum)* im Herbst. Es wird bis 150 cm hoch und liebt einen trockenen Standort. Die Rispen geben jedem Blumenstrauß ein duftiges Aussehen. Das Goldbartgras sieht in einem Staudenbeet zwischen anderen hohen Pflanzen sehr schön aus.
Auch mit einem schattigen Standort zufrieden ist die Rasenschmiele *(Deschampsia cespitosa)*. Der Boden sollte etwas feuchter sein als bei den anderen Gras-Arten, was aber meist an einem schattigen Standort sowieso gegeben ist.
Zu den dominierenden Erscheinungen im Garten gehören die Miscanthus-Arten, zum Beispiel das Chinaschilf *(Miscanthus sinensis)* sowie das Silberfahnengras *(Miscanthus sacchariflorus)*. Beide gehören nicht zu den Steppengräsern, lieben aber dennoch einen sonnigen, jedoch nicht extrem trockenen Standort. Die Blütenähren wachsen oft bis zu zwei Meter hoch.

Die Waldgräser

Zu den schattenverträglichen Gräsern zählen die Perlgras-Arten. Das Riesenperlgras *(Melica altissima)* wird bis zu 100 cm hoch, das Nickende Perlgras *(Melica nutans)* wird etwa 50 cm hoch. Beide Gräser gedeihen gut unter Gehölzen.
Es gibt rund 900 Arten Riedgräser, die auch unter der Bezeichnung Segge bekannt sind. Einige eignen sich besonders gut als Bodendecker unter Bäumen und Sträuchern. Sie mögen's halbschattig bis schattig und brauchen humosen, feuchten Boden.
Dazu gehören die Japansegge *(Carex morrowii)* mit gelbgestreiften Blättern, die Schattensegge *(Carex umbrosa)*, deren grüne Blätter zierliche, kleine Polster bilden, die Vogelfußsegge *(Carex ornithopoda* 'Variegata'*)* mit grün-weißen Blättern und die Breitblattsegge *(Carex plantaginea)*.

Die schmalen, grünen Blätter des Reiherfedergrases werden gern in Blumensträußen gebunden.

Den buschigen Blütenähren verdankt das Lampenputzergras seinen Namen. Es wirkt allein oder mit anderen Pflanzen.

Im Gegensatz zu den anderen schätzt die Fuchsrote Segge ***(Carex buchananii)*** einen sonnigen Platz. Mit ihren dünnen, rotbraunen, oft unregelmäßig gestellten Blättern wirkt sie sehr dekorativ. Alle Pflanzen werden selten höher als 30 cm.

Aus der Gruppe der Binsengewächse, auch Hainsimse oder Marbel genannt, sind drei Arten besonders attraktiv. Die Schneemarbel ***(Luzula nivea)*** besticht durch ihre großen, schneeweißen Blüten, die Waldmarbel ***(Luzula sylvatica)*** hat glänzende, dunkelgrüne, bewimperte Blätter – beide werden ca. 50 cm hoch – und schließlich die Haarmarbel ***(Luzula pilosa):*** Sie ist ebenfalls dicht bewachsen mit weißen Härchen und wird nur 15 cm hoch.

Die immergrüne Schneemarbel liebt schattige Plätze. Die schönen Blüten erscheinen ab Juni. Dieses Gras wächst sehr gut unter Bäumen oder Sträuchern.

Für den Hausgarten gezähmt

Wildstauden werden bei den Hobbygärtnern immer beliebter. Die Vettern dieser schönen Pflanzen wachsen draußen in der freien Natur. Spezielle Gärtnereien züchten sie für den privaten Bedarf und bieten Samen oder auch Jungpflanzen an.

Im naturnahen Garten sollten vorwiegend einheimische Pflanzen verwendet werden, denn nur sie können der heimischen Kleintierwelt als Lebensraum dienen. Kleinere Stauden und Bodendecker im Schatten von Gehölzen, größere als Schattenspender und Verdunstungsschutz für feuchtigkeitsliebende Pflanzen. Neben Farbe, Höhe und Blütezeit achtet der naturnahe Gärtner auch darauf, daß die Samenstände der Stauden den Vögeln lange Nahrung bieten oder große Blätter Käfern und Kerbtieren Unterschlupf gewähren, die von Frühjahr bis Herbst den Vögeln als Futter dienen können.

Auch der naturnahe Garten bedarf der Pflege, soll er nicht zur Wildnis verkommen. Die Stauden brauchen den geeigneten Boden und Standort und häufig leichten Winterschutz.

Schafgarbe ***(Achillea millefolium):*** Höhe: 40–120 cm, Breite: 40–60 cm; Blütezeit: Juni–September; Farben: Weiß, Gelb, Rot.

Die anspruchslose Pflanze mit den scharf riechenden gezahnten Blättern und den großen Blütendolden ist eine beliebte Schnitt- und Trockenblume. Es sind viele weitgehend wucherfreie Sorten im Handel. Sie wachsen auf jedem, auch trockenem, alkalischem Boden und brauchen Sonne.

Hundskamille ***(Anthemis):*** Höhe: 25–60 cm, Breite: 20–60 cm; Blütezeit: Mai–Juli; Farben: Gelb, Weiß.

Unter den Gartenvertretern dieser großen Pflanzenfamilie sind einige mit ihren silbergrauen, tief gezahnten Blättern besonders hübsch. Die weißen Blüten öffnen sich an einem sonnigen Standort auf jedem gut durchlässigen Gartenboden. An ungeschützten Stellen sollten die zarten Stiele abgestützt werden.

Beifuß ***(Artemisia lactiflora)***: Höhe: 70–150 cm, Breite: 30–60 cm; Blütezeit: August–Oktober; Farbe: Cremeweiß.

Eine wunderhübsche Hintergrundpflanze, die so gesetzt werden sollte, daß der angenehme Duft der silbergrauen gefiederten Blätter nicht im Winde verweht. Sie wächst in Sonne und Halbschatten und will immer gut gewässert werden.

Sterndolde ***(Astrantia major):*** Höhe: 60–70 cm, Breite: 30–45 cm; Blütezeit: Juni–Juli; Farbe: Weißrosa.

Die Blütensterne dieser Pflanze leuchten im Frühsommer aus den schön geformten weiß-grünen Hüllblättern hervor und bilden einen interessanten Kontrast zu den tiefgrünen Blättern. Die Sterndolde ist giftig. Sie wächst auf jedem feuchten Boden im Halbschatten.

Bergenie **(Bergenia-**Hybriden): Höhe: 30–50 cm, Breite: 40–50 cm; Blütezeit: März–Mai; Farben: Weiß, Rosa und Rot.

Die Bergenie mit ihren großen Blättern, die sich bei einigen Sorten im Herbst rötlichbraun färben, ist ein beliebter Bodendecker unter Bäumen und Sträuchern. Sie gedeiht auf jedem Boden in Sonne oder Schatten.

Kaukasusvergißmeinnicht ***(Brunnera macrophylla):*** Höhe: 40–50 cm, Breite: 45–60 cm; Blütezeit: April–Juni; Farbe: Blau.

Die großen herzförmigen Blätter sind schon eine Augenweide, viel mehr noch die unermüdlich, bei Rückschnitt im Herbst zum zweiten Mal blühenden, vergißmeinnichtähnlichen Blütenstände, die sich allerdings bei zu viel Sonne und Trockenheit nicht so recht herausbilden wollen. Darum sollte man für diese sich rasch ausbreitende Pflanze einen schattigen, feuchten Standort auf normalem Gartenboden wählen.

Glockenblume ***(Campanula):*** Höhe: 40–150 cm, Breite: 30–60 cm; Blütezeit: Juni–September; Farben: Weiß, Rosa, Violett, Blau.

Die große Familie der Glockenblumengewächse hat ihre Vertreter in allen Teilen des Gartens. Sie säen sich selbst stark aus, blühen zweimal, wenn sie rechtzeitig zurückgeschnitten werden, und gedeihen auf gutem, durchlässigem Boden in Sonne oder Halbschatten.

Flockenblume ***(Centaurea):*** Höhe: 45–150 cm, Breite: 30–45 cm; Blütezeit: Mai–September; Farben: Weiß, Rosa, Gelb, Rot, Violett, Blau.

Die großen Arten dieser schmalblättrigen Pflanze mit den kornblumenähnlichen Blüten sind attraktive Solitärstauden, andere Vertreter fühlen sich im Halbschatten von Bäumen

Eine anspruchslose Staude für sonnige Standorte: Schafgarbe – hier die Sorte 'Cornation Gold'.

Das Kaukasusvergißmeinnicht bevorzugt einen schattigen, feuchten Platz.

Die Flockenblume ist mit jedem Boden zufrieden. Je nach Art und Sorte reicht die Farbpalette von Weiß über Rosa bis Gelb und Blau.

wohl. Alle wünschen sich nahrhaften, durchlässigen Boden und können auch Sonne vertragen.

Spornblume ***(Centranthus ruber):*** Höhe: 45–80 cm, Breite: 30–45 cm; Blütezeit: Mai–September; Farben: Weiß, Rosa, Rot.

Diese leuchtende Pflanze ist ein Blickfang mit ihren dolden- oder rispenförmig angeordneten Blüten. Sie sät sich selbst auf jedem Boden leicht aus und stellt keine Ansprüche. Nur Sonne muß sie haben.

Maiglöckchen ***(Convallaria majalis):*** Höhe: 15–20 cm, Breite: 40–60 cm; Blütezeit: April–Mai; Farbe: Weiß.

Nicht nur die porzellanartigen Blütenglöckchen, sondern auch die roten Beeren im Herbst machen das Maiglöckchen zu einem hübschen Bodendecker, am besten unter Sträuchern und Bäumen, da es Feuchtigkeit und Halbschatten liebt. Den Blüten entströmt ein starker Duft. Alle Pflanzenteile sind giftig.

Gemswurz ***(Doronicum):*** Höhe: 25–80 cm, Breite: 35–45 cm; Blütezeit: Mai–Juni; Farbe: Gelb.

Die verschiedenen Arten und Sorten dieses Frühlingsblühers mit den goldgelben Blüten zeichnen sich alle durch Anspruchslosigkeit aus. Eine reiche Blüte schenken sie auf fruchtbarem, durchlässigem Boden in Sonne oder Halbschatten, wenn sie ausreichend gewässert werden.

Drachenkopf ***(Dracocephalum ruyschiana):*** Höhe: 25–45 cm, Breite: 30–45 cm; Blütezeit: Juni–August; Farbe: Blau.

Mit ihren prächtigen Röhrenblüten und den schmalen Blättern wirkt die Pflanze leicht und anmutig. Die Verwandte der Pfefferminze liebt durchlässigen, fruchtbaren Boden und Sonne oder Halbschatten.

Storchschnabel ***(Geranium,*** verschiedene Arten): Höhe: 20–60 cm, Breite: 45–60 cm; Blütezeit: Mai–September; Farben: Rosa, Rot, Blauviolett.

Diese kissenbildenden Pflanzen haben viele Liebhaber gefunden wegen der reichen Fülle der weit geöffneten Blüten und des hübschen Grüns der kleinen Blätter. Sie wachsen in Sonne oder Halbschatten auf nahrhaftem, durchlässigem Boden.

Taubnessel ***(Lamium maculatum):*** Höhe: 20–30 cm, Breite: 60–90 cm; Blütezeit: April–Juli; Farben: Weiß, Gelb, Rosa.

Diese kräftigen kleinen Pflanzen mit ihren mehrfarbigen Blättern und den quirlig angeordneten Blüten eignen sich gut als Bodendecker. Sie vertragen Sonne und Schatten, wachsen in jeder Erde und sollten gelegentlich eine Lage Kompost erhalten.

Katzenminze ***(Nepeta x faassenii):*** Höhe: 25–35 cm, Breite: 40 cm; Blütezeit: Mai–September; Farbe: Blau.

Den grauen Blättern dieser herrlichen Staude entströmt ein anziehender Duft, der sie ebenso attraktiv macht wie die lange Blüte der blauen Ähren. Sie braucht zum Leben nur die Sonne.

Ballonblume ***(Platycodon grandiflorus):*** Höhe: 45–60 cm, Breite: 25–35 cm; Blütezeit: Juni–September; Farben: Weiß, Rosa, Blau.

Klein, aber fein im Vordergrund wirkt diese genügsame Pflanze mit den laternengleichen Knospen, die sich zu Glocken von 8 cm Durchmesser öffnen. Sie wächst in Sonne/Halbschatten auf jedem Gartenboden.

Fußblatt ***(Podophyllum hexandrum):*** Höhe: 30–50 cm, Breite: 45–60 cm; Blütezeit: Mai–Juni; Farbe: Weiß.

Diese feuchtigkeitsliebende Pflanze erfreut nicht nur durch ihre anemonengleichen Blüten im Frühling, sie bildet im Herbst große eiförmige, knallrote Früchte aus und besticht durch ihre schön geformten Blätter. Sie liebt nahrhaften Boden in Halbschatten oder Schatten.

Jakobsleiter ***(Polemonium caeruleum):*** Höhe: 40–50 cm, Breite: 25–35 cm; Blütezeit: Mai–Juli; Farben: Weiß, Blau, Violett.

Überzeugend an dieser Pflanze sind neben der langen Blütezeit die zarten, farnähnlichen Blätter. Auch ist sie anspruchslos und wächst auf jedem durchlässigen Gartenboden in Sonne oder Halbschatten.

Dreimasterblume ***(Tradescantia-Andersoniana***-Hybriden): Höhe: 40–50 cm, Breite: 45 cm; Blütezeit: Mai–September; Farben: Blau, Rot.

Wie ihre artverwandten Zimmerpflanzen ist auch die Dreimasterblume eine anspruchslose, ausdauernde Blütenstaude. Sie braucht nahrhaften, leicht feuchten Boden in Sonne oder Halbschatten.

Hornveilchen ***(Viola cornuta):*** Höhe: 15–25 cm, Breite: 20–30 cm; Blütezeit: Mai–September; Farben: Blau, Violett.

Das ausdauernd blühende Hornveilchen ist schon seit Großmutters Zeiten ein beliebter Bodendecker im Halbschatten von Sträuchern. Es gedeiht auch in der Sonne und braucht gut durchlässigen Gartenboden.

Knöterich ***(Polygonum):*** Höhe: 30–100 cm, Breite: 50–60 cm; Blütezeit: Juni–Oktober; Farbe: Rosa.

Alle Arten dieser stark wuchernden Gattung wirken durch ihre zartgrüne Belaubung und die pastellfarbenen, langblühenden Rispen. Sie lieben Feuchtigkeit und verschönern den Steingarten oder auch große Flächen in Sonne oder Halbschatten.

Lavendel

Weder einheimisch noch eine Staude, sondern ein Halbstrauch ist der Lavendel (Lavandula angustifolia). Dennoch paßt diese Pflanze aus dem Mittelmeerraum gut in einen naturnahen Garten. Der immergrüne Lavendel liebt einen sonnigen Standort und ist mit jedem Boden zufrieden – nur naß darf er nicht sein. Lavendel pflanzt man in die Nähe des Sitzplatzes, um in den Genuß des zarten Duftes zu kommen. Der Halbstrauch wird etwa 60 cm hoch und bis zu 90 cm breit. Er kommt mit unserem Klima erstaunlich gut zurecht, und blüht von Juli bis September.

Einige Fingerhut-Arten stehen unter Naturschutz, man darf sie auf keinen Fall ausgraben. Die giftigen Pflanzen wachsen auch im Halbschatten.

Braunelle ***(Prunella grandiflora):*** Höhe: 20 cm, Breite: 45 cm; Blütezeit: Juni–September; Farben: Weiß, Rosa, Gelb, Violett.

Ein wunderschöner, langblühender Bodendecker mit klaren Lippenblüten, der in Sonne oder Halbschatten auf jedem feuchten Boden gedeiht.

Fingerhut ***(Digitalis):*** Höhe: 60–120 cm, Breite: 30–60 cm; Blütezeit: Juni–August; Farben: Weiß, Rosa, Rot, Blau, Violett.

Alle Arten und Sorten dieser giftigen Pflanze sind sehr beliebt, denn die Pastelltöne fügen sich gut in jede Umgebung ein. Sie samt selbst stark aus, wünscht sich Sonne oder Halbschatten auf feuchtem, nahrhaftem und gut durchlässigem Boden.

Lungenkraut ***(Pulmonaria angustifolia, P. saccharata):*** Höhe: 20–30 cm, Breite: 30–45 cm; Blütezeit: März–Mai; Farben: Rosa, Rot, Blau.

Die trichterförmigen Blüten dieser schönen Pflanzen mit den großen behaarten Blättern läuten den Frühling ein. Sie gedeihen gut unter Bäumen und Sträuchern im Halbschatten oder Schatten und brauchen fruchtbaren, feuchten Boden.

Staudenhahnenfuß ***(Ranunculus,*** verschiedene Arten): Höhe: 40–60 cm, Breite: 45 cm; Blütezeit: Mai–August; Farben: Weiß, Gelb.

Die Hahnenfußgewächse sind überall und während der ganzen Vegetationsperiode vertreten. Die buschigen Pflanzen mit ihren gefüllten Blüten sind hervorragende Schnittblumen, allerdings ist der Saft von ***Ranunculus acris*** giftig. Die Pflanzen lieben feuchten Boden, auch Uferzonen, und brauchen Sonne oder Halbschatten. Leichter Winterschutz ist angebracht.

Zierrhabarber ***(Rheum palmatum):*** Höhe: 80–200 cm, Breite: 90–120 cm; Blütezeit: Mai–Juli; Farbe: Rot.

Dieser wunderschöne Zierrhabarber ist eine prächtige Solitärstaude mit scharlachroten Blüten und rötlich schimmernden Blättern. Sie wünscht sich feuchten, nahrhaften Boden in Sonne oder Halbschatten.

Wiesenknopf ***(Sanguisorba canademsis):*** Höhe: 50–200 cm, Breite: 45–55 cm; Blütezeit: Juni–August; Farbe: Weiß.

Diese Pflanze mit ihrem gefiederten Laub und den ährenförmigen Blütenständen ist ein Blickfang an Teichrändern. Sie liebt sehr feuchten Boden in Sonne oder Halbschatten.

Fetthenne *(Sedum,* verschiedene Arten): Höhe: 30–45 cm, Breite: 30–40 cm; Blütezeit: August–Oktober; Farben: Rot, Violett.

Die anspruchslosen Pflanzen erwekken einen heimeligen Eindruck durch ihre behäbigen dickblättrigen Formen mit den hübschen Blüten. Sie verlangen viel Sonne und gut durchlässigen Gartenboden.

Wiesenraute *(Thalictrum,* verschiedene Arten): Höhe: 80–100 cm, Breite: 50–60 cm; Blütezeit: Mai–August; Farben: Gelb, Blau, Violett, Weiß.

Die Kulturformen dieser aus feuchten Wiesen stammenden Pflanze mit den langen Rispen und den gräulichen Blättern eignen sich auch als Schnittblumen. Leicht saurer, nahrhafter, feuchter Boden, Sonne oder Halbschatten, fördern ihr Wachstum.

Salomonssiegel ***(Polygonatum multiflorum):*** Höhe: 50–120 cm, Breite: 50–60 cm; Blütezeit: Mai–Juni; Farbe: Weiß.

Eine anspruchslose Pflanze, die jeden Schatten schnell und weitgreifend mit ihren hängenden Röhrenblüten erhellt. Ihre Früchte leuchten im September rot. Sie braucht feuchten, nahrhaften Boden im Schatten.

Seifenkraut ***(Saponaria ocymoides):*** Höhe: 10–60 cm, Breite: 20–40 cm; Blütezeit: Mai–August; Farbe: Rosa, Weiß.

Die Pflanze hat ihren Namen von dem feinen seifenartigen Duft, den die kleinen Pomponblüten verbreiten. Sie wuchert leicht und wächst auf jedem Boden in Sonne oder Halbschatten.

Kugeldistel ***(Echinops banaticus):*** Höhe: 90–120 cm, Breite: 50–70 cm; Blütezeit: Juli–Sept.; Farbe: Blau.

Diese wunderschöne Solitärstaude mit ihren stahlblauen Igelköpfen ist ein Schmuckstück in jedem Garten. Sie verträgt auch alkalischen Boden, gedeiht in jeder Erde und wünscht sich einen Platz an der Sonne. Für flachgrundige Böden allerdings ist sie als Pfahlwurzler ungeeignet.

Edeldistel ***(Eryngium planum):*** Höhe: 50–90 cm, Breite: 30–40 cm; Blütezeit: Juli–Sept.; Farbe: Blau.

Einzeln oder in Gruppen gepflanzt, erstrahlen die metallisch schimmernden Hochblätter am schönsten in voller Sonne. Sehr dekorativ als Vordergrund ist der reichverzweigte 'Blaue Zwerg', der nur 50 cm hoch wird. Alle Sorten gedeihen auf normalem, gut durchlässigem Boden.

Eine Bereicherung des Stadtgartens ist das noch recht unbekannte, weiße Salomonssiegel. Man vermehrt die Staude durch Teilung der fleischigen Rhizome.

Das Seifenkraut eignet sich auch für trockene Böden. Es bedeckt bald größere, sonnige Flächen.

Lebensraum für Vögel und Insekten

Ohne Raupen gibt es keine Schmetterlinge, ohne Insekten keine Vögel, ohne Blüten keinen Honig, ohne Bienen keine Früchte. Jede Tierart ist auf andere Tiere und auf ganz bestimmte Pflanzen angewiesen, um zu überleben.

Wer den Mangel an Vögeln und Schmetterlingen in seinem Garten beklagt, sollte nicht auf andere und die Umweltverschmutzung schimpfen, sondern kritische Blicke auf die eigene grüne Oase hinter dem Haus richten. Exotische Blumen, ausländische Gehölze, insektenfreie Pflanzen, kein noch so kleines Wildkräutlein auf der nackten, braunen Erde und ein teppichgleicher Rasen, der weder von einem Gänseblümchen verunstaltet noch von einem Käfer mißbraucht wird.

Blaumeisen haben eine Vorliebe für die schwarzen Beeren des Holunders. Ihre Jungen ziehen sie aber mit Larven und Insekten groß.

In Ziergärten dieser Art ist kein Platz für zwitschernde Vögel und das verspielte Gaukeln der Schmetterlinge. Denn diese Tiere brauchen zum Leben, was mancher Gärtner mit Akribie und Eifer jahrein, jahraus bekämpft oder durch die Wahl fremdländischer Pflanzen ausschließt: Insekten und heimische Pflanzen – von der Brennessel bis hin zum Holunder.

Denn vorzugsweise auf heimischen Sträuchern und Bäumen leben jene Insekten, auf die unsere Vögel angewiesen sind. Auf heimischen Blumen, Gräsern und Kräutern entwikkeln sich die Samen, die den Vögeln im Winter Nahrung bieten, und das so verteufelte Unkraut ist Lebensgrundlage vieler Raupen.

Wer die Schmetterlinge liebt, muß den Raupen ebenso viel Sympathie

Der Besenginster lockt mit strahlend gelben Blüten Insekten an. Er wächst auch auf Magerböden.

entgegenbringen. Denn auf sie kommt es an, ihnen muß man Nahrung anbieten. Die Schmetterlinge selbst nippen meist nur am Nektar und sind bei der Blumenwahl recht großzügig. In der Entwicklung vom Ei über die Raupe und das Puppenstadium bis zum Falter ist die Zeit der Raupe die wichtigste und die einzige, in der es auf die Nahrung besonders ankommt. Finden Schmetterlingsraupen nicht die Blätter mit den richtigen Inhaltsstoffen, verhungern sie lieber, bevor sie andere Nahrung annehmen.

Aber auch zur Eiablage benötigen die Falter bestimmte Pflanzen. Allein 16 unserer heimischen Schmetterlinge legen ihre Eier beispielsweise auf Brennesseln ab.

Ähnliche Voraussetzungen brauchen unsere Vögel. Der Holunder bietet etwa 60 Vogelarten Nahrung, der beliebte Essigbaum hingegen keiner einzigen. Die Schlehe ernährt 100 Tierarten und gewährt ihnen Schutz für die Aufzucht der Brut. Denn auch die Nistplätze sind in den „ordentlichen" Gärten rar. Aber was sollen die Vögel auch dort, wenn es sowieso keine einzige Raupe gibt, keine Larve und kein Korn.

Wer Naturschutz ernst nimmt und nicht nur davon redet, kann ihn in seinem Garten praktizieren. Mit den heimischen Sträuchern fängt man an. Doch keine Regel ohne Ausnahmen. Buddleja, auch Schmetterlingsstrauch genannt, ist ein Einwanderer aus den Tropen.

Berberitze ***(Berberis vulgaris):*** Das Dornengebüsch bietet ideale Voraussetzungen als Versteck und Nistplatz für verschiedene Vögel. Die nektarreichen Blüten sind eine gute Insektenweide speziell für Schwebfliege, Distelfalter, Baumhummel und Rosenkäfer, die vitaminreichen Früchte, die bis in den Winter hinein an den Zweigen hängen, sind Nahrung für Amsel, Gimpel, Kernbeißer und Haselmaus.

Gemeiner Schneeball ***(Viburnum opulus):*** Der Blütenkranz der Scheinblüten lockt Fliegen und Käfer an, zum Beispiel Dickkopffliegen, Blütenmücken, aber auch Blumenwanzen und Blattläuse. Die Früchte sind beim Seidenschwanz und anderen Vögeln beliebt. Der Gefüllte Schneeball sieht zwar hübsch aus, hat jedoch wenig Wert für Tiere: Die Blüten produzieren weder Nektar noch Früchte.

Hundsrose ***(Rosa canina):*** Die Blüten ziehen Raupen, Käfer, Bienen, Wespen, Steinhummeln und Blattrosenkäfer an. Die Blätter sind Nahrung für die Raupen des Kleinen Nachtpfauenauges. Auch die Hagebutten liefern wertvolle Nahrung, unter anderem für Grünfink, Dompfaff, Kernbeißer, Igel und Feldhase.

Schlehe ***(Prunus spinosa):*** Die Blätter sind Nahrung für die Raupen von Segelfalter, Baumweißling und Schlehenzipfelfalter, die Blüten ziehen viele Fliegenarten an. Die Früchte werden von zahlreichen Vögeln und von Feldhasen gefressen. Die Schlehe gilt als Vogelschutzgehölz.

Schwarzer Holunder ***(Sambucus nigra):*** Die pollenreichen Blüten ernähren Rosenkäfer und Blumenfliege. Die Beeren sind bei vielen Vögeln sehr beliebt, besonders bei Mönchsgrasmücke und Meise.

Eingriffeliger Weißdorn ***(Crataegus monogyna):*** Die Blätter sind Raupennahrung für Segelfalter, Baumweißling und andere, die Blüten locken Wildbienen, Blumenfliegen und Schmetterlinge an, die Früchte werden von Vögeln, Mäusen und Hasen gefressen. Dieser Weißdorn ist ein Vogelschutzgehölz.

Das Tagpfauenauge sieht man oft schon im April, wenn die ersten warmen Tage den Frühling ankündigen. Die schönen Flügel erreichen eine Spannweite von 6 cm.

Die schwarzen Raupen des Tagpfauenauges sind auf Brennesseln als Futter angewiesen.

Pfaffenhütchen ***(Euonymus europaea):*** Die nektarreichen Scheinblüten locken Sandbienen, Honigbienen, Schwebfliegen und Blaubockkäfer an, die gelben Samen werden vor allem vom Rotkehlchen geschätzt.
Roter Hartriegel ***(Cornus sanguinea):*** Die Blätter sind Raupennahrung für den Faulbaumbläuling und den Brombeerzipfelfalter, die nektarreichen Scheinblüten locken kleine Fliegen an, die Früchte sind begehrt bei vielen Singvögeln wie Seidenschwanz und Drossel.
Eibe ***(Taxus baccata):*** Die Früchte sind Nahrung für viele Vögel. In der freien Natur fressen Rehe die Blätter.
Heidekraut ***(Calluna vulgaris):*** Die Blätter sind Raupennahrung für den Geißkleebläuling, den Faulbaumbläuling und Brombeerzipfelfalter, die Blüten locken Schmetterlinge, Honigbienen, Wildbienen und Erdhummeln an.
Buchsbaum ***(Buxus sempervirens):*** Schwebfliegen trinken den Nektar der Blüten, Honigbienen sammeln die Pollen. Der Buchsbaum ist ein gutes Brutgehölz.
Kornelkirsche ***(Cornus mas):*** Dieser Strauch ist für Bienen von besonders großer Bedeutung, weil er ihnen durch seine frühe Blütezeit (Februar–April) erste Nahrung bietet. Die Früchte werden von Kernbeißer, Dompfaff, Siebenschläfer und Haselmaus geschätzt.
Gemeiner Liguster ***(Ligustrum vulgare):*** Für Wildbienen sind die Blüten interessant, für Dompfaff, Grünfink und Mönchsgrasmücke die Früchte. Liguster wird als Nistplatz geschätzt.
Rote Heckenkirsche ***(Lonicera xylosteum):*** Die Blätter sind Raupennahrung für den Kleinen Eisvogel und den Kleinen Maivogel, die nektarreichen, vor allem in den Abendstunden stark duftenden Blüten locken viele Schmetterlinge an, u.a. auch den selten gewordenen Nachtfalter Taubenschwärmer. Im Herbst fressen Dompfaff, Kernbeißer und Wacholderdrosseln die Beeren.
Gemeiner Kreuzdorn ***(Rhamnus catharticus):*** Die Blätter sind Raupennahrung für Faulbaumbläuling und Zitronenfalter, die nektarreichen Scheinblüten ziehen Fliegen und Schmetterlinge an. Die Früchte schmecken vor allem Drosseln.
Gemeine Waldrebe ***(Clematis vitalba):*** Die Blüten werden wegen ihrer Pollen von Honigbienen angeflogen. Der Strauch bietet ausgezeichnete Nistmöglichkeiten für viele Vögel.
Faulbaum ***(Rhamnus frangula):*** Die Blätter sind Raupennahrung für Zitronenfalter und Faulbaumbläuling, die nektarreichen Scheinblüten locken Honigbienen und Schmetterlinge an. Die Früchte werden von zahlreichen Vögeln gefressen.
Gemeiner Seidelbast ***(Daphne mezereum):*** Der bereits im zeitigen Frühjahr blühende Strauch ist ebenfalls erste Nahrungsquelle für Bienen, Hummeln, Blumenfliegen und Nesselfalter. Die Früchte werden u.a. von Drosseln gefressen.
Gemeiner Efeu ***(Hedera helix):*** Die im Spätsommer blühende Pflanze gibt Honigbienen, Wespen und Fliegen Nahrung. Efeu bietet viele sichere Verstecke zum Nisten und Brüten.
Haselnuß ***(Corylus avellana):*** Die Blätter sind Raupennahrung für Haselblattroller und Birkenzipfelfalter, die Früchte bieten Kleiber, Eichelhäher, Specht, Eichhörnchen, Siebenschläfer und Haselmaus Nahrung.
Stechpalme ***(Ilex aquifolium):*** Die frühe Blüte ist wichtig für die Bienen, die Früchte liefern der Drossel im Winter Nahrung.
Holzapfel ***(Malus sylvestris):*** Die Blätter sind Raupennahrung für den Großen Fuchsschwanz und das Abendpfauenauge, die Blüten werden gern von Schwebfliege, Sandbiene und Steinhummel angeflogen, die Äpfel sind bei Igel, Feldmaus, Siebenschläfer und Hase beliebt.
Holzbirne ***(Pyrus communis):*** Der Strauch dient den gleichen Tieren als Nahrung wie der Holzapfel.
Traubenkirsche ***(Prunus padus):*** Die Blätter sind Raupennahrung für den Birkenzipfelfalter, die Scheinblüten locken Honigbienen und Schwebfliegen an, die Früchte werden von vielen Singvögeln gefressen.
Gemeine Felsenbirne ***(Amelanchier ovalis):*** Die nektarreichen Scheinblüten bieten vielen Insekten Nahrung, die Früchte sind vor allem bei der Schwarzdrossel beliebt.
Besenginster ***(Cytisus scoparius):*** In der freien Natur ist der Strauch eine beliebte Futterpflanze für Reh und Hase, die Blüten ziehen Schmetterlinge, Bienen und Hummeln an. Die fleischigen Samen werden von Ameisen gefressen.
Beliebt bei Insekten und Vögeln sind außerdem alle Beeren- und Obstgehölze, nicht immer zur reinen Freude des Gärtners. Halten sich Vögel und Insekten jedoch das Gleichgewicht, bleibt für den Menschen noch genügend übrig.
Mit einheimischen Blumen und Stauden bietet man Insekten gute Chancen, über die Runden zu kommen. Wildpflanzen sind Nahrung für viele Schmetterlingsraupen. Der Admiral lebt als Raupe auf Brennesseln, ebenso der Kleine Fuchs, das Tagpfauenauge, der außergewöhnlich schöne C-Falter oder das Landkärtchen. Gänsekresse und Wiesenschaumkraut werden von der Raupe des Aurorafalters bevorzugt, der Kleine Feuerfalter liebt Sauerampfer und Gemeinen Dost, der Hauhechelbläuling Klee, Wicken und Hauhechel. Disteln sollte man dem Distelfalter zuliebe nicht ganz verbannen. Die Wilde Möhre, die in vielen Wiesensamen-Mischungen enthalten ist, bietet dem Schwalbenschwanz und dem Kleinen Eisvogel Nahrung. Auch die Fetthennen-Arten gehören zur Raupennahrung.
Reservieren Sie eine Ecke Ihres Gartens für die Schmetterlinge. Es gibt spezielle Futterpflanzen-Samenmischungen mit verschiedenen Kleearten, Kräutern und Gräsern.

Jeder träumt von einer Blumenwiese

Aus den Ferien auf dem Lande zurück, schwärmt jeder von den bunten Wiesen. Diese Freude kann man sich selbst bereiten – mit Spezialitäten aus der Samentüte.

Zum Naturgarten gehört auch die Blumenwiese. Allein der Löwenzahn ist Nahrung für ganz unterschiedliche Tiere. Die Raupen des Gelben Fleckleibärs, einem der schönsten Nachtfalter, fressen die Blätter, die Narzissenfliege ernährt sich von den Pollen, Bienen trinken den Nektar, und Distelfink, Grünfink und Gimpel picken die Samen auf.
Aber auch die Grashalme selbst sind Raupennahrung, z.B. für Ochsenauge, Mohrenfalter, Damenbrett, Blauäugiger Waldportier, Mauerfuchs, Perlgrasfalter und viele andere.
Unter den Samenmischungen für Blumenwiesen gibt es neben „Schmetterlingswiesen" Zusammenstellungen für bestimmte, natürliche Gegebenheiten: Sand- oder Lehmboden, feuchte oder trockene Lagen, Sonne oder Schatten. Unter den Arten sind einjährige Sommerblüher und mehrjährige Stauden.
Wer vom Rasen auf die Wiese umsatteln will, muß allerdings eine Menge Geduld haben. Zunächst stellt man die übliche Rasenpflege ein: kein Mähen, kein Düngen, keine Unkrautvernichter mehr. Denn was da wachsen soll, sind Wildkräuter, die einen mageren Boden brauchen und mehrere Wochen bis zur Blüte. In die kurz geschnittene und mit einer Fräse gründlich aufgerissene Grasnarbe sät man im Frühjahr die Mischungen ein und wartet ab. Die einjährigen, schnellkeimenden Ackerblumen wie Kornblumen, Klatschmohn und Kornrade werden den Gärtner bald mit ihrer Pracht erfreuen, auf die Dauer halten sie sich aber nicht in einer Wiese. Es kommt auf die langsamkeimenden, dauerhaften Stauden an, will man auf längere Sicht Freude an seiner Wiese haben. Das sind Margeriten, Kuckucksnelken, Salbei oder Hahnenfuß, die vier bis sechs Wochen zum Keimen brauchen.
Diese lange Keimdauer wird meist unterschätzt. Sobald sich das erste Grün der Gräser und Ackerblumen regt, stellen viele Gartenbesitzer das regelmäßige Befeuchten der Aussaaten ein. Schon kurzzeitiges Austrocknen bringt keimende Samen um. Also ca. sechs Wochen lang unbedingt feucht halten!
Doch ganz ohne Mähen geht es auch bei einer Wiese nicht. Ende Juli–Anfang August muß die Blütenpracht der Sense zum Opfer fallen, damit sich die kleinen, lichtbedürftigen Stauden entwickeln können. Bleiben sie unter den hohen Pflanzen verborgen, kümmern sie vor sich hin oder sterben ab. Für die Umstellung von Rasen auf Blumenwiese sollte man fünf Jahre einkalkulieren. Einfacher haben es Gärtner, die ihren Garten auf einer Fläche anlegen wollen, die bisher brach lag.
Wer nicht gleich seinen ganzen Rasen umgestalten will, kann mit Randzonen beginnen oder nur eine Blumeninsel mitten auf die Rasenfläche setzen. Noch bunter und fröhlicher wirkt die Wiese, wenn zusätzlich Blumenzwiebeln von Arten und Sorten gesteckt werden, die gut verwildern, zum Beispiel Wildkrokusse, Wildtulpen, Herbstzeitlose, Wildnarzissen oder Schneeglöckchen.
Eine Blumenwiese erfreut nicht nur das Auge. Sie wird auch schnell zu einem Lebensraum für Schmetterlinge, Hummeln, Bienen und andere Kleintiere.
Ganz anders als „steriler" Rasen ist die Wiese ein Naturschutzgebiet im Kleinen. Der für viele sicherlich entscheidende Nachteil jedoch: Strapazierfähig ist eine Wiese nicht. Im Frühjahr betritt man den Blumenteppich am besten gar nicht. Allzu stürmisches Herumtoben und fröhliche Grill-Feste nimmt er aber auch im Sommer übel. Und im Mini-Garten macht sich eine Bergwiese auch nicht besonders gut. Sie braucht schon ein bißchen Weite, um ihre Schönheit zu entfalten.
Auch Heuschnupfen-Aspiranten sollten den Traum von der heimischen Almwiese vergessen.

Käfer, Bienen, Hummeln, Schmetterlinge und anderes Getier leben in und von dieser Blumenwiese.

Wie wär's mit einem Gartenteich?

Wasser im Garten eröffnet dem Gärtner eine ganz neue Dimension. Ob Sie sich für einen Zier- oder Naturteich entscheiden – die kleinen Feucht-Biotope ziehen Tiere an und beherbergen Pflanzen, die normalerweise nur in der freien Natur zu finden sind.

Der eigene Teich ist „in". Wassergärten (als Öko- oder Zierteich) mit allem Drum und Dran sind nicht nur auf dem Land oder in Vororten, sondern mehr und mehr auch in Stadtgärten zu finden.

Die zunehmende Zerstörung von Natur und Umwelt bis vor die private Haustür verlangt nach Eigeninitiative. Das Biotop Gartenteich scheint eine Möglichkeit, wenigstens auf kleinstem Raum wieder intakte Lebensräume neu zu schaffen. Wer irgend kann, holt sich deshalb ein Stückchen heile Natur in den eigenen Garten. Mit Teichen. Und jedes Jahr kommen Tausende dazu.

Aber Teich ist nicht gleich Teich! Experten unterscheiden zwischen den beiden sehr unterschiedlichen Formen: Natur- und Zierteich.

Ein naturnah angelegter Teich ist ein auf Dauer pflegeleichtes Gewässer im Garten. Mit einer großen Vielfalt heimischer Pflanzen für unterschiedliche Wassertiefen und einer eigenen Welt von Kleinstlebewesen.

Zierfische gehören hier nicht hinein; allenfalls die endemischen Stichlinge oder Bitterlinge. Nach zwei bis drei Jahren entwickelt der Naturteich ein Öko-System, das sich selbst reguliert – durch seine Wechselwirkungen zwischen Nährstoffen, Pflanzen, Tieren, Bakterien, Pilzen, Boden, Wasser, Licht und Temperatur. Diese Lebensgemeinschaft von Pflanzen und Tieren zu fördern und zu beobachten, geht vielen Teichbesitzern über alles.

In einem Zierteich hingegen ist zuerst einmal das Wasser gestalterisches Element. In solchen Teichen spielen dekoratives Zubehör, Springbrunnen, wasserspeiende Figuren, Wasserfälle und Sprudelsteine eine Rolle. Scheinwerfer und andere Beleuchtung rücken die Wasserspiele ins rechte Licht. Steinplatten, Trittsteine, Stege unterstreichen die oft geometrische Ufergestaltung. Goldfische & Co. fühlen sich hier zu Hause.

Ein Zierteich kann den dekorativen Übergang von der Terrasse hin zum Garten bilden. Der meist gradlinige Randbereich wird oft mit Platten oder Steinen eingefaßt.

Ein Naturteich darf auf keinen Fall künstlich aussehen. Die Form und die richtige Auswahl der Pflanzen bestimmen sein Bild.

Erst die Arbeit, dann der Spaß

Der Bau eines Gartenteichs macht viel Mühe und will gut überlegt sein. Abgesehen von Folie, Vlies und Pflanzen braucht man fleißige Helfer, die kräftig zupacken können. Der beste Zeitpunkt für das Unternehmen ist das Frühjahr.

Zuerst wird die Grube ausgehoben. Die Wände müssen frei von allen Steinen und spitzen Gegenständen sein.

Ein Gartenteich ist sozusagen eine Anschaffung fürs Leben, die gut überlegt sein will. Die meiste Sorgfalt erfordert der Bau, denn werden dabei Fehler gemacht, lassen sie sich nur mit großer Mühe korrigieren.
Es beginnt mit der Standortwahl. Wer keinen Sonnenplatz opfern will oder zur Verfügung hat, sollte über das Teichprojekt noch einmal nachdenken. Die Möglichkeiten, die eine schattige Lage bietet, sind doch sehr eingeschränkt. Die zweite Grundsatzentscheidung ist die Größe. Will man einen Naturteich anlegen, dann darf die Wasserfläche nicht kleiner als 30 Quadratmeter sein und die Wassertiefe muß wenigstens an einer Stelle 80–100 cm betragen. Denn das biologische Gleichgewicht in dem kleinen Feucht-Biotop braucht einen gewissen Raum, um zu funktionieren. Aber auch kleinere Teiche lassen sich naturnah gestalten, sie regulieren sich allerdings nicht aus eigener Kraft.

Der Folienteich

In fast jedem Fachgeschäft werden fertige Folien für Teiche mit einer Wasseroberfläche zwischen ca. 4 und 40 Quadratmeter angeboten. Größere Folien können bereits zusammengeklebt bestellt werden. Ziehen Sie bei der Berechnung unbedingt einen Fachmann zu Rate! Wenn sie ihm die vorgesehene Länge, Breite und Tiefe geben, die 50 cm Überlappung an den Teichrändern nicht vergessen, wird er Ihnen die Fläche bestimmen. Selbstverständlich kann man sich auch Folienbahnen kaufen und die Nähte selber zusammenschweißen. Das geht nicht ohne Spezialkleber und -geräte, macht viel Mühe und ist eine zusätzliche Fehlerquelle. Der Aufpreis, den die Firmen für das Schweißen nehmen, ist recht gering.
Auf keinen Fall sparen sollte man bei der Folie selbst. Ungeeignetes Material kann die ganze Arbeit und Freude an dem Teich nach kurzer Zeit zunichte machen. Folgende Kriterien muß eine gute Teichfolie erfüllen:

- Bis minus 20 Grad darf die Teichfolie nicht brechen, auch nicht in einem montierten Knick.
- Das Material muß giftfrei sein und nicht zu ungewollten chemischen Reaktionen führen. Es muß UV-beständig und nicht verrottbar sein.
- Die Stärke der Folien liegt zwischen 0,5 und 1,5 cm, wobei nicht die dickste Folie auch die beste sein muß. Bei Stärken über 1,5 cm wird das Material zu sperrig und schwer und läßt sich nicht mehr verlegen.

Es gibt Teichfolien mit einer strukturierten Oberfläche, die ein Abrutschen von festen Bestandteilen in die Mitte des Teichs verhindert und auch Tieren Halt bietet. Beachten muß man auch die Garantiezeit, die von Herstellern eingeräumt wird – je länger, desto besser.
Unter der Folie – wie auch unter einem Fertigbecken – wird ein Sandbett aufgeschüttet. Wer ganz sicher gehen will, daß nicht wandernde Steine im Laufe der Jahre die Folie beschädigen, verlegt zusätzlich ein unverrottbares Spezial-Teich-Vlies. Dieses leichte, elastische Material ist nur wenige Millimeter dick und einfach zu handhaben.

Die nach Maß angefertigte Teichfolie wird auf dem gut geglätteten Untergrund ausgebreitet.

Nachdem die Ufer befestigt sind, schneidet man die überstehende Folie mit einem Messer ab.

Auch wenn der Trieb zuerst noch etwas kahl aussieht, soll man nicht gleich zu viele Pflanzen einsetzen. Mit der Zeit breiten sie sich von allein aus.

Die schwerste Arbeit ist das Ausheben der Grube. Alle Wurzeln, Steine, scharfe Gegenstände wie Scherben oder Metall müssen sorgfältig entfernt werden. Die Wände der Grube sollen glatt sein, der Neigungswinkel darf nicht mehr als 45 Grad betragen. Auch muß die Mulde breiter und tiefer als der geplante Teich ausgehoben werden. Denn das Sandbett sollte rundum wenigstens 10 cm tief sein. Bei der Berechnung der maximalen Wassertiefe wird auch gern die Erdschicht vergessen, die ja noch im Teich dazukommt.

Nach dem Einlegen der Folie – eine Arbeit, die viele zupackende Hände erfordert – gibt man das gut angefeuchtete Teichsubstrat auf den Grund des Teichs und läßt mit sehr gebremstem Strahl ungefähr ein Drittel des Wassers einlaufen. Man bepflanzt erst die tiefste Stelle und arbeitet sich dann langsam bis zur endgültigen Wasseroberfläche empor.

Viele Fehler werden auch bei den Teichrändern gemacht. Die Folie muß rundum sozusagen senkrecht in die Höhe zeigen, um ein Versikkern des Wassers auszuschließen. Die Enden kann man mit Steinen oder Pflanzen verdecken.

Der Fertigteich

Sehr viel einfacher ist es, ein Fertigbecken einzugraben. Die Erdarbeiten ähneln denen bei Folienteichen, aber dann wird's leichter. Beim Kauf des Beckens muß man den Tieren zuliebe unbedingt auf möglichst flachansteigende, mit einem Profil versehene Randzonen achten. An den oft zu steilen, glatten Wänden finden Tiere keinen Halt und der Teich wird zur tödlichen Falle.

Bei der Berechnung der Grube darf auch hier die etwa 10 cm dicke Sandschicht nicht vergessen werden. Zuerst schüttet man den Boden auf und feuchtet den Sand gut an. Darauf wird das Becken gelegt. Danach geht man Schritt für Schritt vor, um ein Ausbeulen des Beckens sowohl nach innen als auch nach außen zu verhindern: Die seitlichen Zwischenräume immer etwa 20 cm hoch mit Sand füllen, gut einschlämmen und in entsprechender Höhe Wasser einlassen. Auf einer Latte über dem Becken liegt bei diesen Arbeiten eine Wasserwaage, damit der Teich nicht schief montiert wird. Für die letzten 10 cm der äußeren Verfüllung verwendet man einen Teil des abgetragenen Mutterbodens. Schließlich sollen dort wieder Pflanzen wachsen.

Tonelemente

Zu Kunststoff-Folien und fertigen Bassinformen gibt es jetzt eine dritte Alternative für den Teichbau im Garten: Tonziegel.
Das Material läßt sich – ähnlich wie Knete – leicht verformen und verarbeiten, ist wasserundurchlässig und unverrottbar; und außerdem umweltgerecht, weil es ein natürliches Erzeugnis ist.
Die einzelnen, anschmiegsamen, frisch verpreßten Tonelemente sind ca. 27 cm x 30 cm groß und 10 cm dick. Sie werden direkt auf den Teichboden gelegt und – ähnlich wie beim Vertäfeln mit Nut- und Federbrettern – miteinander verzahnt; die Fugen werden später mit einem Verdichter geglättet, bzw. zusammengedrückt.

Böschungsmatten

Oft ist die Randzone des Teichs eine wahre Problemzone. Die Erde will nicht recht halten, bei fallendem Wasserstand schaut die häßliche Folie hervor. Mit Böschungsmatten löst man das Problem. Sie eignen sich für ältere und neue Anlagen. Das lockere Kunststoffgeflecht wird mit Erde, Torf oder Kies gefüllt und anschließend so bepflanzt oder eingesät, daß von ihr und dem Kunststoff nichts mehr zu sehen ist. (Befestigungshaken am Ufer sorgen dafür, daß die Matte an steilen Ufern nicht abrutscht.) Auf den Matten können sich, ins Wasser hineinragend, Sumpf- und Wasserpflanzen gut entwickeln.
Die Matte läßt sich auch über Ränder von Fertigteichen legen und ermöglicht so eine natürliche Einbindung in die Umgebung.

Unter den Seerosen gibt es viele sehr attraktive Sorten, wie die 'Elisiana'. Sie benötigt Sonne, um richtig blühen zu können.

Seerosen krönen jedes stille Wasser

Man nennt sie gern die „Königin des Gartenteichs". Wen wundert's da, daß die Schönheit ihre Eigenheiten hat. Anders als sonstige Wasserpflanzen brauchen die Kulturformen Dünger, und zwar jedes Jahr wieder.

Der Reiz der Nymphenblume, wie sie, abgeleitet von ihrem botanischen Gattungsnamen ***Nymphaea***, genannt wird, liegt in der schönen gleichmäßigen Form der Blüten, die sich direkt über dem Wasserspiegel erheben. Sie erreichen einen Durchmesser bis zu 20 Zentimeter. Allerdings öffnen sich die länglichen Knospen nur an Sonnentagen, aber dann bereits in den frühen Morgenstunden. Neben Sonnenschein gehört auch Wärme dazu. An kalten Tagen gehen die Knospen nur halb auf. Die Lebensdauer der einzelnen Blüten beträgt etwa eine Woche. Das wird jedoch auch von der Witterung beeinflußt.

Die Anzahl der Blüten hängt von der Entwicklung der Pflanze ab. Beobachtungen haben ergeben, daß man wieder mit einer neuen Knospe rechnen kann, wenn sich sechs bis acht neue Blätter gebildet haben. Gelegentlich zeigen sich walnußgroße Früchte. Dann handelt es sich um die weißblühenden Wildarten.

Auch die Blätter der Seerose können schwimmen. Sie sind mit einer Wachsschicht überzogen und liegen unmittelbar auf der Wasseroberfläche. Nach einer gewissen Zeit sterben die Blätter ab und lassen an dem Wurzelrhizom eine Narbe zurück.

Seerosen lieben einen geschützten, sonnigen Standort. Sie gedeihen auch in einem kühlen, schattigen Teich, blühen dann aber nur mäßig. Die Pflanzen passen sich schnell an, wenn der Wasserstand durch Trockenheit oder Regenfälle stark schwankt. Jedoch wirkt es sich ungünstig aus, wenn die Temperaturen sehr ungleichmäßig sind: Die Blüten verwaschen und verlieren ihren klaren Farbton. Mit den größten Blüten kann man im ersten Jahr nach der Pflanzung rechnen. In der darauffolgenden Zeit werden Blüten und Blätter oftmals kleiner. Dies hängt mit den Nährstoffen zusammen.

Der Teichboden

Das erste Gebot für die Erde im Teich lautet: Kein Dünger! In diesem Punkt sind sich die Experten einig, wenn auch in anderen die Meinungen auseinandergehen. Einigkeit herrscht auch über die Ausnahme der Regel: Einige Seerosen wollen mit Nährstoffen versorgt werden. Es empfiehlt sich deshalb, die „Königin des Teiches" in Körben mit Spezialerde (gibt es im Fachhandel) in den Teich zu senken. Die Gefäße werden zusätzlich mit einem Spezialtuch umwickelt, damit die nährstoffreiche Erde nicht ausgespült wird.

Es muß Spezialsand sein

Die Höhe der Erde hängt von dem jeweiligen Bereich des Teiches ab und auch von den Pflanzen. Generell liegt sie zwischen 5 und 25 cm. Für die Terrassen am Rand des Teiches reichen etwa 5 bis 10 cm. Am Ufer sollte die aufgeschüttete Erdschicht 30 bis 50 cm betragen. Es ist durchaus möglich, den Boden mit reinem, gewaschenen Sand zu bedecken. (Der Muschelanteil muß möglichst niedrig sein.) Bausand darf man auf keinen Fall verwenden, weil dieses Material nicht kalk- und säurefrei ist! Bei reinem, völlig nährstoffreiem Sand ist der Bewuchs in den ersten Jahren etwas kümmerlich.

Man kann auch ein Gemisch aus einem Teil Lehm und zwei Teilen Sand verwenden. In den tieferen Teilen und in den Uferzonen kann das Verhältnis auch 1:1 betragen. Dann wachsen die Pflanzen schneller. Lehm hat den Vorteil, daß mehr Eisen im Boden ist. Dieses Spurenelement hat die Eigenschaft, Nährstoffe zu binden.

Das Wachstum begrenzen

Es gibt noch ein weiteres Kriterium für die Dicke der Bodenschicht. Hohe Pflanzen brauchen für ihre Wurzeln mehr Erde als niedrigere Pflanzen, um nicht umzufallen.

Stark wuchernde Pflanzen setzt man am besten in Gefäßen in den Teich. Das erleichtert dem Wassergärtner die Arbeit. Denn in einem kleinen Teich muß das Wachstum der einzelnen Pflanzen kontrolliert werden. Pflanzen in Gefäßen hebt man kurzerhand heraus und verkleinert sie.

Die notwendigen Nährstoffe bilden sich aus den abgestorbenen Pflanzenteilen und aus den Blättern, die in den Teich fallen. Das funktioniert wie beim Gartenboden.

Die benötigte Wassertiefe ist jeweils am Etikett der Seerose abzulesen, das jeder Pflanze im Garten-Center beigefügt wird. Im allgemeinen empfiehlt sich eine Tiefe von 50 bis 80 cm. Kleine Sorten vertragen nur 20 bis 40 cm, die meisten heimischen Seerosen (mit weißen Blüten) fühlen sich bei einem Wasserstand von 80 bis 120 cm am wohlsten. Die Pflanzzeit beginnt Ende Mai und endet Ende August. Es ist besser, etwas später zu pflanzen, wenn sich das Teichwasser genügend erwärmt hat. Ist das (frische) Wasser eventuell noch zu kalt, setzt man die Pflanzen zunächst zur Akklimatisierung für einige Tage in den flachen Uferbereich, wo sich das Wasser schneller erwärmt, und bringt sie später an den endgültigen Platz. Die Wassertemperatur sollte zur Pflanzung nicht weniger als 15 Grad betragen.
Die Qualität der Seerosenpflanzen entscheidet ebenfalls über das gute Gedeihen. Das Rhizom darf nicht weich oder faul wirken. Die Größe ist nicht ausschlaggebend. Am besten sind Pflanzen, die im Topf angeboten werden und Blätter haben. Seerosen kommen in Spezialerde. Das Substrat besteht aus größeren Mengen von Lehm oder Ton sowie Langzeitdünger und Spurenelementen. Gedüngt wird später mit Hornspänen oder Langzeitdünger, der, mit feuchtem Lehm zu einem Klumpen geknetet, in die Erde gleich neben die Pflanze gedrückt wird.
Der Platzbedarf hängt von dem Wuchs der Seerose ab. Als Durchschnittswert gilt pro Pflanze ein Quadratmeter Wasserfläche. Achten Sie aber darauf, daß genügend Wasserfläche von Pflanzen freibleibt.

Seerosen lieben eine ruhige Wasseroberfläche. Deshalb darf man auch keinen Springbrunnen in einem Seerosenteich installieren.

Die Sonne scheint auch unter Wasser

Die meisten Wasserpflanzen brauchen einen sonnigen Standort, denn Licht ist auch für sie lebensnotwendig. Im Teich wichtig sind nicht nur die sichtbaren, sondern auch die Pflanzen, die unter der Wasseroberfläche wachsen.

Bei der Bepflanzung des Gartenteiches muß, wie überall im Garten, der Standort berücksichtigt werden. Denn auch Wasserpflanzen haben unterschiedliche Ansprüche an das Licht. Liegt der Teich im Schatten oder Halbschatten, dann haben es Unterwasserpflanzen schwer. Gepflanzt wird, sobald alle Arbeiten getan sind, aber am besten, bevor das Wasser eingelassen wird.
Oft machen Gartenteich-Neulinge den Fehler, gleich zu viele Pflanzen zu kaufen. Auch wenn der Teich in der ersten Zeit ein wenig kahl aussieht – haben Sie Geduld. Wasserpflanzen vermehren sich recht rasch. Wie viele Pflanzen der Teich verträgt, hängt von der Größe und Tiefe ab. Ein Drittel der Wasseroberfläche muß auf jeden Fall frei bleiben.
Wasserpflanzen werden meistens in Containern verkauft, dürfen aber nicht damit ins Wasser gestellt werden. Gewächse, die sehr stark wuchern, kann man in Körben pflanzen, um ihren Ausdehnungsdrang ein wenig zu bremsen. Auch Wasserpflanzen werden angegossen, bevor der Teich gefüllt wird. Dann spült die Erde nicht auf.

Die Unterwasserpflanzen

Die Unterwasserpflanzen sind für den Gartenteich überaus wichtig. Sie produzieren den für das Getier notwendigen Sauerstoff, wirken wasserreinigend und hemmen das Algenwachstum. Oft widmen die Gartenbesitzer den meist unsichtbaren Pflanzen zu wenig Aufmerksamkeit. Denn nur wenige erfreuen das Auge des Teichbesitzers mit Blüten.
Unterwasserpflanzen können auch noch nachträglich gepflanzt werden. Man bindet einen Stein an den Stengel und wirft die Pflanze ins Wasser. Alle nachstehend aufgeführten Pflanzen brauchen einen sonnigen oder zumindest halbschattigen Standort.
Der Frühlingswasserstern ***(Callitriche palustris)*** bildet auf dem Teichboden ein dichtes grünes Polster. Einzelne Blattrosetten schwimmen nach oben. Wassertiefe: 10–50 cm.
Die Nadelsimse ***(Eleocharis acicularis)*** wächst sowohl im Wasser als auch im Garten. Auf dem Teichboden bilden die feinen grünen Hälmchen einen dichten Teppich. Wassertiefe: 0–100 cm.
Das Hornkraut oder Hornblatt ***(Ceratophyllum demersum)*** bildet keine Wurzeln. Die Pflanzen schwimmen unter der Wasseroberfläche und bilden meterlange Stengel. Bei zu starkem Wuchs nimmt man einfach einige Pflanzen aus dem Wasser heraus.
Wasserpest ***(Elodea canadensis)*** wuchert sehr stark. Durch Entfernen einiger Pflanzen kann auch hier ausgelichtet werden. Wasserpest bietet der Fischbrut guten Unterschlupf. Die Pflanzen begrünen den ganzen Teichboden und überleben auch härteste Winter. Sie produzieren sogar unter einer Eisdecke den notwendigen Sauerstoff. Wassertiefe 20–120 cm.
Die Wasserfeder ***(Hottonia palustris)*** tritt nur in den Monaten Mai und Juni in Erscheinung. Dann ragen ihre weiß-rosa Blüten bis zu 40 cm hoch aus dem Wasser heraus. Den Rest des Jahres verbringt auch die Wasserfeder unter der Oberfläche. Wassertiefe: 10–40 cm.
Das Tausendblatt ***(Myriophyllum verticillatum)*** wirkt besonders schön durch seine hellgrünen, federartigen Blätter, die dicht unter der Wasseroberfläche schwimmen. Im Sommer ragen die rosa Blütenähren aus dem Wasser. Die Pflanzen wuchern recht stark. Wassertiefe: 10–120 cm.
Der Große Wasserschlauch ***(Utricularia vulgaris)*** ist eine fleischfressende, wurzellose Pflanze. Seine Beute sind z.B. Wasserflöhe. Die goldgelben Blüten erinnern an Löwenmäulchen und ragen im Juni/Juli über den Wasserspiegel.

Die Schwimmblattpflanzen

Bei dieser Gruppe unterscheidet man zwischen Pflanzen mit Wurzeln – zum Beispiel die Seerosen – und Pflanzen, die frei im Wasser schwimmen – zum Beispiel die Wasserlinsen. Merkmal für alle sind die großen, an der Wasseroberfläche schwimmenden Blätter. Hat man Fische im

Das Hornkraut trägt in großem Maße zur Sauerstoffbildung im Teich bei. Aus diesem Grunde sollte kein Gärtner auf das Kraut verzichten.

Die Seekanne gehört zur Familie der Enziangewächse. Ihre Knospen entwickeln sich unter Wasser, die Blüten ragen aus dem Wasser.

Teich, sollte man auf diese Schattenspender keinesfalls verzichten. Denn auch dem Fischlein im Wasser kann es zu sonnig werden.
Wasserähren ***(Aponogeton distachyos)*** fallen auf durch ihre breiten, länglichen Blätter und ihre stark nach Vanille duftenden, weißen Blütenähren. Die Pflanzen haben Wurzelknollen und blühen den ganzen Sommer und sollten in keinem Teich fehlen. Wassertiefe 30–50 cm, Standort: sonnig.
Die Wasserhyazinthe ***(Eichhornia crassipes)*** ist zwar eine echte Schönheit, aber nur sehr schwer durch den Winter zu bringen. Sie muß in einem hellen Raum in Wasser aufbewahrt werden. Die Temperatur darf dabei nicht unter 15 Grad sinken. Diese Schwimmpflanze ragt mit ihren hellgrünen Blättern und blaßblauen Blüten über den Wasserspiegel hinaus. Standort: sonnig.
Der Froschbiß ***(Hydrocharis morsus-ranae)*** holt sich wie die anderen Schwimmpflanzen auch seine Nahrung aus dem Wasser und wirkt dadurch algenhemmend. Im Juli/August bildet er weiße Blüten, die etwas an Seerosen erinnern. Der Froschbiß ist mit jedem Standort zufrieden.
Wasserlinsen ***(Lemna trisulca)*** breiten sich gern stark aus. Wird's zuviel, fischt man einen Teil heraus. Die Schwimmpflanzen sind ein guter Sauerstofflieferant. Standort: sonnig bis halbschattig.
Die Gelbe Teichrose oder Mummel ***(Nuphar lutea)*** bildet von Juni bis August dottergelbe Blütenkugeln. Die Blätter sind groß und haben eine Kerbe. Die Pflanze eignet sich nur für größere Teiche. Wassertiefe 40–120 cm, Standort: Sonnig bis halbschattig.
Die Seekanne ***(Nymphoides peltata)*** blüht von Juli bis September. Die gelben, kelchartigen Blüten ragen auf langen Stielen aus dem Wasser heraus. Die Schwimmblätter weisen manchmal eine bräunliche Färbung auf. Wassertiefe: 10–100 cm, Standort: sonnig bis halbschattig.
Der Wasserknöterich ***(Polygonum amphibium)*** zeigt von Juni bis August seine rosa Blütenähren. Er breitet sich stark aus, wenn man ihm nicht Einhalt gebietet. Wassertiefe: 0–30 cm, Standort: sonnig bis halbschattig.
Der Wasserhahnenfuß ***(Ranunculus aquatilis)*** gilt sowohl als Unterwasser- als auch als Schwimmblattpflanze. Die weißen Blüten stehen auf Stielen über dem Wasser. Wassertiefe: 10–100 cm, Standort: sonnig bis schattig.
Das Laichkraut ***(Potamogeton natans)*** bildet weiße Blütenähren, die über dem Wasser stehen. Auch diese Pflanzen haben Blätter im Wasser und über dem Wasser. Wassertiefe: 10–120 cm, Standort: sonnig bis halbschattig.
Die Wasseraloe ***(Stratiotes aloides)*** gehört zu den schwimmenden Pflanzen. Den größten Teil des Jahres verbringt sie unter Wasser. Zur Blütezeit erhebt sich eine Blattrosette aus dem Wasser, aus deren Mittelpunkt kleine, weiße Blüten wachsen. Standort: sonnig bis halbschattig.
Die Wassernuß ***(Trapa natans)*** hat zwar nur unscheinbare Blüten, aber dafür eßbare Früchte. Die Wassernüsse schmecken ein wenig wie Maronen. Im Herbst verfärben sich die Blätter sehr schön und leuchten rotbraun auf dem Wasser. Die Pflanze schwimmt im Wasser. Ist der Teich weniger als 50 cm tief, verankern sich die Unterwasserstengel im Boden. Standort: sonnig bis halbschattig.

Pflanzen für Sumpf- und Uferzonen

Das nasse Element zieht Kreise: Auch die näheren und weiteren Randbereiche des Teiches erfordern eine spezielle Bepflanzung. Erst dann bekommt die Anlage ihr natürliches Aussehen.

Schon nach wenigen Jahren sind die Spuren des Teichbaus unter üppigen Pflanzen verschwunden.

Nicht nur der Teich selbst, sondern auch die Uferzonen machen den Reiz eines Feuchtbiotops aus. In den sumpfigen Randzonen wachsen besonders hübsche Pflanzen, die in der Natur häufig bereits vom Aussterben bedroht sind. Spezialgärtnereien bieten diese Raritäten an, die dort für den Verkauf gezüchtet werden.

Die Sumpfpflanzen

Der Froschlöffel ***(Alisma plantago-aquatica)*** steht gern allein. Die weißen Blütenrispen erscheinen im Juli/August. Wasserstand: 0–30 cm, Wuchshöhe: bis 100 cm, Standort: sonnig bis halbschattig.
Die Blumenrispe ***(Butomus umbellatus)*** bekommt im Sommer wunderschöne, rosa Blütendolden. Sie eignet sich nur für größere Anlagen: Wassertiefe: 0–30 cm, Wuchshöhe: bis 100 cm, Standort: sonnig bis halbschattig.
Die Sumpfkalla ***(Calla palustris)*** ist eine besonders attraktive Pflanze. Die recht unscheinbaren Blütenkolben werden von einem imponierenden, weißen Hochblatt umgeben. Im Herbst bilden sich leuchtendrote, giftige Beeren. Wassertiefe: 0–20 cm, Wuchshöhe 20–30 cm, Standort: halbschattig.
Die Sumpfdotterblume ***(Caltha palustris)*** blüht bereits im April und sieht als kleine Gruppe besonders hübsch aus. Sie sollte am Rand der Sumpfzone stehen. Von den Sumpfdotterblumen gibt es auch gefüllte Sorten. Wassertiefe: 0–10 cm, Wuchshöhe: 30 cm, Standort: sonnig bis halbschattig.
Das Zypergras ***(Cyperus alternifolius)*** kennt man vor allem als Zimmerpflanze. Die attraktive Staude kann in der warmen Jahreszeit durchaus am Gartenteich wachsen, muß aber im Haus überwintern. Wassertiefe: 0–30 cm, Wuchshöhe: bis 150 cm, Standort: sonnig bis halbschattig.
Der Sumpfschachtelhalm ***(Equisetum palustre)*** gehört auch zu den beliebten Teichpflanzen. Er sieht dem Ackerschachtelhalm sehr ähnlich. Die Art ***E. hyemale var. robustum*** bleibt auch im Winter grün. Wassertiefe: 0–20 cm, Wuchshöhe: 80 cm, Standort: sonnig.
Der Tannenwedel ***(Hippuris vulgaris)*** ist eine kleine, zierliche Pflanze, die sehr hübsch aussieht. Die Wurzeln wachsen in der feuchten Randzone und die Pflanze breitet sich in den Teich hinein aus. Besonders dekorativ ist der Tannenwedel in kleinen Gruppen. Wassertiefe: 10–40 cm, Wuchshöhe: 10 bis 40 cm, Standort: sonnig bis halbschattig.
Die Wasserschwertlilie ***(Iris pseudacorus)*** kann nur gut gedeihen, wenn man ihr viel Platz einräumt. Sie zeigt ihre gelben Blüten von Mai bis Juli und wirkt als Gruppe erst richtig schön. Ihre Schwestern, die rosablühende Japanische Sumpfiris ***(Iris kaempferi)***, die etwas kräftiger gefärbte, ebenfalls unter dem Namen Japanische Sumpfiris angebotene ***Iris laevigata*** und die rotviolette

Sumpfiris *(Iris versicolor)* sind nicht minder dekorativ. Wassertiefe: 0–10 cm, Wuchshöhe: 60–100 cm, Standort: sonnig.
Die Zwergbinse *(Juncus ensifolius)* gibt jedem Gewässer einen Naturteich-Charakter. Sie bildet kleine Horste und ist auch für einen Mini-Teich geeignet. Die braunen Samenstände und die grasartigen, schlanken Blätter gehören unbedingt in die Uferzone. Wassertiefe: bis 10 cm, Wuchshöhe: bis 20 cm, Standort: sonnig bis halbschattig.
Die Scheinkalla *(Lysichiton americanus)* hat eine unscheinbare Blüte. Was von April bis Mai strahlend leuchtet, sind die gelben Hochblätter. Die Scheinkalla ist nicht winterhart und benötigt einen Schutz. Wassertiefe: bis 5 cm, Wuchshöhe: bis 70 cm, Standort: halbschattig.
Der Fieberklee oder Bitterklee *(Menyanthes trifoliata)* entwickelt sich sehr üppig. Er ist eine alte Heilpflanze. Aus den getrockneten Blättern wird ein fiebersenkender Tee bereitet. Bei dieser Pflanze sind die weißlichen Blütentrauben ebenso schön wie die hellgrünen, dreigeteilten Blätter. Wassertiefe: 5–20 cm, Wuchshöhe: bis 30 cm, Standort: halbschattig.
Das Sumpfvergißmeinnicht *(Myosotis palustris)* ist ein hübscher Bodendecker an Teichrändern und ein unermüdlicher Blüher. Die blauen, kleinen Blüten erscheinen von Juni bis September. Auch diese Pflanze wirkt in einer größeren Gruppe am besten. Wassertiefe: 0–15 cm, Wuchshöhe: 30 cm, Standort: sonnig bis halbschattig.
Den Rohrkolben gibt es in vielen Arten. ***Typha angustifolia*** hat eine schmale Frucht und Blütenkolben. Bei ***Typha latifolia*** verschwinden die männlichen Kolben nach der Blüte, die weiblichen entwickeln sich zu den bekannten braunschwarzen Kolben; ***Typha minima*** hat zierliche, runde Fruchtkolben und darf an keinem Teich fehlen. Hübsch sieht es nur aus, wenn mehrere Pflanzen zusammenstehen. Auch diese Pflanzen breiten sich gern aus. Setzt man sie in Pflanzgefäße, kann man sie besser in Zaum halten. Wassertiefe: 0–30 cm, Wuchshöhe: 40 *(T. minima)* bis 250 cm, Standort: sonnig.
Der Igelkolben *(Sparganium erectum)* neigt ebenfalls zum Wuchern. Sorgen Sie für eine Begrenzung. Die stacheligen, kugelförmigen Früchte verhalfen der Pflanze zu ihrem Namen. Wassertiefe: 0–30 cm, Wuchshöhe: bis 100 cm, Standort: sonnig bis halbschattig.

Die Randpflanzen

Auch die nähere Umgebung des Teiches ist Teil dieser Lebensgemeinschaft. Für diesen Bereich gibt es ebenfalls viele Pflanzen, die wir aus der Natur kennen. Begegnet man ihnen beim Sonntagsspaziergang, sollte man sie anschauen und keinesfalls ausgraben. Denn auch viele von ihnen gehören bereits zu den bedrohten Arten, wie Pflanzen der Sümpfe, die es kaum noch gibt. Besonders wichtig sind die Randpflanzen für die Amphibien, denen sie Verstecke in der Uferzone bieten.
Das Schmalblättrige Wollgras *(Eriophorum angustifolium)* ist charakteristisch für Moorlandschaften. Im Herbst erscheinen die weißen Wollschöpfe. Das Wollgras läßt sich leicht von anderen Pflanzen verdrängen und muß ein wenig gehegt und gepflegt werden. Kommt ihm der Nachbar zu nahe, muß der Gärtner eingreifen. Die Pflanze braucht leicht sauren Boden. Wuchshöhe: 30 cm, Standort: sonnig.
Das Pfennigkraut *(Lysimachia nummularia)* mit seinen gelben Blüten ist ein dankbarer Bodendecker in den Randzonen. Oft sind gerade die Ränder nach dem Anlegen eines Teiches kahl und wenig attraktiv. Das Pfennigkraut verdeckt schnell alle Spuren des Baus. Der Boden sollte leicht lehmig sein. Wuchshöhe: 30 cm, Standort: halbschattig.
Der Blutweiderich *(Lythrum salicaria)* hat eine besonders lange Blütezeit, von Juli bis September. Die rosaroten Blütenkerzen leuchten in ihrer grünen Umgebung. Die Pflanze ist mit normaler Gartenerde zufrieden. Wuchshöhe: bis 150 cm, Standort: halbschattig.
Die Trollblume *(Trollius europaeus)* ist auch ein typischer Vertreter der Feuchtgebiete. Der Handel bietet Sorten mit gefüllten Blüten an. Ihre Bodenansprüche sind gering, sie benötigt nur genügend Feuchtigkeit. Wuchshöhe: 30–50 cm, Standort: sonnig bis halbschattig.
Empfehlenswert ist auch der Frauenmantel *(Alchemilla mollis)*. Die im Juni/Juli grünlich-gelb blühende Pflanze stellt keine Ansprüche an Standort und Boden. Sie wächst buschig und wird ca. 40 cm hoch.
Auch viele Farne wachsen gut in der Nähe eines Teiches. Dazu gehören unter anderem der Königsfarn *(Osmunda regalis)*, der Sumpffarn *(Thelypteris palustris)*, der Straußfarn *(Matteuccia struthiopteris)* und der Goldschuppenfarn *(Dryopteris affinis)*. Die Farne brauchen alle einen leicht humosen Boden und ein halbschattiges Plätzchen.
Ebenso unentbehrlich für die Randbepflanzung eines Teiches sind Gräser. Es gibt spezielle Arten für feuchte Böden. Das sind zum Beispiel das Süßgras *(Glyceria maxima)*, die Riesensegge *(Carex pendula)* und das Blaue Pfeifengras *(Molinia caerulea)*.

Sind die Standortbedingungen besonders günstig, vermehrt sich der Blutweiderich sehr stark durch Selbstaussaat. Man sieht die Pflanzen oft in der freien Natur an den Ufern größerer Seen und Wasserläufe.

Nährstoffe machen das Wasser kaputt

Die Qualität des Wassers ist ausschlaggebend für die Gesundheit des Gartenteichs. Der ärgste Feind sind die Nährstoffe, die sich aus vielen Pflanzen- und Tierresten bilden. Nehmen sie einmal überhand, muß der Bestand reduziert werden.

Prächtig wachsende Wasserpflanzen sind meist ein Zeichen für gesundes Wasser im Teich. Kümmern Ihre Pflanzen, so sollten Sie überprüfen, ob die Pflanzen auch ihren Standortansprüchen entsprechend gepflanzt wurden. Also, ob sie in richtiger Tiefe oder zu flach im Wasser stehen, ob sie genügend oder zuviel/zuwenig Sonne bekommen. Sind die grundlegenden Lebensbedingungen nicht erfüllt, können nämlich auch Wildformen unserer Wasserpflanzen Opfer von Pilzen und fäulnisbildenden Bakterien werden. Empfindlicher noch sind Zuchtformen und nicht einheimische Gewächse.

Zu viele Nährstoffe

Teichwasser leidet selten an Nährstoffarmut, viel häufiger an einem Überangebot von Nährstoffen. Daran können Leitungs- oder Grundwasser aus dem eigenen Brunnen schuld sein, da das Grundwasser in vielen Gebieten mit Nitrat belastet ist (Folge der Überdüngung).

Nitrat ist ein Düngesalz. Es fördert nicht nur das Wachstum der Landpflanzen, sondern, im Wasser gelöst, auch das der Wasserpflanzen und der Algen. Der Nitrat-Grenzwert für den Menschen liegt bei 50 Milligramm pro Liter Trinkwasser. Aber schon geringere Mengen können ein übermäßiges Wuchern der Pflanzen verursachen.

Regen und Staub – aber vor allem einfallendes Laub – führen ebenfalls zu einer Erhöhung der Nährstoffkonzentration.

Ein großer Teil der Pflanzen und viele Tiere sterben im Herbst und Winter. Sie werden zusammen mit dem organischen Material, das aus dem Garten in den Teich gelangt ist, von Mikroorganismen zersetzt. Die Endprodukte sind im wesentlichen Kohlendioxid (CO_2), Wasser und Düngesalze, zum Beispiel Stickstoff- und Phosphorverbindungen. Zu den Stickstoffverbindungen gehört auch das erwähnte Nitrat.

Die Mikroorganismen sorgen also für die Nahrung der Pflanzen, die nämlich die Stickstoff- und Phosphorverbindungen übers Wasser wieder aufnehmen. Die pflanzenabbauenden Organismen benötigen sehr viel Sauerstoff. Je mehr Pflanzen und Algen jedes Jahr von den Mikroorganismen abgebaut werden, desto größer ist auch ihr Sauerstoffbedarf. Wenn zuviel Pflanzenmaterial abgebaut werden muß, ist der Sauerstoff irgendwann verbraucht. Darunter leiden dann auch alle im Wasser lebenden Insekten und Amphibien.

Wenn der Sauerstoff im Wasser aufgebraucht ist, und es wird kein neuer zugeführt, fault das abgestorbene pflanzliche und tierische Material. Die Bodenprobe ist schwarz gefärbt und riecht nach faulen Eiern (Schwefelwasserstoff).

Auf Dauer ist für eine ausreichende Versorgung mit Sauerstoff eine reichliche Bepflanzung des Teiches mit Schwimm- und Sumpfpflanzen notwendig, denn das botanische Herz eines Teiches sind Unterwasserpflanzen! Sie entziehen dem Wasser besonders viel Nährstoffe (hemmen somit das Algenwachstum) und erhöhen die Sauerstoffkonzentration. Zwischen ihren kleinen Blättern finden algenfressende Insekten und andere Kleinlebewesen Schutz. Eine übermäßige Nährstoffkonzentration können Sie außerdem verringern, indem Sie wuchernde Pflanzen dezimieren.

Fische düngen den Teich

Sehr problematisch ist das Halten von Fischen im naturgemäßen Gartenteich. Ihre Exkremente und auch das Fischfutter führen zu einer starken Anreicherung von Nährstoffen. Besonders Goldfische und Karpfen

Die Schlammprobe bringt es an den Tag. Sie darf nicht nach faulen Eiern riechen. Im Handel gibt es einfache Mini-Labors zur Ermittlung des Sauerstoffgehalts.

lassen der Kleintierwelt kaum Chancen zum Überleben. Diese Kleinlebewesen (z.B. Wasserflöhe) sind es aber, die Algen fressen und das Wasser auf diese Weise klarhalten. Viele Molche und andere Amphibien laichen außerdem nicht in Teichen, in denen Fische leben. Mit falscher Fischhaltung verringern Sie also die Artenvielfalt in Ihrem Teich und Garten.

Mehr Sauerstoff ins Wasser können auch Unterwasserfilter bringen, und zwar durch Bewegung des Oberflächenwassers.

Algen und andere Störungen im Teich lassen sich nicht durch einen Wasserwechsel bekämpfen. Leitungswasser enthält Kalk, der das Wachstum der Algen fördert. Außerdem wird durch diesen Wechsel das gesamte Leben von vielen Pflanzen

und Tieren durcheinander gebracht. Der Einsatz von Torf und Torfpräparaten, die das Wasser entkalken, ist teuer und die Wirkung nur von kurzer Dauer. Chemikalien töten zwar Algen ab, diese sinken jedoch auf den Boden und werden dort von Mikroorganismen zersetzt. Anschließend stehen diese Zersetzungsprodukte aber wieder als Dünger bereit.
Wenn das Herausfischen von Algen und abgestorbenen Pflanzen sowie das Verzichten auf Fische keine ausreichende Wirkung haben, sollten Sie den Teichboden von einem Teil des Schlammes und des abgesunkenen Pflanzenmaterials befreien.

Der pH-Wert des Wassers

Eine entscheidende Eigenschaft des Gewässers ist der Säuregrad. Er wird mit dem sogenannten pH-Wert angegeben. Ein pH-Wert von 7 steht für neutrales Wasser. Die Werte können aber zwischen pH 5 und pH 9 schwanken, sie hängen u.a. auch von der Tageszeit und dem Alter des Teiches ab.
In einem naturnah angelegten Teich werden die Schwankungen in diesem Rahmen bleiben. Falls die Werte über einen längeren Zeitraum zu stark abweichen, sollte zuerst untersucht werden, ob der Teich nicht wiederum unter zu hoher Nährstoffkonzentration leidet. Manchmal können z.B. auch mit Schadstoffen belastetes Regenwasser vom Dach oder zu viele Torfmoose am Ufer eine Rolle spielen.
Das Ausmaß der Säuregrad-Schwankung ist auch von der Härte des Wassers abhängig. Ideal sind 6–13° d.H. (deutsche Härtegrade). Sie ist ein Maß für die Konzentration bestimmter Salze und auch von Kalk. Je härter das Wasser ist, desto stabiler sind die pH-Werte. Zu beachten ist, daß einige Pflanzen wie Seekanne und Wollgras nur wenig Kalk vertragen. Das Wachstum der Algen dagegen wird durch Kalk gefördert.
Nitratgehalt, pH-Wert und Härtegrad sind also Kennzeichen dafür, welche Pflanzen in den Teich passen und wie gesund bzw. naturnah das Gewässer ist. Die Werte lassen sich relativ einfach bestimmen. Tests für Einzeluntersuchungen gibt es im Fachhandel und in Apotheken. Und Greenpeace hat einen Schadstoffmesser herausgebracht, mit dem insgesamt 16 verschiedene Stoffe bestimmt werden können. Die einzelnen Tests werden in einem beiliegendem Heft beschrieben.

Goldfische sind die Favoriten im Gartenteich. Sie stellen wenig Ansprüche und machen viel Freude.

Eine heile Welt für kleine Fische

Der Teich soll gut ein Jahr alt sein, bevor man Fische hineinsetzt. Denn die Tiere brauchen einen gewachsenen Lebensraum. Man rechnet rund 50 Liter Wasser für einen fingerlangen Fisch.

Frösche, Kröten und Lurche stellen sich meist von selbst am Wasser ein. Fische muß man in einen Zierteich einsetzen.

Der Koi ***(Cyprinus)*** wird wegen seiner attraktiven Färbung auch „schwimmende Blume" genannt. In seiner Heimat Japan ist er ein Symbol für Glück, Tapferkeit, Erfolg und langes Leben. Kois können sehr alt werden, 15 Jahre sind normal. Sie gehören zur Familie der Barsche, sind aber ausgesprochene „Heimtiere". Wenn sie den Gartenteichbesitzer mit der Futterdose sehen, versammeln sie sich an der üblichen Futterstelle und fressen sogar aus der Hand. Wichtig sind regelmäßige kleine Futtergaben. Futter auf Vorrat könnte faulen und das Wasser verunreinigen. Kois sind Räuber, kleinere Fische haben kaum Überlebenschancen. Die bunten Karpfen wühlen zudem gern im Moder und brauchen mindestens 120 cm tiefes Wasser.

Kois vertragen sich gut mit gleichgroßen Goldfischen und anderen Karpfen, zum Beispiel Silber-Algenkarpfen oder Graskarpfen. Sie sind unscheinbarer, aber als „Unterwasser-Rasenmäher" nützlich. Sie vertilgen schwebende und festsitzende Algen. Ist davon nichts mehr da, müssen auch sie gefüttert werden.

So wird der Teich bevölkert: Bei einer Größe von 6 bis 8 qm und einer Tiefe von 120 cm (Wasserinhalt ca. 3500 Liter) können vier Kois in verschiedenen Färbungen, dazu drei Silber-Algenkarpfen und drei Gras-

karpfen von je höchstens 20 cm Länge ohne Probleme existieren.
Viel Freude hat der Beobachter an dem kleinen Fisch Ukelei, auch Laube genannt ***(Alburnus alburnus)***. Die Tiere werden nur 10 bis 15 cm groß, leben in Schwärmen und werden schnell zutraulich. Es macht Spaß zu beobachten, wie die schlanken, schnellen Schwimmer aus dem Wasser springen auf der Jagd nach Mücken. Obwohl die silberglänzenden Fische nur klein sind, darf der Teich nicht unter 20 Quadratmeter groß sein. Ihr Schwimmbedürfnis ist enorm. Ukeleien fressen gern zarte Wasserpflanzen. Man sollte sie deshalb nur in einen Teich mit vielen Pflanzen setzen.
Der unauffällig gefärbte Dreistachelige oder Große Stichling ***(Gasterosteus aculeatus)*** ist zumindest während der Paarungszeit ein ziemlich ungeselliger Bursche. Zwar legt er zur Laichzeit ein Hochzeitskleid an – die Brust färbt sich rot, der Rücken leuchtend grün – und ist ein hübscher Anblick, aber er greift sogar größere Fische an.
Interessant ist das Familienleben dieser Fische, auch wenn man es nicht immer beobachten kann. Das Männchen baut aus Pflanzenresten am Grund des Teiches ein Nest, in das das Weibchen die Eier ablegt. Das Männchen besamt sie und läßt das Weibchen nicht mehr an das Nest heran. Vater Stichling bewacht die Eier und die Jungfische, bis sie groß genug sind, um sich allein behaupten zu können.
Wegen ihrer eigenwilligen Art, für Nachkommen zu sorgen, sind die nur 4 bis 10 cm langen Bitterlinge ***(Rhodeus sericeus)*** nur für größere Teiche geeignet. Als Aufzuchtstation brauchen sie eine Teichmuschel, die nur in größeren Gewässern leben kann. Das Männchen stößt die Samenflüssigkeit in der Nähe der Muschel aus, die mit dem Wasser von der Muschel eingesogen wird. Mit Hilfe eines Legerohrs, das dem Weibchen nur während der Paarungszeit wächst, legt es die Eier in der Muschel ab, in der die Jungfische heranwachsen, geschützt vor hungrigen Feinden. Auch das Bitterling-Männchen legt in der Paarungszeit ein schillerndes, buntes Hochzeitskleid an.
Wenn Sie sich für die munteren, kleinen Moderlieschen ***(Leucaspius delineatus)*** entscheiden, müssen Sie mindestens 10 Stück in Ihren Teich setzen. Denn die nur etwa 6 cm langen, silbrigen Fischlein sind Schwarmfische und lieben die Geselligkeit. Wie der Name schon sagt, halten sie sich gern in Bodennähe auf. Moderlieschen fressen Algen, Mücken, Larven und andere Kleintiere und lieben einen Teich mit dichtem Bewuchs und Steinzonen.
Ausgesprochen schnell gewöhnen sich die Elritzen ***(Phoxinus phoxinus)*** an den Menschen. Auch dieser nur 7 bis 10 cm große Karpfenfisch lebt in Schwärmen, allerdings an der Wasseroberfläche. Er braucht sauerstoffreiches und nicht zu warmes Wasser. Elritzen ernähren sich von Kleinlebewesen, fressen aber auch gern das Flockenfutter. Man kann sie mit diesen Leckerbissen an den Rand des Teiches locken und ihre hübsche Rückenzeichnung betrachten. Während der Paarungszeit tragen die Männchen seitlich eine grünrote Färbung.
Ebenfalls zu den Karpfenfischen gehören das Rotauge ***(Rutilus rutilus)*** und die Rotfeder ***(Scardinius erythrophthalmus)***. Sie leben in Schwärmen und sind leicht zu halten. Frische Blätter, Larven und Mücken gehören zu ihrer Nahrung. Sie erreichen die stattliche Länge von 25 cm.
Favoriten im Gartenteich sind immer noch die Goldfische ***(Carrassius auratus auratus)***. Schafft man ihnen die richtigen Lebensbedingungen, sind sie ausgesprochen pflegeleicht. Allerdings vermehren sich Goldfische sehr stark, wenn es ihnen gut geht. Das Wachstum der Goldfische paßt sich der Größe des Lebensraums an. Daher kann man sie auch in kleineren Becken halten. Allerdings muß eine Mindesttiefe von 60 cm gegeben sein. Ist der Teich flacher, muß man den Fischen im Winter ein Quartier im Haus einrichten. Goldfische gibt es in unterschiedlicher Färbung, in Rot, Goldrot, Schwarzrot und mehrfarbig.
Bei sehr flachen Gewässern besteht im Sommer die Gefahr, daß die Fische an Sauerstoffmangel verenden, wenn sich das Wasser zu stark erwärmt hat. Im Frühjahr schätzen die Goldfische die wärmenden Sonnenstrahlen. Sie kommen an die Oberfläche, um mit Hilfe des Lichtes Vitamine aufzubauen. Im Sommer brauchen sie ein tieferes, kühleres Schattenplätzchen. Diese Fischart ist sehr friedlich und verträgt sich gut mit anderen Fischen.
Ausgesprochen lebhaft und gesellig sind auch die Goldorfen ***(Leucistusidus)***. Sie können allerdings in einem großen Becken bis 50 cm lang werden. Die Fische sind schlank, haben eine goldschimmernde Färbung und halten sich besonders bei warmem Wetter gern an der Wasseroberfläche auf, um nach Fluginsekten zu jagen. Goldorfen sind ebenso leicht zu halten wie Goldfische.

Der Koi kommt aus Japan und gehört zur Karpfen-Familie. Die schön gefärbten Fische fressen Pflanzen, aber auch kleinere Tiere. Der Koi wird schnell sehr zahm.

Das Leben am und im Gartenteich

Die Fauna im Garten wird auch durch einen kleinen Teich um viele interessante Tiere bereichert. Da fliegen plötzlich zarte Libellen, hüpfen quakende Frösche, schwimmen Wasserspinnen und tummeln sich Molche.

Der Gartenteich und seine Uferzonen sind Lebensraum für viele Tiere. Und alle, bis auf die Fische, stellen sich von selbst ein. Für jeden Teichbesitzer ist es ein Ereignis, den ersten Frosch und die erste Libelle zu entdecken oder Schnecken zu beobachten, die in diesem Teil des Gartens willkommene Gäste sind. Denn sie haben die Funktion eines Gesundheitspolizisten.

Die Kunstflieger unter den Insekten sind die Libellen. Sie sind nicht nur blitzschnell, sondern können auch über einem Punkt stehenbleiben und sogar rückwärts fliegen. Einige legen ihre Eier gleich im Fluge ab. Ihre Beute, Insekten, fangen, zerkleinern und verzehren sie fliegend. Sie sind für den Menschen völlig harmlos, stechen nicht. Libellen gehören zu den am meisten gefährdeten Insekten. Einige Arten sind schon ausgestorben und viele sind stark dezimiert. Alle Libellenlarven sind Räuber. Mit Vorliebe fressen sie Einzeller und Wasserflöhe, Würmer, Wasserasseln und Kaulquappen.

Die knitternden Fluggeräusche der grünen Mosaikjungfer sind oft an Gartenteichen zu hören. Sie legt ihre Eier ins Moos, faulende Pflanzenteile und auch in morsches Holz. Ihre Eier überwintern, im nächsten Frühjahr schlüpfen die Larven. Erst nach ein, zwei weiteren Jahren steigt das Tier als Libelle in die Luft.

Die Große Schlammschnecke ***(Lymnaea stagnalis)*** ernährt sich überwiegend von faulenden Pflanzenteilen. Als Weidegänger schabt sie mit ihrer Raspelzunge Algen von Steinen oder Pflanzen. Manchmal kann man sie an der Unterseite des Wasserspiegels entlanggleiten sehen. Es ist schon erstaunlich, daß diese großen Schnecken unter der Wasseroberfläche hängen können, um die dort lebenden Mikroorganismen abzuweiden.

Der kleine Wasserfloh ***(Daphnia pulex)*** kann sich unter Umständen so stark vermehren, daß sich rötlich gefärbte Wolken im Wasser bilden. Erst beim näheren Hinsehen sind dann die nur 3 bis 4 mm großen und hüpfenden winzigen Krebse zu erkennen. Sie ernähren sich meist von Bakterien, einzelligen Algen und Schwebstoffen. Sie sorgen damit für klares Wasser.

Der Kammolch ***(Triturus cristatus)*** ist leider ein seltener Gast. Die Überdüngung und der Fischbesatz seiner Laichgewässer haben dazu geführt, daß sein Bestand stark gefährdet ist. Er ist der größte einheimische Molch (bis zu 18 cm). Sehr auffallend ist der hohe und gezackte Kamm, den das Männchen zur Paarungszeit an Kopf und Rücken bildet.

Kammolche suchen schon ab Februar pflanzenreiche und sonnige Tümpel, Gräben und Teiche auf, die sie nach erfolgter Paarung und Eiablage wieder verlassen. Die 100–250 Eier werden einzeln in Wasserpflanzenblätter abgelegt, die vorher eingefaltet wurden. Nach wenigen Wochen schlüpfen die langgestreckten Larven, die gut sichtbare Kiemenbüschel tragen. Die Larven fallen Fischen, Libellen- und Wasserkäferlarven zum Opfer. Aber auch die Molchlarven ernähren sich räuberisch von Würmern, Insekten und kleinen Krebstieren. Im Sommer führen die erwachsenen Molche ein verstecktes Landleben in Steinhaufen, unter Holz und Laub und sind nur nachts aktiv.

Der Gelbrandkäfer ***(Dytiscus marginalis)*** zählt zu den besten Schwimmern unter den wirbellosen Teichbewohnern und ernährt sich von kleinen Wassertieren. Er besitzt Wehrdrüsen, die bei Gefahr einen Stoff abgeben, der auf Fische eine lähmende Wirkung hat. Die Larven des Käfers können bis zu 8 cm lang werden und sind äußerst gefräßig. Sie überwältigen sogar Kaulquappen und kleine Fische. Sind zu viele Käferlarven im Gewässer, so stehen auch ihre eigenen Artgenossen auf dem Speisezettel. So sorgen sie selber dafür, daß sie nicht überhandnehmen und nicht zuviel Schaden anrichten. Das Leben im Teich wird durch sie vielfältiger und das biologische Gleichgewicht

Die Gelbrandkäfer sind echte Räuber. Sie fressen Larven und auch Jungtiere und sorgen so dafür, daß keine Art ein Übergewicht bekommt. Auch Mücken stehen auf dem Speiseplan.

Während der Paarungszeit trägt das Kammolch-Männchen einen großen, gezackten Rückenkamm, um dem Weibchen zu imponieren.

Zu den schönsten Libellen-Arten gehört die Wasserjungfer. Ihre Larven leben auf dem Teichgrund. Sie ernähren sich von anderen Tieren, sogar von kleinen Fischen.

Ein sehr nützlicher Teichbewohner ist die Große Schlammschnecke. Sie vertilgt verfaulende Pflanzenteile und raspelt mit iher Zunge Algen von Pflanzen und Steinen.

stabiler. Für den Menschen sind sie ebenfalls sehr nützlich: Gelbrandkäfer vertilgen nämlich eine Menge Stechmücken, die ungebetenen Teichbewohner.

Die Wasserassel ***(Asellus aquaticus)*** kommt in allen natürlichen Gewässern vor und gelangt mit Wasserpflanzen auch in unsere Becken. Ein harmloses Tierchen, das sich besonders von verwesenden Pflanzenteilen ernährt, selber aber Fischen und anderen Tieren zur Beute wird.

Die Wasserspinne ***(Argyroneta aquatica)*** verbringt ihr ganzes Leben im Wasser. Nur zum Atmen schwimmt sie an die Oberfläche und streckt ihren Hinterleib aus dem Wasser heraus. Sie taucht dann wieder ab und nimmt eine kleine Luftblase mit, die an ihrem dicht behaarten Körper haften bleibt. Die Wasserspinne webt ihre Netze, die Taucherglocken ähneln, unter Wasser. Sie lebt von Wasserasseln, Kleinkrebsen und Larven.

Der Grasfrosch ***(Rana temporaria)*** gehört zu den ersten der zahlreichen Amphibienarten, die sich aus ihren Winterquartieren auf die Wanderschaft begeben, um ihre Laichplätze zu erreichen. Bereits im Februar und März machen sich Tausende auf den Weg zu den Tümpeln und auch zu den Gartenteichen. Die Weibchen legen dort Laichballen (die meist an der Oberfläche schwimmen) von 2000 bis 4000 Eiern ab. Die Kaulquappen schlüpfen nach wenigen Wochen. Erst im Mai und Juni, wenn die Grasfroschlarven bereits im Wasser umherschwimmen, kommen Laubfrösche und Kreuzkröten zum Weiher, um abzulaichen. Der Laich ihrer Verwandten stellt von nun an für die Grasfroschlarven eine Bereicherung des Speisezettels dar.

Nicht nur hier, auch im Zusammenleben der Kaulquappen zeigt sich die gleichermaßen kompromißlose wie geniale Bevölkerungspolitik der Natur. Die Kaulquappen scheiden nämlich mit ihrem Kot Stoffe aus, die den Artgenossen oder anderen Arten den Appetit verderben. Im Sommer leben die erwachsenen Frösche in sumpfigen Wiesen und feuchten Wäldern. Sie ernähren sich nun von Insekten, Schnecken und Würmern. Im Spätherbst vergraben sie sich im Schlamm und Mulm irgendwelcher Teiche.

An milden Sommerabenden tanzen Zuckmücken und Stechmücken in der Sonne. Diese größeren oder kleineren Schwärme bestehen allerdings hauptsächlich aus den harmlosen, nicht stechenden Männchen, während die Weibchen meistens in der Vegetation sitzen. Stechmücken stechen und saugen Blut, das sie für den Reifeprozeß der Eier benötigen. Mücken ernähren sich von Blütennektar und Wasser. Außer den Stechmücken gibt es bei uns noch viele andere Mückenarten, die aber alle nicht stechen. Auch die Schnaken zählen zu den harmlosen Mitgliedern dieser Sippe.

Die Stechmücken spielen in einem naturgemäßen Gartenteich keine bedeutende Rolle. Molche, Wasserkäfer, Libellenlarven und andere Wasserbewohner machen nämlich Jagd auf sie. Mücken treten nur in Massen auf, wenn der Teich stark verschmutzt und damit der Sauerstoffgehalt zu gering ist oder wenn die vielen Freßfeinde der Mücke keinen Lebensraum im Teich finden. Optimal gedeihen Mückenlarven allerdings in Regentonnen!

Pflanzen und Tiere – eine Gemeinschaft

Stimmt das Gleichgewicht im Gartenteich, gibt es keine Probleme mit Schädlingen oder Krankheiten. Tiere und Pflanzen leben hier in einer „geschlossenen Gesellschaft". Der Mensch greift selten ein.

Viele verschiedene Insekten, die wir als Schädlinge bezeichnen, knabbern und saugen an Landpflanzen. Wasserpflanzen scheinen dagegen wenig Feinde zu haben. Warum?
Seerosenblattkäfer, Seerosenblattlaus, Eintagsfliegenlarven, Schilfkäfer und andere pflanzenfressende Tiere brauchen eine gewisse Menge an Nahrungspflanzen, um sich gut vermehren zu können. In Teichen sind aber meistens nur einige Seerosen oder Rohrkolben vorhanden – das Nahrungsangebot ist knapp. Außerdem wird die Vermehrung dieser „Schädlinge" durch die vielen Freßfeinde stark eingeschränkt. Denn pflanzenfressende Süßwasserinsekten sind die Nahrungsgrundlage für Libellen, Rückenschwimmer, Amphibien usw. So wird deutlich, daß der Begriff „Schädling" nicht richtig ist.
Alle Pflanzen und Tiere sind direkt oder indirekt voneinander abhängig. Sie bilden eine Lebensgemeinschaft: Bekämpft man eine Art, so verhungert vielleicht eine zweite oder dritte, die von der ersten lebt! Man weiß nur nicht welche.
Präparate gegen Pilzkrankheiten töten auch die Pilze, die für die Umwandlung der Pflanzenreste in Nährstoffe sorgen. Darunter hat dann wiederum auch die geliebte Seerose zu leiden.
Unsere Tierwelt ist auf einheimische Pflanzenarten angewiesen. Nur sie bieten ihr ausreichend Nahrung. Man wartet sonst vergebens auf Libellen, Frösche, Kröten etc. und wird kaum eine intakte Lebensgemeinschaft im Gartenteich erhalten.
Unter normalen Bedingungen sind auch Schnecken kein Problem im Gartenteich. Sie ernähren sich von faulenden und lebenden Pflanzenteilen, Bakterien- und Algenrasen, die sie mit ihrer Raspelzunge abweiden. Nur wenn sehr viele Schnecken im Teich leben, kann es kritisch werden. Das Abweiden führt nämlich zu Feinstverletzungen; dorthinein gelangen Bakterien und Algen. Der verstärkte Bewuchs führt dann auch zu einem verstärkten Abweiden und wieder zu neuen Verletzungen. Es ist ein kleiner Teufelskreis, der sich aber leicht beheben läßt: einfach die Schnecken absammeln oder mit dem Kescher einfangen.
Das Halten von Fischen in naturnahen Gartenteichen ist besonders problembeladen. Ein Experte vom BUND (Bund für Umwelt und Naturschutz in Deutschland): „Fische sind die einzigen Schädlinge im Gartenteich."
Wenn der Öko-Teich kleiner als 50 m^2 ist, sollte man auf Fische verzichten (Ausnahmen: Bitterling und Stichling). Die meisten Fische bringen nämlich das biologische Gleichgewicht eines Gewässers vollkommen durcheinander. Sie lassen der Kleinlebewelt kaum eine Chance zum Überleben. Im allgemeinen bietet ein Gartenteich den Fischen auch nicht genügend Nahrung. Es muß zugefüttert werden. Das Futter (plus Fischkot) führt aber zu einer Nährstoffanreicherung im Wasser. Das zehrt am Sauerstoffvorrat.
Ist der Sauerstoff verbraucht, kommt es zur Katastrophe: Überwinternde Frösche treiben mit aufgeblähten Bäuchen tot unter dem Eis, Insekten sterben, Libellen verschwinden.
Viele Molche und andere Amphibien können Fische im wahrsten Sinne des Wortes nicht riechen. Nehmen sie Fischgeruch wahr, so machen sie gleich einen Bogen um den Teich.

So wird Wasser nachgefüllt

Während sommerlicher Trockenperioden (und bei klarem Frostwetter) kann der Wasserspiegel innerhalb weniger Tage um etliche Zentimeter absinken. Viele Teichbesitzer füllen dann mit dem Gartenschlauch nach. Aber bei einem richtig angelegten Teich mit abfallendem Ufer ist das gar nicht nötig. Ist der Boden jedoch abgerutscht, sollte Wasser nachgefüllt werden. Dabei ist aber zu beachten:

- *Leitungs- oder Brunnenwasser ist oft bis zu 12 °C kälter als das Teichwasser. Durch rasches Nachfüllen treten Temperaturschwankungen auf, die den Tieren und Pflanzen einen Schock versetzen.*
- *Wasser sollte also langsam und vorsichtig nachgefüllt werden. Am besten wird es durch Aufsetzen eines Zerstäubers auf den Wasserschlauch in den Teich eingesprüht. (Wenn kein Zerstäuber zur Hand ist, kann eine durchlöcherte Plastiktüte mit einem Gummiband aufs Schlauchende montiert werden.) Das zerstäubte Wasser erwärmt sich in der Luft ein bißchen und man vermeidet, daß der harte Wasserstrahl den Bodenschlamm aufwirbelt und der Teich längere Zeit trübe bleibt.*

Der Gartenteich ist eine Oase für Tiere, Pflanzen und Menschen. Das ökologische System im Wasser erhält sich fast immer ganz von selbst.

Verstecke für große und kleine Tiere

Nicht alle Teichbewohner leben immer im Wasser. Viele verbringen bestimmte Phasen ihres Lebens in Reisighaufen oder unter Steinen im näheren Uferbereich. Deshalb ist die naturgemäße Gestaltung der Randzonen besonders wichtig.

Ein Teich bietet vielen Pflanzen und zahllosen Insekten Lebensraum. Er lockt aber auch Vögel an und Reptilien (Blindschleichen, Eidechsen) und Amphibien (Frösche, Molche, Kröten). Wenn Sie diesen Tieren ein artgerechtes Leben ermöglichen wollen, müssen Sie ihnen auch ein biologisch passendes Umfeld bieten. Das heißt: Ein Teich allein genügt nicht, um die Tiere zum Bleiben zu veranlassen.

Unterschlupf im Reisighaufen

Die meisten ausgewachsenen Frösche, Kröten und Molche halten sich nur während der Fortpflanzungszeit im Wasser auf. Sie brauchen in der Umgebung viele Versteckmöglichkeiten und ein reichhaltiges Nahrungsangebot, damit sie sich ansiedeln und nicht wieder abwandern. Sie können ihre Lebensbedingungen sehr verbessern, indem Sie geschnittenes oder ausgeräumtes Pflanzenmaterial in der Nähe des Ufers auf einem oder mehreren Haufen als „Eigenheime" liegenlassen.

Sehr sinnvoll sind auch teilweise eingegrabene Reisighaufen. Sie heben dafür am besten eine flache Grube aus (20–40 cm tief), die mit verschiedenen großen Ästen und Steinen ausgelegt wird. So entstehen kleine und größere Höhlen. Sie dienen vielen Tieren als Wohnraum und Versteck und sind für sie außerdem ein wettergeschütztes Quartier im Winter. Weiterhin werden Laub, abgemähtes Gras und Kompost im Haufen verteilt. Dies ist die Nahrungsgrundlage für Regenwürmer, Asseln und zahlreiche Insekten, die wiederum auf dem Speisezettel der Frösche, Molche und Kröten stehen. Zusätzlich können auch Reisig, unbrauchbare Bretter, Stämme, Äste und morsches Holz in einem ruhigen Gartenwinkel gestapelt werden, z.B. neben einer Hecke oder neben Sträuchern.

Der Haufen sollte eine Grundfläche von 1,5 m x 2 m und eine Höhe von 1,5 m erreichen. Sperrige, größere Äste werden unten in der Mitte plaziert, dünnere Zweige darüber. So ein Stapel bietet auch Igeln und Vögeln eine sichere Zuflucht.

Die gleiche Aufgabe erfüllen auch Steinhaufen. Steine speichern die Sonnenwärme und geben sie später an die daraufliegenden Eidechsen wieder ab. Die Wärme wird aber auch in den Boden geleitet, wo sich die Eidechse vielleicht ihre Höhle baut. Hier legt sie ihre Eier ab, die dann durch die Wärme der Steine ausgebrütet werden.

Sie können neben solche Steinhaufen auch einheimische Stauden pflanzen, die viele Insekten anlocken werden. Sie dienen den Reptilien und den Amphibien wiederum als willkommene Nahrung.

Auch Hummeln, die wichtige Blütenbestäuber für Obstbäume und Beerensträucher sind, bauen gern ihre Brutplätze in locker geschichtete Steinhaufen.

Um den Teich herum darf übrigens nicht gedüngt werden! Insekten, Amphibien, Reptilien und auch Mikroorganismen reagieren darauf sehr empfindlich. Schon kleinste Mengen, die durch Regen in den Teich gespült werden, können zu einem explosionsartigen Algenwachstum führen, und beim Spritzen mit Unkrautvernichtungsmitteln werden viele Insekten getötet. Dies schwächt die Selbstregulation des Teiches und seiner Umgebung.

Um den Teich herum sollte das Laub ruhig liegenbleiben. Es bildet für Insekten, Asseln und Würmer Nahrung und Überwinterungsmöglichkeit. Für die Frösche, Lurche und Kröten sind diese Tiere zum Überleben unentbehrlich.

Laub und Bodenstreu fördern auch das Ansiedeln vieler Frühjahrsblüher wie Veilchen und Buschwindröschen, die wiederum Insekten anlocken, notwendiges Vogelfutter.

Morsches Holz als Unterschlupf

Eine weitere Überlebensmöglichkeit für Flechten, Moose, Pilze, Insekten und Amphibien bieten Baumstümpfe, große Wurzeln und Baumstämme. (An schattigen Ecken vermodern sie rascher als an sonnigen.)

Sinnvoll ist es zum Beispiel, einen kleinen Baumstamm in die Sumpfzone des Teiches zu legen, so daß ein Teil in die Flachwasserzone hineinreicht. Optisch reizvoll wirken Baumstubben, die zum Teil aus dem Wasser herausragen. Vielleicht suchen sich die Wasserfrösche gerade diesen Ort zum Sonnenbaden aus. Unter Wasser bietet der Baumstumpf Wasserkäfern, Larven und Molchen Schutz oder ist Ausgangspunkt für ihre Beutezüge. Einige Libellen (z.B.

Ein bißchen Gestrüpp sollte man in der Nähe des Teiches ruhig liegenlassen. Kröten, Frösche und Molche finden dort ein Heim und immer genug Nahrung.

die blaugrüne Mosaikjungfer) legen ihre Eier bevorzugt an moderndes Holz, das aus dem Wasser herausragt. Die später ausschlüpfenden Larven lassen sich dann einfach ins Wasser fallen.
Baumstümpfe in der Sumpfzone und außerhalb des Teiche werden ebenfalls von Insekten und Amphibien gern angenommen. Wenn Sie die Erde um das Holz herum nur locker aufschütten, können sich dort Amphibien eingraben und so den Winter sicher überstehen. Steine, morsches, vermodertes Holz und abgestorbene Pflanzen sind also sozusagen wieder der Anfang für ein vielfältiges Leben an und im Gartenteich im nächsten Jahr.
Grundlage für eine große Artenvielfalt sind natürlich auch die lebenden Pflanzen. Unsere heimische Tierwelt hat sich im Laufe vieler Jahrtausende angepaßt. Es sollten daher einheimische Pflanzen bevorzugt angepflanzt werden. Auf ungewohntem Grün könnten die Tiere verhungern.

Einige Libellenarten legen ihre Eier mit Vorliebe an den Resten morscher Baumstämme und Äste ab.

Auf den sonnenwarmen Steinen am Rand des Teiches ruhen sich die kaltblütigen Eidechsen aus. Darunter verstecken sie ihre Eier.

Auch ein Teich hält Winterschlaf

Das pflanzliche und tierische Leben unter Wasser reduziert sich in der kalten Jahreszeit auf ein Minimum. Der Mensch muß lediglich ein wenig Hilfe leisten, damit der Sauerstoff im kalten Winterteich nicht allzu knapp wird.

Eis und Schnee verzaubern jeden Gartenteich in eine frostig-schöne Winterlandschaft.

Erfahrene Gartenteichbesitzer treffen im Herbst Vorsorge, damit ihr Wasserparadies nach dem Winterschlaf wieder gesund erwachen kann.
Ein naturgemäß angelegter Gartenteich ist normalerweise recht pflegeleicht. Je größer die Wasseroberfläche, desto stabiler ist das biologische Gleichgewicht. (Eben dieses ist für die Selbstreinigung des Wassers zuständig!) Bis dahin dauert es gewöhnlich etwa zwei Jahre. In dieser Zeit muß der Gärtner besonders darauf achten, daß weder eine Pflanzenart die andere überwuchert, noch eine Tierart die andere ausrottet. Oder anders ausgedrückt: Es dürfen nicht mehr Nährstoffe (vermodernde Pflanzen und Kleinstlebewesen) in einem Teich anfallen, als von den wachsenden Pflanzen, Fischen und Amphibien zum Leben tatsächlich gebraucht werden.
Dennoch sammelt sich auf dem Teichgrund, meist schon im Laufe eines Jahres, viel Mulch durch vermodernde Pflanzenteile, verrottendes Laub etc. Und diese Schicht wird immer dicker. Wird sie zu dick, droht der Teich „umzukippen". Das Wasser bezeichnet man als tot, wenn das Verhältnis von Sauerstoffproduktion und Sauerstoffverbrauch nicht mehr ausgeglichen ist.
Es ist also besser, zuviel vergehende Pflanzenmasse beizeiten zu reduzieren. Vor allem während des Winters belastet ihre Umsetzung das Wasser zu stark. (Zu kurze und dunkle Tage; eine Schneedecke auf dem Eis läßt wenig Helligkeit durch.) Übelriechende Faulgase entstehen, und zuviel Nährstoffe lassen im nächsten Frühling, wenn es wärmer wird, das Algenwachstum oft explosionsartig ansteigen. Um das zu verhindern, muß der Teichbesitzer eben zum Schlammfischer werden.
Dazu wird der Teich etwa zu zwei Dritteln leergepumpt oder das Wasser abgelassen und etwa ein Drittel der Mulchschicht entfernt, aber nicht mehr. Sonst würde das Leben der Mikroorganismen derart gestört, daß der Teich sich nicht mehr selbst regenerieren könnte.
Den Schlick trägt man am besten schichtweise ab, ganz vorsichtig, um die Folie nicht zu beschädigen, mit einer Mistgabel, deren Zinken vorher sorgfältig abgeschliffen wurden.
Wer nicht abpumpen will, fischt einen Teil des Schlammes mit dem Holzrechen ab. Dieser Schlick gehört auf den Kompost, wo er im nächsten Jahr besten Dünger ergibt.
Zu stark an einer Stelle wuchernde Pflanzen kann man vorsichtig herausnehmen und den Wurzelstock verkleinern. (Ist die Teichanlage noch sehr jung, sollte man damit allerdings besser bis zum Frühling warten.) Abgeblühte und absterbende Pflanzenreste sollten entfernt werden, nicht aber Schwimmpflanzen. Viele von ihnen entwickeln – schlecht erkennbare – Winterformen, sogenannte Hibernakeln, die auf den Grund des Teiches sinken. Aus ihnen regt sich im Frühjahr neues Leben. Wer seinen Teich zu gründlich säubert, läuft Gefahr, auch diese „Pflanzen im Winterschlaf" zu vernichten.

Rohrkolben müssen im Herbst geschnitten werden. Und wer in seinem Gartenteich Wassernüsse hat, kann ernten. Gräser überstehen den Winter ebenfalls an ihrem angestammten Platz, auch die einheimischen Seerosen. Nur tropische und subtropische Pflanzenarten brauchen ein wärmeres Winterquartier. In einem hellen Keller in Eimern mit Wasser überstehen sie die kalte Jahreszeit.
Stehen in der Nähe des Teiches große Laubbäume und Büsche, sollten Sie die Blätter von der Wasseroberfläche abfischen, bevor sich eine Eisschicht bildet.

Die Tiere halten Winterschlaf

Die Lebewesen im Teich stellen sich langsam auf Ruhe ein. Ab 10 Gad Wassertemperatur haben Fische kaum noch Appetit. Im Winter liegen die Wassertemperaturen dann zwischen 0° C und 4° C. Die Amphibien sind im Schlamm eingegraben, die Fische befinden sich in einer Winterstarre. Allerdings können Sie in dieser kalten Jahreszeit den Tieren im Wasser das Atmen erleichtern und gleichzeitig die Bildung von Fäulnisgasen eindämmen: Fördern Sie die Sauerstoffbildung der Unterwasserpflanzen. Denn obwohl im Teich Temperaturen wie im Kühlschrank herrschen, sind die Unterwasserpflanzen dennoch in der Lage, bei ausreichender Helligkeit Sauerstoff abzugeben.
Sobald sich eine feste Eisdecke bildet, kann der Schnee von der Eisfläche gefegt werden. Die Gewächse bekommen so etwas mehr Sonnenlicht, aber der Gasaustausch zwischen Wasser und Luft wird stark behindert. Durch abgestorbene Binsen, Seggen und andere Pflanzenstengel, die aus dem Eis ragen, können Faulgase abziehen. Sie sollten daher stehen bleiben. Und Rohrkolben, Froschlöffel und Igelkolben sind, mit Rauhreif überzogen, außerdem eine zauberhafte, winterliche Dekoration im Garten.
Hacken Sie auch nicht einfach ein Loch in die Eisdecke. Die Fische werden durch die Erschütterungen nur aufgestört. Aus dem gleichen Grund sollten auch keine Pumpen eingesetzt werden, die Luft durch einen Ausströmstein pressen, um das Wasser mit Sauerstoff anzureichern. Dieses Verfahren hat nämlich auch Nebenwirkungen: Während des Winters ist das Wasser im Gartenteich geschichtet. An der Wasseroberfläche ist es eiskalt, in der unteren Schicht herrscht eine Temperatur von 4° C. In dieser Zone können Amphibien, Fische und Insekten überwintern. Wird dieser Schichtenaufbau durch die vielen aufsteigenden Luftblasen gestört, so wirbelt kälteres Wasser in die Tiefe. Der Boden könnte somit zur gefährlichen Kältefalle werden.
Für harte Winter hat sich inzwischen eine weitere Lösung bewährt: der Eisfreihalter (erhältlich im Fachhandel). Dies Gerät schwimmt auf der Oberfläche. Unter dem kreisförmigen Deckel bleibt auch bei tiefen Temperaturen immer eine Stelle frei von Eis. Auch einige Bündel Stroh – wenn Sie nicht sowieso viele Rohrkolben und Rietgras gepflanzt haben – halten die Eisdecke luftdurchlässig. Bekommen Sie kein Stroh, tut's auch ein zusammengerolltes Stück einer alten Reetmatte solange der Teich noch eisfrei ist. (Aber so gut befestigen, daß nicht alles beim ersten Windstoß umkippen kann!)
So weit der tiefe Teich. Weist Ihr Teich nicht die notwendigen 80 Zentimeter auf, müssen Ihre Fische über Winter in ein frostgeschütztes Becken umziehen. Aber auch das muß auf jeden Fall sehr kühl stehen, damit sie ihre Winterruhe finden.

Ein Teil des toten Pflanzenmaterials wird im Herbst vom Grund des Teiches entfernt. Man muß dabei vorsichtig sein, um die Folie nicht zu beschädigen.

Alle Teiche müssen sich was pumpen

Ganz ohne Technik geht es nicht. Eine kräftige Pumpe gehört zur Grundausstattung. Sie setzt nicht nur fröhliche Wasserspiele in Bewegung, sondern wird auch für die regelmäßige Wartung des Gartenteichs benötigt.

Wasser im Garten fließt, sprudelt, springt und plätschert mit Hilfe der Technik. Springbrunnen, Fontänen, Sprudelsteine, Wasserfälle u.a. werden durch kräftige Pumpen in Betrieb gehalten.

Pumpen sind das Kernstück der Wassertechnik. Mit ihrer Hilfe kann ein Teich geleert werden, wird für zusätzlichen Sauerstoff gesorgt, das Wasser umgewälzt oder gefiltert, und allerlei künstliche Wasserspiele können damit betrieben werden.

Welche Art von Pumpen Sie benötigen, hängt davon ab, wie groß Ihr Teich ist und was Sie an Leistung von einer Pumpe erwarten bzw. benötigen. Bei Teichpumpen unterscheidet man Außenpumpen, Unterwasserpumpen und Universalpumpen.

Außenpumpen werden außerhalb des Teichs installiert. Sind sie nicht selbstsaugend, werden sie in einer Kammer oder einem Schacht gut gesichert installiert, der tiefer als die Wasseroberfläche liegt. Das Wasser fließt über einen Zulauf zur Pumpe. Außenpumpen sind für die Wartung leicht zugänglich.

Unterwasserpumpen sind einfacher zu installieren. Sie werden im Teich auf einen kleinen Sockel gesetzt. Ist der Stromanschluß da, können die Wasserspiele beginnen.

Universalpumpen können sowohl als Außen- oder als Unterwasserpumpen eingesetzt werden.

Das Angebot an Pumpen ist groß und für einen Laien unübersichtlich. Lassen Sie sich am besten von einem Fachmann beraten. Geben Sie an, für welche Zwecke Sie die Pumpe brauchen und/oder über welche Entfernung Sie Wasser befördern wollen: Wie hoch z.B. eine Fontäne sein soll oder wie viele zusätzliche Einrichtungen Sie mit einer Pumpe versorgen wollen. Denken Sie an den Energieverbrauch und vergleichen Sie verschiedene Fabrikate.

Wasserspiele und Lichter

Zu den preiswerteren Freuden für Zierteichbesitzer gehören Steine, Wasserspiele und Beleuchtung.

Es beginnt mit der Auswahl der Steine, die den Zierteich einfassen. Sie selbst zu sammeln ist mühsam. Schalten Sie den Handel ein. Ein Teichufer aus flachen Trittsteinen (Baustoffhandel) muß in ein Zementbett gelegt werden. Ein Rand aus Feldsteinen wird einfach aufgeschichtet. Natursteine kann man sich schicken lassen. Man bekommt auch durchbohrte Steine und kann einen Quell- oder Springbrunnen installieren.

Wasserspiele funktionieren nur mit elektrischen Pumpen. Sie setzen den Springbrunnen in Gang, eine Fontäne, die Wasserglocke – oder einen Wasserspeier. Das Plätschern, Sprudeln und Sprühen bringt Bewegung in den Teich und kann eine angenehme Geräuschkulisse sein.

Nicht weniger reizvoll ist das Spiel mit Licht, das den Teich in der Dämmerung und am Abend verzaubert. Lampen (auch mit farbigen Reflektoren) können mit dem Springbrunnen kombiniert werden, in Glaskugeln auf dem Wasser schwimmen oder als Strahler vom Ufer aus den Teich beleuchten.

Die gläsernen Kugellampen für Zierteiche scheinen auf der Wasseroberfläche zu schwimmen. Es gibt auch farbige Teichleuchten.

Aus sogenannten Quellsteinen plätschert das Wasser über die Mini-Felsen in den Teich – eine recht sanfte Geräuschkulisse.

Pumpen für Zierteiche werden elektrisch betrieben. Achten Sie darauf, daß die von Ihnen gewählten Fabrikate höchsten Sicherheitsanforderungen entsprechen. (Sollten Sie bei der Installation unsicher sein, überlassen Sie Ein- oder Ausbau einem Fachmann. Er berät Sie auch beim Einbau eines Fehlerstromschutzschalters oder bei Verwendung von Geräten mit Schutzkleinspannung!)

Pumpen müssen gewartet werden: Bei dichtem Besatz mit Pflanzen und bei Verschmutzung des Wassers die Filter regelmäßig reinigen.

Zusatzfilter zur Wasserreinigung brauchen Sie, wenn viele Fische im Teich sind. Die Ausscheidungen der Tiere und ihr Umwühlen des Bodens setzen den Sauerstoffgehalt des Teiches herab. Das gefilterte Wasser wird über einen längeren Schlauch zu einer anderen Stelle im Teich geleitet und so auch umgeschichtet.

Sie können Ihre Pumpe mit einem ausreichend großen Pflanzkorb, in den Sie die Pumpe setzen, gegen grobe Verschmutzung sichern. Eine einfache Methode, das Wasser zu filtern, besteht auch darin, diesen Korb noch zusätzlich mit Filterwatte, unbehandelter Holzwolle, Schwarztorf oder Holzkohle zu füllen.

Für zusätzlichen Sauerstoff sorgen Membranpumpen, die für Aquarien gebaut werden. Sie sind zwar feuchtigkeitsempfindlich und müssen trocken untergebracht werden, aber diese langlebigen Geräte pumpen Luft auch über eine weite Strecke in den Teich. Durch angeschlossene Sprudelsteine gelangt so reichlich Sauerstoff ins Wasser. Das ist im Sommer wichtig, wenn durch Umsetzungsprozesse im Zierteich mehr Sauerstoff benötigt wird. Auch im Winter ist das sinnvoll. Die perlende Luft sorgt für ein Loch im Eis und damit für besseren Luftaustausch.

Zum ausgesprochenen Luxus für Zierteiche zählt eine Heizung. Benötigt wird sie nur für Tropenpflanzen. Die richtige Temperatur bekommt das Wasser entweder durch Elektroheizkabel, den Anschluß an das Heizungssystem des Hauses oder auch durch Solartechnik.

Ein Bett aus Erde für die Steine

Lieben Sie Minipflänzchen und alpines Grün? Dann ist ein Steingarten das Richtige für Sie. Es macht viel Spaß zu beobachten, wie zwischen kleinen Felsbrocken buntes Pflanzenleben erblüht. Die geeignete Jahreszeit für den Bau der Anlage ist der Herbst, die meisten Pflanzen setzt man erst im Frühjahr.

Auf die Größe kommt es bei einem Steingarten gar nicht an. Er mißt meist nur einige Quadratmeter, nimmt nur einen kleinen Teil des Gartens in Anspruch. Meistens liegt der Steingarten an der Sonnenseite des Hauses oder vor der Terrasse. Der Grund: Oft ragen die Keller ein Stückchen über die Bodenebene heraus, die Terrasse wird aufgeschüttet, um den Niveau-Unterschied wieder auszugleichen. Da gibt es kaum eine bessere Lösung, als den Mini-Hang in einen Steingarten zu verwandeln. In jedem Fall sollte man sich eine natürliche Landschaft, eine Felspartie oder eine Geröllhalde vor Augen halten und nicht auf künstliche Gebilde und Bauwerke verfallen.

Am besten suchen Sie sich in einem Steinbruch oder im Natursteinhandel (Anschriften im Telefon-Branchenbuch) das gewünschte Material aus. Wählen Sie heimisches Steinmaterial, oder entscheiden Sie sich für eine Gesteinsart, die farblich zu Haus und näherer Umgebung paßt. Auch wenn die Verlockung groß ist, viele kleinere Brocken zu verwenden, läßt sich der Steingarten lebendiger gestalten, wenn nur wenige, aber große Steine verlegt werden. Doch sollten auch hier Größenunterschiede bestehen. Gleich große Steine würden die schönsten Pflanzen rasch langweilig erscheinen lassen.

Sanfte Mulden, flache Hügel

Je nach der gewünschten Gestaltung wird der Boden ausgemuldet und an anderer Stelle aufgeschüttet. Auf zu künstliche Hügel verzichtet man besser. Doch hängt der Höhenunterschied auch von der Größe des Steingartens ab. Meist sind Mulden oder Anhebungen bis zu einem Meter ausreichend. Da viele alpine Pflanzen durchlässige Böden brauchen, mischt man lehmiger Erde etwas Sand, Kies oder Schotter unter. In extrem festen Böden bringt man vorher sogar eine etwa 30 Zentimeter starke Drainageschicht aus Schotter oder Steinen ein.

Sind die Steine verteilt, lockert man den Boden tief und gründlich und verbessert anschließend die obere Pflanzschicht. Die Erde darf nicht zu nährstoffreich sein, sonst wachsen die Pflanzen zu üppig und werden schnell zu groß. Eine bewährte Mischung: Lehm, Torf und Sand (mit Splittanteil) sowie organischer Dünger oder Hornspäne. Viele Pflanzen kommen mit dem neutralen pH-Wert 7 aus, andere bevorzugen eher einen höheren Kalkgehalt. Füllen Sie auch in die Fugen zwischen den Stei-

Mit einem Steingarten schafft man eine kleine Welt für sich. Bei geschickter Pflanzenwahl blüht es darin im ganzen Gartenjahr.

Ein Steingarten muß ein natürliches Gefälle haben, der Hang darf aber nicht zu steil sein. Mit Steinen von unterschiedlicher Größe sieht er besonders hübsch aus. Ob man bei einer Art bleibt oder verschiedene Gesteine wählt, ist eine Sache des Geschmacks. Die Lücken sollten nicht zu klein sein.

nen etwas Sand oder Kies und darauf die Erdmischung, die für die vorgesehenen Pflanzen nötig ist. In diese Spalten kommen später jene Felsensiedler, die im Steingarten so reizvoll sind.
Ein günstiger Zeitpunkt für die Anlage eines Steingartens ist der Herbst. Warten Sie aber mit dem Bepflanzen jedoch lieber bis zum nächsten Frühjahr. Während des Winters hat sich die gelockerte Erde mit den Steinen gesetzt. Es werden dann die zahlreichen Ecken und Nischen deutlich, die sich für bestimmte Pflanzen eignen. Die Lichtverhältnisse der sonnigen Flecken und schattigen Partien sollten ebenso genau berücksichtigt werden wie der Säuregehalt des Bodens.
Ein Trost für ungeduldige Anfänger: Es dauert trotz Mühen und Ausdauer auch bei erfahrenen Gärtnern in der Regel mindestens drei bis vier Jahre, bis sich ein Steingarten so prächtig zeigt, wie man es sich von Anfang an wünschte.

Farbige Blütenfülle im Steingarten

Einzeln sind sie klein und unauffällig. Bei den Pflanzen für den Steingarten macht es meistens die Masse. Außer den bunten Kissen gehören schöne Einzelgänger und niedrige Laub- und Nadelgehölze zwischen die Steine und an den Rand der Anlage.

Der Steingarten-Anfänger tut gut daran, den Winter zum Studium der Minipflanzen zu nutzen. Dann vermeidet er im Frühjahr Fehlgriffe bei der Bestellung seiner Zwerggehölze und Polsterstauden.

Es gilt zunächst, aus der großen Zahl der Steingarten- und Alpenpflanzen diejenigen herauszufinden, die besonders gefallen, sei es durch interessante Blätter oder attraktive Blüten. Dann ist zu prüfen, ob die Standortwünsche im eigenen Steingarten auch berücksichtigt werden können. Wichtig ist dabei, ob die Pflanzen Sonne bevorzugen oder leichten Schatten. Sehr entscheidend kann auch die Qualität des Bodens sein. Die einen mögen kalkhaltige, stets trockene Erde, andere torfhaltigen, feuchten Boden.

Neben Steinen und Stauden spielen auch Gehölze im Steingarten eine Rolle. Sie dürften nicht zu groß werden, weil sie dann nicht mehr in das künstliche Landschaftsbild passen würden. Kleinbleibende Kiefern oder Wacholder sind auch als Einzelpflanzen eine willkommene Abwechslung ebenso wie ein feinblättriger Japanischer Ahorn.

Erst wenn diese Pflanzen ausgewählt sind und ihr Standort festgelegt ist, geht es an die Auswahl der Stauden. Am besten sucht man immer fünf bis zehn einer Art aus, damit es im Frühjahr und Sommer schön blüht. Besondere Wünsche in bezug auf Kalk oder andere spezielle Bedürfnisse sind meistens in den Katalogen vermerkt. Auch wer in seinem Ziergarten das Unkraut nicht als lästig ansieht und es zwischen Rosen und Stauden duldet – den Steingarten sollte man davor bewahren. Wer nicht von Anfang an gründlich dagegen vorgeht, wird es später nicht mehr los. Vor allem tiefwurzelnde Wildkräuter sollten aus dem Erdreich sorgfältig ausgegraben werden.

Laubgehölze

Japanischer Zwergahorn (Acer palmatum 'Dissectum'), Immergrüne Berberitze (Berberis candidula), Felsenmispel (Cotoneaster adpressus 'Little Gem', Seidelbast (Daphne arbuscula), Besenheide (Calluna in Sorten), Schneeheide (Erica in Sorten), Berglorbeer (Kalmia latifolia), Alpenrose (Rhododendron impeditum, Rhododendron calostrotum und andere).
Blaublättrige Rosmarinheide (Andromeda polifolia), Nevada Bärentraube (Arctostaphylos nevadensis), Zwergscheinhasel (Corylopsis pauciflora), Zwergelfenbeinginster (Cytisus x kewensis), Purpur-Teppichspindel (Euonymus fortunei), Duftlavendel (Lavandula angustifolia), China-Zwergbuchs (Buxus microphylla var. sinica).

Die Gletschernelke (Dianthus pavonius) braucht einen sonnigen Standort. Sie blüht ab Juni.

Die Glockenblume (Campanula portenschlagiana) blüht im Juni/Juli. Sie braucht einen trockenen Standort, verträgt Sonne, aber auch Halbschatten.

Blütenstauden

(mit Angabe der Blütezeit)

Blaukissen (Aubrieta deltoidea): April/Mai, Steinkraut (Alyssum saxatile 'Plenum'): Mai, Zwergakelei (Aquilegia akitensis): Mai, Himalayaaster (Aster tongolensis): Mai/Juni, Zwergglockenblume (Campanula): Juni/Juli, Karpatenglockenblume (Campanula carpatica 'Karpatenkrone'): Juni–August, Zwergnelke (Dianthus pavonius): Juli/August, Enzian (Gentiana dinarica): Mai, Christrose (Helleborus niger): Dezember–März, Küchenschelle (Pulsatilla vulgaris): März/April, Kissenprimel (Primula vulgaris ssp. sibthorpii): März/April, Moossteinbrech (Saxifraga-Arendsii-Hybriden): April/Mai, Teppichsedum (Sedum spurium 'Atropurpureum'): Juni/Juli, Hauswurz (Sempervivum-Hybriden): Juni–August, Perlenimmortelle (Anaphalis triplinervis): Juli–Oktober, Bergwundklee (Anthyllis montana): Juni/Juli, Bergaster (Aster amellus): Juni–September, Ochsenzunge (Anchusa capensis): März–Mai, Kaukasus-Flockenblume (Centaurea pulcherrima): Juni/Juli, Spanisches Seifenkraut (Saponaria caespitosa): Mai/Juni, Binsenlilie (Sisyrinchium angustifolium): Mai/Juni, Palmlilie (Yucca filamentosa): Juni/Juli, Teppichsilberraute (Artemisia nitida): Mai–Juli

Das Blaukissen (Aubrieta deltoidea) und Steinrich (Alyssum argentum) passen gut zusammen. Beide Pflanzen blühen im Frühjahr viele Wochen lang.

Nadelgehölze

Zwerglatsche (Pinus mugo var. pumilio 'Brevifolia', 'Hesse', 'Mops'), Zwergwacholder (Juniperus communis var. saxatilis), Nestfichte (Picea abies 'Nidiformis'), Zwerg-Haarzypresse (Chamaecyparis pisifera 'Filifera Nana'), Zwerg-Lebensbaum (Thuja orientalis 'Aurea Nana'), Balsamtanne (Abies balsamea var. hudsoniana), Meerträubel (Ephedra distachya), Zwergfichte (Picea abies 'Compacta'), Kugelzwergeibe (Taxus baccata 'Adpressa Aurea'), Nest-Zwerghemlockstanne (Tsuga canadensis 'Jeddeloh').

Die Kuh- oder Küchenschelle (Pulsatilla), hier die Sorte 'Weißer Schwan', ist sehr dekorativ. Sie blüht bereits Mitte April an einem sonnigen Ort.

Mini-Blüher in felsiger Umgebung

Oft nur wenige Zentimeter hoch, bringen kleinwüchsige Zwiebelblumen viel Farbe zwischen die grauen Steine. Sie werden wie ihre großen Verwandten behandelt und früh im Herbst gesteckt.

Fast von allen Zwiebelblumen gibt es niedrigwachsende Sorten für Steingärten. Die Urformen der Pflanzen stammen häufig aus gebirgigen Gegenden, sind, was die Nährstoffe angeht, nicht verwöhnt und kommen auch mit extremen Witterungsverhältnissen klar.

Zwiebelblumen

Zierlauch (Allium karataviense/ Blüte April–Mai; A. narcissiflorum/Blüte Mai–Juni; A. oreophilum/Blüte ab Juni); Schneestolz (Chionodoxa sardensis/Blüte ab April); Krokus (Crocus imperati/Blüte ab Ende Februar; C. chrysanthus/Blüte ab Ende März). Winterling (Eranthis hyemalis/Blüte Februar; E. x tubergenii/Blüte ab Ende März). Hundszahn (Erythronium dens-canis/Blüte März; E. revolutum/ Blüte Mai). Schachbrettblume, Kaiserkrone (Fritillaria meleagris/Blüte April/Mai). Schneeglöckchen (Galanthus nivalis/Blüte November–Februar). Hyazinthe (Hyacinthus orientalis/Blüte ab Anfang April). Märzbecher, Knotenblume (Leucojum vernum/Blüte ab Februar). Traubenhyazinthe (Muscari armeniacum/Blüte ab Ende März). Alpenveilchen-Narzisse (Narcissus cyclamineus/ Blüte März). Reifrocknarzisse (Narcissus bulbocodium/Blüte März–April. Stern von Bethlehem (Ornithogalum umbellatum/ Blüte Mai/Juni). Blaustern (Scilla siberica).

Die beste Pflanzzeit ist der Herbst, ab Ende September bis November – wenn der Dezember mild ist, können spätentschlossene Steingarten-Fans auch dann noch zu Schaufel und Pflanzholz greifen. Da die meisten Zwiebelblumen vor dem Aufblühen der anderen Steingartengewächse sowohl Blüte als auch Laub verlieren, stehlen sie den Stauden und Sträuchern nicht die Schau. Wählen Sie möglichst waagerechte freie Stellen, heben Sie ca. 12–15 cm tief den Boden aus und füllen Sie die Löcher mit einem Gemisch aus 1 Teil Sand, 1 Teil reifem Kompost und 1 Teil Gartenerde. Je nach Größe der Zwiebeln werden sie 5–12 cm tief gepflanzt. Man setzt sie ungefähr dreimal so tief wie die Zwiebel dick ist. Seien Sie ruhig ein wenig großzügig und stecken Sie immer ein paar an eine Stelle, das erhöht in der Blütezeit ihre Wirkung.

Die Zwiebeln bleiben viele Jahre lang im Boden und vermehren sich durch Tochterzwiebeln. Wenn Sie den Pflanzen einmal pro Jahr eine Handvoll Hornspäne als Dünger verabreichen (locker in die Erde einarbeiten), dann haben Sie für viele Jahre Freude an den Frühlingsblühern.

Die Traubenhyazinthe (Muscari armeniacum) verwildert schnell im Steingarten. Sie blüht ab April.

Kleine Berge – ganz groß

In Hochgebirgen gibt es ganz besonders interessante Pflanzen. Sie sind klein und genügsam, wachsen in Felsspalten und nehmen so schnell nichts übel. Wenn man ihnen ihre steinige Welt in Trog oder Kiste nachbaut, blüht die Alpenflora auch auf der Flachland-Terrasse.

Das Alpinum ist eine Bergwelt en miniature. Viele Sedum-Arten und Hauswurz-Gewächse zählen zu den kleinen Bergpflanzen.

Wie wär's mit einem neuen Hobby – der Planung, Anlage und Pflege eines Alpinums? Ein Alpinum ist eine Bergwelt im Kleinformat und beherbergt im Gegensatz zum Steingarten besonders kleinwüchsige Pflanzen. Der Aufbau der kleinen „Felsbrokken", sprich: selbstgesammelter Steine, sollte möglichst viele Spalten und Ritzen haben, damit die späteren Bewohner einen sicheren Halt finden und sich schon bald wie zu Hause in ihrer Bergheimat fühlen.
Die Steine können je nach Schönheit solo und in Gruppen auf Steinplatten oder in Trögen angeordnet werden. Man nimmt zum Beispiel eine beliebig große Waschbetonplatte, mischt sich das entsprechende Substrat zurecht, verteilt diese meist recht magere Mischung (ca. 5 cm hoch) auf der mit Abzugslöchern versehenen Platte (gute Drainage ist wichtig!), plaziert darauf den Steinberg und umrahmt alles mit einem Wall aus kleineren Steinen. Kantig oder rauhbrüchig müssen die Steine sein. Kalkstein oder andere poröse Steine sind genausogut wie Lavasteine (gibt's im Pflanzenhandel).
Bei der Wahl des Gesteins muß darauf geachtet werden, welche Pflanzen das „Gebirge" beherbergen soll. Kalkliebende Pflanzen wachsen natürlich auf Kalkgestein. Pflanzen, die sauren oder neutralen Boden lieben, sind richtig aufgehoben auf Sandstein, vulkanischen Lavatuffs, Granit, Schiefer, Basalt und Grauwacke.
Kalkliebende Pflanzen bekommen eine humose, mit Kalksteingrus durchsetzte Gartenerde und werden nach dem Einsetzen mit kleinen Kalksteinchen überstreut. Kalkscheue und neutrale Pflanzen sind mit ganz normaler Gartenerde zufrieden und werden mit Granitsteinchen abgedeckt.
Beim Anordnen der Steine muß beachtet werden, daß jede Felsspalte von einem darunterliegenden Stein begrenzt wird. Sonst finden die Pflanzen keinen sicheren Halt und die Erde kann beim Gießen leicht weggeschwemmt werden. Nach dem Einsetzen der Pflanzen in die sorgfältig ausgearbeiteten Spalten und Mulden drückt man kleine Steinchen auf die Erde, damit das Gießwasser nicht zu schnell verdunstet. Nach ein paar Tagen werden eventuell auftretende Absenkungen mit Erde und Steinen ausgeglichen.
Steinplatten oder -tröge (im Baustoff-

handel) sind gut geeignet, aber auch andere flache Behältnisse aus porösem Material. Welche Basis Sie auch verwenden – ganz wichtig ist eine gute Drainage, damit überschüssiges Wasser ablaufen kann und keine Staunässe entsteht.

Gießen und Düngen

Im Frühjahr ist der Wasserbedarf am höchsten. Zum Spätsommer und Herbst nur soviel gießen, daß die Pflanzen nicht anfangen zu welken (im Hochgebirge herrscht kein Mangel an Feuchtigkeit, dafür sorgen Taubildung, häufige Niederschläge und die meist in Nebelwolken gehüllten Bergkuppen). Durch regelmäßiges Übersprühen bzw. Sprengen muß auch für die notwendige Luftfeuchtigkeit gesorgt werden.
Alpine Pflanzen sind Schwachzehrer und brauchen wenig Nahrung. Deshalb wird auch nur zweimal im Jahr gedüngt, im Frühjahr (März) und im Sommer (August) mit Guano flüssig (die Hälfte der angegebenen Menge) zum Beispiel. Je magerer die Pflanzen gehalten werden, um so besser überleben sie den Winter.
Pflanzen, die nicht durch die kalte Jahreszeit kommen, hatten entweder eine zu nahrhafte Erde oder wurden mit Sicherheit zu viel gegossen. Die Pflanzen müssen ausgereift in den Winter gehen.
Die echten alpinen Pflanzen sind wahre Hungerkünstler. Sie wachsen in Felsspalten, ernähren sich vom Morgen- und Abendtau und finden im Stein nur wenig Nahrung, die ihnen aber genügt.
Das Alpinum bleibt im Sommer und Winter am selben Platz. Im Winter ist Schnee die beste Decke. Das Schlimmste, was einem Alpin-Gärtner passieren kann: Weihnachten sehr warm und anschließend im Januar harter Frost ohne Schnee, wenn die ersten Pflänzchen bereits die Köpfe herausstrecken. Dann heißt es: vorsichtig mit Tannenzweigen oder Laub abdecken. Aber wirklich nur, wenn's vor Kälte knackt.
Das Abdecken bzw. Schattieren (z.B. mit Leinentuch oder Jute) ist übrigens auch notwendig bei zu glühender Mittagshitze im Sommer. Alte Pflanzen, die bereits mehrere Jahre an ihrem Platz verbracht haben, sind weniger empfindlich.

Pflanzen für das Alpinum

Igelpolster (Acantholimon glumaceum), Steintäschel (Aethionema grandiflorum), Mannsschild (Androsace carnea), Sandkraut (Arenaria tetraquetra), Wolliger Beifuß (Artemisia nitida), Mädchenauge (Coreopsis lanceolata), Hungerblümchen (Draba-Arten), Zwerg-Steinnelke (Dianthus microlepsis), Büschelglocke (Edraianthus-Arten) Alpenbalsam (Erinus alpinus), Kugelblume (Globularia cordifolia), Kriechendes Schleierkraut (Gypsophila repens), Habichtskraut (Hieracium x rubrum), Himalaja-Edelweiß (Leontopodium souliei), Granitmiere (Minuartia laricifolia), Alpenprimel (Primula auricula), Steinbrech (Saxifraga-Arten), Fetthenne (Sedum-Arten).
Außerdem verschiedene kleine Zwiebelblumen und Kiefern oder Wacholder als Zwerggehölze.

Der schönste Platz ist an der Mauer

Auf Mauern aus Natursteinen siedeln sich oft viele kleine Pflanzen von ganz alleine an, der Gärtner kann aber nachhelfen. Die Mauerblümchen sind wahre Hungerkünstler und auch kaum durstig.

Trockenmauern prägen den Charakter vieler Kulturlandschaften. Diese Steinwälle entstanden bei der Vorbereitung von Ackerland, indem die Bauern immer wieder vom zu kultivierenden Land alle Steine, Kalkbrocken oder Granitfindlinge am Feldrand zu Wällen aufschichteten. Schnell siedelten Pflanzen auf dem losen Gemäuer.

Im Garten sind Trockenmauern heute stabile Alternativen zu Betonwänden, Verbundmauerwerk oder zu Palisaden. Der lockere Steinaufbau ist eine schöne Grundstückseinfassung oder kann Abgrenzung kleiner Bereiche sein. So kann eine Trockenmauer zum Beispiel das Gemüse vor Nordwind schützen oder Beete am Hang stützen. Die Trockenmauer kann Pflanzfläche für Gewürzsträucher oder Küchenkräuter sein oder Sitzecken abschirmen.

Die lockere Zusammensetzung bietet Wildkräutern und Kulturpflanzen und vielen Kleintieren Lebensraum; Wildkräuter kommen mit dem Wind, sie festigen den Aufbau. An sonnigen Tagen finden Eidechsen warme Ruheplätze, Insekten kommen zum Nektartrinken.

Die Trockenmauer besteht aus Steinen, Erde, Pflanzen und Wurzeln. Diese Baustoffe wachsen von Jahr zu Jahr immer fester zusammen.

Schön sind Natursteine

Am wichtigsten ist das Steinmaterial, das für den Bau der Mauer gebraucht wird. Schön wirken Natursteine, die

Diese kleinen rosa Blumen gehören zur Familie der Nelken. Ihre Wurzeln finden auch in den schmalen Spalten Halt und Nahrung.

aus der näheren Umgebung stammen, die zur Landschaft passen und im Einklang mit den Materialien des Hauses stehen. Sediment- oder Schichtsteine wie Muschelkalk, Solnhofer Platten, Kalktuffe und Schiefer, Travertin oder rotgrauer Wesersandstein sind besonders beliebt. Diese Gesteinsarten werden meist in Platten verschiedener Stärke gebrochen und lassen sich dann gut übereinander schichten. Der Natursteinhandel bietet verschiedene Materialien, allerdings manchmal mit längeren Lieferzeiten.

Auch aus Felssteinen, Kieselsteinen und Findlingen kann man eine Trockenmauer errichten, die aber meist nicht sehr standfest ist, weil diese Steine zu wenig Halt bieten. Die runde Steinform sollte eine möglichst breite Auflage schaffen.

In voller Sonne

Stauden:
Igelpolster (Acantholimon glumaceum), Steinkraut (Alyssum-Arten), Alpenaster (Aster alpinus), Blaukissen (Aubrieta-Hybride 'Tauricola'), Ochsenauge (Telekia speciosissima), Glockenblume (Campanula carpatica, C. garganica, C. portenschlagiana), Hungerblümchen (Draba aizoides), Wolfsmilch (Euphorbia capitulata), Katzenminze (Nepeta x faassenii), Nachtkerze (Oenothera missouriensis), Polsterphlox (Phlox douglasii, Ph. subulata), Schleierkraut (Gypsophila-Repens-Hybride 'Rosenschleier'), Hornkraut (Cerastium biebersteinii), Kissenprimel (Primula auricula), Steinbrech (Saxifraga-Arten), Tripmadam (Sedum reflexum), Leimkraut (Silene schafta 'Splendens').

Kleine Sträucher:
Geißklee (Cytisus ardoini), Seidelbast (Daphne arbuscula), Felsenmispel (Cotoneaster congestus, C. adpressus 'Little Gem'), Silberwurz (Dryas x suendermannii), Sonnenröschen (Helianthemum-Hybriden) vor Frühjahrssonne schützen! Johanniskraut (Hypericum polyphyllum), Jasmin (Jasminum nudiflorum), Lavendel (Lavandula angustifolia), Heiligenkraut (Santolina chamaecyparissus).

Eine niedrige Steinmauer bietet nicht nur vielen Pflanzen einen Lebensraum. Sie schützt die Beete auch vor Wind.

Beim Bau höherer Trockenmauern empfiehlt sich je nach Höhe ein Fundament von mindestens 40 cm Tiefe. Allerdings hängt dies auch von der Stabilität des Untergrunds ab. Eine Trockenmauer auf gerade erst aufgeschüttetem Gelände sackt eher ab als eine hohe, die auf gestandenem Erdreich errichtet wird.

Wichtig für den Bau der Mauer ist es auch, gleich das Fugenmaterial zur Verfügung zu haben. Damit die Steingarten- und Alpenpflanzen einen ausreichend mit Nährstoffen versorgten Boden vorfinden, verwendet man eine Mischung aus Garten- oder Rasenerde, Lehm, Torf und Rinderdung (oder Guano).

Außerdem sollte man sich die ausgewählten Pflanzen bereitstellen. Man kann die Stauden mit besonders großen Wurzelballen dann gleich während der Bauarbeiten einpflanzen.

Kleine Mauer im kleinen Garten

Nicht immer muß eine Trockenmauer als Grenze errichtet werden. Ein kleines Mäuerchen kann ein dekoratives Gestaltungselement im Garten sein. Zunächst wird das Fundament ausgekoffert. Ein 10 cm tiefes Bett genügt. Die unterste Steinlage muß gut im Boden verkeilt werden. Für den Aufbau eignen sich Kalk-, Schiefer- und andere Natursteine mit glatten Flächen und kantigem Profil. Mit Geduld kann man auch unbehauene Steinbrocken mehrlagig aufschichten. Wichtig ist, zwischen den einzelnen Brocken und Lagen Hohlräume für Erdsubstrat auszusparen. Die Pflanzen brauchen Halt für ihre Wurzeln. Stellenweise kann man auch richtige Pflanzbecken für tiefwurzelnde Gehölze offen lassen, wenn z. B. Latschen und Blütensträucher Fuß fassen sollen. Sie festigen das Mauerwerk bis zur Sohle.

Die Aushuberde wird mit einem Drittel Sand vermischt, sollte sie zu naß und lehmig sein. (Humosen Boden kann man ohne Verbesserung in die Lücken zwischen den Steinen füllen.)

Der Bau einer Trockenmauer ist keine leichte Arbeit. Zwischen zwei Steinreihen wird Erde gefüllt. Die Mauer ist unten breiter als oben.

Im Schatten

Stauden:
Akelei (*Aquilegia einseleana*), Gänsekresse (*Arabis procurrens*), Goldtröpfchen (*Chiastophyllum oppositifolium*), Lerchensporn (*Corydalis lutea*), Ramonda (*Ramonda myconi*), Steinbrech (*Saxifraga-Arendsii-Hybriden, S. hypnoides var. egemmulosa*), Waldsteinie (*Waldsteinia ternata*).

Farne:
Steinfeder (*Asplenium trichomanes*), Blasenfarn (*Cystopteris fragilis*), Hirschzungenfarn (*Phyllitis scolopendrium*), Tüpfelfarn (*Polypodium vulgare*).

Kleine Gehölze:
Felsenmispel (*Cotoneaster dammeri*), Efeu (*Hedera helix*, 'Conglomerata'), Immergrün (*Vinca major, V. minor*).

Nachdem die erste Steinlage fest im Bett sitzt, wird das Mauerwerk Stein für Stein aufgebaut. Nach jeder Steinlage kommt eine dünne Erdschicht. Die Hohlräume werden sorgsam zugeschaufelt.
Achten Sie beim Bauen auf eine stetige Verjüngung nach oben, so daß im Querschnitt eine Pyramidenform entsteht. (Bei einer Basis von beispielsweise einem Meter Breite sollte die Mauer in einem Meter Höhe nur noch halb so breit sein.) Die Trockenmauer kann bepflanzt werden, sobald die Erde verdichtet ist.
Die Pflanzenauswahl richtet sich nach Standort und Beschaffenheit der Erde. Polsterstauden wachsen auf der Südseite, Schattenstauden gedeihen auch in Nordlagen. Gehölze werden nur vereinzelt gesetzt, sie nehmen zuviel Raum ein. Neben den bekannten Steingartenpflanzen wie Polsterphlox und Schafgarbe, Glockenblume, Blaukissen oder Enzian können auch Gräser, Kräuter, Zwiebelpflanzen und Einjährige als Mauerblümchen gesetzt werden. Und geben Sie den Wildpflanzen eine Chance.
Im Jahr der Bepflanzung muß zuerst regelmäßig gegossen werden, um das Einwurzeln in den Zwischenräumen zu fördern. Später bleibt die Trockenmauer sich selbst überlassen. Im Winter schützt Reisig die Pflanzen vor Kahlfrost.

Der Kontrast von zarten Blüten und rauhen, groben Steinen macht den Reiz der Trockenmauern aus.

Hier ist Betreten erbeten

Viele Gartenbesitzer legen besonders großen Wert auf eine gepflegte Rasenfläche. Bereits bei der Anlage des grünen Teppichs muß man den Boden sehr gründlich vorbereiten, gleichgültig ob man sät oder sich für einen Rollrasen entscheidet.

Mit einer Rasenfläche lassen sich Rabatten und Beete voneinander trennen und auch besser zur Geltung bringen. Ihre Farbigkeit wird hervorgehoben.

Im August und September, solange der Boden noch warm ist, keimen die Grassamen gut. Man kann einen Rasen jedoch auch im Frühjahr anlegen. Allerdings sollten Sie vorher überlegen, welchem Zweck die Grünfläche dienen soll und den Standort berücksichtigen. Liegt die Fläche den ganzen Tag in der Sonne oder mehrere Stunden im Schatten? Soll der Rasen in erster Linie ein Spielplatz für temperamentvolle Kinder sein? Soll es nur ein reines Ziergrün werden, das wenig auszuhalten hat? Nach der Beantwortung dieser Fragen richtet sich die Wahl des Saatgutes. Über die geeigneten Sorten berät Sie jedes gute Garten-Center. Ist der Standort sehr ungünstig, sollten Sie auf die Anlage eines Rasens lieber verzichten und z.B. besser ein Beet mit schattenliebenden Pflanzen anlegen.

Oft fällt die Neuanlage eines Rasens zusammen mit dem Bezug eines neuen Hauses. Der Boden ist fast immer durch die Bautätigkeit stark verdichtet und sollte aus diesem Grund umgegraben werden, am besten zwei Spaten tief. Steine und die Reste von Wildkräutern werden dabei sorgfältig entfernt.

Ideal ist eine Mischung von Sand und Lehm im Verhältnis 1:1, dem ein wenig nahrhafter Humus beigemischt wird. Der Boden soll feinkörnig sein. In die Oberfläche harkt man organischen Vorratsdünger, zum Beispiel Horn-Blut-Knochenmehl, ein. Bei einer größeren Rasenfläche lohnt es sich, diese Arbeiten einem Fachbetrieb (Landschaftsgärtnerei) zu übergeben, der mit Motorfräsen oder Spatenmaschinen den Boden gründlich lockert.

Die gesamte Rasenfläche wird dann mit einer Walze oder mit rechteckigen Fußbrettern geglättet und gefestigt. Spannen Sie dann in jeder Richtung Schnüre, so daß Quadrate von einem Meter Seitenlänge entstehen. Der Boden muß gut feucht sein.

Für die Aussaat wählt man am besten einen möglichst windstillen Tag. Wiegen Sie sich jeweils die für einen Quadratmeter vorgesehene Samenmenge ab und streuen Sie immer eine Hälfte der Körnchen von Nord nach Süd und die andere von West nach Ost. Wer hat, benutzt einen Streuwagen. Der Samen wird leicht in den Boden eingeharkt und wieder mit einer Walze oder den Fußbrettern festgedrückt.

Danach wird die Fläche sanft gewässert. Sie muß bis zur Keimung immer gut feucht gehalten werden. Und: Noch darf niemand den Rasen betreten. Sind die Keimlinge etwa 3 cm hoch, wird ein weiteres Mal gewalzt.

Die Halme richten sich schnell wieder auf. Gemäht wird zum ersten Mal bei einer Halmhöhe von etwa 9 cm. Ganz wild auf die Grassamen sind Vögel. Man verscheucht sie mit kleinen Vogelscheuchen oder versperrt ihnen den Zutritt durch Netze oder ausgediente Gardinen.

Der Rollrasen

Wenn es Ihnen von der Aussaat bis zum strapazierfähigen Grün zu lange dauert, dann sollten Sie zum Rasen von der Rolle greifen. Er ist innerhalb kurzer Zeit verlegt und kann sofort betreten werden. Nach drei Wochen ist er voll belastbar, kein Unwetter kann ihm etwas anhaben, und Unkräuter haben in der dichten Sode kaum Chancen.

Die Firmen, die sich auf den feldmäßigen Anbau von „Rasenflächen zum Abrollen“ spezialisiert haben, bieten Rollrasen für verschiedene Verwendungszwecke an: vom robusten Sportrasen bis hin zum edlen Zierrasen. Gängige Abmessungen: 40 Zentimeter breit, zwei Meter auf einer Rolle.

Der erste Schritt für den Weg zum schönen Rasengrün ist die richtige Bodenvorbereitung. Ein idealer Untergrund ist sandig und enthält ein wenig Humus (etwa vier Prozent). Schweren Mutterboden sollten Sie also mit Sand mischen. Ist der Boden zu sauer (Moos im alten Rasen, oder eine Bodenanalyse zeigt es an), müssen Sie kalken. Fachleute empfehlen 200 Gramm pro Quadratmeter.

Lockern Sie den Boden auf, indem Sie ihn grob umgraben. Anschließend können Sie einen organischen Dünger einharken. (Ein mineralischer Dünger würde zu schnell ausgewaschen.)

Dann wird die Fläche ausgewalzt: Der Boden muß ganz eben, darf aber nicht zu locker sein, weil er dann den Graspflanzen zu wenig Halt bietet und auch zu schnell austrocknet.

Haben Sie den Boden soweit vorbereitet, kann der Rasen angerollt kommen. Planen Sie drei bis vier Tage Lieferzeit ein, denn die „Teppichrollen“ müssen ganz frisch geschnitten bei Ihnen ankommen. Die Wurzeln dürfen nicht vertrocknen! Im Garten wird der Rasen ausgerollt und auf das gewünschte Maß geschnitten.

Walzen oder treten Sie den Rasen gründlich an, denn die Wurzeln des Rollrasens brauchen sofort den Kontakt zum neuen Boden. Keine Sorge, die plattgedrückten Grashalme Ihres neuen Rasenteppichs richten sich schnell wieder auf! Walzen können Sie in Garten-Centern ausleihen. Man kann sich auch mit Brettern behelfen, die man mit Schnüren unter den Schuhen hält und mit denen man den Rasen sorgfältig antreten kann. In eventuell verbleibenden Hohlräumen würden die feinen Wurzelhaare, die in den nächsten Tagen wachsen, sonst vertrocknen. Nachdem der Rasen verlegt ist, sprengen Sie ihn gründlich.

Die weitere Pflege entspricht der eines gewöhnlichen Rasens: einmal pro Woche auf drei bis vier Zentimeter Höhe mähen und zweimal im Jahr Rasendünger geben. Der Preis von Rollrasen bewegt sich je nach Abnahmemenge zwischen vier und sieben Mark pro Quadratmeter.

Rollrasen wird in Bahnen verlegt. Die einzelnen Streifen wachsen zu einer Fläche zusammen.

Ein schöner Rasen braucht viel Pflege

Die meiste Arbeit im Garten macht der Rasen. Will man eine gleichmäßig grüne Fläche haben, muß nicht nur regelmäßig gemäht und gesprengt werden. Schon im Frühjahr braucht er eine Verjüngungskur, um den Strapazen des Sommers wie Spiel und Festen gewachsen zu sein.

Viele Gartenbesitzer, die im Frühjahr ihren Rasen genauer unter die Lupe nehmen, müssen leider erkennen: Grün, die natürlichste Farbe für einen Rasen, ist nur noch stellenweise vorhanden. Die meisten Grashalme sind eher gelb und braun. Und dann die kahlen Stellen, die während des Winters entstanden sind! Dieser bedauerliche Zustand läßt sich aber mit einer durchgreifenden Frühjahrskur wieder bessern. Und danach ist dann die geeignete Pflege während der Sommer- und Herbstmonate wichtig, damit der grüne Teppich den nächsten Winter besser übersteht.
Nirgendwo im Garten stehen Pflanzen so dicht beieinander wie in einem Rasen. Wer einmal nachzählen möchte, wird bei einem einzigen Quadratmeter je nach Art des Rasens auf 50 000 bis 70 000 Grashalme kommen. Jede einzelne Pflanze muß mit Licht, Wasser, Nährstoffen und Luft versorgt werden. Da entsteht ein harter Konkurrenzkampf. Wo die Rasengräser ausreichend versorgt werden, findet Unkraut keinen Nährboden.

Vertikutieren

Die wichtigste Arbeit an einem Rasen ist im Frühjahr das Vertikutieren. Mit einem speziellen Vertikutierrechen, oder besser noch mit einem motorgetriebenen Gerät (das man kaufen oder leihen kann), wird der Rasen gründlich gekämmt. Was sich da alles im Laufe einiger Monate zwischen den Gräsern festgesetzt hat, muß heraus: Laubreste, abgestorbene Gräser, Schnittgutreste, Moos und oftmals auch flachwachsendes Unkraut. Die scharfen Messer des Vertikutierers ritzen die Rasenfläche auf und lüften den grünen Teppich.
Nach diesem wurzeltiefen Vertikutieren sind die Rasenpflanzen frei von naturgewachsenem Filz und können sich wieder richtig entfalten. Vertikutieren, also Lüften des Rasenfilzes einmal im Frühjahr, ist eine wichtige

Im Frühling wird der Rasen mit einem Spezialrechen von Halmen, Laubresten und Moos gereinigt und dabei gleichzeitig gelüftet.

Voraussetzung für eine gute Entwicklung. Bei starker Verfilzung und geringer Benutzung ist das Vertikutieren auch im Sommer und nochmals im Herbst ratsam.

Der richtige Dünger

Der gut gelüftete Rasen braucht jetzt dringend Nachschub an Nährstoffen, damit sich die Lücken wieder schließen. Selbst wenn jetzt nicht vertikutiert worden ist, sollte die ganze Fläche gedüngt werden. Es eignen sich nur spezielle Dünger – und zwar solche mit Langzeitwirkung, die Nährstoffe nach und nach an den Rasen abgeben. Schon nach einer Woche werden die Gräser deutlich grün. Die Wirkung hält ungefähr zehn Wochen lang an.
In der Regel kommt man mit zweimaliger Düngung pro Jahr aus. Hier erleichtert ein Streuwagen die Arbeit. Wird der Rasen jedoch stärker belastet, ist ein häufigeres Ausstreuen (bis zu viermal) ratsam. Diese neu entwickelten Langzeitdünger haben nicht nur den Vorteil, daß man im Vergleich zu den herkömmlichen Düngern die Nährstoffe seltener ergänzen muß. Die Arbeitsersparnis reicht noch weiter: Die speziellen Dünger lassen das Gras schön gleichmäßig und in die Breite wachsen: Es fällt weniger Schnittgut an.

Gleichmäßiges Mähen

Die Qualität des Rasens hängt auch weitgehend vom Mähen ab. Wichtig ist dabei, das Gras regelmäßig zu stutzen. Es empfiehlt sich ein wöchentlicher Rhythmus. Wer höhere Ansprüche an sein Rasengrün stellt, muß den Mäher öfter in Gang setzen, etwa alle fünf Tage.
Die Schnitthöhe sollte etwa die Hälfte des Aufwuchses betragen. Es hat sich eine durchschnittliche Höhe von drei bis vier Zentimetern bewährt. Das heißt: Der Rasen wird gemäht, wenn die Halme eine Höhe von sechs bis acht Zentimetern erreicht haben. Mähen Sie Ihren Rasen nicht tiefer als drei Zentimeter. Wenn die Messer am Rasenmäher zu tief stehen, werden die Rasengräser in ihrem Wuchs gestört: Sie beginnen zu verkümmern und ermöglichen dadurch das Hochkommen von allerlei Unkräutern oder Moos.

Regelmäßiges Wässern

In regenreichen Sommern ist es kaum notwendig, den Rasen zu sprengen. Wenn es länger als eine Woche heiß ist und kein Regen fällt, muß zusätzlich gewässert werden.
Am besten läßt man seinen Rasenteppich abends oder auch am frühen Morgen von einem Regner durchfeuchten: je nach Gartengröße mit einem Viereck- oder einem Kreisregner. Etwa eine Stunde lang sollte der Regner eingestellt bleiben.
Das Wasser aus einem Regner ist viel bekömmlicher für den Rasen als ein Direktguß aus dem Schlauch: Das Wasser wird etwas wärmer und gelangt durch die Feinverteilung besser bis an die Wurzeln.

Wenn das Moos überhand nimmt

Die Gründe für eine Vermoosung des Rasens sind ungenügende Pflege, zu starke Verdichtung des Bodens, Lücken im Rasen, stauende Nässe, zu wenig Licht, zu tiefes Mähen (nicht kürzer als 3–4 cm) und zu saure Erde. Zum Problem wird das Moos, wenn mehrere dieser Faktoren zusammentreffen.
Dauerhafte Abhilfe schaffen regelmäßiges Vertikutieren, eventuell zweimal im Jahr, und tiefgrundiges Lockern des Bodens mit einer Grabegabel. Die dabei entstehenden Schlitze im Boden füllt man anschließend mit grobem Flußsand auf, wodurch die Entwässerung des Bodens gefördert wird.
Auch ein aktives Bodenleben beugt der Moosbildung vor. Hilfreich ist es, im Frühjahr und Herbst AZ-Kalk (eine Kombination aus kohlensaurem Kalk, Azotobacter-Bakterien und Meeresalgen) zu streuen.
Wenn bis zu 70 Prozent des Rasens aus Moos bestehen, hilft nur noch eine Neuanlage. Man sollte dann darauf achten, daß jede Ecke genügend Sonne bekommt und lehmiger Boden unbedingt mit Flußsand oder Lavalit gelockert wird.

Ausbessern von Schäden

Muldenförmige Kahlstellen oder gar Löcher im Rasen sind immer ein Ärgernis, nicht nur in den Augen des Rasenbesitzers. Sie können auch zu tückischen Fallen werden und Knöchelverstauchungen verursachen!
Neu-Einsaat: Die Ränder des Loches werden begradigt und die Schadstellen gleichmäßig wenige Zentimeter tief ausgestochen. Dann kommt – bei normal durchlässiger Erde – eine Mischung aus gesiebtem Kompost, Sand und Torf (zu gleichen Teilen) hinein. Bei lehmigem Boden muß der Sandanteil vergrößert werden; bei sandiger Erde werden nur Kompost und Torf aufgeschüttet. Dann neu aussäen und gut wässern.
Sodenpflaster: Die kahle Vertiefung wird, wie oben beschrieben, vorbereitet. An anderer, unauffälligerer Stelle wird eine Grassonde (oder mehrere kleine Teilstücke) ausgestochen und in das Loch eingepaßt. Die Sodenpflaster anschließend gut wässern.
Unterfütterung: Der Rasen wird – in den Ausmaßen der Vertiefung – mit einem scharfen Messer aufgeschnitten und zur Seite geklappt. Die Mulde füllt man bis auf die Höhe des umliegenden Rasenniveaus mit dem Substratgemisch und klappt die Soden wieder zurück. Per Hand werden sie angedrückt und gut gewässert.

Bei den meisten Arten erscheinen die Blüten vor den Blättern. Sehr verbreitet ist Magnolia x soulangiana, die bis zu 4 m hoch wird.

Die immergrünen Magnolien-Arten sind sehr empfindlich. Gut gedeihen sie zum Beispiel auf der Insel Mainau. Die dunkelgrünen Blätter haben auf der Unterseite oft einen roten Filz.

Begehrt und beliebt: Magnolien

Der Name „Tulpenbaum“ paßt gut zu den Blüten. Er verdient einen prominenten Platz im Garten, geschützt, aber gut sichtbar. Es gibt sommergrüne und immergrüne Arten, die jedoch alle etwas kälteempfindlich sind. Magnolien wachsen wild in Ostasien und Nordamerika.

Die Blütezeit der Magnolien variiert sehr stark. Auch vom Wuchs her bestehen sehr große Unterschiede. Den flachwurzelnden Magnolien muß man einen sehr sonnigen, freien, aber windgeschützten Standort geben, humus- und nährstoffreichen, leicht sauren Boden. In heißen Sommern wird reichlich gegossen.

Die Sternmagnolie ***(Magnolia stellata)*** eröffnet im März und April die Blütensaison. Der bis zu drei Meter hohe Strauch ist dann übersät mit strahlend weißen Blütensternen, die angenehm duften. Der Standort der Sternmagnolie sollte geschützt sein vor Wind und spätem Frost. Gelegentlich wird die aparte Sorte 'Rosea' angeboten.

Die Baum-Magnolie ***(Magnolia kobus)*** blüht etwas später, und zwar weiß bis zartrosa. Die schönste Blüte erreicht sie erst im Alter von 10 bis 15 Jahren. Der frostharte Baum wird gut acht Meter hoch und wächst dabei nicht sehr in die Breite. Im Oktober sind die zylinderförmigen Früchte eine Zier. Dieser Baum blüht etwa zur selben Zeit wie die bekannte Tulpen-Magnolie ***(Magnolia x soulangiana)***.

Die Purpur-Magnolie ***(Magnolia liliiflora*** 'Nigra') blüht Ende Mai während des Austriebs. Bis sechs Meter hoch wird diese dunkelfarbige Art.

Die Sommer-Magnolie ***(Magnolia sieboldii)*** hat einen trichterförmigen, strauchartigen Wuchs und wird bis zu drei Meter hoch. Von Juni bis Juli erscheinen die aparten Blüten. Sie macht sich sehr gut in der Nähe von Terrassen und läßt sich auch in große Gefäße pflanzen.

Die Immergrüne Magnolie ***(Magnolia grandiflora)*** ist sehr genügsam, aber frostempfindlich. In Mittelmeerländern findet man sie recht häufig. Bei uns ist sie aber nur im Weinbauklima und auf der Insel Mainau winterfest. Als Kübelpflanze wirkt sie sehr dekorativ. Das glänzend grüne Laub und die großen, bis zu 30 cm breiten, duftenden Blüten, die im Sommer und Herbst erscheinen, ergänzen sich sehr schön.

Nicht jeder Baum wird ein Riese

Man läßt sich oft täuschen von den so spirrigen Jungpflanzen aus der Baumschule. Die Minis werden zu Maxis und nehmen anderen Pflanzen Licht und Nährstoffe weg. Aber nicht alle werden Riesen.

Bäume sind die imponierendsten Pflanzen. Sie setzen Akzente in der Landschaft und im Garten, haben aber leider häufig den Nachteil, zu groß zu werden – zu groß für einen kleinen Garten. Die grünen Riesen dürfen nur unter ganz bestimmten Voraussetzungen gefällt werden – was sicherlich ein großer Fortschritt im Naturschutz ist. Auf der anderen Seite kann so ein großer Baum wie ein Dach wirken und einen beträchtlichen Teil des Gartens, des eigenen Hauses oder des Nachbarhauses buchstäblich in den Schatten stellen. Es gibt aber eine ganze Reihe schöner Bäume, die nicht in den Himmel wachsen und sich auch für den kleinen Garten eignen. Sie zeichnen sich durch besonders dekorative Blüten im Frühling aus, durch farbenfrohe Früchte im Sommer oder durch eine attraktive Herbstfärbung.

Eine wahre Pracht sind im Frühjahr die Japanischen Zierkirschen ***(Prunus serrulata***, verschiedene Sorten). Die Bäumchen werden nur 3 bis 5 m hoch. Sie blühen zeitig im Frühjahr vor dem Laubaustrieb weiß, rosa oder dunkelrosa. Die Bäume brauchen einen sonnigen Standort, mittelschweren, kalkreichen Mineralboden mit gutem Wasserabzug, geben sich aber auch mit sandigem Boden zufrieden.

Ende der zwanziger Jahre trat in Europa eine Ulmenkrankheit auf, die diese Bäume, auch Rüster genannt, fast völlig ausrottete. Eine weitgehend resistente Art ist ***Ulmus minor*** 'Wredei', die Goldulme. Der Baum wird ca. 9 m hoch, bevorzugt feuchten, tiefgrundigen, mittelschweren, nährstoffreichen Boden und volle Sonne. Goldulmen vertragen auch abgasbelastetes Stadtklima.

So schön der Goldregen ***(Laburnum x watereri***) auch ist, ein Nachteil muß benannt werden: Rinde, Fruchtschoten und Samen sind sehr giftig! Der ein- oder mehrstämmig wachsende Baum wird bis zu 8 m hoch. Er gibt sich auch mit trockenen Sandböden zufrieden, braucht aber einen sonni-

Der Essigbaum ist vor allem im Herbst ein Blickfang im Garten: Das grüne Laub wird leuchtend rot.

Die herrlichen Scheinblüten des ostasiatischen Blumenhartriegels verdecken im Mai sogar die Blätter. Der Baum wird nur 5 m hoch.

gen Standort. Goldregen ist – wie man so schön sagt – industriefest. Unter den vielen Ahornsorten ist der Japanische Ahorn ***(Acer japonicum*** 'Aconitifolium') besonders gut geeignet für den kleineren Hausgarten. Zwar wird er nur etwa 5 m hoch, dafür aber auch gut 3 m breit. Diesem Ahorn genügt ein trockener, kalkhaltiger Boden. Besonders attraktiv ist der Baum im Herbst wegen seiner leuchtend roten Blätter. Vom Sommer bis in den Herbst hinein zeigt der Blumenhartriegel ***(Cornus kousa***) Besonderheiten: Im Juni bestechen die großen, weißen Scheinblüten, später dann die rosaroten Früchte und im Herbst das scharlachrote Laub. Der bis zu 5 m hohe Baum braucht nährstoffreichen Boden und einen sonnigen bis halbschattigen Standort.

Der Essigbaum, auch Hirschkolbensumach ***(Rhus typhina***) genannt, ist außergewöhnlich anspruchslos und gibt sich sogar mit trockenen Hanglagen zufrieden. Der hübsche Baum wird etwa 5 m hoch. Die weiblichen Pflanzen bekommen im Sommer aufrechtwachsende, kolbenähnliche Blütenstände, die sich bis in den Winter hinein halten. Das Laub färbt sich im Herbst leuchtend rot.

Der Strauch, der mitten im Winter blüht

Die Zaubernuß ist eine schöne, kostbare Pflanze. Wer sie sich in den Garten holt, soll den Standort mit Sorgfalt wählen. Denn ein Verpflanzen im Alter überlebt der Strauch nur in den seltensten Fällen.

Bei der Zaubernuß (***Hamamelis***) ist alles ganz anders: Sie blüht im Januar, bekommt anschließend ihre Blätter, die Früchte brauchen ein Jahr, um zu reifen und sitzen haselnußartig an den kahlen Ästen, wenn sich im Winter die Blüten öffnen. Ganz schön verrückt!

Aber zauberhaft ist sie schon, die Zaubernuß. Allein die Blüten! Eingerollt wie schmale Papierstreifen liegen die Blütenblätter in den Kelchen. Schon wenige Sonnenstunden genügen, um sie hervorzulocken. Und keine Angst – weder Frost noch Schnee schaden der Blütenpracht.
Die Farben strahlen in der noch eintönigen Umgebung: ***Hamamelis mollis*** 'Pallida' hat zitronengelbe Blüten, ***Hamamelis mollis*** besticht mit ihrem Goldton, feuerrot und duftend zeigt sich ***Hamamelis mollis*** 'Feuerzauber', gelbe Blütenblätter in einem purpurnen Kelch hat ***Hamamelis japonica***.
Der aparte Strauch ist aber nicht nur im Winter schön. Seine zweite Glanzzeit hat er im Herbst, wenn sich die Blätter färben – von Gelb bis Rot in allen Schattierungen.
Die beste Pflanzzeit ist von Oktober bis März. Der Boden muß frostfrei, durchlässig, möglichst kalkfrei und nährstoffreich sein. In der Wachstumszeit braucht die Zaubernuß reichlich Wasser, etwas Komposterde und in der kalten Jahreszeit eine Mulchdecke.
Wählen Sie einen freien, sonnigen bis halbschattigen Standort so, daß Sie im Winter vom Fenster aus die Zaubernuß sehen können.
Ursprünglich stammt die Zaubernuß aus Ostasien. Einem Destillat aus ihrem Holz sprach man heilkräftige Wirkungen bei Wunden und Prellungen zu. Zauberkraft wird der Pflanze auch als Wünschelrute zum Auffinden von Wasseradern nachgesagt.

Neue Sorten

Unter dem Namen H.x intermedia (H. japonica x H. mollis) gibt es eine Reihe schöner Neuzüchtungen.
'Adonis': rötliche Herbstfärbung; kupferrote Blüten; aufrechter Wuchs. 'Carmine Red': gelbe Herbstfärbung; Blüten hellbronze mit roten Spitzen; breiter Wuchs.
'Diane': orangerote Herbstfärbung; rote Blüten; aufrechter Wuchs. 'Jelena': Herbstlaub gelb bis rot; Blüten kupferorange; aufrechter Wuchs.
'Orange Beauty': Herbstfärbung goldgelb; duftende, orangegelbe Blüten; breiter Wuchs.
Aus den USA kommt Hamamelis vernalis. Die Blüten sind nicht so schön wie bei den anderen Sorten, aber der Duft ist sehr intensiv.

Wenn noch Eis und Schnee die Natur bedecken, zeigt die Zaubernuß ihre zarten Blüten. Ist es ihnen zu kalt, dann rollen sich die Blättchen ein, um sich bei Sonnenschein wieder zu entfalten.

Erst die Blüten, dann die Blätter

Nur in klimatisch günstigen Gebieten hat man Freude am Judasbaum. Die Blüten brauchen schon im Frühjahr viel Wärme. Der Standort muß geschützt sein, weil der Strauch im Winter keinen starken Frost verträgt.

Die reizvollen hellrosa Blüten des Judasbaums sitzen direkt an der Rinde von Stamm und Ästen.

Wie der ***Cercis siliquastrum***, das ist die botanische Bezeichnung, an seinen deutschen Namen gelangt ist, läßt sich nur ahnen. Wahrscheinlich hängt er mit seiner Heimat zusammen. Bereits der Botaniker Clusius (16. Jahrhundert) bezeichnete ihn als ***Arbor judae***, also als Baum aus Judäa. Andere Versionen, nach denen sich Judas an so einem Baum erhängt haben soll, erscheinen wenig glaubwürdig.

Doch das Besondere an diesem Baum, der in unserem Klima meist nur zu einem baumartigen Strauch heranwächst, ist etwas anderes. Seine dunkelviolettrosa Blüten sitzen direkt an den Zweigen, am alten Holz. In dichten Büscheln bedecken sie oftmals das ganze Geäst und bieten einen duftigen und überraschenden Anblick. Diese äußerst seltene Blütenbildung wird Stammblütigkeit oder Cauliflorie genannt.

Nach der Blüte von April bis Mai bilden sich die Blätter mit gut zehn Zentimeter großen, herz- bis nierenförmigem Umriß. Dann bietet der kleine Baum auch ohne Blüten einen hübschen Anblick. Und im Spätsommer werden die länglichen Fruchthülsen sichtbar, die sich bis zum Frühjahr an den Zweigen halten.

Im Herbst sind Blattfärbung und Fruchthülsen besonders sehenswert. Das südeuropäische Gewächs aus der Familie der Schmetterlingsblütler wird in seiner Heimat bis zehn Meter groß, bei uns nur etwa sechs Meter. Grund: Der Judasbaum ist nur bis etwa minus zehn Grad frosthart. Er gedeiht am besten in Weinanbaugebieten. In sehr frostgefährdeten Gegenden muß man für Winterschutz sorgen. Der strauchartige Baum friert sonst zurück.

Der Standort sollte sonnig sein; ideal ist es, wenn der Boden kalkhaltig ist. Trockenheit verträgt der Baum gut. Ein Rückschnitt sollte nur im Sommer durchgeführt werden. Dann wird krankes oder abgestorbenes Holz entfernt.

Der Judasbaum eignet sich nicht nur für eine Sonderstellung im Garten. Er kann auch in einen großen Kübel gepflanzt werden, um Terrasse oder Dachgarten zu schmücken.

Außer ***Cercis siliquastrum***, dem Orientalischen Judasbaum, empfiehlt sich die nordamerikanische Art, ***Cercis canadensis***, weil sie frosthart ist. Leider gibt es nur wenige Baumschulen, die diese Besonderheit im Angebot haben.

Blüten in Hülle und Fülle

Die großblättrigen, immergrünen Arten heißen allgemein Rhododendren, die laubabwerfenden Azaleen. Aber in dieser Pflanzengruppe sind die Übergänge fließend. Verwandt sind sie alle mit den bekannten Alpenrosen.

Azaleen und Rhododendren stammen fast ausschließlich aus China und Japan, aus Tibet und dem Himalaja. Seit rund 200 Jahren werden sie nach Europa eingeführt, wo manche, wie ***Rhododendron ponticum***, in unseren Wäldern sogar verwildern.
Als Standort eignet sich für diese Pflanzen ein Klima mit hoher Luftfeuchtigkeit, kühlen und feuchten Sommermonaten und einem Winter mit nicht zu langen und kalten Frostperioden. Solche günstigen Voraussetzungen finden sich in England und in Schottland, da hier der Golfstrom für ein ausgeglichenes Klima sorgt. Im Nordwesten der Bundesrepublik herrschen ganz ähnliche Bedingungen.
Auch wenn die Gewächse am besten im feuchten, kühlen Meeresklima gedeihen, braucht niemand in Süddeutschland auf sie zu verzichten. Allerdings muß hier ganz besonders auf den Standort und den Boden geachtet werden, damit die Azaleen sicher anwachsen und sich gut entwickeln können. Günstig ist jeder Platz, der nicht der Mittagssonne ausgesetzt ist. Leichter Baumschatten oder ein Standort an der Nordseite des Hauses sind wichtig, wenn die Luftfeuchtigkeit nicht hoch genug ist. Außerdem brauchen Azaleen einen Schutz vor kalten Winden.
Als schattenspendende Bäume sind Eiche und Kiefer am besten, weil ihre Wurzeln tief gehen und für die Azaleen keine Konkurrenz sind. Das Laub der Bäume und Kiefernnadeln ergeben zusätzlich eine ausgezeichnete und schützende, langsam verrottende Mulchschicht mit saurer Bodenreaktion.
In den meisten Fällen muß die Erde für die Pflanzung von Azaleen sorgfältig vorbereitet werden. In ihrer Heimat gedeihen die Pflanzen entweder auf reinen Moorböden oder an felsigen Hängen. Wenn eine ausreichend starke Humusschicht vorliegt, wachsen sie auch im Kalkgebirge. Von ganz wenigen Ausnahmen einmal abgesehen (wie die Alpenrose), wachsen Azaleen ausschließlich in saurer Erde. Der pH-Wert sollte zwischen 4,5 und 5,0 liegen. (Neutraler

Aus immer wieder neuen Kreuzungen entstanden unzählige Sorten. Diese besonders hübschen Blüten hören auf den Namen ‚Koichiro Wada'.

Azaleen, Rhododendren und andere Pflanzen bilden hier eine blühende Hecke. Am schönsten ist die Pracht im Mai und Juni.

Im Frühling sieht man diese Kombinationen aus Rhododendronblüten, Schlüsselblumen und Narzissen.

Welche ist die Schönste im Lande? Vorne leuchtet das 'Blinklicht', in der Mitte ist es 'Furnivall's Daughter' und im Hintergrund die 'Morgenröte'.

Pflege von Azaleen

- Im Frühjahr und Sommer muß zusätzlich gewässert werden (Regner oder Sprühschlauch), wenn's den Pflanzen zu trocken ist. Man erkennt das daran, daß sich die Blätter nach unten einrollen. Ab Mitte Juli, wenn sich die neuen Blütenknospen gebildet haben, nur bei sehr langer Trockenheit wässern.
- Wer auf eine reiche Blüte im nächsten Jahr hofft, sollte, wenn möglich, alles Abgeblühte sorgfältig herausbrechen. Dann werden die Nährstoffe ganz für den Neuaustrieb genutzt und nicht unnötig verbraucht für die Bildung von Samenständen.
- Ein Rückschnitt von Azaleen ist erforderlich, wenn die Pflanze zu sparrig gewachsen ist. Mit dem Schnitt der Triebe (gleich über einem Austrieb) können Sie eine Azalee „verjüngen". (Nicht zu häufig durchführen, da der natürliche Wuchs dadurch stark verändert wird.)
- Gedüngt werden Azaleen im zeitigen Frühjahr. Entweder mit 50 Gramm schwefelsaurem Ammoniak und 50 Gramm Volldünger pro Quadratmeter im Februar. Oder im April 80 bis 100 Gramm organischen Dünger pro Quadratmeter ausstreuen und mit einer Mulchschicht abdecken. Spezielle Rhododendrendünger werden nach Angabe des Herstellers verwendet.
- Da Azaleen hohe Luftfeuchtigkeit und einen kühlen Standort lieben, braucht der Boden eine Schicht aus Rindenhumus oder Rindenmulch, aus Torf oder Laub. Das schützt den Wurzelbereich der immergrünen Pflanze und fördert den Wuchs.
- Wenn sich die Blätter gelb färben, besteht meist ein Mangel an Magnesium. Durch Gaben von Bittersalz (50 g/qm), wie es auch für Tannen verwendet wird, kann der Bedarf gedeckt werden.
- Winterschutz ist für immergrüne Sorten an ungeschützten windigen Standorten erforderlich. Am besten bewährt sich hier eine möglichst hoch angeschüttete Laubpackung, die mit Tannenreisig abgedeckt wird. Zum Winterschutz gehört es auch, die neuen Pflanzen in den frostfreien Perioden gründlich zu wässern, damit sie nicht austrocknen. Die Pflanzen lassen ständig Feuchtigkeit über ihre Blätter verdunsten.

Boden hat einen Wert von 7,0) Je nach Zustand der Erde wird Torf, Rindenhumus oder Lauberde zusammen mit Kiessand (im Verhältnis 3:1) und 30 Gramm organischer Dünger pro Quadratmeter gegeben.
Bei stark sauren Böden ist dagegen das Einarbeiten von Kalk erforderlich. Schwierig ist es, Lehm und Tonböden für Rhododendren vorzubereiten. Hier empfiehlt sich eher ein großflächiger Austausch des Bodens, damit die feinen Faserwurzeln sich schnell weiterentwickeln können. Oder man verzichtet auf diese Pflanzen. Staunässe vertragen Azaleen nicht. Pflanzzeit ist fast während des ganzen Jahres. Da Azaleen sehr feste Wurzballen besitzen, können die Pflanzen ohne weiteres auch während der Blüte oder im Sommer (an regnerischen Tagen) umgesetzt werden. Mit einem Spaten lassen sich die Erdballen leicht anheben und herausnehmen. Bevor gepflanzt wird, sollte der Erdballen gut durchfeuchtet sein und auch die Pflanzgrube zusätzlich gewässert werden. Empfehlenswert ist es, die Ballen für ein bis zwei Stunden ins Wasserbad zu stellen und dann einzupflanzen.
Der Abstand der Pflanzen voneinander hängt von dem jeweiligen Wuchstempo ab. Sie gedeihen am besten, wenn sie dicht beieinander stehen, sich dadurch Schutz geben und in der Entwicklung fördern. Ratsam ist ein Mindestabstand von 30 cm (am Außenrand) bei 50 cm hohen Pflanzen. Bei den kleinbleibenden japanischen Azaleen werden etwa 50 bis 60 cm Abstand und bei den sommergrünen Arten 1,20 bis 1,50 Meter Abstand veranschlagt.
Bei der Pflanzung von Azaleen heißt es aber nicht nur, auf die Größen und Höhen zu achten, sondern auch auf die Blütenfarben und die Blütezeit. Erstaunlicherweise harmonieren auch farbliche Gegensätze in einer Pflanzung. Trotzdem ist es zu empfehlen, sich an folgende Grundregeln zu halten:

- Purpur, Lila und dunkles Rot brauchen eine Unterbrechung durch helle Töne mit weißen oder zartlilafarbenen Blüten.
- Gelb, Orange und Rot ergänzen sich gut.
- Kühle Nuancen wie Rosa und Lila ergänzen sich auch ausgezeichnet.
- Weiß eignet sich ideal zur Trennung von verschiedenen Farbtönen.
- Reizvoll kann es auch sein, einen Gartenbereich nur in einem einzigen Farbton zu halten. Durch eine geschickte Sortenwahl kann die Blütezeit dann von Ende April bis Anfang Juni anhalten.

Den braunen Bretterzaun verdecken die Rhododendron-Sorten 'Persil' und 'Golden Sunset' gemeinsam mit Elfenbeinginstern und Trollblumen.

Nadelbäume für Hausgärten

Es gibt immergrüne Bäume für fast jeden Standort und Boden. Die meisten sind anspruchslos und werden viele Jahre alt. Die sehr unterschiedlichen Wuchsformen setzen Akzente in jedem Garten, schützen vor neugierigen Blicken, kalten Winden und sogar vor Straßenlärm.

Der breitwüchsige und ausladende Wacholder ist ein ausgezeichneter Sichtschutz. In dieser Pflanzenfamilie gibt es auch schlanke Formen.

Koniferen, der gebräuchliche Name für Nadelbäume, trifft nicht auf alle Pflanzen dieser Gehölzgruppe zu. Nur die zapfentragenden sind Koniferen. Eiben z.B. tragen keine Zapfen. Richtiger ist also die deutsche Bezeichnung Nadelbäume.
Zu den Nadelgehölzen gehören immergrüne (Thuja), sommergrüne (Lärche), stechende (Fichte), weichnadelige (Tanne) und andere Vertreter. Züchter fanden von jeder Art „Subspezies“ (Unterarten). So gibt es heute ein reichhaltiges Sortiment.
Die Pflanzenordnung erklärt sich folgendermaßen: Der erste Name bezeichnet die Gattung (z.B. Fichte = ***Picea***), das zweite Wort, die Artbezeichnung, sagt genaueres über die Pflanze aus (z.B. ***pungens*** = stechend), und erst im dritten Wort wird die Sorte erkennbar (z.B. 'Glauca' = blau). Bei diesem Beispiel sind die lateinischen Bezeichnungen übersetzbar. Gattung – Art – Sorte, also Fichte – stechend – blau, läßt in der richtigen Reihenfolge zusammengesetzt die stechende Blaufichte erkennen.
Für die Auswahl von Nadelbäumen ist es von Vorteil, die lateinische Nomenklatur zu kennen. Das erspart so manche Überraschung. Falls Sie beispielsweise eine Zwergform haben wollen, ist der lateinische, sprich bo-

Kiefern bekommen sehr auffallende, bis zu 7 cm lange, erst grüne, dann hellbraune Zapfen. Je nach Art werden Kiefern drei bis 30 Meter hoch.

tanische Name von Bedeutung! ***Picea abies*** steht für die heimische Waldfichte. Erst ein drittes Wort macht die Zwergform deutlich, also z.B. ***Picea abies*** 'Pumila'.
Ein entscheidendes Auswahlkriterium für einen Nadelbaum ist die Standortfrage. Eiben sind z.B. schattenverträglich, Kiefern dagegen brauchen viel Licht. Kiefern passen in den Steingarten, Eiben vertragen dunkle Gartenecken usw. (siehe Liste). Zwergformen erreichen nur geringe Höhen, wilde Stammformen (Waldfichte, Tanne etc.) wachsen leicht 25 m hoch. Säulenformen bleiben zeitlebens schmal (Säulenwacholder, echte Serbische Fichte etc.). Sie stehen in Rosen- oder Staudenrabatten richtig. Aber die breitkronigen Schwarzkiefern oder die mächtigen Lärchen wollen Einzelstandorte haben oder höchstens zu zweit zusammengesetzt stehen.
Vermeiden Sie ein Sammelsurium vieler verschiedener Arten. Kleine Gruppen wirken natürlicher. Bunte Formen, z.B. gelbe oder stahlblaue Scheinzypressen, lockern die Gruppenpflanzungen dezent auf.
Fast alle Nadelbäume – mit Ausnahme der Exoten (Zedern, Zypressen, Pinien etc.) – sind extrem witterungsbeständig. Sie können gern in exponierten Lagen stehen, also auf der Grundstücksnordseite oder in Windschutzpflanzungen. Exoten brauchen im Jungstadium ausreichend Winterschutz. Koniferen pflanzt oder versetzt man am besten im frühen Herbst mit Erdballen. Dann wurzeln sie noch vor dem Winter ein. Auch eine Frühjahrspflanzung ist möglich.
Staunasse Standorte sind zu entwässern, denn mit Ausnahme der Sumpfzypresse vertragen Nadelbäume nur bedingt nasse Böden. Tannen wachsen in mäßig feuchten Böden besser als Kiefern, die leichte Sandböden bevorzugen. Kiefern können sich dort mit ihren langen Pfahlwurzeln tiefe Grundwasserreservoirs erschließen.
Die Nadelbaumpflege erfordert keinen großen Aufwand: Bei Bedarf die übliche Düngung, in engem Stand mehr und häufiger als an Einzelstandorten. Bewässerung nur in Trockenperioden, nach dem Pflanzen und vor dem Winter, wenn der Herbstregen ausgeblieben ist.
Wichtig ist fachgerechte Wundbehandlung, wenn Verletzungen auftreten oder Schnittmaßnahmen durch-

Empfehlenswerte Nadelbäume für den Garten

Gattung	Ansprüche an den Boden	Pflanzhinweise
Tanne / *Abies* Weißtanne, Nordmannstanne, Silbertanne u.a.	lehmig, feucht oder humos, locker	schattenverträglich, frostempfindlich, feuchtigkeitsresistent
Scheinzypresse / *Chamaecyparis* Lawsonzypresse, gelbe Säulenzypresse u.a.	frisch, aber entwässert	schnittverträglich (Hecke), säulenförmig (für begrenzte Standorte)
Wacholder / *Juniperus* Säulenwacholder, Pfitzerwacholder, Sadebaum u.a.	humos, sandig, auch kalkhaltig, nicht zu feucht	viele Formen (Säulen, breitwachsende, flache), für sonnige Standorte, trockenheitsresistent
Lärche / *Larix* Europäische Lärche japanische Lärche	durchlässige Lehmböden, nicht zu feuchte Gartenböden (Tiefwurzler)	sehr starkwüchsig, wenige Sorten, sommergrün
Urweltbaum / *Metasequoia* Nur die Art M. glyptostroboides	frische Böden, nicht zu feucht	z.B. am Teich, schnellwüchsig (für große Gärten)
Fichte / *Picea* Rotfichte, Blaufichte, Zwergfichte, Serbische Fichte u.v.a.	humose, durchlässige Gartenböden, nicht zu trocken, nicht verdichtet (sonst nur flachwurzelnd!), auf kalkreichen Böden Nadelverfärbungen	windwurfgefährdet, schnellwüchsig, feuchtigkeitsresistent
Kiefer (Föhre) / *Pinus* Waldkiefer, Silberkiefer, Säulenkiefer, Latsche u.a.	sandige, trockene Böden, alle mageren Gartenböden (Tiefwurzler)	für sonnige Plätze, anspruchslos, trockenheitsresistent, niedrige und hohe Arten
Douglasie / *Pseudotsuga* Douglas„tanne"	frische, nicht zu trockene, durchlässige Böden, Staunässe und Kalk meiden	schnellwüchsig, Ansprüche ähnlich denen der Fichte
Eibe / *Taxus* Viele Formen, Säuleneibe, gelbe Eibe	nicht anspruchsvoll, gedeiht in fast allen Gartenböden	schatten- und schnittverträglich, Säulenform
Lebensbaum / *Thuja* Viele Formen	staunässeempfindlich, sonst für alle Böden	schnittverträglich, säulenförmig, ideale Heckenpflanze
Hemlocktanne / *Tsuga*	feuchte, entwässerte Böden, Kalk meiden	schattenverträglich
Schirmtanne / *Sciadopitys* Nur die Art ***S. verticillata***	leicht feuchte, sandig-humose Böden	wird nur ca. 3 m hoch, halbschattig

zuführen sind. Formgebend werden krumme Gipfeltriebe gestäbt, Konkurrenztriebe ausgeschnitten und Säulenformen durch Schnitt zu straffem Wuchs angeregt.
Mäßiger Nadelfall ist normal. Man sagt: Koniferen putzen sich von innen. Sollten sich die Triebspitzen farblich verändern, kann aber eine Störung im Wasser- oder Nährstoffkreislauf vorliegen. Erkrankte Nadelbäume lieber von Fachleuten begutachten lassen.
Im Dezember sind Nadelbäume noch durch Stecklinge zu vermehren. Scheinzypresse und Thuja z.B. wachsen gut aus bewurzelten Stecklingen.

Eine attraktive Wuchsform hat die Zuckerhutfichte. Sie verträgt innerstädtisches Klima schlecht.

Wenn sich die Nadeln verfärben

Auch im gepflegtesten Garten können Krankheiten und Schädlinge an den Kiefern auftreten. Eine Heilung ist in den meisten Fällen nicht möglich, der Baum muß Säge und Beil zum Opfer fallen.

Kiefern zählen zu den bewährtesten Nadelhölzern, weil sie ziemlich anspruchslos sind. In der Regel verläuft ihr Wachstum ohne Probleme, wenn sie hell genug stehen. Aber auch im gepflegtesten Garten können an den Kiefern Krankheiten und Schädlinge auftreten.
Wenn Kiefern bereits im Sommer gelbe Nadeln zeigen und der Nadelfall im Herbst über das normale Ausmaß hinausgeht, dann leiden sie unter Nadelschütte. Ihr Erreger ist der mikroskopisch kleine Pilz ***Lophodermium pinastri***. Erste Anzeichen sind Braunverfärbungen und winzige schwarze Pünktchen auf den Kiefernnadeln. Im zweiten Jahr nach der Infektion bilden sich auffallendere, ein bis drei Millimeter lange ovale schwarze Flecken. Das sind die „Apothecien" genannten Fruchtkörper des Pilzes, in denen die Sporen gebildet werden. Die erkrankten Nadeln vergilben und fallen ab. Die Kiefern verkahlen und gehen schließlich ein. Diese Krankheit, die praktisch nicht zu bekämpfen ist, befällt vorwiegend junge Pflanzen.
Die beste Vorbeugung besteht darin, daß man Kiefern im Garten einen hellen und luftigen Platz gibt, auf dem sie gesund heranwachsen können.
Die bedeutendste Krankheit fünfnadeliger Kiefernarten – also der Weymouthskiefer ***(Pinus strobus)***, und der Arve oder Zirbelkiefer ***(Pinus cembra)*** – ist der Strobenrost oder Rindenblasenrost. Die Weymouthskiefer ist besonders anfällig für die Pilzerkrankung und geht nach einer

Die Nadelschütte wird von einem Pilz hervorgerufen. Erst werden die Nadeln braun und fallen dann ab. Leider gibt es gegen diese Krankheit kein geeignetes Mittel.

Infektion ein. Der Erreger, der Rostpilz ***Cronartium ribicola***, dringt im Spätsommer oder Herbst über die Nadeln in die Rinde des Baumes ein, unter der er dann lebt und wächst. Erst im nächsten oder übernächsten Frühjahr zeigen sich am Stamm und an den Zweigen Anschwellungen und Harzfluß als erste Hinweise auf die Krankheit. Alsbald durchbricht das wachsgelbe Myzel des Pilzes die Rinde und tritt in Blasen an die Oberfläche. Die Blasen platzen und entleeren große Mengen rostfarbener Sporen; daher der Name Rindenblasenrost.

Nun tritt etwas Merkwürdiges ein: Der Pilz entwickelt sich auf den Blättern von Schwarzer oder Roter Johannisbeere oder Stachelbeere weiter. Im Herbst brechen auf der Blattunterseite dieser Beerenarten die Pilzsporen in Form zwei Millimeter langer Säulen von rostbrauner Farbe hervor. Für die Beerensträucher ist diese Erkrankung – Johannisbeersäulenrost genannt – zwar nicht lebensbedrohend, mindert aber ihre Leistungsfähigkeit. Von den Ribesarten wandert der Pilz zurück auf die Strobe, der man die Krankheit am kümmernden Wuchs und steigenden Nadelfall bald ansieht. Eine Bekämpfung des Pilzes an der bereits infizierten Kiefer ist nicht möglich.

Gartenfreunde sollten Stroben nicht in die Nähe der oben genannten Beerenarten pflanzen, Abstand: ca. 300 Meter.

Der Kiefernknospentriebwickler ist ein kleiner Schmetterling mit nur zwei Zentimeter Flügelspannweite. Er fliegt im Juni und Juli. Seine ziegelroten, silbern quergebänderten Vorderflügel tarnen ihn vorzüglich, wenn er sich auf jungen, rötlichen Kiefernknospen niederläßt, um dort seine Eier abzulegen. Die sich entwickelnden rotbraunen Räupchen mit schwarzem Kopf und Nackenschild nagen die Knospen an und fressen sprossende Triebe aus. Besonders junge Kiefern im Alter von sechs bis zehn Jahren haben unter diesem Schädling zu leiden. Wenn die Jungtriebe nicht absterben, erleiden sie doch eine typische Wachstumsstörung, an der man den Schadensverursacher erkennt: die sogenannte Posthornbildung. Die befallenen Triebe wachsen zunächst abwärts und dann im Bogen wieder nach oben. Wenn man befallene Knospen und mißgebildete Triebe rechtzeitig ausbricht, solange der Sproß noch im Wachstum ist, wird der häßliche Fehlwuchs verhindert.

Schäden, die von den Raupen der Kiefernblattwespe verursacht werden, kann man nicht mehr als Schönheitsfehler bezeichnen. Die Larven dieser Blattwespe sehen Schmetterlingsraupen sehr ähnlich und heißen darum „Afterraupen". Sie sind schmutziggrün gefärbt, schwarz gezeichnet und sitzen in großen Mengen beisammen, oft zu zweit an einer Kiefernnadel. Sie sind unglaublich freßlustig und richten großen Schaden an. Wenn sie sich bedroht fühlen, ziehen sie sich s-förmig zusammen und richten dabei den Vorderkörper ruckartig auf.

Ende Juni spinnen sie sich einen glatten hellbraunen Kokon, aus dem vierzehn Tage später die jungen Wespen schlüpfen. Diese zweite Wespengeneration sorgt für einen erneuten Befall in den Monaten August–Oktober. Die kleinen Insekten haben eine sägeartige Einrichtung am Hinterleib, mit der sie die Kiefernnadel der Länge nach aufschlitzen, um ihre Eier in diesen Spalt zu legen.

Bevor man den Schädlingen mit Spritz- oder Stäubemitteln zu Leibe rückt, sollte man bedenken, daß sie in Vögeln und Schlupfwespen natürliche Feinde haben, die man bei Anwendung solcher Präparate möglicherweise ebenfalls vernichtet. Ein Absammeln der Schädlinge ist meistens möglich – eine mühsame, aber gartenfreundliche Maßnahme.

Harzgallen werden an Kiefern durch einen winzigen Schmetterling, den Kiefernharzgallenwickler (***Evetria resinella***), verursacht. Aus Eiern, die das Weibchen Anfang Juni an die frischen Kiefernsprossen legt, schlüpfen gefräßige kleine Raupen. Sie nagen die Kiefernrinde an. Geschützt durch ein Gespinst, das sich die Raupe mit Hilfe von Harztröpfchen zu einem stabilen Zeltdach ausbaut, frißt sie sich durch die Rinde bis ins Mark des Zweiges und höhlt ihn im Laufe ihrer Entwicklung aus. Infolge des Wundreizes wächst das Gewebe des Sprosses zu einer tumorartigen Galle. Erst im Frühjahr des dritten Jahres arbeitet sich der inzwischen im Schutze der Galle entstandene Schmetterling aus seinem Versteck heraus. Da das Triebende oberhalb der Galle meist abstirbt, sieht die Kiefer unregelmäßig gewachsen aus.

Schneiden Sie die befallenen Zweige samt den Gallen ab und vernichten Sie diese Teile. Dann kann sich der Kiefernharzgallenwickler nicht vermehren.

Ein grünes Kleid für die Fassade

Was früher zum Straßenbild gehörte, ist heute zu einer Seltenheit geworden: begrünte Hauswände. Wilder Wein, Efeu und andere Pflanzen schützen das Haus vor Kälte und Hitze, tragen auch zur Verbesserung der Luft bei und bieten Vögeln Nistplätze.

Meist sind es ältere Backsteinhäuser, an denen sich der Wilde Wein oder andere Kletterer hochranken und sie fast bedecken.

Die Backstein-Architektur der dreißiger Jahre wurde – eben fertiggestellt – mit Wein oder Efeu berankt, so dicht und fassadenbedeckend, daß nach einigen Jahren in jedem Frühling die Fensteröffnungen neu herausgeschnitten werden mußten. Die Architekten selbst hatten den Bewuchs veranlaßt, obgleich sich ihre Architektur unter dem grünen Versteck durchaus sehen lassen konnte. Natur sollte das künstlich Gebaute kontrastierend ergänzen.

Der Bewuchs kam in Verruf. War es allein die Furcht, er könnte dem Mauerwerk schaden, er könnte Feuchtigkeit speichern, der Knöterich könnte sich unter Dachziegel drängen? Fassaden hatten wieder glatt und rein zu sein.

Nach dem Krieg, als in der Eile des Wiederaufbaus Einheitsfassaden entstanden, denen schmückendes Grün gut gestanden hätte, hat man an diese Möglichkeit nicht gedacht. Das hat wohl damit zu tun, daß man erst einmal froh war, überhaupt ein Dach über dem Kopf zu haben. Es war egal, wie es von außen aussah. Und für wohlüberlegte Gartenarbeit war kaum Zeit. An Abgase, Umweltverschmutzung, absterbendes Grün und Lebensraum für das Getier hat damals niemand gedacht. Messungen haben aber ergeben, daß eine begrünte Fassade Schadstoffe der Stadtluft, verglichen mit einem stattlichen Baum, um ein Vielfaches vermindert.

Kein Schaden am Mauerwerk

Zunächst zu dem Vorurteil, grüner Bewuchs sei schädlich für Putz oder Mauerwerk: Intaktes Mauerwerk wird nicht angegriffen, vielmehr schenkt der Bewuchs Schutz. Er bewahrt die Fassade vor extremen Temperaturschwankungen; im Sommer entsteht durch die Verdunstungskälte der Blätter Kühlung; im Winter speichert die Hülle immergrüner Kletterpflanzen Wärme.

Heiße Sonne, kühlen Regen, eisigen Schnee verarbeitet das Fassadengrün auf eine den Hausbewohnern zuträgliche Weise. Gegen kalte Außenwände soll beispielsweise statt der innen angebrachten Styroporschicht von der Rolle die natürliche grüne Hülle als bestes Kraut ge-

wachsen sein. Schäden entstehen nur durch sogenannte sproßbrütige Wurzeln, die sich an den Selbstklimmern dort entwickeln, wo der Untergrund lichtarm und feucht ist. Diese Wurzeln sprengen schadhafte Putzstellen ab.
Der Entschluß, seine Hauswand ganz oder teilweise zu begrünen, das ist eine Angelegenheit, die niemand schnell wieder rückgängig macht. Es ist aber unerläßlich, sich erst einmal theoretisch in dieses grüne Abenteuer zu stürzen. Putzbeschichtungen, die nach zehn bis 15 Jahren erneuert werden müssen (dazu gehören reine Dispersionsanstriche, mineralische Anstriche und Silikatanstriche), sollten nicht mit Selbstklimmern bepflanzt werden, weil die Entfernung der Haftscheiben sehr schwierig und sehr teuer ist. Darüber streichen kann man nicht! Zu bedenken ist außerdem, daß die Selbstklimmer auch bei Holzfassaden und Fensterleibungen aus Holz Flecken hinterlassen, die dann nur noch mit der Schleifmaschine oder einem Sandstrahlgerät zu entfernen sind. Auch Fachwerkhäuser sind weniger gut geeignet. Ideal für Selbstklimmer sind reine Klinkerfassaden. Wenn die Fassade nicht für Selbstklimmer taugt, kann man trotzdem begrünen: mit Rankern an Spalieren.
Der Herbst bietet Gelegenheit zum Studium, vielleicht schon zum Pflanzen, zum Vorbereiten des Bodens, oder, je nach Art des geplanten Bewuchses, zur Konstruktion von stützenden Elementen oder einem Spalier. Sie haben die Qual der Wahl, sich zu überlegen, ob Sie mit nur einem Gewächs einer kahlen Garagenwand zu mehr Schönheit verhelfen wollen, ob ein altmodisches Sims durch einen Streifen Efeu Betonung vertragen kann, ob Sie Ihre ganze Hausfront durch Grün zum herausragenden Schmuckstück zwischen architektonischen Langweilern machen wollen oder ob wuchernder Knöterich schon innerhalb des nächsten Frühjahrs ganz profan den Klotz verbergen soll, der die Mülleimer beherbergt.
Und nicht nur Auge und Nase sind unter anderem Nutznießer des grünen Bewuchses. Vogelgezwitscher ist akustische Belohnung.

Wilder Wein für die Wand

Der laubabwerfende Wilde Wein ist an Sonnenwänden in seinem Element. Dort schützt er im Sommer die Räume vor zu starker Erhitzung. Im Winter dagegen, in kahlem Zustand, haben die Sonnenstrahlen ungehindert Zutritt, um die Wände zu erwärmen. An einem sonnigen Platz zeigt sich auch das Herbstlaub in besonders schönen Farben. Der Wilde Wein, auch Jungfernrebe genannt, wächst bis 12 m hoch. Er gilt als recht industriefest, braucht allerdings Böden mit ausreichender Wasser- und Nährstoffversorgung.
Wenn Sie einen Wilden Wein, ***Parthenocissus***, kaufen, sollten Sie immer nach Art und Sorte fragen. Am bekanntestens ist ***P. tricuspidata*** mit den typischen dreilappigen Blättern. Diese Art besitzt Ranken mit kleinen Haftscheiben und kann sich so ohne Schwierigkeiten auch an glatten Wänden hochranken. Man spricht in diesem Zusammenhang von Selbstklimmern, zu denen auch Efeu und Kletterhortensien gehören. Die Haftorgane sondern ein Kontaktsekret ab, das sich schnell erhärtet und so die Pflanze an der Wand festklebt.
P. quinquefolia mit den fünfzahnigen Blättchen bildet dagegen keine Haftscheiben, sondern Wickelranken aus. Nur an ganz rauhen Wänden kann er von allein hochklimmen. Besser, vor allem bei jungen Pflanzen, ist ein Rankgerüst. Es sei denn, Sie kaufen die Sorte ***P. quinquefolia*** 'Engelmannii'. Diese wiederum besitzt Haftscheiben zum Klettern.

Im Herbst bietet der Wilde Wein, bevor er sein Laub abwirft, ein herrliches Farbenspiel. Die Blätter leuchten dann kräftig in Rot und Gelb.

Efeu – die klassische Kletterpflanze

Hinter den grünen oder bunten Blättern der Efeupflanzen kann man große Gebäude oder kleine Wände verbergen. Wenn das Mauerwerk in einwandfreiem Zustand ist, bringt so ein Pflanzenkleid nur Vorteile: Im Sommer schützt es vor Hitze, im Winter vor Kälte.

Bunte Efeusorten wie 'Lee Silver' wachsen am besten an einer Ost- oder Westwand. Dort überstehen sie sicher den Winter.

Fast möchte man meinen, dieses Blatt wurde von einem Maler entworfen. 'Dentata variegata' zählt zu den schönsten Neuzüchtungen.

Die Namen der neuen Efeusorten lassen bereits erkennen, was es mit ihnen auf sich hat. 'Goldherz' und 'Butterblume' besitzen Blätter, deren Mitte oder Rand gelb gezeichnet ist. Das ist eine hübsche Variante zu den meist grünen Sorten. Die neuen Efeusorten stammen von drei Arten ab:

Hedera helix ist bei uns heimisch und wohl die bekannteste Efeuart. Sie kann leicht bis zu 30 Meter hoch klettern. Die Blätter sind dunkelgrün und bis zu zehn Zentimeter lang.

Hedera hibernica ähnelt dem bei uns heimischen Efeu, ist jedoch nicht ganz so winterhart. Er besitzt größere Blätter und wächst schneller.

Hedera colchica hat 10 bis 15 cm lange Blätter. Er klettert auch sehr gern, erreicht aber „nur" Höhen bis zu acht Metern.

Efeu blüht erst sehr spät. Das heißt: Erst nach acht bis zehn Jahren ist da-

mit zu rechnen. Danach blüht er in jedem Jahr, und zwar meist im September und Oktober. Die schwarzen Früchte entwickeln sich erst im folgenden Jahr. Da sich Efeu als Pflanze sehr verändert, nachdem er zum ersten Mal geblüht hat, unterscheidet der Fachmann die Jugend- und die Altersform. Die jungen Efeupflanzen haben stark gelappte Blätter und sehr bewegliche Triebe. Sie wachsen schnell. In dieser Phase sind sie ideal als Bodendecker. In der Altersform sind die Blätter fast gar nicht gelappt, die Zweige sind steifer. Dieser Efeu wächst wesentlich langsamer. Häufig bildet er keine Haftwurzeln mehr aus. Wenn solche Pflanzen vegetativ, also durch Stecklinge, vermehrt werden, wachsen sie nur noch zu einem Busch ohne jegliche Klettereigenschaften.

Im Spätherbst und Winter färben sich Efeublätter oftmals braunrot. Dies entsteht durch Einlagerung von Zucker im Zellsaft. Dadurch können sie die Kälte besser überstehen. Solche Blattfärbung zeigt also eine ausgezeichnete Frosthärte an. Das läßt sich leider nicht von allen Sorten sagen, vor allem nicht von den neuen. Die 'Butterblume' (Buttercup) mit gelben und gelbgrünen Blättern wächst im Weinbauklima am besten. 'Goldherz' ist in der Mitte cremegelb getupft und verträgt fast jedes Klima. Zu den schönsten Efeusorten mit bunten Blättern gehört die Sorte 'Dentata variegata'. Ihre Grundfarbe ist Hellgrün mit graugrünen Flecken und einem unregelmäßigen cremegelben Randstreifen. Auch diese Sorte sollte an einem windgeschützten Platz (an einer Ost- oder Westwand) wachsen, wo sie winterliche Kälte am besten überstehen wird. Andere buntblättrige Sorten sind 'Lee Silver', 'Paper Doll', 'Sulphurea', 'Susanne'.

Den grünen Efeu können Sie an Nordwände pflanzen, wo er sich als echter Energiesparer erweist. Denn unter seinen dichten Blättern staut sich die Luft und es bildet sich ein gut isolierendes Luftpolster, eine ideale und kostenlose Wärmedämmung.

Pflanztips für Efeu

Die Wand muß in einwandfreiem Zustand sein. Efeu zwängt sich in jede Ritze und kann sie vergrößern. Außerdem muß die Wand dunkel sein. Denn an weiß gestrichenen Mauern, die viel Licht abstrahlen, haften die Pflanzen nicht.

Südwände sind ungeeignet, auch für bunte Sorten. Denn nicht nur im Sommer, sondern auch im Winter schaden die Sonnenstrahlen. Das hat folgenden Grund: In Frostperioden taut die Pflanze dank der Sonnenstrahlen auf und verdunstet Flüssigkeit. Da aber auch der Boden gefroren ist und meist nicht auftaut, kann kein Wassernachschub die Blätter erreichen. Die Pflanze vertrocknet.

An sandigen Wänden gibt es oft Haftprobleme, ebenso an Betonwänden, weil dort der pH-Wert (um 13) wahrscheinlich zu hoch ist. Zwar mag Efeu etwas kalkigen Boden (um 8), aber Beton oder Kalksteine sind ihm denn doch zu viel. Ein Rückschnitt erfolgt – wenn überhaupt notwendig – zu Beginn des Frühlings.

Clematis: Mehr Blüten als Blätter

Wer die richtige Sorten-Wahl trifft, kann sich vom Mai bis in den September hinein an den herrlichen Blüten erfreuen. Die Farbpalette reicht von Weiß über Rosa und Rot bis hin zum Violett.

Die Waldrebe ***(Clematis)*** gehört zu einer artenreichen Pflanzengattung, die weltweit verbreitet ist. Einige Wildarten kommen auch in unseren Wäldern vor, man kann sie aber auch in Gärtnereien kaufen. Besonders attraktiv, weil sie sehr große Blüten entwickeln, sind jedoch die Clematis-Hybriden. Sie umgarnen Pergolen und Spaliere und schmücken Hauswände. Die Ranken der Clematis winden sich um alle natürlichen oder künstlichen Stützen, die nicht dicker als ein Bleistift sind. An Mauern brauchen sie eine Kletterhilfe.
Clematis als Schmuck weißer Wände sieht man vielerorts. Es gibt viele Sorten mit unterschiedlichen Blütezeiten. Durch Zusammenpflanzen z.B. mit Kletterrosen, Jelängerjelieber oder mit Feuerdorn, kann man sich den ganzen Sommer über bis in den späten Herbst hinein an einer blühenden Wand freuen. Soll sich die Waldrebe um den Stamm eines hohen Baumes winden, muß ein Draht als Rankhilfe um den Stamm gespannt werden. Ohne künstlichen zusätzlichen Halt rankt sie über niedrige immergrüne Bäume und Büsche. Auch an Zäunen und Hekken bietet die Clematis einen wunderschönen Anblick.

Beste Pflanzzeit: Herbst

Die Clematis wünscht sich „einen warmen Kopf und kühle Füße", d.h. nährstoffreichen, feuchten Boden und für die Blüten viel Sonne. Einige Sorten blühen auch im Halbschatten. Dazu gehören die kleinblütigen Sorten der Wildarten ***C. alpina, C. montana, C. makropetala*** sowie die großblütigen Hybridsorten 'Jackmanii' (violett), 'Madame de Coultre' (reinweiß), 'Lincoln Star' (himbeerrosa), 'William Kennett' (tieflavendel) und 'Comtesse de Bouchaud' (hellviolettrosa).
Vor allem unter den kleinblütigen Wildarten verströmen einige Clematis herrlichen Duft, den Sie besonders genießen können, wenn Sie die Pflanze in der Nähe einer Sitzgelegenheit im Garten oder auf die Terrasse setzen. Empfehlenswert: ***C. flammula*** (cremeweiß), ***C. paniculata*** (cremefarben), ***C. rehderiana*** (blaßgelb), ***C. montana*** 'Alexander' (cremeweiß), 'Elizabeth' (zartrosa), 'Wilsonii' (cremefarben) und 'Odorata' (weiß).
Um an der Clematis viele Jahre Freude zu haben, sollte man beim Pflanzen sorgsam vorgehen. Im Herbst ist die beste Pflanzzeit: Graben Sie ein 45 cm tiefes Loch mit 45 cm Seitenlänge, harken Sie kräftig über den Boden des Pflanzloches und streuen Sie eine Handvoll Knochenmehl darüber. Eine ca. 15 cm dicke Lage aus gut durchgerottetem Kompost oder Mist sollte folgen. Aufgefüllt wird mit guter Gartenerde, wiederum gemischt mit Knochenmehl.
Vor dem Einsetzen sollte sich die neue Pflanze im Topf eine Stunde lang mit Wasser vollsaugen können, dann den Topf vorsichtig entfernen. Die Stütze verbleibt an der Pflanze. Den Wurzelballen tief in das Loch setzen. Die untersten Seitentriebe sollten unter der Erdoberfläche liegen, damit die Pflanze nach dem Winter von hier aus neu treiben kann. Das Loch mit Gartenerde auffüllen und gut festdrücken und die Pflanzstelle beschatten. Empfehlenswert ist das Einlassen eines Tontopfes neben der Pflanze zur Bewässerung, denn besonders im ersten Jahr darf der Wurzelballen niemals austrocknen. Auch Flüssigdünger (im Sommer einmal wöchentlich) kann so gegeben werden. Im Herbst ist eine ältere Clematis für eine Mistgabe dankbar, aber mit zwei bis drei Handvoll Knochenmehl im November ist sie auch zufrieden.

Das Clematis-Sterben

Es gibt eine Pilzkrankheit, die nur Clematis befällt: das Clematis-Sterben. Der Pilz dringt durch Wunden an den Trieben in die Pflanzen ein und verursacht ihr Absterben. Wird die Krankheit rechtzeitig erkannt, ist die Pflanze meist noch zu retten, wenn man alle befallenen Teile bis dicht über dem Boden entfernt. Die Pflanze treibt neu aus. Um dem Clematis-Sterben vorzubeugen, sollten Sie neue Pflanzen mit dem Trieb unbedingt mindestens 7 cm tief in den Boden setzen. Das fördert das Wachstum von unten her.

Die Waldrebe wird im Frühjahr geschnitten. Man setzt die Schere immer kurz oberhalb einer gut ausgebildeten und kräftigen Knospe an.

Beste Schnittzeit: März

Um den natürlichen Blütenreichtum zu erhalten und zu fördern, sollten diese Kletterpflanzen mäßig beschnitten werden. In der Regel gilt: Pflanzen, die im April und Mai blühen, sollten nicht zurückgeschnitten, sondern nur ausgelichtet werden. Dazu gehören: ***Clematis alpina***, etwa 2 Meter hoch, violette Blüten von Mai bis Juli. ***Clematis montana***, bis 8 Meter hoch, schmückt sich mit rosa Blüten ab Mai. Ihre Blüten bilden sich an den Trieben des letzten Jahres. Man beschneidet sie nur, wenn die Clematis zu üppig wuchert, und dann aber am besten auch erst nach der Blüte.
Sorten, die im Juni blühen, werden im März etwas kräftiger geschnitten. Dazu zählen u.a. Sorten wie: 'Nelly Moses', bis 3 Meter hoch, rosa Blüten mit rotem Mittelstreifen im Juni; 'The President', bis 4 Meter hoch, dunkel-

violette Blüten im Juni (und auch im Herbst); 'Madame le Coultre', bis 5 Meter hoch, weiße Blüten im Juni; 'Lasurstern', bis 4 Meter hoch, blaue Blüten im Juni (und auch im Herbst). Ihre Knospen bilden sich an den Trieben des Vorjahres. Schon im März kann man die hellgrünen Knospen erkennen. Man schneidet alle Zweige heraus, die erfroren oder unansehnlich geworden sind. Das sind meist die zwei Jahre alten Triebe. Selbst nach einem strengen Winter bleiben die Clematiszweige des Vorjahres bis in zwei oder drei Meter Höhe grün. Die beste Schnittstelle ist gleich oberhalb eines kräftig aussehenden Knospenpaares.

Clematis-Sorten, die im Juli oder später blühen, werden im März bis auf eine Höhe von 80 bis 100 cm zurückgeschnitten. Das sind u.a.: 'Ernest Markham', 2 Meter hoch, rote Blüten von Juli bis September; 'Gipsy Queen', bis 4 Meter hoch, purpurblaue Blüten von Juli bis Oktober; 'Jackmanii', bis 4 Meter hoch, blaue Blüten von Juli bis Oktober; 'Ville de Lyon', bis 3 Meter hoch, karminrote Blüten von Juli bis September.

Der Grund für diese Radikalkur: Die Blüten bilden sich erst an den neuen Trieben der beginnenden Wachstumszeit. Das alte Holz des Vorjahres kann deshalb weitgehend entfernt werden.

Die Ranken der Clematis können acht Meter lang werden. Allerdings brauchen die Pflanzen eine gute Kletterhilfe.

Blühende Ranken für kahle Wände

Es muß nicht gleich das ganze Haus sein, das man hinter den grünen Zweigen versteckt. Ein einzelner Strauch wirkt oft um vieles dekorativer, ganz besonders, wenn er wochenlang die allerschönsten Blüten zeigt.

Außer Efeu, Wein und Clematis ranken sich noch viele andere Pflanzen an Mauern, Spalieren und Zäunen empor. Besonders dekorativ sind natürlich die blühenden Kletterer.
Ziemlich hoch in der Gunst steht bei den Gartenfreunden das Geißblatt, vielleicht besser bekannt unter dem Namen Jelängerjelieber ***(Lonicera caprifolium, L. x heckrottii)***. Es gibt auch Arten, die als Strauch wachsen. Das Geißblatt zählt botanisch zu den Schlingern, das heißt, die Pflanze braucht ein Gerüst. Sie blüht lange und ausdauernd in herrlichen Farben. Bestechend ist die bizarre Form der Blüten – im Herbst bilden sich daraus rote Beeren, beliebte Leckerbissen für viele Vögel. Die Ranken können bis zu 4 m lang werden und bilden mit der Zeit ein dichtes Gewirr. Geschnitten wird wenig, nur ab und an entfernt man überalterte Triebe nach der Blüte. Das Geißblatt sollte man nicht auf das Dach wachsen lassen. Die Ranken können sich unter die Ziegel schieben und dort Schaden anrichten.
Gepflanzt wird im Herbst oder Frühjahr in nahrhaften, lockeren Boden. Jelängerjelieber liebt einen halbschattigen Standort, verträgt aber auch Sonne – nur nicht immer. Bei Trockenheit muß gegossen werden. Das Geißblatt freut sich über Kompost rund um den Wurzelbereich.
Ebenfalls zu den Schlingsträuchern gehört die Glyzine ***(Wisteria floribunda, W. sinensis)***. Ihre herrlichen blauen Blütentrauben blühen im Mai und Juni, ***Wisteria sinensis*** schon im April. Die Triebe werden bis zu 9 m lang. Das kräftige Wachstum kann man eindämmen, wenn man im Sommer überzählige Triebe bis auf wenige Blätter zurückschneidet. Dadurch wird außerdem die Blühfreudigkeit angeregt.
Gepflanzt wird im Herbst oder im Frühjahr bei milder Witterung in lockeren, nahrhaften Lehmboden. Wistarien brauchen bei Trockenheit viel Wasser. Auch diese Pflanze gehört nicht auf das Dach. Ihre Ranken können Balken hochheben und Regenrinnen „erwürgen". Gedüngt wird im Frühjahr und im Sommer.
Ein wenig aus der Mode gekommen, ist die Kletterhortensie ***(Hydrangea petiolaris)***. Mit ihren Haftwurzeln erklimmt sie die stolze Höhe von 7 m. Sie klettert an rauhen Wänden, aber auch an Gerüsten. Die weißen Blüten erscheinen im Juni/Juli. Sie ist auch mit Halbschatten zufrieden und braucht einen gut mit Kompost angereicherten Boden.
Gepflanzt wird im Herbst, eine Frühjahrspflanzung ist möglich. Geschnitten wird die Kletterhortenise fast gar

nicht, nur störende Triebe können im Sommer entfernt werden.
An einer windgeschützten Sonnenwand hat man viel Freude an der Jasmintrompete *(Campsis radicans)*. Die Wurzeln sollte man mit anderen, niedrigen Pflanzen beschatten. Die Triebe mit den orangeroten Blüten klettern schnell bis zu 8 m hoch. Allerdings: Heftigen Winden halten die Haftwurzeln nicht stand. Durch gelegentliches Anbinden kann man verhindern, daß die Pracht zusammenfällt. Wird die Pflanze zu dicht, werden die überzähligen Triebe ausgelichtet, aber erst, wenn die Pflanze

Jelängerjelieber ist einer der schönsten rankenden und dazu noch duftenden Blütensträucher.

Kletterhortensien wachsen zwar recht langsam, werden aber sehr alt. Die Pflanzen haben den Vorteil, auch mit leicht schattigen Winkeln im Garten zufrieden zu sein.

die gewünschte Größe erreicht hat. Die Blüten erscheinen von Juli bis September.
Gepflanzt wird im Frühjahr in nährstoffreichen, gut entwässerten Boden. Gibt man der Jasmintrompete im Frühjahr etwas Stallmist an die Wurzeln, braucht man keinen weiteren Dünger.
Für halbschattige Standorte geeignet ist der Schlingknöterich ***(Polygonum aubertii)***. Dieser besonders rasch wachsende Schlingstrauch ist mit gutem Gartenboden zufrieden, der allerdings nicht zu trocken sein darf. Ihrem üppigen Wachstum – pro Jahr zwischen 3 und 5 m – verdankt die Pflanze die Spitznamen „Klettermaxe" und „Architektentrost". Wird der Schlingknöterich zu groß, kann man ihn im April kräftig zurückschneiden.
In längeren Trockenzeiten muß gegossen werden. Der beste Dünger ist eine Mulchschicht aus gut verrottetem Stallmist. Der Strauch mit den zarten, weißen Blüten (Juli bis September) eignet sich auch hervorragend zum Begrünen einer Laube, eines Balkons oder einer Pergola. Aber: Der Schlingknöterich braucht eine Kletterhilfe.

Die bunte Wiese auf dem Dach

Ein blühender Teppich aus Gräsern und kleinen Stauden schmückt Carports, Garagen oder Gartenhäuschen. Man kann auch Hausdächer begrünen – nur die Statik muß stimmen. Substrat und Pflanzen wiegen schwer.

Dächer, auf denen Gras wächst und Blumen blühen, sind keine neue Erfindung unseres „Bio-Zeitgeistes". In Berlin kennt man grüne Dächer seit mehr als 80 Jahren. In Skandinavien oder Kanada gehören sie seit Jahrhunderten zur Bautradition. Und die „Hängenden Gärten der Semiramis" aus dem 6./7. Jahrhundert vor unserer Zeitrechnung zählten zu den Weltwundern der Antike. Wer nicht gleich das Hausdach begrünen will, kann mit dem Gartenhäuschen, der Garage, dem Carport oder der Laube im Schrebergarten anfangen. In Frage kommt dafür die sogenannte extensive Begrünung. Um sie braucht man sich, steht sie erst einmal, nicht mehr zu kümmern. (Im Gegensatz zum intensiv-grünen Dach mit manchmal ganzen Parklandschaften darauf, inklusive Teich!)

Die Vorteile

Ein begrüntes Dach ist temperaturausgleichend, hält im Sommer kühl und im Winter warm. Und, was in der heutigen Zeit fast wichtiger ist: Pflanzen, und sei die begrünte Fläche noch so klein, produzieren Sauerstoff, filtern schädliche Bestandteile aus der Luft und bieten mancherlei Insekten eine Heimstatt. Außerdem ist so ein Natur-Dach auch schön anzuschauen.
Voraussetzung: Die Statik muß stimmen – dann läßt sich fast jedes Dach begrünen. Die Tragfähigkeit (im

Die kleinen Pflanzen auf dem Dach sind wahre Hungerkünstler. Sie brauchen kaum Wasser oder Nährstoffe und wenig Erde.

leichtesten Fall kommen 60–70 kg pro Quadratmeter dazu, rechnen Sie aber eher mit 100–120 kg) muß ein Statiker feststellen. Von Belang ist auch die Dachneigung, optimal sind 5 bis 15%. Ein steileres Gefälle verlangt nach komplizierten Haltesystemen für die Erdschichten. Auch die Bewässerung kann dann Probleme mit sich bringen. Bei null Grad Dachneigung kann es zu Staunässe kommen. Aber durch Unterfüttern (z.B. mit Dämmstoffkeilen unter der Dachhaut) wird ein kleines Gefälle künstlich hergestellt.

Der Dachaufbau

Die wichtigste Voraussetzung – das Dach muß wasserundurchlässig sein. Soll also beispielsweise das Gartenhäuschen eine grüne Haube bekommen, setzen Sie das Dach erst einmal kräftig mit dem Gartenschlauch unter Wasser – und warten Sie ab, ob es irgendwo tropft. Wenn ja, ist die Leckage trockenzulegen. Und zwar mit einer Spezial-Abdichtung. Dachbahnenhersteller bieten hier vielerlei an.

Dann kommt eine Trennlage. Das ist ein Schutzvlies, das die wiederum auf ihr liegende Folie vor Unebenheiten in der Abdichtung oder vor Materialunverträglichkeiten schützt. Was so geschont werden soll, ist die Wurzelschutzbahn, ein wichtiger Bestandteil des Abdichtungssystems. Sie muß absolut exakt verschweißt sein. Das kann im Prinzip nur der Fachmann. (Sicherheitshalber sollte auch die Wurzelschutzbahn geflutet werden.)

Darüber kommt dann eine Drainageschicht aus porösen oder körnigen Stoffen, etwa Lava-Gestein oder Blähton. Sie sorgt einmal dafür, daß überschüssige Nässe abgeführt wird (in die Einläufe beim Flachdach oder in die Dachrinne) und speichert andererseits aber so viel Feuchtigkeit, daß die Pflanzen auch in Trokkenzeiten noch einen Vorrat haben. Diese Drainageschicht kann lose aufgeschüttet werden oder z.B. aus hochporösen Platten oder aus mit Splitt gefüllten Kunststoffelementen bestehen. Eine Filtermatte darüber trennt das Erdsubstrat von der Drainageschicht, damit diese nicht verschlämmen kann.

Wenn die Erdschicht möglichst leicht sein soll, wählt man ein Substrat, das mit porösen Blähton-Kügelchen oder kleinen Lavabrocken durchsetzt ist. Dieses Material speichert die Feuchtigkeit.

Für intensive Begrünung auf einem flachen Dach verwendet man ein Drainagesystem aus Kunststoffelementen. Die Splittfüllung speichert das Wasser und gibt es allmählich an die Pflanzen ab.

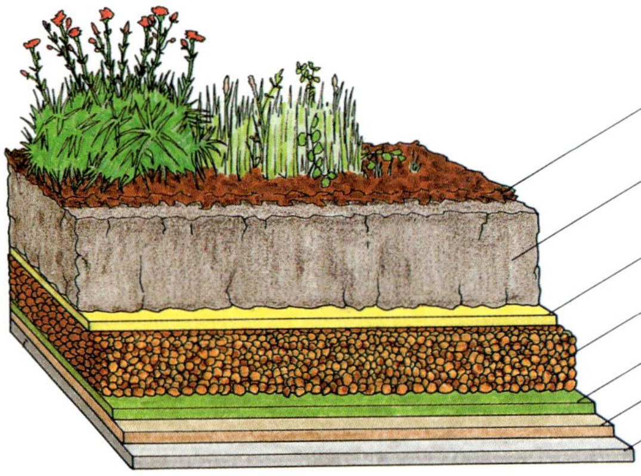

Stabilere Dächer, die ein größeres Gewicht vertragen, bekommen eine dickere Auflage. Die Drainageschicht aus Blähton wird durch eine Filtermatte von dem eigentlichen Substrat getrennt.

Als eigentliche Pflanzschicht dienen dann ganz spezielle Substrate, meist Gemische aus Erde und Blähton- oder Lavabröckelchen. Firmen, die Dachbegrünungen anbieten (die finden Sie im Branchenbuch) können Ihnen auch mit diesen Substraten weiterhelfen.

Wie hoch die Pflanzschicht sein darf, hängt von der Belastbarkeit des Daches ab (je dicker die Schicht, um so schwerer wiegt sie) und davon, was darauf gepflanzt werden soll.

Schon mit fünf Zentimeter begnügen sich Sedum-Arten, die, geschickt gemixt, schnell eine hübsche, blühende Fläche bilden. Für Krautflora, speziellen Rollrasen mit trockenresistenten Beimischungen oder geeigneten Wiesengräsern, sollte die Pflanzschicht schon 10 cm hoch sein. Bei Leichtgewichten unter den Begrünungssystemen können das schon um die 100 bis 120 kg pro m^2 sein. Das sind die mit einschichtigem Aufbau, wo Drainageschicht und

Pflanzschicht aus ein- und demselben Material bestehen (Ton, Lava in bestimmten Körnungen oder zu Platten gepreßte Schaumflocken).
Mit Hobbyhandwerker-Elan allein ist es bei dieser Arbeit nicht getan. Lassen Sie sich besser vom Fachmann beraten – es wird am Ende meistens preiswerter, wenn Sie gleich eine Fachfirma beauftragen; vor allem, wenn für Aufbau- und Pflanzung derselbe Auftragnehmer garantiert. Fragen Sie bei der Baubehörde nach, ob Sie eine Genehmigung für die Dachbegrünung benötigen. Bei der Gelegenheit sollten Sie gleich erkunden, ob Sie aus dem Staatssäckel einen Zuschuß bekommen. Manche Gemeinden fördern nämlich solche extensiven Begrünungen mit barer Münze.

Die Pflanzen

Robust müssen die Pflanzen vor allem sein, um den extremen Klimabedingungen – Wind, volle Sonne, von höheren Gebäuden rundum beschattet – auch auf Dauer standzuhalten. Auf dünnen Substratschichten (5 cm) fühlen sich – wie schon gesagt – alle Sedum-Arten wohl, aber auch Dachwurz, Thymian und Steinkraut. Bei ein paar Zentimetern mehr Pflanzboden empfehlen sich Schwingel, Bärenfellgras, Seggen und andere Gräser sowie Wolfsmilch, Sonnenröschen und Steinnelken. Übliche Zier- oder Landschaftsrasen sind ungeeignet, im Gegensatz zu speziellen Rasensorten, die mit wilden Kräutern durchsetzt sind.
Pflanzzeit ist von März bis Oktober, doch klar vorzuziehen ist das Frühjahr. Ansaat ist preiswerter, aber arbeitsintensiv. Abgesehen vom regelmäßigen Wässern muß in der Anwachsphase eventuell noch schattiert werden. Ballenpflänzchen ins Substrat zu setzen ist die zeitsparende, aber teurere Alternative.
Sehr einfach machen sogenannte Vegetationsmatten die Dachbegrünung: In einem Träger aus einer Art Jutegewebe ist Samen eingebracht, der in Gärtnereien vorkultiviert wird (dauert sechs Wochen). Das hat noch den Vorteil, daß die Matten gleich mit jeweils standortspezifischen Samen bestellt werden können. Sie werden auf dem Substrat verlegt und gewässert. Sie durchwurzeln schnell.
Das Gute an so einem extensiven grünen Dach ist, daß man herzlich wenig Arbeit damit hat. Abgesehen von den Anfangszeiten (zusätzlich wässern, falls es am Anfang überhaupt nicht regnet), kann man das Dach später sich selbst überlassen. Einmal jährlich allerdings sollten Sie aufs Dach steigen und Fremdlinge wie Birken oder Ahorn herausziehen. Die würden anderen Pflanzen nur den Platz wegnehmen und sowieso keine optimalen Lebensbedingungen haben.
Überhaupt wird sich mit der Zeit durch Samenflug einige Flora aus der Umgebung ansiedeln, aber es werden letztlich nur die Pflanzen überleben, die sich auch mit den Voraussetzungen arrangieren.
Ein paar Grassorten vom Straßenrand (Asphaltvegetation) auf dem entsprechend vorbereiteten Dach verlegt, können eine gute Basis für eine natürliche Pflanzenbesiedlung sein. Wollen Sie mit der Zeit eine schöne Magerwiese haben, können Sie – das empfehlen zumindest manche Experten – das Dachgras ein-, zweimal mähen. Sie müssen aber den Schnitt sofort entfernen. Im übrigen empfiehlt sich Geduld nach dem Motto „Gut Dach will Weile haben“. Weswegen auch wachstumsförderndes Düngen unterbleiben sollte. Denn richtige Dachpflanzen sind Magerpflanzen, sie sind Überlebenskünstler, die keine Mastkur benötigen.

Mini-Dach für Anfänger

Im Sommer stehen die unbenutzten Vogelhäuschen oft irgendwo in der Ecke herum. Aber auch auf diesen kleinen Dächern läßt sich eine Wiese ansiedeln. Viele kleine Stauden kommen mit wenig Wasser aus, zum Beispiel die Fetthenne-Arten und andere Gewächse, die sonst im Steingarten blühen. Als Unterlage kann man Grassoden verwenden, die mit den Grasseiten nach unten auf das Dach gelegt werden. In die Erde setzt man die kleinen Pflanzen. Grassamen und Wildkräuter kommen oft ganz von selbst geflogen.

Pflanzen für blühende Vorgärten

Bunte Blumen vor den Häusern geben der ganzen Straße ein freundliches Gesicht. Diese grünen Visitenkarten erfüllen aber auch einen ökologischen Zweck: Sie bringen ein Stück Natur zurück in die Städte und verbessern schlechte Luft.

In ländlichen Gegenden wetteifern die Vorgärten oft um den Titel: Wer ist der Schönste im Lande?

Der erste Eindruck ist wichtig, auch bei einem Haus. Damit der erste Eindruck auch der beste ist, darf der Vorgarten nicht länger das Stiefkind sein. Die kleine Grünfläche hat aber nicht nur eine optische und dekorative Bedeutung – ein kleiner Vorgarten kann auch Sicht- und Lärmschutz sein und sogar eine Öko-Nische für allerlei Getier.

Liegt das Haus an einer befahrenen Straße, empfiehlt sich eine Hecke als Umzäunung. Hoch wachsen zum Beispiel Liguster, Lebensbaum, Scheinzypresse, Hain- und Rotbuche. Wenn nur die Abgrenzung zur Straße markiert werden soll, reichen niedrigwachsende Sträucher oder blühende Büsche wie Forsythie und Feuerdorn. Soll die Hecke gleichzeitig Lärmschutz sein, pflanzt man am besten Nadelgehölze auf einen kleinen Erdwall.

Bei starkem Lärm empfiehlt sich eine Erde - Weidengeflecht - Kombination, die auch biologisch wertvoll ist. Sie ist ca. 2 m hoch und am Erdboden ca. 1,40 m breit. Wenn wenig Platz ist, hilft eine Wand aus Betonfertigteilen, Ziegeln oder Holz. Die Holzindustrie bietet eine ganze Reihe von Lärmschutzwänden an.

Integrieren Sie die notwendige Nutzfläche Ihres Vorgartens in Ihren Bepflanzungsplan: den Weg zum Haus, die Garageneinfahrt oder die Stellfläche für den Carport, den Platz für die Mülltonne und eventuell den seitlichen Weg um das Haus herum. Ein Teil der Gesamtfläche muß also mit Steinplatten oder Holz befestigt werden. Ausgangspunkt der Planung sollte es jedoch sein, so wenig Boden wie möglich zuzupflastern. Bei Auffahrten für das Auto reichen zwei mit Platten verlegte Fahrspuren oder sogenannte Formsteine, in deren mit Erde gefüllten Hohlräumen Gras und andere kleine Pflanzen wachsen können.

Der Weg zum Haus muß vor allem sicher sein, damit es keine verstauchten Knöchel oder gar gebrochene Haxen gibt. Und auch der Gesetzgeber hat ein Wörtchen mitzureden. In Hamburg gelten folgende Vorschriften: Der Weg zum Haus muß bei einem Einfamilienhaus mindestens 1,25 m breit sein (beim Pfeifenstielgrundstück 3,50 m) und beim Mehrfamilienhaus mindestens 3 m. Jedes Bundesland hat jedoch seine eigenen Regelungen. Erkundigen Sie sich rechtzeitig bei der zuständigen Bauaufsichtsbehörde.

Wenn Sie einen Carport planen, dann denken Sie doch mal über eine

Industrieharte Laubgehölze

Viele Ahorn-Arten (Acer), Kahle Felsenbirne (Amelanchier laevis), Berberitzen (Berberis), Schmalblättriger Sommerflieder (Buddleja alternifolia) und andere Arten, Japanische Zierquitte (Choenomeles japonica) und andere Arten, Hartriegel (Cornus alba), Hasel (Corylus avellana), Zwergmispel (Cotoneaster adpressus), viele Ginster-Arten (Cytisus), Deutzie (Deutzia), Flügelspindelstrauch (Euonymus alata), Pfaffenhütchen (Euonymus europaea), Sanddorn (Hippophaë rhamnoides), Kletterhortensien (Hydrangea petiolaris), Stechpalmen-Arten (Ilex), Winterjasmin (Jasminum nudiflorum), Berglorbeer (Kalmia latifolia), Goldregen (Laburnum anagyroides), Liguster (Ligustrum), Heckenkirsche (Lonicera), Mahonie (Mahonia), Fingerstrauch (Potentilla fruticosa), Essigbaum (Rhus typhina), Flieder (Syringa)

Begrünung der Holzkonstruktion nach – Kletterpflanzen machen es möglich. Gleiches gilt für die Ascheimer. Man kann sie hinter einer immergrünen Hecke verstecken oder die Stellfläche einzäunen und mit Rankgewächsen verschönern.
Zu den bekannten Kriterien wie Standortwünsche, Bodenansprüche oder Windempfindlichkeit kommt bei der Bepflanzung eines innerstädtischen Vorgartens, an dem täglich viele Autos vorbeirauschen, auch noch die Industrieverträglichkeit der Pflanzen hinzu. Das sind meistens Sträucher, aber auch Bäume, denen die Abgase nicht das Lebenslicht auspusten. Stadtgartenämter nennen diese Pflanzen Verkehrsbegleitgrün. Will man den Hausbaum vor die Eingangstür pflanzen, muß man einen Fachmann zu Rate ziehen. Die Wurzeln dürfen weder die Kellerwand beschädigen oder mit der Zeit die Gehwegplatten hochheben noch in der Erde verlegte Leitungen gefährden.
Bei der Auswahl der Stauden ist nur Ihr Geschmack und natürlich die Sonnen- oder Schattenverträglichkeit der Pflanzen ausschlaggebend. Sehr einladend wirken ein oder zwei besonders schöne hohe Solitärstauden als Blickfang, umrahmt von niedrigeren Stauden oder Sommerblumen. Auf eine Rasenfläche sollte man in den Vorgärten lieber verzichten, um sich das Mähen zwischen Stauden und Büschen zu ersparen.

Der naturnahe Vorgarten

Die Vorgärten in den Randbezirken der Städte sind vielfach sehr schön gestaltet. Die schmalen Streifen vor den Mietshäusern in den Innenstädten dienen oft nur den Mülltonnen als Stellplatz. Doch gerade zwischen den hohen Häusern ist jedes Blatt wichtig für die Qualität der Luft. Die grauen Straßen werden wohnlicher, Insekten kehren zurück, und als Fortsetzung der Kette stellen sich auch wieder Vögel ein. Ein einzelner Vorgarten bewirkt in der Steinwüste wenig, ein ganzer Straßenzug mit Vorgärten bildet ein Netz, schließt Lücken zwischen Straßen und öffentlichem Grün und bringt so die Natur zurück in die Städte.
Von großer Bedeutung ist die Auswahl der Pflanzen. In den Städten sollte man auf Exoten verzichten und nur einheimische Pflanzen wählen, am besten die Wildformen. Denn nur sie bieten den kleinen und größeren Tieren Nahrung und Lebensraum. Außerdem kommen sie mit unseren klimatischen Bedingungen am besten zurecht – im Sommer und im Winter. Beginnen Sie die Bepflanzung des Vorgartens mit den Gehölzen, danach folgen die Stauden, und zuletzt sät oder pflanzt man die Sommerblumen.

Stauden für sonnige Standorte

Frühlingsblüher:
Gemswurz (Doronicum orientale), Christrose (Helleborus niger), Tränendes Herz (Dicentra spectabilis), Kuhschelle (Pulsatilla vulgaris).

Sommerblüher:
Schleierkraut (Gypsophila elegans), Schafgarbe (Achillea millefolium), Rittersporn-Arten (Delphinium), Nachtkerze (Oenothera tetragona), Flockenblumen-Arten (Centaurea), Margerite (Chrysanthemum maximum), Sonnenblumen (Helianthus rigidus).

Herbstblüher:
Herbstmargeriten (Chrysanthemum arcticum), Herbstastern (Aster), Herbstzeitlose (Colchicum autumnale).

Stauden für schattige Standorte

Goldnessel (Lamiastrum galeobdolon), Maiglöckchen (Convallaria majalis), Buschwindröschen (Anemone nemorosa), Lungenkraut (Pulmonaria angustifolia), Lerchensporn-Arten (Corydalis), Duftveilchen (Viola odorata), Waldglockenblume (Campanula latifolia), Kaukasusvergißmeinnicht (Brunnera macrophylla). Viele Farn-Arten und Gräser.

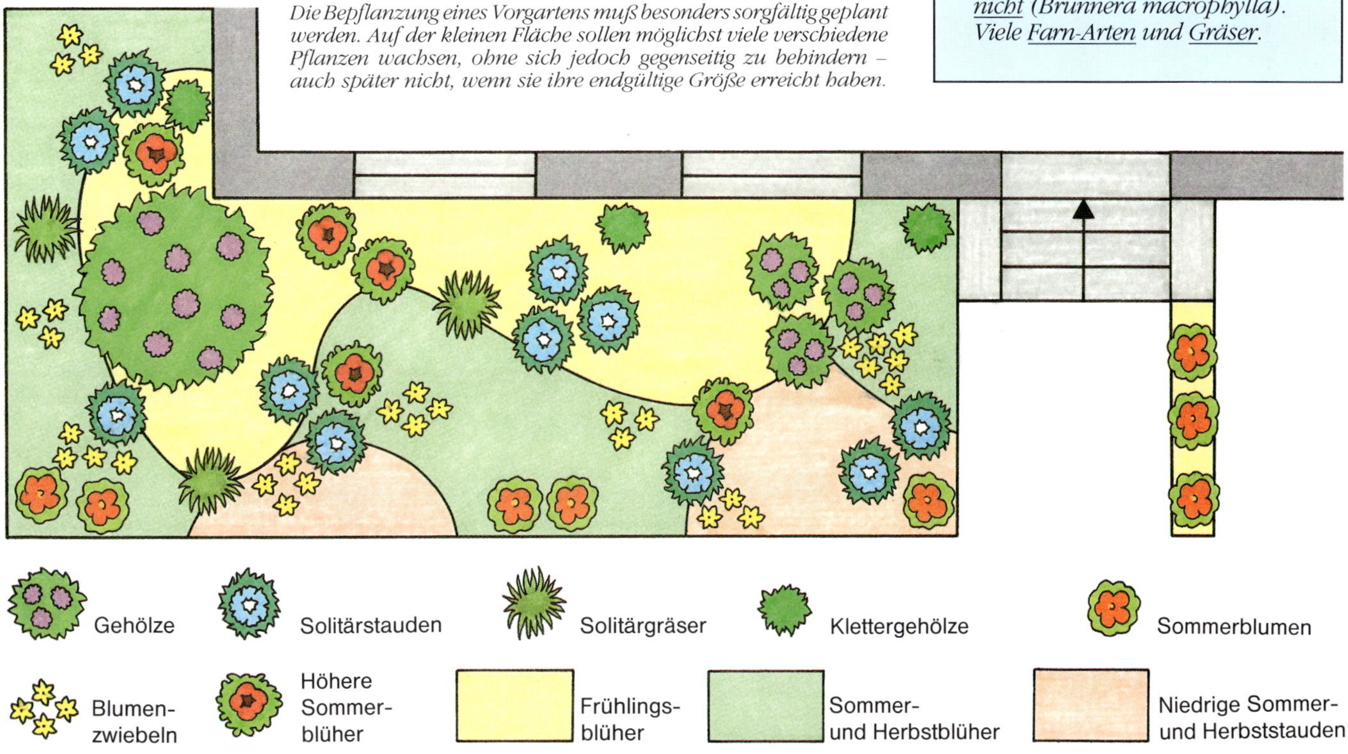

Die Bepflanzung eines Vorgartens muß besonders sorgfältig geplant werden. Auf der kleinen Fläche sollen möglichst viele verschiedene Pflanzen wachsen, ohne sich jedoch gegenseitig zu behindern – auch später nicht, wenn sie ihre endgültige Größe erreicht haben.

Herzlich willkommen, lieber Gast!

Die Haustür ist neben dem Vorgarten die Visitenkarte des Hauses. Mit einjährigen oder mehrjährigen Pflanzen gibt man dem Eingang einen grünen, blühenden Rahmen.

Man kann jeden Hauseingang begrünen – die Möglichkeiten sind so zahlreich wie die Häuser: Begrünung durch rankende und kletternde Pflanzen, Flankierung durch große Kübelpflanzen, Blumenschmuck in Töpfen, Blumenkästen und Ampeln. Wobei alle drei Methoden miteinander kombinierbar sind.

Pflanzen, die hoch ranken oder klettern, schaffen zeltähnliche Eingangssituationen. Man betritt das Haus unter einem grünen Dach hindurch. Das sieht besonders schön aus, hat aber bei sommergrünen Pflanzen den Nachteil, daß sie sich im Winter kahl und ohne Blätter präsentieren. In vielen Fällen muß man auch ein spezielles Gerüst bauen, an dem sich die Ranken mühelos emporwinden können. Hat die Haustür ein Vordach, ist das kein Problem. Man führt vom Fuß der Pflanze einige Drähte bis unter das Dach und bindet die Ranken dann beim Weiterwachsen unter dem Dach an.

Wo kein Dach ist, muß man Kletterhilfen bauen: Aus schmalen Streifen von Baustahlmatten, aus Holzlatten oder ummantelten Eisenstäben. Diese Kletterhilfen werden bald umrankt sein und wirken auch im Winter nicht mehr als Fremdkörper. Die Kletterhilfen müssen im Boden oder im Kübel gut verankert und an der Hauswand fest verdübelt werden, damit die schweren Pflanzen sie nicht zu Boden ziehen.

Kletterpflanzen kann man in große Kübel pflanzen, besser noch direkt in den Boden neben dem Hauseingang. In Kübeln sind dem Wachstum Grenzen gesetzt, darum wird man mehrjährige, größer werdende Kletterer eher direkt in die Erde setzen. Dann allerdings empfiehlt sich eine Umrandung des Wurzelbereiches, damit der Platz vor der Haustür sauber bleibt. Mit einfachen Steinen in U-Form läßt sich eine solche Baumscheibe gut eingrenzen, aber auch mit Pflastersteinen oder imprägnierten Holzpflöcken.

Hausbesitzer in der Stadt, die ihren Kletterer direkt in den Boden auf dem Bürgersteig pflanzen, machen das Pflanzloch in einen „öffentlichen Verkehrsbereich". Die Tiefbauämter der Städte begrüßen eine solche Begrünung, tragen aber auch die Versicherungspflicht für die Bürgersteige. Es

Die Glockenrebe schafft es in einem Jahr, sich um die Tür zu ranken. Die Pflanze braucht einen sonnigen Platz, kräftige Erde und blüht vom Mai bis zum Frost.

Mit ihren Töpfen stehen die Pelargonien in geräumigen Holzkästen. Die Pflanzen müssen regelmäßig gegossen und einmal wöchentlich gedüngt werden.

wird deshalb empfohlen, sich vor einer solchen Pflanzung mit dem zuständigen Tiefbauamt in Verbindung zu setzen.
Man bekommt Ratschläge, wie die Pflanzung durchzuführen ist, damit der Bürgersteig an dieser Stelle nicht einsinkt. Bei falscher Pflanzung kann das Amt die Entfernung der Pflanzen verlangen – und das wäre ja schade.
Die grünen Kletterer neben der Haustür muß man auch bei Regenwetter hin und wieder gießen, denn sie sind ja durch die Nähe zur Hauswand vor starkem Regen geschützt. Düngen darf man vor allem bei Kübelpflanzen nicht vergessen.
Fast alle Kletterpflanzen eignen sich für die Überwucherung von Hauseingängen. Von den mehrjährigen Kletterpflanzen sind besonders beliebt der Wilde Wein, die Glyzine, Geißblatt, Clematis, Efeu und Schlingknöterich. Grün bleiben auch im Winter das immergrüne Geißblatt und Efeu, beides Pflanzen, die den Schatten lieben. Bei einer Glyzine ist unbedingt darauf zu achten, daß ihre Triebe nicht unter das Dach wachsen. Sie könnten es möglicherweise hochheben.
Kletterrosen, so schön sie sind, eignen sich nicht gut für Hauseingänge – im Winter sehen sie ausgesprochen unattraktiv aus – und sie können mit ihren stacheligen Trieben recht lästig werden, man bleibt nur allzu leicht daran hängen.
Wer erst einmal ausprobieren will, wie eine solche lebendige Bekränzung der Haustür aussieht, kann mit einjährigen Kletterern experimentieren: zum Beispiel mit Prunkwinde, Glockenrebe, Schwarzäugiger Susanne, mit Duftwicke und Feuerbohnen – alle wachsen schnell und sind sehr attraktiv in Blatt und Blüte, also ideale Dekoration für Eingänge.

Kübelpflanzen

Sie sind die klassischen Türsteher. Es gibt eine so große Auswahl an Hochstämmchen und anderen großen Kübelpflanzen, daß für jeden Eingang und für jeden Geschmack die richtige Lösung gefunden werden kann.
Es muß ja nicht nur einfach rechts und links neben der Tür ein Bäumchen sein, obwohl das oft edel aussieht. Man kann auch eine Allee von Kübelpflanzen aufstellen, die auf die Haustür zuführt. Wobei sich diese

Allee immer weiter öffnen sollte, je weiter man von der Tür weggeht.
Es ist Geschmackssache, ob man seinen Eingang mit Kübelpflanzen nur mit einer Sorte schmückt, etwa nur mit Fuchsien, nur mit Pelargonienhochstämmchen oder nur mit Oleander, oder ob man alles bunt mischt. Sehr schön sieht es aus, wenn man sich an nur eine Farbe hält – Kübelpflanzen nur mit blauen, nur mit weißen oder nur mit roten und rosa Blüten aufstellt.

In Terrakotta-Töpfen sehen die Kübelpflanzen gerade am Hauseingang besonders attraktiv aus. Aber diese Töpfe sind teuer. Man kann ebensogut die preiswerten Plastikcontainer (in denen die Pflanzen auch besser die Feuchtigkeit bewahren) mit Efeu, Kapuzinerkresse oder anderen rankenden Pflanzen nach unten zuwachsen lassen.
Wer keine teuren Kübelpflanzen anschaffen möchte oder keinen Platz für deren Überwinterung hat, kann seinen Hauseingang auch mit ganz normalen Balkonblumen in Töpfen und Kästen schmücken. Ist die Treppe zum Hauseingang breit genug, stellt man in schönen Übertöpfen Begonien, Petunien und andere bunte Blumen links und rechts auf die Stufen. Aber auch Grünlilien, Blattkakteen und andere Grünpflanzen machen sich hier gut.
Meist ist die Treppe dafür zu schmal. Dann baut man aus Leisten und Brettern ein kleines Podest neben die Treppe, auf das man seine Blumentöpfe stellen kann. Auch mit aufeinandergeschichteten Ziegelsteinen kann man dekorativ die Stufen einer Vortreppe für den Blumenschmuck verbreitern.
Ein Treppengeländer und das Geländer eines Podestes vor der Haustür bieten sich für hängende Kästen und Töpfe geradezu an. Auf dem Podest kann man sogar zweistöckig Blumenkästen anbringen: den einen oben am Geländer, den anderen darunter auf dem Boden des Podestes. Mit blühenden Hängepflanzen bepflanzt, wird das Podest bald mit einer üppig wuchernden Blumenkaskade überwachsen sein.
Ist der Hauseingang einigermaßen windgeschützt, bieten sich auch Ampelpflanzen an. Sie müssen allerdings sehr stabil aufgehängt werden.

Die Glyzine braucht viele Jahre, bis sie diese Höhe erreicht. Sie blüht lange und liebt einen sonnigen Standort.

So machen Sie es richtig

- *Kletterer und Ranken müssen so zurückgeschnitten oder zurückgebunden werden, daß Türblatt und Türrahmen sichtbar sind. Viele Menschen haben Hemmungen, unter Ranken und Blattwerk hindurchzuschlüpfen.*
- *Berücksichtigen Sie in jedem Fall die Standortvorlieben der Pflanzen – schattenliebende kommen nach Norden, sonnenhungrige nach Süden. Alles, was Halbschatten mag, auf die Ost- oder Westseite.*
- *Verbauen Sie mit dem Blumenschmuck nicht den Zugang zum Briefkasten.*
- *Achten Sie auf Windschutz. Kübel, Kästen und Töpfe müssen so angebracht sein, daß auch ein starker Wind sie nicht umwerfen kann.*
- *Bedenken Sie, daß alle Kübelpflanzen in der kalten Jahreszeit einen warmen Platz brauchen.*
- *Gestalten Sie den blühenden Willkomm niemals so, daß die Tür optisch zugestellt wird. Sie sollte sich dem Besucher einladend präsentieren.*

Gemüse wächst auch im Vorgarten

Den Tomaten und Salatköpfen ist es egal, wo sie angepflanzt werden. Hauptsache, der Boden ist gut und die Sonne scheint. Das kann vor oder hinter dem Haus sein.

Wenn der Hausgarten zu einem großen Teil im Schatten liegt, muß man wohl oder übel auf Gemüse verzichten. Denn Tomaten, Salat und alle anderen Pflanzen für die Küche brauchen Sonne. Wohnt man aber in einer sehr ruhigen Seitenstraße oder in einer ländlichen Gegend, kann man einen sonnig gelegenen Vorgarten auch in einen Gemüsegarten verwandeln und so die sonnige Seite des Grundstücks optimal nutzen. Auch alle Würzkräuter finden hier ihren Platz.

Als Abgrenzung zur Straße paßt eine Hecke aus Beerensträuchern zu einem Gemüse-Vorgarten. Wenn Sie verhindern wollen, daß die Beeren vor allem von Passanten weggenascht werden, dann nehmen Sie dafür möglichst stachelige Himbeeren oder Brombeeren, die an einem Drahtspalier gezogen werden. Ein aufwendiger Zaun ist dann nicht mehr nötig. Als Hausbaum wählt man einen Obstbaum, der auf einer schwachwüchsigen Unterlage veredelt wurde. Würde der Baum zu groß, dann läge auch die Sonnenseite bald im Schatten.

Eine optisch sehr reizvolle Alternative ist ein buntes Gemisch aus Gemüse und blühenden Blumen oder Gewürzpflanzen. Sehr hübsch sieht es aus, wenn zwischen den meist grünen Gemüsesorten orangefarbene Kapuzinerkresse oder Tagetes blühen. Auch Ringelblumen passen sehr gut in den Gemüse-Vorgarten. Außerdem wirken diese Blumen gegen Schädlinge und Krankheiten. Salbei und Lavendel blühen in zartem Blau oder Lila. Die kräftig-blauen Blüten der Borretschpflanze sind auch eine beliebte Dekoration auf kalten Platten oder Salaten.

Der Gemüsegarten vor dem Haus lohnt allerdings nur, wenn die Fläche nicht gar zu klein ist. Beim Neubau eines Hauses sollte man vielleicht überlegen, falls die Sonne auf die verkehrte Seite scheint, ob man das Haus nicht gleich etwas nach hinten setzt. Gegen neugierige Blicke und das Gefühl, auf dem Präsentierteller zu sitzen, schützt ja die Hecke oder der bewachsene Zaun.

Statt eines Zauns trennt ein kleiner Knick aus Natursteinen und Pflanzen den Garten von der Straße. Hier leben Insekten und finden sicheren Unterschlupf.

MOBILE GÄRTEN

Auf Balkon, Terrasse und Hof können Pflanzen keine Wurzeln schlagen. Kübel machen es möglich.

Aus grauen Winkeln werden grüne Oasen

Kübelpflanzen stehen hoch im Kurs. Sie finden überall ein Plätzchen, verdecken langweilige Geländer und häßliches Mauerwerk. Viele Gewächse leben jahrelang in ihren Töpfen und Kästen, andere nur für einen Sommer.

Pflanzen in Kübeln, Zubern, Töpfen, Trögen, Wannen, Kisten und Kasten verzaubern wenige Quadratmeter Terrasse oder Hinterhof in eine grüne Oase mit südländischem Flair. Mit Kübelpflanzen kann man aber auch Dachgärten gestalten, Hauseingänge verschönern, Garageneinfahrten schmücken und in Vorgärten Akzente setzen.

Bis vor wenigen Jahren war es fast ausschließlich Gewächsen aus anderen Klimazonen vorbehalten, bei uns – notgedrungen – ein Leben im Kübel zu führen. Doch heute werden immer mehr heimische Pflanzen in Kübeln gehalten und fühlen sich dort ausgesprochen wohl.

Der Boom hat sicherlich auch mit dem großen Angebot an Pflanzgefäßen zu tun. Damit der „Garten" wirklich beweglich bleibt, darf man nicht zu große und nicht zu schwere Gefäße wählen. Tröge aus Naturstein sind sicherlich sehr schön, aber nur geeignet, wenn sie lange am gleichen Platz stehen bleiben sollen. Auch Eternit ist gewichtig, ebenso Beton. Ton (Terrakotta), Kunststoffe und Holz sind wesentlich leichter. Aus diesen Materialien gibt es Gefäße in allen Formen, Farben und Größen für jeden Geschmack und Geldbeutel. Sehr praktisch, aber auch etwas kostspieliger, sind große Gefäße auf Rollen. Und wer sich das recht auf-

Auf dem Balkon oder auf einer Dachterrasse sind Pflanzen in Kübeln vor einem Geländer oder als grüne Wand eine Alternative zu den bekannten Blumenkästen.

Zimmerpflanzen in der Sommerfrische, Osterglocken, Pelargonien und andere Blüher in unterschiedlichen Gefäßen verschönern hier eine Treppe.

wendige Gießen erleichtern will, sollte Pflanzgefäße mit eingebautem Wasserreservoir wählen.
Die Art der Kübel ist Ihnen überlassen, die Größe hängt von der geplanten Bepflanzung ab. Ausschlaggebend ist dabei nicht nur die zu erwartende Größe der Pflanze, sondern auch die Form der Wurzeln. Flache Schalen, auch wenn sie noch so attraktiv sind, eignen sich höchstens für einen vorübergehenden Blütenschmuck.
Aber auch zu tiefe Gefäße bringen keinen Vorteil. Lassen Sie sich beim Kauf von Pflanzen und Kübeln von einem Fachmann beraten. Wichtig ist, daß die Gefäße einen ausreichenden Wasserabzug haben.

Kübelpflanzen brauchen viel Dünger

Dem mobilen Garten kann man immer wieder ein neues Aussehen geben. Pflanzen mit besonders schönen Blüten werden ein wenig in den Vordergrund gerückt, und wenn sie dann wieder etwas unansehnlicher werden, wandern sie in hintere Regionen. Bepflanzt werden Kübel wie andere Töpfe auch. Verwenden Sie jedoch als Drainageschicht ein möglichst leichtes Material wie zum Beispiel Blähton und besonders nährstoffreiche Blumenerde oder – wenn es die Pflanzen brauchen – Spezialerde. Denn die meisten großen Gewächse sind es gewohnt, ihre Wurzeln ungehindert ausbreiten zu können und Nährstoffe auch aus größerer Entfernung aufzunehmen. Im Kübel müssen sie mit einem Minimum zufrieden sein. Und die Erwartungen, die Sie an Ihre Pflanzen stellen, sind hoch. Die Kübelpflanzen müssen Höchstleistungen erbringen und sollten deshalb besonders aufmerksam behandelt werden.
Dazu gehört in erster Linie das Düngen. Der gesamte Nährstoffbedarf muß in dem verhältnismäßig kleinen Kübel zur Verfügung stehen. Das führt leicht dazu, daß man zu viel düngt. Bei mineralischem Dünger (in Wasser lösliche Nährsalze) kann das zu großen Schäden an den Pflanzen führen. Denn die überschüssigen Salze können nicht wie im Freien durch Regen oder Gießwasser in untere Erdschichten gespült werden. Hier heißt es ganz besonders, das richtige Maß zu bewahren.
Bei organischem Dünger sind die Folgen einer Überdüngung nicht so dramatisch. Am besten dosieren lassen sich flüssige Düngemittel, die man dem Gießwasser beimischt. Eine Alternative sind die sogenann-

ten Langzeit- oder Depotdünger, die monatelang Nährstoffe abgeben.
Der Garten im Kübel erfordert viel Pflege. Das sofortige Entfernen aller verblühten Pflanzenteile dient nicht nur dem guten Aussehen. Die Kraft, die die Pflanze sonst zur Samenbildung verwenden würde, hat sie für neue Blüten, Blattwerk und Wuchs zur Verfügung. Auch abgestorbene Äste und Blätter müssen ausgeputzt werden, damit das frische Aussehen bewahrt bleibt.
Das Gießen erfordert viel Zeit und Aufwand, besonders dann, wenn die Pflanzen unter einem Dach stehen und keinen Regen abbekommen. Auch für den großen Durst ist der kleine Lebensraum verantwortlich, der es bei sehr heißem Wetter erforderlich macht, daß man notfalls zweimal täglich gießt.
Wenn kein Außenanschluß für einen Gartenschlauch vorhanden ist, sollte man die Möglichkeit prüfen, von Küche oder Badezimmer mit Hilfe eines Anschlußstückes doch einen Gartenschlauch zu installieren. Die Schlepperei von Gießkannen wird einem bald zu anstrengend. Wer viele Kübelpflanzen hat, sollte sich die Anschaffung einer automatischen Bewässerungsanlage überlegen.
Bei Kübelpflanzen muß man auch ganz besonders auf Schädlinge und Krankheiten achten, denn oft stehen die Pflanzen dicht beieinander und die „Ansteckungsgefahr" ist sehr groß. Bei einem Befall müssen also sofort Gegenmaßnahmen ergriffen werden. Und man sollte überlegen, ob man sich nicht lieber von einer Pflanze trennt, bevor man seinen ganzen mobilen Garten, in den man ja schon so viel Zeit und auch Geld investiert hat, gefährdet.
Für welche Pflanzen Sie sich entscheiden, hängt von den räumlichen Gegebenheiten und von der Lage ab. Eine Südterrasse erfordert andere Gewächse als ein eher schattiger Hof oder eine Treppe an der Nordseite des Hauses. Auch richtet sich die Wahl nach den Überwinterungsmöglichkeiten. Steht überhaupt kein geeigneter Raum zur Verfügung, sollte man auf Exoten verzichten und als Dauerbepflanzung solche Bäume und Sträucher wählen, die (eventuell mit einer Abdeckung) den Winter im

Freien überstehen. Eine andere Möglichkeit sind einjährige Sommerblumen. Besonders hübsch ist eine Kombination von allem. Wenn Sie jedes Jahr andere einjährige Blumen wählen, bekommt Ihr mobiler Garten immer wieder ein neues Aussehen. Ein weiteres Gestaltungselement sind die unterschiedlichen Wuchshöhen. Und wenig attraktive Ecken in luftigen Höhen werden hinter einer Hängepflanze in Ampelgefäßen versteckt. Oder man erlaubt einer Kletterpflanze, häßliches Mauerwerk in eine grüne, blühende Wand zu verwandeln.
Bei der Wahl des Standortes müssen auch Wind und Sturm berücksichtigt werden. Auf Dachgärten – und nicht nur dort – weht es manchmal recht heftig. Auch wenn die Pflanzgefäße sehr schwer sind, reicht ihr Gewicht meistens nicht aus, größere Pflanzen bei starkem Sturm vor dem Umkip-

Mit Kübelpflanzen kann man auch einen Hinterhof in eine Idylle verwandeln. Neben Zierpflanzen wachsen sogar würzige Küchenkräuter in den großen Töpfen.

Immergrüne Sträucher und Sommerblumen in ganz unterschiedlichen Gefäßen vermitteln den Eindruck eines Naturgartens. Gesehen auf einem Dachgarten im dritten Bezirk in Wien.

pen zu bewahren. Sie müssen an Geländern oder an ins Mauerwerk eingedübelte Haken angebunden werden.

Im Prinzip kann man jede Pflanze im Kübel kultivieren – wenn auch viele nur für einige Jahre. Wir nennen einige Arten, die längere Zeit im Kübel überleben und im Freien überwintern können. Fragen Sie beim Kauf auch nach anderen kleinwüchsigen Sorten der genannten Arten.

Laub- und Nadelgehölze für Kübel

Azaleen, Besenheide (Calluna vulgaris), Buchsbaum (Buxus sempervirens), Blaue Buschfichte (Picea glauca 'Echiniformis'), Blaue Kriechkiefer (Pinus pumila 'Glauca'), Blauer Kriechwacholder (Juniperus horizontalis 'Glauca'), Gnomenfichte (Picea abies 'Pygmaea'), Gelber Moos-Wacholder (Juniperus chinensis 'Plumosa Aurea'), Gold-Eibe (Taxus baccata 'Semperaurea'), Gemeines Fingerkraut (Potentilla fruticosa), Flachwachsende Silbertanne (Abies procera 'Glauca'), Fadenzypresse (Chamaecyparis pisifera 'Filifera Golden Mop'), Haarzypresse (Chamaecyparis pisifera 'Sungold'), Hängeflieder (Syringa reflexa), Hibiskus (Hibiscus syriacus 'Woodbridge'), Hortensie (Hydrangea arborescens, 'Grandiflora'), Igelfichte (Picea abies 'Echinifornis'), Japanische Zierquitte (Choenomeles japonica) und andere Quittenarten, Johanniskraut (Hypericum patulum, 'Hidcote Gold'), Kissen-Wacholder (Juniperus communis 'Repanda'), Kleinwüchsige Rhododendren, Koreanischer Schneeball (Viburnum carlesii), Kugeliger Zwergwacholder (Juniperus squamata 'Blue Carpet'), Kugelige Blaufichte in Zwergform (Picea pungens 'Glauca Globosa'), Kugelige Zwergkiefer (Pinus mugo var. pumilio), Kriechspindel (Euonymus fortunei), Lorbeerrose (Kalmia angustifolia 'Rubra'), Lavendelheide (Andromeda polifolia), Nestfichte (Picea abies 'Nidiformis'), Pfeifenstrauch (Philadelphus-Lemoinei-Hybriden, 'Dame Blanche'), Pyramideneibe (Taxus baccata 'Overeynderi'), Schmaler Säulenwacholder (Juniperus virginiana 'Skyrocket'), Serbische Zwergfichte (Picea omorika 'Nana'), Silberkiefer (Pinus sylvestris 'Pumila'), Tamarisken-Wacholder (Juniperus sabina 'Tamariscifolia'), Zierliche Deutzie (Deutzia gracilis), Zwerg-Ahorn (Acer palmatum 'Dissectum Atropurpureum'), Zwerg-Balsamtanne (Abies balsamea 'Nana'), Zwerg-Berberitze (Berberis thunbergii 'Atropurpurea Nana'), Zwergfichte (Picea abies 'Little Gem'), Zwerg-Geißklee (Cytisus x kewensis), Zwerg-Mispel (Cotoneaster dammeri 'Coral Beauty'), Zwerg-Weymouthskiefer (Pinus strobus 'Nana').

Lauschiges Plätzchen unter Bäumen

Viele unserer einheimischen Bäume lassen sich gut in allerdings recht großen Kübeln kultivieren. Nach einigen Jahren sitzt man dann im eigenen Wald. Die Pflege erfordert vor allen Dingen eimerweise Wasser.

Schlug Ihr Herz schon immer für eine deutsche Eiche? Oder haben Sie bisher nur auf eine schlanke Birke verzichtet, weil Sie keinen parkähnlichen Garten haben? Das alles müssen keine unerfüllten Wünsche bleiben, wenn Sie einen Balkon, eine Terrasse oder vielleicht einen Hinterhof haben, wo Sie große Kübel aufstellen können. Dann läßt sich ihr Traum vom Baum, ja sogar vom Mini-Wald, auch im Topf verwirklichen.

Kaufen Sie möglichst nur solche Pflanzen, die bereits im Topf gezogen wurden – sogenannte Containerware. Diese Bäume sind zwar ein bißchen teurer als vergleichbare mit freiliegenden Wurzeln, aber dafür wachsen sie auch problemloser im Kübel weiter als ihre Artgenossen aus der freien Natur.

Besonders gut gedeihen im Topf Ahorn, Birke, Eiche, Roßkastanie, Pappel, Schlehe und Weide. Die letzten drei kann man auch leicht aus Stecklingen selber kultivieren. Eichen, Kastanien und Buchen zieht man aus den Früchten heran, indem man einige einfach im Herbst in den Blumenkasten steckt. Irgendwelche davon keimen im Frühjahr garantiert, ohne daß man sich im Winter groß darum kümmern müßte.

Der Wald im Kübel braucht allerdings ein bißchen Pflege. Im Frühjahr sollten Sie die oberste Erdschicht durch neue, nährstoffreiche Erde ersetzen. Auch muß man ab und an einen vertrockneten Ast abschneiden. Wenn die Bäume zu Beginn der grünen Saison ausschlagen, geben Sie ihnen eine tüchtige Ration Hornspäne, später alle drei bis vier Wochen ausreichend Flüssigdünger.

Was wirklich Mühe macht, ist das Gießen. In der Natur haben die Bäume meterlange Wurzeln und holen sich ihr Wasser tief aus der Erde. In einem kleinen Kübel ist die Feuchtigkeit schnell verbraucht. An heißen Tagen muß man zweimal täglich kräftig gießen. Wenn ein Wasseranschluß in der Nähe ist, lohnt es sich, den Gartenschlauch zu benutzen.

Etwa alle vier Jahre müssen auch die großen Kübelbäume umgetopft werden – eine Arbeit für kräftige Leute. Schneiden Sie die Wurzeln dabei um die Hälfte zurück. Nur so behält Ihr Balkon- oder Terrassenbaum für längere Zeit überschaubare Maße.

Auf einem Balkon kann das Gewicht der Bäume Schwierigkeiten bereiten. Die großen Kübel sind sehr schwer, ganz zu schweigen von dem Wasser, mit dem sich die Topferde vollsaugt. Statiker geben als Anhaltspunkt oft an, daß man einen Quadratmeter Balkonfläche mit ungefähr 250 kg belasten darf. Das klingt zwar auf Anhieb nach sehr viel, aber berücksichtigen Sie auch Ihr Eigengewicht und die Pfunde Ihrer Familie. Also: Lieber vorher rechnen, einen Statiker fragen oder sich beim Hausbesitzer erkundigen, bevor es zu spät ist.

Willkommene Schattenspender an heißen Sommertagen: Außer Laubbäumen wächst hier auch ein imposanter Rhododendron im Holzfaß.

Betörender Duft und viele Blüten

Ein besonders reizvolles grünes Hobby ist das Sammeln einer bestimmten Pflanzen-Art. Für Kübel-Fans bestens geeignet sind Datura und Rosen – wenn man genügend Platz zur Verfügung hat.

Drei Datura-Arten: D. suaveolens (weiß), D.x insignis (rosa) und D. aurea mit gelben Blüten.

Zwei außergewöhnliche Schönheiten sind der Stolz jedes Kübelpflanzen-Fans: die imponierende Engelstrompete und die Königin der Blumen, die Rose. Von beiden Pflanzen gibt es Sorten, die nicht nur herrlich blühen, sondern auch einen betörenden Duft verströmen.

Wer es geschafft hat, eine Engelstrompete ***(Datura suaveolens)*** einmal über den Winter zu bringen, den erfaßt meist geradezu eine Leidenschaft für diese Pflanzen. Das Sammeln der verschiedenen Arten, Hybriden und Varietäten kann zur gärtnerischen Lebensaufgabe werden.

Die Datura gehört zu der Familie der Nachtschattengewächse und ist in den tropischen Regionen rund um den Erdball zu Hause. Ihren stacheligen Früchten verdankt die schöne Exotin den wenig charmanten Namen Stechapfel.

Etwas getrübt wird die Freude an der reichen Blütenpracht und dem betörenden Duft durch die Tatsache, daß die Engelstrompete in allen Pflanzenteilen die hochgiftigen Alkaloide Hyoscyamin, Atropin und Scopolamin enthält. Für Eltern kleiner Kinder ist daher Vorsicht geboten.

Die Datura braucht einen sonnigen, windgeschützten Platz, verträgt aber auch Halbschatten. Wie ihre Schwester, die Tomate, wünscht sie in der Hauptwachstumszeit täglich mindestens ein bis zwei reichliche Wassergüsse. Als Starkzehrer benötigt sie zweimal wöchentlich Dünger. Bewährt haben sich Hornmehl und Guano. Regenreiche Sommer verträgt die Engelstrompete nicht gut.

Im Winter soll sie hell und kühl (10 bis 15 Grad) stehen, wird nicht gedüngt und bekommt nur wenig Wasser. Im Frühjahr sollte man sie in nährstoffreiche Erde umtopfen und die Triebe um ein Drittel einkürzen. Die Pflanze blüht nur am jährlichen Neutrieb.

Weitere besonders schöne Arten: ***Datura aurea*** mit goldgelben Blüten; ***Datura sanguinea*** mit orange-roten Blüten, die hauptsächlich im Winter und im Frühjahr erscheinen; ***Datura x insighis*** mit hübschen hellrosa Blütenkelchen, ***Datura innoxia*** mit weißen, am Kelch hellblauen Blüten. Einjährig, jedoch aus Samen leicht zu ziehen, sind ***Datura stramonium*** und ***Datura metel***.

Große Blüher: Zwergrosen

Der Name Zwergrosen wird ihnen eigentlich nicht gerecht, den fleißig blühenden Topfrosen. Sie erreichen beachtliche Größen, wenn man ihnen die richtige Pflege angedeihen läßt. In den kleinen Töpfen, in denen man sie kauft, halten sie nicht lange. Sie müssen in größere umgetopft werden. Am besten wachsen sie in mit Humus angereicherter Blumenerde. Für einen guten Wasserabzug sorgt eine etwa 3 cm dicke Kiesel- oder Blähtonschicht.

Rosen vertragen viel Sonne, wollen jedoch auch regelmäßig gegossen und alle 14 Tage gedüngt werden. Verwelkte Blüten muß man abschneiden, um die Blühfreudigkeit zu erhalten.

An einem geschützten Ort und mit etwas Winterschutz verbringen Topfrosen die kalte Jahreszeit im Freien. Die Veredelungsstelle muß jedoch unbedingt vor Frost geschützt werden. Der Topfballen darf nicht gänzlich austrocknen, aber auch nicht zum Eisklumpen werden. Geschnitten werden die Rosen im Februar oder März, aber nur, wenn die Temperatur über dem Gefrierpunkt liegt. In Töpfen oder Kübeln kann man, abgesehen von den als Zwergrosen angebotenen Arten, auch Edelrosen, Floribundarosen, Polyantharosen und kleinwüchsige Kletterrosen für Balkon und Terrasse kultivieren.

Wassergärten in Töpfen und alten Fässern

Die einmalige Flora von Sumpf- und Teichrändern muß weder Feuchtbiotopen noch Gartengewässern vorbehalten bleiben. Seerosen blühen auch im Kübel.

Wer keinen Garten hat oder in seinem Garten keinen Platz für einen Teich, kann sich ein kleines Feuchtgebiet auf der Terrasse, ja sogar auf dem Balkon einrichten: im Faß, in Töpfen und Schalen.
Erstaunlich viele der Sumpf- und Wasserpflanzen gedeihen ausgezeichnet in einem derartig begrenzten Lebensraum. Sogar Seerosen – jedenfalls die kleinwüchsigen Sorten – blühen auf dem Balkon.
Besonders beliebt sind alte Whisky- oder Cognacfässer aus Eichenholz, aber auch die preiswerteren Gurken- oder Heringstonnen leisten gute Dienste. Die gereinigten und in der Mitte durchgeschnittenen Fässer werden häufig gebrauchsfertig in Gartencentern angeboten. Man muß nur darauf achten, daß der Bottich wirklich wasserdicht ist.
Will man sich das Faß auf den Balkon stellen, sollte man sich vorher beim Hauswirt über die Tragfähigkeit der Konstruktion erkundigen. Mit Wasser gefüllt, bringt so ein Faß ein beträchtliches Gewicht auf die Waage. Es eig-

Einfache Töpfe und Schalen aus Kunststoff bilden die Grundlage dieses Wassergartens.

Man mag es kaum glauben, daß dieser üppige „Sumpf" in kleinen Gefäßen in einer Ecke des Balkons oder der Terrasse wächst.

nen sich übrigens alle genügend große Gefäße, nur aus Metall dürfen sie nicht sein. Es sei denn, man behandelt sie innen mit einem flüssigen Kunststoff, der speziell zum Abdichten von Gefäßen dient. Wer ein bißchen mehr Platz zur Verfügung hat, auf einer Terrasse zum Beispiel, kann auch hölzerne Schubkarren, ausgehöhlte Baumstämme oder alte Tiertränken in einen Mini-Teich verwandeln. Zum Abdichten eignet sich Teichfolie. Der Wassergarten auf dem Balkon läßt sich auch aus verschiedenen Gefäßen zusammenstellen.

Viel Erde brauchen die Wasserpflanzen nicht. Meistens reichen zehn bis fünfzehn Zentimeter Spezialerde. Darauf füllt man am besten weiches Regenwasser und läßt den „Teich" einige Tage ruhen. Erst dann wird gepflanzt. Die Pflanzen kann man auch in Töpfen in das Faß setzen. Die Auswahl ist groß, aber man sollte nicht zu viele Pflanzen in einen Topf geben. Für ein Faß reichen drei Gewächse. Die Pflege ist einfach: ab und an etwas Wasser nachfüllen und die verwelkten Pflanzenteile entfernen.

Pflanzen für den Miniteich

Bei der Auswahl muß die notwendige Wassertiefe berücksichtigt werden.
Geeignet sind u.a.:
Pfeilkraut (Sagittaria sagittifolia), Sumpfiris (Iris versicolor), Sumpfdotterblume (Caltha palustris), Zwergseerosen (Nymphaea pygmaea), Froschlöffel (Alisma plantago-aquatica), Zungen-Hahnenfuß (Ranunculus lingua), Blumenbinse (Butomus umbellatus), Sumpfvergißmeinnicht (Myosotis palustris), Zwergkalmus (Acorus gramineus), Wasserschwertlilie (Iris pseudacorus), Wasserhyazinthe (Eichhornia crassipes), Hechtkraut (Pontederia cordata), Seekanne (Nymphoides peltata), Kleiner Rohrkolben (Typha minima), Wassersalat (Pistia stratiotes), Wassermohn (Hydrocleys nymphoides), Afrikanische Kalla (Calla aethiopica), Igelkolben (Sparganium simplex), Tannenwedel (Hippuris vulgaris), Wasserfeder (Hottonia palustris), Hornblatt (Ceratophyllum demersum), Goldkeule (Orontium aquaticum).

Kübelpflanzen, die aus der Wärme kommen

Wer keinen Garten hat, muß noch lange nicht auf das Gärtnern verzichten. Auch auf einer Terrasse oder einem Balkon wachsen in Kübeln und Kästen viele heimische Pflanzen und Gewächse aus dem Süden.

Nicht nur die bekannten Kübelpflanzen blühen bei uns auf Balkon und Terrasse. Auch Olive, Pistazie, Eukalyptus, Pfefferstrauch, Edelkastanie und Jujube fühlen sich bei uns wie zu Hause, wenn man ein paar Regeln beachtet.

Alle hier vorgestellten Pflanzen sind nur bedingt Zimmerpflanzen. Im Sommer brauchen sie unbedingt einen Platz an der frischen Luft in voller Sonne, damit sie Blüten ansetzen und die Früchte ausreifen können. Zitrusbäumchen nehmen auch mit der guten Stube vorlieb, fühlen sich aber draußen wohler. Und nur wer ihnen wirklich ein kühles, helles Winterquartier bieten kann, sollte sich die Gäste aus südlichen Ländern auf den Balkon stellen.

Aus Kleinasien kommt die Edelkastanie oder Marone ***(Castanea sativa)***. Veredelte Pflanzen tragen im vierten Jahr Früchte. Geröstet sind die Früchte eine Delikatesse. Die Edelkastanie blüht spät (Juni/Juli) und braucht einen langen Sommer, damit die Früchte ausreifen.

Die Erde muß kalkfrei und kieselhaltig sein. Das Bäumchen reagiert empfindlich auf Trockenheit und verlangt außerdem eine ziemlich hohe Luftfeuchtigkeit.

Eukalyptus ***(Eucalyptus gunnii)*** wächst ganz besonders schnell. Der immergrüne Baum mit den graugrü-

Eine fröhliche Gesellschaft hat sich hier versammelt. In ihrer Heimat sind diese Bäumchen stolze Bäume. Aber auch im Miniformat machen sie Freude.

nen Blättern ist in Australien beheimatet. Aus seinen Blättern wird Eukalyptusöl gewonnen. Junge Bäumchen sind wenig attraktiv, eher lang und sparrig. Doch da sie schnell wachsen und sich gut in Form schneiden lassen, wird bald eine südländische Schönheit aus ihnen. Eukalyptus braucht einen sonnigen Standort und, wenn es warm ist, eimerweise Wasser. Ein Substrat auf Kompostbasis bekommt ihm am besten. Gedüngt wird während der Hauptwachstumszeit mit einem handelsüblichen Flüssigdünger alle zehn bis vierzehn Tage.

Die Kirschmyrte ***(Eugenia myrtifolia)*** stammt aus Brasilien. Auch sie liebt einen vollsonnigen Platz und muß im Sommer reichlich gegossen werden. Vom Spätwinter an bis zum August bekommt sie alle zwei Wochen eine Ration Flüssigdünger. Das Substrat sollte nährstoffreich sein. Die kleinen roten, kirschenähnlichen Früchte sind übrigens eßbar.

Kirschmyrten lassen sich wie Lorbeerbäumchen schneiden, ihr natürlicher, schlanker, aufrechter Wuchs ist aber auch sehr schön.

Die Jujube ***(Ziziphus jujuba)*** gehört zu den Kreuzdorngewächsen. Ihre Heimat ist Westasien. Ihren interessanten Zickzack-Wuchs zeigt sie am sichtbarsten im Winter, wenn sie keine Blätter hat. Die eßbaren Früchte schmecken ähnlich wie Datteln. In China ist die Jujube eine bekannte Obstart. Doch wer ernten will, muß auf seine Hände achtgeben. An dem dornenbestückten Geäst zersticht man sich leicht die Haut.

Die Jujube verträgt einige Minus-Grade und muß erst ins Haus geholt werden, wenn's draußen richtig friert. Da der Baum seine Blätter verliert, muß der Überwinterungsraum nicht allzu hell sein, aber kühl. Das Bäumchen braucht gute Einheitserde und wird während der Vegetationszeit (April bis August) einmal wöchentlich mit einem Flüssigdünger gedüngt, den man dem Gießwasser zusetzt. Viele Nährstoffe braucht die Pflanze nicht, deshalb sollte man eher etwas weniger als zu viel düngen.

Der Pfefferstrauch ***(Piper nigrum)***, an dem die Pfefferkörner wachsen, ist in Asien zu Hause. Die Pflanze begnügt sich mit einem halbschattigen oder sogar schattigen Plätzchen. Der Pfefferstrauch ist eine Kletterpflanze, kann aber auch in einer Ampel als Hängepflanze gehalten werden.

Die Temperatur sollte nie unter 12 Grad absinken. Bei trockener Luft geht die Pflanze zwar nicht gleich ein, feuchte ist ihr jedoch lieber. Normale Blumeneinheitserde und alle zwei Wochen (von März bis August) etwas Flüssigdünger im Gießwasser bieten genügend Nährstoffe. Der Topfballen sollte immer feucht sein.

In unsere Küche haben die grünen Avocados ***(Persea americana)*** schon längst Einzug gehalten. Nun erobern sie auch die Fensterbänke. Viele Pflanzenfreunde haben sicher-

Wenn es die Lage erlaubt, kann man sich auch bei uns wie im Lande der Zitronen fühlen. Ansonsten gehören Zitrusbäume in das (Gewächs-) Haus.

lich schon versucht, aus dem großen Kern eine Pflanze zu ziehen – oft mit Erfolg. Der Kern wird – durch drei Zahnstocher gehalten – mit dem dicken Ende nach unten so auf ein Wasserglas gelegt, daß er zur Hälfte im Wasser liegt. Sobald sich nach mehreren Wochen der Keim zeigt, wird der Kern eingepflanzt. Diese Wildlinge blühen aber leider nicht. Veredelte Stecklinge aus Baumschulen bekommen Blüten und sogar Früchte.

Avocados gehören zu den Lorbeergewächsen und sind nicht besonders anspruchsvoll. Sie brauchen aber eine relativ hohe Luftfeuchtigkeit, sonst trocknen die Blattspitzen ein, und die Blätter fallen schließlich ab. Im Sommer benötigen sie einen sonnigen Platz im Garten und viel Wasser, im Winter wollen sie hell und kühl stehen und dürfen nur ganz wenig gegossen werden. Von März bis August muß man dem Gießwasser alle zwei Wochen Flüssigdünger beimischen. Die Einheitserde sollte man mit etwas Lehm mischen.

Knorrig und verwittert wachsen die Olivenbäume *(Olea europaea)* zu Hunderttausenden in riesigen Hainen rund um das Mittelmeer. Dem kleinen Bäumchen auf der Terrasse, das aber immerhin in einem Kübel auch die stattliche Höhe von bis zu drei Metern erreichen kann, fehlt das urwüchsige Aussehen etwas. Trotzdem sind Olivenbäumchen hübsche und anspruchslose Kübelpflanzen. Sie kommen mit wenig Wasser aus, wollen aber kühl und hell überwintern, brauchen wenig Nahrung und sind daher mit einem Erde-Sand-Gemisch zufrieden.

Die echten Pistazien *(Pistacia vera)* kann man bei uns ohne Gewächshaus nicht kultivieren. Der verwandte immergrüne Mastixstrauch *(Pistacia lentiscus)* ist mit seinen gefiederten Blättern eine reizvolle und robuste Kübelpflanze, die wenig Wasser braucht und auch mit trockener Luft auskommt. Mastixsträucher benötigen wenig Nährstoffe.

Im Mittelmeerraum wird das Harz der Rinde gewonnen – Mastix. Man verwendet es nicht nur im Theater zum Ankleben falscher Bärte, sondern auch zur Herstellung von Kitten und Firnissen und in Griechenland als Konservierungsmittel im Wein.

Apfelsinenbäumchen und Familie

Eine Sonderstellung nehmen die Citrusbäumchen ein. Sie sind schon lange sehr beliebt. Fürsten und Könige vergangener Jahrhunderte kultivierten sie in ihren Orangerien. Aber auch mit weniger Aufwand hat man Freude an den Pflanzen.

Die Calamondin-Orangen *(Citrus microcarpa)* zum Beispiel überlebt die Winterzeit sogar im geheizten Wohnzimmer. Die kleinen Früchte schmecken leicht säuerlich. Die Pflanze blüht das ganze Jahr über und trägt ununterbrochen eine große Anzahl von Früchten.

Der Zitronenbaum *(Citrus limon)* muß im Sommer unbedingt im Freien an einem sonnigen Platz stehen und im Winter kühl und hell. Am besten sind Temperaturen so um 5 Grad. Ist es ihm zu warm, wirft er die Blätter und die zu Beginn des Winters fast reifen Früchte ab.

Auch das Apfelsinenbäumchen *(Citrus sinensis)* braucht im Sommer Sonne und im Winter Temperaturen um 5 Grad. Zitronen- und Apfelsinenbäumchen werden oft miteinander verwechselt. Sie haben unterschiedliche Blätter und Blüten. Zitronenbäumchen haben große, mattglänzende, mit Duftdrüsen übersäte, fast gepunktete Blätter und gefüllte, rosa angehauchte Blütenknospen. Apfelsinenbäumchen haben glatte, dunkelgrüne, glänzende Blätter und schneeweiße Blüten. Für beide ist eine gute Drainage besonders wichtig. Im Sommer brauchen sie viel Wasser, im Winter nur so viel, daß der Wurzelballen nicht austrocknet.

Für Botaniker sicherlich nicht neu, aber bei den meisten Balkon- und Terrassengärtnern noch ziemlich unbekannt ist Kumquat *(Fortunella japonica)*. Das Bäumchen gehört auch zu den Zitrusgewächsen, liebt die Sonne und will regelmäßig gegossen werden. Ab und an Flüssigdünger im Gießwasser bekommt der Pflanze gut. Die richtigen Wintertemperaturen liegen bei 10 Grad, der Wasserbedarf ist in der kalten Jahreszeit ziemlich gering. Die kleinen Früchte ißt man mit der Schale. Sie werden auch häufig im Lebensmittelhandel angeboten.

Eine Zitrusart ist sogar frosthart: die Bitterorange *(Poncirus trifoliata)*. Sie kann in unserem Klima ins Freie gepflanzt werden, braucht in jungen Jahren und rauhen Gegenden jedoch einen Winterschutz. Ungewöhnlich für eine Zitrusart sind die kleinen, spitzen Blätter. Die grünen, harten Früchte sind nicht genießbar. Der Baum verliert im Winter seine Blätter, keine Sorge – im Frühjahr treibt er wieder aus.

Alle Zitrusgewächse sind mit normaler Einheitserde zufrieden. Gießen Sie immer nur mit abgestandenem, luftwarmen Wasser.

Runde Kronen auf hohen Stämmchen

Man sieht sie überall in den Blumengeschäften, die hübschen Hochstämmchen. Freizeitgärtner ziehen sich aus ganz normalen Topfpflanzen ihre kleinen Bäumchen mit den kugelrunden, blühenden Kronen selbst.

Margeritenbäumchen führen die Hit-Parade an. Sie können bei guter Pflege viele Jahre alt werden.

Ein besonders hübsches Hobby für Terrassengärtner ist das Heranziehen von Hochstämmchen. Man benötigt viel Geduld – bei einigen Pflanzen jahrelang – und den berühmten „grünen Daumen". Denn einfach ist es nicht, aus kleinen, ganz normalen Garten- oder Zimmerpflanzen ansehnliche Kronenbäumchen mit grazilem Stamm wachsen zu lassen.

Nicht jede Zimmerpflanze eignet sich für dieses Experiment. Abgesehen von Lorbeer, Buchsbaum, Fuchsien und Margeriten, die es schon seit vielen Jahren als Mini-Baum gibt, lassen sich u.a. Zimmerhopfen, Zimmerzypresse, Oleander, Bougainvillea, Hortensien, Gardenien, Heliotrop, Wandelröschen, Verbenen, Ginster, Abutilon, Pelargonien und das Fleißige Lieschen in Hochform bringen.

Man besorgt sich eine kräftige Jungpflanze und schneidet alle Seitentriebe ab. Der Haupttrieb bleibt stehen. Im Laufe des Wachstums entwickeln sich immer wieder Seitentriebe, die laufend abgeknipst werden müssen. Die Blätter, die sich direkt am Stamm bilden, bleiben stehen.

Hat der Stamm die gewünschte Höhe, beginnt man mit der Formung der Krone. Hierzu wird der Haupttrieb entspitzt, um die Bildung von Seitentrieben zu fördern. Die oberen Triebe werden alle mehrmals abgeknipst, damit die Krone immer dichter wird. Sobald sich in der Krone der erste Blütenansatz zeigt, müssen die restlichen Blätter am Stamm und alle sich immer wieder neu bildenden Triebe möglichst gleich mit einem scharfen Messer vorsichtig abgeschnitten werden.

Will man eine dichte, kugelförmige Krone bei einem Margeritenbäumchen erreichen, muß man sich in den ersten drei Jahren rigoros von allen Knospen trennen, sobald sie auch nur erkennbar sind. Das fällt schwer. Will man die Kronenform im vierten Jahr auch nur halbwegs erhalten, muß die Blütenpracht um die Hälfte reduziert werden.

Läßt man die Pflanze ohne Einschränkung blühen, verändert sich die Krone, sie wird größer, lockerer und unregelmäßig. Auch durch das Abschneiden der verwelkten Blüten läßt sich die alte, buschige Wuchsform nicht wieder herstellen. Aber auch die lockeren Kronen sind sehr reizvoll. Am problemlosesten lassen sich Lorbeer und Buchsbaum formen, Pflanzen also, die man nicht wegen ihrer Blüten, sondern wegen ihrer schönen Blätter schätzt.

In den ersten Jahren brauchen alle Hochstämmchen eine „mitwachsende" Stütze. Bei Arten, die einen dickeren Stamm bilden, kann später auf diese Hilfe verzichtet werden, aber nur, wenn die Pflanze in einer windgeschützten Ecke steht. Denn Hochstämmchen sind noch windgefährdeter als die meisten anderen Kübelpflanzen.

Wer die Möglichkeit dazu hat, gräbt die Pflanze mitsamt Topf in die Erde ein. Man muß den Stamm festbinden. Es wäre ein Jammer, wenn ein Gewittersturm das Bäumchen „fällt" und die Krone abknickt.

Gegossen und gedüngt werden die

Das schnellwüchsige Fleißige Lieschen eignet sich gut für Anfänger. Die Geduld des Gärtners wird nicht sehr strapaziert.

Auch Pelargonien lassen sich in Hochform bringen. Besonders buschige Kronen ergeben hängende Sorten. Die weichen Triebe stützt man mit einem Drahtgestell.

Hochstämmchen wie andere Pflanzen. Die Pflege unterscheidet sich nur im Stutzen und Schneiden, um eine schöne Krone zu bekommen. Wer es erst einmal mit diesem Hobby versuchen will und nicht so recht weiß, wie lange die Geduld reicht, kann seine Talente an einem Fleißigen Lieschen erproben. Diese Pflanzen wachsen sehr schnell. Der Freizeitgärtner muß nicht lange auf seinen Erfolg warten. Allerdings ist das Fleißige Lieschen keine besonders langlebige Pflanze.

Baumtomaten zum Selberziehen

Zwar wird aus einem Tomatenbaum ***(Cyphomandra betacea)*** kein klassisches Hochstämmchen, aber die Pflanze wächst auch unwahrscheinlich schnell. Die weitläufige Verwandte der Engelstrompete und der Tomate eignet sich gut als Kübelpflanze. Dieses suptropische Gewächs bekommt dunkelrote Früchte. Die Haut ist ungenießbar – man löffelt das süßsäuerliche Fruchtfleisch wie bei Kiwis heraus.

Eine Baumtomate zu ziehen ist kinderleicht und ein wahres Erfolgserlebnis, denn sie wird schon im ersten Jahr sehr groß. Die Samen (es gibt sie im Fachhandel) werden in Anzuchterde gelegt und an einem sehr warmen Ort (20–25 Grad) in der Wohnung vorgekeimt.

Ist der Keimling 10 cm hoch, kommt er in einen Topf mit etwas gehaltvollerem Substrat. Die buschige Jungpflanze setzt man dann in einen nicht zu kleinen Kübel in ein Gemisch aus Kompost und Erde im Verhältnis 1:1. Nun kann die Pflanze ins Freie gestellt werden, aber nicht gleich in die pralle Sonne. Die zarten Blätter würden verbrennen. Erst wenn der Tomatenbaum sich draußen akklimatisiert hat, darf er einen Sonnenplatz bekommen. Man kann jetzt fast sehen, wie die Pflanze wächst. Wenn man Glück hat, wird sie bereits im ersten Jahr einen Meter hoch.

Blüten bilden sich erst im zweiten Jahr. Sobald sich die weißen Blüten zeigen, darf der Tomatenbaum nicht mehr von der Stelle gerückt werden. Jede Standortveränderung hat das Abfallen von Blüten und Fruchtansätzen zur Folge.

Im Freien reifen die Früchte bei uns jedoch nicht aus. Man muß den Baum Mitte September ins Haus holen oder noch besser in ein beheiztes Gewächshaus stellen, auch wenn durch den Transport einige Blüten und Fruchtansätze verloren gehen. So um Weihnachten kann dann geerntet werden. Man muß aber immer fleißig weiter düngen und gießen. Der Tomatenbaum überwintert am liebsten hell und bei einer Temperatur zwischen 6 und 12 Grad.

Die grüne Oase auf der Etage

Oft ist der Balkon die Alternative zum Garten. Auch auf diesem kleinen Raum kann man sich ein blühendes Paradies anlegen, mit Blumen, Kletterpflanzen, Bäumchen und Stauden. Wichtig ist eine gründliche Planung.

Zeichnen Sie einen Grundriß Ihres Balkons und im gleichen Maßstab auf einem separaten Papier die Grundflächen Ihrer Balkonmöbel. Tisch und Stühle werden ausgeschnitten. Und nun machen Sie sich eine Liste Ihrer Wünsche: Viele Blumen, Küchenkräuter, Kletterpflanzen, Tomaten, Mini-Bäumchen. Geeignete Pflanzgefäße gibt es reichlich, geschickte Handwerker bauen sich ihre Kisten und Kästen nach Maß.
Bei der Auswahl der Pflanzen spielt die Himmelsrichtung eine große Rolle, aber auch die Windanfälligkeit. Zugige Ecken kann man beruhigen: mit einem stabilen Sichtschutz, an dem innen, windgeschützt, Kletterpflanzen ranken.
Machen Sie sich also einen Plan, schieben Sie die „Möbel" hin und her und richten Sie sich so den Balkon ein. Arbeiten sie genau. Der Platz ist knapp. Alle Wünsche werden Sie nicht verwirklichen können, aber im Gegensatz zum Garten kann man ja in einem Jahr Gemüse anbauen und im nächsten einen Blumengarten aus seinem Balkon machen.
Wenn Sie Ihre Gefäße auf dem Plan oder auf dem Balkon verteilen, gehen Sie ruhig die Wände und das Geländer hoch. Grün in verschiedenen Ebenen, Blüten, die sich von unten oder oben entgegenwachsen, verwandeln den Balkon rundrum in eine grüne, blühende Laube. Und was nicht im Innenraum Platz findet, wird in Kästen nach draußen gehängt. Auch dort können Sie in mehreren Etagen arbeiten. Hängegefäße machen's möglich.

Alles über Balkonkästen

Grundsätzlich können Sie Ihre Balkonblumen in alle nur möglichen Gefäße setzen – nicht nur in Kästen, die man ans Geländer hängt, sondern auch in Kisten und Kübel, die auf dem Boden stehen, in Ampeln, die an der Hauswand oder an einer Überdachung befestigt werden.
Natürlich hängt die Wahl des Pflanzgefäßes auch von den Pflanzen selbst ab. Kletternde Kapuzinerkresse werden Sie kaum in einen Geländerkasten setzen können und ein hängendes Blaues Gänseblümchen nicht in eine flache Kiste, die auf dem Balkonboden steht.
Selbst wer sich für die üblichen Geländerkästen entscheidet, hat immer noch die Wahl zwischen solchen aus Kunststoff, aus Holz, Faserzement und Zellulose.
<u>Balkonkästen aus Kunststoff</u> sind preiswert, leicht, langlebig und lassen sich gut säubern.
<u>Kästen aus Holz</u> passen zu allen Pflanzen und auf jeden Balkon. Wer will, kann sie nach Maß selber bauen. Aber sie sind schwerer als Kunststoffkästen und brauchen mehr Pflege. In jedem Herbst sollten sie mit einer Wurzelbürste gründlich von Pflanzen- und Erdresten gesäubert, in jedem Frühjahr vor dem Bepflanzen wetterfest imprägniert werden (pflanzenverträgliches Mittel nehmen).
<u>Faserzementkästen</u> (Eternit) sind praktisch unverwüstlich und absolut wetterfest. Sie enthalten seit etwa sechs Jahren kein Asbest mehr und entsprechen den neuen Schutzbestimmungen. Sie können das ganze Jahr über, auch im Winter, draußen bleiben. Wer sie zwischendurch säubert, muß – wie bei den Holzkästen – etwas mehr Zeit und Mühe aufwenden. Faserzementkästen lassen sich, ebenso wie Holzkästen, passend zur Hausfassade oder zu den Pflanzen streichen.
<u>Kästen aus Zellulose</u>, aus wiederverwendetem Papier, sind besonders umweltfreundlich, wenn auch nicht unbegrenzt haltbar. Neben den Kastenformaten gibt es auch Kübel und Ampeln aus diesem Material.
<u>Kästen aus Ton</u> sind besonders schön und vom Material her für Pflanzen zu empfehlen. Als Geländerkästen sind sie allerdings meist zu schwer; man wird sie eher auf den Balkonboden stellen. Aber: Tonkästen, auch größere Kübel, sind nicht gerade billig; sie können zerbrechen und sind mühsam zu säubern.
Die meisten Kästen sind etwa 15 cm breit und hoch, gerade groß genug für Petunien, Geranien und ähnliche Balkonblumen, die brav nebeneinander gesetzt werden. Wer jedoch ein wenig Abwechslung in die Kästen bringen möchte, vielleicht sogar kleine Gehölze und andere ausdauernde Pflanzen mit größeren Wurzeln hineinsetzen will, braucht Kästen, die sowohl breiter als auch höher sind, mindestens 20 cm x 20 cm, besser noch größer.

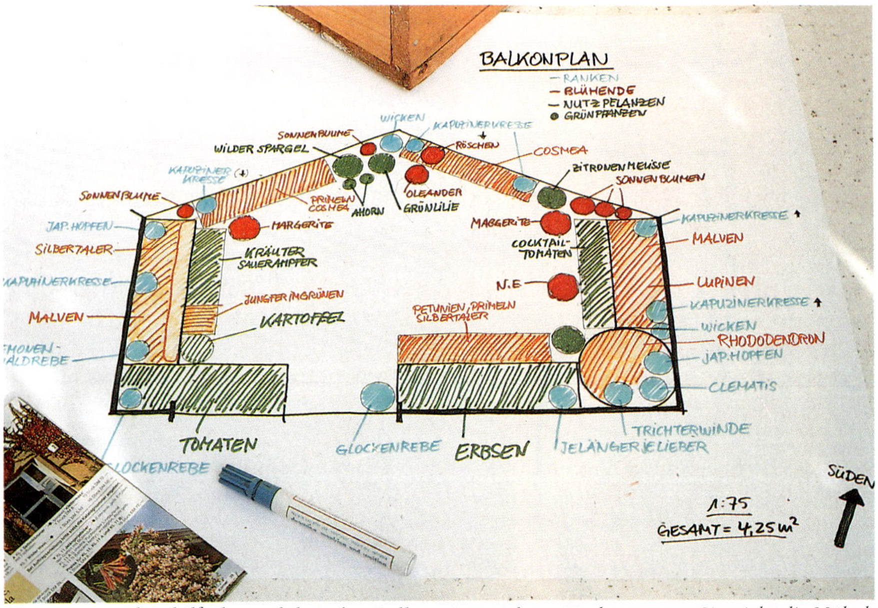

Ein genauer Plan hilft Ihnen dabei, den Balkon einzurichten. Und vergessen Sie nicht die Möbel.

So sieht der geplante Balkon im Sommer aus. Die Grundfläche beträgt nur vier Quadratmeter. Und dennoch ist dort Platz für eine Sitzecke und sehr viele Pflanzen.

Auch in der Länge kann man zwischen mehreren Maßen wählen. Hier allerdings empfiehlt es sich (wenn Ihre Kästen nicht fest eingebaut werden), lieber zwei kürzere statt einen allzu langen zu nehmen. Sie sind bequemer zu handhaben und im Winter leichter im Keller unterzubringen.
Ganz egal, was für ein Gefäß Sie bepflanzen: Es muß Löcher im Boden haben, damit nach einem Dauerregen (oder wenn Sie einmal zu gut gegossen haben) überschüssiges Gießwasser jederzeit ablaufen kann. Bei Kunststoffkästen sind diese Löcher im Boden zwar markiert, müssen aber vor dem Bepflanzen noch durchstoßen werden. Bei Holzkästen kann man sie, falls nicht vorhanden, leicht hineinbohren.
Wenn Sie sich zum Beispiel von Ihrem Markthändler alte Obstkisten zum Bepflanzen schenken lassen und diese, damit die Erde nicht durch die Ritzen fällt, vorher mit einer Folie auskleiden, heißt das: vorm Bepflanzen Löcher in die Folie piksen.
Manche umfunktionierten Gefäße allerdings, alte Töpfe, Porzellanschalen oder ähnliches, lassen sich beim besten Willen nicht „lochen". Da gibt es nur einen Ausweg: Vorm Bepflanzen unten eine extra dicke Drainageschicht aus Tonscherben oder Kieselsteinen einfüllen. Und später besonders vorsichtig gießen.
Ob Ihre Gefäße schneeweiß oder grellpink sind, ist Ihre Angelegenheit (und die des Vermieters, wenn die Kästen von der Straße aus zu sehen sind). Schwarze Kästen allerdings würden wir Ihnen im Interesse Ihrer Balkonpflanzen nicht empfehlen. Denn sie speichern im Sommer, wenn die Sonne scheint, viel zuviel Wärme, unter der die Pflanzenwurzeln dann unnötig leiden.
Damit Geländerkästen bei einem

Sogar eine kleine Birke wächst auf diesem Balkon im Kübel. Sie ist der grüne Hintergrund für die Sonnenblumen. Die Kästen bilden einen kleinen Blumengarten.

Sturm keinen Schaden anrichten können, unvermutet beim Unter-Mieter oder auf der Straße landen, müssen sie gut befestigt werden.
Dafür gibt es im Fachhandel Spezialhalter aus kunststoffüberzogenem Stahl oder Eisen. Am besten kaufen Sie sich solche, die Sie sowohl in der Höhe als auch in der Breite verstellen können, passend für die meisten Brüstungs- und Kastenformate. Und nehmen Sie, in Ihrem eigenen Interesse, den stabilsten Halter, den Sie bekommen können.
Auch für die sogenannten Fensterkästen, die auf der Wand unter dem Fenster befestigt werden, gibt es Spezialhalterungen zu kaufen.

Ein fleißiger Kletterer ist die Schwarzäugige Susanne. Sie verdeckt schnell eine ganze Wand mit ihren dichten Ranken und orangegelben Blüten.

So wird gepflanzt

Die gängigen Balkonblumen sind auch mit der gängigen Blumenerde, die Sie im Gartencenter oder auch im Kaufhaus unter dem Begriff „Einheitserde" kaufen können, völlig zufrieden. Allerdings sollten Sie hier nicht sparen. Nehmen Sie immer eine gute Markenerde – auch wenn sie ein paar Mark teurer ist.
Natürlich gibt es auch unter den Balkonpflanzen solche mit Sonderwünschen. Heidekraut etwa schätzt einen etwas sauren Boden; Buchsbaum und Nelken mögen eine sandhaltige Erde; Ringelblumen lieben etwas Kalk; Sommerastern und Levkojen brauchen besonders nährstoffreiche Erde. Am besten entscheiden Sie sich zuerst für die Pflanzen, fragen beim Kauf nach deren Erdwünschen und dann, falls nötig, nach einer entsprechenden Spezialerde.
Pankratius, Servatius, Bonifatius und die Kalte Sophie – für einen Balkongärtner sind das die wichtigsten Heiligen des ganzen Jahres. Denn erst, wenn ihre Gedenktage Mitte Mai vorbei sind, droht kein Nachtfrost mehr. Dann dürfen selbst die empfindlichsten Sommerblumen nach draußen gepflanzt werden.
Wenn Sie unbedingt schon eher pflanzen wollen, sollten Sie sich stets die Wettervorhersage anhören. Und, falls noch einmal Nachtfröste angekündigt werden, die Kästen und Kübel in eine geschützte Ecke rücken und eventuell sogar mit Tüchern, einen alten Sack oder ähnlichem abdecken.
Ist der Mai dagegen schon unvermutet warm und sonnig, ist das zum Einpflanzen selbst auch wieder nicht ideal. Denn in der Hitze machen frischgepflanzte Blumen schnell schlapp. Dann warten Sie mit dem Einsetzen am besten bis zu späten Nachmittag, stellen Ihre Gefäße anschließend zuerst einen oder zwei Tage in eine schattige Ecke und dann erst an ihren endgültigen Platz.
Wenn Sie Ihre Balkonkästen bepflanzen, sollten Sie dabei genauso vorgehen wie bei Zimmerpflanzen, die in neue Töpfe gesetzt werden. Zuerst legen Sie Tonscherben über die Bodenlöcher, damit diese nicht verstopfen. Darüber kommt eine etwa zwei Zentimeter dicke Drainageschicht aus Kieseln oder Blähton. Diese Drainageschicht ist ganz besonders wichtig, damit überschüssiges Wasser schnell ablaufen kann und die Pflanzen keine nassen Füße bekommen.
Erst auf diese Drainageschicht kommt etwas Erde. Darauf werden die Pflanzen gesetzt – aber nicht zu dicht nebeneinander. Schließlich wachsen sie noch und brauchen Platz zum Ausbreiten. Achten Sie darauf, daß Wurzeln nicht gequetscht oder abgerissen werden.
Haben Sie Pflanzen in Töpfen gekauft, die sich nicht einfach herausnehmen lassen, hilft meist gründliches Gießen. Dann löst sich der Erdballen von der Topfwand.
Nach dem Einsetzen der Pflanzen füllen Sie ringsum Erde auf, bis etwa 2 cm unterhalb des Kasten- oder Kübelrandes. Drücken Sie die Erde rings um die Pflanzen mit den Händen gut an. Wenn Blätter und Blüten dabei geknickt werden, sollten Sie diese ganz abschneiden. Dann müssen Sie die frischgepflanzten Blumen gründlich gießen.

Kletterpflanzen

Besonders viel Freude machen einjährige Kletterpflanzen. Man kann sie selber vorziehen oder sich im Mai Jungpflanzen besorgen. In die Kästen und Töpfe kommen die Kletterer nach den Eisheiligen. Alle Arten, die wir hier nennen, eignen sich besonders gut für den Balkon. Sie brauchen eine Kletterhilfe, Sonne und einen windgeschützten Standort. Wenn Sie Ihren Balkon mit Kletter- und Rankpflanzen schmükken wollen, sollten Sie die Kletterhilfen (Holzgerüste, Baustahlmatten, verspannte Drähte) anbringen, bevor die Pflanzgefäße aufgestellt werden.
Glockenrebe ***(Cobaea scandens):*** eine bei uns weitverbreitete Kletterpflanze aus Mexiko. Die gefiederten, rötlich angehauchten Blätter bilden Ranken aus, die auf rauhem Untergrund sogar ohne Spalier klettern können. Namensgebend sind die blauvioletten großen Glockenblüten, die am natürlichen Standort durch Kolibris oder Fledermäuse bestäubt werden. Bleibt eine Fremdbestäubung aus, bestäubt sich die Pflanze durch Krümmen von Griffel und Staubgefäßen selbst.
Die Glockenrebe wächst auch im

Halbschatten, blüht aber dann weniger. Sie kann in einer Saison fünf Meter und höher werden.
Prunkwinde ***(Ipomoea tricolor):*** eine der schönsten Schlingpflanzen aus Südamerika mit herzförmigen Blättern. Die etwa 10 cm großen Blüten zeigen beim Aufblühen eine rote, später eine himmelblaue Färbung. Leider sind sie nur in den Morgenstunden geöffnet. Prunkwinden brauchen einen warmen, geschützten Standort.
Feuerbohne ***(Phaseolus coccineus):*** Besonders rasch und üppig wächst die aus Südamerika stammende Feuerbohne. Man kann sich bis Anfang Mai mit der Voranzucht Zeit lassen oder sie Ende Mai direkt aussäen.
Bis zu 4 m lang können die Triebe werden, die großen Blätter sind ein guter Sichtschutz. Aus den leuchtend orangeroten Blüten entwickeln sich nach der Bestäubung lange Bohnenhülsen. Die rotschwarz geflammten Samen darin sind eßbar (nur gekocht!) und eignen sich gut für Eintöpfe.
Schwarzäugige Susanne ***(Thunbergia alata):*** Dieser hübsche Schlinger aus Südostafrika hat intensiv orangefarbene Blüten mit schwarzem Schlund. Die Pflanze wird nur 1–1,5 m hoch und eignet sich auch als Ampelpflanze oder herabhängende Mauerbegrünung.
Wichtig ist ein warmer, geschützter Standort. Die Pflanze braucht zwar viel Feuchtigkeit, reagiert aber empfindlich auf Staunässe.
Kanarienkresse ***(Tropaeolum peregrinum):*** Aus Peru stammt die zierliche Verwandte der bekannten Kapuzinerkresse. Das filigrane Laub und die kleinen quittegelben, gefransten Blüten machen diese Pflanze zu einem Blickfang. Bis zu 4 m lang werden die zarten Triebe auch noch an einem halbschattigen Standort. Wie bei der Kapuzinerkresse sind Blätter und Blüten eßbar und hübsche Dekorationen.
Herzsame ***(Cardiospermum halicacabum):*** Im Süden der USA ist dieser zierliche Ranker zu Hause. Die Pflanze hat kleine gefiederte Blätter und unscheinbare grünweiße Blüten. Um so mehr fallen die ballonartig aufgeblasenen Früchte auf. Sie sind etwa 4 cm groß. Die darin befindlichen Samen besitzen eine herzförmige Zeichnung. Der Herzsame klettert am besten an einem engmaschigen Gitter.
Flaschenkürbis ***(Lagenaria siceraria):*** Aus dem tropischen Afrika stammende Rankpflanze mit flaschenförmigen Früchten, den sogenannten Kalebassen. Die 3–5 cm langen Triebe haben große herzförmige Blätter. Die Blüten sind getrenntgeschlechtlich. Aus den weiblichen entwickeln sich bei genügender Wärme die interessanten Früchte. Ausgereift und getrocknet kann man diese zu Dekorationszwecken benutzen.
Der Flaschenkürbis braucht ein stabiles, möglichst festmontiertes Rankgerüst und viel Dünger.

Farbvorschläge: Ton in Ton

Zauberhaft sieht es aus, wenn Sie Ihre Balkonblumen innerhalb einer bestimmten Blüten-Farbskala aussuchen. Zum Beispiel Rosarot für einen sonnigen Balkon. Das beginnt mit zartem Rosa von Oleander und Nelken und reicht hin bis zum kräftigen Rot der Hibiskus- und Rosenblüten. Dazwischen liegt die Farbskala von Geranien und Verbenen.
Weitere rosarote Sommervorschläge sind Becher- und Sommermalven, rosaweiße Godetien, niedrige Löwenmäulchen, Phlox, Salvien, Sommerastern und Wicken. Auch im Halbschatten blühen Begonien, Fuchsien, Fleißiges Lieschen, Lungenkraut und Ranunkeln.
Es ist auch kein Problem, den Balkon gelb zu gestalten. In der Sonne blühen gelbe Margeriten, Datura, die Schwarzäugige Susanne und Tagetes in mehreren Farbtönen, Kapuzinerkresse, Mädchenauge, Pantoffelblumen, Sonnenblumen und Gazanien. Für Halbschatten eignen sich

Ein Blütenmeer ist dieser Stadtbalkon. Es kostet auch sehr viel Zeit, ihn zu pflegen: täglich gießen und Verwelktes immer entfernen.

Gauklerblumen, gelbblühende Geißblattarten, Knollenbegonien und zarte Taglilien.
Weiße Blüten sind wie eine kühle Brise an heißen Sommertagen. Das Angebot für sonnige Balkone ist besonders groß: Rosenbäumchen und Stockrosen, Steinkraut, Gänsekresse, Dahlien, Schleierkraut, Knöterich und Winden zum Klettern. Es gibt weiße Geranien und Petunien. Halbschatten bevorzugen weiße, windfeste Margeriten, oben auf dem Balkongeländer, wo viel Licht ist. Am Boden gedeihen Lilien und Hortensien, Fleißiges Lieschen, Glockenblumen und Ziertabak.
Freunde von blauen und violetten Farbtönen haben es ein wenig schwerer, aber auch ein Balkon in diesen Farben ist möglich. Nehmen Sie wenige, aber dafür um so auffallendere Blütenpflanzen. Für den Sonnenbalkon: Bougainvillea, Rittersporn, Stiefmütterchen, Blaue Gänseblümchen, lila Geranien und Blaukissen. Im Halbschatten wachsen einige Glockenblumenarten, Lupinen, Hängelobelien und Vergißmeinnicht.
Wer sich für keine einzelne Farbrichtung entscheiden kann, nimmt von jedem Ton etwas. Ein knallbunter Balkon stimmt den ganzen Sommer lang fröhlich.

Die Pflege im Sommer

Balkonpflanzen müssen Sie öfter gießen, als Sie es von Ihren Zimmerpflanzen her gewohnt sind. Denn an der frischen Luft, bei Wind und Sonne, trocknet die Erde schneller aus. Leider gibt es aber keine allgemeingültige Regel.
Die Gießhäufigkeit hängt vom Wetter, von der Himmelsrichtung, aber auch von den Pflanzen ab. Geranien zum Beispiel, Fleißiges Lieschen und Dahlien brauchen sehr viel Wasser, Sukkulenten wie Fetthenne und Hauswurz, aber auch das Steinkraut, brauchen weniger Wasser.
Das beste Meßinstrument ist immer noch Ihr Finger: Einen Zentimeter tief in die Erde des Balkonkastens bohren – bleibt Erde dran hängen, ist sie noch feucht genug – andernfalls gießen. Rechnen Sie ruhig damit, daß Sie den ganzen Sommer über jeden Morgen oder Abend zur Kanne greifen müssen.
Gießen Sie immer morgens, damit Blätter, die naß werden, tagsüber wieder trocken werden können. Sonst bildet sich leicht Mehltau. Aber füllen Sie immer schon am Abend vorher die Kanne. Dann kann sich das Wasser über Nacht ein wenig erwärmen, außerdem verfliegt Chlor; Kalk setzt sich ab.
Bei sehr kalkhaltigem Leitungswasser, mit Werten über 12 dH (Angaben macht Ihnen Ihr Wasserwerk) nutzt Stehenlassen allein nichts mehr. Entkalken Sie das Wasser dann durch Abkochen oder mit Hilfe eines selbstgemachten Torffilters. Achten Sie beim Gießen auch darauf, daß Wasser möglichst auf die Erde kommt, nicht aber auf die Blüten. Sie lassen sonst schnell den Kopf hängen.
An heißen Sommertagen, wenn die Balkonblumen unter der Hitze schlappmachen und die Blätter hängen lassen, tut ihnen auch zusätzliches Besprühen gut. Achten Sie auch hier darauf, daß keine großen Wassertropfen auf den Blättern liegenbleiben. Sie können in der Sonne wie ein Brennglas wirken und Brandflecken auf den Blättern verursachen. Schütteln Sie einfach die Blätter ein wenig. Auch hierbei ist weiches Wasser am besten. Stark kalkhaltiges hinterläßt häßliche weiße Spuren. In jeder guten Blumenerde ist bereits eine gewisse Grunddüngung vorhanden. Spätestens nach vier bis sechs Wochen ist sie jedoch verbraucht, Sie müssen nachdüngen. Eine Ausnahme: Wenn Sie beim Einpflanzen einen Langzeitdünger untergemischt haben. Der hält fast die ganze Wachstumssaison über vor.
Im Normalfall aber müssen Sie ab Mitte Juni für Nachschub sorgen. Einfach zu handhaben sind Flüssigdünger, die dem Gießwasser beigemischt werden. Festdünger, die man auf die Erde streut und leicht einhackt, sind bei dichtbepflanzten Balkonkästen schwierig zu handhaben. Sie wirken langsamer als Flüssigdünger, halten dafür länger vor und brauchen nicht so häufig gegeben zu werden. Langzeitwirkung haben auch Düngestäbchen, die man einfach in die Erde steckt.
Auch unter den Balkonblumen gibt es ausgesprochene Starkzehrer wie etwa Geranien und Hungerkünstler wie Lobelien. Die ersteren sollten jede Woche ihre Portion Dünger bekommen, bei den zweiten reicht alle zwei Wochen die Hälfte der auf der Packung angegebenen Menge.
Wenn sich die unteren Blätter von Balkonblumen gelblich verfärben und die Pflanzen nicht mehr gut wachsen, haben Sie zuwenig gedüngt.
Pflanzen, die Sie überwintern wollen, sollten Sie ab Ende August nicht mehr düngen. Den Kurzlebigen können Sie auch im September Dünger geben, damit sich noch die letzte Blüte öffnet.
Wenn Blätter oder Blüten von Dünger getroffen werden, sollten sie sofort mit klarem Wasser abgespritzt werden. Das ist besonders wichtig an warmen Tagen, wenn das Wasser schnell verdunstet und die Düngesalze dann schwere Verbrennungen verursachen können. Aus demselben Grund, um die Pflanze (in diesem Fall die Wurzeln) vor Verbrennungen zu schützen, sollte man auch nie Dünger auf trockene Erde geben. Notfalls vorher gießen.

Gemüse- und Obsternte auf dem Balkon

Klein aber fein – der Mini-Gemüsegarten macht Spaß und bringt sogar erstaunliche Ernten. Die Pflanzen brauchen allerdings viel Pflege, und zwar täglich. Wer keinen Pflanzen-Sitter für den Urlaub findet, sollte zu Hause bleiben oder auf das Experiment verzichten.

Sogar einen Obst- und Gemüsegarten kann man sich auf dem Balkon einrichten, wenn man nicht an die Dimensionen einer Plantage denkt. Generell läßt sich sagen, daß fast alles auch in Kübeln und Kästen wächst, nur eben etwas kleiner und mit etwas weniger Erfolg.
Obst und Gemüse brauchen einen Sonnenbalkon, der jedoch windgeschützt ist und nicht direkt an einer Hauptverkehrsstraße liegt. Brennt die Sonne allerdings zu unbarmherzig vom Himmel, muß die Möglichkeit zum Schattieren bestehen. Auch bei Dauerregen muß man einigen Pflanzen Schutz bieten können, zum Beispiel Paprika und Tomaten.
Gegossen wird täglich, an heißen Tagen morgens und abends. Etwa vier Wochen nach dem Pflanzen, also Mitte Juni, beginnt man mit dem Düngen. Verwenden Sie nur für Gemüse geeignete Produkte!

Gemüse auf dem Balkon

Kaum ein Gemüse eignet sich so vorzüglich für den Anbau auf dem Balkon wie Tomaten. Allerdings: Die Pflanzen brauchen tägliche Pflege – ohne Ausnahme.
Ob Sie Ihre Pflänzchen aus Samen selbst ziehen oder auf dem Markt kaufen – ins Freie dürfen die Tomaten erst nach den Eisheiligen, also ab 16. Mai. Sie brauchen einen nahrhaften Boden. Vielleicht kennen Sie einen Gartenbesitzer, der Ihnen ein bißchen reifen Kompost schenkt. Dieses Kraftfutter, unter Blumenerde gemischt, ist ein idealer Nährboden. Sehr gut eignet sich auch eine spezielle Erde für Gemüse (Fachhandel, Garten-Center).
Und: Tomaten sind sehr durstig, sie wollen täglich gegossen werden. Da die Pflanzen recht schnell wachsen, muß man sie fast jeden Tag neu festbinden und überflüssige Triebe aus den Blattachseln herausbrechen.
Je nach Sorte braucht man tiefe oder weniger tiefe Pflanzgefäße. Sehr beliebt sind die kleinfruchtigen Cocktail- oder Obsttomaten, die sich mit einem größeren Blumentopf zufriedengeben. Als Stütze benötigen sie einen ca. 50 cm langen Stock.
Mehr Halt brauchen hochwachsende Sorten, wie zum Beispiel die Spaliertomaten. Für sie muß auf dem Balkon ein Klettergerüst aus Maschendraht oder Bambusstöcken gebastelt werden.
Falls Ihr Balkon sehr hoch oder nach

Hier wachsen Tomaten in allen Größen. Am Spalier ranken sich Gurken empor. Und hübsch sieht es aus.

Norden oder Osten liegt, dann versuchen Sie es besser nicht mit der „Tomaten-Plantage". Denn die Paradiesäpfel brauchen viel Sonne und Wärme und ein windgeschütztes Plätzchen.
Auch Radieschen gehören zum narrensicheren Gemüse, bei dem man kaum etwas falsch machen kann. Den ganzen Sommer über kann man die zeitlich geeigneten Sorten frisch aussäen – zwischen Saat und Ernte vergehen etwa sechs Wochen. Ideal sind Radieschen auch als Unterpflanzung für andere Gemüse. Wichtig: viel Licht und gleichmäßige Feuchtigkeit; die Erde darf niemals austrocknen. Zusätzlichen Dünger dagegen kann man sich bei der kurzen Kulturdauer meist sparen.
Ganz egal, ob sie in größeren Töpfen oder schmalen Kästen wachsen – Gurken gedeihen prächtig in Gefäßen, besonders die kleinfruchtigen Sorten. Sie können übrigens bis zum Juni an Ort und Stelle ausgesät werden. Setzen Sie ein kleines Gitter neben jede Pflanze, an dem sie sich festhalten kann.
Gurken brauchen viel Wasser. Staunässe aber vertragen sie nicht. Sorgen Sie deshalb für eine gute Drainage im Gefäß. Und benutzen Sie zum Gießen immer lauwarmes, abgestandenes, nie leitungskaltes Wasser. Der Boden muß nährstoffreich sein. Wenn möglich, sollten Sie schon beim Einpflanzen Kompost untermischen und später wöchentlich düngen.
Wenn die Triebe etwa sechs Blätter haben, sollten Sie die Spitzen abbrechen. Dann bilden sich mehr Ausläufer und Verzweigungen.
Die Zucchini bringen nicht nur schöne Blüten auf den Balkon, sondern in guten Sommern auch eine Spitzenernte: Zwei Pflanzen reichen aus, um auch Nachbarn mit zu versorgen.
Zucchini kann man im Mai noch aussäen. Die Kulturdauer beträgt 18–22 Wochen. Zucchinipflanzen brauchen eine sehr nährstoffreiche Erde. Etwa vier Wochen nach dem Auspflanzen sollten Sie mit dem Düngen beginnen (wöchentlich).
Planen Sie viel Platz ein. Die Pflanzen wachsen rasch und werden groß. Aber: Sie ranken nicht wie der verwandte Kürbis, brauchen also weder Spalier noch Stütze. Wichtig: Achten Sie stets auf genügend Feuchtigkeit im Boden.
Sobald sich die Früchte gebildet haben, müssen Sie die welken Blüten am Ende abkneifen. Sonst entsteht leicht Fäulnis. Diesen Tip sollten Sie auch bei der Zucht von Melonen beherzigen. Auch wenn Sie schon mit der Ernte der jungen Zucchini begonnen haben, es wachsen immer neue Früchte nach (15–20 cm lang).
Anderthalb Pfund schwere, grünlich genetzte Früchte bekommt 'Benarys Zuckerkugel' – aber, wie alle Melonen, nur in einem warmen und sonnigen Sommer.
Nehmen sie große, vor allem hohe Gefäße, und mischen Sie, wenn möglich, beim Einpflanzen etwas Kompost unter die Erde. Viel gießen, aber nie den Wurzelhals im Wasser stehenlassen.
Zwei Dinge sind, neben dem sonnigen Wetter, wichtig:

- Für eine Melonenpflanze müssen Sie einen Quadratmeter einrechnen – nicht gerade wenig Platz auf einem Balkon!
- Melonen bekommen vor allem an Seitentrieben Früchte. Deshalb nach dem 5. Blatt die Haupttriebe, nach dem 6. Blatt die Seitentriebe kappen. Fünf Fruchtansätze stehenlassen.

Feuer- oder Prunkbohnen sind recht robust, weder besonders kälte- oder windempfindlich. Wen die Ernte weniger interessiert, der betrachte sie als idealen Sicht- und Windschutz und als hübsch blühende Rankpflanze. Sie werden ab Mitte Mai direkt in den Kasten gesät, brauchen Stäbe oder ein Spalier zum Festhalten und sehr viel Wasser.
Ein richtig schöner Farbklecks auf dem Balkon ist der Mangold der Sorte 'Vulkan' mit feurigroten Rippen und Blattstielen. Man kann zwischen Anfang April und Anfang Mai säen und acht bis zehn Wochen später ernten.
Er bevorzugt einen warmen Platz, der aber nicht vollsonnig sein muß. Auch im Halbschatten gedeiht er noch gut. Die ganze Zeit über müssen Sie gründlich gießen, damit sich viele Blätter entwickeln. Dünger wird am besten schon beim Auspflanzen mit in die Erde gearbeitet.
Mangold ist leider eine bevorzugte Schnecken-Speise. Wenn Sie den Topf auf der Terrasse stehen haben (auf den Balkon verirren sich Schnecken selten), müssen Sie häufig kontrollieren.
Auch Salat läßt sich gut im Kasten kultivieren. Allerdings sollte der Standort nicht zu sonnig sein, aber hell. Salate machen vor allem Anfängern viel Spaß, weil sie schnell wachsen. Besonders empfehlenswert sind Schnitt- und Pflücksalate.
Mit seinen dunkelgrünen Blättern, den kleinen Blüten und den großen Früchten ist Paprika eine Zier für jeden Balkon. Wichtig auch hier: ein warmer, sonniger, windgeschützter Platz. Und er hat etwas gegen Nachbarpflanzen, die ihm zu dicht auf den Topf rücken. Das gilt übrigens für je-

Erdbeeren kommen gut im Balkonkasten zurecht. Wählen Sie geeignete Sorten.

des Balkongemüse: lieber eine Sorte weniger und den restlichen Pflanzen dafür mehr Platz gönnen. Die Pflege des Paprika ähnelt der von Tomaten: ausreichend und vor allem regelmäßig gießen, vor Regen schützen, alle zwei Wochen düngen. Aber: Vorsicht vor Staunässe.

Obst auf dem Balkon

Versuchen können Sie es mit jeder Sorte. Beginnen Sie mit Erdbeeren, die sind am einfachsten in Gefäßen zu kultivieren. Gärtnereien bieten spezielle Sorten für diesen Zweck an. Sie wachsen auch in Ampelgefäßen und sogenannten Erdbeertürmen, die es in Garten-Centern gibt. Einige Sorten kann man auch am Spalier ziehen. Sie müsen allerdings angebunden werden – von alleine klettern sie nicht.

Bewurzelte Jungpflanzen kann man im Frühjahr und im zeitigen Herbst (August bis September) kaufen und einsetzen. Alle Erdbeeren brauchen viel Wasser – die Erde darf nie austrocknen – und einmal pro Woche eine Portion Dünger.

Brombeeren kann man auf dem Balkon als grünen Sichtschutz verwenden. Die Pflanzen können über zwei Meter hoch werden, müssen aber, wie Spaliererdbeeren, an ein Gerüst gebunden werden. Es gibt aber auch schon schwachwachsende Brombeeren, die in Ampeln gezogen werden. Fragen Sie immer nach dornenlosen Sorten. Und kaufen Sie nicht mehr als eine Pflanze für einen Balkon.

Seit einiger Zeit gibt es übrigens auch Ampel-Brombeeren, die schon im ersten Jahr ganze Dolden von Früchten bekommen. Brombeeren pflanzt man im zeitigen Frühjahr. Um die Waldbedingungen nachzuahmen, wird die Erde nach dem Pflanzen mit einer Mulchschicht bedeckt. Bei Brombeeren ist es wichtig, daß sie regelmäßig zurückgeschnitten werden. Schneiden Sie nach der Ernte die alten Ruten, an denen die Früchte hingen (aber nur diese), dicht über dem Boden ab.

Wenn Sie Stachelbeeren und Johannisbeeren auf dem Balkon ausprobieren wollen, sollten Sie immer Hochstämmchen nehmen. Sträucher brauchen viel zuviel Platz. Aber auch die Stämmchen wollen einen Kübel, der mindestens 40 cm x 40 cm groß ist. Johannisbeeren brauchen viel Sonne, Stachelbeeren vertragen auch etwas Schatten.

Recht gut im Kübel gedeiht auch die Andenbeere. Die schnellwachsende Pflanze mit den kirschgroßen Früchten gehört noch zu den Neulingen auf dem Obstmarkt.

Obstbäume gibt es heute schon in Miniaturausgaben, speziell für die Topfkultur auf dem Balkon. Durch Aufpfropfen auf eine schwach wachsende Unterlage werden sie nicht höher als etwa 150 bis 200 cm, bringen aber trotzdem Früchte normaler Größe hervor.

Beginnen sollten Sie immer mit einem Apfel- oder Birnbaum. Diese beiden wachsen im Kübel am besten und garantieren auch eine recht gute Ernte. Nehmen Sie spätfruchtende Sorten, dann hält die Freude am Fruchtbehang länger an. Im Fachhandel wird eine ganze Reihe verschiedener Balkonsorten angeboten. Wer mit nur einem Baum Abwechslung genießen möchte, kann sich ein Apfel- oder Birnen-Duo kaufen: zwei Sorten auf einem Baum. Wer den Obstgarten erweitern will, kann Kirschen, Pflaumen, Pfirsiche, Nektarinen dazunehmen. Im Prinzip gibt es eigentlich kein Obst, das sich nicht mit etwas Geduld im Kübel ziehen läßt. Aber bei allem gilt: Nehmen Sie, wenn möglich, selbstfruchtende Bäume, so daß auch ein einzelnes Bäumchen Früchte trägt.

Bei Aprikosen müssen Sie unter Umständen selbst für die Befruchtung sorgen. Denn sie blühen zu einer Zeit, in der noch wenig Insekten unterwegs sind. Tupfen Sie mit einem feinen Haarpinsel die Blüten ab.

Die meisten Kübelbäumchen werden übrigens als winterhart eingestuft. Trotzdem sollten sie im späten Herbst dicht an die Hauswand gerückt, gut in Stroh oder Zeitungspapier eingewickelt und mit Torfmull abgedeckt werden. Voraussetzung für eine gute Ernte ist aber bei allen Obstgehölzen der richtige jährliche Schnitt.

Kräuter auf dem Balkon

Auch auf seine frischen Küchenkräuter muß der gartenlose Balkonbesitzer nicht verzichten. Sie wachsen in Kübeln, Kästen und Plastikwannen. Die folgenden Kräuter gedeihen besonders gut in Gefäßen: Basilikum, Bohnenkraut, Borretsch, Dill, Kerbel, Kresse (einjährig); Estragon, Majoran, Petersilie, Rosmarin, Schnittlauch, Thymian, Zitronenmelisse (mehrjährig). Einen Versuch aber können Sie ruhig auch mit etwas unbekannteren Kräutersorten wagen.

Ideal ist Komposterde oder gute Gartenerde, letztere mit etwas Torf aufgelockert. Aber auch normale Blumenerde ist geeignet. Bevor Sie pflanzen, müssen Sie die Erde gut anfeuchten. Und setzen Sie die Kräuter nicht zu dicht zusammen – sie wachsen rasch und brauchen deshalb genügend Platz.

Wichtig für die Kräuterzucht ist der richtige Standort. Er soll sonnig, aber möglichst nicht der grellen Südsonne ausgesetzt sein. Und geschützt wollen die Kräuter stehen – zugige Ecken sind nichts für sie und ihre artenspezifische Würzkraft.

Den ganzen Kräutergarten müssen Sie regelmäßig gießen. Ab und an wird die Erde ein wenig gelockert und Unkraut gezupft. Rasch wachsende Kräuter brauchen auch Dünger. Aber übertreiben Sie dabei nicht. Zu stark gedüngte Kräuter haben wenig Aroma.

Auch eine Plastikwanne kann zum Kräuterbeet werden. Bohren Sie Löcher in den Boden. Auf die Drainageschicht aus Blähton kommt gute Erde. Pflanzen Sie nicht zu dicht.

So sieht der Wannen-Kräutergarten nach wenigen Wochen aus. Ernten Sie regelmäßig, das regt die Pflanzen zum Wachstum an. Auf so dichtem Raum müssen die Kräuter öfter gegossen werden als draußen im Garten.

GEWÄCHSHÄUSER

Fast das ganze Jahr über kann man im Gewächshaus gärtnern. Damit kann man ganz klein anfangen.

Gärtnern unter Glas macht Spaß

Es gibt viele gute Gründe für ein Gewächshaus: eigene Anzucht, Schutz vor Giften aus der Umwelt, Anbau von empfindlichen Gemüsen und Freude an exotischen Pflanzen.

Im Gewächshaus ist viel mehr Platz, als man denkt. Hier wachsen Zier- und Nutzpflanzen gemeinsam.

Für viele Freizeitgärtner ist der Winter eine Zwangspause. Es fehlt ihnen etwas, wenn sie nicht säen, pflanzen, pflegen und ernten können. Die Gewächse auf der Fensterbank bieten nicht genügend Beschäftigung. Wer das ganze Jahre über gärtnern will, der braucht ein Gewächshaus. Es gibt aber noch andere gute Gründe für die Anschaffung eines Glas- oder Folienhauses.

Eigene Anzucht von Jungpflanzen

Jungpflanzen aus der Gärtnerei erleichtern die Arbeit. Echte Gartenfreunde ziehen sich ihre Pflanzenkinder jedoch selbst – vor allem, wenn sie Sorten wünschen, die es als Setzling nicht zu kaufen gibt. In vielen Gartenhaushalten ist ab Februar auf den Fensterbänken kein freies Plätzchen mehr zu finden, weil in diversen Schalen und Kistchen die Saat aufgeht.

Für die Anzucht von Blumen, Stauden und Gemüse ist ein Gewächshaus geradezu ideal. Alle Pflanzen, die nicht vor den Eisheiligen (Mitte Mai) ins Freie dürfen, haben dort einen geschützten Lebensraum.

Für Gemüsegärtner ist die Anzucht im Gewächshaus besonders wichtig. Sie bestimmen Saatgut und Einsatz von chemischen Mitteln. Biogärtner können sicher sein, daß keine Gifte in den Kochtopf wandern.

Schutz vor schlechtem Wetter

Wie oft hört man die Klagen frustrierter Gärtner über zu viel Regen und zu wenig Sonne. Die Hälfte der Gemüseernte fällt dann ins Wasser, Tomaten und Gurken werden nicht reif. Aber auch umgekehrt: Zu viel Sonne und zu wenig Regen machen den Gartenbesitzern das Leben schwer. Im Gewächshaus bestimmt man das Klima (weitgehend) selbst. Unter dem Glasdach reifen nicht nur Tomaten sogar im hohen Norden, auch Gurken, Melonen, Paprika und Auberginen wachsen gut geschützt heran. Der Gemüsegärtner nutzt sein Glashaus zunächst als Kinderstube. Haben die robusteren Pflanzen ihren Platz im Garten gefunden, können sich die wärmebedürftigeren Arten unter dem Dach ausbreiten.

Der superlange Gewächshaussommer

Wenn das Wetter im Herbst schon den nahen Winter ahnen läßt, holt

sich der Gewächshausgärtner immer noch seinen Kopfsalat, seine Radieschen und seinen Feldsalat frisch und knackig aus dem Gewächshaus.
Im Oktober können unter anderem Mohrrüben, im November Spinat für eine zeitige Frühjahrsernte gesät werden. In einem beheizten Gewächshaus pflückt man im November Gurken, die man im September gesät hat. Auch Tomatenfreunde kommen zu ihren roten Früchten zu einer Zeit, in der man im Geschäft schon viel Geld für die Paradiesäpfel zahlen muß. Tomaten im Juni säen, im August an ihren endgültigen Standort pflanzen, im Oktober ernten – kein Problem.
Auch zarte Kohlrabi sind für Gewächshausbesitzer im fortgeschrittenen Herbst keine Utopie: Im August säen, Ende September vereinzeln, Mitte November ernten und es sich schmecken lassen.

Geringere Umweltbelastungen

Aus der Luft rieseln tonnenweise Schadstoffe auf uns herunter. Immer wieder wird davor gewarnt, Gemüse, Obst oder Gewürzkräuter in der Nähe stark befahrener Straßen anzupflanzen. Aber oft liegt der einstmals idyllisch-ruhige Garten dank neuer Straßenführung jetzt direkt an einer Kreuzung mit Ampelregelung. Alle Schadstoffe kann auch ein Gewächshaus nicht „filtern", aber doch einen großen Teil. Besonders in Gegenden mit hohen Belastungen durch Industrieanlagen ist ein Gewächshaus für den Gemüseanbau empfehlenswert.

Wüste oder Regenwald

Ungeahnte Möglichkeiten eröffnen sich aber auch Zimmergärtnern in einem Gewächshaus. Ob das Herz nun den stacheligen Freunden, den Kakteen, gehört oder den geheimnisvollen Schönen, den Orchideen: Im Glashaus kann man den exotischen Gewächsen mit Hilfe technischer Einrichtungen ihre eigene Welt schaffen. Das gilt natürlich nicht nur für Zierpflanzen, sondern auch für Obst und Gemüse aus anderen Teilen der Welt. Zitrusfrüchte und Feigen reifen mit ein wenig Glück im Gewächshaus. Weintrauben zählen zwar nicht zu den exotischen Früchten, im Norden Deutschlands braucht man aber für die meisten Sorten auch ein Gewächshaus.

Winterquartier für Kübelpflanzen

Wer sein Gewächshaus nicht ganzjährig nutzt, kann es im Winter in ein Quartier für Kübelpflanzen umfunktionieren. Das Fuchsienbäumchen, der Margeritenstrauch, viele weitere Kübelpflanzen sowie die Pelargonien und auch alle Zimmerpflanzen, die ihre Winterruhe haben wollen, sind in der kalten Jahreszeit in einem Gewächshaus gut untergebracht. Allerdings darf die Temperatur nicht unter den Gefrierpunkt absinken.
Aber noch zu einem anderen Zweck ist das Gewächshaus im Winter ideal: als Lagerstätte für Gemüse. Der Landwirt schlägt sein Gemüse in Mieten ein, der Hobbygärtner versucht es mit mäßigem Erfolg in den meist zu warmen Kellerräumen.

Ein Haus aus Glas, Folie oder Kunststoff

Material und technische Einrichtung hängen von der geplanten Nutzung ab. Und vom Geldbeutel. Die Anschaffung muß gut überlegt sein und lohnt sich nur, wenn man das Gewächshaus intensiv bewirtschaftet.

Ein Eigenheim für Ihre Pflanzen bekommen Sie schon für wenige hundert Mark, aber auch für einige Tausender. Will man den Tropenhäusern Botanischer Gärten Konkurrenz machen und sich an Orchideen und anderen Exoten erfreuen, muß man tief in die Tasche greifen.

Warmgewächshäuser, das sind Häuser, in denen dank einer guten Heizung und Isolierung die Temperatur nie unter 17/18° absinkt, sind wegen ihrer Ausstattung und laufenden Kosten recht teuer. Wer nur den Frühling etwas vorverlegen will und den Herbst verlängern, kommt auch sehr gut mit einem preiswerten Foliengewächshaus aus.

Zwischen diesen beiden Extremen gibt es viele Alternativen. Eine entscheidende Rolle bei den Kosten spielt natürlich auch die Größe des Gewächshauses. Es muß nicht gleich die Plantage unter Glas sein, aber ein zu kleines Haus sollte man sich auch nicht anschaffen.

Wenn Sie sich zum Gärtnern unter Glas entschließen, dann sollten Sie gleich Nägel mit Köpfen machen. Eine brauchbare Größe liegt zwischen 8 und 12 Quadratmeter. So ein Gewächshaus hat auch in einem Reihenhausgarten Platz.

Eine andere Möglichkeit: Lehnen Sie das Gewächshaus an die Hauswand, vielleicht neben der Terrasse. Dann sparen Sie Wege und auch Kosten für lange Leitungen.

Witterungsbeständige Folie schützt wärmebedürftige Pflanzen in kalten Sommern und verlängert die grüne Saison um einige Monate.

Vor der Anschaffung sollten Sie einige Fragen klären:

- Wieviel Zeit habe ich für das Gewächshaus übrig?
- Was will ich im Gewächshaus anpflanzen?
- Wieviel darf mich das Haus an Anschaffung und Unterhalt insgesamt kosten?
- Brauche ich eine behördliche Genehmigung zum Errichten eines Gewächshauses?

Der Standort – das Material

Das Kleingewächshaus soll an einem windgeschützten, möglichst vollsonnigen Platz aufgestellt werden. Ein Wasseranschluß in der Nähe ist von Vorteil. Das Material hängt von der Nutzung ab. Zur Auswahl stehen Folie, Kunststoff und verschiedene Verglasungen, Metall- oder Holzträger.

Entscheiden Sie sich für ein Foliengewächshaus, sollten Sie zwei Punkte bedenken: Die Folie muß alle 3 bis 5 Jahre erneuert werden, und eine ganzjährige Nutzung ist nicht möglich. Auch halten das Material und die Konstruktion Unwettern nicht immer stand.

Ein Folienhaus hat aber auch Vorteile. Es ist die preiswerteste Möglichkeit für Gewächshaus-Fans. Der Aufbau ist bei allen angebotenen Fabrikaten einfach, selbst ungeübte Bastler kommen mit den Holz- oder Metallrohrkonstruktionen zurecht. Bei den meisten Modellen kann man die Länge selbst bestimmen oder später eventuell anbauen. Die Lichtdurchlässigkeit liegt zwischen 85 und 90 Prozent, je nach Material.

Ein Mittelding zwischen einem Folienhaus und einem traditionellen Gewächshaus sind die tunnelartigen Kunststoffhäuser. Die Lichtdurchlässigkeit der ca. 15 mm starken Kunststoffwand beträgt allerdings nur 70 bis 80 Prozent. Auch sind der Inneneinrichtung durch die bis zum Boden gewölbten Wände Grenzen gesetzt.

Sowohl ein Folien- als auch ein Tunnelgewächshaus kommt ohne gemauertes Fundament aus. Das spart Mühen und Geld und macht die Häuser mobil. Man kann sie abbauen und wenn nötig mit ihnen umziehen – an einen anderen Platz oder in einen anderen Garten.

Zweifellos schöner sind die klassischen Gewächshäuser. Die Rahmenkonstruktionen bestehen ent-

weder aus Aluminium oder Holz, bei der Verglasung kann man zwischen Glas und Plexiglas in verschiedenen Ausführungen wählen.
Die preiswerteste Lösung ist Blankglas (Fensterglas), aber nur, wenn man das Haus im Winter unbenutzt läßt. Die Lichtdurchlässigkeit ist mit 92 Prozent am besten. Allerdings heizt sich das Haus auch sehr stark auf. Pflanzen in der Nähe der Scheiben verbrennen regelrecht. Blankglas gibt es in einfacher, doppelter und dreifacher Verarbeitung. Die Dreifachverglasung wird jedoch hauptsächlich für Wintergärten verwendet.
Nörpelglas (es wird oft ziemlich mißverständlich auch als Klarglas bezeichnet) hat eine Lichtdurchlässigkeit von 90 Prozent. Die Nörpel an der Innenseite der Scheiben sorgen für eine gute Streuung des Lichtes. Diese Scheiben sind allerdings nicht durchsichtig.
Eine weitere Möglichkeit sind Stegdoppelplatten aus PVC oder Plexiglas (Acryl). Ihr großer Vorteil ist die weitaus bessere Isolierung. Die Lichtdurchlässigkeit liegt bei 86–90 Prozent. Stegdoppelplatten bestehen aus zwei Scheiben, die durch Stege aus dem gleichen Material verbunden sind. Die eingeschlossene Luftschicht bewirkt die gute Wärmedämmung.
Das sehr viel preiswertere Well-PVC hat sich nicht bewährt. Wegen der geringen Haltbarkeit geben die meisten Firmen auch nur ein- oder zweijährige Garantie auf das Material.
Hitze- und kältebeständig, schlag- und hagelsicher sind alle festen Kunststoffmaterialien. Die Art der Verglasung richtet sich nach der geplanten Nutzung. Ein Haus nur für die Gartensaison muß nicht so aufwendig gebaut sein. Bei einer ganzjährigen Nutzung darf auf keinen Fall an der Verglasung gespart werden. Für den Winter ist außer einer guten Wärmedämmung und einer ausreichenden Heizung noch eine zusätzliche Isolierung durch Noppenfolie zu empfehlen.
Ein festes Haus braucht auch ein solides Fundament. Je tiefer die Mauer aus Beton oder Steinen in den Boden hineinreicht, desto wärmer ist die Erde im Bereich des Hauses. Zu hoch sollte der Sockel aber nicht

Die unmittelbare Verbindung zum Wohnhaus macht aus Anlehnhäusern leicht ein zusätzliches Zimmer, nicht nur in den Sommermonaten.

Das Tunnelhaus aus doppelwandigen Kunststoffpaneelen kann nach Bedarf Meter für Meter verlängert werden.

Bei diesem rund 6 m langen Gewächshaus sorgen die Pflanzen vor der Seitenwand für Schatten. Sie dürfen aber nicht zu dicht und zu hoch wachsen, weil sie dann sehr viel Licht wegnehmen.

Auch in kleinen Gärten ist Platz für ein Gewächshaus, sogar noch für einen hübschen Teich davor.

sein, damit die Pflanzen in den Grundbeeten des Gewächshauses genügend Licht bekommen.
Ob Sie sich nun für ein reines Sommerhaus oder für ein Ganz-Jahres-Haus entscheiden: Dach und Wände allein machen noch kein funktionsfähiges Gewächshaus. Einige Einrichtungsgegenstände und ein paar Geräte braucht man schon.
Wenigstens auf einer Seite sollte man sich auf der ganzen Länge oder nur zur Hälfte einen Tisch aufstellen. Es sei denn, man beschränkt die Nutzung auf den Gemüseanbau und verzichtet auch weitgehend auf die Anzucht. In diesem Fall reichen die Grundbeete. Wer sich aber einmal mit einem Gewächshaus eingelassen hat, wird bald auf den gärtnerischen Geschmack kommen. Einen kleinen Arbeitstisch – es gibt recht praktische Modelle zum Zusammenklappen – sollte man sich auf jeden Fall zulegen.
Sinnvoll sind auch Gittertische, die an den Längsseiten der Gewächshäuser hängen und bei Bedarf aufgerichtet werden. Diese Modelle haben noch einen weiteren Vorteil. Solange die Pflanzen im Grundbeet klein sind und die Gewächshausanzucht der Gartenpflanzen auf den Tischen steht, ist alles in Ordnung. Nach dem Auspflanzen werden die Tische frei, man klappt sie hoch, und die heranwachsenden Pflanzen auf den Beeten bekommen in der Höhe genügend Platz.

Regale zum Aufhängen

Wer noch mehr Stellfläche braucht, kann Regale in verschiedenen Breiten und Ausführungen anbringen. Es gibt Typen zum Aufhängen und andere Borde, die mit speziellen Halterungen an den Metallverstrebungen befestigt werden. Wenigstens ein derartiges Abstellplätzchen für Dünger, Pflanzenschutzmittel, Strippe, Arbeitshandschuhe, Schere, Messer und all die anderen Utensilien braucht man auf jeden Fall.
Bei allen Hilfsmitteln, die man an den Wänden aufhängt, muß die Belastbarkeit der Konstruktion berücksichtigt werden, damit der gläserne Palast nicht zusammenbricht.
Wer sich besonders mit der Anzucht von Pflanzen beschäftigen will, kommt ohne ein beheizbares Anzuchtbeet nicht aus. Man kann es mit Hilfe im Boden verlegter Heizkabel fest installieren, was einen elektrischen Anschluß im Gewächshaus voraussetzt, oder sich für ein transportables Beet entscheiden, das mit einem langen, für den Garten geeigneten Kabel an das Stromnetz angeschlossen wird. Letzteres hat den Vorteil, daß man es auch auf der Fensterbank im Haus benutzen kann. Einen Stromanschluß sollte man aber sowieso installieren: für Licht, eventuell für eine Heizung und für viele andere Geräte.

Einfach und sehr preiswert ist eine zusätzliche Wärmedämmung durch Hartschaum-Platten vor dem Steinfundament im Anzuchtbereich.

Ein Luftumwälzer verteilt Wärme und Feuchtigkeit im ganzen Gewächshaus. Bewegte Luft verringert Tropfwasserbildung und Pilzbefall.

Im Boden verlegte Heizkabel sind sparsam im Energieverbrauch und von großem Nutzen für die Anzucht von Garten- und Zimmerpflanzen.

Ein kleines, nur während der grünen Jahreszeit genutztes Gewächshaus, muß nicht unbedingt über einen eigenen Wasseranschluß verfügen. Gießkanne und Gartenschlauch tun's auch. Ein ganzjährig genutztes Haus, besonders ein Warmhaus mit tropischen Pflanzen, muß jedoch unbedingt eine eigene Wasserleitung bekommen, schon um die Luftfeuchtigkeit (dafür gibt es spezielle Luftbefeuchter) immer konstant zu halten. Bei intensiver Nutzung ist es auch sinnvoll, sich eine automatische Bewässerungsanlage oder zumindest Bewässerungsmatten anzuschaffen. Denn eine intensive Nutzung ist auch recht arbeitsintensiv.
Der Gang im Gewächshaus muß vor allem rutschfest sein. Zwei Lösungen bieten sich an: Steinplatten oder Lattenroste. Wählt man schwarze Platten, erzielt man einen zweiten Vorteil: Sie speichern die Sonnenwärme und geben sie nachts wieder ab.
Erforderlich sind zwei Thermometer, eines für den Boden und eines für die Luft. Um nicht nur die momentane Temperatur ablesen zu können, sondern einen Überblick über den Temperaturverlauf der vergangenen 24 Stunden zu bekommen, sollte das Luftthermometer ein sogenanntes Minimum-Maximum-Thermometer sein. Es zeigt die niedrigste Nacht- und die höchste Tagestemperatur des vergangenen Tages an.
Wie jeder Gärtner weiß, spielt auch die Luftfeuchtigkeit eine große Rolle. Um sie messen zu können, braucht man einen Hygrometer. Damit kann man übrigens auch die Luftfeuchtigkeit in der Wohnung kontrollieren, zum Nutzen der Zimmerpflanzen.
Ein wesentlicher Faktor ist auch die Belüftung. Nichts läßt Pflanzen so schnell sterben wie trockene, heiße, verbrauchte Luft. Die nach oben auf-

steigende Warmluft sollte durch Öffnungen im Gewächshausdach abziehen können. Die Zufuhr frischer, kühler Luft erfolgt durch die Tür und die Seitenfenster. Zusätzlich sorgen ein Ventilator und ein Luftumwälzer für frischen Wind.
Da sich Temperaturen und Windverhältnisse ständig ändern, müssen die Fenster dauernd geöffnet und geschlossen werden. Diese Arbeit kann man getrost einem automatischen Fensteröffner überlassen. Er arbeitet ohne Strom. Fensteröffner – sie werden überall im Handel schon recht preiswert angeboten – enthalten eine Flüssigkeit, die sich bei Wärme ausdehnt und das Fenster öffnet und ihr Volumen wieder verringert, wenn es kühler wird und so das Fenster automatisch wieder schließt.

Schutz vor der Sonne

Bei strahlendem Sonnenschein ist oft schon im Frühjahr eine Schattierung erforderlich, übrigens auch für Folienhäuser. Das Material sollte nicht zu dicht sein, weil es dann gleichzeitig zuviel Licht wegnimmt. Die außen angebrachten Matten lassen sich wie ein Rollo hoch- und runterziehen. Man kann die Gewächshausfenster auch mit einem Kalkgemisch weiß anstreichen. Allerdings wäscht der nächste Regen alles wieder ab. Bei sehr großer Hitze sorgt eine kalte Dusche für Abkühlung. Die inneren Wände des Gewächshauses werden morgens und mittags mit kaltem Wasser abgespritzt.
Auch die Geräte für die Arbeit im Gewächshaus unterscheiden sich ein wenig von den Gartengeräten. Sie müssen vor allem handlich sein, allzu lange Stiele sind hinderlich. Da die Pflanzen oft recht dicht stehen, eignet sich für die Bodenlockerung am besten der schmale Sauzahn. Pflanzschaufel, Pflanzholz, Spaten und Grabegabel, ein kleines Sieb für die feine Anzuchterde und eine Gießkanne mit langer Tülle vervollständigen den Gerätepark. Und man braucht eine Schubkarre, die durch die Gewächshaustür paßt.
Wer biologisch gärtnern will, wird sich Geräte aus Kupfer anschaffen. Sie sind zwar etwas teurer, bekommen aber dem intensiv genutzten Boden sehr gut. Bei jedem Arbeitsvorgang reiben sich winzige Metallteilchen ab, die als Spurenelemente das Wachstum der Pflanzen fördern.

Bei Sonnenschein ist das Schattieren eine notwendige Maßnahme. Matten aus Kunststoff halten lange und haben sich gut bewährt.

Die einhängbaren Gitter werden immer dort angebracht, wo Kletterpflanzen eine Hilfe brauchen.

Feines Gemüse braucht ein Dach über dem Kopf

Hinter Glas oder Folie gedeihen viele Gemüsearten, denen es bei uns im Garten meistens zu kalt ist. Dazu zählen so alltägliche Arten wie Gurken und Tomaten.

Eine große Ernte auf kleinstem Raum vom Frühjahr bis in den Herbst: Die intensive Nutzung eines Gewächshauses macht's möglich.

Gewächshausbesitzern entlocken verregnete Sommer und kühles Wetter nur ein müdes Lächeln. Hinter den Glasscheiben oder Folienwänden reifen die schönsten Gemüsearten heran. Es wäre unsinnig, den teuren Glaspalast im Sommer mit Kohl und Rüben zu bepflanzen – die feineren Arten kommen unter das Dach: Tomaten und Paprika, Auberginen und Melonen, Gurken und Zucchini. Beim Gemüseanbau im Gewächshaus gibt es einige Grundsätze zu beachten. Der Boden wird intensiver genutzt als im Freien. Die erforderlichen Nährstoffe müssen dem Boden zugeführt werden – aber vorsichtig. Bei ungeeignetem oder zu reichlichem Dünger kommt es leicht zu einer Versalzung des Bodens.

Im Freiland spült der Regen diese Salze in untere Bodenschichten und somit aus dem Wurzelbereich heraus. Im Gewächshaus muß man schon bei der Auswahl des Düngers diese Schwierigkeiten beachten.

Deshalb ist es im Gewächshaus von großer Bedeutung, auf chemisch hergestellte, wasserlösliche Nährsalze zu verzichten. Auf das funktionierende Zusammenspiel von Nährstoffen, Bodenorganismen und Bodenbearbeitung ist auf dem kleinen Stückchen Erde im Gewächshaus besonders zu achten.

Geeignet sind organisch-mineralische Dünger, die Stickstoff, Phosphor und Kali enthalten; in welchem Verhältnis, das kommt auf die Beschaffenheit des Bodens an. Es empfiehlt sich, den Boden untersuchen zu lassen. Ohne funktionierendes Bodenleben sind die Nährstoffe jedoch für die Pflanzen nicht verfügbar. Deshalb kommt auch der Bodenbearbeitung große Bedeutung zu. Eine tiefgrundige Lockerung ist notwendig. Dazu trägt man die oberen 15 cm Mutterboden einmal im Jahr ab, lockert die Schicht darunter mit einer Grabegabel und gibt den möglichst mit reifem Kompost verbesserten Mutterboden wieder darauf.

Gut bewährt hat es sich, in die untere Bodenschicht ein Lavagranulat einzuarbeiten. Es sorgt für eine ausreichende Bodendurchlüftung.

Das Beste für die Pflanzen im Gewächshaus ist verrotteter Stallmist. Leider bekommt man ihn sehr selten, es sei denn, man setzt sich seinen Mistkompost selber an. Im Handel sind jedoch gute Düngemittel erhältlich, die aus verschiedenen Stallmistarten hergestellt werden. Mehr noch als im Garten müssen Sie im Gewächshaus darauf achten, daß die angebauten Pflanzen zusammenpassen. Dabei spielt nicht nur die „gute Nachbarschaft" eine Rolle. Die Pflanzen müssen gleiche Ansprüche an Boden und Feuchtigkeit haben.

Einen Stammplatz im Gewächshaus haben Tomaten, die Sorgenkinder vieler Gartenbesitzer. Fehlt die notwendige Wärme, dann bleiben sie grün. Tomaten sollte man nicht in unmittelbarer Nähe von Auberginen und Paprika pflanzen, weil sie mehr Dünger brauchen, auch mehr als im Freiland. Vor der Pflanzung wird reichlich Kompost in den Boden eingearbeitet und während des gesamten Hauptwachstums mit Pflanzen-

jauche gedüngt. Wichtig ist ein Pflanzabstand von 50 cm.
Zu Beginn der Kultur wird mäßig gegossen, und zwar ausschließlich im Wurzelbereich. Die Blätter vertragen Nässe nur, wenn sie schnell abtrocknen kann, was im Gewächshaus nicht immer der Fall ist. Sobald sich die Früchte bilden, muß dann täglich gegossen werden. Damit es aber überhaupt soweit kommt, muß der Gärtner bei der Bestäubung nachhelfen. Tomaten sind Selbstbestäuber. Im Garten rüttelt der Wind an den Pflanzen, im Gewächshaus muß der Gärtner rütteln.
Gut nebeneinander gedeihen Paprika und Auberginen. Auch diesen Pflanzen bekommen Kompost und Pflanzenjauche am besten. In der Wachstumszeit sind beide sehr durstig. Bei Auberginen wird der Haupttrieb entspitzt, damit sich die Pflanze verzweigt. Es sollen später die vier kräftigsten Triebe stehen bleiben. Von den Fruchtansätzen läßt man fünf bis sieben ausreifen. Auf den Quadratmeter nicht mehr als vier Pflanzen setzen.

Gurken, Zucchini und Melonen

Zu den empfindlichen Gemüsen, die gerne ein Dach über dem Kopf haben, zählen auch Gurken und Zucchini. Wie Tomaten sind auch Gurken sehr hungrig. Vor der Pflanzung muß der Boden mit Kompost oder verrottetem Stallmist gedüngt werden. Bei Gurken wird die Triebspitze entfernt, sobald sich das fünfte Blatt gezeigt hat. Während der Wachstumsphase zweimal organischen Mischdünger geben, keinen Kunstdünger, denn Gurken reagieren besonders empfindlich auf Salz. Bei sonnigem Wetter braucht eine Gurkenpflanze täglich drei Liter Wasser. Gegossen wird nur mittags. Auch wenn der Durst sehr groß ist, haben Gurken doch ein distanziertes Verhältnis zum Naß: Staunässe im Wurzelbereich quittieren sie mit Wurzelfäule. Der Gewächshausgärtner kann dem vorbeugen, indem er die Pflanzen auf einen ca. 25 cm hohen Hügel setzt. Auf einen Quadratmeter nur zwei Gurkenpflanzen setzen.
Zucchini haben vergleichbare Ansprüche an ihren Lebensraum. Allerdings brauchen sie mehr Platz. Man sollte nur eine Pflanze pro Quadratmeter setzen. Achten Sie beim Samenkauf darauf, daß die Sorten für die Kultur im Gewächshaus geeignet sind. Das gilt auch für Gurken.
Ein Luxus wegen der kleinen Anbaufläche in einem Gewächshaus sind auch Melonen. Sie benötigen mindestens 80 cm × 80 cm Platz pro Pflanze. Ihre Bodenansprüche sind mit denen von Gurken vergleichbar. Nach Bildung des sechsten Blattes werden die Jungpflanzen entspitzt, und auch die Seitentriebe werden bis auf vier kräftige Exemplare entfernt. Es sollen pro Pflanze nur vier bis fünf Früchte reifen. Dabei muß der Gärtner nachhelfen. Die Befruchtung besorgen im Freiland die Bienen. Im Gewächshaus pflückt man sich eine männliche Blüte und drückt sie leicht auf die weiblichen. Aber vorsichtig – der Fruchtknoten darf nicht beschädigt werden. Man kann zum Bestäuben auch einen feinen Pinsel verwenden. Die männliche Blüte ist übrigens daran erkennbar, daß ihr direkt hinter der Blüte eine kleine kürbisartige Verdickung fehlt.

Einige Pflanzen brauchen Hilfe

Wer über ein größeres Gewächshaus verfügt, kann auch Stangenbohnen unter Glas anbauen. Die Pflanzen brauchen allerdings viel Platz und es lohnt sich nicht, nur zwei oder drei zu pflanzen. Man muß dem Gemüse schon eine ganze Gewächshausseite reservieren.
Bohnen gehören zu den Schwachzehrern und sind daher mit wenig Kompost zufrieden. Auf keinen Fall stickstoffhaltigen Dünger verwenden. Das Gießen erfordert Fingerspitzengefühl. Vor der Blüte wird wenig gegossen, danach reichlich, möglichst immer mit abgestandenem Wasser. Wählen Sie Bohnensorten mit nicht so starker Laubbildung.
Einige Pflanzen benötigen eine Kletterhilfe: Melonen, Stangenbohnen und Gurken. Tomaten müssen wie im Freiland an einer Stange hochgebunden werden.
Man kann natürlich auch jede andere Gemüseart im Gewächshaus ziehen. In der Hauptvegetationszeit wachsen unsere robusten heimischen Arten aber auch im Freiland ganz gut. Für eine Vor- und Nachkultur sind jedoch bestimmte Gemüse sehr gut geeignet (siehe Tabelle).

Jahresplan für den Gemüseanbau in einem Kaltgewächshaus

Mögliche Vorkulturen im Winter und Frühjahr				Hauptkulturen im Sommer				Mögliche Nachkulturen im Herbst und Winter			
Art	**Aussaat**	**Pflanzg.**	**Ernte**	**Art**	**Aussaat**	**Pflanzg.**	**Ernte**	**Art**	**Aussaat**	**Pflanzg.**	**Ernte**
Kohlrabi	Ende Januar	Ende Februar	Anfang/ Mitte Mai	**Auberginen**	Ende Februar	Mitte Mai	Mitte August bis Oktober	**Feldsalat**	Ende August bis Oktober	–	Oktober bis April
Mairüben	Ende Februar bis März	–	Ende April bis Mai	**Gurken**	Anfang April bis Juni	Ende Mai/ Anfang Juli	Ende Juli b. Oktober	**Radies**	Ende August-Anfang Okt.	–	Ende September b. November
Rettich	Ende Februar bis März	Mitte März	Ende April bis Mai	**Melonen (Zucker)**	Anfang April	Ende Mai/ Anfang Juni	Anfang Oktober	**Spinat**	September bis Oktober	–	Ende Oktober bis April
Winter-Kopfsalat	Anfang September	Anfang Oktober	Mitte April bis Mitte Mai	**Paprika**	Anfang bis Mitte März	Mitte bis Ende Mai	Ende Juli bis Oktober	**Gartenkresse**	ganzjährig (frostfrei)	–	2–4 Wochen nach Aussaat
Schnittsalat	Ende März	–	Ende April bis Mai	**Stangenbohnen**	Mitte April bis Ende Mai	Anfang Mai bis Juni	Ende Juni bis September	**Stielmangold**	Mitte August bis September	September bis Oktober	November bis Mai
Jungpflanzenanzucht Gemüse- und Sommerblumen	Februar bis Anfang April	1–2x pikieren (versetzen)	Mitte Mai ins Freie pflanzen	**Tomaten**	Anfang bis Mitte März	Mitte bis Ende Mai	Ende Juni bis Oktober	**Winterportulak**	September bis November	–	November bis Mai

Ein Haus für Kakteen und Sukkulenten

Den ersten kleinen Kaktus bekommt man meistens von Freunden oder Kollegen geschenkt – nicht selten aus Jux. Und oft ist das der Beginn einer großen Liebe.

Zuerst stehen die stacheligen Gesellen in einem Eckchen auf der Fensterbank. Dann verdrängen sie allmählich die anderen Zimmerpflanzen, weil der Pflanzenfreund sich immer mehr in seine Kakteen verliebt. Im Winter okkupieren sie die Fensterbank im kühlen Schlafzimmer. Und so geht das weiter, bis die Kakteenliebhaberei den Menschen fest im Griff hat.

Die ideale Lösung ist ein Gewächshaus nur für Kakteen und Sukkulenten. Sicherlich ist das eine kostspielige Angelegenheit, aber dafür auch eine besonders schöne Freizeitbeschäftigung.

Sagen Sie ruhig: „Wenn schon, denn schon!" Zu klein darf das Haus nicht sein. Eine gute Größe: Firsthöhe ca. 2,35 m, Höhe der Seitenwände ca. 1,70 m, Hausbreite ca. 2,70 m, Länge ca. 3 m. Einfachverglasung kommt für diesen Zweck nicht in Frage. Man muß ein Kakteenhaus im Winter heizen und daher von vornherein für eine gute Isolierung sorgen. Bei einer Grundfläche unter 10 Quadratmeter reicht ein Öl-, Gas- oder Elektroofen; größere Gewächshäuser sollten an die Hausheizung angeschlossen werden.

Entscheiden Sie sich für ein Anlehngewächshaus, reicht eine Breite von 1,70 m. Der Gang verläuft dann an der Hauswand. Denn – das ist sehr wichtig für ein Kakteen-Gewächshaus – die Wüstenbewohner brauchen viel Licht. Deshalb soll man im Anlehngewächshaus keine Kakteen an der Wandseite aufstellen.

Optimal ist Sonne von morgens bis etwa 15 Uhr. Treffen die Sonnenstrahlen erst gegen Mittag auf das Glasdach – und bleiben dort auch bis zum Abend – sind die Wachstumserfolge nicht sehr gut. Ebenso wichtig wie die Sonne ist für Kakteen die richtige Belüftung. Es müssen genügend Lüftungsklappen vorhanden sein, außerdem ein Ventilator und eine Luftumwälzungsanlage.

Will man nicht ständig mit seinen Kakteen beschäftigt sein – Hobby soll schließlich Hobby bleiben –, sollte man für eine automatische Regelung der Belüftung sorgen.

Auch die Luftfeuchtigkeit spielt eine wichtige Rolle. Kakteen sind aus ihrer Heimat an morgendlichen Tau gewöhnt. Dieses Vergnügen verschafft man ihnen, indem man abends mit feinsten Zerstäuberdüsen Wasser versprüht. Für die notwendige Temperaturabsenkung sorgt die natürliche Nachtkühle. Ansonsten lieben Kakteen eher trockene Luft.

Früher Gewächshaus-Frühling

Die Pflege der Kakteen im Gewächshaus unterscheidet sich in einigen Punkten von der Pflege auf der Fensterbank. Oft beginnt der Frühling im

Kratzbürstig und stachelig, aber beliebt wie kaum eine andere Pflanze: der Kaktus. Im Gewächshaus hat er optimale Bedingungen.

Pflegeplan für Kakteen im Gewächshaus

	Temperatur	Gießen	Umtopfen	Düngen	Luft
Januar/Februar	9–13 °C	An sonnigen Tagen morgens ein wenig sprühen, im Februar 1–2 x etwas gießen.			Erwärmt die Sonne das Haus, unbedingt lüften.
März	Bei starker Sonneneinstrahlung schattieren: Steigende Temperaturen schaden nicht.	Ab und an morgens gießen.	Spätblüher umtopfen.	Bei jährlichem Umtopfen muß nicht gedüngt werden. Aber auch sonst eher weniger düngen. Zuviel Nährstoff führt zu mastigem Wuchs und kranken Pflanzen.	Bei Sonne lüften.
April–Juni	Nicht mehr als 25–32 °C. Wenn nötig schattieren.	Regelmäßig gießen, im April noch morgens, ab Mai abends. Zwischendurch die Erdoberfläche antrocknen lassen.	Frühblüher umtopfen (Blüte März/April).		Für viel frische Luft sorgen
Juli/August	s. o.	s. o.	Noch kann umgetopft werden.		s. o.
September/ Oktober	Temperatur sinkt langsam, ab Mitte Oktober 10–15 °C.	Gießen reduzieren. Ende Oktober einstellen.			Regelmäßig lüften.
November/ Dezember	6–8 °C	nicht gießen			Regelmäßig lüften, aber nicht gerade bei Minusgraden.

Hier zeigen Kakteen, was in ihnen steckt: herrliche Blüten! Die meisten entfalten sich nur bei vollem Sonnenlicht, andere blühen nur nachts.

Glashaus ein paar Wochen früher als im Kalender angegeben, weil die Sonne an wolkenlosen Tagen bei den Pflanzen Frühlingsgefühle aufkommen läßt. Entsprechend früher muß also im Gewächshaus mit dem Gießen begonnen werden. Aber: Auch wenn die Tage im März einmal schon recht warm sind, muß nachts meistens noch geheizt werden. Und bis zu den Eisheiligen muß man ja sowieso mit Nachtfrost rechnen.

Die Anordnung der Pflanzen richtet sich nach ihren Lichtbedürfnissen, der Wuchsform und der Wuchsgeschwindigkeit. Sollen Kakteen und Sukkulenten im gleichen Haus wohnen, muß auf die unterschiedlichen Ansprüche Rücksicht genommen werden. Das fängt beim Wasserbedarf an. Auch der Wärme-, Licht- und Nährstoffbedarf spielt eine Rolle.

Besonders schön sind festgemauerte sogenannte Bankbeete. Man muß dabei aber folgendes bedenken: Zum Füllen dieser Beete braucht man sehr viel Spezialerde, die außerdem alle paar Jahre erneuert werden muß. Das ist eine außerordentlich aufwendige Arbeit.

Eine praktikablere Lösung sind Bankbeete, in die man die einzelnen Pflanzen mitsamt ihrer Töpfe einsetzt. Mit ein wenig Erde zugedeckt, mit Steinen und anderen Dekorationselementen zur Mini-Landschaft gestaltet, fallen die Töpfe gar nicht mehr auf. Diese sehr einfache Methode erleichtert die Pflege, das Umtopfen und eventuell das Auswechseln kranker Pflanzen.

Wer auf den Geschmack gekommen ist, wird auch die Anzucht von Kakteen ausprobieren wollen. Hierfür eignet sich ein Gewächshaus vorzüglich. Halten Sie sich also ein Plätzchen für ein beheiztes Vermehrungsbeet frei.

Ein gutes Betriebsklima für Exoten

In einem gut isolierten Gewächshaus mit den notwendigen technischen Einrichtungen kann man alle Pflanzen der Welt kultivieren. Man muß ihnen nur ihre Klima- und Nahrungsansprüche erfüllen.

Wer viel Zeit hat und nicht allzu knapp bei Kasse ist, wem exotische Pflanzen und botanische Experimente Freude machen, für den ist ein Warmgewächshaus geradezu ein idealer Hobbyraum.

Nicht alle Gäste aus fernen Ländern sind allerdings so wärmebedürftig, wie man meint. Ob man aber nun ein Warmhaus oder ein temperiertes Haus betreiben will, macht in der Ausstattung und technischen Einrichtung keinen Unterschied. Eine gute Isolierung und Heizung sind für beide Voraussetzung, auch die automatischen Helfer.

Der Traum vieler Blumenfreunde ist die eigene Orchideenzucht. Die zarten Gebilde, die häufig eher an seltene Schmetterlinge als an Blüten erinnern, sind etwas ganz Besonderes. Die kleinen Wunder der Natur rufen bei den meisten Betrachtern helles Entzücken und ehrfurchtsvolles Staunen hervor. Und dabei dauert die Freude an den schönen Blüten oft nur kurze Zeit. Viele der schönsten Arten blühen nur einmal im Jahr für wenige Tage oder gar Stunden.

Die Heimat von rund 80 Prozent der bekannten Orchideen sind ferne Länder mit gänzlich anderem Klima als bei uns. Das ist nicht immer der tropische Regenwald mit seiner feucht-warmen Luft, eine ganze Reihe Orchideen stammt aus gemäßigteren Zonen.

Die ideale Lösung ist ein gläsernes

Meistens so um Weihnachten entfalten die Orchideen im Gewächshaus ihre üppige Blütenfülle. Ihre Pflege erfordert sehr viel Geduld.

Domizil mit zwei Temperaturzonen. Eine Glaswand mit Tür teilt das Gewächshaus in einen Bereich für die wärmebedürftigen und einen für die Pflanzen mit gemäßigten Temperaturansprüchen. Jeder Bereich sollte eine Länge von 2,50 m bis 3 m haben – sonst lohnt der ganze Aufwand nicht.

Im hinteren Teil, dem Warmhaus, bringt man die tropischen Orchideen unter, im vorderen Teil, dem temperierten Haus, die robusteren Arten. Sinnvoll ist auch ein kleiner Vorraum, der einmal als Windfang dient und zum anderen als Arbeitsplatz.

Die technischen Installationen für beide Bereiche sind identisch, einige Apparaturen braucht man doppelt. Ein Orchideen-Gewächshaus für diese beiden Temperaturbereiche muß sehr gut isoliert sein und über eine funktionstüchtige Heizung verfügen. Die beste Lösung ist ein Anschluß an die Hausheizung. Besonders wichtig sind auch Thermostate für die beiden „Klimazonen", denn die Temperaturwünsche der Pflanzen müssen genau erfüllt werden.

Die tropischen Orchideen brauchen im Sommer und im Winter tagsüber eine Temperatur zwischen 24 und 30 Grad und nachts zwischen 18 und 21 Grad. Im gemäßigten Temperaturbereich sollen die Werte im Sommer tagsüber bei 18 bis 24 Grad liegen und nachts bei 16 bis 18 Grad, im Winter tagsüber bei 16 bis 21 Grad und nachts bei 13 bis 16 Grad.

Kühlung an heißen Tagen

Das genaue Einhalten dieser Temperaturen erfordert nicht nur eine gute Heizung, sondern im Sommer gegebenenfalls auch eine funktionierende Kühlung. Denn zu heiß darf es genausowenig werden wie zu kalt. Neben der üblichen Schattierung durch Matten muß zusätzlich eine Kühlvorrichtung installiert werden. Das sind Metallwände, an denen ähnlich wie bei Wasserspielen permanent kaltes Wasser herunterfließt. Ein weiterer wichtiger Faktor ist die relative Luftfeuchtigkeit. Sie soll niemals unter 60 Prozent fallen. Deshalb darf ein Hochleistungsluftbefeuchter mit einem vollautomatischen Feuchteregler (Hygrostat) nicht fehlen.

Oft unterschätzt wird auch die Bedeutung der Luft. Für Frischluft sorgen automatische Lüftungsklappen. In jedes Gewächshaus gehört außer-

dem unbedingt ein Luftumwälzer. Sehr genau beachten muß man auch die Lichtansprüche der einzelnen Orchideen. Es gibt Arten, die unter Bäumen und Sträuchern wachsen und daher weniger Licht brauchen als andere, die auf Bäumen leben und sich der Sonne entgegenstrecken. Diese Wünsche kann man im Gewächshaus zum Teil durch die Anordnung der Pflanzen erfüllen, muß jedoch auf jeden Fall für zusätzliche Lichtquellen sorgen. Denn viele Orchideen stammen aus Gegenden, in denen es das ganze Jahr hindurch zwölf Stunden hell ist und zwölf Stunden dunkel. Diese Bedingungen muß man den anspruchsvollen Schönen in unseren Bereichen mit technischer Hilfe ebenfalls das ganze Jahr hindurch erfüllen.
Das Orchideen-Hobby ist ein teures Steckenpferd. Neben einer aufwendigen Technik gehören natürlich auch Tische und Regale zur Einrichtung. Und die Pflanzen selbst haben meist auch ihren stolzen Kurs. 40 Mark pro Pflanze ist ein Durchschnittspreis, aber auch 80 oder 100 Mark sind keine Seltenheit. Dazu kommen Spezialerde, Spezialdünger, Geräte und Energiekosten.

Wie lange graue Bärte hängen die Tillandsien Louisiana Moos (Tillandsia usneoides) herab.

Bromelien und andere Exoten

Es müssen aber nicht unbedingt Orchideen sein. Die große Familie der Bromelien ist kaum weniger reizvoll. Auch bei diesen Pflanzen gibt es Arten für das Warmhaus und das temperierte Haus. Eine weitere Unterscheidung: Die einen wachsen auf Bäumen (Epiphyten), die anderen in der Erde. Ihre Erscheinungsformen von den Blüten und dem Blattwerk her sind so unterschiedlich, daß man sich allein mit Bromelien eine äußerst vielseitige Bepflanzung des Gewächshauses anschaffen kann. Zu den Bromelien zählen u.a. die Tillandsien, die sich wie die anderen Epiphyten auf Bäumen und sogar auf Steinen mit Haftwurzeln festhalten. Ihre Nahrung holen sich diese Pflanzen aus der Luft.
Interessant sind auch die fleischfressenden Pflanzen, von denen einige hohe Temperaturen und hohe Luftfeuchtigkeit brauchen. Unter den Farnen gibt es ebenfalls viele Arten, die am besten in einem Gewächshaus gedeihen. Gesneriengewächse, Marantagewächse, sehr viele Palmen, Cattleya-Arten, Caladium-Hybriden, Columnea-Arten, Fensterblatt, die Flamingoblume und andere mehr leben gern im Glashaus. Es würde zu weit führen, hier alle aufzuzählen.
Wer das Exotische mit dem Nützlichen verbinden will, wird sich für tropische Früchte entscheiden. Gute Erfolge hat man sicherlich mit Citrusfrüchten. Die Bäumchen kann man im Sommer in besonders geschützten Gegenden auch in den Garten stellen. Wirklich ertragreich sind auch Kiwis bei uns nur im Gewächshaus, von einigen Weingegenden einmal abgesehen. Da die Pflanzen zweihäusig sind, muß man wenigstens eine männliche Pflanze für vier weibliche anschaffen. Als Neuheit gibt es jetzt auch einhäusige Kiwipflanzen (Sorte 'Jenny'). Sie tragen an einer Pflanze gleichzeitig männliche und weibliche Blüten.
Die ersten Früchte reifen bei allen Kiwis erst an dreijährigen Pflanzen. Kiwis brauchen ein Rankgerüst mit einer Gesamthöhe von knapp zwei Metern, feuchten Boden, kalkarmen Kompost im Herbst, viel Wärme, aber keine direkte Sonne.
Im Sommer, wenn die Früchte etwa die Größe einer Walnuß haben (Juli/August), werden die fruchttragenden Seitentriebe über dem vierten Blatt oberhalb der obersten Frucht abgeschnitten. Auch die anderen Seitentriebe werden eingekürzt.
Im Februar/März wird der Winterschnitt durchgeführt. Dabei wird alles abgetragene Holz entfernt, denn die Fruchtbildung erfolgt an den einjährigen Trieben. Da die Gewächshausfläche begrenzt und teuer ist, empfiehlt es sich, gleich dreijährige Kiwi-

Zur großen Familie der Bromelien gehört auch Nidularium fulgens, die auf einem Baum lebt.

Im Gewächshaus wachsen Kiwis so gut wie in ihrer Heimat Neuseeland. Im Garten ist es den Pflanzen vor allem im Winter zu kalt.

pflanzen zu setzen – sonst ist die Wartezeit zu lang.

Auch mit Wein hat man in den kühleren Teilen Deutschlands nur im Gewächshaus den richtigen, süßen Erfolg. Allerdings kann man Wein nicht einfach zwischen andere Pflanzen setzen. Spaß machen die Weintrauben unter dem Dach erst, wenn man ihnen ein ganzes Haus zur Verfügung stellt.

Bevor man einen Weinstock pflanzt, muß der Boden wenigstens 80 cm tief umgegraben und mit guter Gartenerde verbessert werden, der man noch Kalk, Lehm und organischen Dünger (oder Kompost) beimischt. Weinreben brauchen einen lockeren Boden, in dem sich keine Staunässe bildet. Die Jungreben werden im Frühjahr oder im August ca. 20 cm von der Wand entfernt gepflanzt. Das Pflanzloch soll 40 cm tief und einen Quadratmeter groß sein, zu einem Drittel mit Komposterde gefüllt und gut gewässert werden. Die Rebe wird so gepflanzt, daß der Wurzelballen ca. 15 cm unter der Erdoberfläche liegt und die längeren Wurzeln gut ausgebreitet über die ganze Fläche verteilt sind. Geschnitten wird der Wein im Gewächshaus wie die Freilandrebe. Wichtig ist jedoch frische Luft und regelmäßiges Sprühen, besonders wenn die Temperaturen sehr ansteigen. Der Wein wird an Drähten wie Spalierwein an der Hauswand gezogen.

Erdbeeren im Winter

Erdbeeren kann man nicht direkt als exotische Früchte bezeichnen. Aber eine eigene Ernte mitten im Winter hat schon etwas Exotisches. Im beheizten Gewächshaus ist das ohne weiteres möglich. Wer Erdbeeren im eigenen Garten hat, sorgt im Herbst für Ableger. In Töpfen mit etwa 12 cm Durchmesser bleiben die Pflänzchen bis zum ersten Frost (den müssen sie draußen erleben) im Garten und kommen dann ins Gewächshaus. Die Temperatur soll um 10 Grad liegen und wird in den nächsten Wochen bis zur Blütenbildung auf 20 Grad erhöht. Bei der Bestäubung muß man mit einem Pinsel nachhelfen, da Wind und Insekten fehlen.

Man kann die Erdbeeren in Töpfen halten oder in ein Frühbeet mit Bodenheizung setzen. Je nachdem, wann man mit der Treiberei beginnt, kann man mitten im Winter ab Februar Erdbeeren ernten.

Dem experimentierfreudigen Gewächshaus-Gärtner steht die Pflanzenwelt offen. Ein solides Gewächshaus ist allerdings die Basis für dieses Hobby.

Biologische Bekämpfung von Schädlingen

Für Schlupfwespen sind Mottenschildläuse eine Delikatesse, Raubmilben haben Spinnmilben zum Fressen gern. Im Glashaus kämpft man ohne Gift.

Sie ist zwei Millimeter lang, besitzt zwei Paar Flügel und hat schon so manchen Pflanzenfreund zur Verzweiflung gebracht: die Mottenschildlaus, auch bekannt unter dem Namen Weiße Fliege ***(Trialeurodes vaporariorum)***. Besonders wohl fühlt sie sich in der Geborgenheit eines Gewächshauses.
Die kleinen Insekten ernähren sich vom Saft der Pflanzen, sowohl im Larven- als auch im Flugstadium. Diese Ernährungsgewohnheiten schädigen die Pflanzen bereits sehr stark. Dazu kommt aber noch, daß Mottenschildläuse ein klebriges Sekret absondern, das sich auf den Blättern festsetzt und ein idealer Nährboden für schwarze Schimmelpilze, den Rußtau, ist.
Die Entwicklungszeit der Mottenschildlaus vom Ei bis zur Fliege hängt von der Temperatur im Gewächshaus ab. Bei 30 Grad vergehen drei Wochen, bei 15 Grad elf Wochen. Auch die Lebensdauer ist von der Temperatur abhängig – je wärmer es ist, desto länger leben die Insekten.
Die Weiße Fliege hat jedoch einen tödlichen Feind: die Schlupfwespe ***(Encarsia formosa)***. Sie ist zwar nur halb so groß wie die Mottenschildlaus, aber sie lebt in und von der Weißen Fliege. In der Entwicklungszeit, vom Ei bis zur Flugfähigkeit, lebt die Schlupfwespe in der Mottenschildlauslarve. Die Eier werden von den weiblichen Tieren in die Larven gelegt und verweilen dort – wie die Made im Speck –, bis die winzigen Fluginsekten ausschlüpfen. Aber auch die erwachsene Schlupfwespe bleibt ihren Eßgewohnheiten treu und frißt für den Rest ihres Lebens die Larven und auch den süßen Honigtau.
Diese Wechselwirkung nutzt der Gewächshausbesitzer zur biologischen Schädlingsbekämpfung. Beim ersten Anzeichen von Mottenschildlausbefall setzt man zwei- bis dreimal im Abstand von wenigen Tagen Puppen von Schlupfwespen aus. Die Blätter oder Pappkärtchen mit den schwarzen Puppen werden im Gewächshaus aufgehängt – fünf bis zehn Puppen pro Quadratmeter Gewächshausfläche. Nach etwa zwei Wochen schlüpfen die Insekten.
Den Erfolg dieser Maßnahme kann man gut mit bloßem Auge erkennen. Das weiße Puparium der Mottenschildlaus auf den Unterseiten der Blätter verfärbt sich schwarz, sobald Schlupfwespeneier darin abgelegt wurden (Parasitieren).
Schlupfwespen ernähren sich übrigens ausschließlich von Mottenschildlauslarven. Sind keine mehr verfügbar, verhungern die Tierchen. Ihre Lebenserwartung beträgt aber sowieso nur zehn bis vierzehn Tage. Schlupfwespenpuppen kann man über Versandgeschäfte bestellen (siehe Bezugsquellen-Anhang).
Eine andere verbreitete Plage sind die Gewächshaus-Spinnmilben ***(Tetranychus urticae)***, auch „Rote Spinne" genannt. Sie leben auf vielen Pflanzen, auch auf Gurken und Tomaten, und saugen den Lebenssaft aus den Blättern. Die durch den Befall hervorgerufenen Schäden zeigen sich als gelbe Flecken. Sobald erste Anzeichen sichtbar sind, sollte man sofort Gegenmaßnahmen ergreifen.
Die wirksamste Waffe ist ein naher Verwandter: die Raubmilbe ***(Phytoseiulus persimilis)***. Sie ernährt sich ihr Leben lang von Spinnmilben. Die Räuber sehen ihren Opfern recht ähnlich, produzieren aber kein Gespinst wie die Rote Spinne. Raubmilben sind sehr lebhaft und bewegen sich sehr schnell.
Auch diese Nützlinge kann man sich per Post schicken lassen. Geliefert werden gleichzeitig Eier, Larven und erwachsene Tiere, meist auf Bohnenblättern. Man legt diese Blätter in Stücke zerschnitten auf die befallenen Pflanzen, die möglichst dicht beieinander stehen sollen, um eine schnelle Verbreitung zu ermöglichen. Hohe Luftfeuchtigkeit fördert die Wirksamkeit der Raubmilben. Eine Raubmilbe saugt täglich bis zu fünf ausgewachsene oder bis zu 20 junge Spinnmilben aus. Das Leben einer Raubmilbe dauert vom Ei bis zum Absterben sieben bis zehn Tage.
Auch Blattläuse ***(Aphididae)*** machen dem Gewächshausgärtner oft große Sorgen. Die verschiedenen Arten sind meistens grünlich. Die

Die Weiße Fliege (Bildmitte) verbreitet sich in Gewächshäusern sehr schnell. Links sieht man das schwarze, von der Schlupfwespe parasitierte Puparium, in das rechte ist noch kein Ei abgelegt worden. Unten Mitte sieht man das erste Larvenstadium der Weißen Fliege.

Die winzige Schlupfwespe ist gerade aus dem Puparium geschlüpft. Sie setzt das Werk fort und legt nun ihrerseits Eier in den Puparien der Weißen Fliege ab und ernährt sich selbst auch von den Larven der Schädlinge.

Winzlinge ernähren sich ebenfalls von dem Saft der Blätter und sitzen an den Blattunterseiten oder an jungen Trieben. Einmal schädigen sie die Pflanze durch ihre Saugtätigkeit, zum anderen bedecken sie die Blätter – wie die Mottenschildlaus – mit ihren klebrigen Ausscheidungen, auf denen sich Rußtau bildet. Außerdem übertragen sie gefährliche Viruserkrankungen.

Gründe genug, ihnen den Kampf anzusagen. Als Verbündete leisten die Räuberischen Gallmücken ***(Aphidoletes aphidimyza)*** gute Dienste. Sie sind mit den schädlichen Gallmücken verwandt und dürfen nicht mit ihnen verwechselt werden.

Geliefert werden in Torf eingebettete Puppen. Man verteilt sie in kleinen Häufchen auf der Erde. Nach ein bis zwei Wochen sind die Gallmücken geschlüpft. Die erwachsenen Tiere ernähren sich von dem Honigtau und legen ihre Eier in der Nähe der Blattlauskolonien ab. Denn die kleinen Larven ernähren sich ausschließlich von Blattläusen. Jedes Weibchen der Räuberischen Gallmücke legt etwa 100 Eier und jede Larve vertilgt etwa 50 Blattläuse.

Ein erprobter Mitstreiter im Kampf gegen die Blattläuse ist auch die Florfliege ***(Chrysopa carnea)***, die man bezeichnenderweise auch „Blattlauslöwe" nennt. Verschickt werden die Eier dieser Nützlinge, aus denen schon nach wenigen Tagen die Larven schlüpfen. Ihre Hauptnahrung sind Blattläuse. Eine Larve frißt in ihrer Entwicklung bis zu 500 Stück. Die erwachsenen Tiere bevorzugen Nektar und Pollen, schädigen die Pflanzen aber nicht.

Bei der biologischen Schädlingsbekämpfung im Gewächshaus ist es überaus wichtig, bereits bei den ersten Anzeichen eines Befalls Gegenmaßnahmen zu ergreifen. Deshalb sollte man seine Pflanzen wenigstens jeden zweiten Tag sehr genau kontrollieren. Hat sich ein Schädling erst richtig vermehrt, dann hilft oft nur die „chemische Keule".

Wer nicht mit Nützlingen die Schädlinge bekämpfen will, kann die Weiße Fliege zum Beispiel auch mit den sogenannten Gelbfallen auf den Leim führen. Im Gewächshaus werden gelbe Scheiben aufgehängt, die mit einer klebrigen Masse bestrichen sind. Die Weißen Fliegen fliegen auf Gelb und bleiben am Leim hängen. Diese Methode wird von vielen Erwerbsgärtnereien mit großem Erfolg angewandt.

Auch im Gewächshaus kann man mit Pflanzenbrühen und -jauchen den Schädlingen und Pilzerkrankungen zu Leibe rücken. Gegen Blattläuse hilft Brennesseljauche, aber vorsichtig dosieren, damit sich der Nitratgehalt nicht zu stark erhöht. Wermutbrühe hilft gegen Ameisen, Blattläuse und die Schwarze Bohnenlaus. Spritzungen mit Schachtelhalmtee beugen Pilzerkrankungen vor.

Leider gibt es auch Schädlinge und Krankheiten, die man nur mit stärkeren Mitteln bekämpfen kann. Treten Ameisen verstärkt auf, muß man giftige Fraßköder auslegen oder gezielt die Nester suchen und zerstören. Asseln, die sich im allgemeinen von bereits leicht verrotteten Pflanzen- und Tierresten ernähren, wissen saftige Wurzeln, junge Triebe und Früchte in Bodennähe zu schätzen. Auch diese Schädlinge muß man leider mit Giftködern bekämpfen. Gegen Schnecken helfen auch im Gewächshaus Bierfallen.

Vielleicht mehr noch als im Garten ist in dem kleinen Raum des Gewächshauses Vorbeugen der beste Schutz. Von kranken Pflanzen sollte man sich lieber schnell trennen und nicht lange herumdoktern und so die Gefahr der Ansteckung anderer Pflanzen in Kauf nehmen. Achten Sie beim Erwerb der Pflanzen auf kräftigen Wuchs und gesundes Aussehen. Verwenden Sie nur einwandfreies Saatgut. Sorgen Sie für gesunden Boden und für frische Luft.

Im Handel werden sowohl biologische als auch chemische Mittel für die Schädlings- und Krankheitsbekämpfung im Gewächshaus angeboten. Verwenden Sie nur Präparate, die ausdrücklich für den Gebrauch im Gewächshaus zugelassen sind und halten Sie sich strikt an die Gebrauchsanweisung.

Für die Gesundheit der Pflanzen spielt auch das Licht eine große Rolle. Jede Verglasung nimmt einen Teil der Helligkeit weg. Um so wichtiger ist das regelmäßige Fensterputzen, besonders bei ganzjährig genutzten Häusern im Winter, wenn das Tageslicht von Natur aus schon ziemlich schwach ist. Das Putzen der Scheiben ist auch die einzige wirklich wirksame Maßnahme, der nicht auszuschließenden Algenbildung zuvorzukommen. Im Handel gibt es Mittel, die man dem Putzwasser zufügen kann.

Das rötliche Tier ist die Raubmilbe, die beiden schwarzen Tierchen dienen ihr als Nahrung, die gemeinen Gewächshaus-Spinnmilben.

Die rote Larve der Räuberischen Gallmücke auf der Jagd nach Nahrung. Sie ernährt sich in diesem Stadium ausschließlich von Blattläusen.

Auch das Desinfizieren benutzter Pflanzgefäße und Geräte ist notwendig. Tische und Regale dürfen dabei nicht vergessen werden. Über geeignete Präparate informiert der Handel. Es kommt vor, daß der Boden im Gewächshaus stark von Krankheiten und Schädlingen verseucht ist. In solchen Fällen kann man die gesamte Erde austauschen oder man muß den Boden entseuchen. Dafür gibt es ein granulatähnliches Material, das in den Boden eingearbeitet wird und sich dort in ein Gas verwandelt. Es versteht sich fast von selbst – solche Maßnahmen können nur durchgeführt werden, wenn das Haus leer ist. Auch in diesem Fall müssen die Anweisungen des Herstellers und die Wartezeiten, bis das Haus wieder benutzt werden kann, unbedingt eingehalten werden.

Überwintern unter dem Glasdach

Wohin mit den Knollen und Pelargonien, den Kakteen und Fuchsien im Winter? Den einen Pflanzen ist es drinnen zu warm, den anderen draußen zu kalt. Ein Gewächshaus ist die Lösung.

Zimmer-, Balkon- und Terrassengärtner haben alle Jahre wieder ein großes Problem. Wohin mit den Pflanzen im Winter? Kühl, hell und luftig soll der Raum sein, in dem die in der kalten Jahreszeit oft recht unansehnlichen Pflanzen die Winterzeit verbringen wollen. Der Keller ist dem „Gestrüpp" meistens zu dunkel und oft auch noch zu warm in den zentralbeheizten Wohnhäusern. Auch Garagen und Schlafzimmer sind nicht sonderlich geeignet.

Geradezu ideal ist ein Gewächshaus, ein sogenanntes Kalthaus, das im Winter meist ungenutzt bleibt. Allerdings darf auch dort die Temperatur nicht unter 0 Grad sinken. Temperaturen zwischen 4 und 12 Grad sind den Kübelpflanzen und anderen Wintergästen am liebsten. In strengen Wintern muß man das Kalthaus also zeitweise heizen. Dafür gibt es kleine Öfen, beheizt mit Öl, Gas, Briketts oder Strom.

Kleine Öfen mit großer Wirkung

Am praktischsten sind Elektro-Öfen (Heizlüfter), vorausgesetzt im Gewächshaus ist ein elektrischer Anschluß. In Notfällen kann die Entfernung zum Haus auch mit einer Verlängerungsschnur (z.B. vom Rasenmäher) überbrückt werden. Es sollte sich aber auf jeden Fall um ein für diesen Zweck geeignetes Gerät handeln. Zimmeröfen darf man nicht verwenden.

Die Betriebskosten sind bei Elektro-Öfen recht hoch. Aber: Man benutzt sie ja nicht ständig, und man spart die Ausgabe für eine Abzugsvorrichtung im Gewächshaus, die bei allen Verbrennungsöfen vorgeschrieben ist. Wer sich für einen elektrischen Ofen entscheidet, sollte sich auch einen eingebauten Thermostaten leisten – aus Sparsamkeit.

Einfach zu handhaben sind auch Öl-Öfen. Sie brauchen allerdings ein nach draußen führendes Abzugsrohr und haben daher einen festen Standort. Das gleiche gilt für Gas-und Brikett-Öfen.

Mit der Heizquelle allein ist es aber noch nicht getan. Rund um den Ofen herum wird es oft zu heiß, und in den Ecken bleibt es kalt. Elektro-Öfen verfügen meistens über eine eingebaute Ventilation, bei Verbrennungsöfen sorgt der gewächshauseigene Ventilator für Luftbewegung.

Apropos Luft! Auch im Winter muß gelüftet werden, aber vorsichtig. Eisige Zugluft bekommt den Pflanzen nicht. Lüften Sie also nur an milden Wintertagen. Und man sollte in der kalten Jahreszeit auch die Kraft der Sonnenstrahlen nicht unterschätzen. Gewächshäuser stehen im allgemeinen immer an einem besonders sonnigen Platz im Garten, und so ein Glashaus erwärmt sich schnell. Also muß man auch im Winter schattieren. Denn große Temperaturunterschiede zwischen Tag und Nacht schaden den Pflanzen sehr.

Standortwünsche der Pflanzen

Die Anordnung der Pflanzen richtet sich nach ihrem Licht- und Wärmebedarf. (Alle Pflanzen, die eine Temperatur über 15 Grad benötigen, sind für ein Kalthaus ungeeignet.) Da warme Luft bekanntlich nach oben steigt, ist es auf den Regalen wärmer als etwa einen Meter über dem

Das Gewächshaus ist der ideale Platz für alle Zimmerpflanzen, die den Winter kühl und hell verbringen wollen. Aber auch Lagergemüse, Kübel- und Balkonpflanzen fühlen sich hier wohl.

Boden. Ein weiteres Kriterium ist natürlich die Größe der Pflanzen. Sortieren Sie die Pflanzen auch ein wenig nach ihrem Wasserbedarf. Alle, die gar keinen Durst haben, in eine Ecke, die mit gelegentlichem und regelmäßigem Wasserbedarf in die anderen. Einmal müssen Sie bei der Pflege dann nicht immer hin und her hüpfen, und Sie vermeiden Irrtümer. Übrigens: Gießen Sie immer mit temperiertem Wasser.
Bis auf Blattkakteen wollen die stacheligen Freunde im Winter eine Temperatur zwischen 5 und 10 Grad und einen möglichst hellen Standort. Gegossen wird nur soviel, daß die Erde nicht völlig austrocknet – lieber etwas zu wenig als zuviel. Blattkakteen sollten auf keinen Fall bei Temperaturen unter 10 Grad überwintern. Sie werden nur mäßig, aber regelmäßig gegossen.
Die meisten Sukkulenten vertragen auch im Winter Zimmertemperatur. Eine Temperatur um 10 Grad brauchen u.a. **Aeonium, Faucaria, Gasteria, Graptopetalum**, **Haworthia**, **Kalanchoe**, **Lithops** und **Sedum**. Auch alle anderen Zimmerpflanzen, die eine kühle Winterruhe halten, kann man ins Gewächshaus stellen.

Garten- und Balkonpflanzen

Mitsamt Blumenkästen werden die Pelargonien bei 6 bis 10 Grad überwintert. Knollenbegonien nimmt man nach dem Abfrieren der oberirdischen Teile mit dem Erdballen aus dem Boden und legt sie in eine Obststeige oder eine andere Holzkiste. Wer will, kann die Erde entfernen, muß die Knollen dann allerdings in trockenen Sand einschlagen. Auch Canna-Knollen gräbt man mit der Erde aus, schneidet das Kraut ca. 15 cm über der Erde ab und überwintert sie trocken bei etwa 10 Grad.

Die Stiele der Dahlien kappt man rund 20 cm über dem Boden, hebt die Knollen vorsichtig aus der vorher gelockerten Erde und schüttelt die lose Erde ab. Stellen Sie die Knollen einige Tage auf die abgeschnittenen Stengelenden, damit alle Flüssigkeit aus den Knollen herausfließt. Den Winter verbringen sie mit den Stengeln nach oben in einem Kistchen mit feuchtem Sand.
In das kühle, gläserne Winterquartier gehören auch alle großen Kübelpflanzen von der Terrasse, denen es draußen zu kalt ist. Bei 5 bis 10 Grad überwintern u.a. Aukube, Baumtomate, Bougainvillea, Bleiwurz, Citrusbäumchen, Datura, Eukalyptus, Fuchsien, Granatapfel, Hammerstrauch, Lorbeerbaum, Oleander, Wollmispel und Zwergpalme. Etwas mehr Wärme vertragen das Margeritenbäumchen, Hibiskus, Korallenstrauch und das Wandelröschen.
Auch Gemüse kann man im Gewächshaus einlagern, statt in einer Miete oder im Keller. Schwarzwurzeln, Winterrettich, Porree, Möhren, Pastinake, Sellerie oder Rote Bete werden in Kisten mit leicht feuchtem Sand einfach unter die Gewächshaustische gestellt.

Winterputz im Gewächshaus

Im Laufe der sommerlichen Gartensaison sammelt sich so allerhand Schmutz und Ungeziefer im Gewächshaus an. Bevor Sie es als Winterquartier nutzen, muß gründlich reinegemacht werden.
Zuerst müssen alle Pflanzenreste entfernt werden. Denn in den abgestorbenen Blüten, Blättern oder Wurzeln überleben Schädlinge und Bakterien ganz ausgezeichnet.
Danach schrubben Sie alle Teile des Gewächshauses mit heißem Wasser und einem umweltverträglichen Zusatz (zum Beispiel Neutralseife) gründlich ab: Fenster, Stangen, Stützen, alle Metallteile und vor allem die Unterseiten der Tische und Regale.
Empfehlenswert ist außerdem das Abreiben mit einem geeigneten Desinfektionsmittel. Lassen Sie sich im Fachhandel beraten. Gab es in der vorherigen Vegetationsperiode Probleme mit Bodenschädlingen, sollte die gesamte Gewächshauserde bis zu einer Tiefe von 25 cm erneuert werden.

NUTZGARTEN

Was der Hobby-Gärtner an Obst und Gemüse erntet, soll vor allem frisch und gesund sein.

Harmonie und farbige Vielfalt

Früher gab es weder Nutz- noch Ziergarten, sondern einfach nur den Garten. Und weil es vor allem die ländliche Bevölkerung war, die vor und hinter dem Haus Pflanzen kultivierte, hat er den Namen Bauerngarten erhalten.

Hier gibt es stets frische Blumen zu schneiden, Beeren zu naschen oder Kräuter zu ernten. Werden Gartenfreunde allerdings gefragt, wie ein Bauerngarten eigentlich aussieht und welche Bedeutung er hat, beginnt das Rätselraten. Ein Bauerngarten ist nämlich keineswegs ein Garten, der lediglich an einem Bauernhaus liegt. Er ist auch kein Wohngarten mit Terrasse, Rasenfläche und Spielplatz.
Der Bauerngarten ist eine bodenständige Art der Gartengestaltung: ein Gemüsegarten, sprich Nutzgarten, mit Gewürzen und Beerensträuchern, mit Blumen verziert. Er ist vor allem in kleineren Orten mit Fremdenverkehr noch zu entdecken, aber auch bei Bauernhäusern, deren Besitzer der Tradition verhaftet sind. Solch ein Garten aber paßt keineswegs nur zu einem bäuerlichen Gehöft. Modernen Haustypen, Einzel- oder Reihenhäusern, Altbauten und alten Villen sowie mit landschaftsgebundenen Materialien errichteten Häusern steht ein Bauerngarten genausogut zu Gesicht. Zudem kommt er als Naturgarten mit relativ wenig Arbeits- und Pflegeaufwand aus.

Ein buntes Gemisch

Viele Gärten sind auch einfach zu klein, um extra Gemüsebeete anzulegen. Man muß deshalb aber noch lange nicht auf frische Kohlrabi, Salate oder Kräuter verzichten. Nutzpflan-

Blumen, Gemüse und Kräuter wachsen im Bauerngarten nebeneinander. So entstand das Wissen vom guten Pflanzennachbarn.

zen lassen sich nämlich hervorragend zwischen Blumen und Stauden ziehen, wenn man zwei weitverbreitete Einstellungen über den Haufen wirft:

1. Nicht die Menge ist wichtig. Vielmehr zählen Qualität und Dauer der Ernte. Meist wird viel zu viel Gemüse und Salat angepflanzt. Es genügt, was man für den täglichen Eßbedarf braucht – das allerdings von Mai bis in den Winter.

2. Gemüse, Salat und Kräuter müssen nicht in ordentlichen Reihen stehen. Den Pflanzen ist es völlig egal, ob sie in lockeren Gruppen, im Kreis oder gar einzeln gepflanzt werden. Reihen brauchen viel mehr Platz, kreisförmige oder dreieckig versetzte Pflanzung spart Platz.

Betrachten Sie einmal Ihre Blumenrabatten daraufhin, was man an Eßbarem darin unterbringen kann. Die Zierpflanzen haben ja bestimmte Vegetationszeiten. Die einen kommen früh und werden dann aus der Erde genommen (z.B. Zwiebelgewächse). Andere wiederum werden erst im Spätsommer groß und breit. Es gibt also immer den einen oder anderen freien Platz, wo man Spinat, Radieschen und Salat, aber auch Blumenkohl, Brokkoli und Zwiebeln säen und ·ernten kann. Natürlich braucht das Gemüse auch ausreichend Raum.

Man kann Nutzpflanzen optisch so in das Bild einer Blumenrabatte einbinden, daß die Schönheit noch gesteigert wird. Einige Beispiele:

- Spinat mit seinen dunkelgrünen Blättern unterstreicht die Farben von Blüten.
- Pflück- und Schnittsalat, rot und grün gemischt, ist eine dekorative Beeteinfassung.

Pflanzen für den Bauerngarten

Aus der großen Anzahl überlieferter Arten nennen wir solche, von denen stets einige zu einem Garten alter Tradition gehören sollten. Sie sind in Gärtnereien und Garten-Centern erhältlich.

Kräuter und Heilpflanzen

Bohnenkraut (einjährig), Borretsch (einjährig), Dill (einjährig), Estragon (mehrjährig), Fetthenne (mehrjährig), Gartenkresse (einjährig), Holunder (Gehölz), Kamille (mehrjährig), Kerbel (einjährig), Königskerze (mehrjährig), Koriander (einjährig), Kümmel (einjährig), Lavendel (mehrjährig), Liebstöckl (mehrjährig), Lorbeerbaum (nicht frostbartes Gehölz), Majoran (mehrjährig), Melisse (mehrjährig), Minze (mehrjährig), Nieswurz-Christrose (mehrjährig), Rainfarn (mehrjährig), Paprika (einjährig), Ringelblume (einjährig), Rosmarin (mehrjährig, nicht frosthart), Salbei (mehrjährig), Schnittlauch (mehrjährig), Thymian (mehrjährig), Wacholder (Gehölz), Wermut (mehrjährig)

Zierpflanzen

Akelei (mehrjährig), Aster (einjährig), Begonie (einjährig), Brennende Liebe (mehrjährig), Buchsbaum (immergrün, als Hecke oder Einzelbusch), Dahlie (früher Georgine genannt), Deutzie (Blütenstrauch), Efeu (immergrüner Bodendecker), Eisenhut (mehrjährig), Fuchsie (nicht frostharter Blütenstrauch), Flieder (Gehölz), Fuchsschwanz (einjährig), Geißblatt (Kletterpflanze, mehrjährig), Kornblume (einjährig), Lilie (Madonnen-, Feuer-, Türkenbundlilie), Löwenmäulchen (einjährig), Lupine (mehrjährig), Maiglöckchen (mehrjährig), Margeriten (mehrjährig), Mohn (ein- und mehrjährig), Narzisse (mehrjährig), Nelke (ein- und mehrjährig), Pelargonie (mehrjährig, aber nicht frosthart), Phlox (mehrjährig), Pfingstrose-Päonie (mehrjährig), Portulak (einjährig), Primeln (mehrjährig), Reseda (einjährig), Rosen (alte Sorten, mehrjährig), Schmuckkörbchen – Cosmea (einjährig), Schneeglöckchen (mehrjährig), Schwertlilie (mehrjährig), Sonnenblume (einjährig), Stiefmütterchen (zweijährig), Stockrose (zweijährig), Strohblume (einjährig), Taglilie (mehrjährig), Traubenhyazinthe (mehrjährig), Tulpe (mehrjährig), Veilchen (mehrjährig), Vergißmeinnicht (zweijährig), Winteraster (mehrjährig), Zinnie (einjährig)

Gemüse

Blumenkohl, Bohne, Erbse, Gurke, Hanf, Kartoffel, Knoblauch, Kohl, Kürbis, Möhre, Petersilie, Salat, Sellerie, Spinat, Tomate

Obst

Erdbeere, Himbeere, Johannisbeere, Kirsche, Stachelbeere

- Bohnen am Zaun sind Sichtschutz und – während der Blüte – Schmuck zugleich.
- Tomaten an einer sonnigen Hauswand bilden den ruhigen Hintergrund für bunte Blütenstauden.
- Erdbeeren sind ausgezeichnete Bodendecker.
- Kräuter, die halbschattige Standorte lieben, schützen Baumscheiben vor Verdunstung.

Allerdings müssen die Wünsche der Pflanzen berücksichtigt werden. Denn nur unter bestimmten Bedingungen wachsen Zier- und Nutzpflanzen gut auf ein und demselben Beet. Verwenden Sie deshalb nur Dünge- und Pflanzenschutzmittel, die für Gemüse zugelassen sind. Der Platzbedarf der Wurzeln und der oberirdischen Teile muß berücksichtigt werden. Überlegen Sie also von vornherein, wie groß und wie breit eine Pflanze wird – das gilt für die Zier- und die Nutzpflanzen gleichermaßen. Licht und Sonne müssen auch für die Nutzpflanzen ausreichend zur Verfügung stehen. Ein einzelner Salat, der sich unter dem Phlox versteckt, gedeiht nicht. Eine kleine Insel aus fünf Salatköpfen bekommt genügend Sonne.

Pflanzen haben einen unterschiedlichen Wasserbedarf. Pflanzen Sie also immer solche Nutz- und Zierpflanzen zusammen, die gleich viel Wasser brauchen. Auch der Düngerbedarf muß berücksichtigt werden. Ein Starkzehrer wie der Blumenkohl gedeiht nicht inmitten von Blumen, die in magerem Boden stehen. Ein Schwachzehrer schmeckt nicht, wenn er in zu gut gedüngtem Boden steht. Fruchtfolgen werden auch auf gemischten Blumen- und Gemüsebeeten eingehalten, und zwar so, daß niemals ein Stück Boden unbepflanzt ist.

All diese Gesichtspunkte zu berücksichtigen ist gar nicht so schwer, auch wenn es zunächst kompliziert klingt. Wichtig ist, daß man den Mut hat, einmal wegzugehen vom Herkömmlichen und schöpferisch eine ganz neue Art des Gärtnerns zu entwickeln. Dabei zeigen uns die Pflanzen sehr schnell, was machbar ist und was nicht. Gerade bei dieser Art des Gärtnerns lernt man am meisten aus Erfahrungen.

Typisch sind die Beeteinfassungen mit kleinen Buchsbaumhecken, die allerdings Arbeit machen.

Der klassische Bauerngarten

Eine allgemein gültige Form, eine Norm, gibt es für ihn nicht. Wenn möglich, sollte er eine quadratische oder rechteckige Form haben und in runde, ovale oder eckige Beete unterteilt sein. Vielfach wird ein kleinerer Garten mit einem Mittelweg auskommen. Manchmal ergibt sich ein Seitenstreifen am Zaun entlang, getrennt durch einen Weg von den Gemüsebeeten.

An Mittelweg und Zaun werden Kräuter und Blumen gepflanzt. Hier haben Goldlack, Schlüsselblumen, Maßliebchen, Akelei, Malve, Lilien, Rosen, Rittersporn, Bartnelken, Ringel- und Sonnenblumen, Tränendes Herz, Löwenmäulchen und andere Stauden sowie ein- und zweijährige Blüher ihren Platz neben Salbei, Liebstöckl, Dill, Borretsch, Bohnenkraut, Petersilie, Schnittlauch und anderen Kräutern. Auf den Beeten steht das Gemüse.

Wo die Anlage eines geräumigen Gartens erwünscht, möglich oder notwendig ist, sollten ihn zwei sich kreuzende Hauptwege unterteilen. Die Beerensträucher kommen an den Zaun oder in die Ecken. Besonderen Schmuck erfahren große Gärten durch ein Blumenrondell in der Mitte, auf das kreuzweise die vier Wege zulaufen.

Die Beete sollten nicht breiter als 110 cm werden, um die Bearbeitung nicht zu erschweren. Kies oder Rindenmulch eignen sich gut für die Wege, Betonplatten sind genauso Fremdkörper im Bauerngarten wie Plastikeinfassungen der Beete oder aus Beton gegossene Randbefestigungen. Dann sollten lieber Holzbohlen oder Natursteine als Randmarkierungen dienen. Ein Tip: Eventuell vorhandenen Beton zuwachsen lassen!

Niedrig gehaltener Buchs ist leider nurmehr selten zu finden, obwohl er sich als optischer Zusammenhalt besonders gut eignet. Übrigens kann der Buchs mit einer elektrischen Heckenschere leicht in Schach gehalten werden. Daß der Kompost-

Die von blühendem Lavendel eingerahmten Schönheiten sind Kohlköpfe. Bauerngärten werden oft in strenge geometrische Beetformen eingeteilt.

Vor den großen, blaugrünen Kohlblättern blühen die bunten Löwenmäulchen und Ringelblumen.

haufen einen Rahmen aus Holz und nicht aus Kunststoff erhält, sollte genauso selbstverständlich sein wie der niedrige Holzzaun.
Das kunterbunte, liebenswerte Durch- und Nebeneinander der unterschiedlichsten Pflanzenarten, das aber keineswegs ungepflegt wirkt, nützt auch dem ökologischen Denken. Unkräuter fallen nicht auf und durch die Mischkultur kann auf Pflanzenschutz aus der Spraydose verzichtet werden.
Der Bauerngarten soll nämlich nicht nur der Versorgung des Besitzers mit frischem Gemüse und Grün dienen, sondern auch zu dessen Erholung beitragen. Er soll ebenso Kleintieren wie Igeln und auch Insekten Lebensraum bieten. Vor allem aber soll er ein Minimum an Pflege und Zeitaufwand erfordern, dafür ein Maximum an Freude bescheren.

Das Klima rund um den Gemüsegarten

Dicht über dem Boden bildet sich das für die Pflanzen so wichtige Kleinklima. Es wird vom Wetter bestimmt, von der Lage des Grundstücks und auch von der Bepflanzung.

Alle reden vom Wetter – besonders Gärtner. Auf die Großwetterlage haben wir keinen Einfluß – dennoch können wir ein bißchen Petrus spielen, indem wir nämlich in unserem Garten ein optimales Kleinklima schaffen.
Unter dem Begriff Kleinklima versteht man die Temperaturen, die Feuchtigkeitszustände, Licht- und Windverhältnisse, die innerhalb eines Gartens, ja auf einem Beet herrschen. Und hier kann man schon manipulieren. Vor allem im Gemüsegarten.
Die Bedingungen für ein ideales Kleinklima: Fast den ganzen Tag Sonne, warm, geschützt vor scharfen Winden, aber trotzdem luftig. Ungünstig sind: Fast den ganzen Tag Schatten, Kältestaus, heftige Winde und stauende Hitze.

Viel Sonne und Windschutz

Nicht jedermann kann seinen Garten an einem idealen Platz anlegen. Aber wenn ein Garten neu angelegt wird, sucht man für den Nutzgarten die sonnigste und geschützteste Stelle aus. Diese liegt an der Süd- oder Westseite des Hauses. Der Garten sollte vor kalten Winden geschützt sein. Meist ist er das durch das Wohnhaus und die Nachbarhäuser. Gärten außerhalb einer Ortschaft schützt man durch Zäune, Hecken oder Mauern.
In Hanglagen ist der West- oder Osthang günstig, weil an Südhängen die Sonne oft zu heiß brennt und der Frost hier stark einwirken kann. Der ideale Garten liegt weder auf dem Gipfel eines Hügels, weil hier die Witterung extrem Einfluß nimmt, noch am Grund eines Tales, weil sich hier Kälte und Feuchtigkeit zu sogenannten „Kältelöchern" stauen.
Liegt der Garten an einem Hang, sollte direkt unterhalb des Gartens keine Mauer oder Hecke sein, davor staut sich die Kälte auch. Kann man sich die Lage nicht aussuchen, muß man die idealen Bedingungen so gut es geht selbst schaffen. Liegt der Garten in einem Tal, wird man oberhalb eine dichte Hecke anpflanzen, damit der Kältefluß (kalte Luft nach unten) an der Hecke hängenbleibt.
Liegen Haus und Garten auf der Kuppe eines Hügels, muß man für Windschutz sorgen, notfalls mit einer niedrigen Mauer. Hohe Mauern sind ungünstig, weil sie zuviel Schatten werfen und hinter ihnen starke kalte Luftwirbel entstehen. Noch besser als eine Mauer ist ein Zaun, den man bewachsen läßt.

Schatten vermeiden

In einem Garten, der wegen der Nachbarhäuser zu wenig Sonne abbekommt, vermeidet man alles, was zusätzlich Schatten werfen könnte: hohe Bäume, hohe Büsche, hohe Hecken. Und man legt die Beete in Ost-West-Richtung an, damit sie die volle Sonne abbekommen. Im Sommer trifft die Sonne in einem steilen Winkel auf die Erde, es wird also keinen total schattigen Garten geben. Hier muß man nun die wärmeliebenden Pflanzen an die sonnigsten Plätze setzen – und Stellen, die nur wenige Stunden besonnt sind, mit Pflanzen bestücken, die sich auch mit weniger Licht und Wärme zufrieden geben.
Im Nutzgarten gibt es keine Pflanze, die im totalen Schatten gedeiht – im Ziergarten schon. Den Schatten, den das Wohnhaus wirft, kann man nicht verkleinern, also legt man den Garten so an, daß der Hausschatten so

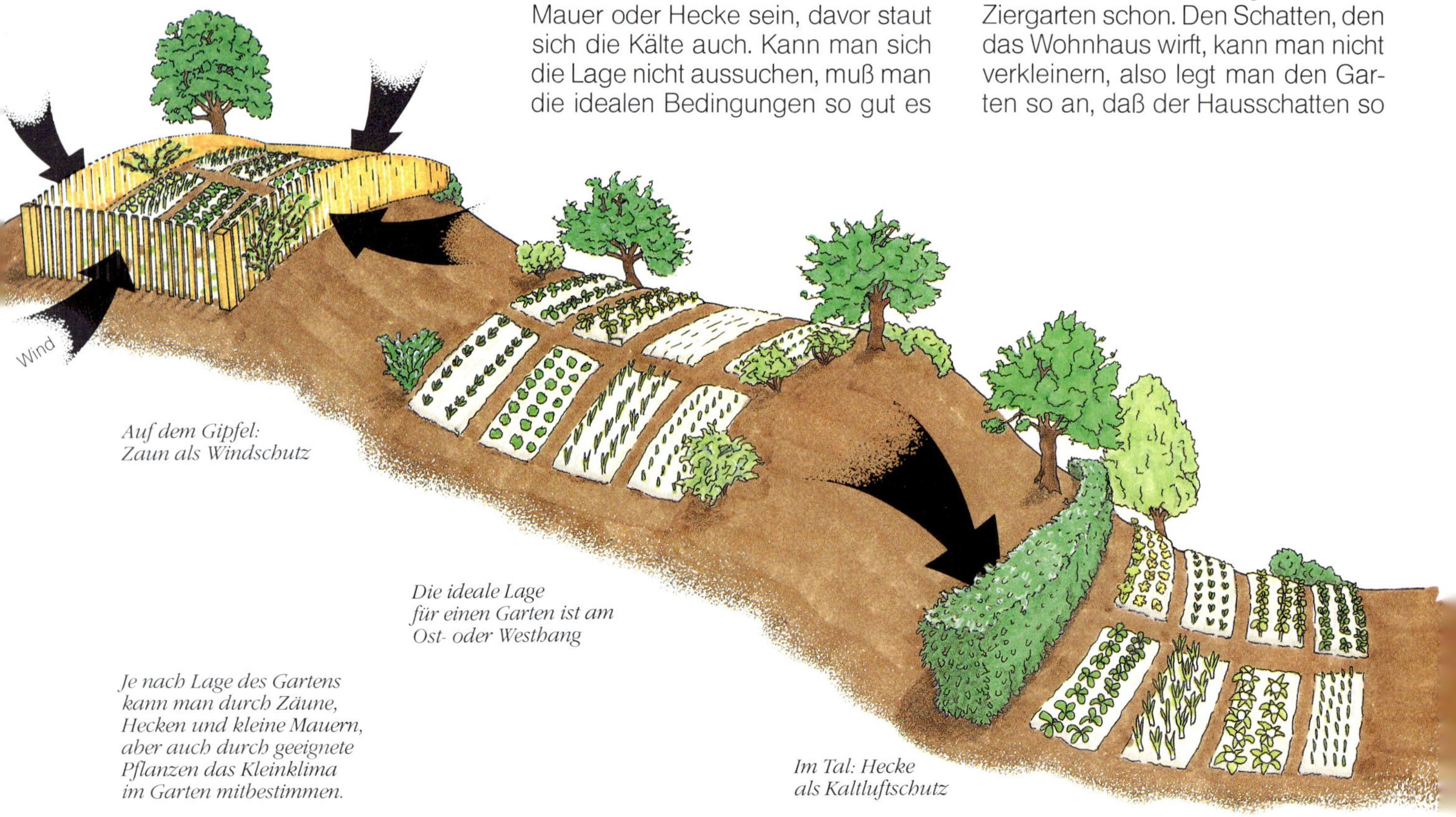

Auf dem Gipfel: Zaun als Windschutz

Die ideale Lage für einen Garten ist am Ost- oder Westhang

Im Tal: Hecke als Kaltluftschutz

Je nach Lage des Gartens kann man durch Zäune, Hecken und kleine Mauern, aber auch durch geeignete Pflanzen das Kleinklima im Garten mitbestimmen.

Niedrige Mauern aus Natursteinen sehen nicht nur hübsch aus. Sie halten kalte Winde vom Beet fern.

kurze Zeit wie möglich in den Gemüsegarten fällt.
Verlaufen Zaun, Hecke oder Gartenmauer von Ost nach West, ist ihr Schatten von 6 bis 18 Uhr (im Sommer) nicht breiter, als die Umzäunung hoch ist. Verläuft die Einfassung von Nord nach Süd, wird sie jeweils einen halben Tag lang auf jeder Seite einen längeren Schatten werfen. In diesem Fall ist ein Drahtzaun angebracht, weil er die Sonne durchscheinen läßt. Wenn das nicht geht, müssen Mauer oder Zaun niedrig sein (auch wegen der erwähnten kalten Luftwirbel dahinter).
Schatten entsteht im Garten nicht nur durch Haus und Baum. Ein Beet mit Stangenbohnen kann die Nachbarbeete ganz schön in den Schatten legen. Auch sehr hohe Pflanzen, wie z.B. Topinambur oder Himbeeren, werfen viel zu lange Schatten, als daß man sie mitten im Garten anpflanzen sollte. Solche hohen Kulturen gehören an den Nordrand des Gartens. Hier bekommen sie Sonne, nehmen sie aber den anderen Pflanzen nicht weg. Auch ein Kompostsilo kann das Beet dahinter so beschatten, daß nichts recht gedeiht.

Gemüse braucht warmen Boden

So wichtig wie das Licht ist die Wärme. Je wärmer der Boden ist, desto besser gedeihen die Pflanzen. Leichte Böden erwärmen sich rascher als schwere Böden, lockere Böden leiten die Wärme schlecht, die Luft darüber wird nachts kälter, Nachtfröste können schneller angreifen. Der Boden ist also auch wichtig für das Kleinklima des Gartens. Er speichert die Wärme ja nicht nur, er gibt sie auch wieder ab, wirkt selbst als Strahler.
Er kann natürlich immer nur soviel abstrahlen, wie er aufgenommen hat. Je mehr er abstrahlt, desto kühler wird der Boden. Hier kann der Gärtner eingreifen. Durch ständiges Mulchen bleibt das Bodenklima gleichmäßig, das heißt, die Erde heizt sich nicht so stark auf, aber sie kühlt auch in der Nacht längst nicht so schnell aus.
Pflanzen gedeihen ohnehin besser, wenn die Temperaturunterschiede zwischen Tag und Nacht nicht kraß sind – das ist besonders wichtig,

wenn die jungen Pflanzen heranwachsen.
Oft wird anstelle des Mulchens eine Untersaat empfohlen. Das ist aber nur im heißen Sommer sinnvoll. Im Frühjahr, wenn die Temperaturen noch nicht so hoch sind, bildet sich durch die Ausdünstungen der Unterpflanzung Verdunstungskälte, die den jungen Pflanzen schadet. Im heißen Sommer hingegen erwärmt sich die Verdunstungsfeuchtigkeit auf dem Beet, es entsteht ein sehr günstiges Kleinklima.
Gegen Frost kann der Gärtner nicht viel tun – aber er kann doch die Einwirkung von Spätfrösten mildern. Locker gehackter Boden hat ein oberflächliches Luftpolster, das die tagsüber gesammelte Wärme sehr schnell wieder abgibt. Dann wird das Luftpolster kalt, der Frost wirkt schneller auf die Pflanzen ein. Bedeckt man den Boden mit einer dicken Mulchschicht, wird das Luftpolster in dieser Mulchschicht und im Boden darunter nicht so schnell auskühlen.
Ungünstig sind Mauern, die einen Garten ringsum sozusagen luftdicht abschließen. Wo kein Luftaustausch durch leichte Windbewegung stattfindet, staut sich die Kälte sehr lange, der Boden kann sich nur verhältnismäßig langsam erwärmen.

Windwirbel und Hitzestau

Die Pflanzen im Garten sollten nicht starkem Wind ausgesetzt werden. Noch schlechter sind Windwirbel hinter Mauern, hohen, dichten Hecken und großen Bäumen mit dichten Kronen. Hier können gradezu unfruchtbare Inseln entstehen. Aber ein Luftaustausch im Garten ist wichtig, denn alle Pflanzen mögen frische, bewegte Luft. Ein Hitzestau ist aber ebenso schädlich wie der Kältestau. Durch Zersetzung von Pflanzenteilen und Wurzelatmung entsteht am Boden sogenanntes „bodenbürtiges Kohlendioxid", das in zu starker Anreicherung nicht erwünscht ist. Leichte Windbewegung trägt überschüssiges Kohlendioxid weg, das im Hitzestau schaden würde.
Durchlässige Hecken, halbhohe Blumenrabatten, Holz- oder Drahtzäune sind deshalb die beste Einfassung für einen Nutzgarten. Wo der Wind zu stark durch den Garten pfeift, trocknet die Erde aus. Es entsteht eine Verdunstungskälte, die für den Menschen gar nicht wahrnehmbar ist, Pflanzen aber ungünstig beeinflußt.
Wer seinen Garten nicht durch eine Einzäunung vor Wind schützen kann, sollte wenigstens die einzelnen Beete schützen – mit Einfassungen aus Blumen, Buchsbaum oder Beerenbüschen (die allerdings so stehen sollten, daß sie die Beete nicht beschatten).
Mischkulturen mit verschiedenen Ernteterminen schützen sich selbst vor zu starkem Wind. Die bereits herangewachsenen Pflanzen geben einen wirksamen Windschutz für die jungen Pflanzen ab. Der Einfluß des Windes spielt vor allem auch für Obstbäume eine große Rolle. Sie sollten immer so gepflanzt werden, daß sie dem Wind nicht direkt ausgesetzt sind. Wo es zu windig ist, halten sich die Bienen nicht auf, die Bestäubung ist mangelhaft.

Bodenfeuchtigkeit fördern

Alle Pflanzen beziehen die Nährstoffe aus dem Boden durch die Bodenfeuchtigkeit. Der Gartenboden darf daher niemals ganz austrocknen. Das erreicht man in erster Linie durch Gießen. Aber auch das Kleinklima kann die Bodenfeuchtigkeit beeinflussen. Dick gemulchte Böden trocknen nicht so schnell aus wie nackt daliegende Beete. Die Bodenfeuchtigkeit wird langsam an die Luft abgegeben, die Verdunstung des Bodenwassers und die Pflanzentranspiration schaffen auf den Beeten ein günstiges Kleinklima.
Durch die Bepflanzung der Beete mit Gartenfrüchten, die zu verschiedenen Terminen reif sind, wird praktisch das gleiche erreicht. Der Boden ist immer bedeckt und gibt die Feuchtigkeit nur langsam ab.
Bei dichter Mischkultur ist allerdings eine gute Durchlüftung der Beete wichtig: Sie sollten nach dem Regen oder nach dem Gießen von oben (mit einem Beregner) immer schnell abtrocknen können.
Oberstes Gebot deshalb, wenn schon von oben gegossen werden muß: Niemals am Abend, sondern immer in den frühen Morgenstunden gießen. Die Sonne trocknet die Pflanzen schnell ab, die Verdunstung aus dem Boden wird warm.

Hohe Pflanzen schützen das junge Gemüse vor kalten Winden. Aber Vorsicht! Die Großen dürfen die Kleinen nicht in den Schatten stellen.

Gesundes Gemüse durch Mischkultur

Kein Durcheinander, aber ein geplantes Miteinander ist im Gemüsegarten das Geheimnis des Erfolges. Denn auch bei Pflanzen gibt es gute Nachbarn und schlechte. Ergänzt wird das Prinzip der Mischkultur durch die Kulturfolge. Sobald eine von den frühen Gemüsearten geerntet wurde, folgt ihr eine neue.

Bunt sieht so ein Mischkultur-Beet aus. Auf diesem wachsen Möhren, Salat, Bohnen, Kartoffeln, Kohl sowie Beinwell und Kohlrabi.

Ist der Boden gesund und gut mit Nährstoffen versorgt, kann man ohne weiteres von einem Beet verschiedene Ernten haben. Es gehört natürlich etwas Tüftelei dazu herauszufinden, wie man die verschiedenen Gartenfrüchte richtig nacheinander und zusammen pflanzt. Der Boden darf ja nicht ausgelaugt werden, die Pflanzen sollen sich gegenseitig schützen und fördern.

Mischkultur

Das Nebeneinander verschiedener Gemüsearten auf einem Beet ist keineswegs eine Erfindung neuzeitlicher Bio-Garten-Freaks, sondern die natürlichste Sache der Welt. Denn überall auf diesem Erdball wachsen Pflanzen in einer bestimmten Gemeinschaft. Die Natur kennt keine Monokulturen.

Das Prinzip dieser Lebensgemeinschaften, zu denen in der freien Natur auch die Tiere gehören, machen sich die Gärtner zunutze. Es gibt Pflanzen, die sich vertragen und solche, die nicht miteinander auskommen. Das liegt an den Stoffen, die von den Pflanzen in den Boden oder in die Luft abgegeben werden.

Das Funktionieren dieser Gemeinschaft hängt außerdem von den Vegetationszeiten der Pflanzen ab: Die einen blühen im Frühling, die anderen im Sommer, und die Früchte reifen zu unterschiedlichen Jahreszeiten. In der freien Natur haben sich diese Lebensgemeinschaften ganz allmählich entwickelt, im Garten bestimmt der Gärtner das Nebeneinander.

Mischkultur im Gemüsegarten ist das Ergebnis jahrzehntelanger Erfahrungen und Beobachtungen. Es kommt auf das harmonische Miteinander oberhalb und unterhalb der Erde an:

- Frühreife Früchte wachsen neben Spätentwicklern;
- tiefgreifende Wurzeln schätzen flachwachsende Nachbarn;
- buschige Pflanzen mit breiten Blättern fühlen sich in Gesellschaft schlanker, hoher Gewächse besonders wohl.

Die dichte Bepflanzung erfordert allerdings reichlich Kompost und etwas biologischen Dünger. Besonders hungrige Gemüsepflanzen freuen sich über Brennesseljauche. Dem Boden zuliebe kann man gegen Ende der Saison auf freigewordenen Reihen Gründüngung einsäen. Die dichte Bepflanzung erspart dem Gärtner aber auch Arbeit – man muß entschieden weniger hacken, gießen und mulchen.

Die richtigen Gemüse-Nachbarn fördern sich nicht nur gegenseitig in Wuchs und Geschmack, sie halten sich auch die Schädlinge vom Leibe. Das immer wieder zitierte Paradebeispiel sind Möhren und Zwiebeln: Möhrenfliegen können Zwiebeln nicht riechen, Zwiebelfliegen nehmen bei Möhrengeruch Reißaus.

Kulturfolge

Ganz abgesehen von der optimalen Mischung ist auch das richtige Nacheinander von Bedeutung für eine gute Ernte.

Die Vorkultur muß etwas Frost vertragen und sollte relativ schnell erntereif sein. Geeignet sind: Spinat, Radieschen, Schnitt- und Pflücksalat, Kresse, Kopfsalat, Kohlrabi, Kartoffeln.
Hauptkulturen sind alle langsam wachsenden Gemüse wie Kohl, Sellerie, Zwiebeln, Bohnen, Rote Bete, Mangold, Chicoree, Möhren, Tomaten, Gurken usw. Diese Hauptkultur kann durchaus mit Pflanzen gemischt werden, die schneller heranwachsen, z.B. Kopfsalat, Sommermeerrettich und Kohlrabi.
Die Nachkultur kommt auf die Beete, wenn die Hauptkultur abgeerntet ist. Sie sollte ebenfalls etwas Frost vertragen und bis in den Dezember Ernten bringen, je nach Art sogar den ganzen Winter über. Typische Nachkulturen sind Lauch, Rosenkohl, Grünkohl, Ackersalat, Endivien, Zuckerhut, Radicchio, Spinat und Maizwiebeln.

Gute Nachbarn – schlechte Nachbarn

Gemüsearten	Sie vertragen sich mit:	Sie schaden:
Bohnen	Gurken, Kohlarten, Kohlrabi, Kopfsalat, Pflücksalat, Rettich, Sellerie, Tomaten, Spinat, Kartoffeln, Erdbeeren	Erbsen, Fenchel, Lauch, Zwiebeln, Knoblauch
Endivien, Chicorée, Radicchio, Zuckerhut	Kohlarten, Lauch, Stangenbohnen, Fenchel, Tomaten, Möhren, Gurken	
Erbsen	Kohlarten, Kohlrabi, Kopfsalat, Radieschen, Rettich, Möhren, Fenchel, Dill, Mais, Gurken, Zucchini	Bohnen, Lauch, Zwiebeln, Knoblauch, Tomaten, Kartoffeln
Erdbeeren	Knoblauch, Kopfsalat, Zwiebeln, Lauch, Radieschen, Rettich, Spinat, Buschbohnen, Stangenbohnen, Borretsch, Fenchel, Kapuzinerkresse	Kohlarten
Fenchel	Gurken, Feldsalat, Zichorien, Erdbeeren, Kopfsalat, Pflücksalat, Erbsen, Salbei	Tomaten, Bohnen
Gurken	Dill, Bohnen, Erbsen, Kohl, Kopfsalat, Rote Bete, Sellerie, Lauch, Knoblauch, Zwiebeln, Kümmel, Koriander, Kapuzinerkresse, Fenchel	Tomaten, Kartoffeln, Rettich
Kartoffeln	Stangenbohnen, Kohlrabi, Spinat, Knoblauch, Meerrettich, Mais, Kapuzinerkresse, Pfefferminze, Kümmel, Dill	Kohlarten, Rote Bete, Sellerie, Tomaten, Erbsen, Gurken
Knoblauch	Erdbeeren, Tomaten, Rote Bete, Möhren, Gurken	Stangenbohnen, Kohlarten, Erbsen
Kohlrabi	Erbsen, Kartoffeln, Rettich, Radieschen, Rote Bete, Spinat, Sellerie, Kopfsalat, Bohnen, Lauch, Schwarzwurzeln	
Kohl (alle Arten)	Rote Bete, Sellerie, Spinat, Tomaten, Kopfsalat, Pflücksalat, Lauch, Erbsen, Dill, Pfefferminze, Kümmel, Endivien, Mangold, Rettich, Gurken	Zwiebeln, Knoblauch, Erdbeeren, Senf, Kartoffeln
Kopfsalat und andere	Rettich, Kresse, Möhren, Gurken, Zwiebeln, Zichorien, Bohnen, Tomaten, Rote Bete, Schwarzwurzeln, Lauch, Kohlarten, Kohlrabi, Fenchel, Erbsen, Erdbeeren, Kerbel, Mais, Dill, Pfefferminze	Sellerie, Petersilie
Lauch	Zwiebeln, Sellerie, Möhren, Tomaten, Zichoriensalate, Erdbeeren, Schwarzwurzeln, Gurken	Bohnen, Rote Bete, Erbsen, Dill
Mais	Kartoffeln, Tomaten, Zucchini, Kopfsalat, Gurken, Bohnen	Sellerie, Rote Bete
Mangold	Radieschen, Rettich, Kohlarten, Möhren	
Möhren	Zwiebeln, Tomaten, Rettich, Radieschen, Zichoriensalat, Knoblauch, Mangold, Lauch, Erbsen, Schwarzwurzeln, Dill, Schnittsalat, Rosmarin, Salbei, Schnittlauch, Sellerie	
Rettich/ Radieschen	Salat, Tomaten, Bohnen, Kohlrabi, Kohlarten, Möhren, Spinat, Mangold, Erbsen, Kapuzinerkresse, Kresse	Gurken
Rote Bete	Zwiebeln, Kohlarten, Kohlrabi, Pflücksalat, Knoblauch, Gurken, Dill, Kümmel, Tomaten	Stangenbohnen, Spinat, Lauch, Kartoffeln, Mais
Schwarzwurzeln	Kohlrabi, Pflücksalat, Kopfsalat, Lauch, Sellerie, Möhren, Kohl, Spinat, Zwiebeln, Bohnen	
Sellerie	Buschbohnen, Tomaten, Lauch, Möhren, Schwarzwurzeln, Zwiebeln, Kohl, Gurken	Salat, Kartoffeln, Mais
Spinat	Erdbeeren, Stangenbohnen, Kartoffeln, Radieschen, Rettich, Kohlarten, Kohlrabi, Tomaten, Salat	
Tomaten	Möhren, Spinat, Rettich, Radieschen, Rote Bete, Zichoriensalat, Kopfsalat, Pflücksalat, Lauch, Kohlrabi, Kohlarten, Knoblauch, Sellerie, Mais, Kapuzinerkresse	Gurken, Fenchel, Erbsen, Kartoffeln
Zucchini	Zwiebeln, Stangenbohnen, Mais, Kapuzinerkresse, Erbsen	
Zwiebeln	Möhren, Rote Bete, Gurken, Erdbeeren, Rettich, Zichoriensalat, Kopfsalat, Dill, Kamille, Bohnenkraut	Bohnen, Erbsen, Kohlarten

Für Mischkultur-Neulinge ist der Anfang oft ein wenig schwierig. Zu verwirrend sind die vielen Informationen. Deshalb hier zehn Vorschläge, die den Start in das geplante Durcheinander erleichtern sollen (Erste Anpflanzung = rot).

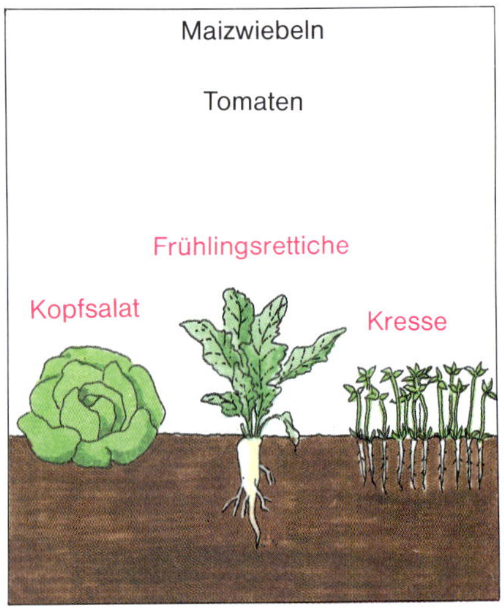

Kopfsalat, Frühlingsrettich und Kresse werden als erstes gesät und gepflanzt. Nach der Ernte von Kresse und Rettichen kommen Tomaten auf das Beet. Der Kopfsalat wird erntereif, solange die Tomaten noch heranwachsen. Sind die Tomaten „fertig" und aus dem Boden genommen, setzt man Maizwiebeln, die man erst allerdings im nächsten Frühjahr erntet.

Davon werden vier Personen satt

Erfahrungswerte besagen, daß man zwischen 100 und 250 m² Gartenland braucht, je nach Lage, Bodenqualität und Klima, um eine vierköpfige Familie rund ums Jahr mit Vitaminen zu versorgen. Verwenden Sie bevorzugt Saatgut, das sich in Ihrer Gegend als besonders geeignet erwiesen hat.

Gemüse	Anzahl	Ertrag
Gurken	20 Pflanzen	ca. 20 kg
Tomaten	10 Pflanzen	ca. 40 kg
Buschbohnen	4 Reihen à 5 m	ca. 10 kg
Erbsen	2 Reihen à 5 m	ca. 8 kg
Stangenbohnen	15 Pflanzen	ca. 50 kg
Rotkohl	30 Pflanzen	ca. 40 kg
Weißkohl	30 Pflanzen	ca. 40 kg
Rosenkohl	20 Pflanzen	ca. 15 kg
Grünkohl	20 Pflanzen	ca. 20 kg
Wirsing	15 Pflanzen	ca. 12 kg
Kohlrabi	100 Pflanzen	ca. 15 kg
Spinat	5 Reihen à 5 m	ca. 6 kg
Mangold	5 Reihen à 5 m	ca. 10 kg
Sellerie	30 Pflanzen	ca. 10 kg
Lauch	150 Pflanzen	ca. 20 kg
Möhren	4 Reihen à 5 m	ca. 20 kg
Rettiche	4 Reihen à 5 m	ca. 35 kg
Rote Bete	4 Reihen à 5 m	ca. 20 kg
Zwiebeln	4 Reihen à 5 m	ca. 10 kg

Kohlrabi und Kopfsalat werden in Reihen gesetzt. Nach der Ernte des Kopfsalates werden Rote Bete gesät oder gesetzt. Sind die Kohlrabi geerntet, pflanzt man an ihre Stelle Sellerie. Zwischen Sellerie und Rote Bete kann man im Herbst dann ohne weiteres Maizwiebeln setzen.

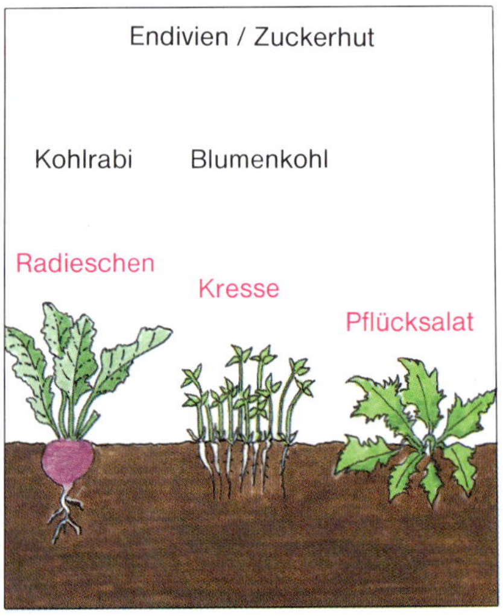

Radieschen, Kresse und Pflücksalat werden abwechselnd in Reihen gesät. Nach der Ernte von Radieschen und Kresse kommen an ihre Stelle Gemüse mit längerer Kulturzeit, zum Beispiel Kohlrabi und Blumenkohl, wenige Wochen vor der Ernte des Kohls folgen Endivien, Zuckerhut oder ein anderer vitaminreicher Wintersalat.

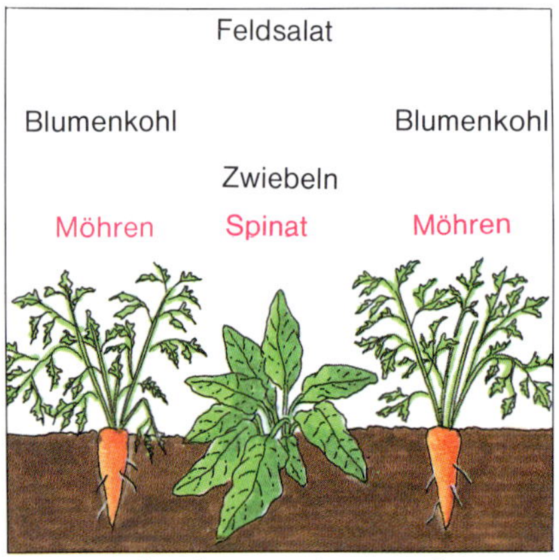

Spinat und Möhren werden in Reihen gesät. Nach der Spinaternte kommen an seine Stelle Zwiebeln. Sind die Möhren geerntet, folgt ihnen Blumenkohl. Das Beet muß zuvor noch einmal gedüngt werden, weil der Kohl sehr hungrig ist. Als Nachfrucht eignet sich Feldsalat.

Chicorée, der ja eine sehr lange Kulturdauer hat, wird in Reihen gesät, dazwischen setzt man im Mai Knollenfenchel. Der Fenchel ist erntereif, wenn sich der Chicorée richtig breitmacht. Er wird erst im Oktober ausgegraben.

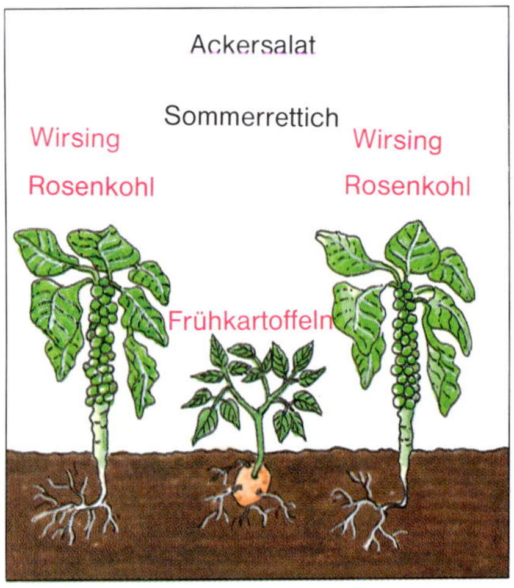

Frühkartoffeln werden als erste Kultur gepflanzt, ab Juni kommen dazwischen Rosenkohl oder Winterwirsing. Nach der Kartoffelernte fängt der Kohl an zu wachsen. Da aber noch Platz dazwischen ist, füllt man diesen mit Sommerrettich, später wird Ackersalat gesät.

Pflück- oder Schnittsalat wird in Reihen gesät, dazwischen setzt man Ende Mai Buschbohnen. Ist der Pflücksalat abgeerntet, setzt man zwischen die Bohnen Weiß- oder Rotkohl, der sich richtig ausbreitet, wenn die Bohnen geerntet sind. Er profitiert außerdem von dem Stickstoff, den die Bohnen im Boden gesammelt haben.

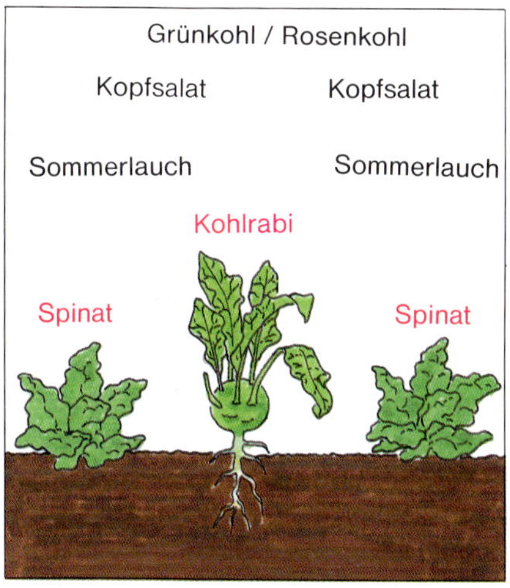

Als Vorkultur wird Spinat gesät, Ende April setzt man zwischen die Reihen Kohlrabi. Ist der Spinat geerntet, kommt an seine Stelle Sommerlauch. Sind die Kohlrabi geerntet, pflanzt man an ihre Stelle Grünkohl oder Rosenkohl, dazwischen Kopfsalat. Der Kopfsalat ist ernte-reif, wenn die Kohlpflanzen in die Breite gehen.

Kopfsalat und Knoblauch werden in Reihen gesetzt, dazwischen Frühkartoffeln. Die Frühkartoffeln breiten sich erst aus, wenn der Salat geerntet ist, der Knoblauch fördert sie. Nach der Kartoffelernte kommen verschiedene Zichoriensalate auf das Beet.

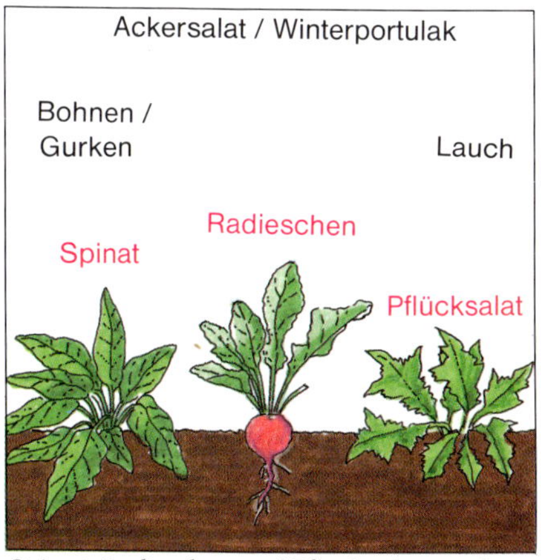

Spinat, Radieschen und Pflücksalat werden in Reihen gesät. Sind Spinat und Radieschen geerntet, kommen an ihre Stelle Bohnen oder Gurken. Ist der Salat geerntet, kommt Lauch zwischen die Bohnen/Gurken, der erst richtig zu wachsen beginnt, wenn die Bohnen/Gurken geerntet sind. Unter den Lauch sät man nach der Ernte Ackersalat oder Winterportulak.

Damit der Boden nicht müde wird

Jede Pflanze stellt andere Ansprüche an den Boden. Die Landwirte früherer Zeiten trugen dem Rechnung, indem sie ihr Land nach dem Plan der Drei-Felder-Wirtschaft bestellten, dem Fruchtwechsel.

Düngung ergänzt verbrauchte Nährstoffe – Bodenpflege in Form von Lockerung und Belüftung aktiviert das Bodenleben – mit Fruchtwechsel vermeiden wir die einseitige Beanspruchung des Bodens.

Entsprechend ihrem Bedarf können wir unsere Gemüsepflanzen in Stark-, Mittel- und Schwachzehrer unterteilen. Nach dieser Unterteilung richten wir uns, wenn wir einen Fruchtwechselplan aufstellen.

Gemüsepflanzen mit viel Blattmasse verbrauchen z.B. mehr Stickstoff als Wurzelgemüse, das zum Wachstum einen größeren Phosphorbedarf hat. Hülsenfrüchte wie Erbsen und Bohnen haben die gute Eigenschaft, den Boden sogar mit Stickstoff anzureichern; und manche Kräuter und Blumen fördern die Regenerationskräfte des Bodens. Fruchtwechsel ist auch ein Mittel, der Verbreitung pflanzenspezifischer Krankheiten entgegenzuwirken (z.B. Kohlhernie).

Es gibt zwei gebräuchliche Varianten des Fruchtwechsels: im Dreijahresrhythmus und im Vierjahresrhythmus. Für den dreijährigen Fruchtwechsel teilen Sie Ihren Garten in drei Zonen ein. Bepflanzen Sie dann die Flächen entsprechend der Einteilung mit Stark-, Mittel- und Schwachzehrern. Beim Anbau in Mischkutur wird der jeweiligen Pflanzengruppe Vorrang eingeräumt.

Starkzehrer sind: Blumenkohl, Brokkoli, Gurken, Kohlrabi, Rotkohl, Sellerie, Weißkohl, Wirsing. Sie gedeihen am besten auf nährstoffreichem Boden. Die Düngung erfolgt ca. fünf Wochen vor der Aussaat oder der Pflanzung (Gründüngung). Auch während des Wachstums wird möglichst in regelmäßigen Abständen nachgedüngt (Kopfdüngung).

Mittelzehrer sind: Endiviensalat, Kopfsalate, Rote Bete, Knoblauch, Porree, Mangold, Möhren, Radieschen, Rettich, Rosenkohl, Spinat, Tomaten, Zuckermais, Zwiebeln.

Gute Gründüngung vier Wochen vor Aussaat oder Pflanzung ist für diese Pflanzengruppe meist ausreichend. Stickstoff wurde außerdem im Jahr zuvor von den Schwachzehrern Erbsen und Bohnen (Leguminosen) im Boden angesammelt.

Schwachzehrer sind: Feldsalat, Pastinaken, Kräuter, Buschbohnen, Stangenbohnen, Puffbohnen und Erbsen.

Diese Pflanzen sind genügsamer. Es reicht, sie mit kleinen Kompostgaben zu versehen, um befriedigende Ernten zu erhalten.

Wenn Sie genügend Platz haben, können Sie Ihren Garten in vier Zonen aufteilen und in jedem Jahr des jetzt vierjährigen Wechsels eine Zone mit Gründünger bepflanzen. Sie ermöglichen so dem Brachland eine längere Regenerationsphase.

Gründüngerpflanzen: z.B. Phacelia (Bienenfreund), Ölrettich, Gelbsenf, Spinat, Klee, Wicken.

Dreijahresrhythmus

	1. Jahr	2. Jahr	3. Jahr
Pflanz-zone A	Stark-zehrer	Mittel-zehrer	Schwach-zehrer
Pflanz-zone B	Mittel-zehrer	Schwach-zehrer	Stark-zehrer
Pflanz-zone C	Schwach-zehrer	Stark-zehrer	Mittel-zehrer

Vierjahresrhythmus

	1. Jahr	2. Jahr	3. Jahr	4. Jahr
Pflanzzone A	Starkzehrer	Mittelzehrer	Schwachzehrer	Gründüngung
Pflanzzone B	Mittelzehrer	Schwachzehrer	Gründüngung	Starkzehrer
Pflanzzone C	Schwachzehrer	Gründüngung	Starkzehrer	Mittelzehrer
Pflanzzone D	Gründüngung	Starkzehrer	Mittelzehrer	Schwachzehrer

Pilzzucht auf Stroh und Holz

Die Belastung der beliebten Waldpilze mit Schadstoffen aller Art hat zu einem neuen Trend geführt: Pilze aus dem eigenen Garten. Es ist viel einfacher, als man vielleicht meint, schmackhafte Sorten zu züchten. Und wer keinen Garten hat, stellt sich seinen Pilzbaum einfach auf den (schattigen) Balkon.

Um es gleich vorwegzuschicken: Pfifferlinge (Eierschwammerln), Steinpilze (Herrenpilze), Maronen, Butterpilze und andere Waldpilze werden auch weiterhin ein Saisonartikel bleiben. Aber einige Pilze können Sie auf Stroh oder Holz im Garten, im Keller oder auf dem Balkon anbauen.

Den Shiitake zum Beispiel. In Asien wird dieser Pilz seit mehreren Jahrtausenden kultiviert, bei uns seit einigen Jahren. Seine Beliebtheit verdankt er nicht nur seinem feinen Aroma, er enthält auch die lebensnotwendigen Vitamine B_{12} und D_2. Getrocknet oder in Dosen bekommt man ihn schon lange in Feinkostgeschäften, frisch ist er eine Rarität. Er wird auf Holz angebaut.

Oder das Stockschwämmchen. Es führt in unseren Wäldern ein völlig unverdientes Schattendasein. Der kleine Pilz ist schmackhaft wie der Pfifferling und viel nährstoffreicher. Auch das Stockschwämmchen wird auf Holz angebaut.

Den Austernseitling (Austernpilz) baut man auf Stroh (einjährig) oder auf Holz (mehrjährig) an. Es gibt den Sommer- und den Wintertyp.

Der Träuschling, oft auch als Braunkappe bezeichnet, wird ausschließlich auf Stroh angebaut. Er wächst schnell und ergibt eine üppige Ernte. Er ist reich an Spurenelementen und Vitaminen und soll eine positive Wirkung auf Nerven und Verdauungstrakt haben.

Pilzzucht auf Holz

Etwa von Ende April bis Ende Juni ist die günstigste Zeit, mit der Pilzzucht auf Holz zu beginnen. Geeignet sind alle Laubhölzer. Das Alter des Baumes spielt keine Rolle, aber der Baum sollte gesund und höchstens vor 6 Monaten geschnitten sein. Je frischer, desto besser. Das Holz muß leicht feucht sein und darf keine Risse aufweisen. Die Holzstämme bekommt man in Gartenbetrieben, bei Forstverwaltungen und Holzhändlern. Für die Pilzkultur geeignete Größe: ca. 50 cm lang, 20–50 cm Durchmesser.

Der Vorteil von Weichgehölzen (z.B. Obst): Hier kann schon nach drei bis sechs Wochen geerntet werden, auf Hartholz (wie beispielsweise Buchen) frühestens nach einem Jahr. Übrigens sollten die Stämme erst unmittelbar vor dem Aufbringen der Pilzbrut auf die passende, handliche Länge zurechtgesägt werden.

Pilzbrut für die holzbewohnenden Pilzsorten gibt es im Handel. Bewahren Sie die auf Getreidekörnern gezogene Pilzbrut nicht unnötig lange auf. Und wenn schon, dann möglichst kühl. Je nach Sorte und Anbautermin können Sie im Sommer, im Winter oder übers ganze Jahr ernten.

Sind die Holzabschnitte geimpft, müssen sie so gelagert werden, daß die Pilzkulturen sich ausbreiten können. Optimal sind Temperaturen im Schatten um 20 Grad Celsius. Deswegen ist eine Impfung im Frühjahr auch günstiger als im Herbst. Nach drei bis vier Monaten zeigen sich an den Stirnseiten weißliche Gespinste, das Pilz-Myzel. Ist der Belag grün, gelblich oder rötlich, dann ist der Zuchtversuch schiefgegangen. In dem Fall handelt es sich nämlich um Schimmel.

Die Pilz-Stämme mit dem weißlichen gesunden Myzel werden nun an einem schattigen oder halbschattigen und windgeschützten Platz aufrecht bis zu etwa 10 cm tief (mit der beimpften Seite nach oben) in möglichst nährstoffreichen Boden eingegraben, im Abstand von etwa 30 cm. Da auch Schnecken Pilz-Liebhaber sind, empfiehlt es sich, vorbeugend etwas gegen diese Kriecher zu tun. Man muß nun darauf achten, daß die

Die Schnittimpfung: Parallel zur Schnittfläche werden drei 1–2 cm breite Spalten ausgesägt, etwas tiefer als der halbe Stammdurchmesser. Das Holz muß stabil bleiben und darf nicht auseinanderbrechen. Die Spalten werden bis zum Rand mit Pilzbrut gefüllt und dann mit einer Folie fest verschlossen.

Die Bohrlochimpfung: Die Löcher müssen einige Zentimeter tief und etwa 15 cm voneinander entfernt sein. Der Durchmesser sollte 2–3 cm betragen. Die Pilzbrut bis zum Rand einfüllen und das Loch verschließen.

Die Scheibenimpfung: Von dem Holzklotz wird eine ca. 3 cm breite Scheibe abgesägt. Den Stamm hochkant aufstellen und die Pilzbrut auf die Schnittfläche geben. Entweder nagelt man die Scheibe fest darauf oder man verschnürt die Fläche mit Folie. Arbeiten Sie dabei nur mit frisch gewaschenen Händen.

80 und 100 cm nennt man Nieder- oder Meterstamm, Halbstämme sind 100 bis 120 cm hoch und Hochstämme 160 bis 180 cm.

Apfelbäume

Auf einen kleinen Apfelbaum muß kein Gärtner verzichten. Lehmiger, nährstoffreicher Boden, der gut mit Humus versorgt ist, eignet sich am besten. Stauende Nässe muß man unbedingt vermeiden. Apfelbäume brauchen eine höhere Luftfeuchtigkeit als andere Obstarten. Man soll sie deshalb nicht an einen Südhang pflanzen. Alle Apfelsorten sind selbstunfruchtbar, in der näheren Umgebung müssen also mehrere Apfelbäume stehen.
Als Spindelbüsche werden unter anderem angeboten:
'Stark Earliest' (Herkunft USA, bekannt seit 1944), mit gestreift bis flächig roten Bäckchen, süß-säuerlich im Geschmack. Baumreife (Erntezeit) und Genußreife Ende Juli bis Mitte Oktober. Der Apfel ist nicht lagerfähig. Regelmäßiger Schnitt notwendig.
'Klarapfel' (Herkunft Lettland um 1830), gelblichgrün, säuerlich im Geschmack, Baum- und Genußreife siehe oben, nicht lagerfähig. Kräftiger Schnitt notwendig.
'James Grieve' (Herkunft Schottland um 1860), schöne, alte Sorte mit rotgestreifter Schale, feinwürziges, saftiges Fruchtfleisch. Genuß- und Baumreife September, begrenzt lagerfähig. Sehr frosthart, regelmäßiger Schnitt notwendig. Wird meist auf M 26 und M 7 veredelt. Auf M 9 veredelte Bäume brauchen einen sehr guten Boden.
'Goldparmäne' (Herkunft Frankreich, 17. Jahrhundert), eine der ältesten, bekannten Sorten mit gelb-rot gestreifter Schale und würzigem, nußartigem, und besonders knackigem Fruchtfleisch. Baumreife Anfang Oktober, Genußreife Oktober bis Dezember, lagerfähig. Zu dichter Fruchtansatz muß ausgelichtet werden, Krone ab und an verjüngen.
'Cox Orange' (Herkunft England um 1825), an der Sonnenseite rot, sonst grüngelb, Berostung an Kelch und Stiel, sehr süßes, würziges Fruchtfleisch. Der edle Tafelapfel wird Mitte Oktober geerntet, Genußreife Oktober bis Januar, gut lagerfähig. Muß regelmäßig geschnitten werden und ist sehr empfindlich, auch gegen kupfer- und schwefelhaltige Spritzmittel. Der 'Cox Orange' ist ein wenig schwierig wie jeder „Star".
'Ingrid Marie' (Herkunft Dänemark um 1910), an der Sonnenseite dunkelrot, das mürbe Fruchtfleisch schmeckt leicht säuerlich. Ernte Mitte bis Ende September, Genußreife Oktober bis März, sehr lagerfähig, beliebter Weihnachtsapfel, verliert aber mit der Zeit an Geschmack. Regelmäßiger Schnitt notwendig.
'Weißer Winterglockenapfel' (Herkunft wahrscheinlich Schweiz, Ende 19. Jahrhundert), glatte, gelbe Schale mit roten Sonnenbäckchen, erfrischender, herbsäuerlicher Geschmack. Ernte Mitte Oktober, Genußreife Januar bis Juni, ausgezeichneter Lagerapfel. Regelmäßiger Schnitt vor allem im Alter notwendig, sonst bleiben die Früchte klein.
'Roter Boskoop' (Herkunft Niederlande um 1860), rot mit gelben Tupfen, Schale berostet, erfrischender, süßsäuerlicher Geschmack, zuerst festes, später mürbes Fruchtfleisch. Baumreife Mitte Oktober, Genußreife November bis April, sehr lagerfähig. Bekommt eine ausladende Krone, regelmäßiger Schnitt notwendig.
Zu den alten Sorten gehören auch 'Prinz Albrecht von Preußen' (Schlesien 1865), 'Berlepsch' (Niederrhein um 1880), 'Ontario' (Kanada um 1820), 'Finkenwerder Prinzenapfel' (Mecklenburg und Altes Land um 1860) und andere.

Birnbäume

Birnen brauchen mehr Wärme als Äpfel. Späte Sorten sollte man nur in klimatisch günstigen Gegenden anbauen, es sei denn, man zieht sie als Spalier an einer Südwand. Ursprünglich haben Birnbäume tiefe Wurzeln und kommen auch mit Trockenperioden gut zurecht. Die aus Quitten veredelten Spindelbüsche sind jedoch Flachwurzler. Lehmige, eher trockener Sandboden bekommt ihnen am besten. Auch Birnen sind selbstunfruchtbar und brauchen einen Partner in der näheren Umgebung.
Als Spindelbusch werden unter anderem angeboten:
'Clapps Liebling' (Herkunft USA um 1860), Ernte und Genußreife Mitte bis Ende August, nur wenige Tage haltbar. Gelblich, an der Sonnenseite rötlich, saftiges, süßes Fruchtfleisch. Regelmäßig auslichten.
'Gellerts Butterbirne' (Herkunft Frankreich um 1820), trockene, grünlichgelbe Schale, sehr saftiges, aromatisches Fruchtfleisch. Geerntet wird Mitte September. Auch diese Sorte darf man nur wenige Tage liegenlassen. Regelmäßig auslichten.
'Gute Luise' (Herkunft Frankreich um 1780), braunrot-grünliche Schale, sehr saftiges, süß-saures Fruchtfleisch, Ernte Mitte September, Genußreife Ende September bis Oktober. Diese Sorte kann bei ca. 0 Grad bis Januar lagern, braucht aber anschließend Temperaturen um 15 Grad, um ihr Aroma zu entfalten. Regelmäßig auslichten.
Sowohl als Busch und Spindelbusch, aber auch als Wandspalier eignen sich unter anderem 'Frühe von Trévoux' (Frankreich um 1860), 'Williams Christ' (England um 1770), 'Vereinsdechantsbirne' (Frankreich um 1850), 'Alexander Lucas' (Frankreich um 1870), 'Gräfin von Paris' (Frankreich um 1890) und 'Madame Verté' (Belgien um 1910). Die beiden „Damen" werden Mitte/Ende Oktober geerntet und sind lagerfähig.

Quittenbäume

Diese schönen Bäume sind fast völlig in Vergessenheit geraten. Vielleicht liegt es daran, daß man die Früchte nicht roh verzehren kann. Die Bodenansprüche ähneln denen der Birne, der Standort sollte warm und

Im Gegensatz zu vielen Birnen-Sorten ist die 'Gute Luise' einige Wochen lang gut lagerfähig.

geschützt sein. Quitten sind recht frostempfindlich und werden deshalb erst im Frühjahr geschnitten. Notwendig ist ab dem Ertragsalter nur noch ein Auslichtungsschnitt. Wegen der besonders schönen Blüten, einer attraktiven Herbstfärbung und der leuchtend gelben Früchte (die Pflanze ist selbstfruchtend) schmücken Quitten auch jeden Ziergarten. Die Bäume stammen ursprünglich aus Griechenland, sind aber schon lange bei uns bekannt.
Die Sorten unterscheidet man der Form nach in Apfel- und Birnenquitten. Für den Kleingarten geeignet sind 'Konstantinopeler', 'Champion', 'Portugiesische Quitte', 'Bereczki-Quitte' und 'Riesenquitte von Leskovac'. Alle werden Anfang bis Mitte Oktober geerntet, müssen aber noch mindestens bis Ende November lagern, bevor man sie zu Gelee, Saft und Quittenbrot verarbeiten kann.

Pflaumen, Zwetschgen, Renekloden, Mirabellen

Sie sind mit jedem guten Gartenboden zufrieden, der sogar etwas feucht sein darf. An einem sonnigen Standort werden die Früchte besonders süß. Es gibt selbstfruchtende und selbstunfruchtbare Arten.
Empfehlenswerte Pflaumensorten: 'Kirkes Pflaume' (selbstunfruchtbar) wird im September reif, 'Königin Viktoria' (selbstfruchtbar) reift schon Ende August, 'Ruth Gerstetter' (selbstunfruchtbar) kann bereits im Juni geerntet werden, 'Stanley' (selbstfruchtend) kann im September und Oktober geerntet werden.
Empfehlenswerte Zwetschgensorten: 'Bühler' (selbstfruchtend) reift in der zweiten Augusthälfte, 'Czar' (selbstfruchtend) ist Anfang August reif, 'Lützelsachser' (selbstunfruchtbar) kann bereits Mitte Juli geerntet werden. 'Zimmers' (selbstunfruchtbar) kommt ab Ende Juli vom Baum.
Empfehlenswerte Reneklodensorten: 'Große Grüne' (selbstunfruchtbar) reift Ende August, 'Quilins Reneklode' (selbstfruchtend) ist im August reif, 'Graf Althans' (rote Sorte, selbstunfruchtbar) reift ab Ende August.
Mirabellen benötigen besonders viel Wärme. Für unsere Breiten wird hauptsächlich die selbstfruchtende Sorte 'Nancy Mirabelle' empfohlen.
Die Früchte sind Mitte August reif. Besondere Schnittmaßnahmen sind nicht notwendig. Alle Pflaumen werden gelegentlich ausgelichtet.

Kirschbäume

Kirschen sind für den Verbraucher in den vergangenen Jahren teuer geworden, die Produktion ist außerdem zurückgegangen. Grund dafür ist die arbeits- und dadurch kostenintensive Ernte. Schon aus diesem Grund lohnt es sich, einen Kirschbaum zu pflanzen.
Trotz aller Bemühungen ist es bei den Süßkirschen noch nicht gelungen, wirklich kleine Bäume zu züchten. Alle Süßkirschensorten sind selbstunfruchtbar und brauchen dazu noch ganz bestimmte Partnersorten in der Nähe. Bei den Sauerkirschen gibt es beide Möglichkeiten. Die Bodenansprüche sind gering. An einem sonnigen Standort werden die Früchte schmackhafter. Regelmäßig auslichten.
Für den Kleingarten geeignete Süßkirschensorten mit mittlerem Wuchs: 'Kassins Frühe' (Befruchtungspartner 'Große Schwarze Knorpelkirsche', 'Hedelfinger', 'Schneiders Späte Knorpelkirsche'), Reifezeit Mai bis Juni, 'Dönissens Gelbe Knorpelkirsche' (Befruchtungspartner 'Hedelfinger', 'Kassins'), Reifezeit Juni. Die beliebten, knackigen, schwarzen Knorpelkirschen wachsen alle auf recht großen Bäumen.
Wesentlich kleiner bleiben die Kronen von Sauerkirschen. Sie reifen im Juli und August. Die Bodenansprüche sind eher noch geringer als bei den Süßkirschen. Die Bäume wachsen auch noch gut in rauhen Gegenden. Für den Hausgarten sollte man selbstfruchtende Sorten wählen, das sind unter anderem 'Heinemanns Rubis', 'Köröser Weichsel', 'Morellenfeuer', 'Schattenmorelle'.

Pfirsichbäume

Leider ist diese beliebte Obstart extrem wärmebedürftig und wächst bei uns nur gut in den Weinanbaugebieten und als Spalier an einer Südwand. Der Pfirsichbaum braucht warme, lockere, humusreiche Erde und einen regelmäßigen Schnitt. Die meisten Sorten sind selbstfruchtend.
Beim Kauf sollte man unbedingt darauf achten, daß die Sorte wenig anfällig für die Kräuselkrankheit ist. Dazu gehören unter anderem 'Kernechter vom Vorgebirge' (Reifezeit Mitte September), 'Rekord aus Alfter' (Reifezeit ab Ende August), 'Roter Ellerstadter' (Reifezeit Mitte September), 'Anneliese Rudolph' (Reifezeit ab Mitte August), 'Dixired' (Reifezeit ab Anfang August).

Rund acht Jahre alt sind diese beiden Kiwisträucher, die sich in Freiburg an einer sonnigen Südgiebel-Wand in die Höhe arbeiten.

Aprikosenbäume

Noch wärmebedürftiger als der Pfirsichbaum ist die Aprikose. Sie blüht sehr früh und ist daher besonders frostempfindlich. Nur in klimatisch günstigen Weinanbaugebieten sollte man einen Aprikosenbaum pflanzen. Die Bodenansprüche ähneln denen des Pfirsichs. Alle empfohlenen Sorten sind selbstfruchtend: 'Aprikose von Nancy' (Reifezeit ab Ende Juli), 'Heidesheimer Frühe' (Reifezeit ab Anfang Juli), 'Ungarische Beste' (Reifezeit ab August).

Kiwistrauch

Recht neu in unseren Gärten ist dieser hübsche Kletterstrauch. Seine Heimat ist China, von dort kam er nach Australien und über diesen Umweg zu uns. Allerdings gedeihen auch Kiwis nur in Gebieten mit milder Witterung im Freien, ansonsten im Gewächshaus. Die Pflanzen sind zweihäusig, man muß also immer eine männliche Pflanze zu mehreren weiblichen setzen (männliche Blüten gelb, weibliche Blüten weiß). Sie brauchen guten, humosen Gartenboden, der nicht zu kalkhaltig sein darf, und ein Gerüst, an dem die Ranken angebunden werden. Sehr ertragreiche Sorten sind 'Bruno' und 'Hayward' (Ernte ab Ende Oktober). Gepflanzt wird im Frühjahr.

Kiwis brauchen während der Vegetationszeit viel Wasser, eine Mulchschicht hält die Erde feucht. Gedüngt wird wenig und auch erst ab dem zweiten Jahr nach der Pflanzung. Nach etwa vier Jahren werden die Sträucher geschnitten. Der richtige Zeitpunkt für den Sommerschnitt ist der August. Wenn die Früchte an der Basis des Frühjahrsaustriebes walnußgroß sind, schneidet man diesen Trieb nach dem sechsten Blatt oberhalb der Frucht ab. Dadurch entsteht eine gute Verzweigung, denn nur an den Verzweigungen der Pflanze bilden sich Früchte.

Beim Winterschnitt muß man auf das Gleichgewicht zwischen Ranken, aus denen sich Neutriebe bilden, und den Neutrieben vom vergangenen Jahr achten. Die Pflanzen brauchen einen Winterschutz.

Eine Pergola ist eine ausgezeichnete Rankhilfe für Wein. Sogar in Norddeutschland kann mit süßen Trauben gerechnet werden.

Obstbäume regelmäßig düngen

Den besten Erfolg erzielt man mit Kompost und verrottetem Stallmist (Alternative: Horn-Knochenmehl) und einem ständig gemulchten Wurzelbereich. Man gibt etwa 2–3 Handvoll pro Quadratmeter dreimal im Jahr, im März, im Juli und im Oktober/November. Gedüngt wird etwa einen Meter über die Kronentraufe (Umfang der Krone) hinaus.

Empfindlich gegen Kalk sind auf Quitten veredelte Birnen, Quitten, Pfirsiche und Aprikosen.

Weinstock

Ein Weinstock kann eine ganze Hauswand begrünen oder kahle Pergolen in gemütliche Lauben verwandeln und sogar im kühlen Norden an der Elbe süße Früchte tragen. Gepflanzt wird im April. Wichtig ist die Bodenvorbereitung, denn die Erde direkt am Haus ist meist nicht optimal. Das Pflanzloch sollte einen Quadratmeter groß und 40 cm tief sein. Den Boden lockert man zusätzlich mit einer Grabegabel. In das Pflanzloch gibt man zwei Hände kohlensauren Kalk und je 1 Kilo Thomasmehl und Kalimagnesia, vermischt mit Erde. Die Pflanze wird schräg zur Wand in die Grube gesetzt, wie alle Kletter- und Schlingpflanzen, wobei die Wurzeln mindestens 20 cm von der Wand entfernt sein sollen. Die Veredelungsstelle soll gerade noch über dem Boden sein. Nach dem Pflanzen muß gut gewässert werden. Der Hauswein braucht ein stabiles Gerüst.

Wein trägt nur an Jungtrieben, die aus dem zweijährigen Holz wachsen, deshalb kommt dem Schnitt besondere Bedeutung zu. Im ersten Jahr nach der Pflanzung Ende Februar/Anfang März kürzt man den hochgewachsenen Trieb zum ersten Mal etwa um die Hälfte. Dabei bleibt über der Knospe, auf die er zurückgeschnitten wird, ein etwa 2 cm langes Holzstück (Zapfen) stehen, um das Austrocknen der Knospe zu verhindern. Der Trieb, der im Frühsommer aus der Knospe wächst, wird gerade nach oben geführt, rechts und links zieht man Seitentriebe. Sie bilden das Gerüst, aus dem dann das Fruchtholz wächst. Auch diese Seitentriebe werden wie der Haupttrieb geschnitten. Die an dem alten Holz entstehende Wasserschosse entfernt man im Laufe des Sommers.

Im Winter wird der Wurzelbereich angehäufelt und zusätzlich mit Reisig geschützt. Im Frühjahr vor dem Austrieb düngt man mit Kompost und gut verrottetem Stallmist, bei Trockenheit wird öfter gegossen.

Für kühlere Gegenden geeignete Sorten: 'Perle von Csaba', 'Ortega' (beides helle Sorten), 'Früher blauer Burgunder', 'Früher Malinger' und 'Weißer und roter Gutedel'.

Begehrt und köstlich: Erdbeeren

Von diesen leckeren Früchten kann man gar nicht genug haben. Pflanzung und Pflege sind einfach. Erdbeer-Fans sei zu den neuen, mehrmalstragenden Sorten geraten, die viele Wochen immer wieder süße Beeren bringen.

Erdbeeren gehören zu den beliebtesten Beeren im Garten, vor allem wegen ihres herrlichen Geschmacks. Es darf aber nicht verschwiegen werden, daß sie besonders anfällig für Krankheiten sind. Das hängt zum Teil mit der Überzüchtung zusammen, durch die man immer größere Beeren erzielt. Wer aber alles richtig macht, kann sein Erdbeerbeet gesund halten.
Wichtig ist, daß man Pflanzen in einem Betrieb kauft, wo die Jungpflanzen entseucht wurden. Das heißt, die Wurzeln wurden so behandelt, daß sie die gefürchteten Fäulniskrankheiten nicht vom Vermehrungsbetrieb in den Garten des Käufers übertragen. Diese Pflanzen bleiben mit Sicherheit gesund. Von ihnen können Sie über Jahre hinweg immer wieder neue Jungpflanzen heranziehen.
Die Jungpflanzen werden auf ein gut vorbereitetes Beet gesetzt, je früher, desto besser. Wer Ende Juni bis Mitte Juli die neue Pflanzung anlegt, kann sicher sein, daß sich bis zum Winter die wichtigen Herzknospen bilden, die den großen Ertrag des nächsten Jahres garantieren. Je später gepflanzt wird – man kann noch im September Erdbeeren pflanzen – desto geringer wird aber die Ernte im nächsten Jahr werden.
Als Vorkultur für Erdbeeren eignen sich Kartoffeln und Bohnen, beide hinterlassen eine gare, gut durchlüftete Erde.
In die Erde wird halbverrotteter Kompost oder halbverrotteter Rindermist eingearbeitet, geeignet sind auch Knochen-Hornspäne und Erdbeer-Azet, ein Spezialdünger für Erdbeeren. In die Pflanzlöcher gibt man zusätzlich reifen Kompost und etwas Gesteinsmehl.
Die Jungpflanzen werden im Abstand von 25 cm gesetzt, die Reihen sollten 60 cm auseinander liegen. Das gibt noch genügend Platz für die Zwischenpflanzung von Zwiebeln oder Buschbohnen. Zwiebeln verbessern deutlich die Gesundheit der Erdbeeren, sie schützen vor allem vor dem gefürchteten Mehltau. Die Jungpflanzen setzt man so, daß das Herz nicht zu tief im Boden, aber auch nicht einfach ganz obenauf sitzt. Mit einer Mulchdecke schützt man die Pflanzen vor dem Austrocknen. Besonders geeignet ist Laubmulch oder Mulch mit hohem Holzanteil – etwa Sägespäne – aber auch Tannennadeln oder Stroh. Dieser Mulch schafft einen leicht sauren Boden, die Erdbeeren schmecken besonders aromatisch.

Erdbeeren vermehren

Anders als im gewerblichen Erdbeeranbau, wo man von den Pflanzen nur ein, bestenfalls zwei Jahre lang erntet, kann man im Garten von einem drei- bis vierjährigen Anbau ausgehen. Werden die Pflanzen älter, bringen sie keine befriedigenden Ernten mehr. Man wird also die Erdbeeren selbst vermehren. Das ist leichter als Sie meinen. Erdbeeren treiben lange Ausläufer mit mehreren Ablegern. Diese Ausläufer kommen schon während der Blüte. Sie nehmen aber der Pflanze die Kraft weg, die sie zur Ausbildung vieler und großer Früchte braucht. Also kneift man die Ausläufer immer wieder ab, weil man ja eine gute Ernte erzielen will.
Markieren Sie sich jedoch einjährige, gesunde Erdbeerpflanzen, die besonders reichlich wohlschmeckende Früchte tragen. Stecken Sie einfach einen kleinen Stock daneben. Im Mai oder Juni des folgenden Jahres treiben diese Pflanzen wieder neue

Mehrmals tragende Sorten

'Ostara' – große, aromatische Früchte; Ernte bis zum Frost; unempfindlich;
'Kingsize' (Klettererdbeere) – große, aromatische Früchte bis Oktober; auch gut in Kübeln auf der Terrasse oder dem Balkon anzubauen;
'Waldkönigin' – kleine, sehr aromatische Früchte; Kreuzung mit Walderdbeeren; die Pflanzen bilden keine Ausläufer; auch für Balkonkästen, Blumentöpfe und Kübel geeignet;
'Rügen', 'Ostara' – reicher Ertrag, aromatische Monatserdbeeren.

Die Mulchschicht aus Stroh verhindert einen Erdkontakt der Früchte und somit ein vorzeitiges Faulen. Außerdem bleibt der Boden immer gut feucht.

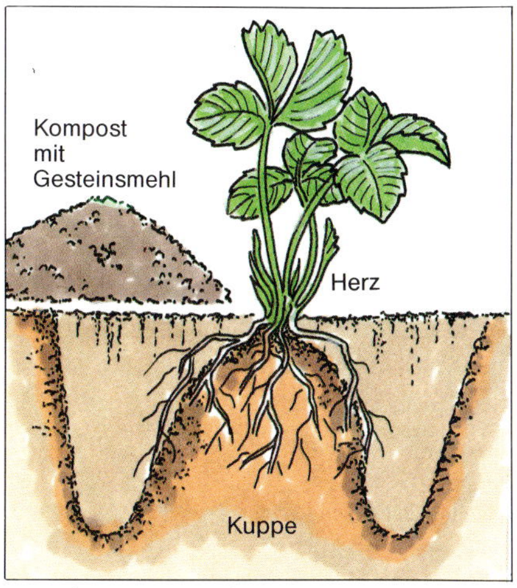

Die Pflanze wird auf eine kleine Kuppe gesetzt, das Herz bleibt knapp über der Erde.

Ausläufer während der Blüte.
Diesmal entfernen Sie jedoch die Blüten, damit die Kraft der Pflanze in die Ausläufer geht. Für den normalen Garten reicht es vollkommen aus, wenn man fünf bis acht Erdbeerpflanzen auf diese Weise für die Vermehrung reserviert.
Die beiden kräftigsten Ableger läßt man wachsen, die schwachen werden entfernt. Allerdings darf die Verbindung zur Mutterpflanze nicht unterbrochen werden. Mit kleinen Drahtbügeln hält man die Pflanzen am Boden fest. Im Spätsommer werden die Pflanzen dann an ihren endgültigen Standort gesetzt.
Man kann die kleinen Ableger auch in mit reifem Kompost gefüllte Blumentöpfe pflanzen – ohne die Verbindung zu unterbrechen. In dem nahrhaften Substrat bekommen die Minipflanzen sehr schnell ein dichtes Wurzelwerk. Nach etwa zwei bis drei Wochen können sie mitsamt dem durchwurzelten Kompostballen auf ein eigenes, gut vorbereitetes Beet gepflanzt werden.
In einem naturgemäß gepflegten Garten, wo die Erdbeeren gesund sind und kräftig gedeihen, kann man seine Erdbeerpflanzen über Jahre hinweg selbst vermehren. Man achte allerdings darauf, daß man Ableger immer nur von einjährigen Pflanzen nimmt.

Die richtige Pflege

Gegen Krankheiten der Erdbeeren kann man im Garten einfach und wirksam vorgehen. Einmal ist die richtige Vorbereitung des Bodens wichtig. Er darf auf keinen Fall mit Stickstoff überdüngt werden.
Sobald sich Anzeichen von Krankheiten zeigen – Grauschimmel, Lederfäule oder Fruchtfäule –, darf man nicht mehr vermehren. Die Anfälligkeit der Mutterpflanze wird an die Jungpflanze weitergegeben.
Gegen den gefürchtete Grauschimmel, der verstärkt bei feuchtem, kühlem Wetter auftritt, spritzt man vorbeugend mit Ackerschachtelhalmtee, Hornkiesel oder einem Fertigpräparat (Bio-S, Pilzvorbeuge).
Das Erdbeerbeet muß in der vollen Sonne liegen, und die Pflanzen dürfen nicht zu eng gesetzt werden. Gießen sollte man Erdbeeren nur am Morgen und nur am Wurzelbereich. Wenn man am Abend gießt, können die Pflanzen nicht mehr abtrocknen, der Schimmelbefall wird geradezu vorprogrammiert.
Ist die Erdbeerernte beendet, schneidet man die Pflanzen zurück, auch diejenigen, von denen man vermehrt hat. Alle Blätter werden entfernt bis auf die Herzblätter. Zwischen den Pflanzen wird das Unkraut entfernt, und bei schweren Böden sticht man rechts und links der Reihe im Abstand von 10 cm die Erde ab. Dieser Abstich fördert die Neubildung der Wurzeln und hält die Pflanzung jung und gesund.
In die so entstandene Furche gibt man Kompost oder – wenn man um diese Jahreszeit keinen mehr hat – mischt man die herausgestochene Erde mit Blut-Horn-Knochenmehl oder einem Spezial-Erdbeerdünger. So bekommen die Pflanzen die Nahrung, die sie brauchen, um sich von der Fruchtbildung zu erholen. Sie werden im nächsten Jahr dann wieder reichlich tragen.

Erdbeeren treiben lange Ausläufer, an denen sich mehrere kleine Ableger-Pflanzen bilden.

Einmal tragende Sorten

Frühreif:
'Gorella' – riesige, saftige, aromatische Früchte; robuste Pflanzen, nicht krankheitsanfällig;
'Elvira' – reich tragende Pflanzen; sehr widerstandsfähig gegen Schädlinge und Krankheiten; schon im ersten Jahr sind Spitzenerträge zu erzielen;
'Senga Pantagruela' – hoher Ertrag, anfällig für Grauschimmel;
'Karina' – sehr früh, mittlere Ernte, köstliches Aroma, kurze Erntezeit;
'Grandiosa' – große Früchte über dem Laub, verschmutzen nicht.

Mittelreif:
'Senga Sengana' – sehr bekannte Sorte; große, aromatische Früchte; gut geeignet zum Einfrieren; recht robust;
'Redgauntlet' – reich tragende Sorte; festfleischige, süße Früchte; sehr widerstandsfähig;
'Vigerla' – braucht guten Boden, sehr hoher Ertrag, mehltauanfällig;
'Georg Soltwedel' – mittlerer Ertrag, köstliches Aroma, hübsche Früchte;
'Sega Litessa' – mittlere Ernte, guter Geschmack, gut zum Einfrieren;
'Macherauchs Marieva' – alte, sehr aromatische Sorte.

Spätreif:
'Elsanta' – sehr ertragreich, feste, glänzende Früchte, sehr aromatisch; resistent gegen schlechtes Wetter und Krankheiten; einfach in der Pflege;
'Bogota' – große, sehr süße Früchte; sehr widerstandsfähig gegen Krankheiten;
'Tenira' – sehr hoher Ertrag, große Früchte, sehr schmackhaft, nicht krankheitsanfällig;
'Peltata' – sehr spät, hoher Ertrag, gutes Aroma, sehr robust, für biologischen Anbau geeignet. Gut zum Konservieren und Einfrieren;
'Mieze Schindler' – sehr alte Sorte, Brombeeraroma, rein weiblich, braucht eine zweite Sorte zum Bestäuben;
'Senga Dulcita' – sehr große Früchte, sehr aromatisch.

Die Schwarzen Johannisbeeren haben einen extrem hohen Vitamin-C-Gehalt, ca. 190 mg auf 100 g der Früchte. Zum Vergleich: In 100 g Saft der Zitronen stecken 51 mg Vitamin C.

Beeren mag keiner entbehren

Frisches Beerenobst ist eine Delikatesse, für die man im Laden tief in die Tasche greifen muß. Wer die richtigen Sorten wählt, kommt wochenlang in den Genuß dieser Früchte für den Preis des Pflückens.

Wer Beeren im Garten hat, kennt die Hektik, wenn alle zusammen reif werden: Da muß tagelang gepflückt, eingekocht und eingefroren werden – man kommt aus der Arbeit gar nicht mehr heraus.

Viel leichter kann man sich diese Arbeit machen, wenn man die Ernte auf mehrere Termine verteilt. Man pflanzt daher von jeder Beerenart frühe, mittelfrühe und späte Sorten an. Das hat noch einen Vorteil: Die Zeitspanne, in der man frisch vom Strauch Beeren essen kann, dauert zwei bis drei Monate, nicht nur wenige Wochen.

In rauhen Lagen sollte man allerdings auf frühe Sorten verzichten. Die frühe Blüte wird oft von den letzten Spätfrösten vernichtet, die Ernte fällt aus. Auch ist bei kühler Witterung die Befruchtung durch Insekten nicht gewährleistet – auch dann fällt die Ernte spärlich aus. Späte Sorten reifen dagegen auch in Höhenlagen, weil hier sonnige warme Herbstwochen die Regel sind. Brombeeren hingegen reifen in rauhen Lagen besser, wenn man die früheren Sorten wählt, hier liegt man in warmen Gegenden mit späten Sorten gut.

Weiße und rote Johannisbeeren

Standort: Möglichst sonnig, zwischen Obstbäumen, an Hängen, als Spalier oder Hecke, windgeschützt.

Boden: Nährstoffreicher, mittelschwerer Boden.

Pflanzzeit: Herbst und frühes Frühjahr. Empfehlenswert ist vor dem Pflanzen eine Gründüngung aus Lupinen, Gelbsenf, Inkarnaklee, Phacelia. Im Handel bekommt man diese Gründüngung (Samen) in verschiedenen Mischungen, je nach Beschaffenheit des Bodens. Wurzelunkräuter vor dem Pflanzen sorgfältig entfernen.

Pflanzabstand: 1,5 bis 2,5 m (Sträucher), 1 m (Stämmchen). Triebe um zwei Drittel zurückschneiden.

Frühe Sorten: 'Rondom' – guter Ertrag, sehr saftige Früchte, kräftige Sträucher; 'Heros' – kleine Sträucher, lange Trauben mit sehr großen Beeren, gut zum Frischessen; 'Red Lake' – Eigenschaften wie Heros; 'Jonkher van Tets' – sehr große Sträucher, kräftiges Aroma, sehr große Erträge; 'Weiße aus Jüterbog' – kleiner Busch, braucht wenig Platz, geringer Ertrag, aber sehr aromatische Beeren. Rote Sorten zum Befruchten dazusetzen.

Mittelfrühe Sorten: 'Traubenwunder' – Liebhabersorte, selten zu bekommen, sehr reich tragend mit besonders langen Trauben, die über mehrere Wochen geerntet werden können; 'Rote Vierländer' – alte Sorte, sehr große robuste Sträucher, Beeren besser zum Konservieren als gleich zum Frischessen; 'Rote Holländische' – alte Sorte, besonders für rauhe Lagen geeignet, reiche Erträge; 'Mirana' – Neuzüchtung, großer Ertrag, dunkelrote Beeren; 'Weiße Versailler' – sehr alte Sorte, besonders lange Trauben, großer Busch.

Vor rund 65 Jahren begannen die Versuche, Stachelbeeren und Johannisbeeren miteinander zu kreuzen. 1975 kam das Ergebnis in den Handel: die robuste Jostabeere.

Die Jostabeere

Sie ist das Kind der Schwarzen Johannis- und der grünen Stachelbeere und hat gute Eigenschaften beider Eltern geerbt. Sie zeichnet sich durch kräftiges Wachstum, reichen Ertrag, Genügsamkeit und Resistenz gegen Blattbefallkrankheit, Rost und Mehltau aus. Außerdem ist der Strauch ausgesprochen genügsam. Guter Gartenboden reicht ihm, saure Erde mag er nicht. Geben Sie ihm alle paar Jahre ein bißchen reifen Kompost.

Auch mit dem Schneiden haben Sie keine Probleme, weil der Busch am zweijährigen Holz trägt. Wenn Sie der Meinung sind, Ihr Jostabeerenstrauch sei mit der Zeit zu üppig geworden, können Sie ihn ein wenig auslichten. Er braucht einen Standraum von 1,5 m im Durchmeser und wird etwa 1,80 m hoch. Pflanzzeit: Frühjahr/Herbst.

Seine Früchte (er trägt ab dem 4. Jahr) sind ein wenig größer als Johannisbeeren und ein wenig kleiner als Stachelbeeren. Besonders positiv: Die Jostabeeren haben den hohen Vitamin-C-Gehalt der Schwarzen Johannisbeeren geerbt. In guten Jahren kann man pro Strauch bis zu 6 kg ernten. Und noch ein Vorteil: Dank der Resistenz gegen Krankheiten ist Spritzen unnötig. Wie bei den meisten Beerenarten gibt es auch Hochstämmchen, die das Pflücken erleichtern.

Späte Sorten: 'Heinemanns Rote Spätlese' – hoher Ertrag, hellrote säuerliche Beeren mit vielen Samen, gut für Marmelade (Sträucher mit Netzen vor Vögeln schützen); 'Makosta' – sehr große Beeren, dichte Trauben, robuste Sträucher.

Die frühen Sorten reifen Ende Juni, bei den späten zieht sich die Ernte bis in den August hinein.

Schwarze Johannisbeeren

Standort: Vertragen leichten Schatten, gedeihen auch in rauhen Klimazonen, geeignet als Spalier oder Hecke, windgeschützt.

Boden: Sie lieben etwas mehr Feuchtigkeit als ihre helleren Schwestern und nährstoffreichen, mittelschweren, humosen Boden.

Pflanzzeit: Herbst oder frühes Frühjahr.

Pflanzabstand: 1,7–2,2 m (Sträucher), 1,2–1,5 m (Stämmchen).

Frühe Sorten: 'Rosenthals Langtraubige Schwarze' – große, aromatische Beeren, sehr stark und breit wachsend; 'Silvergieters Schwarze' – dünnschalige, süße Früchte, aufrechter Wuchs; 'Weelington XXX' – mittelgroße Beeren, überhängender Wuchs, nur für frostsichere Lagen.

Mittelfrühe Sorten: 'Lissil' – große Beeren mit milder Säure, hoher, regelmäßiger Wuchs, gut geeignet für den Hausgarten; 'Roodknop' – große Beeren mit sehr hohem Vitamin-C-Gehalt, buschiger Wuchs.

Späte Sorten: 'Daniels September' – lockere Trauben mit mittelgroßen Beeren, hoher und regelmäßiger Wuchs; 'Baldwin Hillop' – starkes Aroma, hoher Vitamin-C-Gehalt.

Die Ernte der frühen Sorten ist Ende Juni, die späten kann man Ende Juli ernten. Schwarze Johannisbeeren mögen es, wenn sie zwischen roten und weißen Johannisbeeren stehen.

Stachelbeeren

Standort: Brauchen weniger Sonne als Johannisbeeren, geeignet als Hecken und Spaliere.

Boden: Kräftige, lehm- und kalkhaltige Erde.

Pflanzzeit: Herbst, frühes Frühjahr.

Pflanzabstand: Bei Büschen 1,5 m, bei Bäumchen 1,2–1,3 m.

Frühe Sorten: 'Hönings Früheste' – alte gelbe Sorte, sehr aromatisch, zum Frischessen, kaum mehltauanfällig.; 'Grüne Kugel' – alte Sorte, sehr große Sträucher, reichster Ertrag, kein besonderes Aroma, zum Einmachen geeignet, aber mehltauanfällig; 'Weißer Neckartaler' – weiße Früchte, sehr feiner Geschmack, leider mehltauanfällig; 'Maiherzog' – rote feine Früchte, großer Ertrag, für Hochstamm geeignet.

Mittelfrühe Sorten: 'Lady Delamere' – sehr robust, für rauhe Lagen geeignet, weiße Früchte, hoher Ertrag, aber mehltauanfällig; 'Weißer Triumph' – sehr alte Sorte, große Sträucher, gutes Aroma; 'Lauffeuer Gelbe' – keine sicheren Erträge, da frostanfällig, außerordentlich aromatisch, jedoch mehltauanfällig; 'California' – grüne Riesenfrüchte, gutes Aroma, für Hochstammzüchtung geeignet.

Späte Sorten: 'Rote Orleans' – große Büsche, dunkelrote, große Beeren mit gutem Geschmack, zum Frischessen geeignet; 'Roter Triumph' – reicher Ertrag, wohlschmeckende rote Beeren, zum Grünpflücken (Einmachen) gut geeignet, aber mehltauanfällig); 'Reflamba' – grüne Früchte, großer Ertrag, zum Frischessen und Konservieren; 'Rolanda' – rote Früchte, gutes Aroma; 'Rixanta' – gelbe Früchte, sehr große Sträucher, sehr aromatisch.

Es ist Geschmackssache, ob man weiße, grüne oder rote Stachelbeeren lieber mag. Zum Einmachen braucht man Sorten, die man grün

Stachelbeeren sind ein wenig aus der Mode gekommen, weil sich der Erwerbsanbau kaum lohnt. Grund genug, sich einen Strauch davon in den Garten zu pflanzen.

Himbeeren erfreuen sich besonderer Beliebtheit. Gute Erträge bekommt man allerdings nur, wenn man ihnen „Waldboden" und leichten Schatten bieten kann.

ernten kann. Die frühen Stachelbeeren reifen im Juni, die späten im Juli/August. Stachelbeeren sind sehr anfällig für Mehltau. Drei neue späte Sorten wurden jetzt gezüchtet, die mehltauresistent sind: 'Retamba', 'Rolanda' und 'Ritanta'.

Himbeeren

Standort: Mehr als andere Beerensträucher ist die Himbeere eine Waldpflanze geblieben. Sie liebt lichten Schatten, windgeschützte Plätzchen, macht sich gut als Hecke oder Spalier.
Boden: Durchlässige, lehmhaltige, leicht saure, feuchte Erde. Mit Nadelkompost erzielt man Waldboden-Charakter.
Pflanzzeit: Herbst, frühes Frühjahr.
Pflanzabstand: 40–60 cm, die Triebe werden bis 2 m lang.
Frühe Sorten: 'Preußen' – sehr aromatisch, zum Frischessen geeignet, anfällig für Himbeerrutenkrankheit, muß nach acht Jahren durch neue Pflanzen ersetzt werden; 'Deutschland' – alte Sorte, sehr gutes Aroma, anfällig für Himbeerrutenkrankheit; 'Malling Promise' – guter Ertrag, sehr süß, nicht krankheitsanfällig.
Mittelfrühe Sorten: 'Zefa 1' – gut für rauhe Lagen geeignet, da sehr winterhart, bringt viele Neutriebe; 'Zefa 2' – Neuzüchtung, sehr hoher Ertrag, sehr aromatische Beeren, auch für leichte trockene Böden geeignet; 'Selia' – hoher Ertrag, große aromatische Früchte, stark wachsend.
Späte Sorten: 'Schönemann' – bewährte Sorte, dunkelrote süße Beeren, treibt viele Wurzelschosse, kaum krankheitsanfällig; 'Himbostar' – sehr aromatisch, großer Ertrag, hat nur wenige Jungtriebe, aber die reichen aus, muß viel gegossen werden; 'Rucami' – hoher Ertrag, gutes Aroma, zum Einfrieren geeignet.
Mehrfachtragende Sorten: 'Korbfüller' – sehr wohlschmeckend, guter Ertrag, muß im November geschnitten werden; 'Shaffers Collossal' – gelblich-rosafarbene Beeren, geringer Ertrag, besonderes Aroma.
Bei guter Witterung setzt die Ernte der frühen Sorten Mitte Juni ein, die mittelfrühen fruchten Ende Juni/Anfang Juli, die späten können bis zum Oktober Früchte tragen.

Brombeeren

Standort: Brauchen etwas mehr Sonne als Himbeeren, geeignet für Hecken und Spaliere.
Boden: Wie Himbeeren.
Pflanzzeit: Frühjahr.
Pflanzabstand: Bei rankenden Sorten (im allgemeinen ertragreicher) 3–4 m, bei aufrechtwachsenden Sorten 1–1,5 m.
Frühe Sorten: 'Wilsons Frühe' – werden wie Himbeeren behandelt, reifen schon Ende Juli. Kleine süße Früchte, brauchen viel Wasser, sonst bleiben die Früchte zu klein; 'Black Satin' – stachellose Sorte mit feinem Aroma und gutem Ertrag.
Späte Sorten: 'Theodor Reimers' – alte bewährte Sorte mit bis zu 10 m langen stacheligen Ranken, viele saftige süße Beeren; wächst auf jedem Boden, etwas frostempfindlich, Ranken sollten im Herbst auf den Boden gelegt und abgedeckt werden; 'Thornless Evergreen' – stachellose Sorte, gutes Aroma, großer Ertrag, braucht Winterschutz; 'Thornfree' – ähnlich wie Thornless.
Brombeeren unterscheiden sich weniger durch frühe oder späte Ernte – die Reifetermine liegen nur drei Wochen auseinander. Der Unterschied liegt darin, ob sie Stacheln haben oder nicht. Die stachellosen Brombeeren haben geschlitzte Blätter und bilden nicht so lange Ranken wie die stacheligen Brombeersorten. Bei den neuen Sorten ist der Geschmack fast so aromatisch wie bei den stacheligen Brombeeren.

Gartenheidelbeeren

Der Anbau von Gartenheidelbeeren ist immer noch ein Experiment, das oft nicht gelingt. Die Sträucher brauchen einen sehr sauren Boden mit einem pH-Wert von 4–5, der im Garten nur schwer herzustellen ist. Man muß schon ein recht großes Loch für jede Pflanze graben, mindestens 1 m x 1 m und 50 cm tief. Gefüllt wird die Grube mit einem Gemisch aus Torf, saurem, humusreichem Waldboden und einem geringen Anteil Gartenerde. Der Abstand zwischen den Sträuchern soll etwa 150 cm betragen. Sie werden ein wenig tiefer gepflanzt, als sie in der Baumschule standen. Gartenheidelbeeren haben sehr flache Wurzeln, der Boden um die Pflanzen herum darf also nur vorsichtig bearbeitet werden. Kulturheidelbeeren sind sehr genügsam. Es reicht, ihnen im Frühjahr etwas Kompost oder verrotteten Stallmist zu geben. Geschnitten wird im Normalfall nicht. Nur überalterte Teile entfernt man ab und an.
Die Früchte reifen zwischen Juli und September je nach Sorte: 'Bluetta' (Mitte Juli), 'Bluecrop' (Ende Juli), 'Berkeley' (August), 'Herbert' (Ende August), 'Jersey' (September), 'Coville (September).

Ein Hoch auf den alten Hollerbusch

Einst wuchs Holunder fast überall. Wie viele alte Pflanzen geriet er in Vergessenheit. Dabei ist der Strauch mit weißen Blüten und schwarzen Früchten nicht nur ein schöner Anblick. Er ist rundum gesund.

Aus den schwarzen Beeren macht man Gelee, Sirup oder die in Teig gebackenen Hollerküchel.

Mitte des Jahres ist der Holunder überall ein reich blühender und wundervoll duftender Blickfang. Aus Blüten und Beeren lassen sich herrliche Gerichte zubereiten. Vor allem aber ist der Holunder eine einzige „Apotheke": Blüten, Beeren, Blätter und Rinde – alles ist zu verwenden.

Die weißen Blütendolden des Schwarzen Holunders enthalten schweißtreibende Glykoside, ätherisches Öl, Rutin, Gerbstoff und viel Vitamin C. Der berühmte Fliedertee besteht aus getrockneten Holunderblüten, er senkt das Fieber und hilft bei Grippe, Husten und anderen Erkältungskrankheiten. Die reifen Beeren enthalten mehr Vitamin B als alle anderen Obst- und Beerenarten und viel Vitamin A und C. Saft von Holunderbeeren ist ein wahres Wundermittel zur Vorbeugung gegen winterliche Krankheiten, die auf Vitaminmangel zurückzuführen sind.

Auch Rinde und Blätter des Schwarzen Holunders sind heilkräftig, sollten aber von Laien nicht angewendet werden, da falsche Dosierungen zu Vergiftungen führen können. Tiere wissen instinktiv, daß Blätter und Zweige unbekömmlich sind – und sie werden zudem von dem kräftigen Geruch der Blätter abgestoßen.

Der Schwarze Holunder ist für den Menschen aber nicht nur Spender feiner und heilkräftiger Blüten und Früchte, sondern auch eine echte Bereicherung des Gartens. Man kann ihn ganz nach Lust und Laune als Baum, Busch oder Hecke ziehen. Möchte man einen Baum haben, läßt man nur die beiden stärksten Triebe stehen (fast alle Holunderbäume sind zweistämmig).

Möchte man lieber einen großen „Hollerbusch", läßt man ihn wachsen wie er möchte und nimmt immer nur totes Holz heraus. Mit den Jahren kann ein Holunder sehr groß werden. Man pflanze ihn also nicht zu nahe ans Haus oder an den Zaun zum Nachbarn. Holunder paßt sehr gut in eine Hecke mit anderen einheimischen Sträuchern – schließlich gedeiht er ja auch normalerweise wild überall an Waldrändern und in freien Feldgehölzen.

Wer Blüten und Früchte in der Küche verwenden will, sollte nur den Gemeinen Holunder ***(Sambucus nigra)*** pflanzen. (Es gibt davon zwar verschiedene Sorten – etwa 'Haschberg' oder 'Donau' – die sich aber für den Laien nicht erkennbar unterscheiden.) Man kann auch besonders riesenblütige Sorten ***(Sambucus canadensis)*** kaufen, deren Beeren man aber nicht essen sollte. Dasselbe gillt auch für den Trauben-Holunder ***(Sambucus racemosa)***, aus dessen Beeren man lediglich eine sehr wirksame Marmelade gegen Husten herstellen kann.

Apropos Holunderbeeren: Wenn man Saft, Marmelade, Likör, Wein, Kompott oder gar Saucen für Wildgerichte aus schwarzen Holunderbeeren zubereitet, muß man sie immer erhitzen. Roh genossen können die Beeren Übelkeit und Erbrechen auslösen, vor allem bei Kindern.

Holunder ist wohl die einzige Pflanze, deren Blüten für die Küche ebenso interessant sind wie die Früchte.

Aus Holunderblüten bereitet man Holundersekt, Limonade, Blütenzucker für Kuchen und die berühmten Hollerküchel, bei denen die Fruchtdolde in Pfannkuchenteig getaucht und dann in der Pfanne ausgebacken wird. Sie sollten immer einen Vorrat an getrockneten Holunderbeeren haben. Sie helfen, langsam zerkaut, gut gegen Durchfall.

Fruchtbare Hügel für das Gemüse

Die Hügelbeete sind keine Erfindung unserer Zeit. Schon im alten China kannte man ihre wachstumsfördernden Eigenschaften. Das Geheimnis ist einmal die bei der Verrottung entstehende Wärme und zum anderen das reiche Nährstoffangebot für die Pflanzen. Besser kann man Gartenabfälle kaum beseitigen.

So mancher Gartenbesitzer stöhnt im Herbst: „Wohin nur mit den Gartenabfällen?" Denn im Herbst wird der Garten geputzt. Vertrocknete Pflanzen müssen entfernt, Hölzer geschnitten und das Laub vom Rasen gefegt werden. Packen Sie doch alles in ein Hügelbeet, dann sind Sie das Zeug nicht nur los, sondern haben es auch noch nutzbringend beseitigt. Denn auf Hügelbeeten wächst das Gemüse außerordentlich gut und üppig.

So wird's gemacht: Suchen Sie sich einen sonnigen Platz im Garten mit einer Fläche von 1,80 m Breite (es darf auch etwas weniger sein) und 3 bis 5 m Länge. In Nord-Süd-Richtung wird eine 10 bis 20 cm tiefe Mulde ausgehoben. Falls in der Umgebung Wühlmäuse ihr Unwesen treiben, sollten Sie den Boden sicherheitshalber mit einem feinen Maschendraht auslegen. Der Kern des Hügels ist nämlich ein etwa 50 cm breiter und 30 cm hoher Wall aus grob zerkleinertem Holz, Ästen und Zweigen, in dem viele kleine Hohlräume entstehen können, auf die es die Wühlmäuse abgesehen haben. Je fester Sie diese Schicht zusammendrücken, desto weniger Hohlräume entstehen. Auch der Geruch des Lebensbaums und des Holunderbusches soll die kleinen Nager fern-

So üppig und gesund wächst das Gemüse auf den Hügelbeeten. Im Vergleich zu einem flachen Beet mit gleicher Grundfläche kann sich der Ernteertrag verdoppeln.

halten. Falls diese Pflanzen in Ihrem Garten wachsen – tun Sie ein paar Zweige davon ins Hügelbeet.
Durchsetzen Sie dieses Gestrüpp mit angefeuchteter Erde. Als nächste Schicht kommen Staudenreste, Blätter (keine Eichen-, Kastanien- oder Nußbaumblätter, weil sie zu langsam verrotten und Gerbsäure enthalten) und andere kleinere Gartenabfälle (Stroh, Grassoden mit der grünen Seite nach unten, Wildkräuter usw.) auf den Hügel. Alle Schichten müssen immer gut festgeklopft werden. Die nächste Lage besteht aus halbverrottetem Kompost, gemischt mit frischen Küchenabfällen, und darüber kommt reifer Kompost oder mit organischem Dünger angereicherte Gartenerde.
Warum das alles? Das Geheimnis der besonderen Fruchtbarkeit des Hügelbeetes ist ein ganz natürlicher Prozeß: Die Umwandlung – Verrottung – von Pflanzenabfällen in Erde, die dabei entstehende Wärme und Feuchtigkeit. Schwer verrottbares Material – grobe Holzreste – liegen ganz innen, leichter verrottende Reste darüber und obenauf Erde. Der Hügel sackt allmählich zusammen, ähnlich wie ein Komposthaufen. Ist das Beet ursprünglich 80 cm hoch, dauert es rund vier Jahre, bis alles Material zu Humus geworden ist. Die dabei entstehende Wärme ermöglicht einen früheren Anbau und auch eine frühere Ernte. Das Hügelbeet wirkt wie ein beheiztes Anzuchtbeet. Wer ein übriges tun will, kann das Beet mit einer mitwachsenden Folie bedecken.
Genauso wie das Innere eines Komposthaufens ist auch das Hügelbeet innen feucht. Gegen ein Austrocknen von außen hilft am besten eine bodendeckende Bepflanzung. Wenn es doch mal zu heiß ist, legt man oben auf das Beet einen alten Wasserschlauch, in den man einige Löcher gestochen hat. Der Hahn wird nur so weit aufgedreht, daß das Wasser ganz langsam in die Erde sickern kann. Kürzere Trockenperioden lassen sich auch mit dem bekannten Flaschensystem überbrücken: Im Abstand von einem Meter werden mit Wasser gefüllte Liter-Flaschen mit dem Hals in den Hügel gesteckt.
Das im Herbst neu gebaute Hügelbeet kann anschließend noch zum Anbau von Winterspinat genutzt werden. Es sollte auf keinen Fall ungeschützt bleiben. Wind und Regen waschen die recht dünne Erdschicht ab. Als Bodendecker kann jetzt noch Senf oder ein anderer Gründünger eingesät werden. Es reicht aber auch, das Beet mit Stroh oder Matten abzudecken.
Wer nicht das nötige Material für ein Hügelbeet zusammenbringt und keinen Wert darauf legt, daß das Hügelbeet mehrere Jahre überdauert, kann auf den harten Kern verzichten und statt dessen Strohballen verwenden. Sie werden gut mit Pflanzenjauche oder in Wasser gelöstem organischen Dünger getränkt und mit Kompostmaterial und möglichst unbelasteter Erde abgedeckt. In diesem Fall sollte die Erdschicht etwas dicker sein.
Am sinnvollsten ist es, das Hügelbeet nach den Regeln der Mischkultur zu bepflanzen (zum Schutz der

Auch in einem Ziergarten fallen die Hügelbeete nicht aus der Rolle, wie diese gepflegte Anlage beweist.

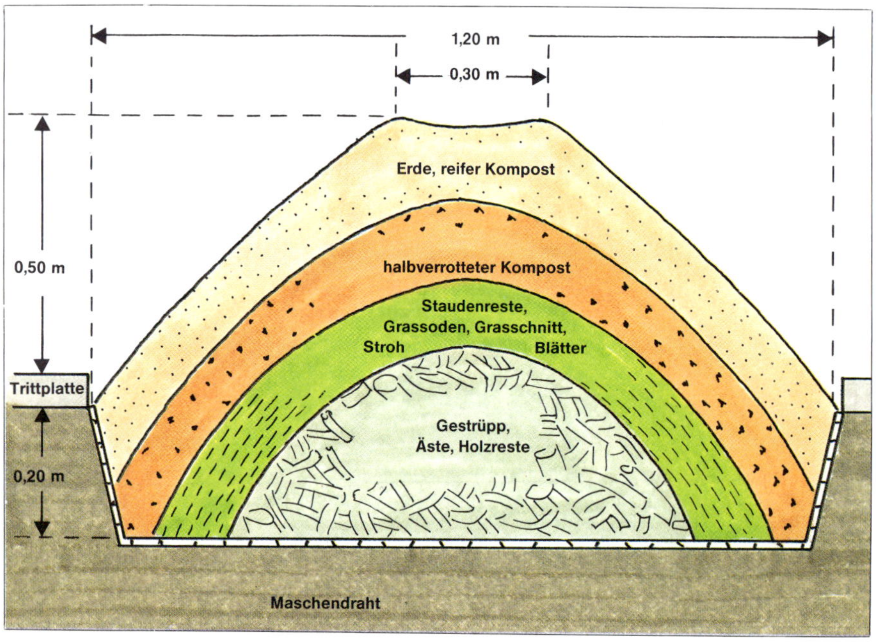

Der sorgfältige Bau eines Hügelbeetes ist ausschlaggebend für den späteren Erfolg. Wenn die Gegend bei Wühlmäusen beliebt ist, sollte man die Sohle unbedingt mit einem dichten Massendraht auslegen. Nach vier Jahren ist das ganze Material des Hügelsbeetes zu bestem Humus verrottet.

Was darf nicht ins Hügelbeet?

Ein Hügelbeet ist ein „kultivierter Komposthaufen", darum sollten nur einwandfreie Pflanzenabfälle verwendet werden.

- *Ins Hügelbeet gehören keine kranken Pflanzen.*
- *Keine tierischen Abfälle (Fleisch/Milchprodukte).*
- *Keine Kohlenasche oder Asche von behandeltem Holz.*
- *Kein Papier und keine Pappe (Druckfarben!).*
- *Kaffee- und Teereste, Obst- und Speisereste werden am besten extra zu Kompost aufgesetzt und erst im verrotteten Zustand dem Hügelbeet zugefügt.*

Wer sein Hügelbeet nur ein Jahr benutzen will oder zu wenig Gartenabfälle hat, kann sich den Aufbau sparen und einfach Stroh als „Kern" in die Mulde legen, es gut anfeuchten und mit Erde bedecken.

Pflanzen vor Krankheiten und Schädlingen). Eine optimale Nutzung erzielt man aber erst mit vier Hügelbeeten, die man in vier aufeinander folgenden Jahren anlegt. Auf das jeweils jüngste Beet kommen stark zehrende Gemüse wie Tomaten, Salat, Sellerie, Lauch, Gurken oder Kohl, wobei die sonnenhungrigen Tomaten auf die Kuppe gepflanzt werden und der immer durstige Kohl an den unteren Rand des Hügels.

Auf dem ein Jahr alten Beet wachsen die Mittelzehrer wie Radieschen, Zwiebeln, Möhren, Rote Bete oder Rettich.

Im dritten Jahr werden Schwachzehrer angepflanzt, zum Beispiel Bohnen oder Erbsen, Feldsalat und Küchenkräuter.

Auf das vier Jahre alte Beet setzt man Kartoffeln oder Erdbeeren (bereits im dritten Herbst pflanzen). An seinem Platz wird dann im Herbst des vierten Jahres wieder ein neues Hügelbeet aus den Gartenresten aufgebaut. Alle Hügelbeete müssen im Winter abgedeckt werden.

Hochbeete: Gärtnern ohne Bücken

Zwar erfordert der Bau eines Hochbeetes einige Arbeit, der Nutzen hält jedoch jahrelang an. Die Ernte fällt reicher aus und verfrüht sich oft um zwei Wochen. Auch kann es Hanglagen ausgleichen.

Gartenarbeit ist ja schön und erholsam, wenn nur das ewige Bücken nicht wäre. Diese Klage hört man oft, besonders von älteren Gartenbesitzern. Gegen das dauernde Bücken im Garten gibt es aber ein probates Mittel: Das Hochbeet. Darauf gärtnert man bequem im Stehen oder sogar im Sitzen. Die Ideallösung für alle Gartenfreunde, die wegen ihres Rückens oder anderer Beschwerden sonst aufs Gärtnern verzichten müßten; zum Beispiel Rollstuhlfahrer.

Hochbeete haben noch einen zweiten großen Vorteil: Sie können, wo sonst Gärtnern gar nicht möglich wäre – etwa in Gartenhöfen oder auf Dachterrassen – den Gemüsegarten ersetzen. Auch kann man mit ihnen aus Gärten in Hanglage viel bequemer zu bearbeitende Terrassengärten machen. Und Hochbeete sind für sehr nasse Gärten zu empfehlen, bei denen Gemüseanbau sonst kaum möglich wäre.

Hochbeete sind Intensivkultur-Systeme, in denen – weil viel mehr Nährstoffe als auf einem normalen Beet vorhanden sind – alles besser und dichter wächst. Auf einem Hochbeet läßt sich die Ernte ca. zwei Wochen verfrühen und auf gleicher Fläche sogar fast verdoppeln. Ein Hochbeet ist eigentlich eine große, mit Erde und Kompost gefüllte Kiste, auf der in bequemer Reichweite, also in Tischhöhe, Gemüse und Blumen wachsen. Pflanzen, Unkraut jäten und ernten, alles kann man im Stehen oder auf der Kante des Beetes sitzend erledigen.

Im Gegensatz zum Hügelbeet, das nach einigen Jahren in sich zusammensinkt und neu angelegt werden muß, ist ein Hochbeet „eine Anschaffung fürs Leben". Auch hier wird die Erde verbraucht, aber man kann sie ja immer wieder ersetzen. Im Hochbeet ist es außerdem wärmer als im normalen Beet.

Der Standort, das Material

Der Platz, auf dem man das Hochbeet anlegt, spielt keine große Rolle. Er sollte aber möglichst sonnig sein. Am Hang konstruiert man das Hochbeet so, daß es möglichst nach Süden ausgerichtet ist. Die Größe eines Hochbeetes hängt von der Größe des Gartens ab. Normalerweise geht man von einer Breite von 1,20 m aus, dann läßt es sich leicht von beiden Seiten bearbeiten. Eine Höhe von 80 cm ist am praktischsten. Rund um jedes Hochbeet muß der Weg so breit sein, daß man bequem mit einer Schubkarre darauf fahren kann – und auch um die Ecken kommt!

Am schönsten sehen Hochbeete

Das Hochbeet ist vergleichbar mit einer sehr großen Holzkiste, die mit besonders nährstoffreichem Substrat angefüllt worden ist.

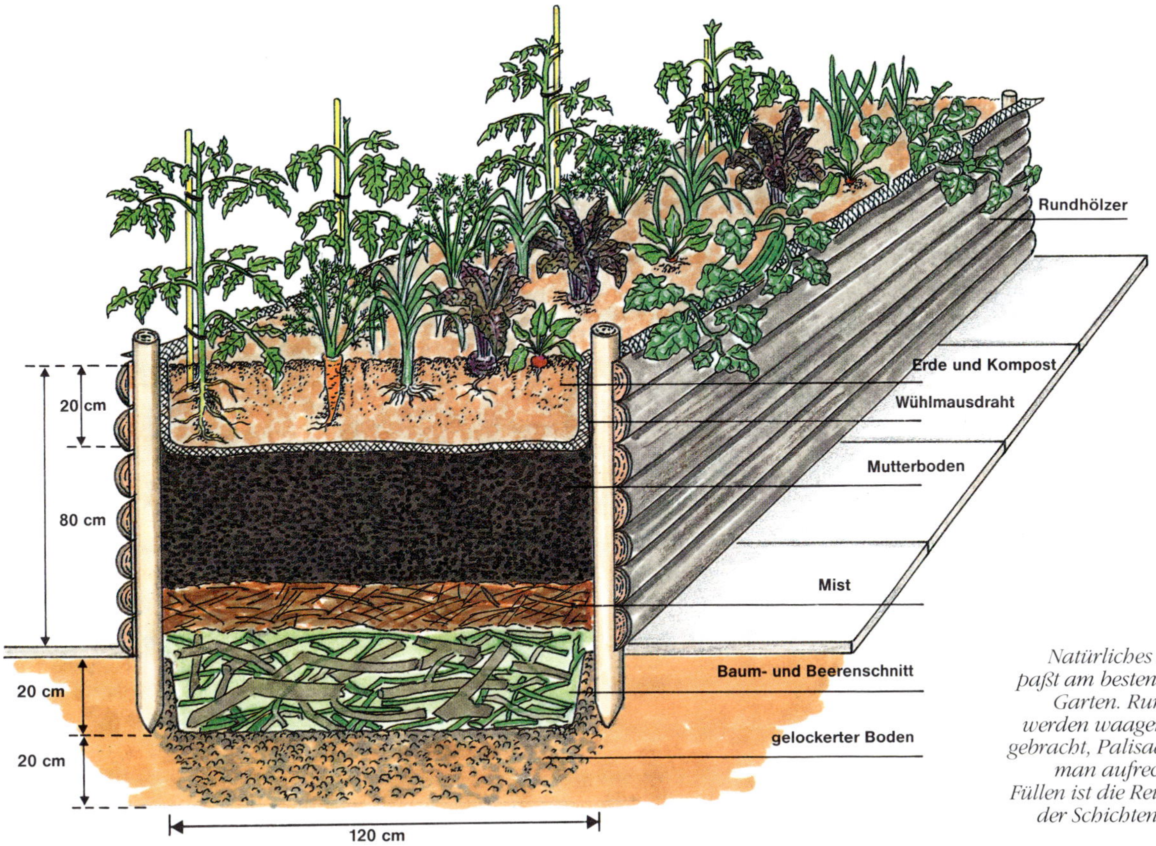

Natürliches Material paßt am besten in einen Garten. Rundhölzer werden waagerecht angebracht, Palisaden stellt man aufrecht. Beim Füllen ist die Reihenfolge der Schichten wichtig.

aus tiefdruckimprägnierten Palisaden aus. (Keine gebrauchten Eisenbahnschwellen nehmen!) Im Herbst gibt es „ab Wald" oft preiswert Rundhölzer zu kaufen, die man dann allerdings selbst imprägnieren muß. Dafür dürfen nur umweltfreundliche Produkte verwendet werden, weil sonst durch giftige Holzschutzmittel die wichtigen Bodenlebewesen im späteren Hochbeet abgetötet und die Kulturpflanzen geschädigt werden können.

Billiger als Rundhölzer sind Hohlblocksteine, die man nicht vermörteln muß, weil sie an den Seiten mit einer Art Nut versehen sind. Man stellt sie einfach aufeinander. Diese Steine speichern die Wärme im Hochbeet besser als Holz. Weil sie aber nicht besonders schön aussehen, kann man sie mit einem Lattengerüst verkleiden oder von Hängepflanzen überwachsen lassen.

Die unterste Reihe der Hohlblocksteine wird in die Erde eingegraben; noch besser ist allerdings ein Streifenfundament aus Zement. Rundhölzer werden im Kreuzverband wie bei einem Blockhausbau aufeinandergelegt und mit Rundeisen oder kräftigen Eckpfosten stabilisiert. Alternativen sind große „Kisten" aus dicken Brettern oder Wellplatten.

Der Boden

Zuerst hebt man an der Stelle, wo das Hochbeet entstehen soll, einen Spatenstich tief die Erde aus, es entsteht eine etwa 20 cm tiefe Grube. Darunter lockert man den Boden nochmals einen Spatenstich tief. Diese beiden Arbeiten sollten Sie vor dem Ausbau des Hochbeetes erledigen. Stehen die Wände des Hochbeetes, geht es weiter.

Etwa 30 cm hoch werden grob zerkleinerter Baumschnitt, die Zweige von Beerensträuchern und anderes holziges Material, das nur langsam verrottet, auf den Boden des Hochbeetes gelegt. Diese Schicht sorgt für eine gute Durchlüftung, Vorbedingung für eine erfolgreiche Rotte!

Auf die Holzschicht packt man eine dicke Schicht unreifen Kompost oder Mist – am besten Schafmist. Wenn man den nicht bekommen kann, nimmt man Pferdemist oder strohigen Kuhmist für den Hochbeetbau. Auf diese nahrhafte Lage kommt Mutterboden bis 20 cm unterhalb des Hochbeetrandes. Die oberste Schicht besteht aus gut verrottetem Kompost, vermischt mit der Erde, die man am Anfang abgetragen hat.

In Gärten, in denen es Wühlmäuse gibt, legt man zwischen die oberste Erdschicht und den Mutterboden ein Drahtgeflecht. Gut geeignet ist sogenannter Kükendraht. Man zieht den Draht auch an den Seiten hoch, damit die Nager nicht an den Wänden entlang zu den begehrten Pflanzenwurzeln vordringen können.

Ist das Hochbeet fertig gebaut, kann es sofort bepflanzt werden. Baut man das Beet im Herbst, deckt man die Erde mit einer dicken Schicht Stroh ab, damit alle Materialien bis zum Frühjahr weiter verrotten können. Dabei wird sich der Inhalt des Hochbeetes etwas senken, das Niveau gleicht man im Frühjahr mit Kompost aus.

Hochbeete werden vorzugsweise mit Mischkultur bepflanzt, denn sie eignen sich wegen des nahrhaften Untergrundes besonders gut zu dichter Bepflanzung. Außerdem bieten sich die Ränder für Kulturen von hängenden Pflanzen an: Gurken, Erbsen, Erdbeeren usw.

Wer nur ein Hochbeet hat, muß sich bei der Bepflanzung nach der Besonnung richten: Tomaten und andere hohe Pflanzen kommen an die Nordseite, in die Mitte setzt man mittelgroße Pflanzen und an die Südseite niedrige. So nimmt keine Kultur der anderen Licht und Wärme weg. Übrigens: Auf Hochbeeten lassen sich natürlich genausogut herrliche Sommerblumen ziehen!

Tradition seit der Steinzeit

Thymian, Majoran und Co. verdienen einen Ehrenplatz in jedem Garten. Denn über sie kann man nur Gutes sagen. Die Küchenkräuter nützen anderen Pflanzen, heilen Leiden und verfeinern Speisen.

Die Geschichte der Kräuter ist uralt. Erste Spuren führen zurück bis in die Jungsteinzeit, erste Überlieferungen sind uns erhalten aus China, Mesopotamien, Indien, Ägypten. Schon vor vielen tausend Jahren kannte man Kümmel und Koriander, Lorbeer und Thymian, Minze und Zwiebeln, Dill, Fenchel und viele mehr.

Ordnung in das Wissen um die Heilkräuter und Gewürzpflanzen brachten die Griechen und Römer. Der Urvater der abendländischen Medizin, Hippokrates (460–337 v. Chr.), war ebenso ein Kräuter-Freak wie Dioskurides (1. Jh. n. Chr.), der in einem umfassenden Werk bereits 600 Pflanzen beschrieben hat – mit einer Genauigkeit, die auch heutige Kräuter-Experten verblüfft. Aber nicht nur die Wissenschaftler kümmerten sich um die Kräuter. Schon damals waren sie Bestandteil der feinen Küche. Von den üppigen und raffinierten Festessen des römischen Feldherren Lucullus spricht man schließlich noch heute. Und die Schönen aller Jahrtausende wußten mit den Duftstoffen der Kräuter umzugehen und Wirkung zu erzielen.

Als die Römer über die Alpen zogen, brachten sie den Barbaren im Norden auch die feine Lebensart mit, unterstützt von den Mönchen, die neben dem Christentum auch Ableger aus den italienischen Klostergärten im Gepäck hatten.

Ein großer Verehrer der Kräuter muß auch Karl der Große gewesen sein. Auf seinen Landgütern an Rhein und Mosel ließ er unter anderem Salbei, Kresse, Schnittlauch, Rosmarin, Kümmel, Anis, Dill, Liebstöckel, Sellerie, Fenchel, Koriander, Kerbel,

Der klassische Kräutergarten ist in einzelne Beete unterteilt. Dieses Musterbeispiel wächst in England.

Die Kräuterspirale

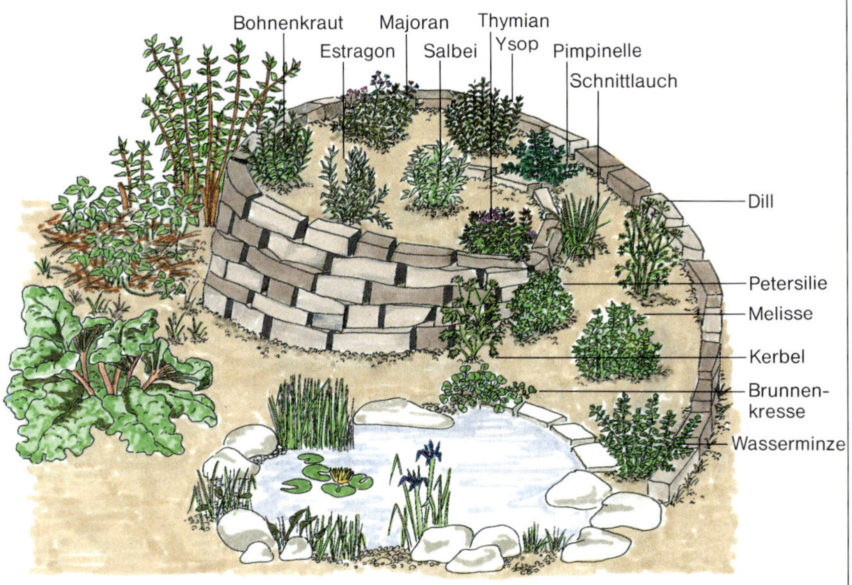

Ihren Heimatländern entsprechend haben unsere Küchenkräuter völlig unterschiedliche Ansprüche an Boden und Standort. Mit einer Kräuterspirale wird man allen Wünschen gerecht. Die aus Natursteinen aufgeschichtete Mauer bietet außen zusätzlich vielen typischen Steingartenpflanzen einen Lebensraum und ist eine optische Bereicherung für jeden Garten.
Je nach vorhandenem Platz kann die Spirale einen Durchmesser von zwei bis drei Meter haben. Die Höhe sollte 80 cm nicht überschreiten, damit man überall gut heran kann. Den Innenraum des höchsten Bereichs füllt man gut zur Hälfte mit grobem Schotter oder auch Bauschutt, der besonders gut geeignet ist, weil er alkalisch reagiert. Und gerade die Pflanzen für den oberen Teil brauchen kalkhaltigen Boden.
Den kleinen Kreis füllt man dann mit magerem Boden und endet am kleinen Teich mit guter Gartenerde und Kompost. Für den Teich kann man ein vorgefertigtes Plastikbecken verwenden.

Knoblauch und Zwiebeln anbauen. Aber erst die Erfindung der Buchdruckerkunst brachte die Kräuter unter die Leute. Sie blieben nicht länger hinter den Klostermauern verborgen. Viele bedeutende Kräuterbücher entstanden, deren Exaktheit der Beschreibung von Art und Anwendung bis heute kaum übertroffen worden ist. Und immer hatten die aromatischen Pflanzen ihren Platz im Garten und in der Küche.
Was früher praktische Erfahrung war, bestätigt heute die chemische Analyse: die Wirkung der Heil- und Gewürzpflanzen. Denn jedes Kraut besitzt Heilkräfte, auch diejenigen, die als Würze unsere Speisen verfeinern. Der Magen freut sich über Basilikum, die Verdauung klappt besser mit Ysop, der Kreislauf stabilisiert sich dank Rosmarin, und die Nerven hören auf zu zappeln, wenn etwas Melisse im Salat ist. Frisch gepflückt schmecken und wirken sie am besten. Und für ein Kräutergärtlein ist fast in jedem Garten ein Plätzchen übrig. Der Standort muß windgeschützt sein und sonnig, denn die Heimat der meisten Kräuterpflanzen ist Südeuropa. Kräuter bevorzugen meist eher leichten, mageren Boden mit einer guten Entwässerung. Übrigens: Wo Lavendel gedeiht, wächst auch fast jedes andere Kraut. Den Boden am besten im Herbst vorbereiten. Tiefgrundig lockern, aber nicht umgraben, entweder Gründung einsäen oder mulchen. Im Frühjahr ausgereiften Kompost dazugeben.

Kräuter vorsichtig düngen

Im Gegensatz zu vielen anderen Pflanzen ist bei den Gewürzkräutern ein üppiges Wachstum kein Zeichen von guter Qualität. Wenn das Küchenkraut ins Kraut schießt, wurde zu viel gedüngt, große Blätter haben weniger Aroma. Und darauf kommt es ja an. Kräuter niemals mit frischem Mist oder Jauche düngen, nur mit einer Mischung aus Horn-, Blut- und Knochenmehl oder Pflanzenjauche, die auch gleichzeitig Schädlingen vorbeugt.
Auf keinen Fall sollten Sie Ihre Küchenkräuter mit giftigen Chemikalien behandeln. Schließlich kommen die Kräuter frisch auf den Tisch.
Es gibt viele Möglichkeiten, ein Kräuterbeet anzulegen. Man kann einen Kräuterhügel bauen, einen klassischen Kräutergarten en miniature anlegen. Sehr günstig ist auch ein Streifen entlang des Hauses, wo die Wände die Wärme des Tages noch am Abend zurückstrahlen. Das einfachste aber ist ein langes schmales Beet in Ost-West-Richtung.
Bei der Bepflanzung des Beetes muß man die unterschiedlichen Ansprüche berücksichtigen (sonnig oder halbschattig, ganz magerer Boden oder nahrhafter Boden). Auch die zu erwartende Höhe der Pflanzen spielt eine Rolle. Die Großen dürfen den Kleinen weder Luft noch Licht wegnehmen.
Man sollte Kräuterpflanzen niemals zu früh ins Freie setzen – auch wenn die Ungeduld noch so groß ist! Die meisten Gewürzpflanzen stammen aus dem Mittelmeerraum, und dort ist es nun mal wärmer als bei uns. Wenn man Ende Mai/Anfang Juni kräftig entwickelte Setzlinge beim Gärtner kauft und einsetzt, hat man die Gewähr, daß sie gut anwachsen und sogar schneller erntereif sind als die Setzlinge, die man mühsam durch die letzten kalten Nächte des Mai gebracht hat.
Ungeduldige überdachen das Kräuterbeet mit einem Folientunnel, der tagsüber gelüftet und nachts geschlossen wird. In höheren Lagen, wo rauhe Winde wehen, wird man den Folientunnel gar nicht erst in den Keller schaffen. Vor allem für die einjährigen Kräuter wird man ihn unter Umständen den ganzen Sommer über brauchen. Wer die Mühe scheut, ein Kräuterbeet anzulegen, kann z.B. Thymian, Lavendel und Rosmarin im Steingarten, Liebstöckel und Borretsch zwischen Rosen, Dill und Bohnenkraut an die Ränder der Gemüsebeete pflanzen.

Sie sorgen für den guten Geschmack

Ihre volle Würzkraft entfalten Küchenkräuter nur, wenn man ihre Standortwünsche und Bodenansprüche erfüllt. Die meisten brauchen viel Sonne, aber wenig Dünger. Viele blühen so schön, daß sie auch eine Zierde sind.

Basilikum

(Ocimum basilicum)

Das überaus würzige und stark riechende Kraut stammt aus Ostindien. Über das alte Ägypten und Griechenland gelangte es nach Rom. In Mitteleuropa schätzt man die Würz- und Heilkraft des Basilikums seit dem 12. Jahrhundert.

Der Pflanze wurden wahrhaft teuflische Kräfte unterstellt. Hartnäckig hielt sich das Gerücht, daß aus zerriebenen Blättern, unter einem Topf aufbewahrt, nach einiger Zeit Skorpione wachsen. Basilikum hatte aber auch Freunde, die seine positive Wirkung auf Mut und Verstand rühmten und davon überzeugt waren, es würde dem Körper Gift entziehen und schwere Gedanken vertreiben.

Anbau: Bei uns ist das zur Familie der Lippenblütler gehörende Basilikum einjährig, in seiner Heimat zweijährig. Der Grund: Die Pflanze ist extrem kälteempfindlich. Der Boden muß locker, humos, warm und leicht sandig sein. Ein gleichmäßiges Bodenklima erreicht man am besten durch eine Bodendeckung aus reifem Kompost. Nur wenn Sie für Ihr Basilikum einen sehr warmen, windgeschützten Standort wählen, wächst und gedeiht das Pflänzchen. Von den rund 60 Sorten eignen sich nur zwei für unser Klima: das kleinblättrige Basilikum (niedrig und buschig) und das großblättrige oder löffelblättrige Basilikum (wird bis zu 40 cm hoch).

Die Aussaat erfolgt im März/April in Kästen oder Töpfen auf der Fensterbank oder im Gewächshaus. Basilikum ist ein Lichtkeimer, die Samen dürfen nur angedrückt, aber nicht mit Erde bedeckt werden. Die Keimzeit beträgt 10 bis 14 Tage.

Erst nach den Eisheiligen kommen die Pflanzen ins Freie (im Abstand von 25 cm). Wenn Sie den Mitteltrieb abknipsen, werden die Pflanzen buschiger. Basilikum braucht immer ausreichend Wasser, auch während der Keimzeit. Es lohnt sich kaum, Samen zu ernten – sie werden in unserem Klima nur sehr selten reif. Im Gegensatz zu den meisten anderen Kräutern läßt sich Basilikum auch gut in Töpfen auf der Fensterbank kultivieren.

Ernte: Kurz vor der Blüte schneidet man einzelne Blätter oder ganze Triebe bis auf zwei Blattpaare ab, verwendet sie frisch oder hängt sie zu kleinen Sträußen gebündelt zum Trocknen auf. Die Blätter danach abstreifen und zerbröseln, dunkel und luftdicht aufbewahren. Basilikum verliert schnell seine Wirkung. Wer ein Gewächshaus oder genug Platz auf der Fensterbank hat, kann laufend neu aussäen und ernten.

Bohnenkraut

(Satureja hortensis)

Die Heimat des würzigen Küchenkrauts ist der östliche Mittelmeerraum und die Gegend um das Schwarze Meer. Auch dieses Pflänzchen hatten die Benediktinermönche im Gepäck, als sie über die Alpen kamen. Sie entdeckten die blähungstreibende (karminative) Wirkung und würzten damit die blähungsverursachenden Bohnengerichte. Das Kraut erfreute sich großer Beliebtheit und zählt zu den wenigen Gewürzkräutern, denen nie Böses nachgesagt wurde.

Weil Bohnenkraut leicht zu kultivieren ist und schon immer in jedermanns Garten wuchs, nannte man es „Gewürz der armen Leute".

Anbau: Der einjährige Lippenblütler ist anspruchslos, freut sich jedoch über lockeren, humosen, tiefgrundigen Boden. Wie viele andere Gewürzkräuter auch, braucht Bohnenkraut einen sonnigen Standort. Sobald die Pflanze ausgewachsen ist, sparsam gießen. Bohnenkraut übersteht auch Trockenperioden.

Nach den Eisheiligen kann die Aussaat im Freiland erfolgen. Wer früher sät, muß die Pflänzchen durch Folie schützen oder für sie im Frühbeet ein Eckchen reservieren. Es gehört zu den Lichtkeimern, die Samen werden nur angedrückt, nicht mit Erde bedeckt. Die Keimzeit beträgt drei Wochen.

Auch die jungen Pflanzen dürfen erst in der zweiten Maihälfte an die frische Luft. Sie brauchen 20 cm x 20 cm Platz. Eine Bodendeckung mit reifem Kompost dankt Ihnen das Bohnenkraut mit üppigem Wachstum, aber Dünger mag es nicht.

Das einjährige Bohnenkraut hat einen mehrjährigen Vetter, das Bergbohnenkraut ***(Satureja montana)***. Geben Sie ihm einen warmen, windgeschützten Standort. Magerer Boden und Trockenheit bekommen ihm besser als üppige Kost und Feuchtigkeit. Der kleine Strauch bleibt im Winter grün und braucht während der kalten Jahreszeit eine wärmende Hülle aus Reisig.

Ernte: Knapp vor und während der Blüte werden die Stengel dicht über dem Boden abgeschnitten, frisch verwendet oder zu kleinen Sträußen zusammengebunden und an einem luftigen, schattigen Ort zum Trocknen aufgehängt. Die abgestreiften Blätter werden in gut schließenden Gefäßen aufbewahrt. Bohnenkraut ist auch getrocknet sehr aromatisch. Lassen Sie einige Pflanzen stehen, damit die Samen zur Aussaat im nächsten Jahr reifen können. Pflücken Sie die Körnchen, bevor sie braun werden, denn völlig ausgereift fallen sie leicht heraus.

Das Bergbohnenkraut läßt sich gut trocknen.

Borretsch

(Borago officinalis)

Vermutlich brachten die Araber das Gewürzkraut nach Italien und Spanien, von wo aus es sich über ganz Europa ausbreitete. Bereits im 17. Jahrhundert war Borretsch in England bekannt. Die Samen wurden von dort sogar nach Amerika exportiert. Die blauen Blüten der Pflanzen sehen im Garten hübsch aus und sind bei den Bienen beliebt.

Reizvolle Tischdekoration: Borretschblüten.

Anbau: Das einjährige Kraut braucht einen nahrhaften, durchlässigen Boden und genügend Raum (40 cm x 40 cm). Borretsch wächst buschig und wird bis zu 80 cm hoch. Stehen die Pflanzen zu dicht, werden sie leicht ein Opfer von Blattläusen und Mehltau. Die Pflanzen brauchen mehr Wasser als die meisten anderen Gewürzpflanzen und freuen sich über einen sonnigen Standort. Da man mit einer Pflanze auskommt, lohnt die Aussaat nicht. Jungpflanzen gibt es im Frühjahr.

Ernte: Die blühenden Stengel werden geschnitten, frisch verwendet oder in Sträußen getrocknet. Sie müssen locker hängen und oft gewendet werden. Die Blätter verfärben sich leicht schwarz und sind dann unbrauchbar.

Dill

(Anethum graveolens)

Dill kommt wahrscheinlich aus dem Vorderen Orient, war aber auch den Indern, Ägyptern, Griechen und Römern bekannt. Im Mittelalter wurde Dill fester Bestandteil der klösterlichen Kräutergärten. Auch Karl der Große erwähnte in den berühmten Pflanzenlisten für seine Ländereien am Rhein und Mosel den Dill.

Anbau: Der einjährige Doldenblütler braucht einen lockeren, humosen Boden. Ein sonniges Plätzchen zwischen anderen Gemüsen eignet sich hervorragend als Standort, weil Dill auf viele Pflanzen eine positive Wirkung hat. Die erste Aussaat kann im April erfolgen, weitere Aussaaten sind bis in den Spätsommer möglich. Die Keimzeit beträgt 8–10 Tage.

Die Pflanzen werden bis zu 1 Meter hoch und müssen bei Trockenheit gegossen werden. Obenherum will Dill es sonnig haben, aber der Boden darf durchaus feucht sein. Deshalb gedeiht Dill auch besonders gut zwischen Gurken, die mit ihren großen Blättern die Erde beschatten und feucht halten.

Ernte: Dillblättchen kann man die ganze Saison ernten. Die Samen brauchen 2–3 Monate zum Ausreifen. Man schneidet die Dolden taunaß ab. Die Samen dürfen gerade erst bräunlich werden. Die Stiele werden zu Sträußen zusammengebunden und an einem luftigen, schattigen Ort aufgehängt. Legen Sie ein Tuch darunter, damit herausfallende Samen nicht verlorengehen.

Estragon

(Artemisia dracunculus)

Vermutlich stammt Estragon aus der Mongolei oder Sibirien, nach Europa brachten ihn die Kreuzritter. Man sagt dem Kraut nach, daß es vor Schlangenbiß schützt und sogar Gift aus den Wunden herauszieht.

Der Kenner unterscheidet zwei Arten: den widerstandsfähigen, aber nicht so aromatischen Russischen oder Sibirischen Estragon und den Französischen oder Deutschen Estragon.

Anbau: Die ausdauernde Pflanze – zwei reichen für einen Haushalt – mag humusreichen, leichten, etwas feuchten Boden und einen geschützten, sonnigen bis halbschattigen Standort. Der Russische Estragon wird im April ins Freiland ausgesät, den Französischen sollte man am besten als Jungpflanze im März oder April setzen. Die Staude wird bis zu einem Meter hoch und braucht 40 cm x 40 cm Platz. In trockenen Sommern muß kräftig gegossen werden. Estragon braucht Winterschutz, z.B. Fichtenreisig.

Ernte: Estragon kann laufend geerntet werden, getrocknet verlieren die Blättchen viel von ihrem Aroma.

Die filigranen, aromareichen Samenstände des Dills geben Einlegegurken erst die richtige Würze.

Kerbel wird 30 bis 60 cm hoch. Das feine Aroma erinnert ein wenig an Anis und paßt zu Suppen, Salaten und vielen Soßen.

Kerbel
(Anthriscus cerefolium)

Das feine Kraut mit den zarten Blättern stammt aus einer rauhen Gegend, dem Kaukasus. Über Italien kam es schließlich im Gepäck der Römer über die Alpen.
Anbau: Das einjährige Kraut braucht lockeren, guten, aber nicht frisch gedüngten Boden. Das kleine Kräutlein wächst gut an einem sonnigen Standort, toleriert aber auch ein wenig Schatten. Die Aussaat erfolgt bereits im März ins Freiland. Die Keimzeit ist sehr kurz. Bei trockenem Wetter muß man etwas gießen. Wer Kerbel besonders gern mag, sollte den Sommer über alle 14 Tage neu aussäen.
Ernte: Bereits gut sechs Wochen nach der Aussaat kann man mit der Ernte beginnen. Kerbel eignet sich nicht gut zum Trocknen.

Kresse
(Lepidium sativum)

Die Blättchen haben es in sich. Nicht umsonst nennt der Volksmund das Pflänzchen Pfefferkraut. Es stammt aus dem Vorderen Orient und ist heute in ganz Europa zu Hause.
Anbau: Die Ansprüche an den Boden sind gleich Null – Kresse wächst auch auf einem Papiertaschentuch, nur feucht muß es sein. Jeder Standort ist der Kresse recht. Die Aussaat erfolgt vom zeitigen Frühjahr bis in den Herbst hinein immer dort, wo auf den Beeten gerade Platz ist. Die Keimzeit beträgt 3–4 Tage.
Ernte: Kresse muß man ungefähr 10 Tage nach der Aussaat ernten, denn die kleinen Blättchen schmekken jung am besten.

Liebstöckel
(Levisticum officinale)

Liebstöckel stammt wahrscheinlich aus Südeuropa und gehört auch zu den altbekannten Gewürz- und Heilkräutern. In der berühmten Liste Capitulare de villis, in der Karl der Große alle Pflanzen aufführen ließ, die in seinen Gärten angebaut werden sollten, ist auch Liebstöckel erwähnt. Die leicht zu kultivierende Pflanze wurde schnell in vielen Bauerngärten heimisch.
Anbau: Der mehrjährige Doldenblütler ist eine winterharte Staude. Sie kann bis zu 2 Meter hoch werden und braucht daher viel Platz. Der Boden soll kräftig, lehmig, tiefgrundig und mäßig feucht sein. Am besten pflanzt man Liebstöckel als zweite Tracht auf einen ursprünglich mit Stallmist oder Kompost gedüngten Boden. Die Pflanze freut sich einmal im Jahr über einen Guß mit Brennesseljauche. Der Standort kann halbschattig sein. Eine Pflanze reicht völlig. Um einen stärkeren Blattwuchs zu erzielen, müssen die Blütentriebe abgeschnitten werden.
Ernte: Die Blätter werden am besten laufend geerntet.

Majoran
(Origanum majorana)

Die alten Ägypter haben Majoran bereits als Kulturpflanze angebaut, und auch den Griechen und Römern des Altertums war er bekannt. Zu uns kam der Majoran erst im 16. Jahrhundert, ebenfalls als Kulturpflanze. Wild wächst er allerdings nur in seiner ursprünglichen Heimat rund um das östliche Mittelmeer. Als Medizin gegen Erkältungen soll Majoran-Tee einst im Dreißigjährigen Krieg den Feldherren Wallenstein vom Schnupfen befreit haben.
Anbau: Der einjährige Lippenblütler braucht leichten, durchlässigen, aber nährstoffreichen Boden. Schwere Böden müssen unbedingt gelockert und verbessert werden. Untergearbeiteten reifen Kompost dankt der Majoran mit prächtigem Gedeihen. Der Standort soll vollsonnig und auch windgeschützt sein, denn Majoran ist sehr kälteempfindlich.

Majoran ist typisch für die französische Küche.

Die Aussaat erfolgt im März im Frühbeet, nach den Eisheiligen setzt man die Pflanzen ins Freiland. Zu dieser Zeit kann auch im Freien gesät werden. Die Samen dünn mit Erde bedecken. Einfacher ist es, Jungpflanzen zu kaufen, die im späten Frühjahr überall angeboten werden. Der Abstand zwischen den Pflanzen muß 15 cm betragen. Der Boden um die

Pflanze herum soll regelmäßig gelokkert werden, damit Wildkräuter gar nicht erst heimisch werden. Man bekommt im Fachhandel zwei Sorten: den Blattmajoran (auch Französischer Majoran genannt), eine kräftige, blattreiche Pflanze, und den Knospenmajoran (auch Deutscher Majoran genannt), der bei uns besser wächst. Majoran blüht von Juni bis September weiß, rosa oder lila.
Ernte: Geerntet werden die jungen Triebspitzen und Blütenähren, kurz bevor sich die Knospen öffnen oder während der Blüte. Der beste Zeitpunkt sind die frühen Morgenstunden oder der späte Nachmittag, weil der Gehalt an ätherischem Öl dann am höchsten ist.

Melisse
(Melissa officinalis)

Die Heimat der Melisse ist der Vordere Orient, aber das Kraut war schon vor vielen hundert Jahren in ganz Südeuropa verbreitet. Bereits in den Schriften des Hippokrates (5. bis 4. Jahrhundert v. Chr.) wird die Melisse lobend erwähnt. Der arabische Arzt Avicenna (980 bis 1037 n. Chr.) verschrieb sie seinen Patienten ebenso wie Paracelsus (1493 bis 1541 n. Chr.). Die Benediktiner brachten die Pflanze über die Alpen, und die Araber hatten die Melisse im Gepäck, als sie nach Spanien zogen Bekannt ist vor allem der Melissengeist. Die Karmeliter-Mönche waren die ersten, die 1611 aus Melisse und anderen Zutaten den „Karmelitergeist" herstellten.
Anbau: Der ausdauernde Lippenblütler braucht einen feuchten, durchlässigen, sehr humusreichen Boden. Wie in ihrer Heimat will die Melisse auch bei uns einen sonnigen, windgeschützten Standort. Im März kann unter Glas, im Mai ins Freie ausgesät werden. Ab August werden die Pflanzen vereinzelt, Abstand ca. 40 cm. Einfacher ist es, im Frühjahr Jungpflanzen zu setzen. Melisse freut sich über regelmäßige Kompostgaben und mag keine „Mitesser" in nächster Umgebung. Aber Vorsicht beim Hacken – die Wurzeln liegen flach unter dem Boden. Melisse kann bis zu 1 m hoch werden. Bei den Bienen ist das Kraut sehr beliebt: Man sollte deswegen einige Pflanzen blühen lassen. Im Winter sterben die oberirdischen Pflanzenteile ab und werden abgeschnitten. Der Rest wird abgedeckt.
Aus Nordamerika zu uns eingewandert ist eine sehr dekorative Verwandte der Zitronenmelisse: die Goldmelisse, auch Indianernessel genannt ***(Monarda didyma)***. In feuchtem, humusreichem Boden an einem sonnigen oder halbschattigen Platz zeigt sie von Juni bis Oktober ihre herrlichen roten Blüten. Im Geschmack und Duft ähnelt sie jedoch der Minze und nicht der Melisse.

Schon wegen ihres angenehmen Duftes sollte die Goldmelisse in keinem Garten fehlen. Die mehrjährige Staude wird 100 cm hoch.

Ernte: Vor der Blüte (Ende Juni/Anfang Juli) werden die Stiele an einem kühlen Tag ca. 10 cm über dem Boden abgeschnitten umd möglichst schnell, hängend im Schatten getrocknet. Melisse ist sehr druckempfindlich, die Blätter werden braun und unansehnlich. Deshalb ist bei Melisse eine künstliche Trocknung empfehlenswert; in diesem Fall die Blätter vorher vorsichtig abpflücken und auf ein sauberes Tuch legen. Zum sofortigen Gebrauch kann laufend geerntet werden.

Oregano
(Origanum vulgare)

Oregano ist der „wilde" Vetter des zahmen Majoran. In seiner Heimat Südeuropa und Asien wächst er noch heute in freier Natur. Schon in der Antike schätzte man die feine Würze des Krauts, sprach ihm aber noch ganz andere Kräfte zu. Mit Oregano wurden Brautpaare bekränzt und Gräber bepflanzt: Glück im Diesseits und Jenseits. Im Mittelalter schützte ein Sträußchen Oregano gegen die bösen Machenschaften des Teufels. Arbeitern mischte man das Kraut als Stärkungsmittel ins Essen.
Anbau: Der ausdauernde Lippenblütler braucht trockenen, durchlässigen Boden. Der Herkunft entsprechend sollte man ihm den wärmsten Platz im Garten geben. Sehr gut eignet sich ein Steingarten als Standort für das Bergkraut. Die Pflanze gedeiht dort besser als in einem flachen Beet. In rauheren Lagen ist

ein Winterschutz notwendig. Im Frühjahr wird die Pflanze bis auf wenige Zentimeter zurückgeschnitten.
Oregano kann im April ausgesät werden. Einfacher ist es, ein oder zwei Jungpflanzen zu kaufen und sie nach den Eisheiligen in den Garten zu setzen.
Ernte: Während der Blüte (Juli bis September) ist der Wirkstoffgehalt am höchsten. Die Stengel kurz über dem Boden abschneiden, zusammenbinden, frisch verwenden oder im Schatten zum Trocknen aufhängen. Die Temperatur darf nie höher als 30° C sein.

Petersilie

(Petroselinum crispum)

Schon im Altertum baute man Petersilie als Kulturpflanze an. Heute wächst das Kraut auf der ganzen Welt. Für die alten Griechen war Petersilie ein Symbol der Festlichkeit. Ob die kleinen Blättchen deswegen oft nur als grüne Dekoration auf kalten Platten zu finden sind?
Anbau: Petersilie ist zweijährig, d.h., die Pflanze blüht im zweiten Jahr. Aber auf die Blüte kommt es dem Gemüsegärtner nicht an. Im Gegenteil. Sobald sich die Blüten zeigen, verlieren die Blätter viel von ihrem Aroma. Deshalb wird das Kraut wie eine einjährige Pflanze behandelt und jedes Jahr wieder in nährstoffreichen, durchlässigen Boden an einem leicht schattigen Standort neu ausgesät. Man muß jedoch jedes Jahr ein neues Plätzchen suchen, weil Petersilie mit sich selbst unverträglich ist. Die Aussaat erfolgt im März ins Freiland. Die Keimzeit ist sehr lang, drei bis vier Wochen.
Ernte: Bereits im Juni kann man die ersten Blättchen abschneiden, mit Glück auch noch im Winter.

Pfefferminze

(Mentha x piperita)

Schon immer – möchte man sagen – gab es wildwachsende Pfefferminzarten in ganz Europa. Stellvertretend für viele seien hier nur die Wasser- oder auch Bachminze und die Ackerminze genannt. Die heute übliche Kulturpflanze, ***Mentha x piperita***, kam im 17. Jahrhundert aus Großbritannien zu uns auf den Kontinent und ist eine Kreuzung zwischen Wasserminze und Grüner Roßminze.
Anbau: Die ausdauernde Staude gehört zur Familie der Lippenblütler. Sie bevorzugt feuchten, humusreichen Boden, auch moorige Erde, und freut sich über reichlich Kompost. Der Standort kann halbschattig, muß aber luftig sein. Pfefferminze wird bis 80 cm hoch und braucht viel Platz. Vor dem Pflanzen muß das Beet von Unkraut befreit werden; später ist diese Arbeit nicht mehr nötig, weil die Pfefferminze bald den ganzen Boden bedeckt und allen anderen Pflanzen „die Luft" zum Leben wegnimmt. Gesät wird zwischen März und Mai im Gewächshaus oder Anzuchtkasten, gepflanzt ab Mitte Mai. Kaufen Sie Jungpflanzen oder Wurzelausläufer. Die flachen Wurzeln der Pflanze wandern manchmal durch den ganzen Garten und werden leicht zum „Unkraut". Diesem Wandertrieb kann man Einhalt gebieten, indem man die Pflanze zusammen mit einem alten Korb oder einem ausgedienten Frühbeetkasten in die Erde pflanzt. Pfefferminze wächst auch gut in einem großen Topf. Die Pflanzen werden manchmal vom Pfefferminzrost befallen, einer Pilzkrankheit, die rote Flecken an den Blättern verursacht. Da hilft nur eines: die Pflanzen radikal abschneiden. Die neuen Triebe sind wieder gesund. Außer der gebräuchlichen Pfefferminze gibt es als Kulturpflanze noch Ananasminze, Apfelminze, Gewürzminze, Orangenminzen, Poleiminze.
Ernte: Kurz vor der Blüte morgens, wenn der Tau abgetrocknet ist, oder am späten Nachmittag, werden die Stengel kurz über dem Boden abgeschnitten, zu Sträußen zusammengebunden und kopfüber im Schatten zum Trocknen aufgehängt. Pfefferminze bekommt im Juli/August rosa bis violettfarbene Blüten. In besonders warmen Sommern ist eine zweite Ernte möglich. Die getrockneten Blätter werden kühl und dunkel ohne Stengel in einem gut schließenden Gefäß aufbewahrt.

In der Küche wird Pfefferminze nicht so häufig verwendet. Doch als gesunder und erfrischender Tee ist das Kraut in aller Munde.

Pimpinelle

(Sanguisorba minor)

Das zarte Pflänzchen stammt vermutlich auch aus dem Mittelmeerraum, wächst aber heute fast überall. Anbau: Die Pflanze braucht trockenen, kalkhaltigen Boden und einen sonnigen Standort. Da zwei Pflanzen für den Hausgebrauch reichen, sollte man Jungpflanzen setzen (April) und auf eine Aussaat verzichten.
Ernte: Die zarten Blätter werden laufend geerntet und immer frisch verwendet.

Portulak

(Portulaca oleracea)

Das bei uns nicht sehr bekannte Küchenkraut stammt ursprünglich aus Indien, wächst aber schon lange im Mittelmeerraum und hat sich auf der ganzen Welt ausgebreitet. Der Geschmack ist leicht säuerlich.
Anbau: Das einjährige Kraut braucht einen durchlässigen, eher mageren Boden. Unbedingt erforderlich ist ein sonniger Standort. Die Aussaat erfolgt ab Mai alle drei Wochen, dann kann man laufend die fleischigen, kleinen Blättchen schneiden. Die Pflanze braucht viel Feuchtigkeit.
Ernte: Mit der ersten Ernte kann man bereits vier Wochen nach der Aussaat beginnen. Zum Konservieren eignet sich Portulak nicht. Der kluge Gärtner sorgt auf andere Art für ganzjährigen Genuß und sät auch Winterportulak ***(Montia perfoliata)***. Die Ansprüche an Boden und Standort sind die gleichen.

Portulak schmeckt roh im Salat oder gekocht.

Viel Wärme und Licht braucht der Rosmarin. Im Winter sollte man die Pflanzen ins Haus holen.

Rosmarin

(Rosmarinus officinalis)

In seiner Heimat rund um das Mittelmeer wächst Rosmarin wild an steinigen, trockenen Hängen. Zauber- und Heilkräfte sprach man dem Kraut im Altertum zu. Die Griechen weihten Rosmarin ihrer Liebesgöttin Aphrodite. Noch heute wird in einigen Gegenden Bayerns der Braut Rosmarin statt Myrte in den Brautstrauß gebunden, als „Garant" für Liebe und Treue. Auch praktische Kräfte werden dem Kraut zugesprochen: Zwischen die Wäsche gelegt, soll es Motten vertreiben.
Über die Alpen kam das Kraut im Gepäck der Benediktiner. Karl der Große ließ es auf seinen Ländereien anbauen, und Sebastian Kneipp lobte seine heilende Wirkung.

Anbau: Der ausdauernde, immergrüne Lippenblütler braucht leichten, durchlässigen, humosen Boden. Schwere Böden müssen unbedingt mit Sand oder Kieselsteinen aufgelockert werden. Im Frühjahr freut sich Rosmarin über etwas organischen Dünger, ab August muß er trocken und mager gehalten werden. Geben Sie dem Rosmarin einen sehr sonnigen Standort, am besten vor einer Mauer. Nur an einem sehr günstigen Ort kann die Pflanze das ganze Jahr über draußen wachsen. Rosmarin pflanzt man deshalb besser in einen großen Topf und stellt ihn an einem geschützten Ort auf. Denn in den meisten Fällen muß das Kraut den Winter im Haus verbringen. In der kalten Jahreszeit soll Rosmarin an einem kühlen, hellen Ort stehen, bei zu warmem Standort treibt er schwächliche Wintertriebe und ist

anfällig gegen Schädlinge. Im Haus darf nur so viel gegossen werden, daß der Wurzelballen nicht völlig austrocknet.
Mit seinen feinen blauen Blüten und dem besonders am Abend betörenden Duft ist Rosmarin auch eine Attraktion im Steingarten und eine ausgezeichnete Bienenweide.
Ernte: Geerntet wird an warmen, trockenen Tagen, kurz bevor die Knospen aufspringen. Rosmarin soll schnell getrocknet werden, die Temperatur darf aber 35° C nicht überschreiten. Schneiden Sie für den normalen Bedarf immer nur wenige Zweige auf einmal ab, damit die Pflanze nicht leidet.

Salbei

(Salvia officinalis)

An kalkhaltigen Hängen in Dalmatien, Griechenland und Spanien wächst Salbei noch heute wild. Auch bei uns gibt es wilde Arten, die aber sehr wenige Wirkstoffe enthalten. Der botanische Name ***Salvia*** hängt eng mit dem lateinischen Salve = Heil zusammen, womit eigentlich schon alles gesagt ist. Ein noch heute gebräuchliches Sprichwort unterstreicht die große Bedeutung von Salbei in der Volksmedizin: „Wer ewig leben will, der esse Salbei im Mai". Deshalb war Salbei in Klostergärten besonders geschätzt.
Anbau: Der ausdauernde Lippenblütler braucht einen kalkhaltigen, trockenen, durchlässigen Boden, schwere Erde muß mit Sand gelokkert werden. Ein wenig Kompost dankt die Pflanze mit üppigem Wachstum. Überhaupt – Salbei braucht viel Platz und einen sonnigen Standort. Auch dieses Kraut gilt als Bereicherung in jedem Steingarten und als gute Bienenweide. Aussaat ist möglich, aber einfacher ist eine Vermehrung durch Teilung älterer Wurzelstöcke. Oft bilden sich auch Absenker an herunterhängenden Zweigen. Salbei braucht einen Winterschutz und wird erst im Frühjahr zurückgeschnitten. Er treibt am alten Holz wieder aus.
Ernte: Die Triebspitzen werden kurz vor der Blüte geschnitten und im Schatten ausgebreitet getrocknet oder frisch verwendet. (Schneiden Sie nicht zu viele Blätter ab – sie schützen den Strauch im Winter vor Kälte und Sonne.)

Auch wer Salbei als Gewürz und Tee nicht schätzt, muß auf diese schöne Staude nicht verzichten.

Schnittlauch

(Allium schoenoprasum)

Der zarte Vetter von Porree und Zwiebel steht zusammen mit Petersilie ganz oben auf der Kräuter-Hitliste. Vermutlich stammt das Kraut aus Asien und wird seit dem späten Mittelalter auch bei uns angebaut. Schnittlauch ist in den gemäßigten Zonen Europas, Asiens und jetzt auch Nordamerikas verbreitet.
Anbau: Die mehrjährige Pflanze wächst am besten in nährstoffreichem, leicht feuchtem und kalkhaltigem Boden. Gleichermaßen gut verträgt Schnittlauch einen sonnigen oder halbschattigen Standort. Man sollte sich im Frühjahr Jungpflanzen kaufen. Zwei bis drei Horste decken den Bedarf einer Familie. Im Laufe der Jahre werden die Pflanzen immer größer und lassen sich gut teilen.
Ernte: Die Halme können während der ganzen Saison geschnitten werden. Ernten Sie jedesmal von einem anderen Horst, damit sich die Pflanzen immer wieder erholen können.

Thymian

(Thymus vulgaris)

Die Heimat des Thymians sind die immergrünen Buschwälder und Felsenheiden rund um das Mittelmeer. Bekannt war das Kraut bereits im Ägypten der Pharaonen, wie Grabfunde beweisen. Es wurde wegen seiner konservierenden Eigenschaften und seines aromatischen Duftes den Leichenharzen beigemischt, mit denen man die Toten einbalsamierte. Aber auch als Heil- und Gewürzkraut war die Pflanze in der Antike bekannt. Den Weg über die Alpen fand Thymian recht spät, im 11. Jahrhun-

Quendel (wilder Thymian) ist sehr genügsam.

dert. Thymian gilt außerdem als Symbol für Mut, Stil und Eleganz.
Anbau: Der ausdauernde Lippenblütler ist ein buschiger, niedriger Halbstrauch, dessen Stengel allmählich verholzen. Er braucht einen lockeren, trockenen Boden und darf nicht gedüngt werden. Seiner Herkunft nach muß man ihm einen sonnigen Standort geben. Besonders gut wachsen Thymian und sein wilder Vetter Quendel im Steingarten. Thymian behält das ganze Jahr über seine grünen Blättchen. In kalten Lagen muß er im Winter abgedeckt werden. Es gibt drei Sorten:

1. Französischer oder Sommerthymian bleibt recht niedrig und ist kälteempfindlich.
2. Deutscher oder Winterthymian wächst höher und übersteht normale Winter ohne Schaden.
3. Zitronenthymian duftet stark nach Zitronen und wird wie die anderen Sorten angebaut.

Übrigens: Thymianblüten sind bei den Bienen sehr beliebt.
Ernte: Zu Beginn der Blüte (Juni/Juli) werden die noch nicht verholzten Pflanzenteile ganz abgeschnitten, von den verholzten Stengeln streift man die Blätter ab. Man darf aber immer nur so viel ernten, daß die Pflanze nicht leidet. In den Mittagsstunden ist der Gehalt von ätherischem Öl am höchsten. Blätter und Stengel werden flach ausgebreitet und im Schatten getrocknet. Beim künstlichen Trocknen darf die Temperatur 35° C nicht übersteigen.

Tripmadam

(Sedum reflexum)

Das kleine, genügsame Gewächs ist auf der nördlichen Halbkugel zu Hause und wächst sogar in Norwegen und Finnland. Die Verwandten sind bekannte Steingartengewächse, und auch Tripmadam kann man neben ihnen anpflanzen.
Anbau: Das Kraut zeichnet sich durch außergewöhnliche Genügsamkeit aus und ist mit mageren Böden zufrieden. Nässe verträgt Tripmadam allerdings überhaupt nicht. Am günstigsten ist ein sonniger Standort. Man kauft sich eine Jungpflanze im Frühjahr. Eine Aussaat lohnt sich nicht. Die Pflanze breitet sich schnell aus.
Ernte: Man kann das ganze Jahr hindurch ernten, das Kraut ist immergrün. Tripmadam hat einen feinsäuerlichen Geschmack.

Ysop

(Hyssopus officinalis)

Die Heimat dieser Heil- und Gewürzpflanze ist Südosteuropa. Man kennt Ysop aber auch seit vielen Jahrhunderten in Asien. Buddhistische Mönche haben früher Ysopbüschel in ihren Klöstern aufgehängt, weil der starke Duft der Pflanzen angeblich Krankheiten vertreibt. Auch in der Antike wurde Ysop als Duftpflanze in den Tempeln geschätzt. Und selbst die katholische Kirche benutzte diese Pflanze – als Weihwassersprenkel. Die Franzosen nennen Ysop sicherlich wegen dieser „heiligen" Vergangenheit „herbe sacré".
Anbau: Der mehrjährige Lippenblütler braucht lockeren, durchlässigen Boden, der mit etwas Kalk und Kompost verbessert wurde. Ansonsten ist Ysop sehr anspruchslos. Der Standort muß sonnig sein. Die Pflanze ist auch für den Steingarten geeignet und eine gute Bienenweide. Ysop kann im zeitigen Frühjahr unter Glas ausgesät werden. Da aber eine Pflanze für einen Haushalt ausreicht, ist es einfacher, im April eine Jungpflanze zu kaufen. Ältere Pflanzen können geteilt werden. In rauhen Gegenden braucht Ysop einen Winterschutz. Die Pflanze verliert im Winter ihre Blätter und wird erst im Frühjahr zurückgeschnitten.
Ernte: Während der Blüte (Juli/August) werden die oberen, zarten Teile abgeschnitten und entweder frisch verbraucht oder zu kleinen Sträußen gebündelt und kopfüber an einem schattigen, luftigen Ort zum Trocknen aufgehängt. Vorsicht: Die Blätter fallen leicht ab.

Mit Ysop würzt man sparsam, weil das Aroma intensiv ist. Das Kraut paßt zu deftigen Speisen.

Die zehn Jahreszeiten im Garten

Viel wichtiger als der geschriebene Kalender mit seinen vier Jahreszeiten und zwölf Monaten ist für den Gärtner der Kalender, den die Natur schreibt. Feste Termine gibt es nicht. Denn mag der Frühling am Rhein durchaus am 21. März beginnen, so ist er zu diesem Zeitpunkt im Norden Deutschlands oder in den Bergen noch in weiter Ferne. Der Gärtner teilt das Jahr in zehn Jahreszeiten ein, die von den Zeichen der Natur bestimmt werden und je nach Lage und Klima unterschiedlich sind und sich überschneiden. Wer sich mit seinen Gartenarbeiten nach diesem Naturkalender richtet, trifft immer den richtigen Zeitpunkt. Ausschlaggebend sind einmal die Luft- und vor allem die Bodentemperaturen, die Länge der Tage und der Stand der Sonne, also der Einfallwinkel. Wie so viele in den letzten Jahren wiederentdeckte Regeln der Natur sind auch die 10 Garten-Jahreszeiten das Ergebnis jahrhundertealter Erfahrungen.

Vorfrühling

(Mitte Februar bis Anfang April)

Merkmale in der Natur: Der Vorfrühling beginnt mit der Blüte von Schneeglöckchen, Winterling und Haselnußsträuchern. Zeigt der Huflattich seine gelben Blüten, spricht man von der Mitte des Vorfrühlings. Ein weiteres Zeichen, das man an Fluß- und Bachufern beobachten kann, sind die Kätzchen und Blüten der Schwarzerle. Gegen Ende dieses Abschnittes blüht die Kornelkirsche und die Salweiden öffnen ihre Blütenkätzchen.
Auch in der Tierwelt regt sich neues Leben. Hier und da sieht man einen Schmetterling, in der Sonne tanzen die ersten Mücken, Vogelstimmen sind zu hören.
Arbeiten im Ziergarten: Abgestorbene Reste bei Stauden und Gräsern werden entfernt.
Auf leichten Böden kann mit der Pflanzung von Sommermargeriten, Farnen und Staudengräsern begonnen werden. Schneeglöckchen werden nach der Blüte geteilt, ebenso Gräser. Die Reisigabdeckung bei Rosen entfernen und Hochstammrosen auspacken. Am Ende des Vorfrühlings kann man Rosen und sommergrüne Gehölze pflanzen.
Freilandaussaat von Duftwicke, Klatschmohn, Schleierkraut, Jungfer im Grünen, Kornblumen, Rittersporn, Schleifenblume.
Arbeiten im Nutzgarten: Sobald der Boden begehbar ist, werden im Freiland Schwarzwurzeln, Spinat, Puffbohnen, frühe Möhren, Pastinaken, Mairüben, Schalerbsen, Zwiebeln gesät.
Gepflanzt werden Schalotten und frühe Kopfkohlsorten.
Soll der Austrieb gebremst werden, Apfel- und Birnbäume schneiden. Obstbäume mit Kompost oder organischem Dünger versorgen. Erdbeerbeete mit gut verrottetem Kompost düngen.
Gepflanzt werden Weinreben, Quitten, Aprikosen, Pfirsich und Brombeeren. Den Wurzelbereich der frisch gepflanzten Obstgehölze abdecken – die Nachtfröste sind noch nicht vorüber.
Arbeiten unter Glas und Folie: Sommerblumen mit Vorkultur im Gewächshaus säen, z.B. Löwenmaul, Levkojen, Lobelien, Spinnenpflanzen, Petunien, Schmuckkörbchen, Sonnenhut, Zinnie. Gewächshaus-Anzucht von Paprika, Tomaten, Knollenfenchel, Bleich- und Knollensellerie. Küchenkräuter vorziehen.
Im kalten Kasten oder unter Folie Pflücksalat, Radieschen, Rettich, Stielmus säen.
Im kalten Kasten oder unter Folie Kohlrabi und Kopfsalat pflanzen.

Zarte Schneeglöckchen läuten das Ende des langen Winters ein.

Mit Primeln beginnt das Frühjahr.

Erstfrühling

(Mitte März bis Mitte Mai)

Merkmale in der Natur: In den Laubwäldern erscheinen die ersten Blätter an den Bäumen. Auf dem Boden, der noch gut von den Sonnenstrahlen erreicht wird, beginnen die Buschwindröschen zu blühen. Auf den Wiesen erscheinen die ersten Schlüsselblumen zwischen den schon kräftigen, grünen Gräsern. Auch im Garten erkennt man die erste Phase dieses Zeitabschnittes. Bevor sich die Blätter entwickeln, blüht die Forsythie. In der Mitte dieser Periode setzt die Blüte mit Macht ein: Pflaumen, Süßkirschen, Stachelbeeren, Schlehdorn, Ahorn und die gelben Köpfe des Löwenzahns beweisen, daß der Winter endgültig vorbei ist. Birken und Kastanien bekommen ihre Blätter. Gegen Ende des Erstfrühlings blühen Sauerkirsche, Birne und Johannisbeere. Linden, Buchen und Eichen entfalten ihr Laub.
Der Gesang der Vögel wird vielfältiger, man sieht sie eifrig von Busch zu Busch fliegen auf der Suche nach einem geeigneten Nistplatz. Raupen und Larven werden aktiv, Marienkäfer verlassen ihr Winterquartier.
Arbeiten im Ziergarten: Die frühen Zwiebelblumen blühen, z.B. Osterglocken, Traubenhyazinthen und Schneestolz, aber auch Primeln, Küchenschelle oder Adonisröschen. Den Boden vorsichtig lockern und die Wildkräuter, die jetzt schon kräftig wachsen, beizeiten herausziehen. Zwischen den Stauden eine ca. 2–3 cm dicke Kompostschicht ausbringen. Wildstauden sind für Laubkompost dankbar.
Gepflanzt werden viele Herbststauden wie Astern, Funkien oder Chrysanthemen, aber auch Sommerblüher wie Lupinen, Königskerzen, Skabiosen oder Fackellilien, Gräser und Farne.
Wasser- und Moorpflanzen erst zum Ende dieser Periode setzen, wenn sich das Wasser erwärmt hat. So sonnig und warm die Tage auch sein mögen, halten Sie Abdeckmaterial (Säcke, Strohmatten, Pappe, Kisten) bereit, um empfindliche Pflanzen bei Frost zu schützen.
Die angehäufelte Erde um die Rosen herum wird verteilt. Bei Buschrosen schwache Triebe ausschneiden, bei Kletter- und Strauchrosen nur die überalterten Teile entfernen. Mit verrottetem Rinderdung die Rosen düngen, nachdem der Boden vorsichtig gelockert wurde.
Sträucher, die ihre Blüten an den Frühjahrstrieben bilden (z.B. Buddleja, Geißklee, Kerrie) werden nach der Blüte geschnitten.
Erst jetzt gepflanzt werden Flieder und Birken.
Direkt ins Freiland säen: Ringelblumen, Sonnenblumen, Kapuzinerkresse, Bechermalve, Mädchenauge, einjährige Gräser.
Gepflanzt werden u.a. Goldlacke, Fingerhut, Stockmalve, Islandmohn, Maßliebchen.
Vereinzelt wird die Direktsaat des Vorfrühlings.
Im Rasen werden die Winterschäden ausgebessert, die gesamte Fläche wird vertikutiert und gedüngt. Sobald es notwendig ist, mit dem Mähen beginnen.
Arbeiten im Nutzgarten: Ins Freiland gesät werden Spinat, Mohrrüben, Rote Bete, Mairüben, Markerbsen, Pflücksalat, Wurzelpetersilie, Mangold.
Ins Freiland gepflanzt werden Kohlrabi, Eissalat, Sommerkohlsorten, Blumenkohl, Steckzwiebeln, Sommerlauch.
Pfirsichbäume werden vor oder nach der Blüte geschnitten. Bei Brombeeren entfernt man die Tragruten und Geiztriebe.
In Gegenden mit Frostgefahr den Boden um die Obstbäume herum mulchen, damit sich die Erde nicht so schnell erwärmt. Das klingt paradox, hat aber einen Grund: Der Beginn der Blüte wird dadurch verzögert, denn der Frost schadet nur den Blüten.
Arbeiten unter Glas und Folie: Die Anzucht von einjährigen Sommerblumen wird fortgesetzt. Die Aussaaten vom Vorfrühling müssen vereinzelt werden.
Im kalten Anzuchtkasten werden Broccoli und Neuseeländer Spinat gesät, aber auch Blumenkohl, Kohlrabi und Freilandgurken können unter Glas und Folie vorgezogen werden.
Wer seine Erdbeeren in dieser Zeit mit einem Folientunnel schützt, muß tagsüber die Abdeckung abnehmen, damit die Bienen die Blüten bestäuben können.
Im Gewächshaus kann es bei Sonnenschein bereits sehr heiß werden. Schattieren und Lüften nicht vergessen. Folientunnel und Frühbeete bei gutem Wetter öffnen.

Vollfrühling

(Mitte April bis Mitte Juni)

Merkmale in der Natur: Mit Beginn der Apfelblüte hat der Frühling Einzug gehalten. Außerdem blühen die Kastanien und der Flieder. Die Rotbuchenblätter beginnen sich zu entfalten. In den Nadelwäldern zeigen Fichten, Kiefern und Tannen ihre hellgrünen Maitriebe. In der Mitte des Vollfrühlings blühen die Eberеschen. Auf den Feldern zeigt sich das erste Grün des Getreides, auf den Wiesen blühen die Margeriten.
In diese Zeit fallen die Eisheiligen. Nur in Norddeutschland hat Mamertus am 11. Mai seinen großen Auftritt, in Süddeutschland beginnen die kalten Tage mit Pankratius am 12. Mai, gefolgt von Servatius am 13. Mai und mit etwas Abstand schließt sich am 15. Mai die Kalte Sophie an. Aber auch auf diese Daten ist kein Verlaß. Je nach Gegend kann man zwischen dem 7. und 20. Mai mit Störungen dieser eiskalten Boten rechnen.
Das Gezwitscher der Vögel erreicht in diesen Wochen seinen Höhepunkt. Stellen Sie ihnen ein kleines, flaches Becken mit Wasser auf, nicht nur zum Trinken. Die gefiederten Gartenbewohner nehmen auch gern ein Bad.

Kastanienblüte im Vollfrühling.

Arbeiten im Ziergarten: Die Wildkräuter wachsen weiter. Wer regelmäßig den Boden zwischen den Pflanzen lockert, hält die ungebetenen Gartenpflanzen in Schach.
In diesen Wochen benötigen die Pflanzen besonders viel Kraft. Die Stauden brauchen Kompost, auch die Heide- und Moorpflanzen wollen jetzt einen leicht sauren Volldünger. Laubkompost und gut verrotteten Rinderdung mögen sie am liebsten. Sobald die Eisheiligen vorüber sind, kann man auf freien Stellen zwischen den Stauden Sommerblumen säen oder pflanzen.
Der Rasen muß jetzt schon regelmäßig gemäht werden.
Im Herbst gepflanzte Rosen brauchen viel Wasser. Gedüngt wird mit verrottetem Kompost oder einem Spezialdünger.
Neupflanzungen von Gehölzen müssen vor Wildkräutern geschützt werden. Besonders Wurzelkräuter wie Quecken oder Giersch nehmen den Jungpflanzen zu viele Nährstoffe weg.
Beim Wasser im Teich muß getestet werden, ob das biologische Gleichgewicht noch in Ordnung ist. Große Wasserpflanzen teilt man in diesen Wochen, neue können gepflanzt werden.
Arbeiten im Nutzgarten: Ins Freiland gesät werden Sommerradieschen, Mangold, Rote Bete, Pflücksalat, Chicoreé, mittelfrühe Karotten.
Erst nach den Eisheiligen sind Feuerbohnen, Gurken, Stangen- und Buschbohnen dran, ebenso Kürbis und Squash.
Von den vorgezogenen Gemüsen kommen vor den Eisheiligen Broccoli, Knollenfenchel, Rosenkohl, Lauch, Salate, Kohlsorten und Küchenkräuter ins Gartenbeet.
Erst wenn es richtig warm ist, darf man Paprika, Tomaten, Sellerie, Zucchini und Neuseelandspinat aus dem Gewächshaus ins Freie pflanzen.
Zu eng stehende Gemüsepflänzchen, die im Erstfrühling gesät wurden, müssen vereinzelt werden. Ungefähr vier Wochen nach Auflaufen der Saat wird im Freiland gedüngt.
Nach der Blüte brauchen Obstbäume Dünger und reichlich Wasser.
Die Erdbeerbeete mit Stroh oder Holzwolle mulchen, damit die Früchte nicht direkt auf der Erde liegen und faulen.
Auch die Schädlinge werden jetzt munter. Beobachten Sie Ihren Garten genau, und treffen Sie rechtzeitig Gegenmaßnahmen.
Arbeiten unter Glas und Folie: Im Anzuchtbeet weiter ausgesät werden Broccoli, Zucchini und Salate.
Im Gewächshaus kultiviert man Paprika, Tomaten und Auberginen, wenn man in einer klimatisch ungünstigen Gegend wohnt.
Solange die Gefahr von Nachtfrösten besteht, deckt man die jungen Gemüsepflanzen besser mit einem Folientunnel ab.
Die Sonne ist in dieser Zeit bereits sehr kräftig. Gewächshäuser müssen jetzt regelmäßig schattiert werden, ebenso Frühbeetkästen.
Auch im Gewächshaus müssen die Pflanzen genau beobachtet werden, damit man bei Schädlingsbefall und Krankheiten sofort entgegenwirken kann.
Pflanzen, die im Gewächshaus bleiben, regelmäßig einnebeln, damit die notwendige Luftfeuchtigkeit erhalten bleibt. Kakteen wieder düngen und gießen.
Die Wintergäste allmählich an die Sommerfrische gewöhnen, bei empfindlichen Kübelpflanzen sollte man damit bis nach den Eisheiligen warten.

Der Klatschmohn und wogendes Getreide begleiten die Sommermonate.

Frühsommer

(Ende Mai bis Ende Juni)

Merkmale in der Natur: Wenn der Schwarze Holunder blüht, ist der Sommer nicht mehr weit. Die weißen Blüten signalisieren in ganz Deutschland den Beginn der warmen Jahreszeit. Auf den Feldern blüht der Winterroggen, in den Knicks die Heckenrose. Die Mitte dieser Zeit erkennt man an der Blüte des Ligusters, des Winterweizens, der Sommergerste und des Sommerhafers. Auch der Pfeifenstrauch und die ersten Rosen beginnen nun zu blühen.
Die Vögel sind stiller geworden und mit Brüten und Aufzucht beschäftigt. Die fliegenden und kriechenden Insekten bevölkern die Natur, die Bienen steuern jede Blüte an auf der Suche nach Nektar und Pollen.
Arbeiten im Ziergarten: Frühjahrspflanzungen von Gehölzen müssen weiter bei Trockenheit mit Wasser versorgt werden.
Die meisten Gehölze bilden dekorative und als Winterfutter für die Vögel wichtige Früchte. Man sollte die Blüten also stehen lassen. Flieder kann geschnitten werden. Auch die Blüten von Rhododendren knipst man ab, damit die Kraft in die neuen Triebe fließt und nicht durch Samenbildung verbraucht wird.
Sommergrüne Hecken (Hainbuche, Rotbuche) schneiden, aber nur, wenn keine Vögel in den Hecken ihre Jungen großziehen.
Blumenwiesen blühen in diesen Wochen am schönsten. Sie werden nicht gedüngt. Nach der Margeritenblüte kann gemäht werden.
Die Rosenblüte setzt voll ein. Bei Trockenheit gut wässern und den Wurzelbereich mit einer Mulchschicht aus Kompost und verrottetem Rinderdung bedekken, wenn man es nicht bereits im Vollfrühling getan hat. Im gesamten Garten beugt eine feine Schicht Gesteinsmehl Krankheiten und Schädlingen vor.
Im Blumengarten werden die abgeblühten Teile geschnitten. Rittersporn blüht ein zweites Mal, wenn man ihn bis ca. 10 cm über dem Boden zurückschneidet. Beetstauden hindert man an der Samenbildung, Wildstauden nicht. Staudenbeete hält man weiterhin möglichst frei von Wildkräutern.
Arbeiten im Nutzgarten: Weiter ins Freie gesät werden Stangen- und Buschbohnen, Sommerrettich, Sommerradieschen, Mangold, Salate und Möhren.
Gepflanzt werden Herbstkohl-Sorten, Rosenkohl, Kohlrabi, Lauch, Sellerie und Zucchini.
Im Freiland-Saatbeet werden vorgezogen: Winterporree, Eissalat, Endivien und Broccoli für den Herbst.
In diesen Zeitabschnitt fällt der 24. Juni, der Johannis-Tag. Rhabarber und Spargel werden nicht mehr geerntet. Die Rhabarberpflanzen freuen sich über eine kräftige Düngung mit einem biologischen Volldünger oder verrottetem Stallmist.
Während der Erdbeerernte markiert man sich besonders gut tragende Pflanzen, um später von ihnen Ableger zu ziehen. Die Pflanzen brauchen jetzt viel Wasser. Nach der Ernte lockert man den festgetretenen Boden und düngt mit Kompost oder verrottetem Stallmist.
Beim Obst beginnt der Sommerschnitt. Zur Förderung der Blütenknospenbildung für das nächste Jahr wird zum Ende des Frühsommers gedüngt.
Ist der Fruchtbehang zu reich, muß ausgelichtet werden.
Arbeiten unter Glas und Folie: Im Gewächshaus muß weiter für die richtige Luftfeuchtigkeit und Temperatur gesorgt werden. Sprühen, Schattieren und Lüften sind die wichtigsten Arbeiten.
Zweijährige Sommerblumen aussäen, wenn der freie Platz nicht anderweitig genutzt wird.
Arbeiten am Teich: Die Fische im Gartenteich sollten nur im Notfall Nahrung bekommen. Sie finden genug Naturfutter. Mit steigenden Temperaturen vermehren sich auch die Algen. Wasserschnecken, Fische und Kaulquappen fressen zwar die Algen, vermehren durch ihre Ausscheidungen aber wieder die Nährstoffe. Nehmen die Algen überhand, fischt man sie heraus und gibt sie auf den Kompost.

Hochsommer

(Ende Juni bis Mitte August)

Merkmale in der Natur: Der Beginn des Hochsommers wird durch die Kartoffelblüte und die Blüten der Madonnenlilie eingeläutet. Johannisbeeren, Stachelbeeren und Himbeeren sind reif. In der Mitte dieser Jahreszeit beginnt die Sauerkirschenernte, Winterraps und Wintergerste kommen vom Feld. Am Ende des Hochsommers beginnen die Heideblüte, die Weizenernte und die Winterroggenernte. Die Sommerblumen im Garten stehen in voller Blüte.
Auf den Steinen sonnen sich Eidechsen, auch Igel dösen an einem warmen Plätzchen vor sich hin. Das schönste Merkmal des Hochsommers sind jedoch die Schmetterlinge.

Sommergäste: das Schachbrett . . .

. . . und das Tagpfauenauge.

Arbeiten im Ziergarten: Die größte Blütenfülle herrscht im Staudengarten. Der Gärtner hat viel zu tun mit dem regelmäßigen Schneiden der verblühten Teile. Doch die Arbeit lohnt sich, werden doch die Pflanzen dadurch immer wieder zu neuer Blütenbildung angeregt.
Frühlingsblüher unter den Stauden können geteilt werden. Dazu gehören u.a. Ehrenpreis, Primeln, Kaiserkrone, Schwertlilien, und viele Steingartenpflanzen wie Polsterphlox, Blaukissen, Steinbrech oder Glockenblumen.
Auch mehrmals blühende Rosen befreit man regelmäßig von verwelkten Blüten. Bei Trockenheit müssen alle Rosen gut gegossen werden, besonders Kletterrosen, die durch die Nähe zur Wand und eventuell einen Dachvorsprung meist nur sehr wenig Regenwasser abbekommen. Auch Rhododendren und Azaleen vertragen keine Trockenheit.
Die Balkon- und Kübelpflanzen bekommen in diesen Wochen Dünger, wenn sie im Frühjahr in neue Erde gesetzt wurden. Ansonsten empfiehlt es sich, während der ganzen Vegetationszeit dem Gießwasser wöchentlich Flüssigdünger beizumischen.
Ältere Blumenwiesen werden Ende Juli/Anfang August ein erstes Mal gemäht und dann noch einmal kurz vor dem Frost. Die Schnitthöhe am Rasenmäher etwas höher einstellen, weil der allzu kurze Zierrasen leicht vertrocknet. Kurzen Rasen muß man zu oft wässern.
Wer sich auch im Herbst noch über blühende Zwiebelblumen freuen will, sollte jetzt Herbstzeitlose, Herbstkrokusse oder Sternbergie in die Erde stecken. Die im Frühsommer gesäten Zweijahresblumen werden pikiert.
Arbeiten im Nutzgarten: Abgeerntete Beete säubern und lockern. Nachdem eine Kompostschicht in die Oberfläche eingearbeitet ist, kann ein zweites Mal gesät werden. Geeignet sind Knollenfenchel, Winterrettich, Mangold, Radieschen, Radicchio, Chinakohl, Winterlauch oder Pflücksalat.
Gepflanzt werden Blumenkohl, Grünkohl, Rosenkohl, Wirsing, Kohlrabi, aber auch Endivien. Entweder hat man sich die Jungpflanzen selbst gezogen oder man kauft sie in einer Gärtnerei. Wer kein Gemüse anpflanzen will, beginnt mit der Einsaat von Gründüngung.
Im Obstgarten ist die Ernte in vollem Gange. Süßkirschen werden gleich nach der Ernte geschnitten, auch bei den Sauerkirschen schneidet man abgetragene Ruten (auslichten).
Sehr reich tragende Äste von Apfel- oder Birnbäumen muß man stützen, damit sie nicht abbrechen.
Erdbeeren pflanzt man möglichst schon im August. Auch mit der Vermehrung kann begonnen werden.
Arbeiten unter Glas und Folie: Im Gewächshaus muß man an heißen Tagen zweimal gießen und sprühen. Wer das Schattieren nur einmal vergißt, kann einen großen Teil der Ernte verlieren.
In ihrer Hauptwachstumsphase sind die Gurkengewächse. Sie müssen unbedingt zusätzlich gedüngt werden.
In freien Anzuchtkästen können Stecklinge von Pelargonien, Fuchsien, Verbenen, Strauchmargeriten und anderen wurzeln.
Auch wenn die Orchideen noch so kümmerlich aussehen – sie halten ja im Sommer ihren „Winterschlaf" – darf man die Pflege nicht vernachlässigen: gießen, sprühen, lüften.
Bei den Kakteen allmählich die Dünger- und Wassergaben reduzieren.

Spätsommer

(Ende Juli bis Anfang September)

Merkmale in der Natur: Viele Gehölze, zum Beispiel Ebereschen oder die Gemeinen Heckenkirschen, zeigen ihre reifen Früchte. Die Heideblüte hat ihren Höhepunkt erreicht und die Landwirte bringen die zweite Heuernte ein. In der Mitte des Spätsommers beginnt die Ernte von frühen Sorten bei Pflaumen, Äpfeln und Birnen. Zum Ende hin beginnt die Blüte der Herbstzeitlose.
Unermüdlich sind die Bienen und Falter unterwegs. Wespen suchen sich süße Früchte – und wenn's der Pflaumenkuchen ist. Im Morgentau glitzern die kunstvollen Netze der Spinnen.
Arbeiten im Ziergarten: Im Staudenbeet beginnt der Herbstputz. Verblühtes und Verwelktes wird abgeschnitten und auf den Kompost gegeben. Samenstände und Früchte für die Vögel als Winterfutter stehenlassen. Den Boden lockern. Die Wildkräuter sollte man auch jetzt noch einmal gründlich herauszupfen. Bei Trockenheit muß weiter gegossen werden.
Bei allen mehrfach blühenden Rosen müssen die verwelkten Blütenstände weiterhin herausgeschnitten werden. Man schneidet jetzt die ersten beiden Blätter mit ab, weil sich aus dem dritten Auge unterhalb der Blüte die neuen Blütentriebe entwickeln.
Die Stecklingsvermehrung von Gehölzen beginnt. Für immergrüne Gehölze ist jetzt die beste Pflanzzeit. Sie bilden noch genügend neue Wurzeln, um gut über den Winter zu kommen. Im September sollte man Rhododendren trocken halten, damit sich keine Neutriebe mehr bilden.
Gegen Ende des Spätsommers werden die Hecken geschnitten.
Bei den Sommerstauden beginnt man jetzt mit dem Teilen großer Pflanzen. Je früher man damit anfängt, desto mehr Zeit haben die Pflanzen, noch vor dem Winter anzuwachsen.
Wer einen neuen Rasen anlegen will, sollte es jetzt tun, weil die sommerlichen Temperaturen, verbunden mit warmem Regen, die besten Voraussetzungen für das Auflaufen der Rasensaat sind. Sobald die neuen Halme etwa 8 cm hoch sind, werden sie um die Hälfte gekürzt.
Sowohl im Zier- als auch im Nutzgarten beginnt die Herbstdüngung.
Die vorgezogenen zweijährigen Sommerblumen setzt man an ihren endgültigen Standort. Gepflanzt werden auch Madonnen- und Feuerlilien an einem warmen, sonnigen Standort.
Arbeiten im Nutzgarten: Damit Herbst und Winter nicht zur vitaminlosen Zeit werden, können Feldsalat, Winterspinat, Winterportulak und Herbstrüben gesät werden. Ins Freie kommen auch vorgezogene Kohlrabi, Salate und Endivien.
Bei den Tomaten läßt man pro Pflanze nicht mehr als maximal fünf Fruchtstände ausreifen. Vergessen Sie nicht, die Geiztriebe zu entfernen und die Pflanzen dem Wachstum entsprechend anzubinden.
Im Gemüse- und Kräutergarten geht die Ernte weiter. Abgeräumte Beete werden gelockert und am besten mit einer Gründüngung versorgt.
Die Erdbeerbeete brauchen jetzt besonders viel Pflege. Verwelktes Laub wird abgeschnitten, ohne das Herz der Pflanzen zu beschädigen. Danach muß man dem ausgelaugten Boden neue Nährstoffe geben. Neben Spezialdüngemitteln ist gut verrotteter Kompost zu empfehlen.
Der Spätsommer ist die Zeit der Pflaumen und Zwetschgen. Je nach Sorte setzt sich die Ernte bis in den Herbst hinein fort.
Arbeiten unter Glas und Folie: Im Gewächshaus setzt man die Stecklingsvermehrung von Zierpflanzen fort.
Auch im Gewächshaus kann man Salate, Rettich und Radieschen säen und ernten, wenn es im Freiland schon zu kalt geworden ist. Kohlrabi kann unter Glas noch einmal für eine späte Ernte im November ausgesät werden.

Mit der Heideblüte geht der Sommer langsam in den Herbst über.

Frühherbst

(Ende August bis Ende September)

Merkmale in der Natur: Wenn der Schwarze Holunder reif ist und die Herbstzeitlosen blühen, ist der Sommer endgültig vorbei. Zu den Zeichen des Herbstes gehören auch die roten Hagebutten und Kornelkirschen. Mittelfrühe Äpfel und Birnen werden geerntet. Am Ende des Frühherbstes werden Wintergerste und Winterroggen gesät.

Hagebuttenzeit ist Herbstzeit.

Auch in der Tierwelt beginnt die Vorbereitung auf den Winter. Vorräte werden gesammelt für den Speck unter der Haut, zum Beispiel vom Igel, oder säuberlich gestapelt in einer Höhle, zum Beispiel vom Eichhörnchen. Die Zugvögel ernten mit, um Kraft für den weiten Flug in den Süden zu speichern und auch viele Insekten beginnen mit der Suche nach einem geeigneten Eckchen im Garten, um gut über die kalte Jahreszeit zu kommen.

Arbeiten im Ziergarten: Die beste Pflanzzeit für Pfingstrosen ist der Frühherbst. An einem sonnigen Platz in nahrhafter, durchlässiger Erde wächst und gedeiht diese herrliche Staude viele Jahre lang. Abgesehen von Madonnen- und Feuerlilien werden in diesen Wochen alle anderen Lilienarten in lockeren, nahrhaften Boden gesetzt. An einem sonnigen Platz blühen sie besonders schön, nehmen jedoch auch mit Halbschatten vorlieb.

Sobald ein Blumenbeet für den Herbst hergerichtet ist, kann man mit dem Zwiebelstecken beginnen. Bei mildem Wetter bilden sich noch kleine Wurzeln an den Zwiebeln.

Die Arbeiten im Staudenbeet gehen weiter: jäten, lockern, eventuell gießen, Verblühtes abschneiden.

Im Rosengarten neigt sich die Blüte dem Ende zu. Wer weiter fleißig alle verwelkten Blüten herausschneidet, kann das Ende lange hinauszögern. Auch die Bodenpflege darf nicht vernachlässigt werden.

Im Vollherbst beginnt die Pflanzzeit für sommergrüne Gehölze. Ungefähr zwei Wochen vor dem Termin, also im Frühherbst, sollten die Pflanzgruben vorbereitet werden.

Der Rasen wird nicht mehr ganz so kurz geschnitten und mit einem Langzeitdünger versehen. Wer seinen Rasen mit der Zeit in eine Blumenwiese verwandeln will, steckt jetzt schon ein paar Zwiebeln, die sich zum Verwildern eignen, zum Beispiel Krokusse, Wildtulpen oder Milchstern.

Arbeiten im Nutzgarten: Für eine zeitige Ernte im kommenden Frühling wird jetzt vorgesorgt. Direkt ins Freiland sät man Feldsalat und Spinat, gesteckt werden Knoblauch und Frühlingszwiebeln. Wer Endivien und Wintersalate unter Glas vorgezogen hat, pflanzt jetzt ins Freie. Zwischen die Erdbeerstauden kann man Winterzwiebeln säen. Recht viel Aufmerksamkeit erfordern die späten Gemüse. Hat der Rosenkohl nur wenige Röschen angesetzt, sollte man den Spitzentrieb ausbrechen, um die Röschenbildung zu fördern.

Porree und Knollenfenchel werden angehäufelt. Der Boden auf dem Gemüsebeet muß weiter wenigstens einmal in der Woche gelockert werden. Bei Trockenheit das Gießen nicht vergessen. Im Obstgarten geht die Ernte weiter bei Pflaumen, Zwetschgen und mittelfrühen Äpfeln.

Arbeiten unter Glas und Folie: Wer über ein beheiztes Gewächshaus verfügt, kann das ganze Jahr frisches Gemüse ernten. Ausgesät werden jetzt Feldsalat, Radieschen, Kopfsalat und Gurken. Gut eignen sich dafür jene Beete, auf denen man die Sommerblumen vorgezogen hatte. Gemüseaussaaten vom August sind inzwischen aufgegangen und werden vereinzelt. Im Garten sollte man die Folientunnel bereitlegen, um empfindlichere Gemüse vor frühen Nachtfrösten zu schützen.

Wer empfindliche Zierpflanzen im Gewächshaus hält, muß die Temperatur genau beobachten und in kalten Nächten bereits heizen. Um die Tagestemperaturen auf der notwendigen Höhe zu halten, reduziert man das Schattieren. Aber auch hier muß das Thermometer genau beobachtet werden.

So langsam kommen auch immer mehr Kübelpflanzen zum Überwintern ins Gewächshaus oder in den Keller. Ab 12 Grad Nachttemperatur ist es vielen draußen bereits ein wenig zu kalt.

Arbeiten am Gartenteich: Besonders wichtig ist es, die herabfallenden Blätter abzufischen, bevor sie als ungewolltes Nährstoffdepot auf den Teichgrund sinken. Die einheimischen Seerosen überwintern im Teich. Die meisten exotischen Pflanzen müssen ab 15 Grad Wassertemperatur ins Winterquartier.

Vollherbst

(Ende September bis Mitte Oktober)

Merkmale in der Natur: Wenn die Kastanien, die Stieleicheln und die Bucheckern reif sind, sich das Laub von Rotbuchen und Roßkastanien verfärbt und zum Ende des Vollherbstes zu fallen beginnt, ist der Winter nicht mehr fern. Die Tage sind oft sonnig, aber doch schon recht kühl. Unbedingt rechnen muß man mit den ersten Nachtfrösten, die im südlichen Deutschland eher auftreten als im Norden.

In der Tierwelt ist die Suche nach geeigneten Schlupflöchern zum Überwintern in vollem Gange.

Arbeiten im Ziergarten: Überall beginnt der große Herbstputz. Aber gerade bei diesen Arbeiten sollte man an die Tiere denken. In einer Ecke läßt man einen Haufen Gartenabfälle liegen, um vielen Insekten einen geeigneten Unterschlupf zu bieten. Denn ohne diese kleinen Helfer wird man wenig Glück mit seinem Garten haben.

Dazu gehört es auch, die Nistkästen zu säubern. Sie werden häufig als Winterquartier benutzt. Alle samen- und früchtetragenden Zierpflanzen läßt man stehen. Sie sind das beste Winterfutter für die gefiederten Gartenbewohner.

Der Frost läßt die Blätter fallen und auch im Staudengarten macht er der Blüte ein Ende. Dahlien, Canna, Knollenbegonien, Sterngladiolen und andere nicht winterharte Blütenpflanzen müssen aus dem Boden genommen werden.

Einjähriger Rittersporn kann jetzt gesät werden und blüht dann bereits im Juni. Gepflanzt werden u.a. Vergißmeinnicht, Maßliebchen und Stiefmütterchen. Wer noch nicht alle Blumenzwiebeln gesteckt hat, muß diese Arbeiten jetzt abschließen.

An einem milden, trüben, aber trockenen Tag pflanzt man Rosen. Die Herbstpflanzung hat den Vorteil, daß sich noch neue Faserwurzeln bilden können. Die Blüte im kommenden Jahr fällt dann reicher aus.

Auch kann mit der Pflanzung von Laubgehölzen begonnen werden. Containerware wird mit Blättern gepflanzt, Ballenware erst, wenn die Blätter abgefallen sind.

Alle Reparaturen im Garten an Zäunen, Wegen, Pergolen oder Spalieren werden jetzt vorgenommen.

Wenn noch nicht geschehen, besorgt sich der vorausschauende Gärtner jetzt die Kataloge für die Frühjahrsbestellungen.

Arbeiten im Nutzgarten: Zu Beginn des Vollherbstes werden überwinternde Erbsen gesät. Alle Saaten und Pflanzungen des Frühherbstes brauchen gute Bodenpflege. Dazu gehört regelmäßiges Lockern. Auch gibt es noch diverse Wildkräuter, die zwischen den jungen Pflanzen wachsen und dem Gemüse die Nährstoffe wegnehmen.

Alle Spätgemüse, das sind vor allem Kohlsorten, vertragen einige Minusgrade oder brauchen sie sogar, um ihren Geschmack voll zu entfalten. Die empfindlichen Sorten schützt man weiter mit einem Folientunnel oder Vlies. Spätes Wurzelgemüse kann gut bis Ende Oktober im Boden bleiben.

Im Obstgarten wird noch geerntet. Es ist in dieser Zeit wichtig, das Fallobst regelmäßig aufzusammeln, weil es Schädlingen und Schadpilzen willkommene Nahrung und einen Unterschlupf bietet.

Erntereif sind auch Walnüsse. Man wartet geduldig, bis sie von allein herunterfallen, sammelt sie auf, entfernt die Schalenreste und legt sie zum Trocknen auf einen Rost.

Gepflanzt werden in diesen Wochen Obstbäume und Beerensträucher. Man wählt dafür am besten einen trüben, milden und trockenen Tag.

Wer ein Hügelbeet bauen will – in diesen Wochen ist die richtige Zeit. Der Gartenabfall kann gar nicht besser verwertet werden.

Eine sinnvolle Alternative ist natürlich der Kompost. Ein bereits bestehender Haufen sollte auf keinen Fall umgesetzt werden, weil zuviel Wärme verloren gehen würde. Sobald die letzten Abfälle auf dem Komposthaufen gelandet sind, deckt man ihn mit Stroh, Erde oder einer Plane ab.

Laubfärbung im Herbst: Linden.

Arbeiten unter Glas und Folie: Im Frühherbst gesätes Gemüse muß vereinzelt werden. Für eine Winterernte können Kohlrabi und Kopfsalat gepflanzt werden. Der Raum unter den Pflanztischen eignet sich gut zum Lagern von Gemüse und Blumenknollen.

Irgendwann in diesen Wochen muß das Gewächshaus gründlich geputzt werden. Vor allem blanke Scheiben sind wichtig, um möglichst viel von dem im Winter stark reduzierten natürlichen Licht hereinzulassen.

Spätherbst

(Mitte Oktober bis Ende November)

Merkmale in der Natur: Roßkastanien, Birken und Stieleichen verlieren ihre Blätter. Die Feldarbeit ist beendet. Der Winterweizen geht auf.
In der Tierwelt ist es still geworden. Nur die einheimischen Vögel scharren im Garten in trockenem Laub auf der Suche nach Larven, Käfern und Puppen.

Das Beerenfutter wird knapp.

Arbeiten im Ziergarten: Noch kann der Gärtner sich nicht zur Ruhe setzen. Die abgeräumten Staudenbeete werden mit Rindenmulch, Laub oder Kompost bedeckt. Wo Winterschutz notwendig ist, wird mit Reisig abgedeckt. Das Pampasgras bindet man an einem trockenen Tag zusammen.
Gegen Ende des Spätherbstes werden die Edelrosen angehäufelt. Hochstammrosen biegt man nach unten und packt die Krone warm ein. In kalten Gegenden werden auch alle anderen Rosen, abgesehen von Wildrosen, mit Reisig geschützt.
Immergrüne Gehölze, die einen sonnigen Standort haben, müssen mit Matten vor der Wintersonne geschützt werden. Sie verdunsten sonst zu viel Wasser, das die Wurzeln aus dem gefrorenen Boden nicht wieder aufsaugen können.
Solange der Boden nicht gefroren ist und es nur wenig regnet, muß auch in dieser Jahreszeit gegossen werden. Die meisten Winterschäden im Garten entstehen nicht durch Eis und Kälte, sondern aus Wassermangel.
Von der Rasenfläche werden die herabgefallenen Blätter entfernt, im restlichen Ziergarten sind sie der natürlichste Winterschutz. Vor allem unter den Bäumen und Sträuchern sollte man das Laub liegenlassen, um den Wurzelbereich zu schützen.
Jetzt ist auch die richtige Zeit, die Frostkeimer auszusäen. Falls im kommenden Frühjahr nicht alle Samen keimen, sollte man die Hoffnung nicht aufgeben. Einige Arten, zum Beispiel Christrosen, kommen oft erst im zweiten Jahr zum Vorschein.
Arbeiten im Nutzgarten: Das Wintergemüse kommt in den Keller. Dazu gehören Mohrrüben und Sellerie, Lauch und Rote Bete. Die Chicoréewurzeln werden ausgegraben und zum Treiben in einen Eimer mit feuchter Erde gesteckt und abgedeckt. Unter einem Reisigschutz kann man noch lange Petersilie ernten. Auch Schnittlauch verträgt Frost. Für die Fensterbank sorgt man vor, indem man einen Schnittlauch-Horst ausgräbt, ihn im Freien gut durchfrieren läßt und dann in einen Blumentopf pflanzt. Auf der Fensterbank sprießen dann bald neue Halme. Sobald alle Beete abgeerntet sind, wird der Boden für das kommende Frühjahr vorbereitet. Dazu lockert man die Oberfläche, arbeitet Kompost oder Stallmist ein und deckt die Beete mit Mulchmaterial ab.
Der Spätherbst ist auch der richtige Zeitpunkt, den Boden untersuchen zu lassen. Fehlende Nährstoffe können dann bereits vor der nächsten Vegetationszeit eingebracht werden. Die Obstbaumstämme versieht man mit einem Anstrich, um die Rinde vor Frostrissen zu schützen. Jüngere Bäume und Neupflanzungen umgibt man mit feinem Maschendraht zum Schutz vor Wildverbiß.
Arbeiten unter Glas und Folie: Für die Gewächshausbesitzer dauert das Gartenjahr zwölf Monate – vorausgesetzt, es handelt sich um ein heizbares Haus.
Für den Orchideenfreund beginnt nun die Hochsaison. Junge Pflanzen mit Knospen müssen zusätzlich belichtet werden. Besonderes Augenmerk erfordern die richtigen Temperaturen.
Kakteen haben jetzt Pause, dennoch sollte man die Wurzelballen nicht ganz austrocknen lassen. Auch die anderen Wintergäste müssen beobachtet werden.
Ende des Monats kann mit der Gurkenernte begonnen werden, auch die Salate werden nach und nach erntereif. Frühbeetkästen im Garten sind übrigens bestens geeignet als Vorratskammer für Lagergemüse. Auf einer etwa 5 cm dicken Sandschicht kommen Weiß- und Rotkohl, Sellerie, Möhren, Rote Bete und Porree gut über die Runden. Der Abdeckung aus Sand mischt man zwei Prozent Gesteinsmehl bei. Es beugt Fäulnis vor. Dennoch sollte der Vorrat öfter kontrolliert werden. Wenn es besonders kalt ist, muß das Fenster noch zusätzlich geschützt werden.
Arbeiten am Teich: Fischfutter darf nicht mehr in den Teich gegeben werden, weil die Tiere bei niedrigen Temperaturen nicht fressen. Pflanzen und Tiere im Teich brauchen Sauerstoff. Deshalb darf der Teich nie ganz zufrieren. Ein Styroporring hält immer einen kleinen Kreis eisfrei. Auch sorgen die hohlen Halme von Schilf für den notwendigen Sauerstoffaustausch.

Winter

(Dezember bis Februar)

Merkmale in der Natur: Es sieht so aus, als ob sich gar nichts mehr tut in der Natur. Oberflächlich gesehen stimmt das auch. Das Leben hat sich aber nur auf ein Mindestmaß reduziert. Der Winter beginnt mit der wärmeren Phase, die meist bis Weihnachten dauert. Im Januar herrscht Väterchen Frost.
Auch in der Tierwelt ist Ruhe eingekehrt. Nur die heimischen Vögel sitzen aufgeplustert auf den Zweigen. In sehr schneereichen Wintern freuen sie sich über zusätzliches Körnerfutter.
Aktiv ist allerdings das Wild auf der Suche nach Futter. Wer in der Nähe des Waldes wohnt, muß vorbeugen, damit im Garten kein Schaden entsteht.
Arbeiten im Ziergarten: Vor allem in schneearmen, aber frostfreien Perioden müssen die immergrünen Gehölze gewässert werden. Auch muß der Verdunstungsschutz griffbereit sein, um immergrüne Laubgehölze vor der Wintersonne zu schützen.
Der beste Winterschutz für den Garten ist eine warme Schneedecke. Doch manchmal wird die Last zu groß. Man sollte den Schnee rechtzeitig von den Tannenbäumen schütteln, damit keine Äste abbrechen.
Solange es noch mild ist, meistens im Dezember, können notwendige Schnittmaßnahmen an Gehölzen durchgeführt werden.
Im Staudenbeet fällt jetzt keine Arbeit an. Doch hier rührt sich oft schon früher als man meint neues Leben, wenn Christrosen, Winterling und Schneeglöckchen ihre Blüten öffnen.
Arbeiten im Nutzgarten: Liegt im Dezember noch nicht so viel Schnee, können Rosenkohl und Wirsing auf dem Beet bleiben. Rosenkohl sollte jedoch vor allzu strengem Frost geerntet werden. Die Freilandsaat für die Ernte im Frühjahr muß in schneefreien Zeiten etwas gegossen werden, aber nur, wenn der Boden nicht gefroren ist. Bei Kahlfrost sollten die Beete mit Fichtenreisig oder Stroh geschützt werden.
Die Obstbäume müssen unbedingt Anfang Dezember mit Leimringen versehen werden, besser schon im Spätherbst. In dieser Zeit der ersten Nachtfröste schlüpfen die Frostspanner aus den Puppen, die den Sommer im Boden unter den Bäumen verbracht haben. Die flugunfähigen Weibchen versuchen die Stämme hochzukriechen, um in Rindenritzen ihre Eier abzulegen – 200 bis 300 pro Falter. Die Leimringe stoppen den Versuch.
An frostfreien, milden Tagen wird der Winterschnitt an Obstbäumen durchgeführt. Zu Beginn und Ende des Winters werden Obstbäume gedüngt.
Arbeiten unter Glas und Folie: Für den Orchideen-Gärtner beginnt jetzt die aufregende Zeit der schönen Blüten. Stecklinge von Balkon- und Kübelpflanzen kontrollieren. Bei zuviel Feuchtigkeit fangen sie an zu faulen. Auch die Wintergäste verlangen ein wachsames Auge. Schädlinge und Krankheiten breiten sich schnell aus. Auch darf man nicht vergessen, die Kübelpflanzen ab und an zu gießen.
Aber auch der Gemüsegärtner beginnt im Gewächshaus mit der Arbeit für das kommende Gartenjahr. Wer jetzt Salat aussät, pflanzt ihn etwa im März in einen Frühbeetkasten und kann bereits im Mai ernten. Auch Kohlrabi, Porree und Blumenkohl werden ab Januar im Gewächshaus vorgezogen. Ausgesät werden auch Radieschen, Kresse, ab Februar Gurke, Tomaten, Melonen und Paprika.
Zum Winterende hin schneidet man Fuchsien und Pelargonien, pflanzt die Balkonpflanzen in neue Erde und beginnt damit, die Knollen von Canna und Begonien vorzutreiben.
In dieser lichtarmen Zeit ist es – bei langanhaltendem Schneefall unter Umständen täglich – dringend notwendig, das Dach des Glashauses freizuhalten, damit soviel Licht wie möglich die Pflanzen erreicht.

Im Winter ruht sich die Natur aus und sammelt wieder neue Kräfte.

Biologische Präparate zum Pflanzenschutz und zur Stärkung der Pflanzen (Auswahl)

Präparat	**Inhaltsstoffe**	**Wirkung**
Algifert-Spritzpulver Algifert-Flüssigextrakt	Nordmeeralgen-Konzentrat mit mehr als 90 verschiedenen Spurenelementen.	Stärkt die Widerstandskraft der Pflanzen gegen Schadinsekten, Pilz- und Viruserkrankungen.
Artanax-S	Hergestellt aus Wildkräutern, Meeresalgen, Naturmineralien und Netzschwefel.	Gegen Mehltau, Schorf, Monilia, Rost und Braunfäule; stärkt die Widerstandskraft der Pflanzen.
Baldrian-Extrakt	Baldrianblüten.	Zur besseren Blüten- und Fruchtbildung an Obstbäumen, Aktivierung des Bodenlebens.
Bio-Baumanstrich Preicobakt	Kieselsäure, Tonerden, Pflanzendrogen und andere Natursubstanzen.	Rindenpflege bei Obst und Beeren gegen Schädlinge und Frostrisse, verhindert Rinden- und Knospenschäden durch Wild und Vögel.
BioBlatt Mehltaumittel	Lecithin aus Sojapflanzen.	Gegen Echten Mehltau an Rosen und anderen Zierpflanzen; stärkt die Widerstandskraft gegen Pilzerkrankungen.
Bio-Gemüse-Streumittel	Kiesel-Kräuterpräparat.	Stärkt die Widerstandskraft der Pflanzen gegen Krankheiten und Schädlinge.
Bio-S	Kräuterpräparat aus Brennesseln, Schachtelhalm, Zwiebelgewächsen und Netzschwefel.	Allgemein stärkend gegen Pilzerkrankungen, besonders bei Obst gegen Schorf.
Brennessel-Pulver	Getrocknete Brennesseldroge.	Zum Ansetzen von Brennessel-Jauche, kräftigt die Pflanzen.
Buchenholzkohlengries	Kali- und kalkhaltige Holzkohle.	Pilz- und fäulnishemmend.
Cohrs-Ameisenmittel	Auf Phytonzid- und Kräuterbasis.	Vertreibt Ameisen, vernichtet sie jedoch nicht.
Cohrs-Erdbeerpflegemittel	Kieselpräparat.	Vorbeugend gegen Grauschimmel und Fruchtfäule.
Ecomin	Spurenelemente, Silizium, verschiedene Naturmineralien.	Vorbeugend gegen Schadinsekten und Pilzerkrankungen.
Equisan (Schachtelhalm-Extrakt, flüssig), Schachtelhalmpulver	Getrocknete Schachtelhalmdroge.	Vorbeugend gegen Pilzerkrankungen.
Etermut	Ätherische Duftstoffe verschiedener Wildkräuter auf Phytonzid-Basis.	Abwehr von Möhrenfliegen und anderen Gemüsefliegen.
Moos & Algen frei	Kaliumsalz, natürliche Fettsäuren.	Gegen Moos und Algen auf Steinen und im Gewächshaus.
Neudomück	Bakterienpräparat (Bacillus thuringiensis).	Gegen Mückenlarven im Gartenteich.
Neudosan	Algen, Kupfer, Kalk, Netzschwefel.	Gegen Blattläuse, Sitka-Fichtenlaus, Spinnmilben, Blattsauger, Weiße Fliege u.a.
Neudo-Vital	Natürliche Fettsäuren, Pflanzenextrakte.	Vorbeugend gegen Grauschimmel, Schorf, Mehltau, Sternrußtau, Rosenrost, Braunfäule.
Oscorna-Insektenschutz	Pyrethrum-Konzentrat.	Gegen saugende und beißende Insekten an Gemüse, Obst und Gehölzen.
Parexan	Pyrethrum-Blütenextrakt, Rotenon (Gift aus tropischen Leguminosen).	Kontakt-Fraßgift gegen Käfer, Blattläuse, Kohlweißling, Frostspanner, Thripse, Blattläuse.
Polymaris-Pflanzenkräftiger	Nordmeeralgen, Wildkräuter, organische Düngemittel.	Stärkt die Widerstandskraft und fördert das Wachstum.
Promanal	Paraffinöl.	Winterspritzung von Obstbäumen gegen Eier und Larven von Blatt-, Blut- und Schildläusen, Rote Spinne, Gespinstmotte, Frostspanner, Sitka-Fichtenlaus u.a. Schadinsekten.
Quiritox	Cumarinderivat.	Gegen Wühlmäuse.
Raupen-Spritzmittel	Bakterienpräparat (Bacillus thuringiensis).	Gegen Raupen aller Art.
Spruzit flüssig, Spruzit-Gartenspray	Pyrethrum-Blütenextrakt (Nervengift für Kaltblütler und Insekten).	Gegen Läuse aller Art, Weiße Fliege, Spinnmilben, Fraßkäfer, Erdflöhe, Larven, Raupen.
Spruzit-Staub	Pyrethrum-Blütenextrakt.	Kontaktgift gegen Kartoffelkäferlarven, Erdflöhe, Läuse an Gemüse.
SPS	Wildkräuter-Konzentrat.	Vorbeugend gegen Pilz- und Viruserkrankungen.
Tannalgin	Flüssiges Konzentrat aus Algen und Kräutern.	Vorbeugend gegen Pilzerkrankungen und Schadinsekten bei immergrünen Ziergehölzen.
Quassia-Präparate	Tropisches Bitterholz.	Tödliches Fraß- und Kontaktgift gegen Schadinsekten.
Wasserglas, Natriumsilikat	Kieselsäure	Vorbeugend gegen Pilzerkrankungen bei Obst und Weinreben.

Auch biologische Pflanzenschutzmittel können Gifte enthalten. Also auch bei diesen Präparaten die angegebenen Mengen und Wartezeiten einhalten!

Wichtige Anschriften

Pflanzenschutzämter der Länder

Baden-Württemberg
Landesanstalt
für Pflanzenschutz
Reinsburgstraße 107
70197 Stuttgart

Pflanzenschutzdienst
Amalienstraße 25
76133 Karlsruhe

Pflanzenschutzdienst
Erbprinzenstraße 2
79098 Freiburg

Bayern
Bayerische Landesanstalt
für Bodenkultur
– Abteilung Pflanzenschutz –
Menzingerstraße 54
Postfach 38 02 69
80638 München

Berlin
Pflanzenschutzamt Berlin
Mohriner Allee 137
12347 Berlin

Brandenburg
Pflanzenschutzdienst
Brandenburg
– Amtliche Pflanzenbeschau –
Nuhnenstraße 18a
Postfach 127
15234 Frankfurt/Oder

Bremen
Pflanzenschutzdienst Bremen
Slevogtstraße 48
28209 Bremen

Hamburg
Institut für angewandte Botanik
– Abteilung Pflanzenschutz –
Marseiller Straße 7
20355 Hamburg

Hessen
Pflanzenschutzdienst
Friedrich-Wilhelm-von-
Steuben-Straße 2
Postfach 93 01 29
60487 Frankfurt/Main.

Mecklenburg-Vorpommern
Landespflanzenschutzamt
Mecklenburg-Vorpommern
Graf-Lippe-Straße 1
18059 Rostock

Niedersachsen
Pflanzenschutzamt Hannover
Wunstorfer Landstraße 9
30453 Hannover

Nordrhein-Westfalen
Pflanzenschutzamt der
Landwirtschaftskammer
Rheinland
Rodeweg 5-11
53229 Bonn

Rheinland-Pfalz
Landespflanzenschutzamt
Rheinland-Pfalz
Essenheimer Straße 144
55128 Mainz-Bretzenheim

Saarland
Pflanzenschutzamt
Saarbrücken
Lessingstraße 12
66130 Saarbrücken

Sachsen
Institut für integrierten
Pflanzenschutz Dresden
Stübelallee 2
01307 Dresden

Sachsen-Anhalt
Landespflanzenschutzamt
Sachsen-Anhalt, Halle
Zum Waldsee 1
39114 Magdeburg

Schleswig-Holstein
Pflanzenschutzamt des
Landes Schleswig-Holstein
Westring 383
24118 Kiel

Thüringen
Thüringer
Landesverwaltungsamt
– Sachgebiet Pflanzenschutz –
Carl-August-Allee 1a
99423 Weimar

Institute für Bodenanalysen

Bodenlabor Dr. Balzer
Oberer Ellenberg
35083 Amönau

Landwirtschaftliche
Untersuchungs- und
Forschungsanstalt
Siebengebirgsstr. 200
53229 Bonn

Hessische Landwirtschaftliche
Versuchsanstalt
Rheinstraße 91
64295 Darmstadt

Bayerische Hauptversuchs-
anstalt für Landwirtschaft
Vöttingerstraße 38
85354 Freising

Institut für angewandte
Botanik
Marseiller Straße 7
20355 Hamburg

Landwirtschaftliche
Untersuchungs- und
Forschungsanstalt des Landes
Sachsen-Anhalt
Schiepziger Straße 29
06120 Halle-Lettin

Landwirtschaftliche
Untersuchungs- und
Forschungsanstalt
Finkenborner Weg 1a
31787 Hameln

Landwirtschaftliche
Untersuchungs- und
Forschungsanstalt des
Landes Thüringen
Naumburger Straße 98
07743 Jena-Zwätzen

Staatliche landwirtschaftliche
Untersuchungs- und
Forschungsanstalt
Augustenberg
Neßlerstraße 23
76227 Karlsruhe

Hessische landwirtschaftliche
Versuchsanstalt
Am Versuchsfeld 13
34128 Kassel

Landwirtschaftliche
Untersuchungs- und
Forschungsanstalt
Gutenbergstraße 75-77
24116 Kiel

Institut für landwirtschaftliche
Untersuchungen
Gustav-Kühn-Straße 8
04159 Leipzig-Möckern

Landwirtschaftliche
Untersuchungs- und
Forschungsanstalt
Nevinghoff 40
48147 Münster

Landwirtschaftliche
Untersuchungs- und
Forschungsanstalt
Jägerstraße 23-27
26121 Oldenburg

Landwirtschaftliche
Untersuchungs- und
Forschungsanstalt des
Landes Brandenburg
Templiner Straße 21
14473 Potsdam

Landwirtschaftliche
Untersuchungs- und
Forschungsanstalt des Landes
Mecklenburg-Vorpommern
Graf-Lippe-Straße 1
18059 Rostock

Institut für Bodenkunde
Egbertstr. 18-19
54295 Trier.

Landwirtschaftliche
Untersuchungs- und
Forschungsanstalt
Obere Langgasse 40
67346 Speyer

Landesanstalt für
landwirtschaftliche Chemie
Emil-Wolff-Straße 14
70599 Stuttgart

Bayerische Landesanstalt
für Bodenkultur und
Pflanzenbau
Herrnstraße 8
97209 Veitshöchheim

Bund Naturschutz Bodenlabor
Postfach 40
94344 Wiesenfelden

Bodenansprüche von Stauden und Sommerblumen

Die Übersicht gibt Hinweise, auf welchen Böden Stauden und Blumen am besten gedeihen. Doppelt aufgeführte Pflanzen wachsen auf verschiedenen Böden gut.

Stauden für sandige, trockene, gut entwässerte Böden:

Achillea millefolium – Gemeine Schafgarbe, Alstroemeria – Inkalilie, Althaea – Stockrose, Malve, Anaphalis triplinervis – Perlpfötchen, Anemone japonica – Herbstanemone, Armeria maritima – Grasnelke, Asphodeline lutea – Junkerlilie, Aster dumosus – Kissenaster, Campanula glomerata – Knäuelglockenblume, Campanula portenschlagiana – Glockenblume, Centaurea macrocephala – Riesenflockenblume, Chelone obliqua – Schlangenkopf, Chrysanthemum leucanthemum – Wiesenmargerite, Convallaria majalis – Maiglöckchen, Dianthus deltoides – Heidenelke, Dianthus plumarius – Federnelke, Echinops ritro – Kugeldistel, Eremurus robustus – Steppenkerze, Erica carnea – Schneeheide, Erigeron hybridus – Feinstrahlaster, Geranium macrorrhizum 'Spessart' – Storchschnabel, Gypsophila paniculata – Schleierkraut, Helianthemum – Sonnenröschen, Helianthus atrorubens – Staudensonnenblume, Hieracium aurantiacum – Habichtskraut, Iris barbata-elatior – Schwertlilie, Jasione perennis – Sandglöckchen, Kniphophia uvaria – Fackellilie, Lathyrus latifolius – Staudenwicke, Lavandula angustifolia – Lavendel, Leontopodium alpinum. – Edelweiß, Lewisia cotyledon – Bitterwurz, Limonium tataricum – Statice, Strandflieder, Linum perenne – Lein, Flachs, Lupinus hybridus – Lupine, Lychnis chalcedonica – Brennende Liebe, Lysimachia punctata – Goldfelberich, Malva moschata – Moschusmalve, Monarda hybrida – Indianernessel, Nepeta faassenii – Katzenminze, Oenothera missouriensis – Nachtkerze, Papaver orientale – Türkischer (Stauden-)mohn, Papaver nudicaule – Islandmohn, Pelargonium zonale – Geranie, Phlox paniculata – Flammenblume, Physostegia virginiana – Gelenkblume, Platycodon grandiflorum – Ballonblume, Pulsatilla vulgaris – Kuhschelle, Rudbeckia sullivantii – Sonnenhut, Sedum spectabile – Fetthenne, Sedum spurium – Teppichsedum, Sidalcea malvaeflora – Präriemalve, Solidago-Arten – Goldrute, Stachys lanata – Wollziest, Thymus serpyllum – Feldthymian, Verbascum-Arten – Königskerze, Viola cornuta – Hornveilchen, fast alle Lilienarten,

Einjährige Sommerblumen für sandige, eher trockene Böden:

Ageratum – Blausternchen, Alyssum benthami – Duftsteinkraut, Anchusa capensis – Sommervergißmeinnicht, Calendula officinalis – Ringelblume, Callistephus chinensis – Sommeraster, Campanula medium – Marienglockenblume, Celosia argentea – Federbusch, Hahnenkamm, Cheiranthus – Goldlack, Chrysanthemum parthenium – Edelkamille, Cosmea bipinnata – Schmuckkörbchen, Eschscholtzia californica – Kalifornischer Mohn, Gazania splendens – Gazanie, Mittagsgold, Godetia hybr. – Sommerazalee, Gypsophila elegans – Schleierkraut, Helianthus annuus – Sonnenblumen, Iberis umbellata – Schleifenblume, Ipomoea tricolor – Trichterwinde, Lavatera trimestris – Bechermalve, Lobelia erinus – Männertreu, Matthiola incana – Levkojen, Mesembrianthemum criniflorum – Mittagsblume, Nicotiana hybr. – Ziertabak, Nigella damascena – Jungfer im Grünen, Papaver rhoeas – Klatschmohn, Seidenmohn, Petunia hybrida – Petunie, Portulaca grandiflora – Portulakröschen, Rudbeckia hirta – Sonnenhut, Salvia viridis (horminum) – Buntschopfsalbei, Tagetes patula nana – Studentenblume, Verbena hybrida – Eisenkraut, Zinnia elegans – Zinnie.

Stauden für feuchte, frische und schwere Böden:

Aconitum arendsii – Eisenhut, Adonis vernalis – Adonisröschen, Alchemilla mollis – Frauenmantel, Aquilegia alpina – Akelei, Aruncus sylvester – Geißbart, Astilbe arendsii – Prachtspiere, Astilbe chinensis pumila – Kriechende Prachtspiere, Bergenia cordifolia – Bergenie, Brunnera macrophylla – Kaukasusvergißmeinnicht, Campanula latifolia – Waldglockenblume, Carlina acaulis – Silberdistel, Centaurea montana – Bergflockenblume, Chrysanthemum coccineum – Bunte Margerite, Chrysanthemum indicum – Gartenchrysantheme, Cimicifuga cordifolia – Silberkerze, Dicentra spectabilis – Tränendes Herz, Dictamnus albus var. giganteus – Diptam, Eupatorium purpureum – Wasserdost, Filipendula purpurea – Spierstaude, Fritillaria meleagris – Schachbrettblume, Gaillardia aristata – Kokardenblume, Gentiana acaulis – Stengelloser Enzian, Geranium platypetalum – Storchschnabel, Helenium Hybriden – Sonnenbraut, Helleborus niger – Christrose, Hemerocallis Hybr. – Taglilie, Heracleum mantegazzianum – Herkulesstaude, Hesperis matronalis – Nachtviole, Hosta sieboldiana – Funkie, Incarvillea delavayi – Freilandgloxinie, Inula ensifolia – Alant, Iris sibirica – Sibirische Iris, Iris pseudacorus – Wasserschwertlilie, Liatris spicata – Prachtscharte, Ligularia przewalski – Kreuzkraut, Lunaria biennis – Silberling, Lysimachia nummularia – Pfennigkraut, Lysimachia punctata – Goldfelberich, Lythrum salicaria – Blutweiderich, Omphalodes verna – Gedenkemein, Paeonia lactiflora – Pfingstrose, Polemonium coeruleum – Jakobsleiter, Polygonum bistorta – Wiesenknöterich, Potentilla aurea – Fingerkraut, Primula (acaulis) vulgaris – Kissenprimel, Primula hortensis (auricula) – Gartenaurikel, Primula florindae – Sommerprimel, Primula vialii – Orchideenprimel, Primula rosea – Sumpfprimel, Prunella grandiflora – Braunelle, Pulmonaria angustifolia – Lungenkraut, Rudbeckia laciniata – Sonnenhut, Salvia superba – Salbei, Scabiosa caucasica – Witwenblume, Skabiose, Thalictrum dipterocarpum – Wiesenraute, Tiarella cordata – Schaumblüte, Tradescantia hybr. – Dreimasterblume, Trollius europaeus – Trollblume, Viola odorata – Duftveilchen.

Einjährige/Zweijährige Sommerblumen für feuchte Böden:

Calceolaria integrifolia – Freiland-Pantoffelblume, Begonia semperflorens – Eisbegonie, Begonia tuberhybrida und – Hybriden-Knollenbegonien, Chrysanthemum paludosum – Zwergmargerite, Godetia hybrida – Sommerazalee, Impatiens walleriana – Fleißiges Lieschen, Impatiens glandulifera – Springkraut, Myosotis alpestris – Vergißmeinnicht, Pelargonium zonale – Geranie, Penstemon barbata – Bartfaden, Salvia farinacea – Salvie 'Victoria', Tropaeolum majus – Kapuzinerkresse, Mimulus tigrinus – Gauklerblume.

Stauden für lehmige, kalkreiche Böden:

Asarum europaeum – Haselwurz, Aubietia deltoides – Blaukissen, Carlina acaulis – Silberdistel, Centranthus ruber – Spornblume, Cyclamen europaeum – Alpenveilchen, Digitalis grandiflora – Gelber Fingerhut, Doronicum caucasicum – Gemswurz, Eryngium alpinum – Alpendistel, Gentiana lutea – Gelber Enzian, Gypsophila paniculata – Schleierkraut, Helleborus niger – Christrose, Hepatica nobilis – Leberblümchen, Heuchera sanguinea – Purpurglöckchen, Iris barbata-elatior – Schwertlilie, Lathyrus latifolius – Staudenwicke, Lychnis chalcedonica – Brennende Liebe, Paeonia lactiflora – Pfingstrose, Primula vulgaris (acaulis) – Kissenprimel, Primula hortensis (auricula) – Aurikel, Primula elatior – Schlüsselblume, Pulsatilla vulgaris – Kuhschelle, Veronica incana – Ehrenpreis, Cortaderia selloana – Pampasgras, Lilium martagon – Türkenbundlilie, Lilium candidum – Madonnenlilie.

REGISTER

Das Register enthält alle wichtigen Stichworte. Die Zahlen verweisen auf die Buchseiten, auf denen das Stichwort behandelt wird. Die fettgedruckten Zahlen verweisen auf Abbildungen.

A

B

C

D

E

F

G

H

I

J

K

L

M

N

O

P